北部湾南流江流域社会生态系统过程与综合管理研究

胡宝清　周永章 等　著

科学出版社

北　京

内 容 简 介

本书以广西北部湾南流江流域为对象，用社会生态系统的视角，沿着流域社会生态系统组成—人地关系—理论与方法—数据共享—生态过程—环境效应—综合管理的脉络展开，从地质地貌、气候灾害、水文水质、土壤侵蚀、植被覆盖等基础研究入手，探究南流江流域社会生态系统演化过程与环境效应，重点对南流江流域的土地利用变化、土地流转机制、河流沉积物污染、生态系统健康、生态风险，以及社会经济发展与生态环境协调性等方面进行专题研究。本书包括既相对独立又相互关联的3篇共19章，通过基础研究与专题研究，对南流江社会生态系统存在的突出问题提出针对性的综合管理对策，并对南流江生态海绵流域建设与生态产业优化进行探讨。

本书可供地理学、资源与环境科学、流域环境经济学、地理信息科学等学科研究人员及有关院校师生参考。

图书在版编目（CIP）数据

北部湾南流江流域社会生态系统过程与综合管理研究／胡宝清等著.
—北京：科学出版社，2017.12
 ISBN 978-7-03-055835-0

Ⅰ.①北… Ⅱ.①胡… Ⅲ.①北部湾–流域–区域生态环境–系统管理–研究–广西 Ⅳ.①X321.267

中国版本图书馆 CIP 数据核字（2017）第 301025 号

责任编辑：王 运 姜德君／责任校对：张小霞
责任印制：肖 兴／封面设计：铭轩堂

科学出版社 出版
北京东黄城根北街 16 号
邮政编码：100717
http://www.sciencep.com
中国科学院印刷厂 印刷
科学出版社发行 各地新华书店经销

*

2017 年 12 月第 一 版 开本：889×1194 1/16
2017 年 12 月第一次印刷 印张：30 1/2
字数：980 000
定价：358.00 元
（如有印装质量问题，我社负责调换）

本书作者名单

主　　笔　　胡宝清　　周永章

编写人员　　阚兴龙　　黄馨娴　　覃丽双　　莫莉萍

　　　　　　黄秋倩　　刘建伟　　车良革　　李月连

　　　　　　余小璐　　王　子　　胡何男　　何　文

　　　　　　谢余初　　张建兵　　赵银军　　卢　远

　　　　　　严志强　　龙　静　　汤传勇　　侯晴川

　　　　　　童　凯　　刘　菊　　侯刘起　　冯春梅

序

20 世纪以来，随着全球的人口、资源、环境等诸多问题的出现，人类的可持续发展面临着极大的挑战。快速的经济社会发展和巨大的资源消费需求使得部分生态系统表现出结构失衡、功能退化的态势。国内外生态系统变化研究表明，人类活动相关驱动要素的调控和管理将成为生态系统保护、恢复和管理所面临的关键问题。因此，生态系统的研究已逐渐由自然生态系统扩大到人类活动主导的社会生态系统。社会生态系统理论是将系统论、社会学和生态学紧密结合起来的理论，是当今生态学研究的新思路，该理论立足于社会生态经济综合指标，突出社会生态经济系统的整体性，以人地和谐、可持续发展、系统综合的思想，分析和解决人口、资源、环境等复杂问题。以流域为例，我国的流域治理多是从工程治理、生态治理出发，以迅速恢复水环境为直接目的，往往是为治理而治理。而流域是多种因素相互作用、相互制约、多尺度相互影响的复杂社会生态系统，把握流域社会生态系统关键要素的变化机制与过程，是进行流域治理的关键。

在此背景下，胡宝清和周永章团队依托北部湾资源环境演化教育部重点实验室平台，立足于生态系统研究的前沿，面向东盟开放合作的重点地区——北部湾经济区，聚焦南流江流域，按照"流域社会生态系统组成—人地关系—理论与方法—数据共享—生态过程—环境效应—综合管理"的思路，基于流域科学、系统科学、景观生态学、区域可持续发展理论及信息技术等的应用，综合采用系统分析与综合法、野外考察法、模型模拟法等方法，剖析流域社会生态系统自然过程和社会过程，探讨可持续发展和生态产业发展模式等重大问题。整体研究思路清晰，内容丰富，数据翔实，研究成果具有重要的理论和实际价值。

《北部湾南流江流域社会生态系统过程与综合管理研究》围绕"自然生态系统过程、社会经济系统过程和可持续发展治理"三大主题展开。在自然生态系统过程方面，分析了南流江流域地质地貌形成与演化、气候演变与自然灾害和空气质量变化、水文变迁与水资源利用和水环境变化、植被变化、土地利用变化、土壤侵蚀变化、河流沉积物污染变化等关键物理、化学、生物过程。在社会经济系统过程方面，解剖了流域社会发展历程、经济发展时空差异、农村集体土地使用权流转机制等社会关键要素的变化过程与机制。在可持续发展治理方面，提出了构建社会生态系统数据库、规划流域生态功能区、建设生态海绵流域、建立流域生态产业模式等。

该书是第一部完整研究南流江流域的公开出版著作，在流域研究范式、流域系统过程、流域综合管理等方面做了卓有成效的研究，取得具有重要价值的科学认知，提升了北部湾资源生态环境的研究水平，为区域国民经济发展规划提供了基础数据和理论依据，是一部有重要参考价值的学术著作。

傅伯杰

中国科学院院士

北部湾资源环境演化教育部重点实验室学术委员会主任

2017 年 12 月

前　言

每一个文明的起源，都能听见河水的喧哗声。南流江是广西独流入海的第一大河，斜贯三市九县，养育过千年百代的百姓，创造了灿烂独特的文化。作为广西境内流入北部湾流程最长、流域面积最广、水量最丰富的河流，南流江自然资源丰富，拥有良好的生态环境基础，但由于季节性流量变化巨大，流域生态环境十分脆弱。另外，与诸多大型流域有明显不同的是，南流江流域区域发展存在明显的地理空间差异，上游地区较下游地区更发达，这种特殊的流域发展格局对流域综合管理水平提出更高的要求。

本书以广西北部湾南流江流域为对象，用社会生态系统的视角，沿着流域社会生态系统组成—人地关系—理论与方法—数据共享—生态过程—环境效应—综合管理的脉络展开，从地质地貌、气候灾害、水文水质、土壤侵蚀、植被覆盖等基础研究入手，探究南流江流域社会生态系统演化过程与环境效应，重点对南流江流域的土地利用变化、土地流转机制、河流沉积物污染、生态系统健康、生态风险及社会经济发展与生态环境协调性等方面进行专题研究。

本书包括既相对独立又相互关联的3篇共19章，通过基础研究与专题研究，对南流江社会生态系统存在的突出问题提出针对性的综合管理对策，并对南流江生态海绵流域建设与生态产业优化进行了探讨。

第一篇为流域社会生态系统与数据管理。本篇包括第1章至第6章，前5章以流域社会生态系统研究为主要探讨对象，分别从研究进展、理论基础与研究范式、理论与方法、学术思路与技术路线等各个方面进行分析阐述，构建了流域社会生态系统研究理论体系，为南流江流域研究提供理论基础与理念指导。第6章剖析了南流江流域自然地理和人文地理特征，在社会生态系统框架指导下，结合GIS技术、空间数据库技术、SQL Server等相关技术，建立南流江流域社会生态系统数据库。区别于传统生态系统数据，数据库的数据构成中除了包含生态、资源数据类型外，还加入了政策性因子等数据类型，为南流江流域社会生态系统共享平台的建设提供数据基础，同时也为南流江流域的研究提供数据支持。

第二篇为流域社会生态系统过程及环境效应。本篇包括第7章至第12章，分别从地质地貌形成过程与演化机制，气候演变、自然灾害与空气质量变化，水文变迁、水资源利用与水环境质量变化，植被覆盖时空特征及其与地质相关分析，分布式水沙耦合模拟研究，经济社会发展与生态环境的协调性分析等6个方面探讨南流江流域社会生态系统过程与环境效应。本篇系统分析流域长时期的地质地貌演化过程，结合流域本身气候、地形地貌等自然地理环境对土壤植被的成因及规律进行探讨；全面分析其长历史时期的自然灾害情况，并且注重结合流域本身气候、地形地貌等自然地理环境对自然灾害的成因及规律进行分析探讨；梳理流域不同时期水文变迁过程、流域水资源利用和水环境变化情况；分析南流江流域植被覆盖度变化以及地质地层对植被覆盖度的作用；运用RUSLE模型，对流域内土壤侵蚀状况进行定量评估，基于SWAT模型对流域径流、泥沙月尺度变化特征进行模拟；通过系统分析不同时代流域经济社会发展历程及差异演变，揭示流域经济社会发展与自然环境的互动过程与作用机制，并从流域经济、社会和自然三大子系统对南流江流域资源环境综合承载力进行测评，对南流江流域社会生态系统的协调发展水平进行评估。

第三篇为流域社会生态系统专题研究。本篇包括第13章至第19章，分为土地研究、生态环境评价研究与流域综合管理研究三大研究内容。第13章和第14章为土地研究，主要研究了南流江流域的土地利用变化和农村集体土地使用权流转机制。一方面，通过遥感监测手段，生成变化图谱并进行图谱分析，探讨研究区土地利用时空演变规律，并对流域土地利用变化的驱动力进行分析，为管理部门对土地资源的科学合理规划、管理、决策提供一定的科学依据；另一方面，通过南流江流域的实地调研，了解当前农户土地流转的现状及存在的主要问题，明确农地流转行为和意愿的影响因子，为规范南流江流域农地流转提供依据。第15章至第17章为生态环境评价研究，包括南流江流域城市河流沉积物营养盐富集特征及污染评价研究、社会生态系统健康评价研究以及生态风险评价。选取南流江上（玉州区）、中（博白县）、下（合浦县）游三个城区河段进行对比研究，采集典型剖面上覆水与底泥样品进行实验室分析，测定其氮、磷、碳含量及其他理化性质，揭示该流域城区河段营养盐释放规律及其驱动机制，为流域水生态环境改善提供建议；利用 P-S-R 模型，通过对流域社会生态系统的各指标的定量化处理，对南流江流域社会生态系统健康空间分布差异状况进行研究；在流域生态风险评价理论的基础上，结合流域的实际情况，从南流江流域自然胁迫和人为胁迫两方面综合评价南流江的生态风险，得到南流江流域综合生态风险评价等级图。第 18 章和第 19 章为流域综合管理研究，基于社会生态系统理念，结合地质地貌、气候灾害、水文水质、土壤侵蚀、植被覆盖等基础研究与专题研究，对南流江流域开展森林生态系统生态功能区、陆域水环境生态维护生态功能区、水土保持生态功能区、农林产品提供生态功能区、城镇发展生态功能区、滨海海域生态功能区等六大生态功能区划，针对南流江流域社会生态系统存在的突出问题提出相应的综合管理对策，并对南流江生态海绵流域建设与生态产业模式进行了探讨，促进南流江流域的可持续发展。

本书的研究成果得到以下基金项目的资助，特此感谢：国家自然科学基金项目"北部湾海陆过渡带生态环境演化机理及其情景模拟研究（41361022）"和"北部湾经济区南流江流域生态系统服务时空变化与权衡研究（41761039）"，广西自然科学基金创新研究团队项目"北部湾海陆交互关键带与陆海统筹发展研究（2016JJF15001）"，以及广西自然基金重点项目"北部湾同城化资源环境约束机制与情景模拟研究（2014GXNSFDA11803）"、广西重点研发项目"复杂数据数学建模与智能处理及其在北部湾资源与环境中的应用研究（1599005-2-13）"和"北部湾典型海湾与入海河流环境耦合效应与一体化监控技术研究（桂科 AB16380247）"。

本书得到北部湾环境演变与资源利用教育部重点实验室、广西地表过程与智能模拟重点实验室，以及广西师范学院地理学一级学科博士学位点建设项目经费资助。广西师范学院省部级重点实验室学术委员会主任傅伯杰院士对本书的撰写给予真诚的关心和指导，体现长辈对晚辈的勉励与期待，并热忱为本书作序，在此深深感谢他的厚爱。本书包含诸位集体项目合作者的智慧，得到北京大学蔡运龙教授和广西红树林研究中心范航清研究员的启迪和指导，特此向一切给予协作、关照和支持的同仁，致以衷心的感谢。在项目研究和本书撰写过程中，参考了大量有关的著作和文献，谨向原作者表示衷心的感谢。本书尽管得以面世，但由于作者才识浅薄，书中难免存在不足之处，敬请同仁不吝赐教。

胡宝清

2017 年 12 月

目　录

第三篇　流域社会生态系统专题研究

第一篇

流域社会生态系统与数据管理

生态文明是继工业文明后新的文明形态，是人地关系和谐的文明，表现在地理空间上即为区域经济–社会–自然复合生态系统协调发展。流域是特殊的地理单元，是人类活动的重要区域，是生态文明建设的重要载体。随着城镇的急剧扩张和经济的快速增长，流域生态环境遭到极大冲击和破坏，致使生态系统出现资源退化、环境恶化与灾害加剧的趋势，生态环境面临前所未有的挑战。社会生态系统理念的提出为流域研究提供了全新视角，即综合考虑自然因素和人文社会因素的影响，着重强调二者之间的交互作用及其对环境变化的共同驱动作用。

　　本篇以流域社会生态系统研究为主要探讨对象，分别从研究进展、理论基础与研究范式、理论与方法、学术思路与技术路线等方面进行分析阐述，构建了流域社会生态系统研究理论体系，为南流江流域研究提供理论基础与理念指导。

　　另外，本篇剖析了南流江流域自然地理和人文地理特征，在社会生态系统框架指导下，结合地理信息系统（GIS）技术、空间数据库技术、SQL Server 等相关技术，建立了南流江流域社会生态系统数据库。区别于传统生态系统数据，数据库的数据构成中除了包含生态、资源数据类型以外，还加入了政策性因子等数据类型。数据库的实现为南流江流域社会生态系统共享平台的建设提供数据基础，同时也为南流江流域的研究提供数据支持。

第1章 流域社会生态系统研究进展

1.1 研究背景

流域研究长期以来一直是地理学研究的重要课题[1-6]。作为一个自然环境经济社会综合体，流域发展受到自身地理资源和自然环境的影响，流域水文、植被、地形地貌等都是影响流域内各地区经济社会发展的自然基础。理论研究和实践显示[7]，世界上许多流域随着开发强度不断加大，产生了越来越多的生态问题，如水土流失、河道淤积、水污染、洪涝灾害等。在中国现阶段，流域普遍经历快速工业化、城镇化进程。为此，许多学者对流域开展了研究，并取得许多有意义的认识[8,9]。一些学者研究认为[10]，流域研究需要涉及流域管理、水资源、生态环境、河道整治及泥沙研究、水文测报、信息技术等；流域的可持续发展，要以流域科学的综合管理为保障，而流域综合管理，需要进行生态补偿、流域立法等，又需要借鉴经济学、法学等相关学科的相关理论及方法。

发展是人类永恒的主题。"发展"一词自 20 世纪 50 年代起流行于经济学界，到 70 年代人们不再将单纯的经济"增长"等同于区域"发展"，区域可持续发展成为主流认识[11-13]。许多学者从不同角度研究了区域发展动力、区域发展动力机制，包括人口、社会、资源环境系统等[14-16]，使区域发展研究更具有全面性和科学性。随着可持续发展理念的逐步普及以及生态文明理念的提出，生态文明建设与生态产业优化成为当今区域可持续发展、生态文明和地理学的重要研究课题[11,17-21]。

北部湾经济区的开放开发于 2008 年上升为国家发展战略。它的重要性日益受到人们关注[22]。2008 年 2 月国务院批准实施的《广西北部湾经济区发展规划》指出，北部湾经济区是当时中国最大的国际、国内多区域合作示范区，将成为中国经济增长新一极。广西北部湾经济区上升为国家战略后，南流江流域发展遇到了千载难逢的机遇，必定会对流域未来发展产生深远的影响。

南流江流域是北部湾经济区的重要组成部分。南流江流域地处南亚热带气候区，是广西著名的"粮仓"[23]。南流江是广西南部独自流入大海诸河中，流程最长、流域面积最广、水量最丰富的河流，全长 287km，流域面积 9704km^2，多年年平均流量 166m^3/s[24]。

南流江流域目前总体工业化水平有限，生态环境良好，具有相对的后发优势，但和许多全国其他地区一样，它面临严重的生态环境压力，特别是南流江本身季节性流量变化巨大，使南流江江河水生态环境十分脆弱。

南流江流域进一步发展面临的主要问题包括：在可持续发展和生态文明时代，面对城镇化和工业化带来的严重环境污染压力，流域如何发挥后发优势，做到流域经济–社会–自然各方面的协调发展，避免重复"先污染后治理"的老路。这需要正确认识流域的生态环境演变规律，进行可持续发展流域综合管理，构建流域生态文明，优化生态产业布局。应该说，上述是带有普遍意义的科学命题。

鉴于此，本书以南流江流域为对象，试图从地理学人地关系地域系统的视角剖析流域自然地理和人文地理特征，分析流域自然–经济–社会复合生态系统的发展演变规律，研究基于社会生态系统的南流江流域土地利用变化、农村集体土地使用权流转，评价该流域河流沉积物营养盐污染情况、生态系统健康程度、生态风险时空分布等，探讨流域综合管理及生态文明发展模式，促进流域经济社会可持续发展。以上研究内容的研究意义突出体现在，研究成果将深化对流域地理学的认识，为相对后发地区和超行政区划的流域可持续发展提供理论指导。

1.2　社会生态系统研究综述

社会生态系统（SESs）是人与自然密切相关联的繁复的适应性系统，这一概念最初是由 Holling 提出的，他认为社会生态系统受到自身和外界干扰与驱动的影响具有无法预测、自发性的组织、多种稳定状态、阈值效应、依赖历史等特性[25]。埃莉诺·奥斯特罗姆[26]经过很长时间的实地考查及大量的尝试研究，提出了一直被后人从各方面进行解读的社会–生态系统可持续发展的总体性分析框架。有学者提出可持续本身就是一个很难测量和评估的概念[27]，可持续是一个过程而非目标，社会生态系统理论也已经认识到了这一点[28]。

目前，国外对社会生态系统的研究多是在其属性研究上，即脆弱性、恢复力和适应性的研究。其中，脆弱性研究注重于社会生态系统的脆弱性产生的驱动力、变化形式及综合的评价；恢复力则侧重系统干扰过后起主要作用的变量的阈值的变化研究；适应性则侧重在系统中人类的反应能力，包括对变化和风险的调节能力。Walker 等[29]认为社会生态系统可以通过恢复力、适应力和转化力这三个属性描述它的运行轨迹，而作为评价系统适应力和转化力基础的恢复力，已经成为研究领域的一个重点。Holling[30]第一次将恢复力加入研究中时认为恢复力是生态系统中既能接受干扰又能不间断维持动力的量度。随着不断的深入研究及完善，恢复力在他的研究中又有了另一个定义，即系统承受外界干扰的时候维持它本身功能及控制的能力。Carpenter 等[31]则认为外界扰动的大小就是恢复力，也就是在社会生态系统从现状到另一个新状态前遭受外界扰动的大小。

国内学者强调人类社会经济系统与自然生态系统的整合，如吴传钧[32]、陆大道[33]提出的"人地关系地域系统"，马世骏[34]、赵景柱等[35]提出的"社会–经济–自然复合生态系统"等。虽然真正意义上的复杂社会–生态系统的研究国内才刚刚起步，仅仅处于少量案例研究、理论梳理和概念内涵辨析阶段，但是针对社会–生态系统理论（或从人地耦合系统、社会自然系统视角）下的脆弱性、恢复力和适应性的研究则早已开展。谭江涛等[36]针对奥斯特罗姆创立的社会生态系统理论进行分析，从理论的提出到动态扩展、动态总体分析框架的构建，以及社会生态系统可持续发展的设计原则进行评述。王俊等[37]从耦合角度出发确定水分的敏感因子，从而建立社会生态系统，利用数学方法构建模型对恢复力进行测定，分析研究区的社会生态系统对干旱恢复力的影响因素。王群等[38]结合社会、经济及生态系统，从脆弱性、应对能力两个方面出发进行旅游地社会生态系统的恢复力测度指标体系的建立，从而识别影响恢复力的主因，发现其因子的影响规律。王俊等[39]对社会生态系统的另一属性适应性进行研究，通过观察系统中的关键变量去分析农村社会生态系统中有关适应性的机制演变，并延伸至恢复力与适应性能力的变化过程。赵庆建等[40]通过研究相关社会生态系统理论来探讨社会生态系统的属性之一，即恢复力在变化过程中的状态变迁机制，以期通过对恢复力的研究来加快社会生态系统的可持续发展。徐琪等[41]通过对社会生态系统的适应能力的研究，利用指标构建适应能力指数模型，从而定量地研究区域内对胁迫的适应能力。随着研究的不断发展，对社会生态系统的研究慢慢从最初的定性研究向定量研究发生转变。

1.3　流域社会生态系统综述

针对流域的研究大多是从污染治理对策措施[42-45]、社会学[46,47]、生态安全评估[48,49]、污染机理[50-52]等不同角度进行研究，大部分都只是对社会、经济、生态、环境的单方面研究，对流域的系统性研究还相对比较缺乏，也很少有学者以流域尺度、社会生态系统等综合、复杂的视角对流域进行综合研究。余中元等[53]从社会生态系统角度出发，结合 PSR（pressure-state-response）模型及脆弱性的暴露度–敏感性–恢复力特性去分析社会生态系统的脆弱性驱动机制。张洁等[54]从人地关系耦合角度出发，结合资源环境与社会经济对渭河 10 年的人地耦合趋势进行分析研究。王群等[55]从复合系统出发，运用恢复力测度指标体系进行恢复力因子研究，从而识别因子的影响原因及变化规律。

1.4　南流江流域相关研究综述

针对南流江流域的社会、经济、生态环境、资源等方面已经有了一些相关研究，但还未有从社会生态系统角度出发的研究。侯刘起[56]在收集南流江相关数据的基础上，结合相关软件计算土壤侵蚀因子，利用模型对土壤侵蚀量进行模拟，最终确定了土壤侵蚀的等级，得出流域内高丘陵区域的年均土壤侵蚀模数最大的结论。胡何男[57]通过统计进行定量分析，从而确定农户意愿与行为产生最为明显的影响成分，提出相关的改进建议，为南流江流域创立适当的农户流转体系奠定基础。李月莲[58]采用 3 个时间段的 TM/ETM+遥感影像数据进行解译，结合 GIS 空间分析及数学统计分析方法，研究了南流江 20 年的土地利用变化规律，分析其规律原因。王子[59]运用文献法研究相关生态风险评价理论，结合生态、环境污染等理论从南流江流域实际出发，通过建立指标体系进行生态风险评价。刘建伟[60]通过对南流江流域上中下游城区河段典型断面上覆水与底泥营养盐调查分析，揭示了流域城区河段营养盐富集特征及影响因子，并对流域营养盐污染状况进行了评价。余小璐[61]利用 PSR 模型来选取相关的 14 个指标，通过相对评价方法，结合 GIS 技术进行南流江流域生态系统的健康评价并分析其中原因。阚兴龙等[62]根据流域本身的地理特征制定区划原则，结合遥感（RS）、GIS 技术且以流域尺度对南流江流域进行定性定量相结合的生态功能区划，划分南流江流域为 3 个方面的功能区划，并提出响应的建议。车良革等[63]以 1991～2009 年 3 期 TM 影像为数据源，结合数字高程模型（DEM）及地质图底图获取南流江流域岩性地质图，运用模型估算植被覆盖度，再通过叠加揭示植被覆盖度受到地质地层的影响。黄莹[64]以 1954～2012 年的年径流量资料为研究资料，通过时间序列以 Morlet 变换方法来研究南流江年净流量变化规律。黄翠秋等[65]以南流江流域 1978～2007 年的年降水资料为基础，采用数学分析方法，利用小波分析方法研究南流江降水序列的特征。

除了理论研究以外，也有针对相关数据管理系统的开发的研究。乔娜[66]在对数据资料收集、整理的基础上建立空间数据库，以 ArcGIS 平台为关键技术手段，利用 Engine 组件进行二次开发，达到水资源的信息共享与管理目的。出于对信息共享的需求，侯晴川[67]通过 GIS 技术建立了比较完善的环境数据库，其数据的获取与发布实现了跨越区域与平台的目标，用户可以通过调用数据库中的数据进行统计运算与分析。

参 考 文 献

[1] 陈晓宏，陈永勤，赖国友. 东江流域水资源优化配置研究 [J]. 自然资源学报，2002，(3)：366-372.

[2] 陈晓宏，陈永勤. 珠江三角洲网河区水文与地貌特征变异及其成因 [J]. 地理学报，2002，(4)：429-436.

[3] 周剑，程国栋，王根绪，等. 综合遥感和地下水数值模拟分析黑河中游三水转化及其对土地利用的响应 [J]. 自然科学进展，2009，(12)：1343-1354.

[4] 周剑，程国栋，李新，等. 应用遥感技术反演流域尺度的蒸散发 [J]. 水利学报，2009，(6)：679-687.

[5] 江灏，王可丽，程国栋，等. 黑河流域水汽输送及收支的时空结构分析 [J]. 冰川冻土，2009，(2)：311-317.

[6] 杜鸿，夏军，曾思栋，等. 淮河流域极端径流的时空变化规律及统计模拟 [J]. 地理学报，2012，67 (3)：398-400.

[7] 唐常春，孙威. 长江流域国土空间开发适宜性综合评价 [J]. 地理学报，2012，67 (12)：1587-1598.

[8] 郭怀成，高伟，王真，等. 流域可持续性理想域和现实状态测度 [J]. 地理研究，2012，(11)：1930-1931.

[9] 杨宇，刘毅，金凤君，等. 塔里木河流域绿洲城镇发展与水土资源效益分析 [J]. 地理学报，2012，67 (2)：157-168.

[10] 胡珊珊，郑红星，刘昌明，等. 气候变化和人类活动对白洋淀上游水源区径流的影响 [J]. 地理学报，2012，67 (1)：62-70.

[11] 牛文元. 可持续发展之路——中国十年 [J]. 中国科学院院刊，2002，(6)：413-418.

[12] 张二勋，陈晓霞. 20 世纪国外发展观的嬗变与启示 [J]. 城市问题，2008，(5)：82-88，98.

[13] 陆大道，樊杰. 区域可持续发展研究的兴起与作用 [J]. 中国科学院院刊，2012，27 (3)：290-291.

[14] 周永章，郑洪汉. 开展 21 世纪区域可持续发展综合研究刍议 [J]. 地球科学进展，1995，(2)：202-204.

[15] 李飏，周永章．基于可持续发展的绿色广东制度建设的动力机制 [J]．热带地理，2007，(3)：229-233.

[16] 陈烈．论区域经济可持续发展规划的理论基础 [A] //中国地理学会、中山大学、中国科学院地理科学与资源研究所．中国地理学会 2004 年学术年会暨海峡两岸地理学术研讨会论文摘要集 [C]．中国地理学会、中山大学、中国科学院地理科学与资源研究所，2004：1.

[17] 王如松．论复合生态系统与生态示范区 [J]．科技导报，2000，(6)：7-9.

[18] 王如松．生态文明建设的控制论机理、认识误区与融贯路径 [J]．中国科学院院刊，2013，28 (2)：173-174.

[19] 王如松．生态整合与文明发展 [J]．生态学报，2013，33 (1)：1-11.

[20] 牛文元．生态文明的理论内涵与计算模型 [J]．中国科学院院刊，2013，28 (2)：163-164.

[21] 牛文元．中国可持续发展的理论与实践 [J]．中国科学院院刊，2012，27 (3)：280-281.

[22] 杨遁裕．广西北部湾经济区区域经济可持续竞争力研究 [J]．广西社会科学，2012，(7)：37-39.

[23] 梁永玖．南流江流域下游地区——合浦县水土流失现状特征及防治措施 [J]．科技资讯，2010，(13)：155-156.

[24] 王小刚，郭纯青，田西昭，等．广西南流江流域水环境现状及综合管理 [J]．安徽农业科学，2011，39 (5)：2894-2895.

[25] Holling C S. Resilience and stability of ecological systems [J]. Annual Review of Ecology and Systematics, 1973, 4：1-23.

[26] Ostrom E. A general framework for analyzing sustainability of social ecological systems [J]. Science, 2009, (7)：419-422.

[27] Dernbach J C. Sustainable development：Now more than ever [J]. ELR News & Analysis, 2002, (1)：32.

[28] Berkes F, Colding J, Folke C. Navigating Social- ecological Systems：Building Resilience for Complexity and Change [M]. Cambridge：Cambridge University Press, 2003：1-29.

[29] Walker B, Holling C S, Carpenter S R, et al. Resilience, adaptability and transform ability in social-ecologicalsystems [J]. Ecological and Society, 2004, 9 (2)：3438-3447.

[30] Holling C S. Understanding the complexity of economic, ecological and social systems [J]. Ecosystems, 2001, 4：390-405.

[31] Carpenter S R, Walker B, Anderies J M, et al. From metaphor to measurement：Resilience of what to what [J]. Ecosystems, 2001, 4：765-781.

[32] 吴传钧．论地理学的研究核心——人地关系地域系统经济地理 [J]．经济地理，1991，11 (3)：1-9.

[33] 陆大道．关于地理的"人–地系统研究地理研究" [J]．地理研究，2002，21 (3)：135-145.

[34] 马世骏．社会–经济–自然复合生态系统 [J]．生态学报，1984，4 (1)：1-9.

[35] 赵景柱，欧阳志云，吴钢．社会–经济–自然复合系统可持续发展研究 [M]．北京：中国环境科学出版社，1999：37-61.

[36] 谭江涛，章仁俊，王群．奥斯特罗姆的社会生态系统可持续发展总体分析框架述评 [J]．科技进步与对策，2010，27 (22)：42-47.

[37] 王俊，杨新军，刘文兆．半干旱区社会–生态系统干旱恢复力的定量化研究 [J]．地理科学进展，2010，29 (11)：1385-1390.

[38] 王群，陆林，杨兴柱．千岛湖社会–生态系统恢复力测度与影响机理 [J]．地理学报，2015，70 (5)：779-795.

[39] 王俊，刘文兆，汪兴玉，白红英．黄土高原农村社会–生态系统适应性循环机制分析 [J]．水土保持通报，2008，28 (4)：94-99.

[40] 赵庆建，温作民．社会生态系统及其恢复力研究——基于复杂性理论的视角 [J]．南京林业大学学报（人文社会科学版），2013，4：82-89.

[41] 徐瑱，祁元，齐红超．林长伟社会–生态系统框架（SES）下区域生态系统适应能力建模研究 [J]．中国沙漠，2010，30 (5)：1174-1181.

[42] 孙平军，修春亮，王忠芝．基于 PSE 模型的矿业城市生态脆弱性的变化研究——以辽宁阜新为例 [J]．经济地理，2010，30 (8)：1354-1359.

[43] Birkmannn J. Measuring Vulnerability to Natural Hazards [M]. Tokyo：UNU Press, 2006.

[44] 李文朝，潘继征，陈开宁，等．滇池东北部沿岸带生态修复技术研究及工程示范 [J]．湖泊科学，2005，17 (4)：317-321.

[45] 金相灿，刘文生．湖泊污染底泥疏浚工程技术：滇池草海底泥疏挖及处置 [J]．环境科学研究，1999，12 (5)：9-12，14-17.

[46] 刘建林．试析城市居民生活方式的变迁——兼论滇池水污染 [J]．中南民族学院学报：人文社会科学版，2002，(S1)：39-41.

[47] 沈满洪. 滇池流域环境变迁及环境修复的社会机制 [J]. 中国人口·资源与环境, 2004, 13 (6): 76-80.

[48] 吕明姬, 汪杰, 范铮, 等. 滇池浮游细菌群落组成的空间分布特征及其与环境因子的关系 [J]. 环境科学学报, 2011, (2): 299-306.

[49] 潘晓洁, 常锋毅, 沈银武, 等. 滇池水体中微囊藻毒素含量变化与环境因子的相关性研究 [J]. 湖泊科学, 2006, 18 (6): 572-578.

[50] 李梁, 胡小贞, 刘娉婷, 等. 滇池外海底泥重金属污染分布特征及风险评价 [J]. 中国环境科学, 2010, 30 (1): 46-51.

[51] 杨大楷, 李丹丹. 寻找滇池污染之痛的症结 [J]. 环境保护, 2012, (5): 47-48.

[52] 邹锐, 朱翔, 贺彬, 等. 基于非线性响应函数和蒙特卡洛模拟的滇池流域污染负荷削减情景分析 [J]. 环境科学学报, 2011, (10): 2312-2318.

[53] 余中元, 李波, 张新时. 社会生态系统及脆弱性驱动机制分析 [J]. 生态学报, 2014, 34 (7): 1870-1879.

[54] 张洁, 李同昇, 王武科. 渭河流域人地关系地域系统耦合状态分析 [J]. 地理科学进展, 2010, 29 (6): 733-739.

[55] 王群, 陆林, 杨兴柱. 千岛湖社会–生态系统恢复力测度与影响机理 [J]. 地理学报, 2015, 70 (5): 779-795.

[56] 侯刘起. 南流江土壤侵蚀空间分布特征研究 [D]. 广西师范学院硕士学位论文, 2013.

[57] 胡何男. 农村集体土地使用权流转机制研究——以广西南流江流域为例 [D]. 广西师范学院硕士学位论文, 2013.

[58] 李月莲. 南流江流域土地利用变化图谱及驱动力研究 [D]. 广西师范学院硕士学位论文, 2013.

[59] 王子. 南流江流域生态风险评价研究 [D]. 广西师范学院硕士学位论文, 2014.

[60] 刘建伟. 南流江城市河流沉积物营养盐富集特征及污染评价研究 [D]. 广西师范学院硕士学位论文, 2015.

[61] 余小璐. 南流江流域生态系统健康评价 [D]. 广西师范学院硕士学位论文, 2015.

[62] 阚兴龙, 周永章. 北部湾南流江流域生态功能区划 [J]. 热带地理, 2013, 33 (5): 588-595.

[63] 车良革, 胡宝清, 李月莲. 1991—2009 年南流江流域植被覆盖时空变化及其与地质灾害相关分析 [J]. 广西师范学院学报: 自然科学版, 2012, 29 (3): 52-59.

[64] 黄莹, 胡宝清. 基于小波变换的南流江年径流量变化趋势分析 [J]. 广西师范学院学报: 自然科学版, 2015, 32 (3): 110-114.

[65] 黄翠秋, 郭纯青, 代俊峰, 等. 南流江流域降水序列变化的特征分析 [J]. 水电能源科学, 2012, 30 (4): 6-8.

[66] 乔娜. 南流江流域水资源数字化管理 [D]. 桂林理工大学硕士学位论文, 2012.

[67] 侯晴川. 南流江流域环境数据管理系统设计与实现 [D]. 广西师范学院硕士学位论文, 2015.

第2章 流域社会生态系统研究的理论基础与研究范式

2.1 流域社会生态系统科学研究的理论基础

2.1.1 流域科学理论

流域科学兼具地球系统科学基础研究和区域可持续发展应用研究的特性。从地球系统科学基础研究的角度看，流域科学的目标是理解和预测流域复杂系统的行为，其研究方法可以被看做地球系统科学的研究方法在流域尺度上的具体体现；而从流域综合管理的应用角度看，流域科学关注流域尺度上人和自然环境的相互作用，因此它也是通过对自然资源和人类活动的优化配置而为可持续发展服务的应用科学。

2.1.2 系统科学理论

系统科学是用系统的观点来研究客观世界，是从系统这个统一的概念出发，将其他学科从不同角度研究系统特性的基本原理加以总结，并上升到一门基础科学；其研究方法着眼于系统的总体功能，并注重系统内部子系统的相关关系和层次结构，从系统环境、系统结构、系统功能三者的相互关系入手研究系统普遍规律；从分析和综合的统一性出发，研究影响和改变系统。系统科学形成于20世纪70年代，是运筹学、控制论、信息论、现代数学、计算机科学、生命和思维科学等全面发展的结果，是自然科学与社会科学的交叉产物，属于软科学的研究范围。

根据人们观察世界的不同角度，钱学森把现代科学划分为11大门类。系统科学既不属于自然科学也不属于社会科学，更不是交叉科学和边缘科学，而是与其他学科门类并列的、独立的科学门类。但是从研究内容上来看，系统科学又和其他学科门类相联系。不论自然现象还是社会现象，不论是物质生产过程还是思维过程，都存在系统问题，都可以用系统科学的方法对其开展研究。系统观点源远流长，先后经历了古代朴素系统思想、现代辩证哲学系统思想和现代系统科学3个阶段。系统科学的基本内容包括一般系统论、耗散结构论、协同论和突变理论。凡是用系统观点来认识和处理问题的方法，即把对象当做系统来认识和处理的方法，不管是理论的或是经验的，定性的或定量的，数学的或非数学的，精确的或近似的，都叫做系统方法。在系统科学的不同层次上，以及系统科学的不同学科分支之间，系统方法既有共同点，也有相异之处。人们常用的系统方法主要有以下几种：①还原论与整体论相结合；②定性描述与定量描述相结合；③局部描述与整体描述相结合；④确定性描述与不确定性描述相结合；⑤系统分析与系统综合相结合。此外，模型方法作为系统方法论的重要方法，主要包括概念模型、数学模型及计算机模型。

2.1.3 人地关系地域系统理论

人地关系理论是人文地理学的基本理论。人类对人地关系的认识经历了一个发展和深化的过程，随着人类对地理环境的客观作用和人类主观能动性作用的认识的发展而发展，在不同阶段形成不同的理论。这些理论概括起来主要包括：以德国拉采尔为代表的"地理环境决定论"，以法国维达尔·白兰士和白吕纳为代表的"可能论"，英国地理学者罗士培提出的适应论，美国地理学者的生态论等。在我国也早有"天有其时，地有其财，人有其治，夫是之谓能参"的天人合一说等。20 世纪以来，人类一直在寻求缓解人地关系紧张局面的途径，提出了新型的人地关系思想——协调论，它是众多科学家、社会学家、政治家共同提倡，而逐步深化和被世人所公认的思想，并逐渐与可持续发展思想相贴近，较多学者将其作为可持续发展的理论基础，同时也是流域可持续利用的理论基础。

人地关系地域系统是以地球表层一定地域为基础的人地关系系统，也就是人与地在特定的地域中相互联系、相互作用而形成的一种动态结构[1]。这种动态结构得以存在和发展的条件，是在特定规律制约下，系统组成要素之间或与其周围环境之间，不断进行物质、能量和信息的交换，并以"流"（如物质流、能量流、信息流、经济流、人口流、社会流等）的形式维系系统与环境及系统各组成要素之间的关系。钱学森院士则进一步强调，人地关系（地域）巨系统的结构与功能是地学重要的基础研究。从系统组成看，人地关系地域系统由自然环境和人类社会环境两个子系统构成，各子系统分别由不同但又相互关联的因子组成，其中一个因子或一组因子的变化，会引起子系统内其他因子也发生相应的变化，导致系统发生变化，甚至是整个人地关系地域系统运行方向和性质的变化。近年来，人地关系地域系统研究越来越受到地理学者的重视。除了采用地理学经典的方法——区域研究，解决区域综合问题之外，在原理探讨方面也已经起步。但更多探索性的工作集中在两个方面：其一，社会经济发展中，强调自然环境的作用；其二，重大的自然过程中，探究人类活动因素的作用。

2.1.4　区域可持续发展理论

可持续发展作为一种全新的发展观是随着人类对全球环境与发展问题的广泛讨论而被提出来的。世界环境与发展委员会（WCED）于 1987 年发表的《我们共同的未来》报告中，将其定义为"满足当代需要又不损害后代满足其未来需求之能力的发展"。可持续发展的实质强调两个方面：一是公平性，包括本代人的公平和代际间的公平；二是协调发展原则，即在经济发展过程中应与人口、资源和环境相协调，其最终目标是要达到社会、经济、生态的最佳综合效益。

区域可持续发展是指区域复合系统全方位地趋向于组织优化、结构合理、运行顺畅的全面、均衡、协调的演化过程。其着眼点不在于区域发展能力的现状分析，而是根据具体的区域特性，寻求一种最适合该地区人地关系协调发展的生产和生活方式。区域可持续发展的理论体系所表现的三大特征，即数量维（发展）、质量维（协调）、时间维（持续），从根本上表征了可持续发展战略目标的完整追求。相对于可持续发展而言，区域可持续发展具有两个特征：第一，区域性，可持续发展是一种新的发展理念，具体实施仍要以各种区域为依托。地域之间的本质差别决定了因地制宜地进行区域可持续发展的相关研究与战略制定。第二，相对性，对特征相似或相近的区域，通常采用同样的研究方法体系，分析对比的结果只能说明一个地区相对于其他地区而言，区域可持续发展的程度如何以及区域可持续发展的能力有多大，而不是绝对意义上区域可持续发展状态与能力的反映。

2.1.5　景观生态学理论

景观生态学是一门相对年轻的、应用广泛的生态学分支，起源于 20 世纪 50～60 年代的欧洲（德国、荷兰、捷克斯洛伐克等），80 年代，景观生态学在全世界范围内得到迅速发展。1981 年荷兰召开了首届国际景观生态学讨论大会；1982 年捷克斯洛伐克成立了国际景观生态学会（International Association for Landscape Ecology，IALE），1987 年该学会创办了国际性杂志《景观生态学》。其间 R. Forman 和 M. Godron 于 1986 年合著出版的《景观生态学》标志着景观生态学发展进入了一个崭新的阶段。迄今为止，景观生态学不仅被学术界所普遍接受，而且已逐渐形成自身独立的理论体系，成为生态学研究的重点发展方向之一。景观生态学在理论、技术、方法、应用等方面已经取得了显著的成就，已广泛应用于自然资源开发与利用、生态系统管理、自然保护区的规划与管理、生物多样性保护、城乡土地利用规划、城市景观建筑规划设计、生态系统恢复与重建等领域。不同学者对景观生态学的基本理论看法差异显著，但都认为其核心内容包含了景观结构与功能、等级结构与尺度效应等内容。根据已有研究成果，景观生态学的基本原理主要包括以下几个方面：①景观结构与景观功能；②格局过程关系原理；③尺度分析原理；④景观结构镶嵌性原理；⑤景观生态流与空间再分配原理；⑥景观演化的人类主导性原理。

2.1.6　信息技术与科学理论

信息技术与科学理论的创建者是 C. E. Shannon，信息技术与科学理论是用文字、图形、图像、声音等形式研究事物运行的状态和规律。由于信息具有一定的随机性，以一定的概率发出不同的信号，可以用信息函数来表征信息的基本要素。为了度量信息函数的总体信息，以信息源的概率空间的统计平均值也就是信息熵作为度量信息函数的总体情况。信息技术与科学理论广泛应用在土地利用变化以及遥感监测等领域。20 世纪 50 年代，信息技术与科学理论开始在各个学科广为传播，在电子学、计算机科学、人工智能、系统工程学、自动化技术等多学科得到广泛应用。根据信息论，一个系统越是有序，信息熵就越低；反之，一个系统越是混乱，信息熵就越高。所以，信息熵也可以说是系统有序化程度的一个度量。

2.2　流域社会生态系统科学的研究范式

范式（paradigm），是科学的标志，是库恩在《科学革命的结构》中提出的，它指的是一个共同体成员所共享的信仰、价值、技术等的集合。前科学的特点是没有范式，表现为研究者对所从事学科的基本原理，甚至有关现象的看法完全不一致，经常争论；而且争论的矛头不是对准研究对象（客观世界），而是对准自己的同行。科学的特点就在于具有范式。范式为科学共同体（科学工作者按同一范式组成的集体）所一致拥有，他们按照统一的范式从事科学研究活动，因此范式是科学性质的标志[2]。当一个学科具有了自身的研究范式，那么这个学科也就成为了一个成熟的学科。作为一门独立的学科，流域社会生态系统科学研究必须有其独特的理论框架、逻辑思维和研究范式。研究范式包括范例，即研究共同体的典型事例和具体的题解。范式不仅包括有待解决的问题，而且提供了解决这些问题的途径，提供了选择问题的标准，即哪些问题值得研究，哪些不值得[2]。流域社会生态系统科学研究的范式可按以下 9 个方面展开论述。

（1）流域社会生态系统空间结构形态学分析。形态学（英语 morphology，德语 morpholo- gie）的范畴来自希腊语 morphe，歌德在自己的生物学研究中倡导得最早，用来特指一门专门研究生物形式的本质的学科。这门形态学同那种把生物有机体分解成各个单元的解剖学不同，后者只注重部分的微观分析而忽略了总体上的联系，而它要求把生命形式当做有机的系统看待。随着时间的发展，形态学出现了各种分支理论。整体是由局部构成的，整体统摄局部，局部支撑整体，局部行为受整体的约束、支配。描述系统包括描述系统整体和描述局部两方面，需要把两者很好地结合起来。在系统的整体观对照下建立对局部的描述，综合所有局部描述以建立关于系统整体的描述，是系统研究的基本方法。突变论的创立者托姆认为，用动力学方法研究系统，既要从局部走向整体，又要从整体走向局部。对于局部走向整体，数学中的解析性概念是有用的工具；对于从整体走向局部，数学中的奇点概念是有用的工具。任何系统，如果存在某种从微观描述过渡到宏观整体描述的方法，就标志着建立了该系统的基础理论。流域社会生态系统是一个复杂的巨系统，要想从整体上进行描述，首先必须对局部进行描述，所以，流域社会生态系统研究必须将局部描述和整体描述结合起来。

（2）控制论的应用。控制论是 20 世纪 40 年代以来形成的一门新兴学科，是研究各类系统的调节和控制规律的科学。它是在自动控制、通信技术、计算机科学、数理逻辑、神经生理学、行为科学等多门学科相互渗透、高度综合的基础上形成的，它重点研究各种系统的控制和通信过程，探讨它们共同具有的信息交换、反馈调节、自组织、自适应的原理，改善系统行为和使系统稳定运行的机制，并形成了一套适用于各门学科的概念、模型、原理和方法。流域社会生态系统研究是以地理环境及其与人类活动相互作用的地理系统为研究对象，在这方面的研究中，控制论方法是必不可少的。

（3）模型法。系统是由相互关联的若干部分有机组成的整体，用以实现其功能。为了达到这一目的，人们希望了解系统的各组成部分和系统结构。但是，实际系统描述又有很多困难，如流域系统这种复杂的巨系统，这类系统的结构可由人们的经验判断得出，或用统计的方法找出一些主要因素。工程问题虽然可以通过试验掌握系统的结构和特性，但是对大规模的生产过程，用直接试验的方法代价太大。因此，要对大型复杂系统进行有效的分析、研究并得到有效的结果，就必须首先建立系统模型，然后才能借助模型对系统进行定量的或者定量与定性相结合的分析。

系统模型是一个系统某一方面本质属性的描述，它以某种确定的形式（如文字、符号、图表、实物、数学公式等）提供关于该系统的知识。系统是复杂的，系统的属性也是多方面的。对于大多数研究目的而言，没有必要考虑全部属性，因此，用来表示一个系统的模型并非是唯一的。不同分析者所关心的是系统的不同方面，或者由于同一分析者要了解系统的各种变化关系，都可能为同一系统建立不同的模型，所以，属性的选取取决于系统工程研究的目的。

系统的模型化就是建立系统模型。它是把系统各单元之间相互关联的信息，用数学、物理及其他方法进行抽象，使其与系统有相似结构或行为并体现系统这一完善统一整体的科学方法。将计算机技术、"3S"技术①应用到系统研究中，利用数学知识、计算机知识和遥感技术进行研究，利用数学模型、计算机模型等模型方法进行研究。模型法是系统工程的主要研究方法，也一定适用于流域社会生态系统研究。

（4）还原论和整体论相结合。还原论主张把整体分解为部分去研究，但是还原论并非完全不考虑对象的整体性。为了认识整体必须先认识部分，只有把部分弄清楚才可能真正把握整体；认识了部分特性，就可以依此把握整体的特性，在这个意义上，还原论方法也是一种把握整体的方法，即所谓分析重构方法。但居主导地位的是分析、分解、还原：首先把系统从环境中分离出来，孤立起来进行研究；然后把系统分解为部分，把高层次还原为低层次，用部分说明整体，用低层次说明高层次。世界是变化的，万事万物都在不停地运动，一切系统都不是永恒的，土地系统也不例外。总之，如果研究系统不还原到元素层次，不了解局部的精细结构，那么对系统整体的认识只能是直观的、猜测性的、笼统性的、缺乏科学性的。如果没有整体观点，只见树木，不见森林，就不能从整体上把握事物、解决问题，对事物的认识只能是零碎的、不全面的。科学的态度是把还原论和整体论结合起来。按钱学森的说法就是"系统论是还原论和整体论的统一"，所以在进行流域社会生态系统研究时必须将二者相结合。

（5）系统动力学分析。动力学是理论力学的一个分支学科，它主要研究作用于物体的力与物体运动的关系。动力学的研究对象是运动速度远小于光速的宏观物体。动力学是物理学和天文学的基础，也是许多工程学科的基础。许多数学上的进展也常与解决动力学问题有关，所以数学家对动力学有着浓厚的兴趣。自 20 世纪初相对论问世以后，牛顿力学的时空概念和其他一些力学量的基本概念有了重大改变。实验结果也说明：当物体速度接近于光速时，经典动力学就完全不适用了。但是，在工程等实际问题中，所接触到的宏观物体的运动速度都远小于光速，用牛顿力学进行研究不但足够精确，而且远比相对论计算简单。因此，经典动力学仍是解决实际工程问题的基础。在目前所研究的力学系统中，需要考虑的因素逐渐增多，如变质量、非整、非线性、非保守，再加上反馈控制、随机因素等，运动微分方程越来越复杂，可正确求解的问题越来越少，许多动力学问题都需要用数值计算法近似地求解，微型、高速、大容量的电子计算机的应用，解决了计算复杂的困难。流域社会生态系统无时无刻不在与外界进行物质、能量、信息和价值的交换。而这种非线性的对外界响应过程可以用系统动力学来分析。

（6）流域系统运动学分析。运动学是理论力学的一个分支学科，它运用几何学的方法来研究物体的

---

① "3S"技术是遥感（RS）、地理信息系统（GIS）、全球定位系统（GPS）技术的统称。

运动,通常不考虑力和质量等因素的影响。运动学在发展的初期,从属于动力学,随着动力学的发展而发展。我国在战国时期的《墨经》中已有关于运动和时间先后的描述。亚里士多德在《物理学》中讨论了落体运动和圆运动,已有了速度的概念。19世纪末以来,为了适应不同生产需要、完成不同动作的各种机器相继出现并广泛使用,于是,运动学已逐渐脱离动力学而成为经典力学中一个独立的分支。流域社会生态系统在不同的时期,实现的功能是演变的,可以用运动学来分析。

(7)应用经济学分析。应用经济学分析主要指应用理论经济学的基本原理研究国民经济各个部门、各个专业领域的经济活动和经济关系的规律性,或对非经济活动领域进行经济效益、社会效益的分析而建立的各个经济学科。当利用经济学思想考虑流域问题的时候,称为流域经济学。流域系统问题大致可以归为流域内资源分配(产权)、资源利用(经济生产)和收益分享三类问题。流域内资源产权的出现,就意味着流域问题已经开始出现,由此也带来了资源利用等更多的问题。在流域社会生态系统研究中,从经济行为分析角度,研究流域使用者水资源市场行为的问题,可以为合理引导流域使用者行为提供理论和方法依据。

(8)运筹学分析。运筹学主要研究经济活动和军事活动中能用数量来表达的有关策划、管理方面的问题。当然,随着客观实际的发展,运筹学的许多内容不但研究经济和军事活动,有些已经深入日常生活当中去了。运筹学可以根据问题的要求,通过数学上的分析、运算,得出各种各样的结果,最后提出综合性的合理安排,以达到最好的效果。

运筹学作为一门用来解决实际问题的学科,在处理千差万别的问题时,一般有以下几个步骤:确定目标、制订方案、建立模型、制定解法。运筹学作为一门现代科学,是在第二次世界大战期间首先在英国、美国发展起来的,有的学者把运筹学描述为就组织系统的各种经营做出决策的科学手段。P. M. Morse与G. E. Kimball在他们的奠基作中给运筹学下的定义是:"运筹学是在实行管理的领域,运用数学方法,对需要进行管理的问题统筹规划,做出决策的一门应用科学。"运筹学的另一位创始人将运筹学定义如下:"管理系统的人为了获得关于系统运行的最优解而必须使用的一种科学方法。"它使用许多数学工具(包括概率统计、数理分析、线性代数等)和逻辑判断方法,来研究系统中人、财、物的组织管理、筹划调度等问题,以期发挥最大效益。运筹学的研究方法包括:①从现实生活中抽出本质的要素来构造数学模型,因而可寻求一个跟决策者的目标有关的解;②探索求解的结构并导出系统的求解过程;③从可行方案中寻求系统的最优解法。那么在流域社会生态系统这样一个巨系统中,可以采用运筹学的思维,协调流域人地关系,协调人类活动与流域资源的关系,最终实现流域社会生态系统的优化调控。

(9)神经网络学分析。人工神经网络是基于模仿人类大脑的结构和功能而构成的一种信息处理系统,是由大量称为神经元的简单信息单元组成,每个神经元不仅从邻近的其他神经元接收信息,也向邻近该神经元的其他神经元发出信息,整个网络的信息处理是通过神经元之间的相互作用来完成的。由于神经网络具有组织、自学习和联想记忆功能,并具有分布性、并行性及高度选择性等性能,从而在模式识别、系统辨识、预测、控制、图像处理函数拟合等问题研究中发挥了重要作用。将影响流域社会生态系统整体特征的自然条件及社会经济因素等因子作为神经元,对应于网络输入层的一个节点,把系统整体特征表现作为神经系统网络的输出,可构建出流域社会生态系统整体特征表现神经网络模型,运用该网络对研究区域调查样本进行监督学习,从而识别出影响因子与预测对象之间复杂的非线性映射关系,为流域资源的优化配置和科学管理提供指导。

参 考 文 献

[1] 吴传钧. 论地理学的研究核心——人地关系地域系统 [J]. 经济地理, 1991, (3): 1-6.

[2] 蔡运龙. 人地关系研究范型: 哲学与伦理思辨 [J]. 人文地理, 1996, (1): 1-6.

第3章 流域社会生态系统研究的理论与方法

3.1 基本概念

3.1.1 系统及其结构与功能

系统是系统科学的中心概念，系统是由相互依存、相互作用的若干元素构成并完成某一特定功能的统一体[1]，也可表述为，系统是由两个或两个以上的相互区别、相互依赖和相互制约的单位（或要素、组成部分）有机结合起来的具有特定功能的有机整体。作为系统必须具有以下特征，即整体性、关联性、功能性及环境适应性，这些特征也是构成系统的基本条件。

系统结构是组成系统的元素、元素间的层次关系以及系统间的层次关系等，是系统元素在时间和空间有机联系与相互作用的方式，是系统内部的描述，是决定系统功能的内因，也是系统功能的保证[2]。简而言之，系统的要素及其联系方式称为系统结构。元素间的相互作用及其相互联系表现为物质的、信息的、能量的及价值的流动。这些流动通过系统的有机结构而做功，即完成系统的功能。系统元素相同，结构不同，对应的系统不同，表现出的功能将会产生差异，所以说系统是结构和功能的统一体。系统的功能是指系统与外部环境相互作用过程的能力。功能是系统对外部环境的影响，是系统对环境的作用和输出。功能也是系统结构的结果，有了结构然后才具有功能。系统结构是完成功能的保证，功能是系统在环境中所起的作用。

此外，系统行为与状态、系统环境与边界也是系统研究的重要概念。系统存在于环境之中，系统的各种活动及其周围环境的影响，即成为系统的行为，它是一系列输入与输出活动的集合。输入表现为环境作用于系统，系统的输出表现为系统受环境刺激作用，产生相应作用或反作用于环境。系统状态指系统每时每刻所处的情况，系统的状态是随时间的变化而变化的，系统状态随时间的变化称为系统行为。系统环境是指系统及系统要素相关联的其他要素的集合，简单地说就是系统外界事物及诸要素的集合。任何系统都是有限的研究对象，即任何系统都有明确的边界限制。系统边界是系统与系统环境的分界，系统环境通常指外部环境。

3.1.2 生态系统

生态系统（ecosystem）一词首先是英国植物生态学家 A. G. Tansley 提出来的，表示在特定的时间和空间范围内，由生物群落及其生存的物理环境所构成的整体[3]。生态系统的定义的基本含义包括以下几个方面：①系统由生物和非生物要素两部分组成；②各组成要素之间有机地组合在一起，为人类提供一定的服务功能；③生态系统是客观存在的实体，是有时空概念的功能单元；④生态系统为人类社会发展提供物质基础。生态系统包含自然界的任何一部分，而自然界的每一部分又是一种自然整体，如森林、草地、农田等，都是不同的生态系统[4]。因此，依据研究内容的侧重点不同，我国目前的生态系统一级分类主要包括农田、森林、水体，以及湿地生态系统、聚落生态系统、荒漠生态系统。这6类生态系统由不同的物质构成，其结构和功能也各不相同，因此我们在进行研究时，应该从系统的特点、组成和发展阶段出发，从整体上把握生态系统自我平衡和自我调控的功能。

3.1.3　社会生态系统

Gumming[5]认为社会–生态系统是人与自然紧密联系的复杂适应系统，具有不可预期、自组织、多稳态、阈值效应、历史依赖等多种特征。叶俊提出社会生态系统是人类智慧圈的基本功能单元[6]，是人类社会系统及其环境系统在特定时空的有机结合，是社会因素和自然因素纵横交错、相互作用、相互制约形成的[6-8]。余中元等[9]认为社会生态系统是人、自然、社会组成的复杂巨系统，是社会系统和生态系统的耦合，是自然环境、经济、政治、历史、文化、治理、意识复合的巨系统，在这个系统里，任何一个要素的变化都会引起其他要素的连锁反应。人类活动是系统变化的主要驱动因素。人类作为社会生态系统的主体要素，所从事的一切活动既要遵从自然发展的规律，也要遵从人类社会的发展规律，由此促进其客体要素，即自然与社会的和谐进化与协同发展。社会生态系统具有地域性、政治性、历史性、文化性、演替性、范围的广域性等多种特性。

3.1.4　流域社会生态系统

在流域的早期相关研究中，其定义多关注于自然属性，即流域是汇集和补给一条河流及其支流的地表水和地下水全部来源区，即地表水与地下水分水脊线所包围的集水区域[10]。随着人类对流域开发强度的增大，流域的资源属性和服务功能得到体现，对其概念的界定也从纯自然范畴延伸到自然与社会经济的复合系统特征上。

流域社会生态系统是指流域辖区内以水为纽带，由人口、社会、经济等人文要素和水、土、气、生等自然环境要素共同构成的一个通过物质输移、能量流动、信息传递、相互交织、相互制约的社会–经济–自然复合生态系统，具有不可预期、自组织、非线性等特征[11]。

3.2　基　本　理　论

3.2.1　流域社会生态系统结构与格局形态学分析

流域社会生态系统结构与格局的表象包含着丰富的信息，在一定程度上反映出流域社会生态系统的成因机制、演变过程与方向。从系统结构与格局的表象出发，通过分析格局与过程的静态与动态变化过程来研究流域社会生态系统演变及其与其他影响因素之间的关系，可为流域社会生态系统演变的驱动力诊断与机理模型的构建提供依据。因此，流域社会生态系统结构与格局分析是进行流域社会生态系统演变过程与机制研究的基础前提。

1）流域社会生态系统结构分析

流域社会生态系统是一个涉及人口、资源、环境和经济发展的复合系统，类似于其他人地系统，具有结构复杂、动态时变性和高阶非线性多重反馈特征。流域社会生态系统的组成要素及影响因素非常多，相互之间存在着复杂的多重反馈关系，而这些反馈关系基本上都表现为典型的非线性关系，因此，在进行流域社会生态系统结构分析时，一般不能进行简单的线性化处理，可以用系统动力学方法来对其展开研究。

系统动力学方法是从系统内部的元素和系统结构分析入手来建立数学模型，与以获得最优解为目的的运筹学和计量经济学方法相比，它除能动态跟踪和不受线性约束外，并不追求最优解，而是以现实存在为前提，通过改变系统的参数和结构，测试各种战略方针、技术、经济措施和政策的滞后效应，寻求改善系统行为的机会和途径。用系统动力学法研究流域社会生态系统结构，旨在从整体上反映人口、资源、环境和经济发展之间的相互关系,通过建立系统动力学模型,模拟不同策略方案下人口变化、经济发展与人地系统结构之间的动态变化。以寻求一条既能满足需求,又在经济上可行、环境上稳妥的通向美好未来的途径[12]。

2)流域社会生态系统景观空间格局分析

景观空间格局主要是指不同大小和形状的景观斑块在空间上的排列状况。它是景观异质性的重要表现,反映各种生态过程在不同尺度上的作用结果。由于景观格局的形成是在一定地域内各种自然环境条件与社会因素共同作用的产物,研究其特征可了解它的形成原因与作用机制,为人类定向影响生态环境并使其向良性方向演化提供依据[13]。

通过对流域社会生态系统景观空间格局分析,可以将其空间特征与时间过程联系起来,从而能够较为清楚地对流域社会生态系统内在规律性进行分析和描述,而对空间格局的定量描述是分析流域社会生态系统尤其是土地利用子系统的结构、功能及过程的基础。景观生态学家对景观空间格局的定量描述提出了许多不同的指标,为景观空间格局的分析奠定了基础,也是流域社会生态系统景观空间格局分析的重要指标。

景观格局特征可以在3个层次上分析:单个斑块、斑块类型和整个景观镶嵌体,相应的景观格局指数也存在3个水平上不同的指数:斑块水平、斑块类型水平和景观水平。在斑块水平上的指数包括单个斑块的面积、形状边界特征,以及距其他斑块远近有关的一系列简单指数。在斑块类型水平上,因为同一类型常常包括许多斑块,所以可以相应地计算一系列的统计学指标,如斑块的平均面积、平均形状指数、斑块密度等。在景观水平上,可以计算各种多样性指数、均匀度指数、优势度指数和破碎度指数等。

3.2.2 流域社会生态系统演变过程运动学分析

1. 流域社会生态系统演变时间动态过程分析

一般系统论认为,系统的结构、状态、特性、行为、功能等随着时间的推移而发生变化,即为系统演化。演化性是系统的普遍特性。只要在足够大的时间尺度上看,任何系统都处于或快或慢的演化之中,都是演化系统。流域社会生态系统是一个动态系统,由于系统不断地受到自然环境因素和社会经济的影响,当这些影响因素的作用强度达到一定程度或作用效果累积到一定规模,流域社会生态系统就会发生"涨落",其属性发生变化,系统也随之发生演化。

流域社会生态系统的时空演变分析,是在分析其结构与景观空间格局的基础上,进一步研究其变化方向及变化的幅度等特性的一种分析方法。其根本目的在于掌握流域社会生态系统状态的变化及其变化的过程,揭示流域社会生态系统的格局变化及与其相关的地质-生态背景、社会、经济等参数的变化特征与规律,建立流域社会生态系统的时空演变描述模型,刻画流域社会生态系统的时空演变过程及规律。对流域社会生态系统演变的时间动态过程研究,目前主要通过两种途径来分析。一是通过多年统计数据,对系统结构的变化进行分析,但统计数据往往受人为主观影响较大,易引起争议;二是通过遥感数据进行分析,遥感数据反映的景观特征具有较强的客观性,但是要获取多年系列数据费用较高。因此,通常同时采用两种方法进行分析,互为补充,也便于验证。

2. 流域社会生态系统演变的空间差异分析

在不同的自然地理单元内,各个自然要素及其空间组合存在差异性,区域总体特征与主要的自然地理过程各不相同;与此同时,各个人文要素的影响也各异,从而导致流域社会生态系统演变的过程与趋势不同,即流域社会生态系统演变具有空间差异性。流域内的土地利用系统是经过长期进化发展的一种自然-经济-社会复合生物生产系统。一定时间和一定空间的具有相对独立的土地利用单元,构成一个土地利用系统。由于流域土地利用系统演变的空间差异是流域社会生态系统演变空间差异最直接的表现形式，通过研究流域土地利用系统演变空间差异特征和内在规律，同样可揭示流域社会生态系统演变空间差异特征和内在规律。

3.2.3 流域社会生态系统动因与机制动力学分析

1. 流域社会生态系统演变动因与机制定性分析

一般系统论认为[14]，任何系统都有定性特性和定量特性两方面，定性特性决定定量特性，定量特性表现定性特性。只有定性描述，对系统行为特性的把握难以深入准确。但定性描述是定量描述的基础，定性认识不正确，不论定量描述多么精确漂亮，都没有用，甚至会把人引入歧途。定量描述是为定性描述服务的，借助定量描述能使定性描述深刻化、精确化。定性描述与定量描述相结合是系统研究的基本方法之一。

流域社会生态系统是由多个子系统复合而成的典型自然–经济–社会复合系统，具有一定结构、功能和自我调节能力。由于流域社会生态系统的演变既受到地形、地貌、土壤及其基础地质、水文、气候和植被等地质–生态环境背景因素的驱动，同时也受到社会、经济、文化、技术、政策等人文因素的驱动。因此，人们可从系统及其演变所表现的现象中提取自然、社会、经济、技术、管理、体制、政策等定性方面的信息，分析系统演变的动因和机制，从而为研究的定量化、具体化、区域化和可持续利用战略选择的理性化奠定基础。

定性分析法实质上是一种描述性方法，是对因果关系的定性探讨，它有利于综合评判驱动力因子与变化结果之间的联系。流域社会生态系统演变动因与机制定性分析正是在对其结构与格局分析以及时空演变分析的基础上，根据已有研究成果，确定并描述流域社会生态系统演变的动因、驱动力因素及其作用机制。其目的是从表象上揭示流域社会生态系统演变所表现出的现象与原因的关系，并为进一步揭示其内在演变规律的定量研究做准备。

2. 流域社会生态系统演变动因与机制定量分析

流域社会生态系统动因与机制定量分析的目的是揭示其演变的原因、内部机制和过程，并预测其未来演变的趋势与结果，从而为流域社会生态系统的优化调控提供科学依据。目前，驱动力研究的方法以模型为主，通过建立模型可加深人们对流域社会生态系统演变规律性的认识。流域社会生态系统因子和机制的定量分析就是通过驱动力模型来对系统演变驱动力因子与变化过程之间的简化、拟合、验证等，达到去伪存真，揭示系统演变原因、机制和过程的目的。驱动力系统研究的定量化与模型化是流域社会生态系统动因和机制研究的有力工具。进行流域社会生态系统动因与机制定量分析时，除了借鉴常规模型进行分析外，应根据流域社会生态系统的区域特殊性来建立流域社会生态系统演变的驱动力模型。

3.2.4 流域社会生态系统演变环境效应分析

环境效应（environmental effect）是指自然过程或者人类的生产和生活活动导致环境系统的结构和功能发生变化的过程。有正效应，也有负效应。流域是一种易受干扰而遭破坏的脆弱生态环境，对环境因素改变反应灵敏，生态稳定性差，生物组成和生产力波动较大。流域地质地貌的形成过程与演化引起流域气候演变、水文变迁、植被覆盖变动、土壤质量变化等环境效应，这是流域自然过程方面引起的环境效应。

近几十年来，由于人口激增、过度垦殖和放牧等土地利用而产生的生态环境问题日益突出，流域土地利用变化改变了地表土地覆被状况并影响许多生态过程，引起相应地区及周围地区气候、土壤、植被、水体等的改变，这是流域内人类生产和生活活动方面引起的环境效应。土地利用变化的环境效应存在正负两个方面，其中负面的环境效应相对更加突出，是土地利用环境效应研究的主要内容[15]。人类对土地不合理利用的叠加作用，如陡坡开垦、顺坡耕种，对土地进行掠夺式经营，导致水土流失十分严重，致使土层变薄，养分流失，土壤质量退化。

3.2.5　流域社会生态系统优化调控运筹学分析

根据耗散结构理论，流域社会生态系统通过各相关子系统及其间的物质、能量与信息的不断转换，以及系统与外部环境之间多种流的传递，按照内在的非线性相关关系，维持其耗散结构。随着科学技术的进步，人类可以按照特定的目的改变系统中各子系统或各组成要素的不断"涨落"的运动状态，从而促使流域社会生态系统各个领域子系统之间的协调，推动流域社会生态系统的有序化与可持续发展。优化目标通过向人类社会持续发展愿望特质和向生态系统环境特质双向逼近而实现，优化配置最终要实现经济效益目标、社会效益目标和生态环境效益目标。

3.2.6　流域社会生态系统模型分析法

模型是对现实世界中的实体或现象的抽象或简化，是对实体或现象中的最重要的构成及相互关系的表述。实体或对象称为原型。模型方法是系统科学的基本方法，研究系统一般都是研究它的模型，且有的系统只能通过模型来研究。构造模型是为了研究原型，客观性、有效性是对建模的首要要求。反映原型本质特性的一切信息必须在模型中表现出来，通过模型研究能够把握原形的主要特性。模型又是对原型的抽象或简化，应当压缩一切可以压缩的信息，力求经济性好，便于操作。没有抽象或简化不成为模型，同原型比较未能显著简化的模型不是好模型。根据不同的研究，抽象或简化可以通过多种方法，如文字、图形、实物以及数学等方法来实现。抽象方法不同，就构成了不同的模型，如文字或语言模型、图像模型、实物模型以及数学模型。不论模型是怎么建立的，它的表现形式如何，模型本身应具备如下的特征[16]。

（1）结构性。模型结构性表现两个方面：①相似性。模型与所研究的对象或问题在本质上具有相似的特性和变化规律，即现实世界的"原型"与"模型"之间具有相似的物理属性或数学特征。②多元性。对于复杂的对象，不同研究目的下构件的模型是不同的。所建立的多层次的多种模型反映了不同角度下对研究对象的认识，它们之间相互补充、相互完善。

（2）简单性。简单性要求提供的模型在某种意义上是同类模型中最坚实、最简单的，对问题提供了令人信服的解答。在模型描述中，简单性表现为简洁性。在模型的形式中，简洁性表现为简约性，即模型中应包含尽可能少的数学方程，模型的维数尽可能低。

（3）清晰性。模型的内容构成和表示应足够清晰，可以被任何感兴趣的研究人员理解，并能够在使用中产生相同的结果，而不需要非凡的个人灵感和特殊的资源。

（4）客观性。客观是指模型与研究人员的偏见无关，不管用什么样的表达形式，只要这些表达形式最终被证明是等价的，都可以认为是客观的。

（5）有效性。有效性反映了模型的正确程度，有效性用实际数据和模型产生的数据之间的符合程度来度量，分 3 个层次，即复制有效、预测有效和结构有效。

（6）可信性。可信性反映了模型的真实程度，有时又称为真实性。模型的可信性分析十分复杂，既取决于模型的种类，又取决于模型的构造过程。一个模型的可信性分为行为水平上的可信性、状态结构水平上的可信性以及分解结构水平上的可信性。不论对哪一种可信性水平，可信性的考虑应贯穿整个建模阶段及以后的应用阶段。在建模时必须考虑演绎的可信性、归纳的可信性和目标的可信性 3 个方面。

（7）可操作性。计算机的应用为判断数学模型与试验模型的优劣提供了一条重要判据：如果为了求解模型而付出目前一般情况下难以承受的高昂计算代价，那么该原型是难以操作的。对用户而言，只要模型的计算代价超出了能忍受的范围，就认为模型是不实用的。因此，好的模型是在目前正常条件下（包括计算的硬软件配置、自然条件的限制等）具有可操作性的模型。

3.3　研　究　方　法

3.3.1　系统论方法

系统论方法是从整体和功能中心的观点出发，从系统与要素之间、要素与要素之间以及系统与外部环境之间的相互联系、相互作用中研究对象，以使系统达到最优功能状态的科学方法。用系统科学的理论研究人地关系地域系统这一开放的复杂巨系统是地学基础研究[17]。本书从系统论的观点出发，立足整体、统筹全局，对南流江流域进行系统研究，把南流江流域作为一个自然环境与经济社会综合的地域系统，力求从整体上把握南流江流域自然环境与经济社会互动发展规律。

3.3.2　分析与综合方法

分析方法是把一个完整的对象分解为不同的方面和部分，把复杂的对象分解为各个简单的要素，并把这些部分和要素分别进行研究和认识的思维方法。综合方法是与分析方法的思维路径相反的一种思维形式，是把对象的各个部分、侧面、因素联结和统一起来进行动态考察事物的思维方法。本书按照南流江流域各个地理要素及经济社会要素之间本质的、有机的联系，从整体上或更高层次，从动态角度说明南流江流域自然环境与经济社会互动发展的本质和运动规律，系统分析南流江流域地质构造、地形地貌、气象气候、经济社会等各个要素历史发展过程及演变规律。

3.3.3　野外考察法

野外考察法是地学传统研究方法。通过实地调查研究区自然、社会、经济条件，对研究区有一个直观认识。野外考察在地理研究中具有不可比拟的优势，可以实现从多方面认识研究区的目的。本书对南流江流域进行了大量的野外考察调研，集中收集流域自然地理、人文地理、经济、社会等方面的文字资料、数据资料、统计资料及有关图件。通过现场调研及观察，详细了解南流江从源头大容山至合浦入海口各典型地区的生态环境，以及流域的经济社会发展情况，通过个别访谈，取得了大量关于区域经济、社会、自然环境等一手资料。

3.3.4　定性分析与定量研究相结合的方法

定量研究可以保证研究的精确性，定性研究可以更多地对研究对象进行"质"的分析，定性与定量相结合的研究方法是众多研究普遍采用的研究方法[18]。本书在对南流江流域的研究中，尤其是在流域人口数量变化、经济发展、土地利用变化、灾害数量、生态功能区划等内容的研究中，通过长时间段的定量数据变化与定性的趋势分析来揭示流域不同历史时期经济社会发展及生态环境变化等方面的变化，借助 GIS 技术确保生态功能区划的精确性，从而得出有价值的研究结论。

3.3.5　模型分析法

模型可以根据其内容、功能、表达方式等进行划分。按照构造模型的内容划分，模型划分为实物模型和符号模型两种；按照模型的功能划分，模型划分为解释模型、预测模型和规范模型；按照模型的表达方式划分，模型划分为概念模型、数学模型和基于计算机的模型，这 3 种模型在流域社会生态系统研究中发挥着非常重要的作用。

1. 概念模型

概念模型是指利用科学的归纳方法，以对研究对象的观察、抽象形成的概念为基础，建立起来的关于概念之间的关系和影响方式的模型。概念模型的理论基础是数学归纳方法，模型的内容是概念之间的关系和影响方式。概念模型通过系统分析法来建立，模型的表现是概念之间的关系。建模的首要步骤就是建立概念模型，其核心内容是明确定义所研究的问题，确定建模的目的，确定系统边界，建立系统要素关系图。

概念模型是一种基于经验的定性分析模型，它是建立定量分析模型的基础。因此，流域社会生态系统演变的定性分析模型，是建立流域社会生态系统演变定量研究模型的基础。定性分析法以定性描述为主，揭示流域社会生态系统演变的本质，但与定量方法相比较而言，缺乏说服力，通常与定量研究方法相结合。在影响流域社会生态系统演变的地质–生态环境背景因素与经济–社会诸要素中，有些因素难以定量化，必须以概念化逻辑模型来描述流域社会生态系统演变的机制。因此，概念模型是流域社会生态系统演变机制不可缺少的方法之一。

2. 数学模型

系统的数学模型指的是描述元素之间、子系统之间、层次之间相互作用，以及系统与环境相互作用的数学表达式。原则上讲，现代数学所提供的一切数学表达形式，包括几何图形、代数结构、拓扑结构、序结构、分析表达式等，均可作为一定系统的数学模型。大量的数学模型是定量分析系统的有力工具。用数学形式表示的输出对输入的相应关系，就是规范使用的一种定量分析模型。定量描述系统的数学模型必须以正确认识系统的定性性质为前提。简化对象原型必须先做出某些假设，这些假设只能是定性分析的结果。描述系统的特征量的选择建立在建模者对系统行为特性的定性认识基础上。这是一种科学共同的方法论[19]。

数学模型，即流域社会生态系统定量研究法在内容上比定性的方法要丰富得多，对流域社会生态系统演变机制的深入研究将起到积极作用。在众多定量的研究方法中，概括起来主要有三大框架模型：模拟与解释模型、描述模型和预测模型。其中，模拟与解释模型包括：统计模型（回归模型、典型相关分析模型）、系统动力仿真模型、细胞自动机模型等。描述模型包括：数量变化模型、质量变化模型、空间变化模型等。预测模型包括：时间序列预测模型、灰色预测模型、马尔可夫预测模型、系统动力学预测模型、规划预测模型等。

3. 基于计算机的模型

用计算机程序定义的模型，称为基于计算机的模型。首先明确构成系统的"构建"，把它们之间的相互关联方式提炼成若干简单的行为规则，并以计算机程序表示出来，以便通过计算机上的数值计算来模仿系统运行演化，观察如何通过对构件执行这些简单规则而涌现出系统的整体性质，预测系统的未来走向。所有数学模型都可以转化为基于计算机的模型，通过计算机来研究系统。

由于流域社会生态系统演变是基于地质–生态背景的人类活动的直接反映，具有显著的时空特征，遥感技术又是获取地理空间信息和时间序列信息的重要手段，因此，遥感（RS）为流域社会生态系统空间特征和演化过程研究提供了必要的技术支持。地理信息系统（GIS）具有数据的输入、存储、管理、检索、查询、计算、分析、描述和显示的功能，GIS 是"3S"技术的核心部分。空间分析和属性分析是地理信息系统技术的重中之重。流域社会生态系统空间结构与格局、时空演变、动因、过程和机制、效应等的研究与 GIS 强大的空间数据处理、分析功能密不可分。全球定位系统（GPS）具有定位的高度灵活性和常规测量技术无法比拟的高精度，使测量科学发生一场革命性的变化。GPS 已经成为定位和导航的一种崭新的技术手段。GPS 技术的应用将为形成实时、高效的流域社会生态系统动态监测体系奠定基础，成为流域社会生态系统动态变化研究的重要技术手段。可见，RS、GIS、GPS 3 种技术各具特色和优势，"3S" 一体化技术集成三者优势，将为流域社会生态系统演变机制研究提供全新的技术手段。

参 考 文 献

[1] 钱学森. 现代科学的结构——再论科学技术体系学 [J]. 哲学研究, 1982, (3): 19-22.

[2] 汪应洛.《系统科学的哲学问题》评介 [J]. 系统辩证学学报, 1998, (2): 94.

[3] Tansley A G. The use and abuse of vegetational concepts and terms [J]. Ecology, 1935, 16: 284-307.

[4] 毕润成. 生态学 [M]. 北京：科学出版社, 2012.

[5] Cumming G S, Barnes G, Perz S, et al. An exploratory framework for the empirical measurement of resilience [J]. Ecosystems, 2005, 8 (8): 975-987.

[6] Ye J. Form the perspective of huaman-earth relationship: The philosophy of human science and social ecology [J]. Journal of Yantai University: Philosophy and Social Science Edition, 1997, (4): 9-14.

[7] Ma D M, Li H Q. The similarities and differences between social ecological system and natural ecological system [J]. Dongyue Tribune, 2011, 32 (11): 131-134.

[8] Xu F L. Study on low carbon economy form the perspective of social ecosystem theory [J]. Bridge of Century, 2011, (5): 72-73.

[9] 余中元, 李波, 张新时. 社会生态系统及脆弱性驱动机制分析 [J]. 生态学报, 2014, (7): 1870-1879.

[10] 李春艳, 邓玉林. 我国流域生态系统退化研究进展 [J]. 生态学杂志, 2009, (3): 535-541.

[11] Ostrom E. A general framework for analyzing sustainability of social ecological systems [J]. Science, 2009, (7): 419-422.

[12] 高永年, 刘友兆. 经济快速发展地区土地利用结构信息熵变化及其动因分析——以昆山市为例 [J]. 土壤, 2004, (5): 527-531.

[13] 张世熔, 龚国淑, 邓良基, 等. 川西丘陵区景观空间格局分析 [J]. 生态学报, 2003, (2): 380-386.

[14] 陈彦光, 刘继生. 城市系统的异速生长关系与位序-规模法则——对 Steindl 模型的修正与发展 [J]. 地理科学, 2001, (5): 412-416.

[15] 蒋勇军, 袁道先, 章程, 等. 典型岩溶农业区土地利用变化对土壤性质的影响——以云南小江流域为例 [J]. 地理学报, 2005, (5): 751-760.

[16] 林光辉. 全球变化研究进展与新方向 [C] //李博. 现代生态学讲座 [M]. 北京：科学出版社, 1995.

[17] 陆大道. 关于地理的"人-地系统研究地理研究" [J]. 地理研究, 2002, 21 (3): 135-145.

[18] 陆大道, 刘卫东. 区域发展地学基础综合研究的意义、进展与任务 [J]. 地球科学进展, 2003, (1): 12-21.

[19] 许国志. 系统工程与城市建设和管理 [J]. 城市规划, 1984, (1): 25-28.

第4章　流域社会生态系统研究的学术思路与技术路线

4.1　学　术　思　路

社会生态系统研究是地理学研究的一个重要方向，人类的各种行为活动必然对所依托的自然环境产生各种各样的影响，自然环境本身也存在一定的演化规律，探讨人地关系、揭示自然演化规律对人地和谐相处具有重要意义。流域内自然环境脆弱，人类活动对自然环境的影响尤为显著，运用地理学、流域科学、土地科学、信息科学、系统科学和景观生态学对流域生态–经济–社会耦合系统进行综合研究，对于流域综合管理具有指导意义。

流域社会生态系统由人类活动出发，结合独特的流域自然地理环境，借助地理学、流域科学、土地科学、信息科学、生态学、系统科学等学科相关理论与方法构成了一门独立的学科——流域社会生态系统科学，该学科具有如下三方面的学科性质。

（1）系统学科性质。流域社会生态系统的概念是建立在系统论基础上的，流域社会生态系统科学也正是在系统论的支持下，由自然科学与社会科学相互渗透而形成的。整体性和系统性始终在流域社会生态系统科学各个环节研究中得到充分的体现。

（2）综合学科性质。流域社会生态系统科学是在地理学、流域科学、土地科学、系统科学、信息科学、生态学等学科基础上耦合而形成的，具有明显的综合性和多学科的特点。因此在分析流域社会生态系统各构成要素与系统整体的特征及功能的过程中，必须要研究各要素间的相互影响、相互作用、相互制约的复杂关系，这其中必然牵涉地理学、流域科学、土地科学、系统科学、信息科学和生态学等学科的相关知识与研究成果。

（3）人地学科性质。流域社会生态系统包含了流域的自然环境和人类活动，是一个独特的自然–社会–经济复合体，因此流域社会生态系统科学兼具自然科学与社会科学的双重属性。流域社会生态系统主要由构成流域环境的自然–社会–经济子系统复合而成，依据该复合系统内部人地相互作用的具体对象，还可以把这一巨系统细分为气候子系统、水文子系统、植被子系统等各个子系统（图4-1）。作为一门独

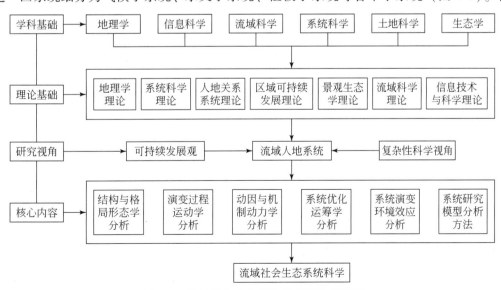

图 4-1　流域社会生态系统科学概念模型图

立的学科，我们认为流域社会生态系统科学是对流域人地科学的系统研究，其研究对象是流域社会生态系统，其关注的核心科学问题为在流域这一独特的自然地理环境下，人类的各种行为活动如何引起区域环境要素的效应与响应，即人类不合理的行为活动引起了怎样的环境效应，如对流域生态过程演变存在怎样的驱动机理，流域的土地效应变化存在怎样的特征，流域的生态系统健康存在怎样的时空分布；针对这些效应，人类有什么样的响应，即采取何种应对措施，科学地管理流域，维持流域的可持续发展（图4-1）。

4.2　技 术 路 线

本书以流域社会生态系统为研究对象，沿着流域社会生态系统组成—人地关系—理论与方法—数据共享—生态过程—环境效应—综合管理的脉络展开，对流域社会生态系统组成的各个子系统，即流域生态系统、流域经济系统、流域土地利用系统的演化机理及综合调控进行系统研究，全书技术路线如图4-2所示。

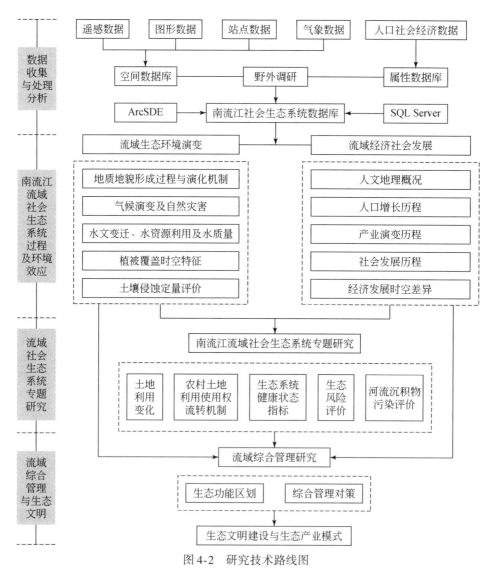

图4-2　研究技术路线图

第 5 章　南流江流域自然地理与人文地理特征分析

南流江流域在 2000 多年前的秦汉时期开始行政建置，流域上中下游 3 个地区建制沿革经历了长期复杂的变化。南流江对流域内经济社会人文都产生了巨大的影响，使流域的发展呈典型的江河经济特征，并且产生了独具特色的流域文化。

南流江流域地方志（北海市地方志编纂委员会 1996 年资料；玉林市地方志编纂委员会 1993 年资料）为本书提供了珍贵的文献资料。本书在文献资料分析和野外考察基础上，系统分析流域的综合地理要素空间格局。由于基础数据存在非跨地区性的制约，本章选取南流江干流经过而且其辖地全部属于南流江流域的地区作为典型代表，即上游玉林市（玉州区和福绵区），中游博白县，下游北海市（包括合浦县），对南流江的自然地理与人文地理进行特征分析。

5.1　地理位置与研究范围

5.1.1　地理位置

南流江地处广西东南沿海，纬度为 21.58°~22.88°N，经度为 108.99°~110.39°E。是桂南沿海诸河中最大的河流，发源于北流市与玉林市交界的大容山莲花顶（海拔 1257m）以南的 500m 处。流经玉林市、钦州市、北海市 3 个行政地区。东与广东省茂名市相邻，南与广东省湛江市毗连，西与南宁市交界，北与贵港市接壤。南流江流域全境位于北回归线以南，北回归线是地球上北温带与热带的分界线，因此南流江流域属热带气候。

5.1.2　研究范围

南流江位于广西东南部，发源于北流市大容山南麓，流贯玉林市玉州区、北流市、兴业县、陆川县、博白县，钦州市钦南区、灵山县、浦北县，北海市合浦县，是广西境内流入北部湾流程最长、流域面积最广、水量最丰富的河流，被称作广西独流入海第一大河。南流江流域面积 8635km²，是广西北部湾经济区的重要组成部分。

5.2　地理要素空间格局

自大容山发源后，南流江顺地势沿大容山、六万大山和云开大山三大山脉形成的山谷顺流而下，奔流入海，形成"三山夹一江"的地理格局。南流江自上而下分别流经玉林盆地、博白盆地在北部湾入海口形成南流江合浦三角洲盆地，形成了"一江带三盆"如"糖葫芦"形地理格局。

资料显示（玉林市地方志编纂委员会 1993 年资料），整个南流江流域山地主要集中在上游玉林及中游博白境内。上游是大容山脉，中游东南侧有云开山脉，西北侧有六万山脉。这三大山脉构成了整个流域的地形骨架，地形图上呈现一个往西倾斜的倒"U"形。流域上游玉林盆地与中游博白盆地是主要农田分布区，也是人口集聚区。两大盆地周边分布着大量由山脉所形成的山地、丘陵及谷地，尤其以丘陵地分布最为广泛。

5.2.1　南流江

与中国大多数河流向东流入大海不同，南流江正如其名所示，不向东流而是向南流入大海。流域地形自东北向西南倾斜，流域众多河流流向多与地质构造线一致。南流江沿程有 11 条集雨面积大于 100km²的支流汇入[1]。野外调查和资料显示（玉林市地方志编纂委员会 1993 年资料），南流江最长的源头为清湾江，经过玉林市区，沿云开大山与六万大山两大山系所形成的谷地自东北向西南流淌。途经北流市、玉州区、福绵区和博白县，以及浦北县、合浦县等区域。最后在合浦县党江附近注入北部湾。

5.2.2　大容山、六万大山、云开大山

山地是构成南流江流域自然环境空间格局的主要要素。南流江流域山地属于云开大山—六万大山—十万大山—大青山山系。山系走向为 NE-SW，明显呈现东部受太平洋板块挤压、西部受印度洋板块挤压迹象[2]。

大容山位于玉林、北流、容县、桂平四县（市）之间，是南流江的发源地。山脉中脊海拔在 1000m 左右，高峰梅花顶海拔 1275m[3]。六万大山位于广西东南部，NE-SW 走向。山体主要由燕山期花岗岩构成。山脉中脊海拔 1000m 左右，主峰葵扇顶海拔 1118m。山坡陡峻，多急滩瀑布，水力资源丰富[4]。云开山脉位于南流江东南侧，北起广东广西交界的西江南岸，余脉南至广东廉江市。它为广西、广东两省区界山，山脉呈 NE-SW 走向，连绵 200km，群山连绵、千峰叠嶂、万壑纵横。

5.2.3　玉林盆地、博白盆地、合浦盆地

玉林盆地和博白盆地是南流江流域上游、中游两大盆地。它们四周皆为丘陵山地，发源于山地的众多短小河流在两大盆地汇入南流江。两大盆地有充足的水资源，地势平坦，土壤肥沃，交通方便，光、热、人力资源丰富，是流域农业生产的重要基地，也是境内经济社会最活跃的地区。南流江从合浦县分流入海，并且在出海处形成网状河系，冲积成的南流江三角洲是广西最大的三角洲[5]。

玉林盆地位于玉林市玉州区一带，面积 637km²。它西连六万大山，北接大容山，东有石山群，南有低丘岗地，四面山岳环抱，地势低平，南流江蜿蜒其间，南流江由北向南贯穿盆地中部，冲积层厚度为 20～30m，整个盆地海拔大多小于 200m，地势比较平坦，土壤肥沃，日照充足，雨水丰沛，是广西的主要产粮区之一[3]。南流江集雨面积大，河道狭窄弯曲，河床浅，一遇暴雨，易泛滥成灾。

博白盆地则三面环山，一面迎中丘地带，形成较完整的盆地，南流江自北向南流过，两岸形成河流冲积阶地和小平原，面积 30.15 万亩①，占全县总面积的 5.24%[6]。博白盆地包括博白镇和城厢乡的全部，以及亚山、三滩、柯木、旺茂、大利、顿谷等乡镇的一部分。研究显示[7]，其基底长期受博白大断裂的影响，在晚白垩世发展成 NE 向和 NNE 向两组断裂斜切而成的菱形网格状断陷盆地。土地肥沃，耕性良好，光、热、水条件较优，是县内粮食、经济作物、蔬菜、水果及猪、禽等主要产区。

资料显示[8,9]，南流江三角洲位于北部湾畔的合浦县南流江河口地区，由南流江流入廉州湾形成，面积 175km²。从廉州镇至海滨，距海 10～20km，海拔由 3m 降为 0.5m，沉积层厚 9m。南流江年输沙量 150 万 m³，泥沙不断地沉积，使三角洲每年以 1.6m 的速度向海推进。

---

① 1 亩≈666.7m²。

5.3　自　然　资　源

5.3.1　气候资源

南流江流域全境都位于北回归线以南，属典型的热带季风气候，气候温暖，冬短夏长，四季适宜农作物生长（表5-1）。流域雨、热资源丰富，而且雨热同季，较有利于农业生产。研究显示[10]，流域下游北海市是广西辐射量最丰富的地区。观测记录显示（北海市统计局2012年资料），2006年北海市各地日照时数为1877.9~2169.6h，北海市太阳辐射量为4923MJ/（m²·a），开发利用太阳能潜力巨大。

表5-1　南流江上游玉林、中游博白、下游北海气候资源情况

项目	玉林	博白	北海
年平均气温/℃	21.8	22.1	22.4
年平均相对湿度/%	80	81	75~86
年平均日照时数/h	1605~1735	1741.7	1921
年平均降水量/mm	1700	1796.8	1109.2~2700.6
年平均无霜天数/d	346	约355	358

资料来源：玉林市统计局2012年资料；北海市统计局2012年资料

南流江下游的北海地区濒临北部湾，是广西海陆风最明显的地区之一。据研究统计[11]，北海市是广西大风天数最多的地区。海陆风主要出现在盛夏，海陆风是影响调节北海气候的重要因素，起到了自然"空调机"的作用。

5.3.2　水资源

南流江流域河系发达，河流众多，下游分支多，河网密度大。流域特殊的地理格局使南流江干流呈平原河流特征，支流多具山区、丘陵区河流特征。资料分析及相关文献显示[12]，流域集水面积大于50km²以上的河流有清湾江、沙田河、江宁河、东平河、绿珠江、罗望江、丽江、合江、定川江、马江、九洲江、那交河、北流河、高车河、里荣河、杨梅河、道知河、罗江等72条，年平均径流量133.47亿m³，水资源量156亿m³。丰枯期流量变化幅度大，汛期径流集中。一般4~9月径流量占全年径流量的80%左右，最大月平均流量为最小月平均流量的几十倍甚至几百倍。

上游玉林市位于南流江、北流河、九洲江的源头和上游地区，境内没有大的河流，入境水资源量少，而且人口密度大，人均水资源量偏低。

中游博白县河溪多，境内有南流江、九洲江、那交河、大坝河、沙陂河、郁江等水系。资料分析显示（广东省城乡设计研究院2008年资料），南流江的支流合江河、绿珠江、乌豆江、小白江、亚山江、水鸣河、江宁河等和其他水系的支流43条，遍布全县各乡镇。县内河流总长度666km，年径流总量38.44亿m³。地表水年平均径流深度为1002mm，比广西多年平均径流深度多206.3mm。全县有水库145座，其中有广西大型水库的老虎头水库容量超过1.25亿m³。

下游北海市水资源相对丰富。北海市境内有河流93条，主干流南流江从廉州湾入海，纵贯境内84km。北海市境内河流属桂南沿海河水系，独立入海河流较多，河流短、流量小。主要河流南康河，由17条支流汇成，流域集雨面积198.3km²，多年平均径流量1.4亿m³。境内建有中型水库一座（牛尾岭水库），总库容2250万m³，有效库容1755万m³，以及5座小型水库。

北海市地下水资源较为丰富，全市地下水资源量1.75亿m³。其类型主要有松散岩类孔隙水，少量为基岩裂隙水，水质良好，北海市区地下水层为Ⅱ类、Ⅲ类，符合饮用水水质要求。海洋功能区的海水水质能够满足各类使用功能的要求。

5.3.3　土地资源

南流江土壤分山地土壤和耕地土壤，海拔较高的山地为黄壤，土层较薄。资料显示[4]，海拔较低的低山、丘陵地多为山地红壤，土层深厚。耕地土壤多属石灰土、赤红壤、紫色土，肥力中等。平原盆地为冲积土、水稻土，多分布于平原的垌田，土质肥沃。

大容山、六万大山和云开大山主体分布在流域上游与中游地区，因此流域上游玉林与中游博白土地资源类型有较大的相似性。相关文献显示[4]，山地主要分布于中部六万大山山脉、东南云开山系。这些山系，成土母质多为花岗岩体，土层深厚疏松，矿质元素多，利于林木生长。丘陵地在南流江流域上游玉林及中游博白境内广泛分布，几乎达到境内土地面积的一半。丘陵台地多分布于云开大山、六万大山边缘地带，这些山丘多为溪河的发源地。大量丘陵延绵起伏，沟谷纵横，地表切割强烈，地形破碎（图5-1）。丘陵地上广泛种植柑、橙、沙田柚、玉桂、八角、竹子等经济林和针阔混交速生林木，以林、果、竹为主的多种经营发达。

图 5-1　南流江流域丘陵地形

平原盆地多分布在河流沿岸和山间盆地谷地，形成沿江盆地和山前冲积扇平原。这些平原盆地地面坡度平缓，地势开阔，光热充足，是水田集中区和人口密集区[13]。南流江上中游各地区不同类型土地资源具体分布情况见表5-2。

表 5-2　南流江上游、中游地区不同类型土地资源分布情况

地区	土地类型	土地面积/hm²	占辖区土地总面积比重/%
上游	山地	64688.7	23.62
	丘陵台地	90075.9	32.89
	平原盆地	119105.9	43.49
中游	山地	68740.2	17.97
	丘陵台地	189947.2	49.68
	平原盆地	123682.4	32.35

资料来源：玉林市统计局2012年资料；北海市统计局2012年资料

南流江上游玉林总面积464.3km²，有耕地18.45万亩，其中旱涝保收面积8万亩，全区水利工程有效灌溉面积17.4万亩。

中游博白土地总面积382369.79hm²，农用地338858.44hm²，建设用地21711.45hm²，未利用土地21799.90hm²。

六万大山、云开大山余脉分布在下游北海的北部，导致北海地势由北向南倾斜，间有低山丘陵、平原、台地等多种地貌类型。东西南三面环海，沿海滩涂面积广阔，分布有多处天然港湾。资料显示（北海市统计局 2012 年资料），北海市土壤类型分砖红壤、水稻土、潮土、沼泽土 4 个土类。2005 年年末全市土地总面积 401607.21hm²，其中农用地 244236.89hm²，占全市土地总面积的 60.81%，建设用地 52450.09hm²，占全市土地总面积的 13.06%，其他土地 104920.23hm²，占全市土地总面积的 26.13%。

5.3.4　生物资源

上游玉林盆地、中游博白盆地以及下游河口平原三角洲地区主要分布农作物。前人研究工作[4,14]和本书的野外考察显示，大容山、六万大山、云开大山等山地森林覆盖率高，植物种类繁多，四季常青，生物资源极其丰富。具体种类见表 5-3。

北海市境内植被为北热带季节性雨林，原生性植被大部分被破坏。野外调研和资料显示[15]，大面积分布的为灌草丛和人工植被，沿海港湾滩涂还可见到稍大面积的红树林，合浦山口镇英罗港红树林长得高大、茂密，1990 年 9 月经国务院批准为合浦山口红树林生态自然保护区，保护区面积 8000hm²，2001 年被正式列入国际重要湿地名录。

表 5-3　南流江流域上游、中游及下游主要生物资源

地区	植物资源	动物资源
上游	树木类有马尾松、大叶樟、香樟、泡松、栎、大叶栎、华栲、格木、野山楂、棕榈树、无患子、人面子、狗骨、枫荷桂等，野生的竹类主要有泥竹、箣竹、鸡箣竹等。药材类有何首乌、黄精、菖蒲、五茄皮、石灵芝、天冬、南星、使君子、鹅不吃草等。麻类有舌兰麻。水果类有山蕉、藤梨、牛甘子、桃金娘、金樱子（兼药用）、无花果、金刚子、盐夫子、酒饼子、合欢子等。牧草类有五节芒、鸭嘴草、鸪鸪草、画眉草、雀稗、牛筋草、马塘、黄茅、金茅等	兽类有黄猄、狸猫、笼狗、抓鸡虎、狗狸、野猪等。禽类候鸟主要有燕子、杜鹃、催耕、凫（野鸭）；其他野禽有猫头鹰、鹧鸪、锦鸡等。鱼类品种有 50 多种，数量较多的品种有青鲢、鳙、鲩、鲤、鲶等。节肢动物有虾、蟹、蜈蚣。两栖动物有青蛙、马蝎、石蛤、蟾蜍。爬行动物有龟（山瑞）、金钱龟、鳖、蛇（有南蛇、蟒蛇、赤练蛇）等。软体动物有螺（田螺、石螺）、河蚌（分三角、长条形）等。环节动物有蚯蚓、水蛭（分水水蛭、山水蛭）等。昆虫类有蚕、蜂、紫胶虫、七星瓢虫等
中游	主要用材木类还有火力楠、格木、黄榄木、乌榄木、木麻黄、油茶、桉树等。果树有荔枝、龙眼、石榴、橄榄、梨、梅、桃、李、杏、荼等，现在主要竹类有单竹、角竹、青皮竹等，主要花类有月季花、牡丹花等。草种有芒、芒箕、茅、淡竹叶、芦苇、画眉草、马塘草、牛根草、牛鞭草、狗牙根、粘人草、早熟禾、稗、铺地黍、荩草、马丝草等	野兽有野猪、黄猄、果子狸、狐狸、豪猪等。鸟类有燕子、麻雀、云雀、禾花鹤等。野生鱼类主要有鲮鱼、斑鱼、塘角鱼、黄鳝鱼、白鳝鱼等。还有鲢鱼、鳙鱼、鲩鱼、鲤鱼等。节肢动物有虾、蟹、蜈蚣等。两栖动物有青蛙、石蛙、蟾蜍等。爬行类动物有龟川瑞、鳖、蛇、蛤蚧等。主要昆虫有凤、野蚕、蝉、蝴蝶、倾听、螳螂、蜘蛛、牛粪虫、金龟子等
下游	珍稀树种有格木、华库林木，野生果树有黄榄、乌榄、龙蒙、胭脂子等用材、风景、防护林树种有黄檀、榕树、凤凰木、马尾松、木麻黄、木兰等。纤维织物有剑麻、龙舌兰、了哥王假波萝等。淀粉原料织物有油甘树、红薯莨等。油脂原料植物有樟树、桐树、乌桕、石栗等。香料原料植物有香茅、桉树、荆芥、山胡椒等。栲胶原料有黄荷头、金刚头、野芋头、土茯苓、白薯莨等。药用植物有山药、干葛、良姜、千斤拔、青蒿、浮萍、桑寄生、金银花、甘菊、鸡蛋花、红豆蔻、土茯苓、金钱草等。饲料植物有竹节草、假俭草、狗牙根、画眉草、雀稗等。竹类有粉丹竹、大竹、箣竹、撑蒿竹、紫竹、观音竹、青丝竹等	陆上动物哺乳类有野猪、穿山甲、狐狸、黄猿等。鸟类有斑鸠、火鸠、鹩哥、麻雀、乌鸦等。爬行类有鳖、金钱龟、山龟等。蛇类有眼镜蛇、水律蛇、蟒蛇等。两栖类有黑斑蛙、泽蛙、虎纹蛙及蟾蜍等。甲壳类有螃蟹、毛蟹、四方蟹、沼虾、龙虱等。软体类有田螺、福寿螺、蚬、蚌、蚂蟥（水蛭）、蜗牛等。淡水鱼类有鲢鱼、鲫鱼、黄鳝、泥鳅、鲮鱼等。昆虫有蜂类、蝶类、蛛类、蚂蚁、螳螂、蜻蜓等

资料来源：广西壮族自治区统计局 2012 年资料

5.3.5　矿产资源

资料分析工作[16,17]显示，南流江流域矿产资源主要分布于中游博白和下游北海，上游玉林地区矿产主要有水泥用石灰岩、磷矿，资源种类少储量也不大。中游博白金属和非金属矿产资源都较丰富，共计40 多种。其中有色金属有金、银、铜、钨、锡等；黑色金属有铁、锰、钛；稀有金属有铌、钽、铀、钪、钇；稀土金属有独居石、金红石、锆英石；非金属有水晶、云母、高岭土、黏土、膨润土、花岗石等。其中金、银、钛、稀土、硫铁、高岭土、花岗石等藏量多，瓷土是全国十大瓷土基地之一，花岗石可采储量达 15 亿 m³，开采价值最大。英桥镇金山金银矿，以银矿为主，伴生黄金和铅锌，是全国十大矿之一。

下游北海地区已发现矿产 39 种，其中，燃料矿产 3 种，金属矿产 10 种，非金属矿产 22 种，以及地热、地下水、天然泉水、矿泉水等。资料显示（北海市统计局 2012 年资料），查明资源储量的矿产 28 种。矿产地计有 180 处（不含石油、天然气、地下水），其中大型矿床 11 处，中型矿床 16 处，小型矿床 59 处，矿（化）点 94 处。优势矿产有石油、天然气、高岭土、石膏、玻璃石英砂、钛铁矿砂矿 6 种，其中高岭土储量 3.05 亿 t，居广西首位，并成为全国储量最大、保护最完好的高岭土矿区。石膏 2.7129 亿 t，居广西第二位，玻璃石英砂 2.2975 亿 t，居广西首位，钛铁矿砂矿 162 万 t，居广西第二位，泥炭 6159 万 t，居广西首位。

5.3.6　旅游资源

实地调查和资料显示[3]，南流江流域旅游资源类型多样，而且上中下游不同地区旅游资源有较大差异性。

上游玉林旅游资源主要景点有云天民俗文化大世界、佛子山风景区、高山村明清民居民俗文化村等，还有观光农业、生态农业旅游资源[3]。不少工厂企业和商贸市场，经济及社会效益显著，为开展商贸旅游提供了良好基础[18]。

中游博白山川秀丽，名胜古迹众多，旅游资源十分丰富。在自然资源方面，有温罗温泉、宴石山风景区、那林林场、老虎头水库等。博白县的奇山、秀水、森林、地貌、温泉种类齐全，具有地域组合的优势。在人文旅游资源方面，博白县有着丰富的历史文化、宗教文化和饮食文化。是中国著名语言学家王力先生出生地，有始建于唐咸通六年（865 年）的宴石寺[19]。

下游北海是一个半岛型城市，全境均在北回归线以南，生态旅游资源和海洋旅游资源优势明显。海岸线类型多样，长度占广西海岸线总长度的 31.4%。沙质海岸全长 30km，占全国沙质海岸总长度的 2.14%[20]。拥有闻名国内外的北海银滩及涠洲岛，海岛气候和植被具有明显的热带海岛特征，在中国海岸带旅游资源中占有独特的地位。历史文化沉淀深厚，拥有独特的人文景观。北海悠久的历史，沉淀了深厚的文化内涵。具地方代表性的文化有珍珠文化、疍家文化、客家文化、海上丝路文化。

5.3.7　海洋资源

海洋资源在南流江流域仅见于下游近海区，分布在北海市。因其毗邻北部湾，整个北部湾约 12.8 万 km²，其海域面积广阔，海岸线长，港口资源极其丰富。资料显示（北海市统计局 2012 年资料），北海市拥有 15m 等深线以内的海域面积达 1600km²。北海市三面环海，东起英罗港与广东省的湛江市接壤，西至大风江与钦州市毗邻。港湾、河口众多，岸线曲折。北海市沿海共有岛礁 83 个，其中岛屿 81 个，明礁 2 个，面积 36.63km²，岛屿中涠洲岛为最大。

北海市濒临的北部湾是我国著名的渔场之一。资料显示，北部湾沿海岸有浮游植物 104 种，浮游生物

143 种，拥有丰富的鱼类、虾类、头足类、蟹类、贝类、藻类等海产资源，合浦珍珠自古以来蜚声中外。北海海域内能源和矿产资源丰富，北海市濒临的北部湾盆地是我国沿海已发现的六大含油气盆地之一，潜在石油资源 23 亿 t[21]。实地调查和资料显示，北海红树林共有 13 种，主要分布于英罗港、丹兜海沿海滩涂，山口红树林为国家级自然保护区[22]（图 5-2）。

图 5-2　北海市山口沿海红树林

5.4　建 制 沿 革

南流江流域的主要行政区域包括上游玉林、中游博白和下游北海，分别对其建制沿革进行探讨。

5.4.1　玉林建制沿革

玉林原名为郁林（鬱林），古代历史阶段，玉林是百越民族居住之地。秦始皇统一岭南后（公元前 214 年），设三郡，即南海郡、桂林郡和象郡，当时玉林属象郡，这是第一次把玉林划至中央统治版图内。汉武帝平定南越设置九郡。今玉州区、福绵区属合浦郡。三国吴黄武五年（226 年）隶属广州，晋至南朝宋齐因之，梁属定州，又改属南定州。

南朝刘宋泰始七年（471 年）置南流郡，齐增置方度县，唐武德四年（621 年），析北流市地置南流县，属容州，即今玉州区、福绵区，是今玉林地区县级建制开始。天宝元年（742 年）改郁林郡。后又改置为郁林州、郁林郡，至道二年（996 年）徙至南流县（今玉州区）。元朝领南流、兴业、博白三县。清嘉庆初至清末，辖博白、北流、陆川、兴业四县。

1912 年（民国元年）升州为府，后又为县。1949 ~ 1951 年，郁林、博白、北流、陆川、兴业 5 县隶属郁林专区，1956 年 3 月，郁林县更名玉林县。1983 年 10 月 8 日，国务院批准，撤销玉林县，设立玉林市，以原玉林县的行政区域为玉林市的行政区域。最近一次大的行政区域调整是 1997 年设立地级玉林市，玉林市辖原玉林地区的容县、陆川县、博白县和新设立的兴业县、玉州区，原玉林地区的北流市由自治区直辖。2009 年 12 月，玉林新增设玉东新区规划用地面积 112.53km²，现状人口 7.76 万，规划人口 42 万（玉林市统计局 2012 年资料）。

5.4.2　博白建制沿革

文献记载显示[23]，秦代今博士县属象郡，汉初，属南越国。西汉博白县地属交趾刺史部合浦郡合浦县，东汉地属交州刺史部合浦郡。三国晋时期，博白县属吴交州合浦县。南朝梁（502 ~ 557 年）时置南昌县，县治设在今亚山镇境内。按梁朝宋置，则其分邑置吏的年代在 420 ~ 479 年，南朝时合浦县地置南昌县，建县城于今三滩圩头，是今博白境内的第一座县城，这是今博白建县之始。博白作为行政名称出现于唐武德四年（621 年），因博白江（今小白江）而名。后博白县隶南州，州治在今博白县城。雍正三年（1725 年），博白县属直隶郁林州（博白县志编纂委员会 1994 年资料）。

中华民国时期博白县隶属郁林。1949 年后，博白县初属郁林专区。1997 年玉林改称玉林市，博白县属其管辖。

5.4.3 北海建制沿革

文献记载显示[24]，现北海所辖合浦县始建于西汉元鼎六年（公元前 111 年），属合浦郡辖县。秦代时，合浦县地称百越或扬越。秦始皇三十三年（公元前 214 年）"南取百越之地""秦并天下，略定扬越，置桂林、象、南海三郡"，合浦属象郡地。古代历史时期，西汉元鼎六年（公元前 111 年）灭南越国，置南海、苍梧、合浦、交趾、九真、日南七郡，东汉建安八年（203 年），合浦郡统有合浦、徐闻、高凉、临允、珠崖五县。

北海属合浦郡合浦县地。三国时吴黄武七年（228 年），改合浦郡为珠官郡，统县合浦县析置珠官县，北海市境先后属珠官郡合浦县、合浦郡合浦县地。一直到咸平元年（998 年），撤太平军，复置廉州和合浦郡，统合浦、石康二县，北海属合浦县境。元代隶湖广行中书省。北海境仍属合浦县。明朝洪武元年（1368 年）湖广行中书省析置为广东、广西行省，改廉州路为府，领合浦、石康二县。清朝顺治元年（1644 年），廉州府建置与隶属沿旧未变。

民国 3 年（1914 年），合浦县直属广东省，北海属合浦县辖。中华人民共和国成立以后，1949 年 12 月 4 日，北海解放，1982 年经国务院批准，成为旅游对外开放城市。

北海解放之后的行政归属在广东与广西之间徘徊三次，即"三进三出"（北海市统计局 2012 年资料）。

5.5 人 口 特 征

5.5.1 人口多，密度大

根据第六次全国人口普查数据，2010 年，南流江流域人口总数为 437.97 万人，占广西壮族自治区总人口的 8.5%。流域人口密度远高于广西全区平均水平，流域上游人口密度最高，中游与下游相近，见表 5-4。

表 5-4 南流江流域上中下游 2010 年人口情况

地区	总人口/万人	常住人口/万人	面积/km²	人口密度/（人/km²）
玉林市（玉州、福绵）	101.44	105.67	1251.3	844
博白县	174.78	134.25	3835	350
北海市	161.75	153.93	4016.07	383
合浦县	102.06	87.12	2850.77	305
南流江流域	437.97	393.85	9102.37	432
广西	5159.46	4602.66	240000	19

资料来源：北海市统计局 2012 年资料；玉林市统计局 2012 年资料

5.5.2　典型客家集聚区

研究显示[25-27]，广西是全国著名的客家人集聚区之一，而桂东南地区的南流江流域是广西最大的客家人集聚区，博白县是世界客家人口最多的县。

南流江流域是中国客家最早的移民地，也是客家在中国大陆大规模迁徙的归宿地。研究显示[27]，南流江见证了中原客家 12 次移民迁徙，其中包括 6 次大规模客家移民实边，6 次中原汉军大征战成边。尚有逃荒南迁，历代官宦、贬谪、经商、游学等定居者。客家移民和迁徙有利于中国疆域的形成，促进了民族团结和融洽，推动了生产力和经济文化发展，成就了秦汉"海上丝绸之路"，将客家同海外迁徙的历史提前了近 1000 年。流域客家迁徙形成了桂南粤边连片客家话方言区，保存了客家古老语言和风俗文化。

上游玉林地区人口是汉族与少数民族相互融合成的现代玉林人[27]。玉林辖区从先秦时期至南北朝一直是古百越族居住之地。其中主要为西瓯、骆越及其后的乌浒、俚、僚等族群。现代壮族与他们有着极其密切的渊源关系。研究显示[28]，唐代以前，玉林广大区域主要还是少数民族居住，少数定居此地的汉人慢慢也入乡随俗，成为既保留有汉文化特点又吸收了部分原住民文化的人群。至宋代，玉林原住民族要么已经同化，要么迁移他乡，还保留本民族特性的居民在玉林大地上已经成为少数，而汉族一跃而成为玉林主体民族。明清时期，伴随着官府镇压及满足防范瑶民等少数民族起义的需要，其他地方的瑶、僮、倮、回族被迁至玉林安置，而大量汉族也因种种原因从邻近省份或地区迁移到玉林，汉族与少数民族间的互相融合交流，最终形成了现代玉林人。

中游博白现为世界最大客家县，其经历了长时间的人口迁移、集聚过程。据有关历史资料记载，古代博白地曾有壮族祖先西瓯骆越人休养生息。公元前 221 年，秦始皇统一全国后，汉族人移居岭南越来越多，博白成为重要的客家人集聚地，在博白百越与汉族，在经济、文化、风俗习惯等方面逐渐相互融合。民国 34 年（1945 年），汉族占总人口的 99.9%，其他少数民族如壮族、瑶族、苗族、侗族、仫佬族、毛南族、回族、京族、水族等，只占总人口的 0.1%。

下游北海名称是出自清代，清康熙元年（1662 年）设"北海镇标"，驻北海，北海地名始见（北海市地方志编纂委员会 1996 年资料），历史上一直归合浦县管辖，直到 1952 年升级为地级市，才脱离合浦县管辖。因此北海地区的民族形成过程，即为合浦县民族形成过程。石器时代，越人等土著居民，已在南流江两岸繁衍生息。合浦作为汉代"海上丝绸之路"的始发港和岭南军事重镇，吸引大量中原商贾定居以及成边人员迁入。历代多次边疆军事先后都留下不少军队成边定居于县境，成为合浦历史时期人口发展的主要来源，明清时期又有大量中原汉人迁入。

改革开放以来，由于人民生活安定，医药条件逐步改善，死亡率逐年降低，人口增长速度加快，再加上涌入了大量的外地移民，其成为一个百万级人口的地级市。

5.6　方　言　特　征

资料分析显示[25]和实地调查显示，南流江流域的地方方言以白话、客家话为主，还有少量的闽方言以及壮语。南流江先后经历了中原客家 12 次移民迁徙，客家移民和迁徙促进了民族团结和融洽，形成了桂南粤边连片客家话方言区，保存了客家古老语言[29]。从地理分布情况来看，方言分布有如下特点：上游玉林，玉州为白话区，福绵为白话、客家话区；中游博白为客家话、白话区[25]；下游合浦是个多方言县份。

由于玉林从古至今都处于一种相对稳定的状态，没有发生大的战乱，居民也没有像其他地方一样发生根本性变化[28]。操其他方言的人群要么定居玉林的时间较短，要么是保持客家人语言累世不变[28]。南流江流域独具魅力的地方方言孕育出我国两位著名的语言大师：王力、岑麒祥。两人皆为北京大学中文系一级教授，也是中国语言学家、教育家、翻译家、中国现代语言学奠基人。

语言大师王力出生于南流江中游博白[30]。博白地老话和新民话不但保留着中古汉语的音韵之美以及大量的古汉语词成分，反映着色彩斑斓的生活，而且以这两种方言为载体所长期形成的民俗文化美，也体现着特殊的华夏传统文化特色。我国著名语言学家岑麒祥出生于南流江下游合浦[31]。合浦是个多方言县份，县城廉州镇及附近区乡操廉州土话，北海和南康一带操近似广州音的白话，公馆和白沙一带操客家方言，山口、沙田则操类似闽南方言的新民话（又叫军话），另外还有些区乡操语音特殊的土话。

下游北海古代属于百越之地，是中国古代南方越族居住、繁衍的地方。但现今北海市内已无聚居的壮族居民，所以今天北海市居民所使用的语言主要有属于粤方言的北海白话（含南康话）、疍家话、廉州话（含佤话、海边话），属于客家方言的催话和属于闽南方言的军话[32]。

5.7　宗　教　特　征

南流江流域地区的宗教信仰除具有典型的本土化特征外，还具有多元化特点。流域还分布众多外来宗教，如天主教和基督教。实地调查和资料分析显示[33]，上游玉林地区主要分布道教、佛教，少量天主教和基督教。中游博白主要有佛教、道教。下游北海主要分布天主教、基督教和佛教。

南流江流域是典型的客家聚集区，流域内的宗教信仰也体现出了客家人信仰的特色。祖先崇拜在客家社会是一种普遍现象。实地调查和资料分析显示[34]，客家祖先崇拜保留浓厚的儒教伦理道德观念，客家人有较强的宗族观念，聚族而居，围屋而住。祠堂作为祖先灵魂的栖息之所，无论逢年过节还是婚丧嫁娶；无论是喜添男丁，还是考取功名，都要到宗祠祭祖，祈求祖魂的赐福和庇护。当地客家人多信佛教，奉祀的大多是佛像，也有兼祀儒家道教的神像以及其他神像。这表现出中国民间信仰的性质——泛神论和偶像崇拜色彩。流域还存有众多的社会神，如孔子、关羽、马援等。南流江流域深受中原农耕文化的影响，耕读文化源远流长，重视教育，因此家族里多敬"大成至圣先师牌位"。关羽重义气，民间尊其为"圣"。汉代的伏波将军马援，因征交趾有功，也被民间崇奉为神，流域多地都建有伏波庙。流域还普遍存在对自然神的崇拜。

实地调查和资料分析显示[3]，上游玉林佛教庙宇有玉林宝相寺、云天宫等。云天宫是玉林现有我国最大的一座单体文化建筑，建筑面积 14 万 m²，被誉为"玉林布达拉宫"，是一座佛文化主题的建筑。

相关研究显示[33]，隋末唐初，佛教已传入博白；唐代，博白县已有道教。博白建有广西境内第一个佛教寺庙博白宴石寺，被誉为"广西第一寺"。宴石山还有建于东汉广西最早的道观——紫阳观和雕刻于隋末唐初广西现存最早的摩崖造像，紫阳观建于东汉年间，为广西道教第一观（图 5-3）。

图 5-3　博白宴石寺景区

下游北海地区现有宗教有佛教、天主教、基督教，合浦境内历史上有道教信仰。北海濒临北部湾，对外交通便利，而且是我国古代海上丝绸之路的始发港之一，受外来文化影响较明显，尤其是宗教，早在汉代时，佛教便通过海上丝绸之路传到中国。文献分析显示[35]，佛教从南亚经合浦传入，最早是经南流江—北流江—浔江这条水路到达岭南腹并建立寺院传教。到明末清初时，天主教和基督教也从北海登陆沿南流江往内陆传播。

5.8　风俗特征

南流江流域地理环境复杂多样，山地、丘陵、盆地、江河密布，濒临大海，而且流域经历了 2000 多年的移民史，使流域内的民族民俗、民间文化诸派并存共生，风俗文化呈现本土化、外来化和多元化的特征。

研究显示[36]，南流江流域民间民俗文化是中原文化与岭南文化通过接触、磨合、交融而形成的具有桂东南特色的文化，它是一种以土著百越民族文化为基础、以中原文化为主体、兼容其他地域文化，经过长期接触、碰撞、磨合、交流和融合的一个区域性混合文化。

上游玉林地区民俗种类多，历史悠久，独具特色。被世人誉为"岭南美玉，胜景如林"的玉林，自古享有"岭南都会"的美誉。秦始皇统一中国后，岭南与中原的交流日益频繁，各个时期移民不断南迁，平坦而肥沃的玉林成为南迁移民的重要集聚点，随着强势而先进的中原文化席卷岭南，玉林和岭南其他地方一样，中原文化成为构成玉林民间民俗文化的主体。玉林紧邻广东，随着广东移民迁入玉林和与广东商贸来往的增加，玉林受广东粤文化的影响较大。

相关研究显示[23]，秦汉以来随着"合浦海上丝绸之路"的开通，玉林则是南流江黄金水道的始发码头。在这里进行货物的最后水陆集散，随着东西方政治经济的来往，域外的宗教、科技、商业等文化从这条丝绸之路登陆引进，玉林作为这条丝绸之路的必经之地，同样避免不了这些外来文化的影响。因此玉林民间民俗文化正是百越民族文化、中原文化、粤文化和域外文化等在长期交流、磨合、融合的过程中形成的。这样的大融合使玉林民间民俗文化具有兼容南北古今、兼收并蓄的特性，民族民俗、民间文化、儒释道、西方文化、港风欧雨、民间三教九流并存、互相吸收、兼收并蓄、共同发展。其内容丰富，宗教信仰文化、民间艺术文化、饮食文化、傩文化、师公文化、婚俗文化、节日文化、礼仪文化等民间民俗文化，形式多样，风格鲜明[36]。玉林的传统民间文艺，形式多样、文化内涵丰富。实地调查和资料分析显示[3]，音乐类以玉林八音为代表，而舞蹈戏剧则主要有采茶戏、牛戏（勾嘴戏）、木偶戏、山歌、粤剧等，同时独具特色的民间山歌也久负盛名。

中游博白地区客家人集聚，其风俗习惯具有明显的客家特点。传统节日有春节、元宵节、清明节、端午节等。博白传统民间文艺有客家歌谣和戏曲。博白客家历史悠久，客家山歌源远流长。博白客家歌谣包括民歌（山歌）和民谣（童谣、儿歌）两大部分。博白素有"广西采茶艺术之乡"美称，博白采茶戏历史源远流长，自明朝从江西传入博白，经 400 余年的传承、发展。博白也因采茶戏于 2009 年被文化部授予"中国民间文化艺术之乡"称号。

下游北海既有典型农耕文明的客家文化又有独特渔业文明的疍家文化。资料分析显示[27]，清光绪二年（1876 年）开埠以后，"广府"人和广西邻县客民落户渐多，尤以广府人带来先进的经商方式和文明意识，给城区居民注入现代商业和生活意识的文明。土风土俗也给客民以同化。光绪初开埠以来，西方资本主义市场经济对北海口岸直接影响，以商人为主体的城区居民受西欧风气影响，成为广东南路地区"开（西方）风气之先"的地区。1949 年后，城区居民因南下和外来干部落户，原来清一色的土著民俗初步被打破，融合成新旧、南北结合的新风尚。

北海市濒临大海，地属偏僻，成埠较晚。清朝以前，合浦南珠曾是北海主要资源，历代开采徭役繁兴，珠民是最早的土著居民。居民多属外地流寓，其中疍民落户较早，多来自广东珠江流域；陆民多来自合浦内地。雒越族的土著居民是北海早期先民，秦代以后，开始有大量中原汉人迁入。北海地区的客家相对集中于交通不方便的公馆、曲樟等山区，使从中原地区带来的习俗文化得以较好保存和延续。资料分析显示[37]，北海客家人也是中原汉人分支而来，因此很多风俗也和当今汉人的主流风俗相似。

疍家文化就是北海历史文化中很有乡土风情的一种[38]。北海沿海居住的疍家人有 1 万多人，疍家民风民俗历史悠久、纯正。北海沿海疍家分为 3 种：蚝疍、渔疍和珠疍，形成独特的"疍家文化"和"疍家风俗"[38]。辛亥革命后，尤其是 1949 年后，疍家人渐渐不再受歧视。水上疍家与岸上居民，在相互接触中慢慢适应而被汉族居民所同化。疍家风俗在传统文化重组中，既有传承，也有变异。

5.9　本　章　小　结

南流江是广西境内流入北部湾流程最长、流域面积最广、水量最丰富的河流，流域地处南亚热带气候区，拥有良好生态环境基础。其独特的地理位置与区域环境特点使南流江流域历史上就是中原移民集聚地，流域农业基础条件优越，是广西著名的"粮仓"。南流江流域开发历史悠久，历史时期中原客家移民不断迁至流域，使流域成为典型的客家人集聚区。流域的方言、宗教信仰及风俗习惯都具有典型的客家特征。流域上中下游客家风俗特征明显，下游北海地区濒临北部湾，其既有典型农耕文明的客家文化又有独特渔业文明的疍家文化。

整个流域工业化进程有限，生态环境基础好，具有较强的后发优势。但南流江季节性流量变化巨大，使南流江江河水生态环境十分脆弱。特别是，南流江流域的区域发展存在明显的地理空间差异，上游地区（玉州区）较下游地区（合浦县）更发达。这与黄河、长江、珠江等诸多大型流域明显不同。这种特殊的流域发展格局对南流江流域的综合管理水平提出的要求更高。

参 考 文 献

[1] 王小刚，郭纯青，田西昭，等．广西南流江流域水环境现状及综合管理 [J]．安徽农业科学，2011，（5）：2894-2895，3010．

[2] 张继淹．广西地质构造稳定性分析与评价 [J]．广西地质，2002，（3）：1-7．

[3] 周利理．玉林旅游文化研究 [M]．南宁：广西人民出版社，2010．

[4] 车良革，胡宝清，李月连．1991-2009 年南流江流域植被覆盖时空变化及其与地质相关分析 [J]．广西师范学院学报（自然科学版），2012，（4）：52-59．

[5] 邓庆文，邱先强．广西玉林市发展休闲农业和乡村旅游的资源与前景 [J]．中国热带农业，2012，（1）：54-55．

[6] 管海丽，吴益平．广西博白县近 50 年洪涝灾害发生特点与规律研究 [J]．安徽农业科学，2011，39（9）：5315-5318．

[7] 吴继远．广西中新生代陆相盆地地质特征与构造演化 [J]．中国区域地质，1983，（6）：111-112．

[8] 莫永杰．南流江河口动力过程与地貌发育 [J]．海洋通报，1988，（3）：25-27．

[9] 孙和平，业治铮．广西南流江三角洲沉积作用和沉积相 [J]．海洋地质与第四纪地质，1987，（3）：1-13．

[10] 程爱珍，黄仁立．广西太阳辐射分布特征及与气象要素关系分析 [J]．安徽农业科学，2012，40（35）：17212-17214．

[11] 黄梅丽，苏志，周绍毅．广西海陆风的地面气候特征分析 [J]．广西气象，2005，（S2）：21-22，66．

[12] 乔娜．南流江流域水资源数字化管理 [D]．桂林理工大学硕士学位论文，2012．

[13] 黄洁，张慧君，高兵．广西玉林创新土地管理政策分析 [J]．中国国土资源经济，2011，24（11）：38-39．

[14] 招礼军，刘思祝，朱栗琼，等．大容山自然保护区 6 种林分土壤的水源涵养功能研究 [J]．广东农业科学，2012，39（6）：75-76．

[15] 杨绍锷，谭裕模，胡钧铭．基于 NDVI 的广西近十年植被变化特征分析 [J]．南方农业学报，2012，43（11）：1783-1788．

[16] 毛景文，陈懋弘，袁顺达，等．华南地区钦杭成矿带地质特征和矿床时空分布规律 [J]．地质学报，2011，85（5）：637-638．

[17] 周永章，曾长育，李红中，等．钦州湾-杭州湾构造结合带（南段）地质演化和找矿方向 [J]．地质通报，2012，31（2-3）：486-488．

[18] 徐秋明，叶飞．旅游资源的开发利用与生态环境保护探讨——兼论玉林旅游资源的开发与利用 [J]．玉林师范学院学报，2006，（4）：83-88．

[19] 陈延国．奔腾的南流江 [M]．北京：红旗出版社，2009．

[20] 翁毅. 华南海岸景观生态格局及演变对全球变化与人类活动的响应 [D]. 中山大学博士学位论文, 2007.

[21] 李春荣, 张功成, 梁建设, 等. 北部湾盆地断裂构造特征及其对油气的控制作用 [J]. 石油学报, 2012, 33 (2): 195-197.

[22] 张忠华, 胡刚, 梁士楚. 广西红树林资源与保护 [J]. 海洋环境科学, 2007, (3): 275-279, 282.

[23] 廖国一. 汉代合浦郡与东南亚等地的 "海上丝绸之路" 及其古钱币考证 [J]. 广西金融研究, 2005, (S2): 4-8.

[24] 梁旭达, 邓兰. 汉代合浦郡与海上丝绸之路 [J]. 广西民族研究, 2001, (3): 86-91.

[25] 赵彦行. 南流江流域的方言文化 [J]. 玉林师范学院学报, 2009, (6): 7-8.

[26] 钟声宏. 中国大陆客家聚集区自然环境与区域发展互动关系研究——重点对梅州, 龙岩, 赣州客家聚集区的剖析 [D]. 中山大学博士学位论文, 2008.

[27] 袁丽红. 壮族与客家的文化互动与融合 [J]. 广西民族研究, 2012, (2): 121-124.

[28] 岭南都会玉林. 玉林人的由来, 汉族与少数民族相互融合成现代玉林人 [EB/OL]. http://blog.sina.com.cn/s/blog_68e301c90100m8rm.html [2013-5-20].

[29] 陈国才. 南流江见证了中原客家移民迁徙史 [EB/OL]. http://www.cnbobai.com/html/index.html [2013-5-20].

[30] 唐庆华, 刘上扶. 广西方言研究: 回顾与思考 [J]. 学术论坛, 2009, (3): 93-95, 186.

[31] 宁愈球. 岑麒祥: 鲁迅先生的合浦弟子 [J]. 文史春秋, 2009, (11): 40-43.

[32] 北海市地方志编委会. 北海市志 [M]. 南宁: 广西人民出版社, 2002.

[33] 梁丽文. 桂东南宗教文化旅游资源深度开发研究 [D]. 广西师范学院硕士学位论文, 2012.

[34] 蓝天. 广西客家民间信仰研究 [D]. 广西民族大学硕士学位论文, 2009.

[35] 魏小飞. 海上丝绸之路与南海区域宗教传播 [D]. 海南师范大学硕士学位论文, 2012.

[36] 岭南都会玉林. 玉林民间民俗文化浅说 [EB/OL]. http://blog.sina.com.cn/s/blog_68e301c90100m8rm.html [2013-5-20].

[37] 袁丽红. 壮族与客家杂居的空间结构分析——壮族与客家关系研究之一 [J]. 广西民族研究, 2009, (1): 119-126, 34.

[38] 庞莲荣. 从海洋到陆地的演绎——关于北海疍家文化旅游新探析 [J]. 市场论坛, 2011, (9): 86-88.

第6章 南流江流域社会生态系统数据库

6.1 绪 论

6.1.1 研究背景

南流江位于广西南部,源于大容山并独自流入北部湾中,它的河流流程长、支流多且涉及流域面积比较广、水资源量比较丰富,但因其河道比较弯曲,源头段北流市大容山流量小,水流的速度也比较缓慢,河流的自身净化能力比较差,所以南流江水生态环境十分脆弱。流域内人类活动频繁,伴随着经济的发展,各种废气废水以及固体废物的排放越来越多,尤为明显的是"三废污染",即生活废水、禽畜养殖废水、工业废水。近些年广西经济的发展,南流江流域包含的各乡镇成为企业发展最快的地区,由于初始发展经济规划不够科学,对发展起来的乡镇企业在环保方面要求不严格,各企业在应对环保问题时投入的资金也不够,而排放的污水废弃物远远大于江水本身的自动净化能力以及容纳污水的能力,加上企业采用的治理污水的手段简单,导致了南流江河水受到很大的污染,尤其是在船埠河段污染最为严重,水体化学需氧量等大部分指标大大超过了国家设定的标准数。污染一度严重到治理困难的程度,这也引起政府部门的高度重视,广西最为严重的污染河流之一就包括了南流江,南流江治污工程成为广西跨越世纪的绿色工程之一。

在这样的背景下,南流江流域的管理与发展需要新的思维,而社会生态系统的可持续分析框架恰恰符合了这一理念。本章结合后期建设南流江流域社会生态系统共享平台的研发来展开社会生态系统数据库的研究,主要研究多类型数据在数据库管理系统中的一体化构建,包括海量、多源、多分辨率的空间数据与海量非空间属性数据的分类、存储和管理,实现信息共享,为社会各部门提供南流江流域社会生态系统相关的各种数据信息。对南流江流域社会生态系统进行系统的资料收集、整理和管理这一很有意义的工作还未进行。

6.1.2 研究目的

目前,南流江研究中缺乏系统的信息整合平台,先前已有的针对数据的收集、存储及服务对象等很多是仅针对某一部门的,数据不统一且缺乏系统性,这样对数据的集成以及资源共享造成很大的困难。要进行综合的分析和评价需要空间技术的支持,这就急需建立一个集空间、非空间数据为一体的科学的数据共享平台,也就是后续进行的南流江流域社会生态系统共享平台。根据奥斯特罗姆研究提出的社会-生态系统可持续分析框架建立数据分类体系,而后进行全面且完整的收集历年来南流江流域各种数据和资料,构建南流江社会生态系统数据库,目的在于:

(1) 高效地组织、存储、检索、查阅和管理数据与研究结果;

(2) 为南流江流域的科学研究及管理提供社会经济、资源、生态、环境与灾害等基础数据;

(3) 构建数据库的最终目标是为实现信息共享和可视化做准备,为政府部门及相关其他非政府部门的决策提供数据参考,终极目的是为南流江流域自然资源、社会稳定、友好经济的可持续发展服务。

6.1.3 研究意义

当前,社会生态系统是整个社会、自然、经济范畴内一个重要的研究内容。构建数据完整、高效率管理的数据库是进行数据管理、共享的根基，所以构建社会生态系统数据库是一个很重要也很有现实意义的工作。本章按照数据库建库的流程来设计数据库，以 ArcSDE 与 SQL Server 2008 集成的技术体系来构建南流江流域社会生态系统数据库。

南流江流域的空间与非空间数据多且来源广、类型多且格式不统一，南流江社会生态系统数据库不但解决了海量的数据入库问题，并且可以通过 SQL Server 对数据进行高效的存放以及数据的管理，达到多种数据一体化的研究的效果。基于 ArcSDE 技术，南流江社会生态系统数据库不仅支持多用户并发操作，不同用户可以同时编辑同一个地理数据源，还可以远程访问数据，为南流江社会生态系统共享平台的搭建建立基础。南流江流域的数据都存储于关系数据库 SQL Server 2008 中，SQL Server 本身有强大的安全管理策略、数据备份与恢复功能，构建南流江社会生态系统数据库充分考虑到了数据安全性的问题。从这个层面上来说，结合 ArcSDE、SQL Server 2008 技术进行的南流江社会生态系统数据库的建立有很重要的现实意义。

6.1.4　数据库发展概述

1. 数据库管理发展

数据管理要对数据进行分类、组织、编码、存储、检索及维护，在管理的过程中就要采用更加方便、高效智能的方法来综合管理，数据库技术因其自身的特点快速成长起来（表6-1）。

表 6-1　数据库管理的发展

发展阶段	特点
人工管理阶段	无专业软件数字系统管理；数据量极大，无法实现数据共享，没有自己的体系，依赖于某些程序；无相关操作系统；数据存储难度大
文件系统阶段	用文件方式管理；存放时间相对久远；数据冗余度大，不能共享；总体来讲，已优于人工管理阶段
数据库系统阶段	实现了将数据存放在库中统一管理；减小了冗余，能够实现数据共享；管理时通过一定模型使数据有序存储

2. 空间数据库发展

空间数据库是描述与特定空间位置有关的真实世界对象的数据集合，在此，我们把这些对象称为空间参考对象。任何真实世界的对象可能表示成数据库中的对象，但并不是任何对象都和地理位置有关，这取决于我们所要表达的信息模型及应用。只有当对象在数据库中需要考虑其空间位置时，它们才成为空间参考对象，才和空间位置有关。空间和非空间数据通过空间数据库系统进行存储，系统本身能够提供数据类型和空间的查询和分析，以及快速的动态查询。空间数据库的数据存储也经历了 3 个不同阶段才慢慢发展起来，以下针对这 3 个阶段进行对比（表6-2）。

表 6-2　空间数据库数据存储模式对比

模式	特点
拓扑关系数据存储模式	用文件形式来存储空间数据，用数据库系统存储属性数据，并用关键字使之连接起来。数据库管理数据和维护存在难度、查询数据慢、用户共享时会引发冲突
Oracle Spatial 模式	在原有的底子上扩展了空间数据模型，能够对基础数据进行存放与搜寻，无法存有数据间的拓扑关系，无法构建空间几何网络
ArcSDE 模式	实现了图形数据和属性数据的统一管理，可以构建空间几何网络，采用索引机制加快检索速度；能够进行版本管理和历史数据管理；有效存储数据间的拓扑关系；可以通过 SQL 进入 Geodatabase

3. 空间数据模型

当今社会，信息技术发展越来越快，GIS 软件已经呈现了 3 个时代的空间数据模型展示，不断完善改进的模型发展也预示着计算机技术的不断前进。针对这 3 个不同模型的对比如下（表6-3）。

表 6-3　空间数据模型比较

模型	特点
CAD 数据模型	以二进制文件的方式存储地理数据，实体通过用点、线、面来表达，几何要素和属性要素存储在同一个地方，无法建立拓扑，无法进行空间分析
Coverage 数据模型	基于地理关联的矢量数据模型，空间数据与属性数据相结合，二进制索引文件用来存储空间数据，表格用来存储属性数据，矢量要素之间的拓扑关系也可以存储
Geodatabase 数据模型	基于面向对象的思想，采用标准关系数据库技术，支持拓扑数据集，统一、智能化的对象–关系型空间数据模型

6.1.5　研究内容和方法

本章主要是在对社会生态系统相关知识的研究以及上述背景下进行的，以南流江流域社会生态系统共享平台为最终目标进行前期工作，通过研究相关数据库理论去实现海量数据的收集、整理、分类与集成建库，并且设计南流江社会生态系统数据库，以社会生态系统为主题思想，本章主要研究内容如下：

（1）分析社会生态系统、流域社会生态系统、南流江流域研究、ArcSDE 及数据库关键技术等相关理论和技术，为后期研究提供理论基础。

（2）进行海量数据资料的收集和整理。

（3）通过核心概念的解读确定数据的分类体系，根据建库要求进行数据库的设计，围绕着服务对象展开数据库的需求分析，对不同的服务对象所需的数据进行不同的数据分析，采用 E-R 概念模型进行概念设计，基于概念设计进行逻辑分析与设计，在此基础上采用 Geodatabase 模型进行物理设计。

（4）根据数据库的设计下一步是数据库的实现，把各种数据资料进行处理并导入库中，矢量等空间数据可以通过 ArcSDE 实现在 SQL Server 2008 中的存放，非空间数据通过 SQL Server 2008 的导入功能实现数据的入库。

6.1.6　研究技术路线

研究技术路线如图 6-1 所示。

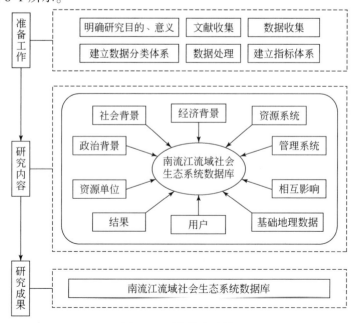

图 6-1　研究技术路线

6.2　核心理论和数据库关键技术

6.2.1　社会生态系统可持续发展总体框架

　　前面概述了社会生态系统的研究发展，社会–生态系统是复杂适应性系统，受自身和外界干扰的影响[1]，具有不可预期性、聚集、自组织、非线性、多样性、多稳态、循环性等特点[2-4]。社会生态系统并不是把人类系统机械地镶嵌在生态系统里，也不是把生态系统简单地纳入人类系统中，构成社会生态系统的链接和反馈极其错综复杂，错综复杂的适应性系统会有突发行为，我们无法通过了解系统组成成分的个体机制或者其中任何两个成分的相互作用来预测系统的突发行为。除了本身无法预测之外，错综复杂的社会生态系统还会呈现出不止一种"稳定状态"。由此看来，Holling 的社会生态系统适应性循环理论关注的是一个变化中的持续性。

　　在这种错综复杂的模式下，随后奥斯特罗姆提出社会生态系统可持续发展总体框架，希望可以通过这个框架帮助政策制定者走出"万能药"的陷阱，正确地去认识社会生态系统之间的多元化互动和复杂结果。在这个框架中把社会生态系统分成了不同的子系统，这些子系统之间相互作用，如图 6-2 所示，所涉及的是社会生态系统中最高层级的变量系统。资源系统、资源单位、管理系统、用户是社会生态系统的核心子系统，资源系统包括像森林、湖泊等类型的系统，资源单位是属于资源系统的，如鱼、水、森林等，管理系统是系统内的管理政府或者其他组织，包括管理区各种规章制度的制定，用户是系统内以各种目使用资源的个人。这 4 个子系统直接影响着社会生态系统的互动结果，同样也受互动结果的反作用。进一步把这些子系统分成不同层次的级别，表 6-4 列出了社会生态系统框架的二级变量。

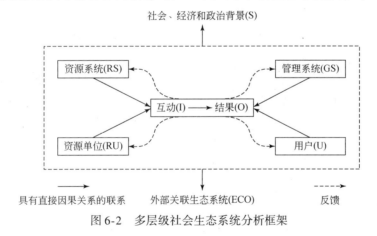

图 6-2　多层级社会生态系统分析框架

表 6-4　社会生态系统总体分析框架二级子变量

社会、经济和政治背景（S）	
S1 经济发展　S2 人口趋势　S3 政治稳定　S4 政府的资源管理　S5 市场激励	
资源系统（RS）	**治理系统（GS）**
RS1 类型	GS1 政府组织
RS2 清晰的系统边界	GS2 非政府组织
RS3 资源系统的规模	GS3 网络结构
RS4 人造设施	GS4 产权系统
RS5 生产力系统	GS5 操作规则
RS6 平衡性	GS6 集体选择规则
RS7 系统动力的可预测性	GS7 宪法规范
RS8 储存特征	GS8 监测与惩罚程序
RS9 位置	

社会、经济和政治背景（S）	
S1 经济发展　S2 人口趋势　S3 政治稳定　S4 政府的资源管理　S5 市场激励	
资源单位（RU）	**用户（U）**
RU1 资源单位的流动性	U1 用户人数
RU2 增长与更新率	U2 用户社会经济属性
RU3 资源单位的互动	U3 使用历史
RU4 经济价值	U4 位置
RU5 资源单位的数量/规模	U5 领导/企业家
RU6 显著标志	U6 规范/社会资本
RU7 空间和时间分布	U7 社会生态系统的知识/精神模式
	U8 对资源的依赖
	U9 使用的技术
互动（I）	**结果（O）**
I1 不同用户的收获量	O1 社会绩效评估（如效率、公平、责任性）
I2 用户间的信息共享	O2 生态绩效评估（如过度捕捞、弹性、多样性）
I3 商议过程	O3 其他社会生态系统的外部性
I4 用户间冲突	
I5 投资活动	
I6 游说活动	

外部关联的生态系统（ECO）
ECO1 气候模式　　ECO2 污染状况　　ECO3 社会生态系统的流入流出

资料来源：Elinor Ostrom. A diagnostic approach for going beyond panaceas, 2007; Elinor Ostrom. A general framework for analyzing sustainability of social-ecological systems, 2009

尽管社会生态系统受到许多变量的影响，它们一般只是由一些关键变量（通常是慢变化）驱动的，每个关键变量都有阈值，如果跨越了阈值，系统则会以另一种方式运行，而且，通常会伴随着不合意以及不可预见的意外发生。阈值一旦被跨越，系统很难再恢复回原来的状态，系统的弹性可以通过阈值之间的距离来衡量，离阈值越近越容易跨越阈值。一直以来，在我们分析实际管理和利用自然资源的时候，都没有考虑到人与自然的紧密联系，经济学家试图从经济角度去诠释，社会学家从人类社会角度去解释活动方式，科学家也试图去解开生态系统的生物物理本质，对这些他们擅长的领域都提出了深刻的见解。然而这样的解释都不够全面，只是关注到了社会生态系统的某个组成部分，而没有将系统作为一个整体来进行全面研究。我们去了解南流江这个社会生态系统作为一个整体的运转方式和内在机理，更应该善于变化，避免成为那些变化的受害者。

由此看来，社会生态系统框架剖析了各层级的影响变量，整合了整个社会生态系统。社会生态系统框架的提出为广大研究者提供了一个很高的理论框架，这是它存在的一个重大意义，人们可以根据框架的分级继续细分更广更全面的数据类别，进而根据数据类别收集资料并且进行管理，最后因地制宜地确定影响研究地区的良好的持续发展能力的因素。

6.2.2　南流江流域社会生态系统数据库

1. 南流江流域社会生态系统数据库概述

南流江流域社会生态系统数据库是以社会生态系统为理论基础，以社会生态系统总体框架为数据分类前提建立的数据库。南流江流域社会生态系统数据库区别于传统生态系统数据库是在于数据库中数据的构成，传统生态系统数据库一般包含水、土、气、生等各生态类型的数据，资源数据库包括了自然资源等数据，而社会生态系统除了生态、资源数据库的数据类型之外还加入了政策性因子等数据类型。建立南流江流域社会生态系统数据库是发展的趋势,以便对流域综合、系统性数据进行有效管理与应用。通过建立社会生态系统数据库进而搭建信息共享平台,以供学者对南流江流域的社会生态系统进行研究,了解南流江这个社会生态系统作为一个整体的运转方式和内在机理,确定影响研究地区的良好的持续发展能力的因素,为流域的可持续发展服务。

2. 数据库数据分类体系

本章把社会生态系统框架引入南流江流域的研究中,旨在基于社会生态系统框架建立南流江流域社会生态系统数据库,收集南流江流域社会生态系统相关数据,建立完善的数据库为后期共享平台打好基础,最终目的是为未来南流江流域社会生态系统研究提供数据支持。

对数据进行分类是数据库设计的基础,本章在上述社会生态系统总体分析框架的基础上,遵循数据分类的科学性、系统性、层次性、可拓展性原则,结合南流江流域实际情况以及数据可获得性进行数据分类,形成南流江流域社会生态系统数据分类体系,见表6-5。

表6-5　社会生态系统数据描述

主题类	一级类	二级类
基础地理数据	矢量数据	行政区、铁路、国道、高速路等数据
	栅格数据	DEM、TM 等数据
社会、经济、政治背景	经济发展	县区经济状况数据
	人口趋势	县区人口统计数据
	政治稳定性	政府、政策稳定等统计数据
	政府的资源政策	政策统计数据
	环保宣传	宣传统计数据
资源系统	资源类型	水、土、气、生等资源类型数据
	资源系统的规模	资源类型规模统计数据
	人造设施	水利、公共设施统计数据
	储备特征	储备特征统计数据
	地理位置	自然地理位置分布数据
资源单位	资源单位的可移动性	资源单位的流动统计数据
	资源增长	森林覆盖率增长等统计数据
	经济价值	资源的价值统计数据
	资源单位数量	资源单位数量统计数据
	时空分布	资源单位空间分布数据、时间序列统计数据
管理系统	政府组织	政府组织统计数据
	非政府组织	非政府组织统计数据
用户	用户的数量	使用资源的人数统计数据
	用户的历史	用户历史统计数据
	技术运用	使用的技术统计数据
相互作用	不同用户的收获量	用户收益统计数据
	投资活动	投资活动统计数据
结果	社会绩效评估	就业效果、收入分配效果等统计数据
	经济绩效评估	投资净产值、纯收入分析等统计数据
	生态绩效评估	环境状况、生物多样性等统计数据
外部相关社会生态系统	气候特征	气温、降水等统计数据
	污染状况	废气、固体、废水污染等数据

3. 数据库的应用

按照上述数据分类体系划分，数据库划分1个总库即南流江流域社会生态系统数据库，两个分库即基础地理数据库、社会生态系统数据库，分库下面包括了10个子库。本数据库的应用主要是为后期数据共享平台服务，建成信息共享平台之后可以为各个单位以及学术研究工作提供数据支持，尤其是针对南流江流域进行的社会生态系统的研究工作。

基础地理数据库提供了最基本的地理数据，也是南流江流域公共的基础地理信息数据，社会生态系统数据库包括了整个社会生态系统不同子系统的数据。根据上述社会生态系统框架以及数据分类体系进行数据收集进而建立的南流江流域社会生态系统数据库，为流域社会生态系统的研究服务就体现了数据库的应用。除了进行系统性研究的应用之外还可以根据其中某些数据进行单一方面的研究，如利用与水资源相关的数据进行水资源脆弱性评价等应用。

6.2.3　空间数据库引擎 ArcSDE

ESRI 公司最早提出空间数据库引擎的观点，SDE（spatial database engine）可认为成一个不间断的空间数据模型，通过它能把空间数据放进关系数据库管理系统中，它为在关系数据库中添加空间数据提供可能，同时也保留地理要素的方位和样式等属性信息。空间数据引擎不能进行复杂的分析处理，它只有一些基本的功能，如存储、调用、管理等，如果需要用它进行深层次应用的话需要进行二次开发。

作为一个中间技术的 ArcSDE 为关系数据库提供一个通道，可以通过这个通道进行多用户的空间数据库的存储和管库，要想调用空间数据可以通过数据库管理系统获取。数据库管理系统本身所具备的安全性、稳定性以及数据一致性的特点为空间数据的存储提供了可靠性以及便利性。ArcSDE 支持使用 SQL Server、Oracle、IMB、Postgre SQL 等数据管理系统，出于软件使用便捷度以及实惠性，本章选用的类型是 SQL Server，版本为相对比较稳定的 SQL Server 2008。

以下是 ArcSDE 的特点[5]：①数据库技术与 C/S 体系结构并存的模式，通过记录的方式存放相关的地理数据，并且可以通过互联网共享数据；②可以管理海量数据；③安全性能好控制；④可以多用户同时访问；⑤支持多种数据类型。

6.2.4　数据库管理系统

现在通常使用的是 SQL Server 和 Oracle 两个主流管理系统，其都属于大型关系数据库平台，Microsoft 公司开发的 SQL Server 有着伸缩性能良好和与其他软件综合能力强等优点。本章通过对两个系统的比较，最终使用了简单易操作且综合能力更强的 SQL Server 2008 数据库管理系统来存储和管理南流江流域数据，在众多版本中采用方便且实惠的 SQL Server 2008 Express 版本（表6-6）。

表 6-6　数据库管理系统

数据库管理系统	特点
Oracle	支持很多种操作系统，全部的工业标准都适用，采取完全开放策略，支持大量多媒体数据，支持大型数据库建立，支持用户同时在同一数据上执行各种数据应用，具有可移植性、可兼容性和可连接性
SQL Server	只能在 Windows 上运行，安全易用、集成性高、性价比高、容易进行管理

6.3　数据库设计

建立数据库以及数据库应用系统的核心和基础是进行数据库的设计，进行数据库设计需要在指定的环境中进行，去构造出相对比较优质的模式来建立数据库的应用系统，使数据能够在系统中有效存储，以便满足用户各种各样的需求。按照规范化的数据库设计方法进行的步骤包括以下部分：需求分析、概念设计、逻辑设计和物理设计等阶段（图6-3）。

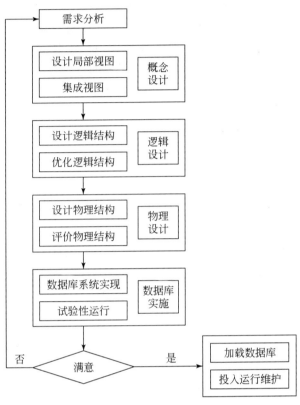

图6-3 数据库设计过程

本章数据包含空间数据与非空间数据，所以数据库技术平台包括两部分：关系数据库、空间数据库。非空间数据可以直接导入关系数据库中进行存储，空间数据则需要借助数据库引擎来实现，具体系统框架设计如图6-4所示。

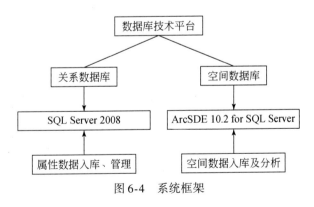

图6-4 系统框架

6.3.1 需求分析

1. 应用需求

数据库设计第一步是进行数据库的需求分析，这是整个设计过程的基础，占据着很重要的地位。应用需求包括下面几个方面：

（1）服务需求。首先明确数据库的服务对象，根据研究的目的和意义，本数据库的服务对象为需要进行相关南流江流域科学研究的使用者，后续建成数据共享平台之后增加数据分析功能，可以作为政府、流域管理者的决策参考，所以也把政府部门和流域管理者纳入服务对象范围。

（2）数据管理需求。南流江流域的研究已有很多，也有研究者建立了相关南流江流域数据管理系统，但是研究内容比较单一，极其需要建立一个具有统一编码体系、数据格式以及空间参考的综合性数据库，本章从社会生态系统角度出发收集、组织、存储南流江流域的数据资源，以满足数据的综合管理需求。

（3）平台建设需求。建设南流江流域数据共享平台需要首先建立一个完善的社会生态系统数据库，进而去构建共享平台，为科研工作提供数据支持，为各级政府部门及流域管理者提供信息反馈以及决策支持，为流域的可持续发展以及未来经济的更好发展服务。

2. 数据内容分析

数据内容分析应该从服务对象着手，不同的服务对象对数据的需求不一样。对于科研工作者要进行流域研究，研究方向主要为生态、经济、政治、自然等方面，从这个层面上来说数据应该包括社会经济数据、自然资源数据、环境数据等。对于流域管理者主要关心的是流域的污染等，所以数据库应该包含污染状况方面的数据。对于各级政府部门关心的是政治稳定性、流域发展趋势等，因此数据库应该包含有关政府政策制度等数据。综合各方面的数据需求，按照第 2 章的数据分类体系建立社会生态系统数据库恰好能够满足各个服务对象的数据需求。

南流江流域总共包括玉林、钦州、北海 3 个市的 9 个县、区，具体区划详见表 6-7。南流江流域社会生态系统数据库中数据主要精确到县级行政单位，进行数据的收集要尽可能收集齐全 11 个县级行政区多年的数据，按照第 2 章的数据分类体系进行数据的收集，包括南流江流域的基础地理数据、土地利用数据、地质地貌数据、人口、经济、环境数据等内容。南流江流域社会生态系统数据库的数据来源广、数据格式不统一，包括了空间数据和非空间数据，需要对收集到的数据进行一体化处理，并且数据库数据精确至县级，资料收集比较困难，对整体数据进行收集、整理、分类，以及一体化处理是很重要的工作。

表 6-7 南流江流域行政区域

市	县、区	流域面积/km²	县区行政面积/km²	流域面积占县区行政面积比例/%
玉林	玉州区	1271.02	1271.02	100.00
	北流市	358.69	2457.00	14.60
	博白县	2627.74	3835.85	68.50
	兴业县	558.27	1486.70	37.55
	陆川县	506.19	1551.00	32.64
钦州	钦南区	132.77	2553.00	5.20
	浦北县	1794.47	2521.00	71.18
	灵山县	859.98	3550.00	34.22
北海	合浦县	1590.79	2380.00	66.84
总计		9699.92	21605.57	—

资料来源：广西以及下属市级统计年鉴

1）基础地理数据

基础地理数据就是流域公共的基础信息数据，通过这类数据可以直观地了解研究区域。基础地理信息数据的建立是很有必要的，这样使用者在使用数据库进行数据收集的时候就可以避免重复收集相同的数据的问题。南流江流域社会生态系统数据库的基础地理数据分为矢量数据和栅格数据两大类，其中矢量数据包括行政区、行政界线、地名注记、等高线、水系、铁路、高速公路、国道等；栅格数据包括

DEM、遥感影像等。具体的数据描述见表 6-8 和表 6-9。

表 6-8　基础地理信息矢量数据描述

图层	主要内容	类型	来源
行政区	流域包含行政区形状和范围（精确到县、区一级的）	面	矢量化
行政界线	县、区边界	线	
地名注记	县、区名称	点	
水系	主要干、支流	线	
铁路	流域境内的铁路线路	线	
高速公路	流域境内的高速公路线路	线	
国道	流域境内的国道线路	线	
等高线	流域内等高线	线	

表 6-9　基础地理信息栅格数据描述

数据	主要内容	来源
DEM	包括整个南流江流域，分辨率为 30m×30m	网站下载
卫星影像	包括整个南流江流域的 TM 影像	

2）社会生态系统数据

根据社会生态系统理论框架，社会生态系统数据包括社会、经济与政治背景、资源系统、资源单位、管理系统、用户、相互影响、结果、相关社会生态系统等，数据分类体系将数据细分到二级类，见表 6-10。

表 6-10　社会生态系统数据描述

数据		主要内容
社会、经济、政治背景	经济发展	县区经济状况
	人口趋势	县区人口统计
	政治稳定性	政府、政策稳定等
	政府的资源政策	政府出台的政策
	环保宣传	宣传统计
资源系统	资源类型	水、土、气、生等
	资源系统的规模	各资源类型规模统计
	人造设施	水利、公共设施统计数据
	储备特征	储备特征统计数据
	地理位置	自然地理位置分布数据
资源单位	资源单位的可移动性	资源单位的流动统计
	资源增长	森林覆盖率增长等
	经济价值	资源的价值统计
	资源单位数量	资源单位数量统计数据
	时空分布	资源单位空间分布数据、时间序列统计数据
管理系统	政府组织	政府组织统计数据
	非政府组织	非政府组织统计数据

续表

数据		主要内容
用户	用户的数量	使用资源的人数
	用户的历史	各用户历史
	技术运用	使用的技术
相互作用	不同用户的收获量	用户收益统计
	投资活动	投资活动统计
结果	社会绩效评估	就业效果、收入分配效果等统计
	经济绩效评估	投资净产值、纯收入分析等
	生态绩效评估	环境状况、生物多样性等
外部相关社会生态系统	气候特征	气温、降水
	污染状况	废气、固体、废水污染

资料来源：从《广西统计年鉴》《北海市统计年鉴》《钦州市统计年鉴》《玉林市统计年鉴》，以及广西地情网和其他各部门官方网站获取

3. 数据库硬软件环境分析

（1）硬件环境：处理器为 AMD Athlon（tm）Ⅱ Dual-Core M300 2.00GHz；系统内存为 4GB；操作系统为 Windows7 64 位；存储硬盘为 128GB 的固态硬盘；显示器分辨率为 1366×768。

（2）软件环境：本章选用操作系统为 Windows7，数据库管理系统为 SQL Server 2008 Express 版本，GIS 支撑软件为 ArcGIS 10.2，空间数据引擎 ArcSDE for SQL Server 10.2，数据库设计工具为 Power Designer。

6.3.2 概念设计

概念模型是从现实转入机器的中间层次，用于信息的建模，能够方便、直接地表达应用中的各种语义知识，它的目的是针对上述的需求分析进行综合整理归纳，抽象成一个独立的数据库系统概念模型。进行概念设计首先要先了解几个相关概念，实体、属性、联系，实体就是现实世界中存在的可以区分开来的东西，它既可以说是具体的人或事或物，又可以说是抽象的概念；属性就是实体所表现出来的特征；联系可以看做实体间的相互关联，也可以看做实体与属性的联系。一般的实体间联系有如下联系表现形式：一对一（1∶1）、一对多（1∶n）、多对多（m∶n）。构建概念模型最常用的方法就是 E-R 模型[6]，它一般由上述的 3 个概念构成，即实体、属性、联系，通过这三方面来反映现实生活中的信息结构。E-R模型进行设计需要先进行局部应用的设计，也就是局部 E-R 模型设计，然后再进行整体全局的设计。这个设计过程通过 Power Designer 软件进行设计。

南流江流域社会生态系统数据库中的实体有很多个，包括行政区等；编号、市县代码等都是实体的特征也就是实体的属性。实体之间的相互联系有一对一也有一对多的关系，像市级与市级辖区属于一对一的关系范畴，而与下属县级则属于一对多的关系，多对多的关系体现在水系与县级行政区的关系，因为水系有可能横跨很多个县级行政区。本章数据库 E-R 模型图如图 6-5 所示，局部 E-R 模型图如图 6-6 所示。

图 6-5　实体的 E-R 模型图

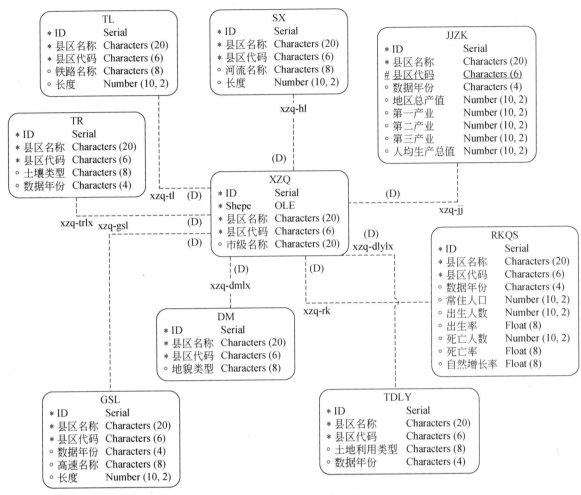

图 6-6　局部 E-R 模型图

6.3.3　逻辑设计

逻辑设计是独立的信息数据结构，它的工作就是需要将概念设计的 E-R 模型转换成数据库系统中的逻辑结构模型，一般包括关系模型、网状模型以及层次模型。而 E-R 模型的转换需要解决向关系模型转换的多个问题，包括实体间关系的转换。

1. 数据库空间数据的空间参考

南流江流域社会生态系统数据库的空间数据是多来源的，所以数据的格式不会全都一致，而要使数据存储与管理做到高效管理并且能紧密结合组织，这就需要一个统一的格式标准，所以需要对收集到的数据进行统一的空间参考设置。

地理坐标可以保证数据是连续不间断的，而南流江流域因为跨越了两个三度分带，即 36、37 两个 30 分带，所以本章设置空间参考的时候采用地理坐标可以保证数据的连续并且在跨度带问题上可以很好地得到解决。但是地理坐标的形式也存在一些缺陷，如果需要用到矢量数据进行计算的话，需要转换成平面坐标再进行计算。本章矢量数据入库前统一为地理坐标系，详细参考设置如下：地理坐标系，GCS_WGS_1984；基准面，D_WGS_1984；椭球体，WGS_1984；本初子午线，UTM；角度单位，Degree 栅格数据的空间参考设置扫描出来的图件是栅格形式的，放入数据库之前需要进行配准校正，它的坐标是平面坐标的格式，网上下载的 DEM 以及遥感影像图经过投影变换后一般也是平面坐标的形式。频繁的坐标转换会导致数据质量的损失，所以一般的做法是按照原本的平面坐标作为统一的格式进行数据空间参考的设置。空间参考如下：地理坐标系，GCS_Xian_1980；基准，D_Xian_1980；参考椭球体，Xian_1980；投影，Gausses Kruger；本初子午线，Greenwich；角度三维，Degree；长度单位，Meter。

2. 数据库逻辑结构

根据需求分析以及数据分类体系的数据结构特征，数据库的总体逻辑结构如图6-7所示。

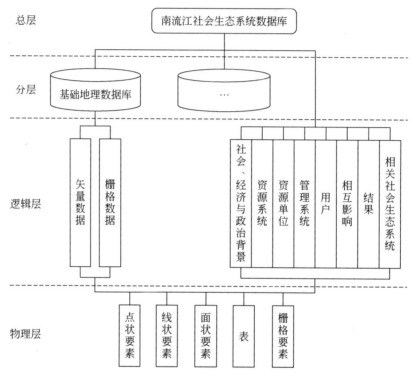

图6-7　南流江流域社会生态系统数据库的总体逻辑结构

3. 属性数据设计

通过比较数据模型之后选用了 Geodatabase 数据模型进行数据的组织，首先需要将数据匹配到 Geodatabase 中，这是逻辑设计的关键，就是需要对每一个空间实体匹配对应的表达方式。空间数据中的矢量数据是用点、线、面来表达的，栅格数据则用栅格结构 TIN 来表示，非空间数据用对象来表示，它跟空间位置没有关系。表6-11 列举了部分空间数据在 Geodatabase 中的表达方式，由于篇幅的限制就不一一列举出非空间数据的表达。

表6-11　空间数据在 Geodatabase 中的表达方式

实体	地理表达方式	Geodatabase 要素
行政区	面	多边形要素
行政界线	线	简单边要素
地名注记	点	点要素
水系	线	复杂线要素
铁路	线	复杂线要素
高速公路	线	复杂线要素
国道	线	复杂线要素
等高线	线	复杂线要素

续表

实体	地理表达方式	Geodatabase 要素
DEM	栅格	栅格
卫星影像	栅格	栅格
土壤类型	面	多边形要素
地貌类型	面	多边形要素
植被类型	面	多边形要素
地质类型	面	多边形要素
气象站点	点	点要素
河网	线	复杂线要素

1）空间数据属性结构设计

南流江社会生态系统数据库的数据包括矢量数据、栅格数据以及非空间的属性数据，设计并创建属性结构是为查询、空间分析等操作提供信息，这需要根据实际情况进行创建。属性数据表命名方式按照缩写的大写首字母来统一命名，对应字段名称的字段代码命名规则是关键字段采用英文命名而其他非关键字段采用大写首字母命名。空间数据属性结构设计主要针对矢量数据进行设计，包括矢量数据库里的数据以及资源类型的有关矢量数据，下面就行政区属性结构设计为例具体说明（表 6-12 ~ 表 6-14）。

表 6-12 矢量数据属性结构设计

字段名称	字段代码	字段类型	字段长度	小数位数	约束条件	说明
ID	FID	对象 ID				软件自动生成
Shape	Shape	几何				软件自动生成，不能修改，标注图斑类型，如点、线、面
市县名称	Name_DIST	字符串	20		M	流域包含的市精确到县、区
县区代码	PAC_DIST	字符串	6		M	国家地名标准编码
数据年份	Date Year	字符串	4		M	收集的数据年份
长度	Length	数字	10	2	O	线状属性，单位为 m
面积	Area	数字	10	2	O	面状属性，单位为 km²
…	…	…	…	…	…	…

表 6-13 矢量数据属性结构描述

字段名称	字段代码	字段类型	字段长度	小数位数	约束条件	说明
ID	FID	对象 ID				软件自动生成
Shape	Shape	几何				图斑类型
市级名称	Name_DIST	字符串	20		M	流域包含的是哪个市
市级代码	PAC_DIST	字符串	6		M	国家地名标准编码
县级名称	Name_CNTY	字符串	20		M	流域包含的市精确到县、区
县区代码	PAC_CNTY	字符串	6		M	国家地名标准编码
行政区级别	Level	字符串	1		M	地市级为 1、县级为 2、乡镇为 3、村级为 4
面积	Aera	浮点型	10	2	O	单位为 km²

表 6-14　行政区属性表

FID	Shape	Name_DIST	PAC_DIST	Name_CNTY	PAC_CNTY	Level	Aera
0	面	北海市	4505	合浦县	450521	2	66.84
1	面	钦州市	4507	钦南区	450702	2	5.20
2	面	钦州市	4507	灵山县	450721	2	34.22
3	面	钦州市	4507	浦北县	450722	2	71.18
4	面	玉林市	4509	玉州区	450902	2	1271.02
5	面	玉林市	4509	陆川县	450922	2	506.19
6	面	玉林市	4509	博白县	450923	2	2627.74
7	面	玉林市	4509	兴业县	450924	2	558.27
8	面	玉林市	4509	北流市	450981	2	358.69

2）非空间数据属性结构设计

非空间属性数据以表格的形式进行信息的记录，具体结构设计见表 6-15，它通过县区名称以及代码来实现与空间数据的检索及关联。下面以人口趋势、经济状况为例说明其统计数据表结构设计，并取 2014 年的数据部分展示，见表 6-16～表 6-19。

表 6-15　非空间数据属性结构设计

字段名称	字段代码	字段类型	字段长度	小数位数	约束条件	说明
D	ID	整型				自动生成
县区名称	Name_CNTY	字符串	20		M	流域包含的市精确到县、区一级
县区代码	PAC_CNTY	字符串	9		M	采用国家地名标准编码
数据年份	DateYear	字符串	4		M	收集的数据年份
属性1		字符串	20		O	
属性2		数字	10	2	O	具体的对象属性，比如经济发展的"地区生长总值"等
…	…	…	…	…	…	

表 6-16　经济发展属性结构设计

字段名称	字段代码	字段类型	字段长度	小数位数	约束条件	说明
ID	ID	整型				自动生成
县区名称	Name_CNTY	字符串	20		M	流域包含的市精确到县、区一级
县区代码	PAC_CNTY	字符串	9		M	采用国家地名标准编码
数据年份	DateYear	字符串	4		M	收集的数据年份
地区生产总值	GDP	数字	10	2	O	各县区当年生产总值
第一产业	Primary Industry	数字	10	2	O	各县区当年第一产业生产总值
第二产业	Secondary Industry	数字	10	2	O	各县区当年第二产业生产总值
第三产业	Tertiary Industry	数字	10	2	O	各县区当年第三产业生产总值
人均生产总值	PerGDP	数字	10	2	O	各县区当年人均生产总值
…	…	…	…	…	…	…

表6-17　经济发展属性表

ID	Name_CNTY	PAC_CNTY	Date Year	GDP	Primary Industry	Secondary Industry	Tertiary Industry	PerGDP	…
0	合浦县	450521	2014	1869566.00	740524.00	536734.00	592309.00	20641.00	…
1	浦北县	450722	2014	1443008.00	356092.00	692389.00	394527.00	19295.00	…
2	钦南区	450702	2014	1917944.00	559328.00	479847.00	878769.00	34910.00	…
3	灵山县	450721	2014	1631541.00	579378.00	52308.00	528855.00	13779.00	…
4	北流市	450981	2014	2521374.00	401925.00	1354378.00	765071.00	21619.00	…
5	陆川县	450922	2014	2026538.00	304532.00	1114209.00	607797.00	25975.00	…
6	博白县	450923	2014	2038887.00	721684.00	753523.00	563680.00	14814.00	…
7	玉州区	450902	2014	2898951.00	156813.00	1114736.00	1627402.00	41340.00	…
8	兴业县	450924	2014	1195313.00	358485.00	511223.00	325605.00	20797.00	…

表6-18　人口趋势属性结构设计

字段名称	字段代码	字段类型	字段长度	小数位数	约束条件	说明
ID	ID	整型				自动生成
县区名称	Name_CNTY	字符串	20		M	流域包含的市精确到县、区一级
县区代码	PAC_CNTY	字符串	9		M	采用国家地名标准编码
数据年份	DateYear	字符串	4		M	收集的数据年份
常住户数	CZHS	数字	10	2	O	各县区当年常住户数
常住人口	CZRK	数字	10	2	O	各县区当年常住人口数
户籍人口	HJRK	数字	10	2	O	各县区当年户籍人口数
男性	Male	数字	10	2	O	各县区当年人口总数中男性数量
女性	FeMale	数字	10	2	O	各县区当年人口总数中女性数量
…	…	…	…	…	…	…

表6-19　人口趋势属性表

ID	Name_CNTY	PAC_CNTY	Date Year	CZHS	CZRK	HJRK	Male	FeMale	…
0	合浦县	450521	2014	261528.00	90.88	105.67	56.73	48.92	…
1	浦北县	450722	2014	240854.00	75.06	92.06	49.95	42.11	…
2	钦南区	450702	2014	144847.00	60.42	60.43	33.78	29.06	…
3	灵山县	450721	2014	430777.00	169.95	163.32	88.90	74.42	…
4	北流市	450981	2014	406909.00	122.03	147.17	78.37	68.79	…
5	陆川县	450922	2014	323777.00	78.20	109.20	57.89	51.61	…
6	博白县	450923	2014	469520.00	138.00	182.21	99.56	82.65	…
7	玉州区	450902	2014	294888.00	70.40	106.37	33.86	30.98	…
8	兴业县	450924	2014	216324.00	53.97	76.48	41.43	35.06	…

6.3.4　物理设计

　　各个数据库产品之间的物理环境以及存取存储结构不一致，设置的变量与参数也不一致导致了没有一个统一的物理设计方法，在系统的实施阶段进行的物理设计在没有统一方法的情况下只能按照一般的设计内容和原则进行设计，为前面的逻辑结构寻觅一个合适的物理环境以及存储存取方法的这样一个过程[7]。本章南流江流域社会生态系统数据库以 Geodatabase 为数据模型，旨在基于 ArcSDE 的 SQL Server 2008 数据库中进行数据的存储，通过数据库引擎使空间数据在关系数据库 SQL Server 2008 中得到很好的解释，并且可以读取其中的几何图像数据。

1. 数据存储结构

物理结构其实就是数据的存放结构，包括它的命名、位置、大小等，数据的逻辑结构通过这样的方式得以在计算机世界中表示[8]。根据数据库逻辑设计其逻辑结构包括 4 个级别，分别为总库、分库、逻辑层、物理层。

1）数据的存储结构

（1）总库也就是南流江流域生活生态系统数据库，下面的所有数据都是总库下属的分支。

（2）总库下有两个分库，即基础地理数据库和社会生态系统数据库。子库是分库下属的，包括栅格数据库，矢量数据库，社会、经济政治背景数据库，资源系统数据库，资源单位数据库等。

（3）逻辑层有子库中的各个要素，包括行政区、水系等。

（4）物理层包含各类要素，如点、线、面、栅格、表格等。

2）数据库命名

南流江流域社会生态系统数据库命名方式为 nlj_<数据库标识>。

（1）总库：总库即南流江流域社会生态系统数据库，命名为 nlj_SHSTXT。

（2）分库：基础地理数据库、社会生态系统数据库，分别命名为 nlj_JCDL、nlj_SSXT。

（3）子库：子库有 10 个，各子库的命名见表 6-20。

表 6-20　数据库子库命名

数据库	命名
矢量数据库	nlj_SL
栅格数据库	nlj_SG
社会、经济与政治背景数据库	nlj_SJZ
资源系统数据库	nlj_ZYXT
资源单位数据库	nlj_ZYDW
管理系统数据库	nlj_GLXT
用户数据库	nlj_YH
相互影响数据库	nlj_XHYX
结果数据库	nlj_JG
外部相关社会生态系统数据库	nlj_XG

2. Geodatabase 在 SQL Server 2008 中的存储

Geodatabase 的存放形式就是以表格的形式，通过 Geodatabase 存放在 SQL Server 2008 中的形式有两种，就是系统表格和数据集的形式，Geodatabase 本身的数据类型有要素类、栅格数据集和表[9]。其中要素类以表的形式存储在 Geodatabase 中，主要包括 3 个表：业务表、要素表和空间索引表。业务表存储着要素的各种特征和空间信息，要素表则存储着要素的几何信息等，空间索引表存储要素的标识码等，通过它可以大大提高查询数据的效率。栅格数据集以二进制的存储类型来存储在 SQL Server 中，其中有 3 个参数需要注意，就是栅格数据的分块特点、压缩方法以及金字塔技术[10]。最后表中存放着各类地理要素，一个要素存在一行中。

在数据库中使用 Geodatabase 空间数据模型，它的数据管理工作是通过 AcrGIS 平台与关系数据库来相互协助配合完成的，AcrGIS 软件负责定义数据库的逻辑来保持数据的完好及实用性，SQL Server 2008 则起到了存储的作用，这里存放的是空间数据。

数据以表的形式存储在 SQL Server 2008 中，要将空间数据存储到 SQL Server 2008 时通常都会先转为 SQL Server 的组织形式，它们之间的存储关系一一对应地以表格的形式展现出来，详见表 6-21[11]。

表 6-21　Geodatabase 数据与 SQL Server 的对应关系

Geodatabase 数据类型	SQL Server 的组织形式
表	关系表
要素	带有几何字段的表中的行
要素类	带几何字段的表，如业务表、要素表、空间索引表
栅格数据集	业务表、栅格记录列表、栅格表、波段表、辅助表
要素数据集	带几个字段的表的集合
子类	系统表
对象类	关系表中的记录行
拓扑	系统表、GTopoRules

6.3.5　数据库建设的关键问题

1. 数据标准化

数据标准化就是给数据进行分类且统一编码，分类后的数据更加方便在计算机中存储及检索，分类后的数据按照统一的规则进行编码便于计算机进行识别（图 6-8）。

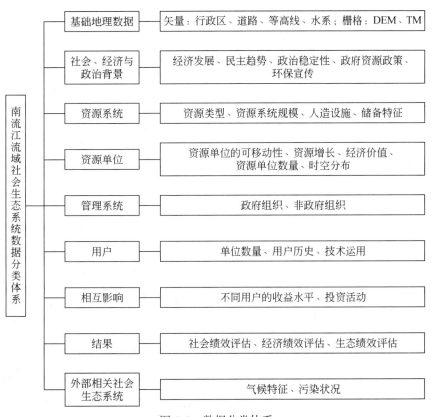

图 6-8　数据分类体系

数据分类依次分为主题类、一级类、二级类、三级类，编码由 7 位主层次编码组成，即主题类设定为一位数字码，按照上述数据分类体系从基础地理数据为 0 开始编码，以此类推。一级类设定为二位数字码，按照所属类别不同排序编码，空出的用 0 补全，二级类、三级类也同样如此。分类编码结构图如图 6-9 所示，部分要素分类编码描述详见表 6-22。

```
    X        XX        XX        XX
    |         |         |         |
    主         一         二         三
    题         级         级         级
    类         类         类         类
    要         要         要         要
    素         素         素         素
    码         码         码         码
```

图 6-9　数据分类编码结构图

表 6-22　部分要素分类及编码

分类代码	主题类	一级	二级	三级	几何特征	属性表名	说明
0000000	基础地理数据						
0010000		矢量数据					
0010100			行政区		面	XZQH	
0010200			行政界线		线	XZJX	
0010300			地名注记		点	ZJ	
0010400			水系		线	SX	
0010500			铁路		线	TL	
0010600			高速公路		线	GSL	
0010700			国道		线	GD	
0010800			等高线		线	DGX	
0020000		栅格数据					
0020100			数字高程模型		栅格		
0020200			TM 影像数据		栅格		
1000000	社会、经济与政治背景						
1010000		经济发展				JJFZ	
1020000		人口趋势				RKQS	
1030000		政治稳定性				ZZWD	
1040000		政府的资源政策				ZFZC	
1050000		环保宣传				HBXC	
2000000	资源系统						
2010000		资源类型					
2010100			地表河流		线	DBHL	
2010200			土地利用类型		面	TDLY	
2010300			土壤类型		面	TR	
2010400			林地类型		图像	LD	
2010500			农业			NY	
2010600			渔业			YY	
2010700			旅游			LY	

续表

分类代码	主题类	一级	二级	三级	几何特征	属性表名	说明
2010800			矿产			KC	
2020000		资源系统的规模					
2030000		人造设施					
2030100			水利设施			SLSS	
2030200			公共设施			GGSS	
2040000		储备特征					
3000000	资源单位						
3010000		资源单位的可移动性					
3010100			耕地面积变化			GDMJ	
3010200			养殖业变化			YZ	
3020000		资源增长					
3020100			森林覆盖率			SLFG	
3020200			年净流量			NJLL	
3030000		经济价值				JJJZ	
3040000		资源单位数量				DWSL	
3050000		时空分布					
3050100			时间分布				
3050200			空间分布				
4000000	管理系统						
4010000		政府组织				ZFZZ	
4020000		非政府组织				FZF	
5000000	用户						
5010000		用户的数量				DWSL	
5020000		用户的历史					
5030000		技术运用					
6000000	相互影响						
6010000		不同用户的收益水平					
6020000		投资活动				TZHD	
7000000	结果						
7010000		社会绩效评估				SHJX	
7020000		经济绩效评估				JJJX	
7030000		生态绩效评估				STJX	
8000000	外部相关社会生态系统						
8010000		气候特征					
8010100			气温			QW	
8010200			降水			JS	
8020000		污染状况					
8020100			废气污染			FQWR	
8020200			固体污染			GTWR	
8020300			废水污染			FSWR	

2. 数据质量的控制

数据质量主要包括数据的准确性、精度、空间数据的分辨率、误差等，这是数据库的核心，决定了数据库最终的质量。南流江流域数据质量的控制主要体现在对数据来源控制。

数据来源的质量直接影响着数据的质量，本章在选择数据来源时严格按照数据质量标准进行筛选，选择比较权威可靠的数据来源。具体数据来源如下。

（1）空间数据：南流江边界矢量数据通过地图扫描进行矢量化获取；土壤类型图通过获取土壤分布资料结合 ArcGIS 软件制作而成；DEM 数据是通过地理空间数据云网站（http：//www.gscloud.cn/）下载的 30m×30m 数据；TM 影像是通过马里兰大学获取的 2005～2014 年的空间分辨率为 30m 的影像数据（http：//glcfapp.glcf.umd.edu：8080/esdi/index.jsp）；土地利用数据是利用拼接好的 2014 年的 TM 数据进行解译得来的；地貌类型图是通过中国生态系统评估与生态安全数据库（http：//www.ecosystem.csdb.cn/ecosys/index.jsp）获取的。

（2）统计数据来源：通过 2005～2015 年《广西壮族自治区统计年鉴》《玉林市统计年鉴》《北海市统计年鉴》《钦州市统计年鉴》，以及各政府相关部门网站获取社会生态系统的相关数据；通过 2005～2014 年《广西水资源公报》《广西水利统计公报》《广西环境公报》，以及广西水文水资源信息网（http：//www.gxsw.gov.cn/gxmh/pages/sw/W01FirstPage.aspx）获取南流江流域相关水文数据；通过中国气象科学数据共享服务平台（http：//data.cma.cn/site/index.html）获取相关气象数据。

6.4　南流江流域社会生态系统数据库的实现

6.4.1　基于 ArcSDE 与 SQL Server 的南流江社会生态系统数据库建立

南流江社会生态系统数据库的空间数据库引擎采用美国 ESRI 公司的 ArcSDE for SQL Sever 10.2，数据库管理系统选用微软公司的 SQL Server 2008。

建立 ArcSDE 与 SQL Sever 数据库可分四步进行：

（1）安装操作软件 ArcGIS 10.2。

（2）安装数据库软件 SQL Server 2008，安装过程默认实例名称为 SQL Express，注意输入密码，此密码为首次连接服务器时默认登录名 sa 的密码。完成安装后，启动 SQL Server 连接服务器，输入身份验证时设置的用户名和密码，即可成功连接到服务器。

（3）安装数据库引擎 ArcSDE 10.2。此版本跟之前的版本有所区别，点击安装后无需输入任何信息，SDE 用户是在安装完成之后通过 ArcMap 的数据管理工具的创建企业级地理数据库功能来创建 SDE 用户。

（4）在完成所有软件安装后进行 ArcSDE for SQL Sever 的连接配置，连接配置如图 6-10 所示，数据库管理员密码均设为 123456。

通过上述的配置完成南流江流域数据库环境的初始化设置后，可以开始数据库的建立，通过 SQL Server Management Studio 连接数据库，连接成功并新建 nlj_SHSTXT，可以通过 ArcGIS 软件连接已经建好的 nlj_SHSTXT，然后进行数据的导入。

6.4.2　数据处理

南流江流域社会生态系统数据库是一个海量、多源、多比例尺、多类型、多时相、多分辨率的数据库，涉及大量的矢量数据、栅格数据、属性数据、图像数据和文档数据，数据处理和入库的工作量巨大，需要制定一个合理的数据处理入库方案来提高工作效率。具体入库流程如图 6-11 所示。

图 6-10　创建 SDE 用户

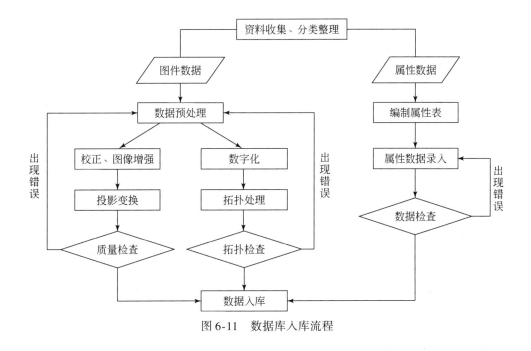

图 6-11　数据库入库流程

1. 矢量数据处理

在收集来的矢量数据中，有部分数据已经矢量化好，进行数据质量检查之后，按照数据库的建库标准进行数据格式、坐标和投影的转换，最后入库；有部分数据是纸质的，要进行扫描、数字化、接边、拓扑和坐标、投影转换等处理后才能导入数据库中。

南流江边界是通过矢量化扫描电子图获得的，扫描之后的电子图经过配准，这一步在 ArcGIS 中进行，配准需要注意控制点布置均匀减少图像的变形。配准完成之后的图像进行二值化处理，压缩数据量的同时为 ArcScan 的自动或半自动矢量化做准备，清晰的二值化图像尽可能用 ArcScan 工具进行处理，模糊部分人工矢量化。完成矢量化之后需要进行检查，着重检查有没有信息没有采集以及采集位置准不准确，有遗漏则需要补充有重复则需要删除，位置不准确的重新采集信息。完成矢量化之后进行拓扑处理，出现错误的进行相应的修改，完成后创建拓扑，这些都在 ArcMap 中完成。所有的数量数据经过初步处理之后都需要转换成前面所述的矢量空间参考才可以导入数据库中。

2. 栅格数据处理

栅格数据主要包括 DEM、遥感影像。对于已经处理过且坐标符合要求的栅格数据，可以直接入库；对于原始栅格数据，进行几何校正、辐射校正、图像增强和坐标、投影转换等处理后才入库。栅格数据的处理主要在遥感影像处理软件 ERDAS 2014 中进行。

3. 属性数据处理

属性数据是空间实体不可分割的组成部分，是空间实体的特征数据。属性数据可分为两种，一种是直接记录在空间数据中的属性数据，另一种是单独存储的属性数据。记录在空间数据中的属性通常在拓扑处理后录入，单独存储的属性数据则录入制作好的属性表。

属性数据的录入方法有多种，最常用的是键盘输入法。南流江流域社会生态系统数据库的大部分属性数据都是手工键盘录入的。属性录入时，尽量保证每个要素的各种属性数据没有错漏。属性录好后，再进行一次属性检查，以确保属性的准确性和完备性。

6.4.3　数据入库

数据入库是按照类别进行入库的，即矢量数据、栅格数据、属性数据进行分类入库。基于 ArcSDE 与 SQL Server 2008 的数据库入库方式有多种，本章根据数据的类型特点选择相应的数据入库方式，对于矢量、栅格数据通过 ArcGIS 的图形操作界面进行格式转换并可以批量导入数据，非空间的属性数据则通过 SQL Server 2008 的导入功能实现数据的导入。

1. 矢量数据入库

矢量数据的导入首先通过 ArcCatalog 的数据库连接到 nlj_SHSTXT. sde 数据库，通过 "导入" 工具可以实现要素类单个、多个导入，图 6-12 为批量导入基础地理数据库矢量图。数据导入完成后可以在 ArcCatalog 中预览，图 6-13 为导入成功后的行政区矢量图预览。

2. 栅格数据入库

栅格数据入库方式跟矢量数据一样，通过 ArcCatalog 连接数据库，在 "导入" 功能下选择栅格数据集导入数据，在操作界面（图 6-14）中可以实现单个或者多个的栅格数据的导入，入库成功的 DEM、TM 数据如图 6-15、图 6-16 所示。

3. 属性数据入库

属性数据入库方式可以通过 SQL Server 的导入功能实现，也可以通过 ArcCatalog 连接数据库后在 "导入" 功能中实现单个或多个表格导入，本章选择通过 SQL Server 2008 来实现非空间属性数据的入库，如图 6-17 所示。文本类型的数据需要整理成表格采用上述相同方式入库，或者编辑分好行之后通过导入时选择数据源为 "平面文件源" 来实现也可行（图 6-18）。至于其他的图片格式需要采用栅格数据入库方式进行入库。图 6-19 为经济状况数据入库成功后预览。

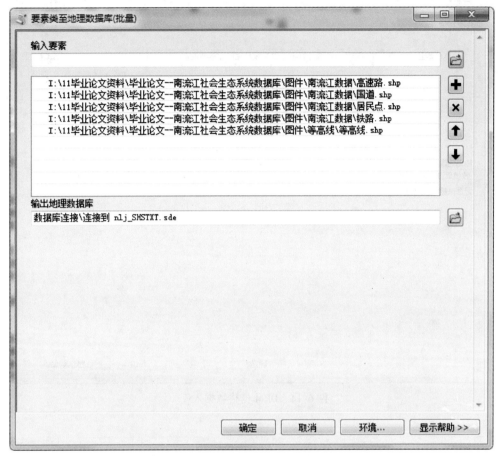

图 6-12　基础地理数据库的矢量数据入库

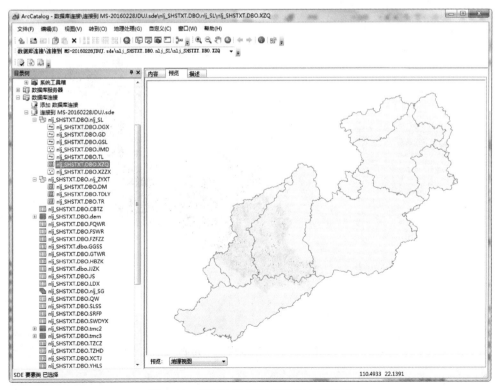

图 6-13　流域行政区矢量数据入库完成

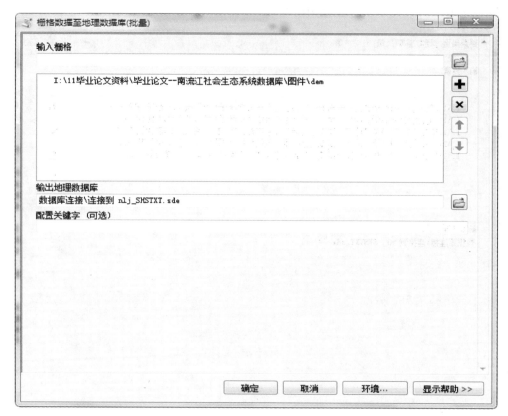

图 6-14 DEM 栅格数据入库

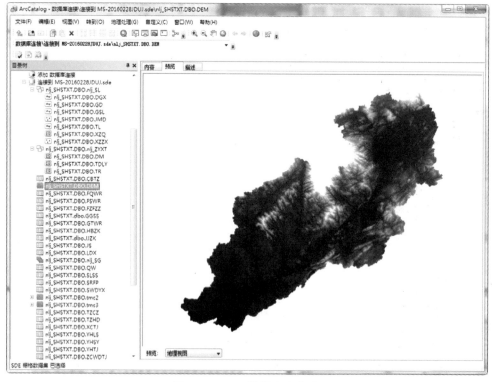

图 6-15 DEM 数据入库完成

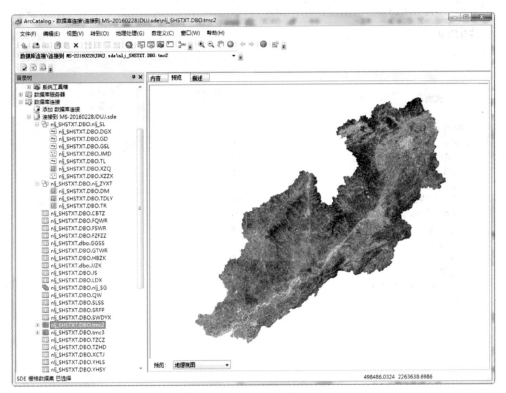

图 6-16　TM 数据入库完成

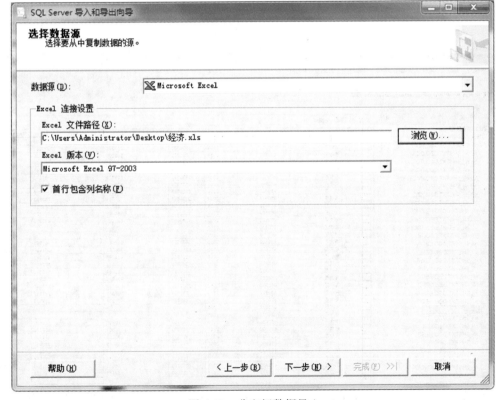

图 6-17　非空间数据导入

图 6-18　导入成功

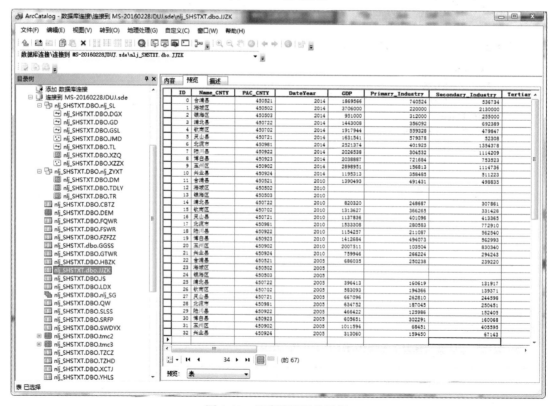

图 6-19　经济状况属性数据

6.4.4　数据备份与恢复

1. 数据库备份

　　SQL Server 2008 的备份方式包括完整备份、差异备份、事务日志备份、文件和文件组备份 4 种，各个方式的特点如下：①完整备份，它会将数据库中全部的内容都进行备份，这样导致了其备份时需要相对比较大的地方来存放备份文件；②差异备份，其实就是上述完整备份的一个补充，它只备份最新更新的数据，所以备份速度快且占用空间小；③事务日志备份，就像其名字看起来理解的一样，只会备份事务日志中的东西，不会备份数据库里更改的数据；④文件和文件组备份，其可以选择性地进行备份其中某些使用者认为重要的文件，这种方式在非常大型数据量及非常庞大的数据库中可以采用。

　　综上所述，进行备份需要采用完整备份的方式进行数据库的备份。进行备份的截图如图 6-20、图 6-21所示。

图 6-20　数据库备份

图 6-21　数据库备份成功

2. 数据库恢复

有了数据库备份相应地就有数据库恢复，SQL Server 2008 有以下三种恢复方式：①完整恢复模式，它可以把整个数据库恢复到指定的时间点结点；②大容量日志恢复模式，补充前一个模式，用小方式记录大容量；③简单恢复模式，如字面理解的一样，只是简单的恢复数据库，没有了日志的恢复。

6.4.5　数据库的运行测试

数据库的运行测试与数据入库相结合，做法是导入少量必需数据之后先进行运行测试，这里的必需数据要包括所有类型的数据，出现问题就先进行调试，运行完好之后再进行数据的批量导入，这就避免了全部入库之后才发现问题的情况。全部入库完成后再一次进行数据库的运行测试，测试内容包括数据库的完整性、安全性及稳定性等，具体的包括：对数据库中各类数据进行组合查询、任意查询；对统计数据进行汇总并导出；图形数据的显示、空间分析及制图输出；长时间高精度查询、系统数据库连接的运行状况。

如若上述测试都没有出现问题，那说明数据库系统是稳定的，对测试出现的问题要及时进行全面分析及调试，直到数据库系统满足应用要求。

6.5　本章小结

社会生态系统理论对我国构建资源节约型、环境友好型社会的探索有着很重要的借鉴意义，有助于我们设计更加稳健、更加多样化的制度，来应对发展需求与资源短缺之间的矛盾。本章通过分析社会生态系统理论框架，将它引入南流江流域研究中，以社会生态系统可持续发展框架理论为基础来构建数据分类体系，进而进行数据库的设计，采用 ArcSDE 为数据引擎，ArcGIS 为操作平台结合空间数据模型 Geodatabase 实现空间数据 SQL Server 2008 关系数据库中的存储和管理。建设完成的南流江流域社会生态系统数据库可以为共享平台的建设提供数据基础，为南流江流域的研究提供数据保障。

本章按照数据库建库流程进行了数据库设计、数据收集、整理、数据入库等工作，完成的工作以及应用研究结论如下：

（1）对社会生态系统理论框架进行了研究分析，以此为基础结合南流江流域特点，因地制宜地建立南流江流域社会生态系统数据分类体系。

（2）对数据库的发展进行概述，通过比较空间数据库的存储模式、空间数据模型、数据库管理系统，选用 ArcSDE 数据库引擎、Geodatabase 数据模型、SQL Server 数据库管理系统进行数据库的组织和管理。

（3）结合数据分类体系，按照数据库设计流程进行数据库设计，包括数据库的需求分析、概念设计、逻辑设计及物理设计等详细设计。

（4）收集、整理、处理数据，并分类进行数据导入，实现了空间数据与非空间数据的一体化存储与管理。

参 考 文 献

[1] Holling C S. Understanding the complexity of economic, ecological and social systems [J]. Ecosystems, 2001, 4: 390-405.

[2] Walker B, Holling C S, Carpenter S R, et al. Resilience, adaptability and transform ability in social-ecological system [J]. Ecology and Society, 2004, 9 (2): 5-12.

[3] Cumming G S, Barnes G, Perz S, et al. An exploratory framework for the empirical measurement of resilience [J]. Ecosystems, 2005, 8 (8): 975-978.

[4] Beisner B E, Haydon D T, Cuddington K. Alternative stable states in ecology [J]. Ecological Society of America, 2003, 1 (7): 376-382.

［5］　张新长，马林兵，张青年．地理信息系统数据库［M］．北京：科学出版社，2005.

［6］　凡高娟，侯彦娥，张倩．基于有向图的数据流图的 E-R 模型构建方法［J］．计算机与现代化，2014，（6）：12-16.

［7］　潘定马，亨冰郑，沐霖陈，等．福建省人才信息数据库的物理设计［J］．计算机工程，1985，（6）：6-14.

［8］　李欣，相生昌，许少华，等．GIS 空间数据与属性数据的存储结构研究［J］．计算机应用研究，2005，（11）：64-66.

［9］　ESRI. Geodatabase 和 ArcSDE 中文教程［M］．北京：ArcInfo 中国技术咨询与培训中心，2002.

［10］　申胜利，李华，刘聚海．基于 ArcSDE 的栅格数据存储与处理［J］．测绘通报，2007，（9）：47-53.

［11］　ESRI. Building a Geodatabase［M］．Redlands：ESRI Press，2004.

第二篇

流域社会生态系统过程及环境效应

南流江是广西独流入海的第一大河,斜贯三市九县,养育过千年百代的百姓,孕育了灿烂独特的文化。作为广西境内流入北部湾流程最长、流域面积最广、水量最丰富的河流,南流江自然资源丰富,拥有良好的生态环境基础,但由于季节性流量变化巨大,流域生态环境十分脆弱。本篇以流域社会生态系统为视角,从以下几个方面探讨南流江流域社会生态系统过程与环境效应:

　　第一,地质地貌形成过程与演化机制,系统分析流域长时期的地质地貌演化过程,结合流域本身气候、地形地貌等自然地理环境对土壤植被的成因及规律进行探讨。

　　第二,气候演变、自然灾害与空气质量变化,全面系统分析其长历史时期的自然灾害情况,并且注重结合流域本身气候、地形地貌等自然地理环境对自然灾害的成因及规律进行分析探讨。

　　第三,水文变迁、水资源利用与水环境质量变化,系统分析梳理其不同时期水文变迁过程、流域水资源利用和水环境变化情况。

　　第四,植被覆盖时空特征及其与地质相关分析,分析南流江流域植被覆盖度变化以及地质地层对植被覆盖度的作用。

　　第五,分布式水沙耦合模拟研究,运用 RUSLE 模型,对流域内土壤侵蚀状况进行定量评估,基于 SWAT 模型对流域径流、泥沙月尺度变化特征进行模拟。

　　第六,经济社会发展与生态环境的协调性分析,通过系统分析不同时代流域经济社会发展历程及差异演变,揭示流域经济社会发展与自然环境的互动过程与作用机制。从流域经济、社会和自然三大子系统对南流江流域资源环境综合承载力进行测评,并对南流江流域社会生态系统的协调发展水平进行评估。

第 7 章　地质地貌形成过程与演化机制

南流江流域地处钦杭结合带的南端[1]，经历了漫长的地质过程和海陆变迁，形成了流域独特的地形地貌、地层岩石及土壤植被。由于基础数据非跨地区性的制约，本章选取南流江干流经过而且其辖地全部属于南流江流域的地区作为典型代表，即上游玉林市（玉州区和福绵区），中游博白县，下游北海市（包括合浦县）。本章在前人资料和研究的基础上，系统分析流域长时期的地质地貌演化过程，结合流域本身气候、地形地貌等自然地理环境对土壤植被的成因及规律进行探讨。

7.1　地质构造与地层岩石

7.1.1　流域地质构造背景

南流江是一条大断裂带，属于新华夏构造体系[2]。前人研究显示[1]，博白-岑溪（梧州）大断裂具多期次活动特点，次级断裂发育，以 NE 向逆断层为主，且为主控赋矿断层。其中控制南流江流域的主要为博白-梧州断裂，是博白-岑溪断裂带的重要组成部分，为硅铝层深断裂，南流江上游玉林盆地与中游博白盆地都由博白-岑溪（梧州）断裂形成。博白-梧州断裂起于梧州市西侧，往南西经藤县赤水、藤城南、新庆、岭景、容县县底、容西、北流市陵城、玉林市新桥、石和、博白县城西、绿珠、大利、顿谷、沙河、菱角，过合浦县十字路后因被第四系覆盖而消失，呈 NE 向50°展布，北段转为 NNE 向，出露长280km，西盘向东逆冲。断裂破碎带宽 5~50m，其中有断层角砾岩、糜棱岩和硅化、重晶石化。断裂控制早、中泥盆世岩相古地理。沿断裂发育中新生代断陷盆地，沉积侏罗纪—新近纪红色陆相地层。

研究显示[2]，南流江流域在大的区域地质构造位置上属于云开大山—十六大山地区，云开大山—十六大山地区西侧为川滇地带及印支半岛，特提斯构造带东延部分，其东侧为中国东南沿海古太平洋构造域。南流江流域处于这个构造域的交接复合地带，构造格架呈 NE-SW 向带状展布。

南流江流域又处于我国华南地区著名的钦杭结合带的南端。前人研究显示[3]，钦杭结合带是我国华南大陆扬子地块与华夏地（陆）块两大地质构造单元的分界线，南起广西钦州湾，经湘东和赣中延伸到浙江杭州湾地区，全长近2000km，宽50~200km，先后经历了多次开裂和四堡阶段、晋宁阶段、加里东阶段三次碰撞对接造山。云开大山自泛华夏造山作用以来就成为褶皱带和相对隆起区，现今的十万大山及其前身则同时成为前缘凹陷或前陆盆地，它们共同组成了一个盆山耦合系统[1]，因此其地质构造极为复杂。

由于南流江流域所处特殊的地质构造位置，流域的地质发展过程是海陆相争，海陆交替，由海变陆的发展过程，多期的构造运动和岩浆活动给它增添了丰富多彩的内容，构成了现今复杂的地质构造面貌。诸如区域构造线的走向、地层古生物、岩浆活动、成矿特征等都与其所处的这一特殊的大地构造位置有关。

根据南流江流域地质构造发展演化历史及构造特征，影响南流江流域的两大构造单元有：钦州残余海槽、云开隆起（广西壮族自治区地质矿产局1985年资料）。区内盖层为在云开隆起和大明山-大瑶山基底隆起之上发育着早古生代以来的沉积盆地层，主要是钦防残余海槽[4,5]（广西壮族自治区地质矿产局1985年资料）。钦防海槽为早古生代残余海槽，由博白拗陷和钦州拗陷组成。博白拗陷东临云开隆起，西至大明山-大瑶山隆起，是钦防海槽早古生代沉积中心，拗陷内对称发育奥陶纪—早志留世深海浊流沉积。钦州拗陷位于博白拗陷西邻，是海槽晚古生代的沉积中心，东与博白拗陷地层整合连续过渡，发育志留纪—二叠纪连续的深海沉积。

南流江流域发育着不同规模和期次的断裂组合，依据断裂规模与深度可分为博白-岑溪断裂、灵山-横县断裂和一般普通断层[7]。岑溪-博白断裂为加里东期以来长期活动的超壳深大断裂，呈 NEE 向展布，沿该断裂带重、磁异常明显，深部存在幔凸[8,9]。它们控制着沉积岩相、岩浆活动和成矿作用。灵山断裂沿古生界以上地层内发育，规模较大，一般切割达下覆基底，是典型的基底断裂。它们对盖层沉积岩相发育、酸性岩浆多动具有控制作用，和普通断层一起控制了南流江流域的后期构造格架。

7.1.2　地层形成与岩石特征

南流江流域地层发育全，岩石以岩浆岩为主。南流江流域经历了海陆变迁，流域各地区地层普遍发育较全。前人研究显示[10]，由于受侵入岩及断层破坏，各时期地层分布不连续，出露层段不全。南流江流域处于我国华南大陆扬子地块与华夏地（陆）块两大地质构造单元交接复合地带，构造运动频繁，研究显示[10,11]，岩浆岩为地区主要岩石种类。

上游玉林境内地层除缺失奥陶系和三叠系外，寒武纪以来的地层均有出露[12]。其中以泥盆系—石炭系和白垩系出露最广，古近系-新近系、第四系主要分布在玉林、石南以及沙田等盆地中。玉林境内出露的岩浆岩，形成时代为海西期、印支期和燕山期。在博白-梧州深断裂带内及其近旁还有少量晚白垩世的中-酸性火山岩喷发。火山岩主要是燕山晚期的火山岩。

中游博白由于海水自 SW 往 NE 方向入侵，断陷带长期接受云开古陆碎屑物质，沉积一套古生代-新生代地层。古生代末至中生代初，由于地壳上升，海水退出。沉积出现间断，因而缺失二叠纪、三叠纪地层。博白境内的岩浆岩主要有火山岩、花岗岩，花岗岩又分为海西晚期花岗岩和燕山期中-酸性侵入岩。

下游合浦境内地层自老而新有志留系、泥盆系、石炭系、古近系、新近系及第四系。出露地层以第四系最为发育，占面积的 97%，此外为志留系，约占 3%。海岛区地层自老而新有石炭系、古近系、新近系及第四系。地表仅出露第四系。合浦岩浆岩分为侵入岩、石英斑岩、火山岩等。侵入岩主要分布于县境北部，石英斑岩见于合浦县城东南，火山岩主要为基性火山岩，出露于东南部山口镇新圩一带。北海市辖区主要分布有沉积岩、侵入岩和火山岩。沉积岩包括灰岩、碎屑岩。侵入岩比较单一，只有花岗岩。火山岩在喜马拉雅期形成。分布于涠洲岛、斜阳岛，在海蚀崖、海蚀平台及岩滩上有出露，大部分被红土覆盖，面积约 22 km²。火山岩岩石类型主要包括熔岩及火山碎屑岩两部分。

7.2　地形地貌格局与水热条件分异

7.2.1　山脉组合成群成带主导流域地形地貌格局

卫星图片分析和野外考察显示，南流江流域山脉结构可分三大山带：大容山、六万大山、云开大山。其中每条山带都有众多高峰相连，形成了三大山峰群。第一条山带是位于南流江流域上游的大容山隆起带，山势呈 NE-SW 走向，向东西两侧延伸出一系列高大山脉，海拔超 1000m 的山峰 10 多座，主峰莲花顶海拔 1275.6m[13]。大容山群山南侧延伸至玉林地区。第二条山带是位于南流江流域中西部六万大山山脉，由一系列 NE-SW 走向的山脉组成。六万大山山脉向北延伸为大容山。第三条山带位于南流江流域东部的云开大山一带，云开大山位于两广交界处，是一列 NE-SW 走向的山脉，西北侧以博白-岑溪深断裂为界。

上游玉林主要山脉有大容山和六万大山。大容山分布在玉林东北部的大容山支脉呈 NE-SW 走向，长46km，宽 25～30km，海拔 800m 左右，主要山峰有寒山岭等[14]。六万大山支脉分布在玉林西部和西南部，SN 走向，长 70km，东西宽约 30km，一般海拔 400～500m，主峰葵扇顶海拔 1118m。山体庞大，中山、低山、丘陵绵亘相连。主要山峰有东山、葵山、圣山[15,16]。

中游博白主要山脉有六万大山、云开大山。博白西北部是六万大山余脉的延伸地带，云开山系在南流江流域的分布，以在博白地区分布最广。海拔800m以上的中山有西北部六塘颈、铁帽头等。六塘颈海拔929m，为博白县第一高峰。博白东北部属云开大山余脉延伸地带，境内云开大山主要山峰有摩天岭、箣篱嶂等，摩天岭海拔631m，为博白东北部第一高峰（广东省城乡设计研究院2008年资料）。

下游合浦没有山脉分布，六万大山、云开大山所形成的丘陵分布于县境东北及西北，断续延伸至县境中部，多由志留系、泥盆系砂页岩构成，局部为花岗岩。

三大山脉在流域的分布使流域山地、丘陵地形广布，地势起伏显著。流域上游、中游盆地和下游平原分布在三大山脉之间，流域下游海陆交界，流域上中下游地区地形复杂多样。流域上下游相对高差达1200多米。南流江发源于号称桂东南第一高峰的大容山，其海拔1275.6m[13]；在入海口形成了广西最大的三角洲——南流江三角洲，南流江入廉州湾而形成的南流江三角洲，地势平坦，从廉州镇至海滨，距海10~20km，海拔由3m降为0.5m[17]。上游玉林与中游博白地貌类型较为相似，同时具有平原、谷地、盆地、岗地、丘陵、山地，各类地形地貌互相交错。下游的合浦北枕丘陵，南滨大海，东、南、西遍布红壤台地，中部斜贯冲积平原。沿海滩涂426.6km²，0~10m浅海域795.5km²[18]。具体各类地貌类型分布情况见表7-1。

表7-1　流域上中下游各地区不同类型地貌及面积

地区	地貌类型	面积/km²	占当地面积的比例/%
玉林	平原谷地	136.92	33.35
	低丘岗地	112.49	27.40
	丘陵	79.07	19.26
	其他	52.76	12.85
	低山	17.20	4.19
	中山	12.11	2.95
博白	丘陵	361.96	62.90
	谷地、平原	150.27	26.12
	盆地	30.15	5.24
	山地	6.71	1.17
	台地	201.80	43.90
合浦	丘陵	148.10	32.30
	平原	98.00	23.80

资料来源：广西壮族自治区地方志编纂委员会1996年资料

7.2.2　山地格局与高度、纬度变化导致水热条件分异

南流江流域独特的地形地貌特征，深刻地影响了流域水热条件分布，使其具有显著的地方特色。南流江流域三面环山，向南开敞，北有大容山脉阻挡寒冷气流南下，南来湿润气流沿南流江河谷顺地形长驱直入流域深处，气流沿坡上升生产的降水分异及高度变化导致热量分异，造成流域水热分配及组合在南北纬度方向分异显著[19]。

随海拔增加，温度及降水会发生变化。前人研究显示[19]，南流江流域大容山、六万大山山体高大，影响水、热条件重组，气候条件产生明显垂直分异（表7-2，图7-1）。

表 7-2　南流江流域 1970～2000 年年平均水热条件差异统计表

项目	上游玉林	中游博白	下游合浦
气温/℃	21.8	22.1	22.6
降水/mm	1592	1799	1806
蒸发/mm	1462.3	1618.1	1783.9
日照时数/h	1641	1720	1900
无霜期/d	346	350	358
相对湿度/%	81	80	81
平均风速/(m/s)	15	22	24

资料来源：广西壮族自治区气候中心 2007 年资料

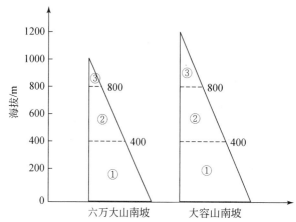

图 7-1　南流江流域南亚带山地气候垂直带示意图[19]
①南亚热带季风湿润气候；②中亚热带季风湿润气候；③中亚热带季风常湿润气候

7.3　土壤形成与植被分布

7.3.1　酸性富铝化土壤形成与分布格局

影响南流江流域土壤形成的关键因素有亚热带季风气候、南亚热带雨林的植被、多山的地形，以及岩浆岩为主的成土母质。这些因素使南流江流域土壤是在高温多雨，湿、热同步，化学风化、淋溶作用强，植物生长旺盛以及植物的生物体迅速形成与快速分解等条件下形成的。由此形成了流域土壤以酸性富铝化为主，有机质、速效磷、速效钾含量普遍偏低[20]。

表 7-3 展示了南流江流域土壤酸碱度及面积分布。分析显示，流域内三类主要土壤，即水稻土、旱地土、山地土都以偏酸性土壤居多。博白地区全部土壤，玉林山地土壤无详细统计数据。资料显示[21]，博白地区水稻土土壤偏酸，属于微酸至酸性土的有 517156 亩，占水田面积的 73.6%，中性土只占 24.3%；土壤养分含量，大部分属偏低水平，有机质、速效磷、速效钾含量属于低等和中等的各占水田面积的 95.7%、97.6%、97.1%。旱地土壤 pH 在 5.5 以下的有 31202 亩，占旱地面积的 26.5%；土壤养分含量低，有机质、速效磷、速效钾属低等和中等水平的分别占旱地面积的 99%、90%、90.7%。山地土壤风化强烈，尤其是花岗岩赤红壤，土质深厚，酸性反应大，有机质、速效钾含量属中等偏低，速效磷严重缺乏。

玉林山地土壤除少数石灰岩、紫色岩地区土壤偏中性外，绝大部分土壤都属酸性、强酸性。

表 7-3　南流江流域土壤酸碱度及面积分布

地区	酸碱度 pH	面积/亩	比例/%
上游（玉林）	微酸性 5.5～6.4	367526	45.03
	中性 6.5～7.5	327740	40.16
	酸性 4.5～5.4	104272	12.78
	弱碱性 7.6～8.0	7825	0.96
	碱性 8.1～8.5	1397	0.17
	强酸<4.5	2173	0.27
	强碱性>8.5	5161	0.63
	合计	816094	100
下游（合浦）	强酸 4.5～5.5	357979.9	32.46
	弱酸 5.5～6.5	565923.5	51.32
	近中性 6.5～7.5	172316.1	15.63
	弱碱 7.5～8.0	1979	0.18
	合计	1102699.4	100

资料来源：广西壮族自治区地方志编纂委员会 1996 年资料

注：其中玉林不包括山地土壤，合浦全为耕地土壤

前人研究显示[22]，地形、气候、植被等条件对流域土壤形成起决定性作用。流域众多丘陵成为旱地，盆地、平原及河流谷地则演变成水田。表 7-4 和表 7-5 展示了南流江流域主要土地类型、面积及各地区水稻土种类、面积。分析显示，流域的土壤分为水田土壤、旱地土壤和山地土壤。上游玉林和中游博白三种类型土壤皆有分布，下游合浦没有山地土壤。各地区土壤类型比例以山地土壤最多，其次是水田土壤，最少是旱地土壤。水田是南流江流域的主要耕种土壤，是粮食的高产区，上游玉林盆地、中游博白盆地和下游合浦平原，以及河口三角洲是水田的主要分布地区。各地区水田土壤中又以潴育性水稻土所占比例最大。

表 7-4　南流江流域主要土地类型及面积

地区	土壤类型	面积/万亩	占当地土地总面积的比例/%
上游（玉林）	水田土壤	77.79	29.22
	旱地土壤	12.70	4.77
	山地土壤	175.74	66.01
中游（博白）	水田土壤	70.26	16.37
	旱地土壤	13.40	3.12
	山地土壤	345.45	80.51
下游（合浦）	水田土壤	80.00	34.78
	旱地土壤	30.00	13.04
	自然土壤	120.00	52.17

资料来源：广西壮族自治区地方志编纂委员会 1996 年资料

注：另有部分潮滩土壤，面积尚未确查

表 7-5　南流江流域各地区水稻土种类及面积

地区	亚类	面积/万亩	占水田比例/%
上游（玉林）	潴育性水稻土	50.91	65.45
	潜育性水稻土	20.02	25.74
	淹育性水稻土	3.50	1.50
	沼泽性水稻土	1.40	1.80
	石灰性水稻土	1.14	1.47
	渗育性水稻土	0.50	0.64
	矿毒性水稻土	0.01	0.02
	合计	77.48	100
中游（博白）	潴育性水稻土	47.17	68.40
	潜育性水稻土	14.25	21.00
	淹育性水稻土	4.84	7.00
	沼泽性水稻土	2.18	3.20
	盐渍性水稻土	0.32	0.46
	侧渗性水稻土	0.18	0.25
	矿毒性水稻土	0.05	0.06
	合计	68.99	100
下游（合浦）	潴育性水稻土	29.60	37.00
	盐渍性水稻土	19.45	24.19
	沼泽性水稻土	17.70	22.13
	淹育性水稻土	9.52	11.90
	潜育性水稻土	3.36	4.20
	深渗性水稻土	0.456	0.57
	合计	80.00	100

资料来源：广西壮族自治区地方志编纂委员会 1996 年资料

7.3.2　流域土壤植被地带性分异形成

　　南流江流域山地、丘陵地形众多，玉林盆地、博白盆地分布其中，流域境内相对高差较大，使土壤与植被在流域内的分布都显示出较明显的垂直地带性特征[19]。

　　南流江流域全境都位于北回归线 23°26′N 以南，属典型的热带季风气候。北纬 22°线为南亚热带与北热带气候区的分界线。前人研究显示[19]，南流江流域北纬 22°线以北的地区，包括玉林及博白北部，属南亚热带地区，为亚热带季风湿润气候，垂直带谱的基带土壤类型是赤红壤；南流江流域北纬 22°线以南的地区，包括博白南部和合浦、北海地区，属北热带海洋性气候，垂直带谱的基带土壤类型是砖红壤。

　　随着海拔增加，热量递减，降水量相应递增，土壤呈垂直地带性变化，南流江流域的众多山地如六万大山、云开大山等，植被分布有明显的垂直地带性特点。上游玉林境内山地土壤呈赤红壤（山地赤红壤）、山地红壤、山地黄红壤、山地黄壤、山地草甸土的垂直地带分布特征。位于玉林的六万大山，其海拔都超过 1100m，其土壤山地垂直地带性分布特点明显，在低于 400m、400～800m、高于 800m 范围内分别形成了赤红壤、山地红壤、山地黄壤[19]。表 7-6 展示南流江流域山地土壤垂直地带分布。从表 7-6 可见，中游博白境内六万大山、云开大山地区的土壤垂直地带性分布情况与上游玉林较相似。下游合浦境内地势较平坦，只有少量低山丘陵，土壤垂直地带性分布不明显。

　　随着纬度的变化、温度的差异，南流江流域从上游至下游地跨热带和亚热带，植被类型复杂，植物资源丰富[11]。南亚热带主要包括玉林及博白北部，代表性植被类型是常绿阔叶林。北热带包括中游博白县南部和下游的合浦、北海地区，代表性植被类型是季节性雨林。

上游玉林属亚热带季风雨林区域，区内原生植被原为常绿阔叶林，由于长期人为活动的影响，已受到严重破坏[23]。玉林市原生植被只有少量残存于沟谷之中；大部已演生为旱生型矮草群丛、中生型稀树草类群丛、针叶林禾本类群丛。主要乔木树种有红藜：白藜、青橡、樟木、火力楠等。

表 7-6　南流江流域山地土壤垂直地带分布

地区	土类	海拔	面积/万亩	占山地面积比例/%
玉林	黄壤	800m 以上的山地	0.64	0.37
	黄红壤	600～800m 的低山带	0.61	0.35
	红壤	500～700m 的低山带	7.30	4.23
	砖红壤性红壤（赤红壤）	500m 以下的丘陵、岗地	163.86	95.04
	合计		172.41	100
博白	黄红壤	500m 以上的低山	11.98	4.16
	砖红壤性红壤	500m 以下丘陵	276.03	95.84
	合计		288.01	100

资料来源：广西壮族自治区地方志编纂委员会 1996 年资料

注：受四舍五入的影响，表中数据稍有偏差

中游博白县内主要植被原为热带与亚热带常绿阔叶季雨林。野外观察和资料分析显示[10]，森林结构比较复杂，层次明显，一般可分为乔、灌、草三层，乔木层还可分成 3 个亚层，林内板根和茎花现象明显，附生和寄生植物处处可见，说明森林植被具有亚热带季雨林向南亚热带常绿阔叶季雨林过渡的特征。在现存森林植被中，热带性科属植物主要有大戟科、虎皮楠科、含羞草科、苏木科、蝶形花针科等，热带-亚热带的科属植物主要有木兰科、樟科、茶科、八角科、瑞香科等。

下游合浦属热带雨林过渡到亚热带季雨林植被区，地带性原生典型植被以常绿季雨林为主。这主要是特定的气候条件使南流江下游地区产生具有过渡性质的热带植被[24,25]。当今，残存在村边的"风水"林、"社山"林也能反映出原生植被的特点。其他则因自然环境和人们生活要求的差异而演变成各种天然次生植被及人工植被。据现场调查显示，北海市（除合浦县）境内植被也为北热带季节性雨林，原生性植被大部分被破坏，在滨海平原台地更为罕见，大面积分布的为灌草丛和人工植被，沿海港湾滩涂还可见到稍大面积的红树林分布。

7.4　流域地质地貌总体演化机制

图 7-2 大致展示了南流江流域地质地貌演化过程与机制。它显示了南流江流域自然系统地质地貌过程与土壤植被形成演化受两大驱动力影响：地质构造过程地质营力和流域气候。流域地处钦杭结合带南端，地质时期多次造山运动，形成博白–梧州断裂，决定流域基本地理空间格局。影响流域基本地理框架的两个地质构造单元有钦州残余海槽、云开隆起。复杂的地质过程使流域形成三大山带，即大容山、六万大山、云开大山；山间分布两大盆地，即玉林盆地、博白盆地，还有下游地区河口三角洲平原。

流域构造运动频繁，形成岩石种类以岩浆岩为主。流域独特的地形地貌、地层岩石与亚热带季风气候的相互作用下，形成了流域独特的土壤、植被分布格局。

流域地形地貌基础决定了流域河流走向及河流特征，进而直接影响流域长时期的经济社会发展。南流江干流为南北流向，河段平缓，呈平原河流特征，这使南流江具备优越的航运功能。南流江众多支流发源于两岸山地，山地植被茂盛，涵养水源，为流域修建水库等水利设施提供了有利条件。

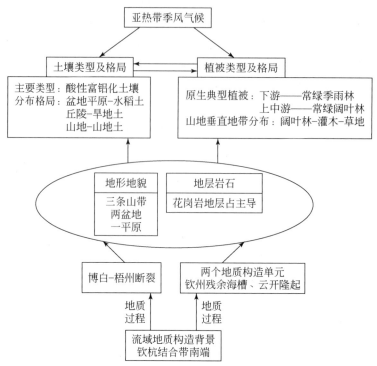

图 7-2　南流江流域地质地貌演化过程与机制

7.5　本章小结

南流江流域自然系统地质地貌过程与土壤植被形成演化受两大驱动力影响：地质构造过程地质营力和流域气候。流域地处钦杭结合带南端，形成岩石种类以岩浆岩为主，地质时期形成博白-梧州断裂，控制流域基本地理空间格局。复杂的地质和自然地理过程使流域形成了"三山（大容山、六万大山、云开大山）夹一水（南流江）"，以及"一江（南流江）带三盆（玉林盆地、博白盆地、合浦三角洲盆地）"的格局。

大容山、六万大山山体高大，影响水、热条件重组，气候条件产生较为明显的垂直分异。山地岩石风化强烈，成土条件好。在花岗岩分布地区，土质深厚，绝大部分土壤都属酸性、强酸性。

南流江流域全境都位于北回归线以南，北纬22°线以北的地区，包括玉林及博白北部，属南亚热带地区，为亚热带季风湿润气候，垂直带谱的基带土壤类型是赤红壤；北纬22°线以南的地区，包括博白南部和合浦、北海地区，属北热带海洋性气候，垂直带谱的基带土壤类型是砖红壤。

上游玉林属亚热带季风雨林区域，大部已演生为旱生型矮草群丛、中生型稀树草类群丛、针叶林禾本类群丛。下游合浦属热带雨林过渡到亚热带季雨林植被区，地带性原生典型植被以常绿季雨林为主，因自然环境和人们生活要求的差异多演变成各种天然次生植被及人工植被。在滨海平原台地更为罕见，大面积分布的为灌草丛和人工植被，沿海港湾滩涂还可见到稍大面积的红树林分布。

参 考 文 献

［1］丘元禧，梁新权. 两广云开大山-十万大山地区盆山耦合构造演化——兼论华南若干区域构造问题［J］. 地质通报，2006，（3）：340-347.

［2］罗璋. 广西博白-岑溪断裂带地质特征与构造演化［J］. 广西地质，1990，3（1）：26-28.

［3］周永章，曾长育，李红中，等. 钦州湾-杭州湾构造结合带（南段）地质演化和找矿方向［J］. 地质通报，2012，31（2-3）：486-488.

［4］李曰俊，邝国敦，吴浩若，等. 钦州前陆盆地——关于钦州残余海槽的新认识［J］. 广西地质，1993，（4）：13-18.

［5］许效松，尹福光，万方，等．广西钦防海槽迁移与沉积–构造转换面［J］．沉积与特提斯地质，2001，(4)：1-10.

［6］梁锦，周永章，李红中，等．钦–杭结合带斑岩型铜矿的基本地质特征及成因分析［J］．岩石学报，2012，28 (10)：3361-3372.

［7］黄启勋．广西若干重大基础地质特征［J］．广西地质，2000，(3)：3-12.

［8］夏亮辉，丘元禧．博白–罗定–广宁断裂带的演化及其形成机制［M］．广州：地质出版社，1993.

［9］王联魁，覃慕陶，刘师先，等．吴川–四会断裂带铜金矿控矿条件和成矿预测［M］．北京：地质出版社，2001.

［10］张继淹．广西地质构造稳定性分析与评价［J］．广西地质，2002，15 (3)：1-3.

［11］车良革，胡宝清，李月连．1991–2009 年南流江流域植被覆盖时空变化及其与地质相关分析［J］．广西师范学院学报：自然科学版，2012，29 (3)：53-54.

［12］穆恩之，韦仁彦，陈旭，等．广西钦州、玉林一带志留纪及泥盆纪地层的新观察［J］．地层学杂志，1983，7 (1)：60-63.

［13］周利理．玉林旅游文化研究［M］．南宁：广西人民出版社，2010.

［14］招礼军，刘思祝，朱栗琼，等．大容山自然保护区 6 种林分土壤的水源涵养功能研究［J］．广东农业科学，2012，39 (6)：75-76.

［15］周永章，钟晓青，周春山，等．广西玉林市旅游产业发展总体规划［R］．玉林市人民政府，2001.

［16］周永章，周春山．区域发展能力建设［M］．香港：华夏文化出版社，2003.

［17］梁永玖．南流江流域下游地区——合浦县水土流失现状特征及防治措施［J］．科技资讯，2010，(13)：155-156.

［18］陈延国．奔腾的南流江［M］．北京：红旗出版社，2009.

［19］陈作雄．论广西气候的垂直地带性分布规律［J］．广西师范学院学报（自然科学版），2007，(3)：54-60.

［20］黄玉溢，林世如，杨心仪，等．广西土壤成土条件与铁铝土成土过程特征研究［J］．西南农业学报，2008，(6)：1622-1625.

［21］唐伟天，陈述惠．博白县土壤有效微量元素状况及影响因素分析［J］．广西农学报，2011，26 (3)：10-13.

［22］黄秉维．现代自然地理［M］．北京：科学出版社，2004.

［23］张惠嫦．浅谈南流江河流健康的修复和保护［J］．广西水利水电，2007，(5)：28-29，45.

［24］杨绍锷，谭裕模，胡钧铭．基于 NDVI 的广西近十年植被变化特征分析［J］．南方农业学报，2012，43 (11)：1783-1788.

［25］张忠华，胡刚，梁士楚．广西红树林资源与保护［J］．海洋环境科学，2007，(3)：275-279，282.

第8章　气候演变、自然灾害与空气质量变化

南流江流域的气候演变、自然灾害有较好的文献记载[1-7]。上中下游各地区县志资料比较详尽地记载了历史时期各种自然灾害的情况，并有学者展开了一系列研究[8-10]。这为本书提供了很好的基础。本章在前人资料和研究的基础上，对整个流域上中下游地区，即上游玉林市（玉州区和福绵区），中游博白县，下游的北海市（包括合浦县），全面系统地分析其长历史时期的自然灾害情况，并且注重结合流域本身气候、地形地貌等自然地理环境对自然灾害的成因及规律进行分析探讨。

8.1　流域气候演变

8.1.1　历史时期广西及南流江流域气候

前人研究显示[11]，距今1万年左右，全球进入冰后期。1万年来的全新世，广西气候变迁基本上可以分为温凉干燥期、温和稍干期、炎热潮湿期和暖热稍干期4个阶段。通过广西历史文献及地方志对历史上冷暖旱涝的有关记述分析显示，近500年来，广西地区及南流江流域的冷期与暖期、旱期与涝期有如下特点。

前人研究显示[5]（广西壮族自治区气象局气候资料室1977~1988年资料），近500年来，广西曾出现3次寒冷期和2次温暖期。第一次寒冷期为明成化六年至嘉靖十九年（1470~1540年）。该时期冬季多大雪，平均每3~4年一次。最南雪线达合浦、钦州一带。第二次寒冷期为清康熙二十九年至雍正八年（1690~1730年）。该时期降雪较频繁，积雪较深。康熙三十九年（1700年）及康熙五十三年（1714年）冬的两次大寒潮，广西全境普降大雪。第三次寒冷期为清嘉庆五年（1800年）至民国9年（1920年）。其间降雪频繁，遍及范围大，持续时间长。清同治四年（1865年）春全州大雪连续40多天，林木尽凋，鱼虾多冻死。清光绪十九年（1893年）11月从桂北至沿海平地积雪盈尺，钦州、合浦等地水面结冰寸许厚。在这3次寒冷期之间，为2次温暖期。

据相关研究及史料统计[5]（广西壮族自治区气候中心2007年资料），广西境内自明成化六年（1470年）至1949年的480年间，有231年发生旱灾，占总年数的48%，平均2.1年就有一个旱年。其中广西全区性大旱有23年（1470年、1472年、1491年、1498年、1518年、1519年、1560年、1595年、1617年、1618年、1641年、1721年、1751年、1777年、1778年、1786年、1865年、1886年、1895年、1902年、1919年、1928年、1946年），占总年数的4.8%，约21年一遇。自明嘉靖元年（1522年）至民国37年（1948年），共有268年发生程度不同的洪涝，频率为63%。自清顺治七年（1650年）以来明显偏旱时期有5个：1680~1700年，1750~1760年，1780~1800年，1860~1870年，1890~1910年。明显偏涝时期有7个：1660~1680年，1710~1720年，1730~1750年，1760~1770年，1830~1840年，1870~1890年，1910~1920年（图8-1）。

8.1.2　1900年以来广西及南流江流域气候

南流江流域近百年的气候变化受全球气候变暖的影响比较明显[1,3,12]。气候变化一般是指较大地理空间范围的地区多年平均天气状况、特征及其变化规律，南流江流域及广西气候变化情形与全球气候变暖趋势基本一致[4,13]。表8-1、图8-2展示了广西年平均气温序列的阶段性变化状况。它们显示，1936~

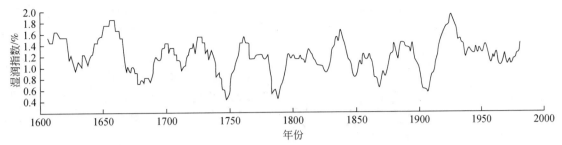

图 8-1 1600~2000 年广西 11 年滑动平均湿润指数

资料来源: 广西壮族自治区气候中心 2007 年资料

2005 年, 广西年平均气温经历了偏暖、偏冷、偏暖三个时期: 1937~1954 年为主要偏暖期, 1955~1985 年为相对偏冷期, 这 31 年的平均气温比 1937~1954 年偏低了近 0.5℃, 1986~2005 年又是偏暖期, 比 1955~1985 年平均偏高约 0.3℃。

表 8-1 广西平均气温序列的阶段性变化特征

序号	时段	长度/a	平均气温/℃	特征
1	1937~1954 年	18	20.61	偏暖
2	1955~1985 年	31	20.12	偏冷
3	1986~2005 年	19	20.45	偏暖

资料来源: 广西壮族自治区气候中心 2007 年资料

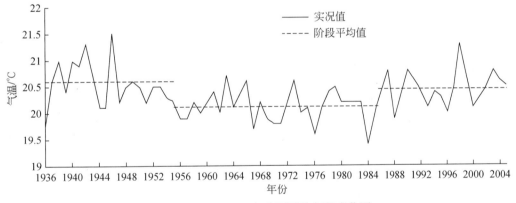

图 8-2 1936~2005 年广西平均气温变化图

资料来源: 广西壮族自治区气候中心 2007 年资料

　　南流江流域 1990 年以来的气候变化与国际学者研究的结果是可以对比的。学术研究认为 (联合国政府间气候变化专门委员会 2007 年资料), 1990 年以来, 全球平均气温经历了冷-暖-冷-暖 4 次波动, 总体来看全球气温上升趋势显著。从 20 世纪 60 年代起, 全球气温开始缓慢上升 (图 8-3)。进入 80 年代后, 全球气温明显上升。

　　如果把南流江流域及广西气候期限进一步缩短至 50 年, 如图 8-4 所示。可以发现, 从 20 世纪 60 年代开始, 广西全区气温明显上升 (图 8-4), 1986 年以来年平均气温平均每 10 年增加约 0.1℃, 到 2005 年广西年平均气温升高了 0.5℃。其中广西全区的年平均最高气温总体变化趋势不明显, 但 1986 年以来冬季平均气温上升趋势明显, 平均每 10 年增加约 0.3℃, 使其年平均最低气温偏高 0.7℃[13], 说明广西全区近 50 年来年平均最低气温的上升对全区气温上升贡献较大。

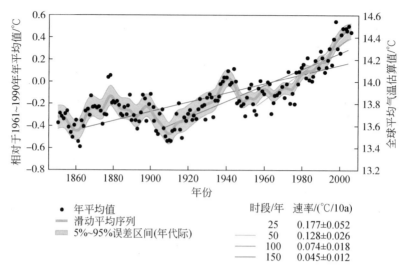

图 8-3　1850 年以来全球平均气温变化趋势图

资料来源：联合国政府间气候变化专门委员会 2007 年资料

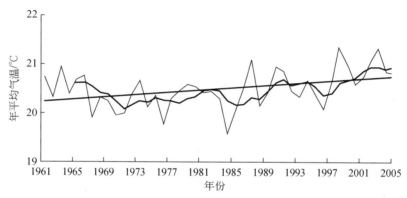

图 8-4　广西全区 1961～2005 年年平均气温变化趋势[1]

注：细线为年平均变化曲线，粗线为 5 年滑动平均线，直线为线性变化趋势线

8.2　流域自然灾害

8.2.1　气象自然灾害多发，水主导性表现显著

对流域内各县志自然灾害统计数据分析显示，流域历年发生灾害的种类繁多，水灾、旱灾、风灾、寒冻害、雹灾、病虫鼠害、地震、山崩、地陷等 11 类自然灾害均有发生。表 8-2 列举了明清至 1990 年南流江流域上中下游各地区灾害种类。由表可见，明清至 1990 年南流江流域上中下游各县区在不同时期都受到上述各种自然灾害的影响，流域内灾种发生次数情况见表 8-2，处于前三位的灾害种类依次为旱灾、水灾、风灾。

表 8-2　明清至 1990 年南流江流域上中下游各地区灾害种类

地区	旱灾	水灾	风灾	寒冻害	病虫鼠害	地震	雹灾	其他	合计
玉林	106	60	16	23	31	26	12	10	284
博白	45	29	17	20	11	24	8		154
合浦	49	51	66	43	39	24	13		285

地区	旱灾	水灾	风灾	寒冻害	病虫鼠害	地震	雹灾	其他	合计
合计	200	140	99	86	81	74	33	10	723

资料来源：广西壮族自治区地方志编纂委员会 1996 年资料

　　广义的水文灾害是指水圈水体异常导致的灾害，南流江流域的暴雨、洪涝、干旱、泥石流、地面沉降等都可归类于水文灾害。表 8-3、表 8-4 显示，明清至 1990 年，南流江流域上中下游共发生自然灾害 723 次，其中旱灾 200 次、水灾 140 次，两类灾害数量占所有自然灾害次数的 47%。流域上中下游各个地区的自然灾害也以水、旱灾为主。

　　上游玉林从明清至 1990 年共发生水灾 60 次、旱灾 106 次，水旱灾次数占总灾数的 58.5%。水旱灾害发生次数多、灾情重、频率高，玉林地处低纬度，靠近沿海，雨量充沛，但是由于雨量的季节分配和地区分布的不均，常会发生"春干、夏涝、秋旱、冬枯"的现象。而且旱灾持续时间久，一般以秋旱为主，经常发生春、秋连旱，对农业生产及人民生活造成巨大影响。

　　中游博白从明清至 1990 年共发生水灾 29 次、旱灾 45 次，水旱灾次数占总灾数的 48.1%。博白受季风影响，降水量在时间和空间的分布都不均匀，年际变化和年内差异都较大，春旱和秋旱常有出现。

　　下游合浦从明清至 1990 年共发生水灾 51 次、旱灾 49 次，水旱灾次数占总灾数的 35.1%。合浦县年降水量虽多，但季节雨量分布不均，几乎每年均有干旱发生。尤以春、秋两季旱情最为严重。洪涝灾发生主要是暴雨导致南流江水位暴涨、下游河道狭窄、洪水宣泄不畅，加之海潮顶托，所以泛滥成灾。另外，上游、中游地区山林遭受破坏，水土流失，使灾害加重。

表 8-3　流域上中下游各地区重大旱灾年份纪实情况

地区	时期	旱灾年份
上游玉林	明代	1397　1504　1517　1612　1618
	清代	1648　1653　1682　1695　1713　1721　1758　1761　1768　1769　1777　1778　1786　1794　1808　1817　1830　1831　1832　1833　1849　1850　1851　1860　1866　1868　1869　1872　1886　1887　1892　1895　1896　1902
	中华民国	1928　1932　1939　1942　1946
	中华人民共和国成立以来（1949～1990 年）	1949　1950　1953　1954　1955　1956　1957　1958　1959　1960　1961　1962　1963　1964　1965　1966　1967　1968　1969　1970　1971　1972　1973　1974　1975　1976　1977　1978　1979　1980　1983　1984　1985　1986　1987　1988　1989　1990
中游博白	清代	1782　1886
	中华民国	1928　1940　1946
	中华人民共和国成立以来（1949～1990 年）	1950　1955　1960　1962　1963　1968　1971　1977　1979　1983　1989
下游合浦	唐代	714
	宋代	999
	明代	1515
	清代	1686　1777　1808　1824　1825　1827　1893　1894　1897　1909　1910
	中华民国	1943　1944
	中华人民共和国成立以来（1949～1990 年）	1950　1953　1954　1955　1956　1957　1958　1959　1960　1961　1962　1967　1969　1970　1971　1972　1976　1977　1980　1982　1983　1985　1989　1991

资料来源：广西壮族自治区地方志编纂委员会 1996 年资料

表 8-4　南流江上中下游各地区重大水灾年份纪实情况

地区	时期	水灾年份
上游玉林	元代	1326
	明代	1455　1586　1623
	清代	1773　1781　1794　1805　1818　1852　1856　1864　1865　1878　1880　1885　1893
	中华民国	1918　1932　1939　1942　1946
	中华人民共和国成立以来（1949~1990 年）	1949　1950　1951　1952　1953　1954　1955　1956　1957　1959　1960　1961　1962　1964　1965　1966　1967　1969　1970　1971　1974　1976　1978　1979　1981　1982　1983　1984　1985　1986　1987　1990
中游博白	明代	1516　1586
	清代	1658　1677　1856　1864
	中华民国	1913　1914　1942
	中华人民共和国成立以来（1949~1990 年）	1955　1961　1964　1966　1967　1969　1970　1971　1974　1976　1979　1981　1985
下游合浦	明代	1552　1621　1643　1635
	清代	1652　1667　1686　1739　1771　1794　1806　1809　1910　1856　1887　1893　1897
	中华民国	1914　1937　1940　1942　1943　1944
	中华人民共和国成立以来（1949~1990 年）	1954　1955　1958　1959　1961　1964　1966　1967　1968　1969　1970　1971　1974　1976　1978　1979　1981　1982　1983　1984　1985　1987　1988

资料来源：广西壮族自治区地方志编纂委员会 1996 年资料

8.2.2　受亚热带季风气候影响，灾害季节性明显

南流江流域的自然灾害，尤其是气象自然灾害具有明显的节律性。图 8-5 展示了 2010 年南流江常乐站各月日均流量。分析显示，夏季是水量最大季节，这与南流江洪水季节完全吻合。前人研究显示[7,8,14,15]，南流江洪水类型属暴雨洪水型，大洪水的暴雨天气系统以热带气旋为主，水灾主要集中在夏季。流域内旱灾主要发生在春季和秋季，流域内大风气候主要出现在 5~10 月[15]。流域内寒冻害包括烂秧天气、寒露风及霜冻。在每年春播期间，冷暖空气在南流江流域内交替频繁，在冷空气影响下，造成急剧降温并持续一段时间的低温天气，致使早稻秧苗常出现烂死。流域内寒露风多发生于寒露节气前后，此时正值晚稻抽穗扬花。

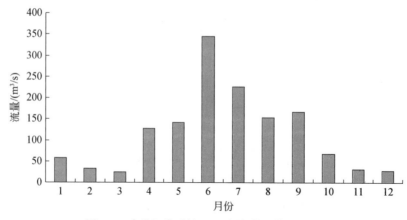

图 8-5　南流江常乐站 2010 年各月日均流量图
资料来源：广西壮族自治区水利厅 2010 年资料

南流江流域多出现在春末夏初时节，此时正值早造秧苗期，冰雹给农业生产带来重大威胁。春夏之交，北方冷空气频繁活动，南方暖气流开始活跃，流域内地形复杂，丘陵起伏，流域处在大容山、六万大山、云开大山所形成的峡谷盆地内，冰雹产生更为有利，成为流域的主要灾害性天气。

上游玉林常会发生"春干、夏涝、秋旱、冬枯"的现象[15]。流域上游玉林受台风影响仅在 5 ~ 10 月出现，相对集中在 7 ~ 9 月。据玉林气象站资料：1959 ~ 1978 年中，7 ~ 8 月，出现大于 5 级以上（或阵风 17m/s 以上）风力的有 14 年，频率为 70%，其中 8 月占 43%。玉林春季低温阴雨烂秧天气经常发生，据各县市气象资料记载，上游玉林降雹时段一般在 2 ~ 5 月，相对集中在 3 ~ 4 月。降雹多夹暴风雨。

中游博白段南流江的洪涝灾害主要出现在两个时期[14]，一是 6 月，出现频率为 34%；另一个是 7 月至 8 月中旬，出现频率为 58%。博白县春旱和秋旱常有出现。历年 4 月、5 月出现冰雹的机会最大，占下雹总次数的 90% 以上。

合浦县自然灾害洪涝灾主要发生在多雨的夏季，合浦县年降水量多，但季节雨量分布不均，因而几乎每年均有干旱发生，尤以春、秋两季旱情最为严重，成为全县主要灾害之一[16]。相关研究显示[17]，合浦县由于濒临北部湾地区受台风影响最多，台风出现期为 5 ~ 11 月，多发于 7 ~ 9 月。表 8-5 展示了下游合浦各月及全年旱涝及风灾频率、重现期。合浦县的春季低温阴雨，一般出现于 1 月下旬至 3 月底。合浦县所遇的寒露风在 9 月下旬至 10 月底，一般每年出现 2 次，最多可达 5 次。

表 8-5　下游合浦各月及全年旱涝及风灾频率、重现期

灾害	时段	1 月	2 月	3 月	4 月	5 月	6 月	7 月	8 月	9 月	10 月	11 月	12 月
干旱	频率/%	44	71	68	39	54	25	25	25	38	61	71	46
	一遇	2 ~ 3 年	1 ~ 2 年	1 ~ 2 年	2 ~ 3 年	约 2 年	约 4 年	约 4 年	约 4 年	3 ~ 4 年	1 ~ 2 年	1 ~ 2 年	2 ~ 3 年
涝灾	频率/%					3.5	28.5	32	46	11	3.5		
	一遇					28 ~ 29 年	3 ~ 4 年	约 3 年	约 2 年	约 9 年	28 ~ 29 年		
台风	频率/%					7	21	50	57	39	14	3.5	
	一遇					14 ~ 15 年	约 5 年	2 年	约 2 年	2 ~ 3 年	约 7 年	28 ~ 29 年	

资料来源：广西壮族自治区地方志编纂委员会 1996 年资料

8.2.3　灾害地域差异性大，上中下游灾害关联性强

南流江流域上中下游不同区域，其自然环境特征差异巨大，再加上不同河段经济社会发展水平、开发程度不同，导致南流江流域灾害的地域分异现象较明显。

上游玉林盆地四周地形以山地、丘陵为主，是众多河流的发源地，河流流程短，落差大，因此极易形成山洪、滑坡、泥石流、山崩等灾害。玉林盆地面积大，南流江河段在此较平缓，遇强降雨时洪水容易阻滞，形成洪涝灾害。

中游博白地形与上游玉林有一定的相似性，洪涝灾害发生频率也较高。境内南流江干流落差 35m，平均坡降为 0.37‰[14]。但落差集中于生鸡窑、鸦山江口、马门滩、顶水岭、倒流角、百岁滩等几个急滩。局部河道过于弯曲、狭窄，严重阻水，每年 6 ~ 9 月常常受海洋湿热气团流入和台风影响，出现范围广、时间长、强度大的暴雨，造成南流江屡屡泛滥成灾。

下游合浦濒临北部湾，除多发旱涝灾害外境内主要气象灾害还有台风，每年受台风影响 2 ~ 3 次，最多达 5 次。重台风一般 3 年一遇。

南流江流域上中下游自然灾害虽有较大的差异性，但流域的整体性，以及水的流动性使部分灾害表现出区域之间的关联性。南流江上游的来水常导致中下游地区的洪灾。例如，文献记载显示[14,15]，中游博白 1954 ~ 1985 年的 32 年间，发生洪涝灾害 108 次，其中属县内雨涝 95 次，占总数的 87.96%；受来自南流江上游（玉林）客洪影响成洪涝的有 13 次（其中中等洪涝 12 次、特大洪涝 1 次），占 12.04%。合浦境内属南流江下游冲积平原，地势平坦，南流江中上游地区水土流失导致下游合浦地区河床淤积，洪

水宣泄不畅，是合浦地区洪涝灾害加重的重要原因。

8.2.4　气候变暖加剧流域自然灾害，影响农业生产

气候变暖加剧流域自然灾害。研究显示[16]，在全球气候变暖的大背景下，区域极端天气气候事件会明显增加，重大气象灾害及次生、衍生灾害发生频率会升高。这在广西及南流江流域均有较好吻合。统计研究显示[1,13]，南流江流域极端天气出现的频率越来越高。研究显示[16]，南流江下游地区 1960 年以来年极端干旱发生频率明显增加，高海拔与低海拔的过渡地带更是极端干旱发生的高频区。南流江流域地区年降水有集中加强的趋势，导致洪涝干旱灾害的频率增加[14]。

表 8-6 ~ 表 8-8 分别统计了明清以来南流江流域上中下游地区自然灾害的频度。表 8-6 ~ 表 8-8 显示，南流江流域历年发生自然灾害不仅种类多，而且各种自然灾害暴发频繁，流域各地区几乎无年不灾。通过不同区域自然灾害时间分布统计表可得出，历史时期，各地区灾害发生频率每年都小于 1，而中华人民共和国成立以来，流域内各县域每年灾害发生频率均大于 1，如玉林为 3.585，博白为 3.049，合浦为 4.122。

表 8-6　明清以来玉林地区自然灾害时间分布统计表

年代	时段	年数	水灾	旱灾	风灾	寒冻害	雹灾	病虫鼠害	地震	其他	合计	次数/年
明代	1368 ~ 1644 年	276	3	5	1	3		2	5	1	20	0.072
清代	1616 ~ 1912 年	296	13	34	8	6	8	14	13		96	0.324
中华民国	1912 ~ 1949 年	37	5	6	2	0	1	2	5		21	0.568
中华人民共和国成立以来	1949 ~ 1990 年	41	39	61	4	14	3	13	3	9	147	3.585
合计		650	60	106	16	23	12	31	26	10	284	0.437

资料来源：广西壮族自治区地方志编纂委员会 1996 年资料

表 8-7　明清以来博白地区自然灾害时间分布统计表

年代	时段	年数	水灾	旱灾	风灾	寒冻害	雹灾	病虫鼠害	地震	合计	次数/年
明代	1368 ~ 1644 年	276	2		1				5	8	0.029
清代	1616 ~ 1912 年	296	4	2	2	1	1	2	2	14	0.047
中华民国	1912 ~ 1949 年	37	3	3	0	0	0	0	1	7	0.189
中华人民共和国成立以来	1949 ~ 1990 年	41	20	40	14	19	7	9	16	125	3.049
合计		650	29	45	17	20	8	11	24	154	0.237

资料来源：广西壮族自治区地方志编纂委员会 1996 年资料

注：明代部分灾害没有统计数据

表 8-8　明清以来合浦地区自然灾害时间分布统计表

年代	时段	年数	水灾	旱灾	风灾	寒冻害	雹灾	病虫鼠害	地震	合计	次数/年
明代	1368 ~ 1644 年	276	4	2	3	1	2	1	7	20	0.072
清代	1616 ~ 1912 年	296	13	15	24	4	3	6	11	76	0.257
中华民国	1912 ~ 1949 年	37	6	2	8	1	0	1	2	20	0.541
中华人民共和国成立以来	1949 ~ 1990 年	41	28	30	31	37	8	31	4	169	4.122
合计		650	51	49	66	43	13	39	24	285	0.438

资料来源：广西壮族自治区地方志编纂委员会 1996 年资料

气候变暖给南流江流域的农业生产带来深刻影响。它加剧了流域高温热害和伏旱等不利天气的产生，尤其是冬季气温升高对一些需要适当的低温才能正常进行花芽分化的龙眼和荔枝等热带果树的产量有不利影响。

统计研究显示[1,13,16]，南流江流域极端天气出现的频率越来越高。中华人民共和国成立以来，干旱已经成为合浦地区最主要的自然灾害。合浦年降水量虽多，但季节雨量分布不均，因而几乎每年均有干旱发生，尤以春、秋两季旱情最为严重。为了应对干旱灾害，合浦地区对受旱严重田地开始进行种植模式改革。据现场调研显示，合浦县是典型的双季稻地区，习惯种植模式为"稻-稻-菜"和"菜-稻-菜"。由于水利设施的年久失修和近年来气候变化的影响，全县有 15 万亩的水田（占水田总面积 20%）因缺水而没法正常播种，针对此情况，合浦县进行农业产业结构调整，改变种植模式，改变产业耕作制度，将望天田、高位水田、高坑田等受旱严重的田块改种玉米、红薯、花生等旱粮作物，由过去单一的种植早稻变成种植优质玉米、花生、红薯等作物，变为更加耐干旱天气的"玉米-稻-菜"和"红薯-稻-菜"等模式（玉林市统计局 2012 年资料）。

流域气候变暖，使一些害虫种的越冬界线北移[1,13]。中华人民共和国成立以来，南流江流域的病虫害呈明显上升趋势，这与流域气候变暖有较紧密联系。

8.2.5　自然灾害对地方经济社会造成深刻影响

自然灾害频发，首先是给当地农业生产以及民众生活带来影响。每次大洪涝灾害发生时，往往房屋倒塌，河堤冲垮，农田毁坏稻田淹没，粮食被埋，人畜伤亡。

据玉林县志记载，"元泰定三年（1326 年）五月，鬱林州大水伤害庄稼，颗粒无收，免其租"。洪灾还经常危及老百姓生命安全。玉林县志记载，"清乾隆三十三年（1768 年），鬱林州夏旱，大饥，疫，饿殍载道"。

处于南流江中游的博白地区，受上游玉林客洪影响发生洪水的频率更高，涝灾损害更大。表 8-9 摘录了博白县 1949 年以前特大洪水记录。

表 8-9　博白县 1949 年以前特大洪水摘录表

年份	历代年号	文献记述
1516	明正德十一年	博白淫雨 20 多天，公署民舍多崩，人畜淹死甚多
1596	明万历二十四年	水灾甚重，官发谷救济
1658	清顺治十五年	大雨成灾，南流江水暴涨，东西二坡民房被淹没者甚多
1677	清康熙十六年	大雨成灾，民房被淹没甚多，水稻受淹无数
1856	清咸丰六年	玉林大雨 3 天，南流江水暴涨，博白沿江两岸受淹，损失严重
1864	清同治三年	玉林连下大雨，南流江水暴涨，沿江两岸许多民房淹没，博白县沿河一带受灾最甚
1912	民国元年	大水，民房被淹没甚多，水稻受淹无数
1913	民国 2 年	连下雨昼夜，南流江水涨 4 天 4 夜，城区新村水位 53.78m，城西新村可撑木船出入，大量民房倒塌
1914	民国 3 年	水灾，南流江沿岸，许多民房倒塌
1942	民国 31 年	水灾，沿江损失严重

资料来源：广西壮族自治区地方志编纂委员会 1996 年资料

分析各灾种的变化趋势显示，1949 年以来流域病虫鼠害发生的种类增多，频率增长最快。生态环境的变化，曾使玉林地区鼠害猖獗，成为粮食和花生等经济作物增产的严重障碍，尤以晚稻为甚。据记载（玉林市统计局 2012 年资料），1965 年晚稻鼠害率平均为 1.51%，1975 年上升到 2.99%，1980 年达到 7.79%，而 1981 年激增到 12.63%。损失之大，不亚于病虫害。

南流江流域的民间信仰及风俗习惯同样受到自然灾害的影响较深刻。面对严重的自然灾害破坏，如今甚至还有社会民众期望通过神灵信仰来消灾[18]。实地调查显示，南流江沿岸众多庙宇供奉对象极其繁多，如福绵地区的护龙庙，原先是由过往船埠码头的商人出资兴建，供奉的主角本应为关公、财神，但从寺庙的名字以及从寺庙里面供奉的水仙公、土地神、伏波将军、玉皇大帝等众多传统神灵，不难看出地方群众宗教信仰的多元性和功利性，而且明显受到水旱自然灾害的影响。

8.3　流域空气环境质量变化

南流江流域大气污染物主要来源于工业燃料的燃烧及工业废气排放、生活燃料燃烧、交通机动车辆尾气排放、建筑施工粉尘污染。污染物来自于燃料燃烧，主要污染物是二氧化硫（SO_2），流域上中下游地区以工业二氧化硫排放量贡献最大。表8-10展示了流域上中下游三个地区"十一五"期间SO_2排放量统计情况。

表8-10　上游玉林、中游博白、下游北海"十一五"期间SO_2排放总量

年份	上游玉林		中游博白		下游北海
	合计/t	其中工业SO_2排放量/t	合计/t	其中工业SO_2排放量/t	SO_2排放总量/万t
2006	17220.3	16757.3	6228.1	5939.018	4.31
2007	17226.7	16763.7	5715.1	5426.001	4.28
2008	17531.2	17068.2	5703.2	5414.206	3.95
2009	18147.1	17684.1	5635.9	5346.878	3.10
2010	18886.8	18423.8	6019.1	5811.008	3.88

资料来源：玉林市环境保护局、博白县环境保护局、北海市环境保护局2012年资料

所幸的是，南流江流域目前的大气质量总体状况优良。现场调研走访及统计显示（玉林市环境保护局、博白县环境保护局2012年资料），2011年上游玉林与中游博白空气在稳定达到二级基础上，基本无酸雨现象。在各项主要污染物的指标中，二氧化氮的平均浓度值为0.019mg/m³，优于国家一级标准；二氧化硫、可吸入颗粒的平均浓度值分别为0.041mg/m³和0.052mg/m³，优于国家二级标准。

下游北海大气污染源主要是工业废气污染，生活废气污染物主要来源于生活燃料。统计显示（北海市环境保护局2012年资料），2011年1~12月共发布北海市区环境空气质量日报365期，其中，空气优良天数363天，轻微污染天数2天。图8-6和图8-7展示了北海市2007~2011年环境空气质量及污染物平均浓度逐年变化情况，空气质量有下降趋势。

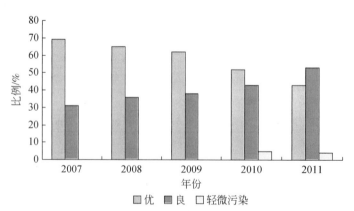

图8-6　北海市2007~2011年空气优、良、轻微污染天数比例图

资料来源：北海市环境保护局2012年资料

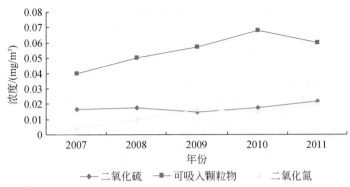

图 8-7　北海市 2007~2011 年环境空气污染年均浓度变化图

资料来源：北海市环境保护局 2012 年资料

统计显示（北海市环境保护局 2012 年资料），2011 年，北海市二氧化硫年平均浓度为 0.023mg/m³，可吸入颗粒物年平均浓度为 0.061mg/m³，均符合国家《环境空气质量标准》（GB 3095—1996）二级标准，二氧化氮年平均浓度为 0.019mg/m³，达到国家一级标准。

统计分析显示（北海市环境保护局 2012 年资料），下游北海市区受酸雨影响已相当明显，2011 年北海市共收集降水样品 72 个，其中 pH 小于 5.6 的样品为 8 个，酸雨频率为 11.11%，有上升趋势。全年降水 pH 范围在 4.59~8.30，降水年均 pH 为 6.20。酸雨集中出现在 3 月、5 月、6 月，酸雨频率分别为 50%、25%、8.33%（图 8-8）。

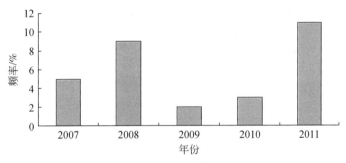

图 8-8　北海市酸雨频率年际变化图

资料来源：北海市环境保护局 2012 年资料

8.4　本 章 小 结

南流江流域灾害以气象自然灾害最为突出，暴雨、洪涝、干旱、泥石流、地面沉降等水文灾害发生次数多、灾情重、频率高，并具有明显的节律性。

洪涝灾发主要集中在夏季，经常与热带气旋天气系统伴随，暴雨导致南流江水位暴涨、下游河道狭窄、洪水宣泄不畅。水的流动性使部分灾害表现出区域之间的关联性，南流江上游的来水常导致中下游地区的洪灾。

1960 年以来，南流江下游地区年极端干旱发生频率明显增加，高海拔与低海拔的过渡地带更是极端干旱发生的高频区。流域气候变暖，使一些害虫种的越冬界线北移。

南流江流域目前的大气质量总体状况优良。上游玉林与中游博白空气在稳定达到二级基础上，基本无酸雨现象。下游北海市大气污染源主要是工业废气污染，生活废气污染物主要来源于生活燃料。2006 年以来环境空气质量及污染物平均浓度逐年变化情况显示，空气质量有下降趋势。

参 考 文 献

[1] 黄梅丽，林振敏，丘平珠，等．广西气候变暖及其对农业的影响 [J]．山地农业生物学报，2008，(3)：200-206.

[2] 周绍毅，徐圣璇，黄飞，等．广西农业气候资源的长期变化特征 [J]．中国农学通报，2011，27 (27)：168-173.

[3] 涂方旭，董蕙青，李雄．厄尔尼诺对广西气候变化的影响 [J]．广西气象，2000，21 (20)：44-45.

[4] 梁隽玫，李耀先，李存秀．广西气候与全球气候变化趋势异同点 [J]．广西气象，2000，21 (2)：27-28.

[5] 郑维宽．近六百年来广西气候变化研究 [J]．社会科学战线，2005，(6)：155-160.

[6] 陈作雄．论广西气候的垂直地带性分布规律 [J]．广西师范学院学报 (自然科学版)，2007，(3)：54-60.

[7] 梁祖武．南流江合浦城区河段防洪设计洪水分析 [J]．红水河，2010，29 (5)：84-87.

[8] 刘均明．南流江洪水预报方案与防洪减灾对策 [J]．广西水利水电，2006，(4)：94-97.

[9] 李立志，何毅．北海春西瓜主要气象灾害及预防 [J]．广西农业科学，2001，(6)：316-317.

[10] 高茂兵，刘色燕．略论晚清时期桂东南地区自然灾害与民间信仰 [J]．广西民族研究，2010，(1)：141-145.

[11] 吴文祥，胡莹，周扬．气候突变与古文明衰落 [J]．古地理学报，2009，(4)：455-463.

[12] 李世忠．全球变暖背景下广西物候变化的特征分析 [D]．中山大学硕士学位论文，2010.

[13] 黄雪松，何如，黄梅丽，等．近50年来广西近岸及海岛的气候特征与气候变化规律 [J]．气象研究与应用，2010，32 (2)：12-15.

[14] 管海丽，吴益平．广西博白县近50年洪涝灾害发生特点与规律研究 [J]．安徽农业科学，2011，39 (9)：5315-5318.

[15] 江泽．水文为防汛抗旱服务的新思路 [J]．广西水利水电，2007，(6)：85-86，101.

[16] 贺晋云，张明军，王鹏，等．近50年西南地区极端干旱气候变化特征 [J]．地理学报，2011，66 (9)：1179-1190.

[17] 黄梅丽，苏志，周绍毅．广西海陆风的地面气候特征分析 [J]．广西气象，2005，(S2)：21-22，66.

[18] 陈延国．奔腾的南流江 [M]．北京：红旗出版社，2009.

第9章 水文变迁、水资源利用与水环境质量变化

南流江流域的水文变迁有较好的文献记载[1-3]（广西壮族自治区水利电力厅1984年资料）。从20世纪50年代南流江设水文站开始，对南流江的水文测量数据的记载更是系统。前人开展对南流江几十年来的径流量、含沙量、水质等的研究[4-11]，为本书提供了较好的基础。本章在前人资料和研究的基础上，对整个流域上中下游地区，即上游玉林市（玉州区和福绵区）、中游博白县、下游北海市（包括合浦县），系统分析梳理其不同时期水文变迁过程、流域水资源利用和水环境变化情况。

9.1 流域地表河流水文变迁

9.1.1 南流江水系形成

南流江发源于容县，沿途接纳了大量的支流，北流市境有六洋河、白鸠江、清湾江、塘岸河4条汇入南流江，陆川县境有米马河、沙湖河注入南流江。北流的清湾江是南流江最长的源头，汇合了白鸠江与六洋河从北流流淌而出，到达玉林及博白地区后接纳大量的支流。玉林盆地、博白盆地河系发达，河流众多，南流江沿途在此接纳的支流最多。南流江最终在合浦分流入海，其经常乐镇、石康镇、石湾镇后分为三支，一支流经总江口，在党江镇分三处入海；一支经沙岗镇入海；另一支经周江、廉州镇的烟楼村入海。南流江分流入海，并且在出海处形成网状河系，造就了广西最大的河口三角洲——南流江三角洲（图9-1）。

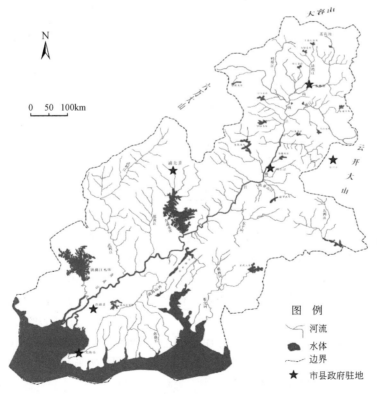

图 9-1 南流江流域主要水系

资料来源：依据《广西壮族自治区行政区划图（1∶50万）》重新编绘

表 9-1 展示了玉林南流江水系的主要河流状况。可见，上游玉林境内有南流江水系一级支流 11 条，二级支流 8 条，三级支流 8 条。南流江是玉林第一大江，从北流市大六坡入境，经茂林、名山、玉林、南江、城西、福绵、樟木、新桥、石和、沙田等乡镇，在沙田乡南流村入博白县境。前人研究显示[2,12]，干流在玉林境内长 66.7km，集雨面积 1957km²，平均水位海拔 70.25m，最高为 72.36m（1971 年 6 月 1 日），最低为河干（1989 年 10 月 20 日~11 月 2 日断流 14 天），南江水位站河底海拔为 67.0m。

表 9-1 玉林南流江水系主要河流概况

序号	河流名称	集雨面积/km²	市内长度/km	丰水年平均流量/（m³/s）	枯水年平均流量/（m³/s）	年径流量/亿 m³
1	路峒江		10			
2	六珠水		4			
3	罗望江	239.9	37.9	10.9	4.46	2.44
4	邓江		4.5			
5	大梁江	50.8	16.6	1.88	0.77	0.42
6	酾水江		13			
7	三山江	91.1	22	3.38	1.38	0.79
8	定川江	673.4	63	25	10.23	5.6
9	雅桥江	166	40.4	6.16	2.52	1.38
10	党州江		22			
11	北清水江		11			
12	沙埠江		6			
13	西水江	132		4.9	2.0	1.10
14	七冲江	27.6	7	1.02	0.42	0.22
15	都黄江	67.4		2.5	1.024	0.56
16	丽江	498.4	51	18.49	7.57	4.14
17	沙生江	80.03	33	2.97	1.21	0.67
18	旺老江	98.6		3.66	1.50	0.82
19	社洞江		4			
20	苏立江	57.98	23	2.15	0.88	0.48
21	六司江	53.25	17	1.97	0.81	0.44
22	沙田江	293.8	40	12.91	4.47	2.49
23	六答江		1.8			

资料来源：广西壮族自治区水利厅水资源处 2010 年资料

表 9-2 展示了博白县南流江水系及主要河流情况。可见，中游博白县境内地表水主要有南流江、郁江、九洲江、那交河四大水系，有大小河流 43 条，总长 666km，河网密度 0.17km/km²，总集雨面积 3836km²，年平均总径流量为 32.69 亿 m³。境内南流江干流，北从玉林市沙田镇入县内城厢乡护双村，流经城厢、博白镇、柯木、三滩、亚山、大利、顿谷、合江、沙河、菱角 10 个乡镇，从菱角乡柱石村旺盛江口出境流入浦北县，全长 95km，集雨面积 2605km²，占全县总面积的 67.9%。前人研究显示[4,13]平水期河宽 90~150m，河床高 2~6m，河床质一般为沙壤土、壤土或黏土，水深 1~10m，落差 35m，平均坡度为 3.68%，年均径流量 27.80 亿 m³，最大流量（县城西郊江段观测）3000m³/s，最小流量 0.5m³/s。最高水位 53.52m（基面），具体情况见表 9-2。

表 9-2　博白县南流江水系主要河流基本情况表

序号	河流名称	集雨面积/km²	县内长度/km	多年平均流量/(m³/s)	年径流量/亿 m³
1	合水河	130.4	15	5.8	1.78
2	周村河	28.4	4	0.95	0.3
3	乌豆江	90.4	30	3.0	0.95
4	小白江	54.5	17	1.82	0.57
5	清湖江	72.8	15	2.44	0.77
6	亚山江	235.1	30	7.8	2.47
7	白花江	22.9	5	0.78	0.24
8	合江河	596.6	33	19.4	6.12
9	新郑河	32.4	8	1.05	0.33
10	霞岭河	22.9	12	0.73	0.23
11	岸冲河	27.1	10	0.89	0.28
12	洋运河	24.2	4	0.79	0.25
13	乌木河	12.6	7	0.41	0.13
14	李扬河	11.8	11.0	0.38	0.12
15	龙垌河	17.0	6.0	0.54	0.17
16	春石河	11.0	2.0	0.38	0.12
17	绿珠江	341.0	45.0	11.4	3.58
18	水鸣河	173.8	30	5.8	1.83
19	西垌河	22.5	7	0.76	0.24
20	上包河	20.2	9	0.67	0.21
21	下包河	13.3	8	0.44	0.14
22	顿谷河	64.4	18	2.1	0.66
23	林村江	38.7	13	1.27	0.4
24	山桥河	13.2	13	0.44	0.14
25	大仁河	29.6	11	0.95	0.3
26	金阵河	70.5	21	2.28	0.72
27	江宁河	161.0	31	5.23	1.65
28	木旺河	21.4	7	0.7	0.22

资料来源：广西壮族自治区水利厅水资源处 2010 年资料

表 9-3 展示了合浦县南流江水系主要河流状况。可见，下游合浦县位于南流江下游和沿海地区，全县有大小河流 93 条，总长 558.1km，河网密度 0.234km/km²[10,14]。县境河流以大廉山及其余脉青山岭为分水岭，其西北属南流江水系，东南属各独流入海小河。县西与钦州交界地带另有丹竹江及数条小河自大风江口入海。因地形影响，多数河流的流向一般向南，且偏东或偏西，少数河流的流向分别向西和向北。除丘陵地区少数河段外，河床比降甚缓，河道宽而多弯曲，常见滩、洲。流量变化大，据实测，南流江最大流量为多年平均最小流量的 251 倍。枯水期水流浅窄，洪水期水量宣泄不畅，往往泛滥成灾。

表 9-3　合浦县南流江水系主要河流状况

序号	水系河流	干流长/km	县内河段长/km	流域面积/km²	县内流域面积/km²	多年平均流量/(m³/s)
1	武利江	120	13.3	1222	61.8	30.8
2	洪湖江	106	23.3	458	90.5	11.5
3	白沙江（沙岗）	18.6		52.3		1.31
4	鸭马江	22.4		76.5		1.93
5	清水江	13.2		110.4		2.77
6	大沟江	35		148		3.74

资料来源：广西壮族自治区水利厅水资源处 2010 年资料

9.1.2　从水运兴衰史看南流江水量变化

1949 年以来，南流江完善了水文站体系建设。其中，建设最早的水文站包括位于下游合浦县的常乐水文站和位于中游的博白水文站，它们均于 1952 年建立。1952 年以前没有系统、规范的南流江水文统计数据，但大致可以通过南流江水运史以及南流江上下游重要船埠及港口发展情况来推断。

1. 中华人民共和国成立以前：南流江"黄金水道"繁荣历史

南流江航道在历史上拥有极其重要的地位。文献记载显示[15]，秦始皇统一岭南，命令"以卒凿渠，以通粮道"，灵渠开凿沟通了长江、珠江和南流江的水系交通，由长江入湘江，经漓江、西江转入北流河，经玉林平原进入南流江直达合浦。这是一条贯通南北，连接中外的要道。历代具有重要的政治、军事、经济意义。中原货物循这"三江一河一渠"不断输向海外。从东南亚及西方各国输入的舶来品，如金银器皿、名贵药材、白绢、象牙、装饰品等，源源不断从南流江转运内地，南流江成为这条"黄金水道"水运交通干线中的重要一段。这条水道，从秦汉到中华人民共和国成立以前，一直发挥着重要的交通作用。以下是南流江作为重要的水上运输通道在各个朝代的水运情况及沿岸船埠码头发展情况。

秦朝以前，南流江出海一带已有航海活动。《越绝书》称"越人水行而山处，以舟为车，以楫为马，行若飘行，去则难从"[16]。周成王十年（约公元前 12 世纪），今越南中部的"越裳国"向周朝进贡，其进贡之道，即经南流江、北流江而至桂林再入湘[17]。

汉代，南流江成为海上丝绸之路的重要组成部分，合浦港日益繁荣[15]。西汉初期的中国社会安定，生产发展，商贸活动频繁。汉武帝元鼎六年（公元前 111 年），汉大军平安南越国，将秦置三郡的地区扩建为九郡：南海、苍梧、鬱林、合浦、交趾、九真、日南、儋耳、珠崖。汉武帝划出原南海郡和象郡交界的地方置合浦郡，而交趾、九真、日南是汉朝最南边的郡治，其地今为越南管辖。合浦成为当时沟通中原统治中心与岭南各郡的中转站。西汉后期，湖南南部开峤道，治理灵渠，使湘江、桂江、北流河、南流江这条中原出北部湾的天然水道更加通畅。因此，当时的汉朝使者和商船，大都由合浦起航出洋。外国的使者与商人，也大都在合浦登岸，沿南流江而上中原地区。

文献记载显示[18]，东汉建武十六年（公元前 40 年）二月，交趾征侧贰反，《资治通鉴·卷四十三·汉纪三十五》载："征侧等寇乱连年，乃诏长沙、合浦、交趾具车船、修道桥、通障溪，储粮谷……"马援从苍梧率师抵博白后，派兵凿石疏通马门滩，以便行舟。再沿南流江直抵合浦港，在合浦乾体港操练，然后出发征战交趾。疏凿马门滩后，更便利舟楫之行。三国两晋时期，依托合浦港，南流江继续成为海外贸易的重要航道。

唐朝国力强盛，海上交通与贸易大发展，南流江继续保持"黄金水道"地位。据《新唐书》记载："天竺国有金刚、海檀、郁金，与大秦、扶南、交趾相贸易"。大唐皇帝为了显示大国风度，"以其地运，礼之甚厚"。因此，各国使者与商人十分乐意到中国。正如《旧唐书·地理志》所载："交州郡护制诸蛮，其海南诸国大抵在交州南，自武帝以来，朝贡必由交趾之道"[19]。"贞观、开元之盛，贡朝者多"。外国使团和商贾由交趾进中原必经合浦，然后从南流江北上，抵中原，转长安，进谒唐皇帝，合浦港口出现了"舟船继路，商使交属"的繁忙景象。唐代时，白州城（今博白县城）西郊南流江畔建有通津亭，由于驿途过往的骚人墨客甚多，故题诗不少。其中有一首七绝诗云："危亭北踞水南流，槛外频来海外舟。十里青山花底睡，白州城郭月如钩。"描绘了当时南流江航运的繁忙景象。

宋代、明代以来，南流江上游的鬱林成为粤西食盐最大的运销点，南流江水运因盐而盛[20,21]。宋代南流江成为广西漕运海盐干线，廉州、石康是漕运中心。尔后盐运、粮运一直是南流江运输的重要内容。清乾隆三十二年（1768年）规定鬱林等七州县改食廉、高二府盐。光绪三十年（1904年）两广总督岑春煊奏准清廷正式划南流江为广西食盐船道。输入货物以食盐居多，出口货物多为粮食，牲畜、蓝靛。

民国20年（1931年），广西盐务局下连玉林局设于博白和福绵船埠。沿南流江航运输入货物以食盐居多，出口货物多为粮食，牲畜、蓝靛。文献记载显示[16]，南流江上承定川江，自玉林经博白汇诸溪，二万斤（1斤=500g）载重民船可通达，至民国年间，南流江最繁荣的船埠为福绵船埠。据《广西统计丛书》载：民国12年（1923年）前，因贵梧河道匪患多，贵县生猪也经船埠由南流江出口，每年达数万头。据《合浦县商业志》载：民国25年（1936年）船埠进口食盐一千万斤；民国28年（1939年）至民国29年（1940年），每年从南流江运进食盐八九千万斤。那时船埠有商家69家，资本额157.36万法币（中华民国时期国民政府发行的货币），其中盐庄11家，资本额153.7万元，占船埠商业资本总额的97.67%。后盐庄增加到26家，注册资本达900万法币。食盐远销广西各地及云贵川湘。博白于民国年间也在生鸡窑南2里（1里=500m）的上街河岸建置盐税局收税，逐名叫"关厂"，其遗址至今尚存。

抗战时期东南沿海被日军占领，交通被封锁，南流江成为中国西南的一条运输大动脉，是一条支持抗日战争的重要运输线[22]。南流江"古丝绸之路"成为华南地区唯一的抗战物资水路国际通道。抗日战争爆发后南流江航运迎来了它最后的一个鼎盛时期。文献记载显示[15,22]，当时南流江航行民船1300多艘，每艘船载货量一般有10~20t，最大的可载货65t。船工有1万多人。每年上、下航运输货物近百万吨。船埠码头日停船只上百艘，主要是将北部湾生产的食盐和海外进口的棉纱、布匹、药品等生活必需品运输到玉林转运西南各省，又将内地生产的粮食、生猪及其他农产品运到沿海销售。抗日战争时期，南流江运费为下航每吨千米收费最低时为1公斤（1公斤=1kg）稻谷，最贵时为4公斤稻谷。

可以推断，历史时期南流江水量较丰富，因为繁荣的航运史需要丰富的水量支撑。

2. 中华人民共和国成立以来：南流江水运航道逐渐衰落

中华人民共和国成立以来，南流江沿岸船埠码头不断下移。其衰落的过程先从上游玉林开始，继而是中游博白，最后是下游合浦。

中华人民共和国成立初期至20世纪60年代，南流江上游玉林段还曾继续发挥航运作用。文献记载显示[23]，20世纪50年代博白县交通局在船埠设航运分站。1960年玉林在船埠设水上运输管理站。1962年广东航运管理局在船埠还保留有航运管理站，管理广东来往船只，以后由玉林县交通局接管。

但后来，玉林船埠码头和市郊南江桥头码头，由于航道淤积，逐渐被废弃。文献记载显示[23]（广西航运史编审委员会1991年资料），中华人民共和国成立初期，从玉林船埠至入海口180km，可通航载重10t的木船。下航3~4天可达北海。后来，河流沿途森林、植被遭到破坏，水土流失，河床淤塞，水位下降，此段的南流江逐渐失去航运之利。这与水文站的观察数据是极其一致的。据1952年测量，船埠附近主航道水深为5~6m；1990年水深仅1~2m，淤泥2~4m。

于是，南流江上游水运重心逐步由玉林船埠下移至博白县境内[23]。文献记载显示（广西航运史编审委员会1991年资料），1956年1月，在南流江水运线上，成立了武利、张黄、船埠3个水上运输合作社。1958年，自治区交通部门将玉林及博白县的船舶、人员（即原船埠线木帆船运输合作社）拨归博白县管理。1959年1月，博白县水上运输公司正式成立，公司设在沙河镇，当时有航运船72艘，12850吨位，共有干部职工538人，当年完成货运量4790t。1961年，博白县水上运输公司开辟了沙河至博白县城的班航，有南流一号、南流二号两艘机动客轮。同年10月，该公司由国营单位转为集体单位。20世纪60年代初、中期，由于陆路运输发展有限，部分货物依靠南流江水运，博白县水上运输公司曾出现运力不足现象，经济效益较为显著。

20 世纪 60 年代后期，南流江航运线路进一步缩短至博白沙河镇区以南。70 年代后，沙河上游的南流江水运停止。1972 年 8 月，沙河水运社和博白县水上运输公司合并，大部分船只经改装后驶到北海市合浦县石头埠参加浅海运输。至此，南流江内河运输基本停航。处于江海交汇处的合浦，水运业一直较发达。在古代、近代，海运、内河运输业都占有重要位置。直至 70 年代末期，北海的内河运输基本处于停航状态，只保留海运业务。

处于北部湾沿岸的北海市，具有优越的水运输自然条件，目前是北海航管区水运输的主要航线。文献记载显示（广西航运史编审委员会 1991 年资料），"一五"期间是北海河运发展的高峰期。年均货运量和货运周转量分别比 1953 年增长 264.5% 和 157.8%。客运量年均 2.7 万人次，比 1953 年增长 27%。

总体分析，中华人民共和国成立以来南流江水运航道有一个逐渐衰落的过程。南流江玉林—博白河段，中华人民共和国成立初期可通航 30t 船只，1961 年后断航。博白沙河镇至博白镇区的 40km 河段，于 1970 年后断航。1979 年，专业从事南流江运输的水运企业已停止了内河运输业务，其中的合浦水运公司改为沿海运输。据实地调查显示，目前南流江只有少量农副业船只进行短途运输。

通过以上不同历史时期南流江水运的发展史可以推断，南流江在中华人民共和国成立以前水量比较丰富而且稳定，能够维持比较发达的江海航运。总体分析，中华人民共和国成立以来南流江水运航道有一个逐渐衰落的过程，首先从上游玉林开始，继而是中游博白，最后到下游合浦逐步衰落。

上述现象的直接原因是南流江水量的减少，河流碍航、断航的建筑物（如水坝）不断增多，但背后更深刻的原因是，上中游水库、大坝的大量修建，以及森林覆盖率的减少，即人类活动过度导致。水库、电站截断了部分支流，南流江主干流水源日趋减少。博白境沙河电站大坝建成后横断了南流江，南流江上游沙泥不断淤积，下游内河运输基本停航。特别是 1958 年后，河流碍航、断航的建筑物（如水坝）不断增多。南流江玉林—博白河段，原来可通航 30 吨船只，由于上游处建水库，建水坝 6 座，1961 年后断航。博白至沙河的 40km，1970 年修建沙河坝后断航。1964 年总江口大桥修建后，下游航道改经人工运河过船闸出海，船舶通航受到很大限制。1977 年浦北修建泉水水电站，南流江中游又断航。

9.1.3　南流江含沙量变化

1. 中华人民共和国成立以前南流江含沙量变化

南流江历史时期含沙量变化主要受流域农业开发影响。流域长时期农业开发加剧水土流失，导致南流江含沙量增大。

南流江流域开垦荒地，耕种粮食，繁衍生息，始于 2000 多年以前。屯田是早期南流江流域农业发展的重要形式。文献记载及前人研究显示[15,16]，南流江地处南方沿海边陲，是古代统治者征讨边境的重要通道，具有重要的军事功能。历史上，南流江流域曾经历 7 次大的征讨战争。历代封建王朝为了加强南流江流域的边疆统治管理，布置了大量的边防军事力量，而边防战士的粮食等主要补给，都是通过屯田的形式就地解决。

历代封建王朝出于多方面考虑，非常注重农业生产，奖励开荒，除军屯外，清政府还鼓励发展民屯，使流域耕地面积不断扩大。据史料记载（广西壮族自治区地方志编纂委员会 1996 年资料），清嘉庆二十五年（1820 年），南流江上游玉林直隶州有田地 1099924 亩。民国 23 年（1934 年），广西统计局推算南流江中上游各地区耕地面积如下：玉林县有耕地 514088 亩，平均每户 8 亩；博白县有耕地 588625 亩，平均每户 9 亩。

南流江上游地区耕地主要分布在南流江沿岸平原、盆地及南流江发源地的山地丘陵。当地的地形地貌及土地资源的分布特点，使南流江上游、中游地区农业开发极易造成水土流失。流域中山、低山、石山、丘陵、台地、平原盆地，互相交错。野外实地考察显示，山地成土母质多为花岗岩体，土层深厚疏松。在大容山、六万大山、云开大山下部地带分布的丘陵延绵起伏，沟谷纵横，地表切割强烈，地形破碎。平原盆地多分布河流沿岸和山间盆地谷地，是水田集中区和人口密集区。因此，流域农业开发极易造成水土流失，尤其一遇暴雨，大量泥沙沿各支流被冲刷进南流江。

南流江及其支流的灌溉之利，滋养了流域的农业，而农业的发展，反过来加剧了水土流失，增加了南流江的含沙量。

文献记载显示[16]，历史上南流江重要的两个通航港埠转移，一个是南流江上游通航船埠下移，另一个是合浦乾体港的淤积，都与人类活动，尤其是农业开发有重要的联系。据《永乐大典·郁林志》："南流江，其源从容州大容山白马湾涌出，经至庙（茂）林桥，遂下本州与紫泉之源相接，下流过安远桥（南桥），至辛仓通舟，递运广海盐课，直抵石康廉州府入于海"。辛仓即今址，南流江上游通航港埠由郁林州城之南下移了 20 多千米。南流江上游通航港埠下移的原因是元朝政府为了加强对广西边疆少数民族的管制，加派驻南流江流域兵力，而军粮的补给主要靠就地屯田，南流江上游山地的土地垦殖范围扩大使水土流失加重，而且有民间溉田水堰阻碍，对南流江运载能力产生了不良影响[19]。据《广东通志（嘉靖）》卷一百九记载，明初，原乾体港逐渐淤塞，已不适应远洋船舶进出。由合浦往东南亚的船舶，皆在冠头岭前发舟。

2. 中华人民共和国成立以来南流江含沙量变化

中华人民共和国成立以来南流江含沙量最大的时期是 20 世纪 60 年代和 70 年代。前人研究显示[6,10,14,24]，60 年代末至 70 年代，南流江含沙量及输沙量大增的主要原因是乱伐森林导致的水土流失严重，使河流含沙量及库区泥沙淤积量自 70 年代开始明显加大。

图 9-2 展示了南流江常乐水文站历年径流量与输沙量变化状况。可见，自 20 世纪 80 年代以后，含沙量及输沙量逐渐减少。其主要原因是南流江中上游不断修建梯级水库、电站群。库区拦蓄泥沙，还有山地植被开始逐渐恢复，水土流失得到一定的控制[6]。

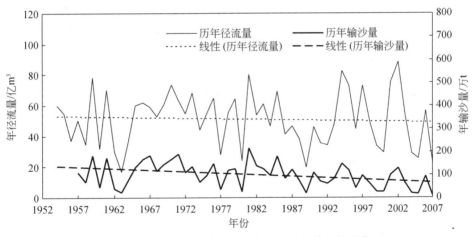

图 9-2　南流江常乐水文站历年径流量与输沙量变化

资料来源：广西壮族自治区水文水资源局 2008 年资料

南流江含沙量年内变化季节性明显。图 9-3 展示南流江 2010 年各月日均输沙量（以常乐站为例）。可见，每年汛期（4~9 月）含沙量较大。南流江流域属亚热带气候区，受台风和海洋湿热气团入流的影响，夏季暴雨集中，流域土壤容易被洪水冲刷。随着流域经济社会不断发展，土地开发利用强度不断加大，流域局部地区水土流失较重，尤其遇暴雨，容易引起坡面冲蚀，河岸崩塌，大量沙土泄入河道[6]。

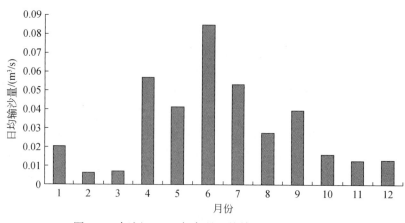

图 9-3 南流江 2010 年各月日均输沙量（常乐站）
资料来源：广西壮族自治区水利厅 2010 年资料

9.2 南流江流域湖泊洼淀的演变

9.2.1 历史时期流域以小型塘坝为主

1949 年以前，南流江流域水利设施以小型塘坝为主，缺少大型蓄水工程。传统小型塘坝主要用于蓄水灌溉的水利设施主要有井、陂、塘等。文献记载显示（广西壮族自治区水利电力厅 1994 年资料），1949 年以前处于南流江上游玉林的蓄水工程有小塘库 1138 处，有效库容 380 万 m^3，其中小（二）型（10 万～100 万 m^3）水库 5 处，有效库容 58.5 万 m^3，10 万 m^3 以下塘库 1133 处，有效库容 321.5 万 m^3。

清代和民国时期处于南流江中游博白的蓄水工程主要是小型山塘。据统计[14]，1949 年全县有山塘 1108 座，灌溉 3.77 万亩。每座山塘蓄水，一般只能灌溉二三十亩农田，最大的是松山乡潭莲村的木格塘，有效库容为 5 万 m^3，灌溉 300 亩。

9.2.2 20 世纪 60～70 年代水库大规模建设

1949 年以后，政府主导多次的治水工程，尤其是 20 世纪 60～70 年代全国范围的水利运动，使我国水库修建数量及规模都达到历史最高峰。据相关文献记载[12]（广西壮族自治区水利电力厅 1994 年资料），1949 年以来广西十分重视水利建设。水库星罗棋布，灌渠纵横交错，不少地区水利化程度较高，尤以桂东南为最。南流江流域所处的桂东南地区（包括今玉林市与北海市全境）水库又主要集中在南流江流域。南流江流域修建大量水库，水库的数量及库容都居广西各地区之首（广西壮族自治区水利厅水资源处 2010 年资料）。这是由于广西大部分地区，岩溶地貌比较发育，修建水库容易造成渗漏，地质条件不利于修建水库[25]。南流江流域地区水源条件好，云开大山、六万大山山脉是众多南流江支流的发源地，流域岩浆岩较为发育，桂东南地区及南流江流域地质条件为大量修建蓄水工程奠定了基础。玉林盆地、博白盆地是众多支流的汇聚地，因此流域上游和中游适宜修建水库。

经作者及研究团队调查采访，南流江流域现有大量水库水利设施都是在当时的历史背景下，以全民运动的形式修建的。水库主要集中建设在南流江上游、中游地区。南流江流域水库空间分布，以上、中游最为集中，水库主要建设在南流江的支流河段。上、中游地区主要山地和丘陵是众多支流发源地，地质条件和地形地貌适宜修建水库，而且南流江中上游地区人口众多，农业发展历史悠久，农田水利需求大，中华人民共和国成立以后修建了大量的蓄水工程。下游合浦地区段南流江水量大，下游水利工程除了蓄水工程外，还修建了大量引水工程，用以满足灌溉需求。

南流江流域水库建设主要集中在 1990 年以前。表 9-4 列举了南流江流域各地区小（二）型及以上水库建设情况。

表9-4　南流江流域各地区小（二）型及以上水库建设情况

地区	小（一）型水库（座）	小（二）型水库（座）	中型水库	大型水库
上游玉林	25	99	12	0
中游博白	33	123	0	1
下游合浦	12	19	3	2

资料来源：广西壮族自治区地方志编纂委员会 1996 年资料

表 9-5～表 9-9 分别展示了南流江上游玉林、中游博白，以及下游合浦等地区现有小（一）型水库和小（二）型水库修建具体时间。

表9-5　上游玉林截至 1990 年中型水库情况统计表

序号	水库名称	所在乡镇	建设时间（年.月）	集雨面积/km²	总库容/万 m³	有效库容/万 m³
1	共和	沙田共和	1959. 10～1960. 4	16. 19	1163	713
2	罗田	樟木五星	1958. 9～1960. 5	52. 0	3976	2677
3	江口	成均安田	1956. 11～1957. 6	36. 0	1902	1130
4	鲤鱼湾	大平山高基	1965. 9～1969. 2	31. 4	1172	910
5	铁联	铁联	1958. 9～1962. 4	32. 9	1291	571
6	马坡	城隍幸福	1975. 10～1979. 4	16. 41	2753	1975
7	化寿	蒲塘化寿	1957. 12～1958. 5	18. 0	1216	620
8	新城	洛阳	1957. 12～1958. 4	25. 0	1960	1376
9	红江	北市红江	1974. 11～1978. 10	8. 33	1010	791
10	大坡	小平山大坡	1975. 10～1980. 8	19. 1	1135	890
11	苏烟	大塘苏烟	1957. 11～1958. 5	14. 7	1486	1175
12	寒山	城北西岸	1975. 9～1979	9. 81	1510	1118
	合计			279. 84	20574	13946

资料来源：广西壮族自治区地方志编纂委员会 1996 年资料

表9-6　上游玉林截至 1990 年小（一）型水库情况表

序号	水库名称	所在乡镇	建设时间（年.月）	集雨面积/km²	总库容/万 m³	有效库容/万 m³
1	三联	石南三连	1956. 02～1951. 01	8. 77	436. 0	338. 0
2	富阳	石南富阳	1964. 09～1965. 04	3. 1	183. 0	
3	新荣	葵阳新荣	1956. 02～1956. 10	7. 55	480. 0	318. 0
4	金鸡冲	龙安柑坡	1965. 10～1966. 10	6. 93	458. 0	303. 7
5	旺冲	龙安螺旺	1966. 10～1970. 06	3. 91	224. 0	192. 0
6	三和	大塘三和	1957. 11～1958. 05	3. 85	462. 0	373. 0
7	青年塘	成均安田	1954. 11～1955. 01	1. 8	405. 0	255. 0
8	龙青江	大平山横岭	1958. 12～1959. 04	2. 4	220. 2	165. 5
9	凉水塘	仁东鹤林	1970. 11～1997. 11	1. 57	291. 2	234. 3
10	彭山	北市钦善	1974. 11～1978. 10	8. 83	457. 0	270. 0
11	东龙	石南东龙	1958. 08～1960. 03	3. 11	230. 0	200. 0
12	大水	葵阳龙口	1962. 12～1963. 04	5. 11	112. 0	80. 0

序号	水库名称	所在乡镇	建设时间（年．月）	集雨面积/km²	总库容/万 m³	有效库容/万 m³
13	德礼	葵阳四新	1957.11 ~ 1959.07	1.22	127.0	84.0
14	大西	城隍大西	1958.11 ~ 1959.07	3.00	150.0	128.0
15	合口	城隍龙潭	1966.10 ~ 1968.06	2.03	145.0	120.0
16	高沙	樟木太安	1957.11 ~ 1958.07	1.51	143.2	123.2
17	云茂一库	石和云茂	1957.11 ~ 1958.12	3.95	180.0	152.0
18	旺久	石和旺久	1960.11 ~ 1961.10	1.58	107.0	82.0
19	里普庵	新桥旺霞	1958.12 ~ 1959.09	0.74	115.0	95.0
20	野鸭塘	新桥新仓	1958.10 ~ 1959.12	4.00	193.0	128.0
21	良田	卖酒忠良	1966.01 ~ 1971.09	1.79	111.0	93.0
22	榕塘	小平山宽畅	1956.10 ~ 1958.02	1.46	140.0	120.0
23	六霍	龙安六霍	1974.11 ~ 1978.09	8.76	295.3	231.0
24	新安	大平山陈村	1974.11 ~ 1980.05	1.93	168.0	112.0
25	长冲	葵阳葵联	1987 年改建	1.63	161.7	137.4
合计				90.53	5998.6	4090.1

资料来源：广西壮族自治区地方志编纂委员会 1996 年资料

表 9-7　中游博白截至 1990 年小（一）型水库统计表

序号	水库名称	所在乡镇	建设时间（年．月）	集雨面积/km²	总库容/万 m³	有效库容/万 m³
1	民富	亚山	1953.07 ~ 1954.12	2.54	160	137
2	六土霍	柯木	1954.09 ~ 1955.03	4.4	266	206
3	联合	沙河	1954.10 ~ 1955.03	7.26	150	94
4	绿练江	龙潭	1955.10 ~ 1956.01	2.6	175	118
5	亚舟冲	沙河	1955.11 ~ 1956.09	7.8	523	383
6	三清	旺茂	1955.12 ~ 1956.03	1.2	145	123
7	杨旗	宁潭	1955.12 ~ 1956.03	8.4	509	450
8	革命	大坝	1955.12 ~ 1956.07	3.12	150	118
9	长冲	大坝	1956.02 ~ 1956.04	1.52	141	82
10	水路江	龙潭	1956.02 ~ 1956.04	3.75	185	121
11	鸡冠	城厢	1956.12 ~ 1957.07	11.05	564	416
12	鹿吊	东平	1957.10 ~ 1958.03	24.2	574	293
13	黑坭冲	凤山	1957.10 ~ 1959.12	2.2	175	152
14	上庄	大利	1959.12 ~ 1960.02	11.48	166	104
15	车碓平	径口	1964.09 ~ 1965.09	2.83	119	92
16	乌头塘	龙潭	1964.12 ~ 1965.10	1.51	104	39
17	冷水	顿谷	1965.09 ~ 1969.11	3.12	168	131
18	塘梨肚	亚山	1965.12 ~ 1969.12	1.26	157	93
19	班狗冲	中苏	1966.09 ~ 1968.08	1.24	126	103
20	马英	英桥	1966.09 ~ 1967.04	3.6	179	165
21	碑烈	大峒	1966.09 ~ 1968.08	2.07	138	85
22	磨刀石	龙潭	1969.09 ~ 1970.12	1.5	103	80
23	长陵	英桥	1969.12 ~ 1970.01	4.6	350	206

序号	水库名称	所在乡镇	建设时间（年.月）	集雨面积/km²	总库容/万 m³	有效库容/万 m³
24	高山	旺茂	1970.10 ~ 1973.04	1.5	139	101
25	径口	径口	1970.10 ~ 1972.11	6.44	270	230
26	灯草塘	凤山	1970.10 ~ 1974.11	1.23	131	90
27	李坑	宁潭	1970.10 ~ 1974.11	1.64	118	98
28	芒塘	旺茂	1973.08 ~ 1979.12	1.3	140	90
29	罗山	凤山	1974.10 ~ 1976.12	1.7	129	110
30	王律	大峒	1974.10 ~ 1976.12	3.84	205	164
31	木旺	江宁	1975.09 ~ 1976.12	7.3	438	346
32	坳背	凤山	1975.10 ~ 1978.12	1.5	110	87
33	石堂	三育	1978.10 ~ 1983.10	1.51	188	136
合计				142.21	7195	5246

资料来源：广西壮族自治区地方志编纂委员会 1996 年资料

表 9-8　中游博白截至 1990 年小（二）型水库情况表

序号	水库名称	所在乡镇	建设时间（年.月）	集雨面积/km²	总库容/万 m³	有效库容/万 m³
1	火炭塘	东平	1952.10 ~ 1953.01	0.9	13	12
2	庞村塘	城厢	1955.08 ~ 1955.12	0.88	24	22
3	雷公塘	东平	1955.10 ~ 1956.12	0.7	12	12
4	湖洋珠	菱角	1955.10 ~ 1956.02	0.38	18	15
5	黄竹坑	英桥	1955.10 ~ 1956.03	0.52	18	18
6	城东	博白镇	1955.10 ~ 1956.03	0.92	49	39
7	砂古塘	文地	1955.11 ~ 1956.03	0.18	11	4
8	东门	文地	1955.11 ~ 1957.03	0.3	32	30
9	鸡腾山	龙潭	1955.11 ~ 1955.12	1.1	34	25
10	金鸡冲	合江	1955.12 ~ 1956.03	1	49	45
11	旺茂	旺茂	1956.01 ~ 1956.05	1.4	98	83
12	马长垌	菱角	1956.01 ~ 1956.12	0.4	16	16
13	弄门	文地	1956.02 ~ 1956.12	0.15	13	13
14	南蛇塘	沙河	1956.10 ~ 1956.12	0.7	50	50
15	蓬塘	沙河	1956.10 ~ 1957.03	1	35	30
16	石达	双旺	1956.10 ~ 1957.12	0.1	11	10
17	正水冲	城厢	1956.11 ~ 1957.04	0.72	52	44
18	那薄塘	东平	1951.11 ~ 1957.03	0.4	15	12
19	柯木塘	文地	1956.11 ~ 1959.12	0.24	14	13
20	地北东	宁潭	1956.11 ~ 1959.07	0.8	20	19
21	茅斜	松旺	1956.11 ~ 1957.02	1.07	38	32
22	绿石	黄凌	1956.12 ~ 1959.12	1.2	13	13
23	石龙塘	亚山	1956.12 ~ 1959.04	0.3	13	12
24	青山	大坝	1956.12 ~ 1957.11	1.26	95	53
25	付山	三育	1957.07 ~ 1958.03	0.6	30	28
26	关猪塘	三滩	1957.07 ~ 1958.03	1.2	12	11

序号	水库名称	所在乡镇	建设时间（年.月）	集雨面积/km²	总库容/万 m³	有效库容/万 m³
27	六广肚	城厢	1957.08～1959.04	1.45	38	35
28	大涩塘	东平	1957.08～1957.12	0.4	10	10
29	东冲	英桥	1957.08～1957.12	1	58	54
30	马安	文地	1957.08～1958.03	1.2	20	16
31	铁炉塘	沙河	1957.08～1957.12	0.25	12	8
32	横冲塘	菱角	1957.09～1957.12	0.4	25	25
33	金虎	双旺	1957.09～1958.03	1.5	13	9
34	下豺	江宁	1957.10～1958.03	1	21	18
35	鸡陂	亚山	1957.10～1958.04	0.53	35	31
36	曾冲	旺茂	1957.10～1958.03	0.4	11	10
37	射序坑	旺茂	1957.10～1958.02	0.8	12	10
38	西本衙	英桥	1957.10～1958.03	0.5	28	27
39	老鸦山	凤山	1957.10～1958.11	0.4	14	12
40	社背	三育	1957.11～1958.03	0.15	13	12
41	津木	城厢	1957.11～1959.09	0.57	40	33
42	田简塘	城厢	1957.11～1962.03	0.31	28	25
43	花石根	沙河	1957.11～1958.05	1.37	40	35
44	山子冲	文地	1957.11～1966.02	0.48	78	48
45	坚塘	文地	1957.11～1969.02	0.3	12	9
46	望梅	松旺	1957.11～1958.03	0.42	15	12
47	丰收	松旺	1957.12～1958.03	1.08	24	22
48	长冲	径口	1957.12～1959.09	0.93	38	34
49	山景	径口	1958.08～1959.03	0.31	23	21
50	车路塘	径口	1958.10～1959.03	0.3	12	10
51	六广肚	三滩	1958.10～1959.09	0.3	13	12
52	打铁陂	三滩	1958.11～1959.09	0.5	11	10
53	大峒尾	顿谷	1958.10～1962.12	1.2	70	55
54	黄坡	径口	1958.11～1959.04	0.64	37	31
55	大塘肚	沙河	1958.11～1959.02	0.6	45	40
56	磨刀步	顿谷	1958.11～1964.03	1.2	50	38
57	平南	英桥	1958.12～1965.03	0.45	22	22
58	江正	永安	1959.10～1959.12	0.88	72	36
59	方塘	沙河	1959.10～1959.12	0.2	11	11
60	涩塘	沙河	1959.10～1959.12	0.3	20	12
61	桂花	城厢	1959.12～1960.05	1.84	90	77
62	糯禾冲	顿谷	1960.01～1960.04	0.5	14	11
63	南丁冲	顿谷	1960.10～1962.03	2.84	59	20
64	石牛塘	大坝	1960.04～1960.05	0.68	33	24
65	屋场埒	松旺	1963.08～1964.03	0.7	13	8
66	陂塘埒	东平	1963.10～1964.03	0.4	16	14

续表

序号	水库名称	所在乡镇	建设时间（年．月）	集雨面积/km²	总库容/万 m³	有效库容/万 m³
67	大虫坑	风山	1965.08~1965.12	0.8	27	22
68	凉草冲	风山	1965.09~1965.12	0.55	32	25
69	响滩	东平	1965.10~1967.07	1.59	46	36
70	山尾	新田	1965.10~1969.10	0.96	50	36
71	榄树塘	菱角	1965.11~1966.03	0.47	14	11
72	六江	那林	1965.12~1966.03	2	28	20
73	六地坪	东平	1966.08~1972.09	1.1	76	57
74	冷水冲	三江	1966.08~1966.12	0.36	18	18
75	大岭塘	英桥	1966.08~1966.12	0.43	17	16
76	黄冲	英桥	1966.08~1966.12	0.25	18	16
77	肖峒	英桥	1966.08~1966.12	1.1	36	14
78	吉塘	英桥	1966.08~1966.12	0.3	16	16
79	东风	三育	1966.09~1968.08	1.23	88	68
80	余屋	旺茂	1966.09~1967.02	0.3	13	12
81	良河	英桥	1966.09~1967.05	1.81	71	61
82	南冲	新田	1966.09~1971.12	0.03	15	15
83	古想	那卜	1966.10~1968.09	0.4	21	20
84	薄河地	大垌	1966.11~1967.03	0.3	20	18
85	新联	城厢	1966.10~1973.01	0.6	30	28
86	大山脚	旺茂	1966.11~1967.03	0.3	25	24
87	山舟湖	沙河	1966.11~1967.03	1.2	45	40
88	大水坑	菱角	1966.10~1973.12	3.1	80	60
89	径肚	旺茂	1967.10~1968.12	0.5	26	25
90	菜子坑	旺茂	1967.11~1968.12	0.7	66	56
91	上垌塘	顿谷	1968.10~1972.03	0.3	15	14
92	簕竹冲	中苏	1969.08~1971.10	0.16	17	17
93	马兰	亚山	1969.10~1972.03	0.4	35	29
94	蒙岭	亚山	1969.10~1974.04	0.36	31	25
95	红旗	东平	1969.11~1974.05	0.8	71	65
96	大冲塘	旺茂	1970.09~1973.12	0.3	25	12
97	大冲	合江	1971.01~1973.12	1.5	27	25
98	林垌	亚山	1971.10~1974.12	0.78	84	74
99	龙门	旺茂	1971.10~1972.12	0.2	17	16
100	冷水坪	沙河	1971.10~1971.12	0.5	55	35
101	马六窝	径口	1971.11~1972.01	0.7	38	37
102	黎程六	永安	1971.11~1972.01	1.21	25	24
103	六司冲	三滩	1971.11~1975.12	1.56	79	74
104	六林	径口	1972.10~1975.04	2.76	95	75
105	东风	旺茂	1972.10~1973.12	0.3	25	24
106	牛围肚	大垌	1972.12~1975.12	1	29	27

续表

序号	水库名称	所在乡镇	建设时间（年.月）	集雨面积/km²	总库容/万 m³	有效库容/万 m³
107	巴流塘	旺茂	1973.08 ~ 1973.12	0.6	30	30
108	旺塘	旺茂	1973.09 ~ 1977.12	0.4	25	25
109	上冲	英桥	1973.09 ~ 1979.12	0.21	13	12.5
110	黎冲	英桥	1973.09 ~ 1979.12	0.2	49	39
111	担水冲	东平	1973.10 ~ 1979.12	0.6	20	18
112	上垌冲	合江	1973.11 ~ 1974.12	0.6	15	15
113	牛栏窝	舍江	1973.11 ~ 1978.12	0.32	22	21
114	山子坑	江宁	1974.09 ~ 1975.03	2.3	30	30
115	根竹水	亚山	1974.10 ~ 1975.03	0.8	12	11
116	大屋肚	中苏	1974.11 ~ 1978.03	0.3	16	14
117	东本街	英桥	1975.12 ~ 1978.03	0.4	16	14
118	兰子肚	三滩	1975.10 ~ 1977.12	0.8	10	10
119	沙井	中苏	1976.11 ~ 1978.12	0.28	20	18
120	涩塘	凤山	1977.10 ~	0.76	85.81	72
121	高滩	英桥	1975.8 ~	0.72	73.76	61.12
122	石牛塘	宁潭	1975 ~	1.54	99	79
123	面上山塘		1272 处		1520	1520
合计				87.99	3802	3152

资料来源：广西壮族自治区地方志编纂委员会 1996 年资料

表 9-9　下游合浦截至 1990 年蓄水工程基本情况统计表

工程名称	所在地点	起始年月	建成年月	集雨面积/km²	总库容/万 m³	有效库容/万 m³
一、大型水库	2 处			1452.8	175600	97700
1. 合浦水库			1960.04	1052.8	105300	67700
小江水库	博白沙河	1958.01	1960.04	919.8	93800	63500
旺盛江水库	浦北泉水	1958.01	1960.04	133	11500	4200
2. 洪潮江水库	合浦石湾	1959.01	1964.05	400	70300	30000
二、中型水库	3 处			125.3	9490	4910
1. 闸口水库	合浦闸口	1957.11	1958.05	50	2000	500
2. 清水江水库	合浦环城	1957.12	1959.01	21	6260	3650
3. 石康水库	合浦石康	1958.01	1959.12	54.3	1230	760
三、小（一）型水库	12 处			90.8	4192.5	2524
1. 南山水库	合浦公馆	1964.01	1955.05	5.1	197.5	130
2. 凤门岭水库	合浦环城	1955	1957	1.6	130	83
3. 青山水库	合浦白沙	1956.03	1957.09	2.2	150	140
4. 铁练坑水库	合浦白沙	1956.03	1957.09	1.5	108	102
5. 山窑水库	合浦白沙	1957.08	1959.05	7.3	814	621
6. 廉东水库	合浦环城	1957.12	1958.04	-5.4	366	231
7. 大白水水库	合浦石湾	1957.11	1960	9.5	245	118
8. 石角潭水库	合浦山口	1958.09	1959.09	30	710	340
9. 陂米河水库	合浦山口	1959.09	1960.01	5	204	110

续表

工程名称	所在地点	起始年月	建成年月	集雨面积/km²	总库容/万 m³	有效库容/万 m³
10. 田寮水库	合浦沙田	1971.04	1971.04	7.5	542	324
11. 包墩水库	合浦沙田	1975.11	1977	10.4	372	167
12. 李家水库	合浦常乐			5.3	354	158
四、小（二）型水库	19 处			16.6	543	380
1. 青山山塘	合浦闸口	1949 年以前	1952	0.3	11	8
2. 竹联山塘	合浦公馆	1949 年以前	1953.01	0.8	18	9
3. 秧地坡山塘	合浦公馆	1949 年以前	1953.11	0.4	11	5
4. 福禄山塘	合浦闸口	1952	1953	0.8	17	12
5. 大径口山塘	合浦公馆	1952	1957	0.5	18	9
6. 大排水库	合浦山口	1954.01	1954.01	0.6	83	83
7. 茅山山塘	合浦闸口	1955	1957	0.4	13	8
8. 竹山水库	荷藕常乐	1955.01	1957.11	0.8	30	28
9. 柑树下山塘	合浦曲樟	1956		0.2	10	10
10. 赖屋山塘	合浦公馆	1956	1957	0.6	23	13
11. 石碑山塘	合浦公馆	1957	1958.07	0.5	25	17
12. 陈屋山塘	合浦公馆	1957	1958.02	1	16	10
13. 佛子山塘	合浦常乐	1958		0.4	20	20
14. 上陂山塘	合浦常乐	1958		0.6	30	30
15. 油行岭山塘	合浦白沙	1959	1959	3	37	32
16. 东后江山塘	合浦山口	1970	1974.08	1.3	19	13
17. 下山山塘	合浦常乐	1971		1.4	43	26
18. 英罗山塘	合浦山口	1972.01		1	24	15
19. 狗睡秧兰山塘	合浦常乐	1973.09		2	95	32
合计	36 处			1856	190757.4	106305.5

资料来源：广西壮族自治区地方志编纂委员会 1996 年资料

9.3　流域地下水开发利用

9.3.1　地下水类型、分布及储量

南流江流域地质环境复杂多样，上中下游各地区地下水形成地层岩石差异较大，从而造成流域不同地区地下水类型、分布及储量差异巨大。

表 9-10 列举了上游玉林地下水主要类型情况。可见，上游玉林地下水可划分为松散岩类孔隙水、碳酸盐岩岩溶水和基岩裂隙水 3 种类型。岩溶水又可划分为裸露型岩溶水和覆盖型岩溶水 2 个亚类。基石裂隙水又可划分为构造裂隙水和风化带网状裂隙水 2 个亚类。全境枯季地下水资源为 2.0776 亿 t，年天然资源为 9.2906 亿 t。城区地下水天然资源（降水量）为 8467.7016 万 t/a，侧向补给量为 18.628 万 t/a，共 8486.3296 万 t/a。允许开采量为 4413.149 万 t，占天然补给量的 52%。

表 9-10　上游玉林地下水主要类型情况

类型	储量/(亿 t/a)	面积/km²	主要分布区
覆盖型岩溶水	2.15	443.3	鹤林、西岸、谷山村、登高岭、榜山等地
构造裂隙水	3.23	1074.4	西部城隍、大岭、双凤等地
风化带网状裂隙水	3.90	903.85	六万大山、大容山一带

资料来源：广西壮族自治区地方志编纂委员会 1996 年资料

前人研究[14]（广西壮族自治区水利电力厅 1994 年资料）和本书考察调研显示，中游博白地下水主要受断裂带控制。出露类型主要有地下构造断裂带上的裂隙水，风化壳中的孔隙水，第四系砂砾石层中的孔隙型潜水。在主干断裂带及主干断裂与张扭性断裂复合处（即互切处），以及与层面裂隙复合处往往有泉水出露。花岗岩出露面积约占博白县总面积的 1/3，其风化壳的水往往随基准面溢出。在第四系砂砾石层中孔隙较多，地层潜水从孔隙往外溢。全县除白垩纪地层含水较少外，其他地层均含有较丰富的水量，通过勘探或挖井即可找到水源。地下水出露情况，在西北部和东北部山区的一些山麓及坡底处，山泉水一年四季常流。表 9-11 列举了中游博白地下水主要类型情况。可见，在广大的丘陵和平原地带，地下水自然出露点较少，一般要挖 3~5m 深的井才有地下水冒出。至今人们所发现的较典型的地下水自然出露点有亚山镇清湖坡、亚山镇热水塘、城厢乡周垌、松旺镇、龙潭镇、三滩镇。

表 9-11　中游博白地下水主要出露点基本情况表

所在乡镇	类别	类型	水温/℃	水质	地层	流量/(m³/s)
亚山清湖坡	上升	构造水	23	良好	D2Y 灰岩与砂岩接触带	200~300
亚山热水塘	上升	复合构造带	60~70	碳酸盐成分较多	D2Y	50
城厢周垌	上升	构造水	23	良好	D2Y	10
松旺	上升	层面裂隙	23~24	良好	S	2
龙潭	上升	复合构造带	23	良好	S	50~60
三滩	上升	复合构造带	25.5	良好	D2Y	6~7

资料来源：广西壮族自治区地方志编纂委员会 1996 年资料

根据国家一类地质勘查项目"我国主要地区和重点城市地下水资源开发利用现状调查和保证程度分析"，下游合浦地下淡水天然资源量为 9.4748 亿 m³/a。前人研究[26]和本书的研究考察调研显示，据赋存条件可分为松散岩类孔隙水、碎屑岩类裂隙孔隙水、碳酸盐岩类裂隙溶洞水和基岩裂隙水 4 类。松散岩类孔隙水天然资源量为 7.0839 亿 m³/a，可开采量 5.9508 亿 m³/a。广泛分布于合浦盆地及南康盆地地区。碎屑岩类裂隙孔隙水零星分布于白沙盆地、常乐镇北部及乌家镇南部，天然资源量 0.2114 亿 m³/a。碳酸盐岩类裂隙溶洞水主要分布于公馆镇南部，白沙镇、山口镇也有小面积分布，天然资源量 0.4281 亿 m³/a。基岩裂隙水天然资源量为 1.6514 亿 m³/a，主要分布于县境东北、西北丘陵地带的志留系、泥盆系碎屑岩中和山口镇新圩玄武岩体。

地下水资源是近期北海城市供水的唯一淡水水源。其类型主要是松散岩类孔隙水，其次是孔洞裂隙水。前人研究[27,28]和本书的研究考察调研显示，北海市区及其郊区范围地下水总补给量为 113.93 万 m³/d，允许开采总量为 57.94 万 m³/d。大陆区地下水南康水文地质单元盆地，行政区划上包含北海市区-福成镇-南康镇管辖范围，是一个由第四系松散岩类组成的含水盆地。

针对大陆区地下水资源，根据海城区、后塘村、禾塘村、龙潭村、高阳村、三家村、白龙、石头埠 8 个水源地的勘探详查或调查等不同精度的成果，进行地下水资源统计，见表 9-12。

表 9-12　下游北海大陆区地下水资源一览表

水源地	面积/km²	天然补给量/(万 m³/d)	可开采量/(万 m³/d)	储量级别
海城区	16.2	2.13	1.4	C
后塘村	20.6	3.65	1.91	C
禾塘村	41	7.20	5.69	B
龙潭村	87.9	15.35	11.42	C
高阳村	97.9	11.43	7.05	C
三家村	191	40.48	19.96	
白龙	264	45.92	22.98	D
石头埠	174	19.54	7.20	B
合计	892.6	145.7	77.61	

资料来源：广西壮族自治区地方志编纂委员会 1996 年资料

9.3.2　地下水、泉水开发利用及变化

前人研究[26,28]和本书的研究考察调研显示，在主要利用地下水的城区，尤其是人口聚集的玉林城区及北海城区，过度的地下水开采导致多处出现地陷。北海城区的生活饮用水全部来源于地下水，过度的地下水开采，也给北海城区带来了海水入侵等不良影响。

文献资料记载[29]（广西壮族自治区水利厅水资源处 2010 年资料），20 世纪 90 年代以来，玉林城区多处地面出现塌陷。其中，1994 年 1 起，1996 年 1 起，2003 年 4 起，2004 年 1 起。塌陷以玉州区名山镇绿杨村一带最为严重。至 2004 年，绿杨村在 1km² 范围内出现地陷 6 处。而当时，上游玉林城区内使用地下水的单位有 47 个，水井 60 口，用水人数 38380 人，日开采地下水 10635m³（其中自来水管网覆盖地区用水人数 27410 人，日开采量 6642m³；城区自来水管网未到地区用水人数 10970 人，日开采量 3993m³），其中有 42 个单位办理了取水许可证，5 个单位没有办理取水许可证。

本书的研究考察调研显示中游博白县内地表水源丰富，对地下水的开发利用还不多，仅限于缺乏水利工程的山区引山泉水灌溉，各村庄群众挖掘水井提取饮用水，一些企事业单位取浅层水为生活用水。

相关研究显示[28]，北海市城市供水全部依赖地下水，郊区农村生活用水及部分农业灌溉用水也依赖地下水。原因是北海市区没有江河，多为季节性短水溪流，地表水缺乏。据现场调查显示，北海地下水资源无序开采状况严重，全市除自来水公司供水外，企业和生活小区自备井现象普遍（表 9-13）。

表 9-13　北海市区地下水开采现状[28]

水源地名称	面积/km²	可开采量/(万 m³/d)	现开采量/(万 m³/d)	开采强度/[万 m³/(km²·d)]	开采程度/%	机井数/孔	机井密度
海城区	16.2	1.40	3.54	2185	253	66	4.07
后塘村	20.6	1.91	1.17	568	61	36	1.75
禾塘村	41.0	5.69	5.20	1268	91	65	1.59
龙潭村	87.9	11.42	4.06	462	36	35	0.40
高阳村	97.9	7.05	1.26	129	18	40	0.41
合计	263.6	27.47	15.23	578	55	242	0.92

北海市区滥采地下水所带来的问题如今已开始显现，一是水位下降，由于超量开采，海城区地下水位近年来已下降 12m[28]，一些深井已无水可抽；二是水质变劣，抽样化验分析显示[26]，北部海岸线的造纸厂、玻璃厂和水产总公司等自备井水的氯离子含量高达 1400mg/L，高于国家标准 250mg/L 的 5 倍多；

三是海水入侵，初步调查测定，北海市东至高德，西至地角，自北部海岸线向南延伸的范围都出现海水入侵污染地下水的现象[27]。

9.4　流域水环境质量变化

经本书调查，目前南流江流域主要河流水质总体状况良好。表9-14、表9-15展示了上游玉林、中游博白2006~2009年及2010年上半年各断面水质类别及河流、饮用水源地水质达标率。可见，上游玉林、中游博白境内河流各断面年均值达到相应水环境功能目标，集中式饮用水源地年度水质达标率为100%。南流江六司桥和横塘断面2个监测断面的年均值均达到Ⅲ类标准，丰水期的主要污染物为溶解氧，枯水期的主要污染物为氨氮，水质达标率为100%。

表9-14　上游玉林、中游博白2006~2009年及2010年上半年各断面水质类别

河流名称	断面名称	水质类别				
		2006年	2007年	2008年	2009年	2010年上半年
南流江	六司桥	Ⅳ	Ⅲ	Ⅲ	Ⅲ	Ⅲ
	横塘	Ⅲ	Ⅲ	Ⅲ	Ⅲ	Ⅲ

资料来源：玉林市环境保护局2012年资料

表9-15　上游玉林2006~2009年及2010年上半年河流、饮用水水源地水质达标率

河流名称	水质达标率/%				
	2006年	2007年	2008年	2009年	2010年上半年
南流江	50	100	100	100	100
饮用水源地	50	100	100	100	100

资料来源：玉林市环境保护局2012年资料

表9-16列举了2011年北海市南流江、武利江水质检测评价结果。可见，在下游北海市域南域断面、亚桥断面、江口大桥断面及武利江水域交接河段断面，水质达到地表水Ⅲ类标准，符合其景观娱乐用水功能。对市辖区内后塘水源地、禾塘水源地、龙潭水源地、海城区水源地4个饮用水源地进行常规性监测显示，水质除pH因地质构造原因全年超标外，其余指标均达标，水源地水质达标率为100%，饮用水质量为优级。

表9-16　2011年北海市南流江、武利江水质类别评价及超标情况统计表

河流名称	断面名称	平均综合指数	水功能区目标	水质类别	水质状况	主要污染指标（超Ⅲ类）
南流江	南域（区控）	0.40	Ⅲ	Ⅲ	良好	—
	亚桥（区控）	0.39	Ⅲ	Ⅲ	良好	—
	江口大桥（区控）	0.37	Ⅲ	Ⅱ	优	—
武利江	东边埇（区近代）	0.36	Ⅲ	Ⅱ	优	—

资料来源：玉林市环境保护局2012年资料

北海市是典型旅游城市，当地政府对海水浴场海岸水质比较重视，常年在北海市近岸海域设置水质监测点4个（北面高德海域2个和南面银滩海域2个）。据相关资料显示（北海市环境保护局2012年资料），2011年，4个点位海水水质三期（丰、平、枯）26个监测指标均符合《海水水质标准》（GB 3097—1997）中相应的标准：高德海域水质符合Ⅲ类标准，银滩海域水质符合Ⅱ类标准。北海市银滩公园浴场是全国重点发布水质周报的海水浴场之一，监测项目4项（pH、粪大肠杆菌、石油类、漂浮物），监测点位分别为银滩公园浴场东和浴场西。2011年，共发布银滩公园海水浴场水质周报18期，其中，水质类别为优、游泳适宜度为最适宜的12期，水质类别为良、游泳适宜度为适宜的6期。

9.5 本 章 小 结

南流江航道在历史上拥有极其重要的地位,江海航运业较为发达。1949 年以后,南流江水运航道有一个逐渐衰落的过程,首先从上游玉林开始,继而是中游博白,最后到下游的合浦逐步衰落。这反映南流江在历史时期水量比较丰富而且稳定,能够维持比较发达的江海航运。

1958 年后,南流江主干流水源日趋减少,河流碍航、断航的建筑物(如水坝)不断增多。背后的深刻原因是,上中游水库、大坝的大量修建,以及森林覆盖率的减少。博白境沙河电站大坝建成后横断了南流江,南流江上游沙泥不断淤积,下游内河运输基本停航。

南流江及其支流的灌溉之利,滋养了流域的农业,而农业的发展,反过来加剧了水土流失,增加了南流江的含沙量。20 世纪 60 年代末至 70 年代,南流江含沙量及输沙量大增的主要原因是乱伐森林导致水土流失严重,使河流含沙量及库区泥沙淤积量自 70 年代开始明显加大。

南流江流域没有大型的自然湖泊。1949 年以前,南流江流域水利设施以小型塘坝为主,缺少大型蓄水工程。传统小型塘坝主要用于蓄水灌溉的水利设施主要有井、陂、塘等。1949 年以来,南流江流域在政府主导下大兴水利建设,南流江流域现有大量水库水利设施都是在当时的历史背景下,以全民运动的形式修建的。南流江流域水库空间分布,以上中游最为集中,水库主要建设在南流江的支流河段。

上游玉林地下水主要为松散岩类孔隙水、碳酸盐岩岩溶水和基岩裂隙水 3 种类型。中游博白地下水主要受断裂带控制。出露类型主要有地下构造断裂带上的裂隙水,风化壳中的孔隙水,第四系砂砾石层中的孔隙型潜水。在主干断裂带及主干断裂与张扭性断裂复合处(即互切处),以及与层面裂隙复合处往往有泉水出露。下游合浦地下淡水分为松散岩类孔隙水、碎屑岩类裂隙孔隙水、碳酸盐岩类裂隙溶洞水和基岩裂隙水 4 类。

目前南流江流域主要河流水质总体状况良好。上游玉林、中游博白境内河流各断面年均值达到相应水环境功能目标,集中式饮用水源地年度水质达标率为 100%。南流江六司桥和横塘断面两个监测断面的年均值均达到 Ⅲ 类标准,丰水期的主要污染物为溶解氧,枯水期的主要污染物为氨氮,水质达标率为 100%。

北海市高德海域水质符合 Ⅲ 类标准,银滩海域水质符合 Ⅱ 类标准。

参 考 文 献

[1] 苏绍林. 南流江河道水葫芦泛滥的成因、危害及防治初探 [J]. 企业科技与发展,2008,(22):200-202.
[2] 庞英伟,何聪. 南流江流域水资源特点与保护对策 [J]. 广西水利水电,2002,(3):43-45.
[3] 代俊峰,张学洪,王敦球,等. 北部湾经济区南流江水质变化分析 [J]. 节水灌溉,2011,(5):41-44.
[4] 卢世武,庞英伟,何聪. 南流江流域防洪规划与建设 [J]. 人民珠江,2003,(4):25-26,51.
[5] 李建全. 对北海市现代水利建设的思考 [J]. 广西水利水电,2004,(1):9-12.
[6] 徐国琼. 南流江泥沙运动规律及其与人类活动的关联 [A] // 中国水力发电工程学会水文泥沙专业委员会. 中国水力发电工程学会水文泥沙专业委员会第七届学术讨论会论文集(上册)[C]. 中国水力发电工程学会水文泥沙专业委员会,2007:7.
[7] 肖宗光. 广西南流江水土流失与水环境保护 [J]. 水土保持研究,2000,(3):157-158.
[8] 吕俊. 南流江干流水污染发展趋势 [J]. 广西水利水电,2008,(1):26-28.
[9] 朱凌锋. 南流江流域水环境问题及对策研究 [J]. 水利科技与经济,2006,(8):530-533.
[10] 梁永玖. 南流江流域下游地区——合浦县水土流失现状特征及防治措施 [J]. 科技资讯,2010,(13):155-156.
[11] 张惠嫦. 浅谈南流江河流健康的修复和保护 [J]. 广西水利水电,2007,(5):28-29,45.
[12] 梁远梅,孙燕. 从南流江水权分配转让谈广西水权制度建设 [J]. 广西水利水电,2008,(2):11-15.
[13] 管海丽,吴益平. 广西博白县近 50 年洪涝灾害发生特点与规律研究 [J]. 安徽农业科学,2011,39(9):5315-5318.
[14] 乔娜. 南流江流域水资源数字化管理 [D]. 桂林理工大学硕士学位论文,2012.

［15］廖国一，曾作健．南流江变迁与合浦港的兴衰［J］．广西地方志，2005，（3）：39-44.

［16］陈延国．奔腾的南流江［M］．北京：红旗出版社，2009.

［17］甘庆华．建国以来桂越边贸探析［D］．广西师范大学硕士学位论文，2004.

［18］陈国才．南流江见证了中原客家移民迁徙史［EB/OL］．http：//www.cnbobai.com/html/index.html ［2013-5-20］．

［19］韩光辉，张宝秀．广西南流江与北流江的联水陆运和郁林城市的兴起［J］．地理科学，1992，2（12）：135-142.

［20］韩光辉．广西玉林地区城镇体系形成和发展［J］．经济地理，1991，11（2）：37-41.

［21］韩光辉，李先一．玉林地名溯源［J］．中国地名，2011（3）：23-24.

［22］石维有，张坚．抗战时期玉林的"通道经济"及其启示［J］．学术论坛，2009，（9）：127-130.

［23］黄名汉，杨家琪．广西航运志［M］．南宁：广西人民出版社，1994.

［24］黄焕坤．南流江河流泥砂运动问题的探讨［J］．广西水利水电科技，1990，（3）：18-23.

［25］胡宝清，曹少英，江洁丽，等．广西喀斯特地区可持续发展能力评价及地域分异规律［J］．广西科学院学报，2006，（1）：39-43.

［26］周训，张华，赵亮，等．浅析广西北海市偏酸性地下水的形成原因［J］．地质学报，2007，（6）：850-856.

［27］姚锦梅，周训，谢朝海．广西北海市海城区西段含水层海水入侵地球化学过程研究［J］．地质学报，2011，85（1）：136-138.

［28］李锐，周训，张理，等．北海市偏酸性地下水pH值的特点及其影响因素简析［J］．勘察科学技术，2006，（5）：46-50.

［29］李光郑．玉林市水资源问题与可持续利用对策研究［J］．广西师范学院学报（自然科学版），2006，（S1）：37-40.

第10章 植被覆盖时空特征及其与地质相关分析

10.1 植被覆盖度研究进展

植被覆盖度（Fc）是指植被（包括叶、茎、枝）在地面的垂直投影面积占统计区总面积的百分比[1]，反映了植被覆盖情况。植被覆盖的变化是流域重要的生态指标[2,3]，可揭示区域环境状况的演化与变迁，是流域生态研究的重要内容。长期以来国内外学者在植被覆盖的遥感监测、估算方法、空间特征、年际变化等方面进行了广泛的理论与实证研究[4-7]。这些研究大多数借助定量或定性的方法，探讨研究区域植被覆盖度的时空特征及其与气候、土壤因素的相关关系，而把地质地层与植被覆盖度相结合的研究较少。房世波等[8]用 NDVI 分布分析了不同尺度下，气候因素、地质水文因素、基质和地貌等对鄂尔多斯高原植被盖度分布的影响。甘春英等[9]用两期 TM 影像的植被覆盖度图与连江流域分岩溶区地质图进行叠加，进而分析岩溶区/非岩溶区地质对植被覆盖度的影响。然而对于入海流域的植被覆盖度及其与沿海各种地质地层的相关关系尚缺乏研究。

本章应用 RS/GIS 相结合的办法，运用 NDVI 和像元二分模型，估算南流江流域 3 期的植被覆盖度，得到植被覆盖度分级图，并将其与该入海流域的地质图进行叠加，分析地质地层对植被覆盖度的作用。通过对该流域植被覆盖的时空特征及其变化趋势的研究，将有助于促进区域生态保护与生态建设成果的维持，为该区域的合理规划和管理提供参考。

10.2 数据处理与研究方法

10.2.1 数据来源及预处理

本章选取 1991 年、2000 年和 2009 年 Landsat TM 影像（分辨率为 30m），其中 2009 年的影像数据由 http：//ids. ceode. ac. cn/网站提供，成像时间均在 10～11 月。运用 Erdas 9.3 软件对数据完成图像配准、几何校正、影像拼接、图像增强和大气校正等预处理。以 SRTM 提供的 DEM 数据（分辨率为 30m），运用 ArcGIS 9.3 水文分析模块，得到南流江流域边界图。基于 1∶175 万广西数字地质图[10]，运用 ArcGIS 9.3 软件将其矢量化得到南流江流域岩性地质图。

10.2.2 研究方法

（1）归一化植被指数 NDVI 。植被指数是利用植被强吸收可见光红光波段（0.6～0.7μm）和高反射近红外波段（0.7 ～1.1μm）的波谱特性，经过变换，增强植被信号，削弱噪声组合而成。NDVI 是植被生长状态及植被覆盖度最佳指示因子，在一定程度上反映了像元所对应区域的土地覆盖类型的综合情况，是目前应用最广泛的一种植被指数，计算公式如下：

$$NDVI = (NIR-R) / (NIR+R) \tag{10-1}$$

式中，NIR 为近红外波段；R 为红光波段，NDVI 指数的取值范围在 -1～1，一般情况下，NDVI<0 表示地面覆盖为云、沙、水等，对可见光高反射；NDVI=0 表示有岩石或裸土等；NDVI >0 表示有植被覆盖，且随覆盖度增大而增大。

（2）估算植被覆盖度。应用像元二分模型估算植被覆盖度，像元二分模型对影像辐射校正影响不敏感，计算简便、结果可靠，得到广泛应用。根据像元二分模型原理，一个像元信息由植被覆盖部分地表和无植被覆盖部分地表所贡献的信息所组成。因此，计算植被覆盖度 Fc 的公式可表示如下：

$$NDVI = Fc \cdot NDVI_{veg} + (1-Fc) \; NDVI_{soil} \tag{10-2}$$

$$Fc = (NDVI - NDVI_{soil}) / (NDVI_{veg} - NDVI_{soil}) \tag{10-3}$$

式中，$NDVI_{soil}$ 为裸土或无植被覆盖区域的 NDVI 值，对于大多数类型的裸地表面，$NDVI_{soil}$ 理论上应该接近 0，并且是不易变化的，但受多种因素影响，$NDVI_{soil}$ 会随着空间而变化；$NDVI_{veg}$ 为完全由植被所覆盖的纯植被像元的 NDVI 值，$NDVI_{veg}$ 值也会随着植被类型和植被的时空分布而变化。

参考李苗苗[11]、杨胜天等[12]提出的估算 $NDVI_{veg}$ 和 $NDVI_{soil}$ 的方法，根据整幅影像上 NDVI 的灰度分布，以 0.5% 置信度截取 NDVI 的最大值、最小值分别近似代表 $NDVI_{veg}$ 和 $NDVI_{soil}$。通过 ERDAS 软件 Modeler 模块实现流域 3 期不同时相的植被覆盖度灰度图计算。采用 ArcGIS 9.3 将植被覆盖度（Fc）显示为 5 级彩图：低覆盖度（Fc < 10%）、较低覆盖度（10% ≤ Fc < 30%）、中覆盖度（30% ≤ Fc < 50%）、较高覆盖度（50% ≤ Fc < 70%）和高覆盖度（Fc ≥ 70%）（图 10-1），分别记为 I、II、III、IV 和 V，并统计各级别面积（表 10-1）。

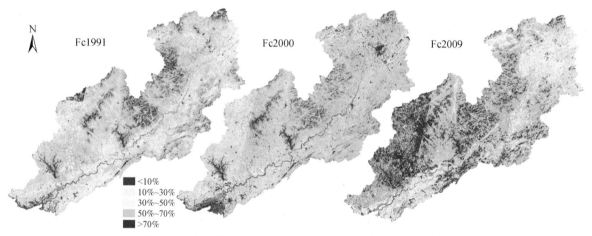

图 10-1　1991 年、2000 年和 2009 年南流江流域植被覆盖度

表 10-1　1991 ~ 2009 年南流江流域植被覆盖度（Fc）变化面积统计

植被覆盖度/%	<10	20 ~ 30	30 ~ 50	50 ~ 70	>70
1991 年/km²	330.52	940.47	3340.54	3857.18	1233.67
占总流域比例/%	3.41	9.69	34.43	39.76	12.72
2000 年/km²	742.65	1064.19	2874.16	3853.35	1168.03
占总流域比例/%	7.65	10.91	29.62	39.72	12.04
1991 ~ 2000 变化/km²	412.13	123.72	-466.38	-3.83	-65.64
变化率/%	124.69	13.16	-13.96	-0.10	-5.32
2009 年/km²	193.13	361.80	2320.35	4306.53	2520.57
占总流域比例/%	1.99	3.73	23.92	44.39	25.98
2000 ~ 2009 变化/km²	-549.52	-702.39	-553.81	453.18	1352.54
变化率/%	-73.99	-66.00	-19.27	11.76	115.80
1991 ~ 2009 变化/km²	-137.39	-578.67	-1020.19	449.35	1286.90
变化率/%	-41.57	-61.53	-30.54	11.65	104.31

10.3　南流江流域植被覆盖度分析

10.3.1　流域植被覆盖度先下降后提高

由表 10-1 可知，1991～2009 年南流江流域植被覆盖度变化显著，1991～2000 年南流江流域植被质量有所下降，2000 年植被覆盖度明显比 1991 年低。尤其是中低覆盖度地区明显增加，高覆盖度地区明显减少。其中低覆盖度区域比 10 年前增加了 124.69%，较低覆盖度区域也增加了 13.16%；而中覆盖度区域则减少了 13.96%，面积达 466.38km²，较高和高覆盖度区域均有所缩小。自 2000 年以来，南流江流域范围内植被逐渐得到恢复，植被质量有所好转，2009 年低、较低植被覆盖度区域均比 2000 年减少了 66% 以上，中覆盖度区域也下降了 19.27%，而高覆盖度区域则比 2000 年增加了 115.80%，达 1352.54km²，较高覆盖度也增加了 11.76%，面积达 453.18km²，由此可见，2000～2009 年的 9 年间植被质量有了较大提高。高、较高覆盖度植被增加速率相对较快，经考察调研，增加的植被主要是南流江流域的速生林与果园等经济林区，而无植被区与低覆盖度植被面积则有减少的趋势。

1991 年南流江流域植被覆盖度平均水平为 49.76%，2000 年平均为 47.83%，2009 年平均达 56.71%。可见，2000 年植被质量有所下降，2009 年的植被质量最优，高出 1991 年植被平均水平的 12.27%。

由图 10-1 可见，1991 年南流江流域较高、高覆盖度植被区域比较成块，基本上分布在流域内海拔较高的山地区域，说明南流江较高、高覆盖度植被区域基本为林地，且植被覆盖较好；而 2000 年的较高、高覆盖度植被区域相当破碎，说明 1991 年以来的 10 年间，南流江林地植被质量有所下降，遭到一定的破坏；而从 2009 年的图上可以看出，流域内高、较高植被覆盖度区域比 1991 年更为成块，分布大体与林地分布相符，由此可见，流域内封山育林、种植生态林、经济林等措施使 2000 年来植被情况逐渐好转，到 2009 年流域植被总体状况已经明显优于 1991 年，与考察调研结果基本相符。

10.3.2　流域植被覆盖度变化与地质地层联系密切

运用 ArcGIS 软件空间分析模块，用南流江流域地质图对流域内植被覆盖度等级图进行裁剪，得到各年份地质地层的植被覆盖度情况（图 10-2）。

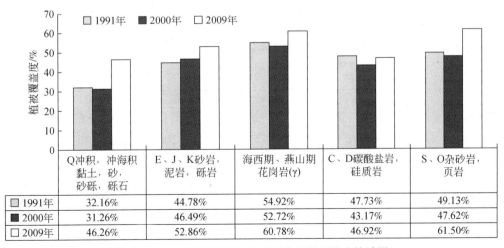

	Q冲积，冲海积黏土，砂，砂砾，砾石	E、J、K砂岩，泥岩，砾岩	海西期、燕山期花岗岩(γ)	C、D碳酸盐岩，硅质岩	S、O杂砂岩，页岩
1991年	32.16%	44.78%	54.92%	47.73%	49.13%
2000年	31.26%	46.49%	52.72%	43.17%	47.62%
2009年	46.26%	52.86%	60.78%	46.92%	61.50%

图 10-2　各年份地质地层基质平均植被覆盖度统计图

　　由图 10-2 可见植被覆盖度与流域地质地层密切相关。在相同年份，同一气候条件下，不同地质地层上的植被覆盖度有着明显区别，以海西期、燕山期花岗岩（γ）为主的地层，由于岩体风化强烈，风化堆积物很厚，有利于植被生长，各年份平均植被覆盖度均高于其他地层区，1991 年、2000 年、2009 年平均植被覆盖度分别为 54.92%、52.72%、60.78%，分别高于同一年份最低植被覆盖度地层的 22.77%、21.46%、14.52%；志留系（S）、奥陶系（O）杂砂岩、页岩为主的地层各年份平均植被覆盖度均较高，2009 年为 61.50% 略高于花岗岩地层；古近系（E）、白垩系（K）、侏罗系（J）砂岩、砾岩为主的地层，各年平均植被覆盖处于中等水平，1991 年、2000 年、2009 年平均植被覆盖度分别为 44.78%、46.49%、52.86%；第四系（Q）冲积、冲海积黏土、砂、砂砾、砾石为主的地层，由于地层蓄水性能较差，地下水位较深，不利于灌木丛植被自然生长，其各年平均植被覆盖度最低，均低于各年份该流域内岩溶区平均植被覆盖度，1991 年、2000 年、2009 年平均植被覆盖度分别为 32.15%、31.26%、46.26%，2000 ~ 2009 年的 9 年间平均植被覆盖度提高了 15%，是流域内植被覆盖度增幅最大的地层，由此可见，与岩溶区脆弱生境不同，在人为积极作用下，如种植深根系的适于沿海地质地层生长的木麻黄、马占相思树等物种，能够很好地提高该地层的植被覆盖度的；石炭系（C）、泥盆系（D）碳酸盐岩、硅质岩为主的岩溶区，由于岩溶区内土壤发育缓慢，土壤溶蚀性强，土层较薄，生态环境十分脆弱，不利于植被生长，各年平均植被覆盖度较差，仅略高于该流域内的第四系冲积、冲海积地层。岩溶区生态脆弱，植被发育相当缓慢，植被最容易遭到破坏，而恢复相当困难、缓慢，1991 ~ 2000 年的 10 年间平均植被覆盖度降低了 4.56%，是流域内植被覆盖度降幅最大的地层，2000 ~ 2009 年的 9 年间平均植被覆盖度仅提高了 3.75%，是流域内植被恢复最缓慢的地层。

10.3.3　流域植被退化和恢复的空间变化分析

　　南流江流域植被覆盖空间变化显著。为定量分析植被退化和恢复的详细情况，将流域 1991 年植被覆盖度减去 2000 年的植被覆盖度，同理把 2000 年与 2009 年的植被覆盖度也做差值运算，并对结果按照给定的植被退化等级[13]进行密度分割，得出该流域植被覆盖的动态变化（表 10-2）。

　　南流江流域植被覆盖变化以稳定、恢复为主（表 10-2）。1991 ~ 2000 年植被覆盖处于稳定及以上等级的区域占总流域面积的 59.33%，2000 ~ 2009 年是 78.10%；而前 1991 ~ 2000 年处于退化、严重退化的区域占总流域的 20.03%，2000 ~ 2009 年仅占总流域的 9.30%。

表 10-2　两时期植被退化分级标准及其面积

植被退化分级	严重退化	退化	轻微退化	稳定	轻微恢复	恢复	完全恢复
覆盖度差值/%	>30	15 ~ 30	5 ~ 15	−5 ~ 5	−15 ~ −5	−30 ~ −15	< −30
1991 ~ 2000 变化面积/km²	639.58	1305.64	2000.81	2612.01	1865.85	1037.83	240.65
2000 ~ 2009 变化面积/km²	200.37	702.30	1221.93	1873.68	1876.67	2076.15	1751.28

　　流域植被覆盖度空间变化明显（图 10-3），植被退化和严重退化区域集中分布于流域内的城镇化扩张边缘地带，人为活动及城市化迅速发展对植被产生影响。1991 ~ 2000 年主要分布于钦南区、玉林市玉州区、兴业县、合浦县 4 个区域，流域内钦南区植被退化、严重退化面积比例高达 38.22%，玉州区、兴业县、合浦县分别是 29.87%、28.69%、27.69%。2000 ~ 2009 年退化、严重退化的区域是北流市、玉州区和陆川县，详见表 10-3。

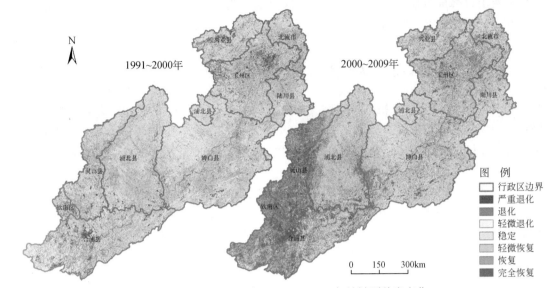

图 10-3　1991～2000 年、2000～2009 年植被覆盖度变化

表 10-3　两时期分行政区植被退化分级及其面积比重

时　期	生态退化分级 覆盖度差值/%	严重退化 >30	退化 15～30	轻微退化 5～15	稳定 -5～5	轻微恢复 -15～-5	恢复 -30～-15	完全恢复 <-30
1991～2000 年变化面积比例/%	合浦县	9.82	17.86	21.10	22.11	16.13	9.83	3.15
	灵山县	9.26	19.43	23.79	22.14	14.06	8.39	2.94
	陆川县	4.48	10.13	18.47	28.97	24.10	12.44	1.42
	浦北县	3.82	9.86	19.80	31.34	21.52	11.20	2.47
	钦南区	14.87	23.35	24.00	18.95	11.09	5.90	1.84
	兴业县	8.53	18.62	25.05	26.75	14.75	5.55	0.77
	玉州区	11.51	18.36	21.64	23.24	15.70	8.14	1.41
	博白县	2.97	8.28	19.16	30.37	22.94	13.28	3.00
	北流市	5.52	11.13	17.10	25.92	22.54	14.95	2.84
2000～2009 年变化面积比例/%	合浦县	1.97	5.03	6.46	9.83	13.99	27.70	35.01
	灵山县	0.25	0.76	1.61	4.51	11.82	37.79	43.26
	陆川县	2.72	11.23	20.69	26.02	19.33	13.05	6.96
	浦北县	1.23	5.51	11.70	20.99	23.16	22.24	15.17
	钦南区	1.09	1.55	1.85	4.20	11.82	35.09	44.40
	兴业县	1.44	7.73	16.43	25.63	22.30	17.32	9.14
	玉州区	3.61	12.66	16.47	20.39	17.96	17.12	11.79
	博白县	2.49	7.67	15.47	25.69	23.31	16.79	8.58
	北流市	2.72	14.53	22.48	24.43	16.17	11.87	7.79

　　植被恢复较好、较快的区域空间特点显著且以人工生态经济林和果林为主，主要分布于流域西部、西南部、北部及中部山地。2005～2009 年，合浦县全县 5 年间在荒山荒（沙）地造林面积达 8457hm²，钦南区全区 5 年间在荒山荒（沙）地造林面积达 10638hm²，灵山县、浦北县全县 5 年内的在荒山荒（沙）地造林面积分别为 7175hm²、7467hm²[14]。1991～2000 年植被恢复较好的是浦北、博白、北流市等。2000～2009 年植被恢复较好的有钦南区、合浦、灵山县、浦北县等。这表明南流江流域范围内的生态保

护、果林绿化和封山育林成效显著，且生长连片，这得益于南流江的良好自然条件以及流域内有效的生态管理。

10.4　本 章 小 结

（1）1991～2009 年南流江流域植被覆盖度变化显著，1991～2000 年流域植被质量有所下降，自 2000 年来植被得到一定恢复，平均植被覆盖度呈上升趋势。19 年来南流江流域的中覆盖度区域面积一直在减少，低、较低覆盖度区域先增后减，高、较高覆盖度区域先略有减少而后增加，可见南流江流域植被质量有了较大提高。

（2）植被覆盖度与流域内地质地层联系紧密，南流江流域内以花岗岩（γ）为主的地层植被覆盖度较高；岩溶区内土层薄，生态脆弱，植被覆盖度较低，人为干扰下植被容易发生退化，但植被恢复缓慢；流域内第四系的地层，蓄水性能较差，地下水位埋藏深，不利于一般植被生长，植被覆盖度最低，若能种植深根系乔灌丛植物，则植被覆盖度增幅潜力较大。

（3）南流江流域植被覆盖变化以稳定、恢复为主，在空间分布上变化较为显著。南流江 1991～2000 年植被遭受一定破坏，植被退化和严重退化区域集中分布于流域内的城镇化扩张边缘地带，受到人为活动及城市化迅速发展对植被的影响，2000 年以来流域内由于人工林的建造，植被质量有所上升，植被恢复较好、较快的区域空间特点显著，流域内生态建设取得一定成效。

本书仅对流域内的植被覆盖度的时空变化及其与流域地质地层的关系进行了研究，流域内植被等级的转化格局、植被变化对流域景观生态学的评价以及生态恢复区划等还有待探讨。

参 考 文 献

［1］Gitelson A A, Kaufman Y J, Stark R, et al. Novel algorithms for remo te estimation of vegetation fraction ［J］. Remote Sensing of Environment, 2002, 80（1）: 76-87.

［2］孙睿, 刘昌明, 朱启疆. 黄河流域植被覆盖度动态变化与降水的关系 ［J］. 地理学报, 2001, 56（6）: 667-672.

［3］贾艳红, 赵传燕, 南忠仁. 西北干旱区黑河下游植被覆盖变化研究综述 ［J］. 地理研究进展, 2007, 26（4）: 64-74.

［4］陈晋, 陈云浩, 何春阳, 等. 基于土地覆盖分类的植被覆盖率估算亚像元模型与应用 ［J］. 遥感学报, 2001, 5（6）: 416-422.

［5］侯英雨, 张佳华, 何延波. 利用遥感信息研究西藏地区主要植被年内和年际变化规律 ［J］. 生态学杂志, 2005, 24（11）: 1273-1276.

［6］程红芳, 章文波, 陈锋. 植被覆盖度遥感估算方法研究进展 ［J］. 国土资源遥感, 2008, 75（1）: 13-17.

［7］何磊, 苗放, 李玉霞. 岷江上游典型流域植被覆盖度的遥感模型及反演 ［J］. 测绘科学, 2010, 35（2）: 120-122.

［8］房世波, 谭凯炎, 刘建栋, 等. 鄂尔多斯植被盖度分布与环境因素的关系 ［J］. 植物生态学报, 2009, 33（1）: 25-33.

［9］甘春英, 王兮之, 李保生, 等. 连江流域 18 年来植被覆盖度变化分析 ［J］. 地理学报, 2011, 31（8）: 1019-1024.

［10］广西壮族自治区地方志编纂委员会. 广西通志·水利志 ［M］. 南宁: 广西人民出版社, 1998.

［11］李苗苗. 植被覆盖度的遥感估算方法研究 ［D］. 中国科学院遥感应用研究所硕士学位论文, 2003.

［12］杨胜天, 李茜, 刘昌明, 等. 应用"北京一号"遥感数据计算官厅水库库滨带植被覆盖度 ［J］. 地理研究, 2006, 25（4）: 570-578.

［13］杜自强, 王建, 李建龙, 等. 黑河上游典型地区草地植被退化遥感动态监测 ［J］. 农业工程学报, 2010, 26（4）: 180-185.

［14］赵树丛, 等. 2006—2010 年中国林业统计年鉴 ［M］. 北京: 中国林业出版社, 2011.

第11章 南流江流域分布式水沙耦合模拟研究

11.1 绪 论

11.1.1 研究背景

水是生命之源，是支撑地球生命活动所不可缺少、无法替代的要素之一。水循环过程是地球地质大循环和生物小循环中不可或缺的部分，在地球各圈层之间的物质循环和能量转换中扮演着十分重要的角色。

流域水文过程的变化受气候气象、下垫面景观类型及结构、人类活动等多种因素的影响，其影响机制错综复杂。对水文过程的探究是研究区域生态环境质量、土壤侵蚀状况以及生态系统稳定的基础和重要依据。流域生态水文过程响应问题，已经成为世界越来越受关注的热点问题之一[1]。

由水力作用引起的土壤侵蚀是我国土壤侵蚀类型中最为重要的类型之一，尤其对于我国广大东部和南部河流水系高度发达的区域，由水力作用引起土壤侵蚀这一特征更加突出。进入 21 世纪以来，随着社会经济的快速发展，人口压力问题、资源过度开发问题以及生态环境不断恶化等问题越来越受到人们的关注，土壤侵蚀作为全球最大的生态环境问题之一，不仅导致土地质量退化，降低农业生产力，还会引起水系泥沙淤积、水体富营养化及区域生物多样性下降等诸多环境问题[2]。根据水利部公布全国第二次水土流失遥感调查结果显示，全国现在有水土流失面积为 356 万 km^2，略大于全国陆地面积的 1/3，其中水蚀面积165 万 km^2，约占全部土壤侵蚀面积的 46.3%。我国人口众多，人均土壤资源面积占有量少，加之土壤资源分布不均、区域经济实力以及土壤资源开发利用能力参差不齐等问题，使我国人口、资源与环境三者间的矛盾更加突出。

党的十八大报告将大力推进生态文明建设独立成篇，提出社会主义现代化经济建设、政治建设、文化建设、社会建设和生态文明建设"五位一体"的总体布局。中国将全面进入社会主义生态文明建设的新时代，水土流失治理是生态文明建设的重要内容。近年来，随着科学技术的进步，尤其是 RS/GIS 的出现和快速发展，人们对水土流失治理和河流保护问题的研究也在不断深入，不断从注重流域水土资源功能转变为注重流域整体生态服务功能。从流域水文角度来说，全球水文循环中的生态作用也成为最受人们关注的问题之一。

11.1.2 研究意义

2012 年水利部审查通过了《全国水土流失动态监测与公告项目预算规划（2013—2017 年）》，2013 年该项目列入国家财政预算，计划完成监测面积 13.21 万 km^2。水土监测及治理不断受到国家的重视。

中国幅员辽阔，地貌景观各异，流域侵蚀产沙情况差别显著。小流域是水土流失治理的基本单元，认识其特征及规律，对于制定水土保持管理措施及区域的可持续发展具有重要意义[3]。南流江是广西南部独自流入大海诸河中，流程最长、流域面积最广、水量最丰富的河流[4]。随着北部湾经济区上升为国家发展战略，南流江流域的重要性日益受到人们的关注[5]。分析清楚南流江流域生态水文效应及流域土壤侵蚀状况既是国家战略发展的需要，也是实现地方经济与区域生态协调发展的需要。由降雨引起的水力侵蚀产沙问题，是当今世界上最大的环境问题之一[6]。信息技术的快速发展和地理信息系统的运用，为数据的获取、存储、运算等提供了较大的便利。在这一背景下，分布式模型（distributed model）应运而生，且引起了越来越多学者的关注，但大多数皆为分布式水文模型，能结合产汇流过程计算的土壤侵蚀产沙模型相对较少，且精度较低。在我国，模型应用多集中在黄土高原区，不利于全国范围推广。

南流江属于水力侵蚀为主导的区域，土壤侵蚀的前提是降雨，而降雨发生的产流及汇流会携带大量的泥沙，因此，对土壤侵蚀产沙过程的模拟也应首先从降雨引起的产汇流入手，换言之，一个完整的侵蚀产输沙过程模拟首先是对产汇流过程的模拟。这样形成的分布式水沙耦合模型，才能反映整个降雨土壤侵蚀产沙的时空变换过程，以及对流域内任意一个侵蚀计算单元进行产汇流模拟和描述。

依托广西北部湾经济区城市化与生态环境交互耦合机制研究及广西水土流失遥感调查与制图课题，针对南流江流域，重点分析流域产流、产沙问题，初步探讨了气候变化的南流江流域生态水文响应过程，以期为区域水土流失治理、生态环境保护以及下一步探究区域点面源污染情况提供有价值的参考。

11.1.3　国内外研究概况

1. 分布式水文模型研究进展

国外对分布式水文模型的研究起步较早，1969 年 Freeze 和 Harlan 在发表的《一个具有物理基数值模拟的水文响应模型的蓝图》文章中第一次提出分布式水文模型的概念[7]。但由于当时计算机等发展水平还不高，很难满足模型对资料较高的要求，因此，直至 20 世纪 80 年代以前，发展一直很缓慢。在此期间，Bevenh 和 Kirbby 于 1979 年提出的 TOPMODEL 模型（topography based hydrological model）可作为其代表，但 TOPMODEL 模型也并非严格意义上的分布式水文模型[8]。至 80 年代后，由 Abbott 等[9]、Bathurst 等[10]联合研发和改进的 SHE（system hydrologic european）模型能综合考虑蒸散发、下渗、截留、地表径流、地下径流、壤中流等多种因素，运用质量、动量及能量守恒规律等物理数学模型进行表达，是人们所说的具有物理基础的分布式水文模型。此外，目前国外应用的比较多的分布式水文模型还有 IHDM 模型[11]、AGNPS 模型[12]、ANSWERS 模型[13]、SWAT 模型[14,15]、VIC 模型[16,17]、TOPKAPI 模型[18]等。

相对国际而言，国内分布式水文模型起步要晚一些，至 20 世纪 90 年代后开始逐渐发展起来。目前，我国应用比较多的国外分布式水文模型有 TOPMODEL、IHDM、TOPKAPI、SWAT 等[19]。而从众多学者的应用总结来看，SWAT 模型的物理特性较强，应用范围较广，与 RS/GIS 等技术结合较好，受到众多学者的青睐，截至目前 SWAT 模型已经发布了 ArcSWAT 2012. 10. 19。除引进国外模型外，国内在分布式水文模型的研发上也取得一定的进展，比较有代表性的包括：李兰 1997 年提出的 LL-I 模型[20]，通过不断改进，目前已发展到 LL-Ⅲ版本[21]，该模型具有明确的物理机制，以及能分散处理和输出、适用于无资料地区的优点，是国内研发的一款能与国际众多水文模型相媲美的分布式水文模型；此外，雷晓辉等于 2009 年自主研发的 Easy DHM 模型能够支持多种产汇流算法，支持用户对主要产汇流参数的敏感性分析和参数优化，开发了专门的洪水预报模块，扩展了分布式水文模型的通用性[19]。

2. 土壤侵蚀模型研究进展

国外土壤侵蚀机理研究始于 19 世纪晚期[22]，其研究发展历程大致可以分为 3 个阶段：第一阶段从 19 世纪晚期到 20 世纪 60 年代末。这一时期先是从土壤侵蚀的表面观察和定性描述开始，然后不断发展研究出经验性统计模型。此阶段最杰出的代表为 W. H. Wischmeier 与 D. Simth 于 1965 年提出的 USLE（universal soil loss equation）模型[23]，即人们常说的美国通用土壤流失方程。第二阶段大致为 20 世纪 60 年代末到 90 年代初。在这一时期，随着对土壤侵蚀机理认识的不断深化，对模型的研究也从原先的以经验模型为主逐渐转变为以具有物理基础的过程模型为主，众多具有物理基础的土壤侵蚀模型相继问世，如美国的 EPIC 模型[24]、WEPP 模型[25]，荷兰的 LISEM 模型[26]，欧洲的 EUROSEM 模型[27]，澳大利亚的 GUEST 模型[28]。90 年代初至今为第三阶段，这一阶段的主要特征是将土壤侵蚀模型与 RS/GIS 技术结合。这一阶段对土壤侵蚀机理的认识已较全面，但土壤侵蚀的复杂性和广泛性以及模型参数的空间变异性用传统的技术已经难以实现，而 RS/GIS 技术的发展正好解决这一难题。例如，Lu Hua 等[29]以 RUSLE 为基础，在 GIS 支持下完成了澳洲大陆片蚀、细沟侵蚀的定量评价和制图。

国内对土壤侵蚀模型的研究始于 20 世纪 20 年代，真正对土壤侵蚀进行定量观测始于 20 世纪 40 年代。1953 年，刘善建根据径流小区资料，首次提出了计算年度坡面侵蚀量的公式[30]，为我国土壤侵蚀的定量化研究揭开了序幕。进入 20 世纪 80 年代后，通过不断学习和借鉴国外研究成果，我国学者开始建立符合我国的土壤侵蚀经验性模型，在这期间，比较有代表性的有江忠善等[31]将黄土地区沟间地和沟谷地区别对待的侵蚀模型和刘宝元等[32]以美国通用土壤流失方程（USLE）为蓝本，建立的中国土壤流失方程（Chinese soil loss equation，CSLE）。进入 20 世纪 90 年代后，在前面研究的基础上我国学者开始尝试建立具有物理基础的土壤侵蚀物理过程模型，如谢树楠等[33]建立的黄土丘陵沟壑区流域暴雨产沙模型；汤立群[34]建立的暴雨产沙预报模型；蔡强国等[35]建立的黄土高原小流域侵蚀产沙预报模型。与此同时，与 RS/GIS 技术的结合也成为国内研究应用的热点，如赵善伦等[36]、姚华荣等[37]、安娟[38]、张旭群等[39]不同学者分别就不同区域对 RS/GIS 与土壤侵蚀模型结合进行了大量应用研究。

3. 目前分布式水沙耦合模型存在的主要问题

随着计算机技术的不断发展成熟，以往计算机条件等的限制已经不再是分布式水文模型发展的瓶颈。对分布式水文模型本身系统理论认识的加深、多学科交叉技术以及复杂水文过程的系统建模成为目前分布式水文模型进一步发展必须克服的主要难题。水文过程往往具有非线性特征，这是大部分水文建模所要面临的核心问题，如应用广泛的 Richard 方程[40]、SCS 曲线方程[41]，都属于非线性方程。另外，非线性系统对模型的初始输入参数及边界条件非常敏感，而这两个条件都比较难确定。

用于描述水文特征的变量及参数在不同的流域、不同下垫面及空间尺度上往往存在着较大的差别。同一水文过程，在某一尺度上是平稳的，但在另一尺度上则可能是不平稳的。而目前经过测量获取的参数往往都只是点尺度上的特征，将这些点尺度上的数据用于流域时，若把握不好，很容易使模型失去物理意义。如何处理好不同流域不同空间尺度的变异性特征将是目前分布式水文模型研究中的一个重要课题。

水文过程的复杂性以及由于信息的不明确或者数据缺失或不全等造成的水文系统的不确定性是一种普遍存在的问题。而目前对不确定性问题的研究仍然处于探索阶段[42]，这也进一步限制了分布式水文模型的发展。

土壤侵蚀是一个复杂的过程，而人类的认识总会有一定的局限。尽管土壤侵蚀发展的历史十分悠久，但目前土壤侵蚀的研究仍然存在很多问题，如分布式水文模型一样，模型的不确定性问题也是制约土壤侵蚀模型进一步发展的关键因素。

在众多的土壤侵蚀模型中，大部分模型都只是坡面模型，从整个流域入手的模型相对较少[43]，并且，在流域模型当中，又以适用于小流域的居多，大中尺度流域的模型十分稀少，如典型的 WEPP 模型[29]和 EPIC 模型[30]均属于小流域模型。另外，在目前的众多模型研究中，大部分都只关注坡面和细沟的侵蚀过程，而对切沟、冲沟等侵蚀过程的研究相对较少。我国地形复杂，地貌类型多种多样，全国河网密布，尤其对于南方地区而言，地面往往植被覆盖良好，由暴雨等引起的崩塌、冲沟等造成的土壤侵蚀量要远超过坡面侵蚀的量。

完整的土壤侵蚀过程应该包括降雨等造成泥沙产生，然后运移到最终汇聚的过程。而现有的土壤侵蚀模型中，大多都只重视坡面泥沙产生的过程，而对泥沙的输送、汇集方面关注很少。对于一个完整的流域而言，最终土壤侵蚀的量应该是从流域出口断面流出的泥沙总量，而非流域坡面产沙的总量。因为在一次降雨过程中，降雨或许造成了泥沙的产生，但未必所有的泥沙都能运移出它所在的流域。

4. 分布式水沙耦合模型的发展趋势

遥感（RS）、地理信息系统（GIS）是目前对地观测系统中空间信息获取、存储更新、管理、分析、显示和应用的主要支撑技术，也是现在水沙模型中的主要定量分析方法。RS 技术可以提供长期、动态和连续的大范围资料，提供高分辨率的时间与空间信息[44]，是流域水文模型或土壤侵蚀模型描述流域时空变异特征最有效的手段，尤其是在一些地面实测资料缺乏的地区[45]。GIS 成熟的空间和非空间数据的采集、存储、分析和显示功能，能够为分布式水沙模型提供强大的支撑，极大地促进了分布式水沙模型的发展，现如今，几乎所有的水文模型或者土壤侵蚀模型都是在 GIS 的支持下完成的[46]。借助于 RS/GIS 的优势，能更为客观地描述流域下垫面条件及其变化，使分布式汇流（沙）模型的模拟更具有科学性。

认清水文过程及土壤侵蚀过程的物理规律是对其进行准确性描述的基础。通过加大观测密度，改善观测手段，从物理学的角度和深度对土壤侵蚀产汇流过程及产输沙过程加以研究，解决好模型中的非线性问题和尺度转换问题等，对于像中国这样监测数据缺乏，研究水平相对落后的地区尤为必要。

模型的不确定性除了受现实水文过程及土壤侵蚀过程的复杂性以及模型自身设计的局限影响外，数据的观测方法和手段对其影响也很大。观测过程的误差将直接影响模型输入参数的准确性以及用于模型率定和模型验证的数据的准确性。因此，观测精度的提高，实验与采样设备的规范和统一，资料处理标准化等的进一步完善就显得尤为必要。

11.1.4　研究主要内容

研究主要包括以下几个方面的内容：

（1）根据南流江流域地理、水文、气象等特征，收集整理流域水文、气象、土壤及土地利用等数据，并建立南流江流域径流、泥沙模拟的基础数据库。

（2）对降雨、温度等气象因子进行统计和趋势性分析，探寻流域气象因子变化特征及与水文过程之间的相互作用关系。

（3）基于 RUSLE 模型对南流江流域土壤侵蚀模型进行定量评价，从经验性模型角度了解南流江流域土壤侵蚀情况，同时修正 SWAT 模型中 USLE_C、USLE_P、USLE_K 等参数，提高 SWAT 模型模拟精度。

（4）基于 DEM 数字高程模型，提取南流江流域水系，并划分水文响应单元（HRU）。

（5）基于 GIS 和 SWAT 模型，建立适合于南流江流域的水沙耦合模型，并对模型参数进行敏感性分析和率定。

（6）对 RUSLE 模型和 SWAT 模型进行对比，评价其适用性。

11.1.5　研究技术路线

研究技术路线如图 11-1 所示。

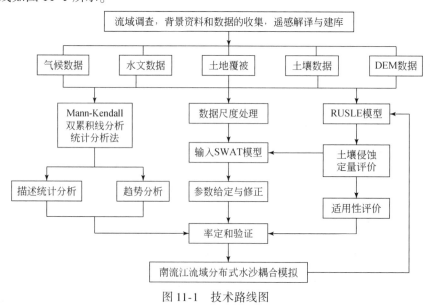

图 11-1　技术路线图

11.2　气候因子变化特征分析及对水文过程的影响

气候变化及其对生态环境的影响已经引起了人们的广泛关注，在气候变暖大背景下，世界各地不少地区降水发生了异常波动现象，造成水资源总量及时空分布的改变[47]。气候变化是一个复杂的过程，其影响因素多种多样，如全球大气环流影响、太阳黑子影响、地形影响以及人类活动影响等。然而气候变化并不完全是一种无规律可循的变化，从长时间序列来看，气候变化往往具有一定的趋势线和周期性等特征，同时由于一些突发性因素的影响，往往也会具有一些突变性特征。

本章以 1965 年南流江流域及附近 7 个站点气象数据为基础，分析流域内降水、气温等气候要素的特征及变化趋势。同时，结合南流江横江、博白、常乐 3 个水文站点水文资料，分析流域内径流、泥沙的变化过程及对气象要素的响应。

11.2.1　分析方法

1. 描述性统计分析

任何一个随机序列都可以用频率密度曲线或者频率曲线来反映该序列的特征，也可以用某些特征数值即统计参数来反映它的特征[48]。常用的统计参数有平均值、标准差、众数、中位数、偏度、峰度等。本章选用标准差、离差、偏度、极差等指标进行统计分析，描述气象要素及水文要素的一些基本特征及分布形态。

1）标准差（σ）

标准差（σ）通常用来描述样本的变化的幅度。

$$\sigma = \sqrt{\frac{1}{N}\sum(x_i - \bar{x})^2} \tag{11-1}$$

式中，σ 为标准差，x_i 为第 i 个样本，$\bar{x}$ 为样本平均值。

2）偏态系数（C_s）

偏态系数（C_s）是以平均值与中位数的差值和标准差的比例关系来衡量样本的偏斜程度的指标。

$$C_s = \frac{n}{(n-1)(n-2)} \times \frac{\sum(x_i - \bar{x})^3}{\sigma} \tag{11-2}$$

式中，C_s 为偏态系数，当 $C_s>0$ 时，样本分布偏右，即表示正偏分布；当 $C_s<0$ 时，样本分布偏左，即表示负偏分布；当 $C_s=0$ 时，样本呈对称分布。

偏态系数统计需要的样本较多，当样本不足时统计的误差会比较大。

3）极差（ΔQ）

极差（ΔQ）也叫变化幅度，用于描述样本统计的变化范围。

$$\Delta Q = Q_{max} - Q_{min} \tag{11-3}$$

式中，ΔQ 为极差，Q_{max} 为最大值，Q_{min} 为最小值。

2. Mann-Kendall 检验分析

随着自然环境变化以及人类活动的干扰，气象、水文等要素也会随时间变化出现一定的趋势性变化[49]。研究气象及水文特征的趋势性变化对水文特征的分析、模拟以及预测具有十分重要的意义，也越来越引起人们的关注，如 Ichiyanagi 等[50]、赵少华等[51]、徐宗学和张楠[52]均对不同的气候及水文要素进行过趋势性变化研究。众多趋势分析法中，Mann-Kendall（M-K）检验法[53]属于非参数检验，不受样本值、分布类型等的影响，应用十分广泛[54]。Mann-Kendall 检验通常存在两个方面的内容，一个是判断要素序列是否存在明显的趋势性特征，二是分析要素序列特征是上升还是下降。

对于有 n 个样本的时间序列 x，构造一个秩序列 S_k，指第 i 时刻数值大于 j 时刻数值个数的累计数。

$$S_k = \sum_{i=1}^{k} r_i, \qquad k = 2, 3, \cdots, n \tag{11-4}$$

$$r_i = \begin{cases} +1, & \text{当 } x_i > x_j \\ 0, & \text{当 } x_i > x_j \end{cases}, \qquad j = 1, 2, \cdots, i$$

假设所有的时间序列样本都相互独立，定义统计量如下：

$$UF_k = \frac{S_k - E(S_k)}{\sqrt{\text{Var}(S_k)}}, \qquad k = 1, 2, \cdots, n \tag{11-5}$$

式中，$UF_1 = 0$；$E(S_k)$、$\text{Var}(S_k)$ 为 S_k 的平均值和方差，

$$E(S_k) = \frac{n(n+1)}{4} \tag{11-6}$$

$$\text{Var}(S_k) = \frac{n(n+1)(2n+5)}{72} \tag{11-7}$$

UF_k 为标准正态分布，设定一个显著性水平，若存在 $|UF_k| > U_a$，则表示序列存在明显的趋势变化，把时间序列 x 按逆序排列，即按照 $X_n, X_{n-1}, \cdots, X_1$ 顺序重新排列，重复上述计算过程，同时使

$$\begin{cases} UB_k = -UF_k \\ k = n+1-k, \qquad k = 1, 2, \cdots, n \end{cases} \tag{11-8}$$

通过对 UB_k 和 UF 分析，可以判断时间序列要素 x 变化的趋势性，同时还能够判断序列要素发生突变的时间，指出突变的区域。当 $UF_k > 0$ 时，表示序列有升趋势，当 $UF_k < 0$ 时，表明序列呈现下降的趋势，当 UF_k 值超出临界直线时，表明趋势十分明显。若 UB_k 和 UF_k 两条曲线出现交点，且交点在临界线之内，则交点处表示序列出现突变的点。

11.2.2　气象因子描述统计分析

通过对南流江流域 7 个气象站点 1961～2008 年数据的收集与整理，以南流江中心区域博白气象站点资料为代表进行统计分析，统计特征见表 11-1，区域年降水量较大，年平均达 1800mm，最大降水量达 2600mm，年际变幅较大，极差达到 1569mm。气温变化相对稳定，平均温度及最高温度、最低温度的极差值都在 4℃以内；气温较高，多年平均温度在 22.22℃；气温分布偏右，呈正偏分布。径流、泥沙资料来源于常乐水文站历年观测资料，收集年份包括 1965～1985 年，2001 年，2003～2005 年，2007～2010 年，总共 29 年，统计特征结果见表 11-1，多年平均流量为 170.72m³/s，变幅较大，极差达 189.18m³/s，大于多年平均值；输沙变化特征基本与流量吻合，偏态系数均小于零，呈负偏分布。

表 11-1　南流江流域水文、气象因子统计特征表

因子	样本	平均值	标准差	偏态系数	极差	最小值	最大值
平均温度/℃	48	22.22	0.56	0.59	2.79	21.19	23.98
最高温度/℃	48	26.74	0.61	0.31	3.03	25.44	28.47
最低温度/℃	48	19.19	0.68	1.27	3.76	18.11	21.87
年降水量/mm	48	1800.64	387.30	0.08	1569.90	1030.90	2600.80
年均流量/(m³/s)	29	170.72	52.56	-0.42	189.18	74.85	264.03
年输沙量/10⁴t	29	106.85	57.65	-0.15	204.12	9.59	213.71

11.2.3　流域降水及变化特征及趋势分析

1. 降水年际变化

以流域内博白站点为代表，分析流域内降水的年际变化特征。从图 11-2 中可以看出，降水最大值出现在 2002 年，降水量为 2600.80mm，最小值出现在 1963 年，降水量为 1030.90mm。统计的 48 年间，年降水量处于波动状态，但整体基本处于动态平衡。从图 11-3 的累计距平曲线分析中可以看出，南流江在1961～2008 年，年际降水变化大致经过 4 个变化阶段。第一阶段为 1961～1964 年降水减少的阶段；第二阶段为 1965～1985 年，年降水量持续波动上升的阶段；第三阶段为 1986～1992 年，年降水量持续下降阶段；第四阶段为 1987～2008 年，降水量震荡平衡阶段。

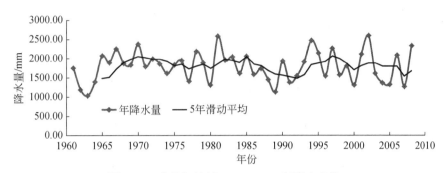

图 11-2　南流江流域 1961～2008 年降水变化

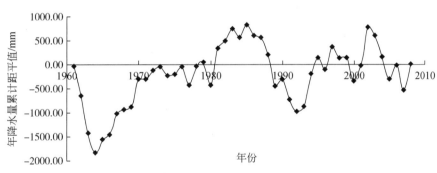

图 11-3　南流江流域 1961～2008 年降水累计距平曲线

2. 降水年内变化

南流江流域处于季风气候区，年内降水季节变化十分明显。根据 1961～2008 年博白气象站降水资料进行统计，多年月均降水量如图 11-4 所示，降水主要集中在 4～9 月，占全年的 81.5%；月内降水天数上，年内差异并无降水量那么明显，除 10～12 月降水天数相对少外，其余均在 10 天以上。月平均降水量及月降水天数的不对应表明年内初降水量有差别外，次降水量也存在明显的差别。从图 11-5 中可以看出，降水主要发生在夏季，占全年降水量的 48.24%，其次是春季，占全年降水量的 28.22%，冬季最少，仅占全年降水量的 7.98%。

3. 降水变化的趋势性检验

降水的变化趋势检验主要采用 Mann-Kendall 方法，下面简称 M-K 法。从图 11-6 分析中可以看出，1965 年以前 UF 统计量小于 0，说明在这个阶段内统计降水时间序列有下降的趋势，且有部分超出 0.05 显著性水平，说明这一下降趋势十分明显。1965～1987 年，UF 统计量曲线除极少部分区域小于 0 之外，基

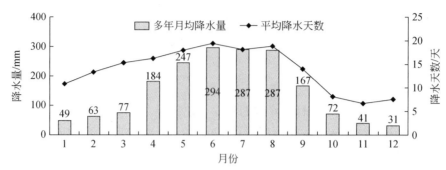

图 11-4　南流江流域多年月平均降水量直方图

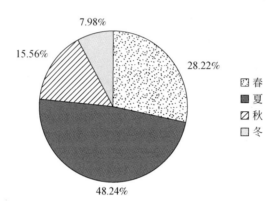

图 11-5　南流江流域多年月平均降水季节分配比例

本都大于 0，说明在这一阶段，降水序列有上升的趋势，1978 年之后 UF 统计量基本小于 0，说明在这期间，降水时间序列有下降趋势。从整个 M-K 统计量曲线上分析，UF 统计量大体在 0 附近上下波动，说明在这 48 年间，降水基本保持平衡。整个 M-K 统计量图中，UF 曲线与 UB 曲线的交点众多，基本都发生在 0 附近，说明在这 48 年间，降水一直处于波动状态。

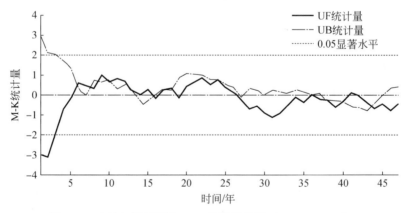

图 11-6　南流江流域降水 M-K 统计量曲线（1961～2008 年）

11.2.4　流域气温变化特征及趋势分析

1. 气温的年际变化

气温变化指标中，平均温度、最高温度及最低温度三者的变化趋势基本都一至，此处对年平均温度进行统计加以说明。从图 11-7 中可以看出，1961～2008 年这 48 年间气温略呈上升趋势，这一特征与国内其他学者的研究保持一致[55,56]。线性变化率为 0.14℃/10a。从图 11-8 中可以看出，气温在 1990 年左右发生转折，变化趋势由下降转为上升。

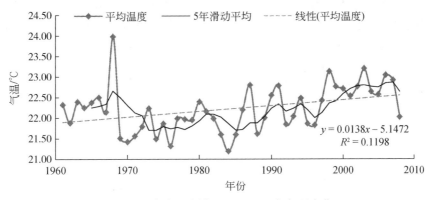

图 11-7　南流江流域 1961～2008 年气温变化

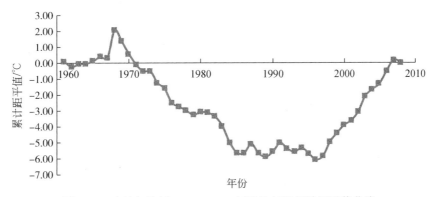

图 11-8　南流江流域 1961～2008 年平均气温累计距平值曲线

2. 气温的年内变化

南流江流域年内气温变化具有明显的季节变化特征。通过对 1961～2008 年南流江流域中部博白站点 48 年平均气温数据进行统计分析，结果如图 11-9 所示。月均最高温度达 32.8℃，分布在 7 月，月均最低温度为 18.4℃，分布在 1 月，相差 14.4℃，变幅较大。夏季平均温度 32.4℃，冬季平均温度 19.6℃，相差 12.8℃，季节变化特征明显。

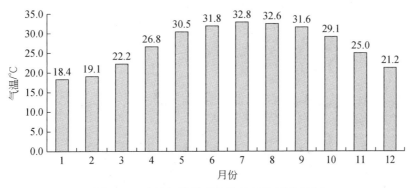

图 11-9　南流江流域多年统计月均气温变化

3. 气温变化的趋势性检验

南流江流域平均气温 M-K 检验如图 11-10 所示，UF 曲线与 UB 曲线在 1967 年有交点，说明在 1967 年左右，气温发生了突变。UF 曲线在 1997 年以前基本小于 0，表明 1997 年以前气温序列具有下降趋势，且其间 UF 曲线部分超出 0.05 显著性水平，表明这一趋势十分明显。1997 年后，UF 曲线大于 0，且在 2005 年左右超出 0.05 显著性水平，表明 1997 年之后气温有明显升高的趋势。

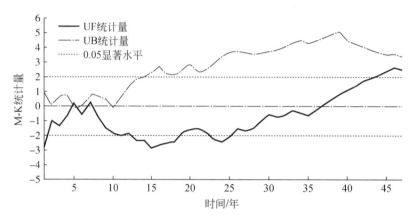

图 11-10　南流江流域年均温 M-K 统计量曲线（1961~2008 年）

11.2.5　流域径流、泥沙变化特征及趋势分析

1. 径流、泥沙年际变化特征

径流、泥沙统计采用南流江流域内常乐水文站历年观测资料。其中参加统计年份包括 1965~1985 年、2001 年、2003~2005 年、2007~2010 年，总共 29 年，年均最大流量发生在 2008 年，为 264.03m³/s，年均最大输沙量发生在 1981 年，为 213.71 万 t，年均最小流量及最小输沙量均发生在 2007 年，分别为 74.85m³/s 和 9.59 万 t。年均径流及输沙的年际变化特征如图 11-11 所示，变化趋势基本保持一致，且皆有表现为下降的趋势，这一特征或许与气温上升有关，下降斜率分别为 -0.9855 和 -1.5327，下降幅度较大。

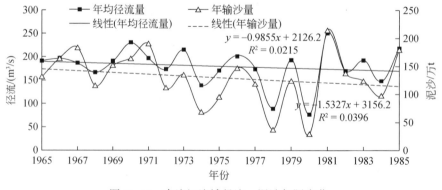

图 11-11　南流江流域径流、泥沙年际变化

2. 径流、泥沙年内变化特征

如图 11-12 所示，南流江流域径流、泥沙的年内变化特征与降水年内变化特征基本保持一致，4~9

月同样集中了全年泥沙总量的 92%、平均流量的 79%（按照各月累加比率）。最大月平均流量发生在 8 月，为最大月均输沙量发生在 6 月，最小月均流量和输沙均发生在 12 月。按照季节划分，夏季月均径流量总和占整体的 50%，泥沙占全年的 57%，冬季径流总和仅占 8%，泥沙仅占 2%，季节分配不均衡特征十分显著。

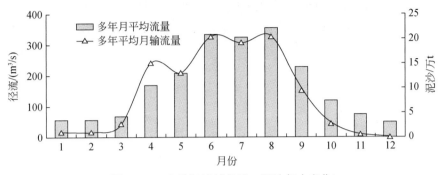

图 11-12　南流江流域径流、泥沙年内变化

3. 径流、泥沙变化趋势性检验

径流、泥沙趋势性检验数据选用南流江常乐水文站 1965～1985 年的数据，共 21 年。M-K 检验结果如图 11-13 和图 11-14 所示，无论是径流还是泥沙，UF 曲线值都始终小于 0，表明径流、泥沙序列呈下降趋势，且十分显著。UF 及 UB 曲线并无交点，表明序列变化稳定，不存在突变。

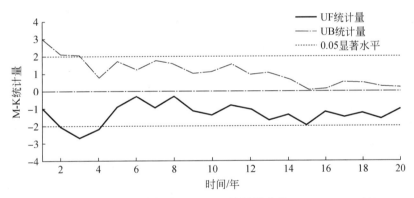

图 11-13　南流江流域年均流量 M-K 统计量曲线（1965～1985 年）

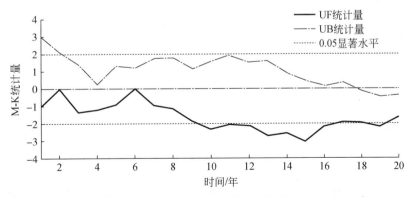

图 11-14　南流江流域年输沙量 M-K 统计量曲线（1965～1985 年）

4. 降水、径流、泥沙变化关系分析

南流江流域地处中国南疆，流域水量主要来源于降水及地下水。气候变化对流域径流泥沙变化影响显著。为验证这一特征，采用常乐水文站 1965 ~ 1985 年、2001 年、2003 ~ 2005 年、2007 ~ 2010 年总共 29 年径流、泥沙数据以及博白气象站对应年份的年降水数据进行回归分析，分析结果如图 11-15 及图 11-16 所示。从图中可以看出径流与降水关系密切，决定系数 R^2 达到 0.8 以上，而泥沙与径流关系密切，决定系数 R^2 也达 0.74 左右。

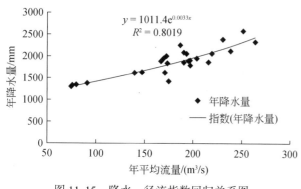

图 11-15　降水、径流指数回归关系图

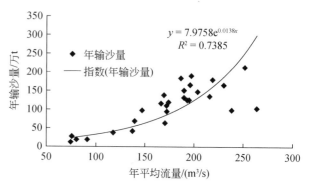

图 11-16　径流、泥沙指数回归关系图

11.2.6 小结

通以南流江流域博白气象站点 1961 ~ 2008 年数据为基础，分析了流域内气温、降水的年内变化、年际变化以及趋势性特征。同时，以流域内常乐水文站点 1965 ~ 1985 年、2001 年、2003 ~ 2005 年、2007 ~ 2010 年，总共 29 年的径流、泥沙资料为基础，分析了流域内径流及泥沙的年际变化、年内变化以及基于 Mann-Kendall 方法的趋势线检验。

1961 ~ 2008 年，年平均降水量达 1800mm，最大降水量达 2600mm，极差达到 1569mm。降水主要发生在夏季，占全年的 48.24%，其次是春季，占全年降水量的 28.22%，冬季最少，仅占全年降水量的 7.98%。通过 M-K 检验发现，UF 曲线统计量大体在 0 附近波动，说明在这 48 年间，降水基本保持平衡；UF 曲线与 UB 曲线的交点众多，基本都发生在 0 附近，说明在这 48 年间，降水一直处于波动状态。

气温变化相对稳定，平均温度及最高温度、最低温度的极差值都在 4℃ 以内；气温较高，多年平均温度在 22.22℃；夏季平均温度 32.4℃，冬季平均温度 19.6℃，相差 12.8℃，季节变化特征明显。1961 ~ 2008 年这 48 年间气温略呈上升趋势，这一特征与国内其他学者的研究保持一致，也符合全球处于变暖这一趋势。通过 M-K 检验发现，在 1967 年左右，气温发生了突变，此外，1997 年以前气温序列具有下降趋势，1997 年后气温有明显升高的趋势。

年均径流及输沙的年际变化基本保持一致，且皆有表现为下降的趋势，下降斜率分别为 -1.1025 和 -2.4979，下降幅度较大。多年平均流量为 170.72m³/s，变幅较大，极差达 189.18m³/s，大于多年平均值；输沙变化特征基本与流量吻合，

偏态系数均小于零，呈负偏分布。径流、泥沙年内分布不均，主要集中在夏季，变化特征基本与降水变化特征吻合。

径流、泥沙受气候变化影响显著，径流与降水回归决定系数可达到 0.8 以上，同时，泥沙变化主要受径流变化控制，指数回归决定系数达到 0.74。

11.3　流域土壤侵蚀定量评价

11.3.1　研究方法

区域土壤侵蚀定量评价主要采用美国的修正土壤侵蚀模型 RUSLE，其中 RUSLE 模型的表达式见式（11-9）：

$$A = R \cdot K \cdot LS \cdot C \cdot P \tag{11-9}$$

式中，A 为预测年均土壤侵蚀模数，$t/(hm^2 \cdot a)$；R 为降水侵蚀力，$MJ \cdot mm/(hm^2 \cdot h \cdot a)$；$K$ 为标准小区条件下的土壤侵蚀量，$t/(hm^2 \cdot h)/(hm^2 \cdot MJ \cdot mm)$；LS 为坡长与坡度因子，无量纲；$C$ 为覆盖与管理措施因子，无量纲；P 为水土保持措施因子，无量纲。

11.3.2　基础数据准备

区域土壤侵蚀定量评价所需要的数据主要包括研究区的降水数据、土壤类型及土壤的理化性质、数字高程数据、遥感影像数据以及全国范围内关于水土保持措施因子的数据资料。各个基础数据主要从当地的水利、气象、国土等部门获取，并结合遥感技术获取相应的遥感影像资料，可以分为以下几类：

（1）气象数据。收集研究区域降水数据（1961～2008 年），包括逐日降水量、逐月降水量及逐年降水量等，该数据主要来源于当地气象部门。

（2）土壤数据。主要包括土壤属性数据和土壤类型数据，土壤属性数据主要来源于全国第二次土壤普查成果中的《广西土种志》，土壤类型数据主要来源于矢量化 1 : 100 万广西土壤类型图，如图 11-17 所示。

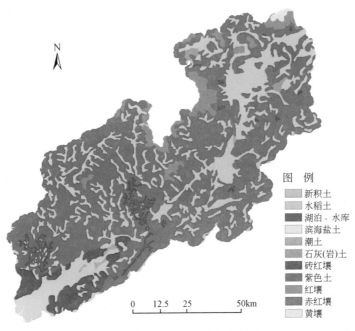

图例

新积土
水稻土
湖泊、水库
滨海盐土
潮土
石灰(岩)土
砖红壤
紫色土
红壤
赤红壤
黄壤

0　　12.5　　25　　　　　50km

图 11-17　南流江流域土壤类型

（3）DEM 数据。根据 1 : 50000 地形图矢量化后生成，重新采样为 30m×30m。

（4）卫星影像数据。数据采用美国国家航空航天局（NASA）的 Landsat 卫星的 TM 遥感影像数据。

（5）土地利用现状。采用第二次全国土地利用调查数据，为简化操作，将地类进行适当归并和调整，水浇地划归到旱地，沿海及内陆滩涂划归到其他用地，剩余的基本按照一级分类进行合并，合并后结果如图 11-18 所示。

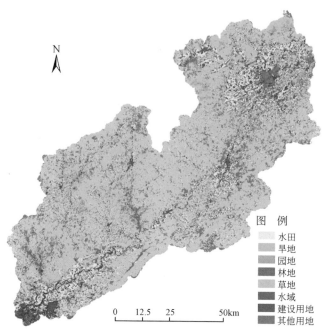

图 11-18　南流江流域土地利用类型

1. 降水侵蚀力因子计算（R 值）

根据不同的预报目的和所能获取的数据的详细程度，降水侵蚀力因子的计算方法有三种：基于年或月降水量的计算、基于日水量的计算以及基于次水量的计算。本章所获取的是 1960～2008 年南流江流域各气象站点的日降水数据，因此所采用的是基于日水量的降水侵蚀力（R 值）的计算[57]。

$$M_i = \alpha \sum_{j=1}^{k} (D_j)^\beta \tag{11-10}$$

式中，M_i 为第 i 个半月时段的降水侵蚀力值，MJ·mm/（hm²·h）；k 为该半月时段内的天数；D_j 为该半月时段内第 j 天的日降水量，站点降水侵蚀力的计算采用的降水侵蚀性标准是 12mm，即要求 $D_j \geqslant 12\text{mm}$，否则以 0 计算[58]；$\alpha$ 和 β 为模型待定参数，反映了区域降水特征，根据各个站点的逐日降水数据资料，估算不同站点的 α 和 β 值：

$$\beta = 0.8363 + 18.177/P_{d12} + 24.455/P_{y12} \tag{11-11}$$

$$\alpha = 21.586\beta - 7.1891 \tag{11-12}$$

式中，P_{d12} 为一年内日降水量大于等于 12mm 的日平均降水量；P_{y12} 为日降水量大于等于 12mm 的年降水量。

在得到半月时段的降水侵蚀力值后，进一计算出多年平均降水侵蚀力值。

$$R_{年} = \sum_{t=1}^{24} R_{半月i} \tag{11-13}$$

$$R = \frac{1}{n} \sum_{t=1}^{n} R_{年} \tag{11-14}$$

式中，R 为某站点的多年平均降水侵蚀力值，MJ·mm/（hm²·h）；$R_{年}$ 为某年的降水侵蚀力值；n 为年数。

计算出研究区各个站点的多年平均降水侵蚀力之后，应用空间插值的方法计算出研究区域的降水侵蚀力因子值。常用的空间数据插值方法有反距离权重法（inverse distance weighted，IDW）、克里金（Kriging）法、样条函数法（Spline）等。本章主要采用克里金法对南流江流域降水侵蚀力进行空间插值，克里金法具有能够描述区域化变量空间变异结构、同时估计区域化变量空间变异与方差分布、估计结果可信度高及生成的表面光滑等优点。根据各个站点的多年平均降水侵蚀力因子值，运用 ArcGIS 中的 Geostatical Analyst 模块进行克里金插值，计算结果如图 11-19 所示。

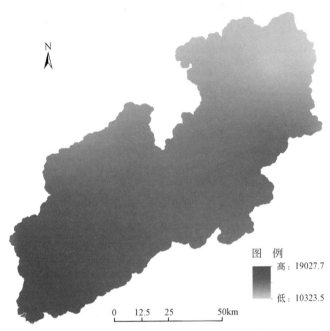

图 11-19　南流江流域降水侵蚀力因子值

2. 土壤可蚀性因子计算（K 值）

土壤可蚀性是指土壤具有抵抗雨滴打击分离土壤颗粒和径流冲刷的能力，国内外学者根据不同的研究区提出了不同的计算方法，主要有直接测定法、诺谟图法和公式法[59]。比较具有代表性的是 Wischmeier 等[60]提出的计算方法和 EPIC[61]（erosion productivity impact calculator）模型算法。选用 EPIC 模型的计算方法进行 K 值运算，计算公式见式（11-15）：

$$K = \left\{ 0.2 + 0.3e\left[0.0256SAN(1 - SLI/100) \right] \right\} \times \left(\frac{SLI}{SLA + SLI} \right)^{0.3} \times \left[1.0 - \frac{0.25C}{C + e(3.72 - 2.95C)} \right]$$

$$\times \left[1.0 - \frac{0.7SNI}{SNI + e(-5.51 + 22.9SNI)} \right] \tag{11-15}$$

式中，SAN、SLI、SLA 分别为土壤粒径中的砂粒、粉粒、黏粒，C 为有机碳含量，均用百分比表示。其中，SN1 = 1−SAN/100。此处，需特别注意的是 K 为美制单位，许多统计资料中的土壤粒径是国际制单位，需要进行转换。依据 EPIC 模型，计算的南流江流域土壤 K 值如图 11-20 所示。

3. 坡度坡长因子计算（LS 值）

地形地貌是区域土壤侵蚀过程发生的载体，在 USLE 模型和 RUSLE 模型中，地形地貌对土壤流失的影响用坡度坡长因子表示[62,63]。坡度坡长因子表示在其他条件均相同的情况下，某一给定坡度和坡长的坡面上土壤流失量与标准小区典型坡面土壤流失量的比值。区域尺度上土壤侵蚀定量评价所需坡度坡长因子可以根据数字高程模型（DEM）提取。本书选用刘宝元修正公式进行计算[64]，计算公式如下：

$$S = \begin{cases} 10.8\sin\theta + 0.03 & \theta < 5° \\ 16.8\sin\theta - 0.5 & 5° \leqslant \theta < 10° \\ 21.9\sin\theta - 0.96 & \theta \geqslant 10° \end{cases} \tag{11-16}$$

$$L = (\lambda / 22.1)^m \tag{11-17}$$

$$m = \begin{cases} 0.2 & \theta \leqslant 1° \\ 0.3 & 1° < \theta \leqslant 3° \\ 0.4 & 3° < \theta \leqslant 5° \\ 0.5 & \theta > 5° \end{cases} \tag{11-18}$$

式中，S 为坡度因子；L 为坡长因子；θ 为坡度，(°)；λ 为坡长，m。

本书参照 Van Remortel 等[65] 在 RUSLE 模型中计算 LS 值的方法编写的 AML 程序代码，结合式（11-6）~式（11-8）进行修正，以 ArcGIS Workstation 为计算平台，计算南流江流域的坡度坡长 LS 因子，计算结果图 11-21 所示。

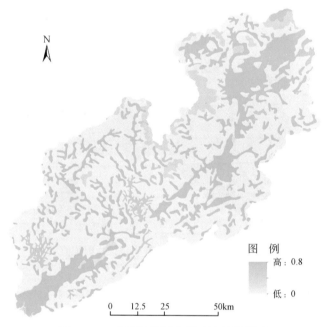

图 11-20　南流江流域土壤可蚀性因子图

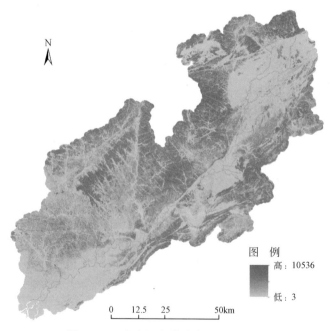

图 11-21　南流江流域坡度坡长因子值

4. 土地覆被与管理因子（*C* 值）

植被是陆地生态的主体，是控制和加速土壤侵蚀最敏感的因素[66]。地表植被既可以保护地面不直接遭受雨滴的打击，又可以阻滞雨水的冲击强度，同时还可以调节地表径流，增加地面径流的入渗时间，减缓地表径流的动能，加强土壤的抗侵蚀能力。本书中土地覆被与管理因子的计算主要采用美国 NASA 的 Landsat 卫星的 TM 遥感影像数据，计算出研究区的归一化植被指数（NDVI），进而计算出植被盖度。

$$NDVI = （DN_{NIR} - DN_R）/（DN_{NIR} + DN_R）\tag{11-19}$$

式中，NDVI 为所要计算的 NDVI 值；DN_{NIR} 为近红外波段光谱值；DN_R 为红外波段光谱值。

由 NDVI 计算植被覆盖度为

$$f = （I_N - D_{min}）/（D_{max} - D_{min}）\tag{11-20}$$

式中，f 为植被覆盖度；I_N 为所求像元的 NDVI 值；D_{max}、D_{min} 分别为研究区内 NDVI 的最大、最小值。

由此方法得到的南流江流域的植被覆盖度如图 11-22 所示。

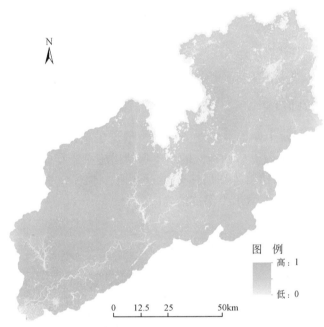

图 11-22 南流江流域植被度盖度图

根据研究区的植被覆盖度，结合表 11-2 计算得到研究区土地覆被与管理因子图，如图 11-23 所示。

表 11-2 南流江流域 *C* 值赋值依据表

土地利用类型	植被盖度/%	*C* 值	土地利用类型	植被盖度/%	*C* 值
林地	0 ~ 20	0.100	草地	0 ~ 20	0.450
	20 ~ 40	0.080		20 ~ 40	0.240
	40 ~ 60	0.060		40 ~ 60	0.150
	60 ~ 80	0.020		60 ~ 80	0.090
	80 ~ 100	0.004		80 ~ 100	0.043
水域	—	0	平耕地	—	0.230
建设用地	—	0.353	坡耕地	—	0.470

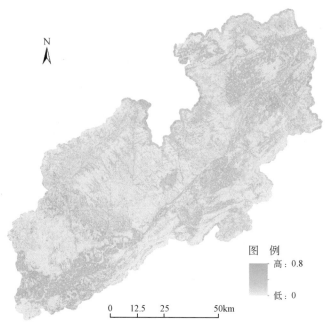

图 11-23   南流江流域土地覆被与管理因子图

5. 水土保持措施因子（P 值）

水土保持措施因子是指某种水土保持措施支持下的土壤流失量与对应的顺坡耕作条件下的流失量的比值，是一个无量纲数，其值为 0~1。广西地区的水土保持措施主要有梯田、等高耕作（横坡耕作）、等高带状间作等[67]。由于实际操作中梯田等图层比较难以获取，本书参考谢红霞[68]、孙泽祥[69]等的研究成果，结合表 11-3 计算得到南流江流域水土保持措施因子 P，如图 11-24 所示。

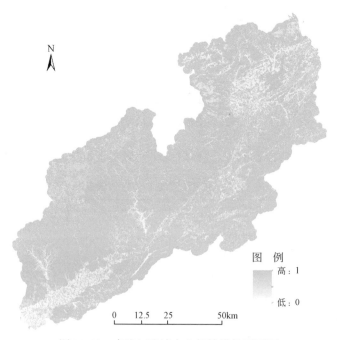

图 11-24   南流江流域水土保持措施因子图

表 11-3   不同坡度条件下的水土保持措施因子值

坡度范围	0°	≤5°	5°~10°	10°~15°	15°~20°	20°~25°	>25°
水土保持措施因子 P 值	1	0.1	0.221	0.305	0.575	0.705	1

11.3.3　研究结果分析

1. 土壤侵蚀计算与制图

土壤侵蚀计算与制图主要是运用 GIS 软件的强大空间叠加运算与制图功能实现的。将所有的因子图层转化为 30m×30m 的栅格图层，在 ArcGIS 栅格计算器中，运用式（11-9），以像元为基本计算单元，计算得到南流江流域土壤侵蚀状况，其土壤侵蚀模数空间分布图，如图 11-25，表 11-4 所示，其单位为 t/（hm² · a）。

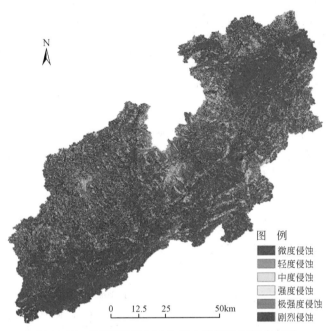

图 例

微度侵蚀
轻度侵蚀
中度侵蚀
强度侵蚀
极强度侵蚀
剧烈侵蚀

0　12.5　25　　50km

图 11-25　南流江流域 2010 年土壤侵蚀空间分布图

表 11-4　土壤侵蚀模数分级标准

级别	平均土壤侵蚀模数/〔t/（km² · a）〕	平均流失厚度/（mm/a）
微度侵蚀	<500	<0.37
轻度侵蚀	500~2500	0.37~1.9
中度侵蚀	2500~5000	1.9~3.7
强度侵蚀	5000~8000	3.7~5.9
极强度侵蚀	8000~15000	5.9~11.1
剧烈侵蚀	>15000	>11.1

2. 土壤侵蚀现状分析

从图 11-25 中可以看出，南流江流域土壤侵蚀以微度侵蚀和轻度侵蚀为主，侵蚀模数较大的区域主要分布在流域外围，即流域周边山地，地形起伏较大的区域，也是坡耕地主要集中的区域。

运用 ArcGIS 10.1 软件的空间区域统计分析模块，对土壤侵蚀状况进行统计分析，统计结果见表 11-5。从表中可以看出，南流江流域 2010 年土壤侵蚀以微度侵蚀和轻度侵蚀为主，二者之和占侵蚀总面积的 78.3%。年侵蚀总量中，贡献量最大的是剧烈侵蚀，贡献率达 55.22%。南流江流域平均土壤侵蚀模数为 1390t/（km² · a），相比于南方红壤区 500t/（km² · a）的允许侵蚀量，南流江流域水土保持工作仍然任重道远。

表 11-5 南流江土壤侵蚀状况统计表

侵蚀等级	侵蚀面积/km²	百分比/%	侵蚀量/(10⁴t/a)	百分比/%
微度侵蚀	5423.68	58.45	21.93	2.12
轻度侵蚀	1845	19.88	76.12	7.37
中度侵蚀	869.22	9.37	103.51	10.02
强度侵蚀	443.97	4.78	93.77	9.08
极强度侵蚀	460.92	4.97	167.16	16.18
剧烈侵蚀	235.98	2.54	570.34	55.22
总计	9278.77	100	1032.83	100

注：受四舍五入的影响，表中数据稍有偏差

3. 不同土地利用类型与土壤侵蚀状况分析

地表覆被状况是影响土壤侵蚀的重要因素之一。土地利用状况可以作为地表覆被的主要代表，通过土地利用图与土壤侵蚀模数图的交叉统计可以清楚地反映出土壤侵蚀主要都是由哪些地类的使用造成的。从表 11-6 和图 11-26 中可以看出，水田、园地、林地、水域、建设用地、其他用地以微度侵蚀为主，旱地和草地各侵蚀等级都有，分布相对其他地类较为均衡，旱地微度侵蚀占 29.1%，轻度侵蚀占 17.7%，中度侵蚀 17.7%，强度侵蚀 11.9%，极强度侵蚀 12.5%，剧烈侵蚀占 11.1%；草地微度侵蚀 22%，轻度侵蚀占 18.9%，中度侵蚀 22.2%，强度侵蚀 15%，极强度侵蚀 16.4%，剧烈侵蚀占 5.5%。

表 11-6 南流江不同土地利用类型下土壤侵蚀强度分布情况

地类	微度侵蚀		轻度侵蚀		中度侵蚀		强度侵蚀		极强度侵蚀		剧烈侵蚀		总面积/km²
	面积/km²	比例/%	面积/km²	比例/%	面积/km²	比例/%	面积/km²	比例/%	面积/km²	比例/%	面积/km²	比例/%	
水田	1023.8	70.1	140.3	9.6	129.6	8.9	65.3	4.5	60.6	4.1	51.6	3.5	1461.2
旱地	188.2	29.1	114.4	17.7	114.8	17.7	77.3	11.9	80.8	12.5	71.5	11.1	647.1
园地	549.0	59.1	274.2	29.5	52.0	5.6	28.7	3.1	22.2	2.4	3.6	0.4	929.7
草地	157.0	22.0	135.3	18.9	158.3	22.2	107.1	15.0	117.3	16.4	39.0	5.5	714.1
林地	2468.2	58.2	1043	24.6	372.6	8.8	147.8	3.5	157.5	3.7	49.9	1.2	4239.5
水域	361.3	95.3	7.9	2.1	0.0	0.0	0.0	0.0	0.0	0.0	0.0	0.0	379.2
建设用地	613.6	76.6	114.9	14.3	37.5	4.7	15.0	1.9	15.1	1.9	5.2	0.6	801.2
其他用地	62.5	58.5	14.6	13.6	4.4	4.1	2.7	2.5	7.5	7.0	15.2	14.2	106.9

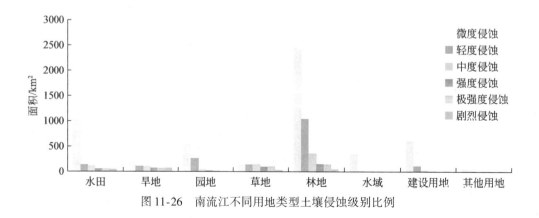

图 11-26 南流江不同用地类型土壤侵蚀级别比例

南流江流域，旱地主要种植剑麻、甘蔗、木薯等。剑麻为多年生植物，生长成熟后高可达 50cm 以上，根系发达，地表覆盖可达到 40% 以上，但叶片与地表有一定距离，容易造成二次侵蚀。甘蔗、木薯等都是每年耕种，播种期大概在清明左右，生成期与降水期基本吻合，有一定的水保效果。南流江流域的这一种植种类型和种植特征，使该地区旱地的土壤侵蚀以微度和轻度居多，但由于南流江流域地形起伏较大，旱地多为坡耕地，人为稍微扰动就会造成大量侵蚀。

南流江流域林地类型多样，六万大山、云开大山深处，人迹罕至，原生植被保持良好，水土侵蚀较弱，但在一些低山丘陵区，桉树大面积种植。相对于自然生长的植被，桉树根系较少，以直根深入地下吸收为主，树木生长较快，枝叶较自然林也偏少，加之桉树种植区树种单一，林下灌丛较少，水保效果远不如自然林，南流江林地的这一特征使南流江林地区域的土壤侵蚀变得复杂。

南流江流域草地主要是人工牧草地和其他草地两种类型，几乎没有天然牧草地，人工牧草地人为干扰大，其他草地往往盖度相对较低，两者的水保效果都不是很好，侵蚀面积较大。

4. 不同海拔下的土壤侵蚀空间特征分析

南流江流域三面环山，地形起伏较大，流域内山地、丘陵、平地等地形交错分布。已有研究表明，土壤侵蚀与海拔有较大关系[70]，因此，为分析出南流江流域土壤侵蚀与海拔的关系，将海拔以 50m 为间隔，统计不同海拔的土壤侵蚀量，结果见表 11-7 和图 11-27。从表 11-7 和图 11-27 中可以看出，海拔对土壤侵蚀有一定的影响，海拔在 200m 以下，随着海拔的增大，土壤侵蚀强度迅速增大，过了海拔 200m 之后，土壤侵蚀强度开始迅速下降，约在海拔 400m 处达到低谷，之后随着海拔的增高，土壤侵蚀强度变化不大，平均土壤侵蚀模数在 1000t/(km²·a) 左右，平均侵蚀量约为 1 万 t/a。

海拔与土壤侵蚀程度变化之间的这种关系，从本质上还是人为作用造成的，海拔 0~200m 范围为人类的主要活动区，耕地、园地等大量分布，而海拔在 200m 以上主要是种植一些经济林木，其他用地类型相对较少，人为对地表的干扰度随着海拔的上升不断减弱，当海拔超过 400m 后，地形坡度也较大，人类活动难以到达，自然植被生长繁茂，覆盖度良好，因此土壤侵蚀基本都维持在一个相对较低的水平。

表 11-7　南流江不同海拔下土壤侵蚀情况

高程	平均土壤侵蚀模数 / [t/(km²·a)]	百分比/%	平均侵蚀量/(10⁴t/a)	百分比/%
<50	565.97	41.65	0.51	1.98
500~100	736.63	54.20	0.66	2.58
100~150	1492.53	109.82	1.34	5.23
150~200	2286.27	168.23	2.06	8.01
200~250	2139.29	157.42	1.93	7.50
250~300	1430.30	105.25	1.29	5.01
300~350	1187.65	87.39	1.07	4.16
350~400	1074.09	79.03	0.97	3.76
400~450	1160.12	85.37	1.04	4.07
450~500	1238.14	91.11	1.11	4.34
500~550	1373.03	101.03	1.24	4.81
550~600	1428.79	105.13	1.29	5.01
600~650	1382.94	101.76	1.24	4.85
650~700	1331.31	97.96	1.20	4.66
700~750	1231.88	90.64	1.11	4.32
750~800	1279.56	94.15	1.15	4.48

续表

高程	平均土壤侵蚀模数 /［t/（km²·a）］	百分比/%	平均侵蚀量/（10⁴t/a）	百分比/%
800~850	1388.31	102.16	1.25	4.86
850~900	1247.05	91.76	1.12	4.37
900~950	1376.94	101.32	1.24	4.82
950~1000	1391.12	102.36	1.25	4.87
>1000	1797.34	132.25	1.62	6.30

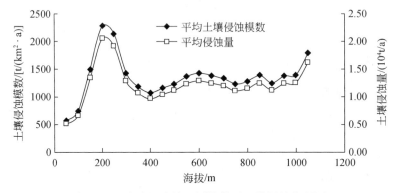

图 11-27　南流江流域不同海拔下土壤侵蚀状况图

5. 不同植被覆盖度下的土壤侵蚀空间分布特征分析

植被覆盖度是影响土壤侵蚀的重要因素。南流江流域整体植被盖度较高，平均植被盖度在70%左右。将流域植被盖度以10%为间隔，划分为10个等级，通过统计，结果见表11-8和图11-28，南流江流域植被盖度主要集中在70%~90%，面积占整体的50%以上。南流江流域土壤侵蚀有随植被盖度上升而减少的趋势，微度侵蚀和轻度侵蚀在整体侵蚀面积中的比例逐渐升高。极强度侵蚀和剧烈侵蚀主要集中在植被盖度30%以下部分。

表 11-8　南流江流域不同植被覆盖度下土壤侵蚀分级状况

植被盖度/%	微度侵蚀		轻度侵蚀		中度侵蚀		强度侵蚀		极强度侵蚀		剧烈侵蚀	
	面积/km²	比例/%	面积/km²	比例/%	面积/km²	比例/%	面积/km²	比例/%	面积/km²	比例/%	面积/km²	比例/%
0~10	101.8	56.1	36.3	20.0	19.6	10.8	9.2	5.1	9.3	5.1	5.2	2.8
10~20	43.1	40.5	15.1	14.2	17.5	16.4	11.4	10.7	12.7	12.0	6.6	6.2
20~30	76.8	62.5	13.4	10.9	12.2	9.9	7.2	5.8	8.1	6.6	5.2	4.2
30~40	113.2	67.3	19.4	11.5	14.5	8.6	7.8	4.6	8.4	5.0	5.0	3.0
40~50	183.2	69.4	32.8	12.4	21.9	8.3	10.4	3.9	9.8	3.7	5.8	2.2
50~60	294.2	67.2	57.3	13.1	39.8	9.1	18.7	4.3	17.1	3.9	10.8	2.5
60~70	540.1	62.0	153.4	17.6	76.5	8.8	36.1	4.1	43.6	4.9	21.7	2.5
70~80	1194.6	47.3	642.3	25.4	287.3	11.4	139.2	5.5	177.9	7.0	85.4	3.4
80~90	2146.1	63.8	604.9	18.0	271.9	8.1	148.4	4.4	125.7	3.7	66.2	2.0
90~100	730.6	59.1	270.0	21.8	108.1	8.7	55.5	4.5	48.7	3.9	24.1	2.0

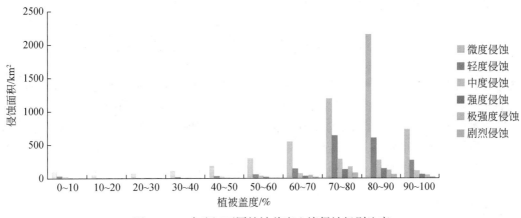

图 11-28　南流江不同植被盖度土壤侵蚀级别比率

11.3.4　RUSLE 模型土壤侵蚀计算的适宜性评价

基于 RUSLE 模型的计算结果，南流江流域的平均土壤侵蚀量为 1390t/（km² · a），与高峰[67]、侯刘起[71]等的研究结果相近，属于轻度侵蚀。但南流江流域内常乐水文站 2010 年泥沙观测年输沙量为 36.72 万 t，通过 0.166 的泥沙输移比转换[71]，输沙量为 221.19 万 t，侵蚀模数为 332.86 t/（km² · a），远小于 RUSLE 模型计算的结果。通过对常乐水文站 2001 年、2003 ~ 2005 年、2007 ~ 2010 年这 8 年的年输沙观测数据统计，得出平均土壤侵蚀模数为 436.21t/（km² · a），仍与 RUSLE 模型计算的结果有一定的差距。

从 RUSLE 模型计算结果的侵蚀等级以及分布方面看，微度侵蚀及轻度侵蚀主要分布于地形平坦的河谷边缘和流域中部及南部广阔平原、盆地地区。侵蚀较剧烈的区域主要分布于流域外围地形起伏较大以及坡耕地大量分布的区域。土壤侵蚀的这一特征与理论和实际情况都比较吻合。

从总体来看，RUSLE 模型相对于其他物理模型来说，操作方便，易于学习和掌握，其对流域范围内评估土壤侵蚀量有一定的适用性，也有一定的不足。其对流域范围内土壤侵蚀状况特征的反映比较合理，并且效率较高，然而，作为一个经验模型，对土壤侵蚀量具体数值的反映则稍显不足。

11.3.5　小结

本章通过运用 RUSLE 模型，基于土地利用、地形、土壤、植被盖度等要素数据对南流江流域土壤侵蚀特征进行定量评价。

评价结果显示，南流江流域土壤总体侵蚀状况为轻度侵蚀，平均土壤侵蚀模数为 1390t/（km² · a），年总侵蚀量为 1032.83×10⁴t/a。侵蚀模数较大的区域主要分布在流域外围，即流域周边山地，地形起伏较大的区域，也是坡耕地主要集中的区域。

从地类统计来看，水田、园地、草地、水域、建设用地、其他用地以微度侵蚀、轻度侵蚀为主，旱地和林地各侵蚀等级都有，分布相对其他地类较为均衡，旱地主要种植剑麻、甘蔗、木薯等，具有较好的水保效果，然而，旱地多为坡耕地，水土易于侵蚀；林地中桉树种植极为广阔，人为干扰较大。

从不同海拔对土壤侵蚀的影响来看，海拔在 200m 以下，随着海拔的增大，土壤侵蚀强度迅速增大，海拔 200m 之后，一开始土壤侵蚀强度迅速下降，约在海拔 400m 处达到低谷，之后随着海拔的增高，土壤侵蚀强度变化不大，平均土壤侵蚀模数在 1000t/（km² · a）左右，平均侵蚀量约为 1 万 t/a，这一特点与人为因素有关，海拔越高，人类活动相对越少。

此外，南流江流域植被盖度主要集中在 70% ~ 90%，面积占整体的 50% 以上。南流江流域土壤侵蚀有随植被盖度上升而减少的趋势，微度侵蚀和轻度侵蚀在整体侵蚀面积中的比例逐渐升高。极强度侵蚀和剧烈侵蚀主要集中在植被盖度 30% 以下部分。

11.4 基于 SWAT 模型的径流泥沙模拟

本节为本章研究的核心部分，主要采用 SWAT 模型对南流江流域径流泥沙进行建模模拟。SWAT 模型具有分布性特征，物理基础较好，模拟结果具有较强的物理意义。本章结合前面水文、气象要素的特征分析以及土壤侵蚀定量评价分析，建立适合于南流江流域的分布式水沙耦合模型，为实现区域径流、泥沙模拟预测及生态水文响应特征的分析提供基础与依据。由于数据获取的局限，模型的参数率定用 2003~2005 年的径流、泥沙数据，模型验证采用 2007 年、2008 年的径流、泥沙数据。

11.4.1 SWAT 模型介绍

1. 模型简介

SWAT（soil and water assessment tool）模型是由美国农业部（USDA）农业研究中心（ARS）Jeff Arnonld 博士于 1994 年开发的基于流域尺度的分布式水文模型[15,72]。SAWT 模型由 SWRRB[73]（simulator for water resources in rural basins）模型发展而来，同时吸收 EPIC[74]（erosion-productivity impact calculator）、CREAMS[75]（chemicals，runoff and erosion from agricultural management systems）、ROTO[76]（routing output to outlet）和 GLEAMS[77]（ground water loading effects of agricultural management systems）等模型的特征。模型包含水质、泥沙、土壤、养分、气象、作物生长、农业管理等模块及参数共 1000 多个。主要用于模拟水质、水量，分析不用气候变化或不同土地利用方式及管理等对流域水文、泥沙、污染物等造成的影响。

2. 模型主要模块原理

SWAT 模型计算的基础是将子流域按照一定的土壤状况、土地利用类型以及坡度等特征划分为区域内环境相对均一的单元。这个单元就是计算的最小单元，单元内部土壤、植被、地表粗糙度等都被平均到同一水平，产流、产沙等过程都单独计算，最后按照河道汇流的方式汇集到各个子流域及各出水口。

模型结构以模块划分，主要包括水文模块、土壤侵蚀模块以及污染载荷模块。本书主要对区域产流、产沙研究，因此主要介绍模型的产流、产沙模拟计算原理。

1）水文模块

模型的水量平衡方程表达式为

$$SW_t = SW_0 + \sum_{i=1}^{t} (R_{day} - Q_{surf} - E_a - W_{seep} - Q_{gw}) \tag{11-21}$$

式中，SW_t 为土壤最后含水量，mm；SW_0 为土壤起算前含水量，mm；t 为时间，d。R_{day} 为第 i 天降水量，mm；Q_{surf} 为第 i 天地表总径流量，mm，E_a 为第 i 天总蒸发量，mm；W_{seep} 为第 i 天土壤剖面土层渗透量，mm，Q_{gw} 为地下水含量，mm。

这其中最重要的地表径流量参数主要是依据 SCS 径流曲线方程[78]计算得来：

$$Q_{surf} = \frac{(R - I_a)^2}{(R - I_a + S)} \tag{11-22}$$

式中，R 为日降水量，mm；I_a 为降水初损量，即地表产流前的降水；S 为流域可能的最大滞留量，mm。

$$I_a = aS \tag{11-23}$$

式中，a 是一个常数，一般取 0.2。

$$S = 25400/CN - 254 \tag{11-24}$$

式中，CN 为一个无量纲数值，是表示流域降水前期特征的一个综合参数，可查找 SCS 模型手册或者 SWAT 工作手册获得。CN 值对模型径流模拟影响较大，但不同的区域 CN 值往往不同，具体运用时可能要进行一些修正和调整。

在水文计算模块中, SWAT 模型对蒸发、植物蒸腾、地下水平衡以及河道汇流时间等都有相应的计算方法, 由于篇幅所限, 此处不再一一列举, 具体可参照 SWAT 模型用户手册。

2) 土壤侵蚀模块

SWAT 模型对流域土壤侵蚀估算主要采用的是 MUSLE 模型[79], 并在计算的过程中以水文响应单元为最小计算单元, 使土壤侵蚀计算具有分布性特征。MUSLE 模型相当于是 USLE 模型的一种修正模型, 在计算的过程中, 采用径流代替降水动能, 对于大部分以水力侵蚀为主的区域来讲, 计算相对客观。同时, 采用径流计算, 可以对单次降水事件进行模拟。MUSLE 模型的计算公式为

$$\text{SED} = 11.8 \cdot (Q_{\text{surf}} \cdot q_{\text{peak}} \cdot \text{area}_{\text{hru}}) \cdot K_{\text{USLE}} \cdot \text{LS}_{\text{USLE}} \cdot C_{\text{USLE}} \cdot P_{\text{USLE}} \cdot \text{CFRG} \tag{11-25}$$

式中, SED 为土壤侵蚀量, t; Q_{surf} 为地表径流量, mm/h; q_{peak} 为洪峰流量, m³/s; area_{hru} 为水文响应单元面积; K_{USLE} 为土壤可蚀性因子; LS_{USLE} 为坡度坡长因子; C_{USLE} 为植被覆盖与管理因子; P_{USLE} 为水土保持措施因子; CFRG 为区域表面粗糙度系数。

本章所采用的土壤可蚀性因子、坡度坡长因子、植被覆盖与管理因子、水土保持措施因子均与第 4 章计算方法相同。CFRG 表面粗糙度系数计算公式如下:

$$\text{CFRG} = e^{-0.053 \cdot \text{rock}} \tag{11-26}$$

式中, rock 为第一层土壤中砾石含量, 用百分比表示。

11.4.2　SWAT 模型数据库建立

SWAT 模型结构复杂, 所需参数较多, 在建模前需要准备好相关的数据。数据大致可分为空间数据和属性数据两大类。空间数据包括 DEM、土地利用、土壤类型、流域水系等; 属性数据包括土地利用特征数据、土壤类型属性特征、气象要素及属性特征、水文特征、农业管理特征等数据。具体列表可参照相关资料[80-82], 此处不再详列。

1. 流域基础地形数据

此处流域基础地形数据主要指 DEM 数字高程模型, 其为 SWAT 模型建模的基础数据, 也是模型实现分布式计算的基础。DEM 数字高程模型上载负了区域地形情况, 可根据 DEM 进行流域水系特征提取、子流域划分等计算。本节选用的 DEM 数字高程模型来源于国家 1:5 万地形图经数字化后, 在 ArcGIS 软件平台计算而来。栅格大小重新采样成 30m×30m。地图投影采用 Albers 等积圆锥投影, 中央经线 108°, 椭球体为 Krasovsky_1940, 单位为米。

2. 土地利用类型数据

土地利用方式不同, 产流、产沙能力会有非常大的差异, 因此土地利用类型数据是 SWAT 模型必不可少的数据。本书土地利用类型数据来源于 2009 年第二次全国土地调查数据, 比例尺为 1:1 万, 精度较高。结合 SWAT 模型对数据的需求, 以及考虑到数据运算的效率, 将数据转化成 Grid 格式, 网格大小 30m×30m, 并将土地利用类型重新分类为水田、旱地、园地等 8 个类别, 具体如图 11-18 所示。

3. 土壤类型数据

土壤数据也是 SWAT 模型运行的一个基础数据。不同土壤类型的土壤理化性质不同, 对径流和泥沙的影响也不一致。SWAT 模型主要通过统计计算不同土壤类型的土层厚度特征、土壤质地、有效水、土壤可蚀性以及饱和导水率等参数来反映土壤对水文、泥沙、污染载荷等变化的影响, 具体参数及定义见表 11-9。参数通过 usersoil.dbf 文件进行存储, 不同的区域土壤特征不一样, 建模前需要更新 usersoil.dbf 文件, 使区域土壤特征符合实际。

表 11-9　土壤属性库参数表

参数名称	定义	最小值	最大值	单位
MUID	美国土壤数据库中用于区分土壤类型的字段，美国之外地区可以不使用			
SEQN				
S5ID				
CMPPCT				
SNAM	土壤名称			
NLAYERS	土壤分层数目	1	10	
HYDGRP	土壤水文分组（A，B，C，D）			
SOL_ZMX	土壤剖面最大根系深度			mm
ANION_EXC	阴离子交换孔隙度（非必需）	0.01	1	
SOL_CRK	土壤剖面潜在或最大裂隙体积，以所占土壤总体积的分数表示（非必需）	0	1	
TEXTURE	土层结构（非必需）			
SOL_Z（layer#）	土壤表面至本层底部的深度	0	3500	mm
SOL_BD（layer#）	土壤湿容重	0.9	2.5	g/cm³
SOL_AWC（layer#）	土层有效含水量	0	1	mm/mm
SOL_K（layer#）	饱和导水率	0	2000	mm/h
SOL_CBN（layer#）	有机含碳量	0.05	10	%
SOL_CLAY（layer#）	黏土含量	0	100	%
SOL_SILT（layer#）	粉土含量	0	100	%
SOL_SAND（layer#）	沙土含量	0	100	%
SOL_ROCK（layer#）	砾石含量	0	100	%
SOL_ALB（layer#）	土壤湿反照率	0	0.25	
SOL_USLE_K（layer#）	USLE 方程土壤可蚀性因子	0	0.65	
SOL_EC（layer#）	电导率	0	100	dS/m
SOL_CAL（layer#）	土壤 $CaCO_3$ 含量	0	65	%
SOL_PH（layer#）	土壤 pH	3	10	

本章选用的土壤类型空间数据来自于矢量化 1∶100 万广西土壤类型图，南流江流域土壤类型共有 9 类，主要是红壤、赤红壤及水稻土土类，具体如图 11-17 所示。土壤属性数据主要来源于土种志，土种志中无法查到的数据参考相关文献资料及采用 SPAW[83] 软件计算。其中，土壤水文分组参考陶艳成等[84]的研究成果，土壤有机碳含量采用土种志中的有机质含量乘以 0.58 得到。

4. 气象因子数据

从 11.2 节气象因子与径流、泥沙关系分析中可知，气象因子对径流、泥沙等的影响巨大。气象数据在 SWAT 模型运行过程中是必不可少的数据。SAWT 模型专注于流域水文、泥沙、污染物等变化及响应，主要以日降水量、日最高温度、日最低温度、太阳辐射、风速变化及相对湿度这 6 个气象因子来代表当地气候变化特征。由于长时间序列的全要素气象数据通常难以获取，因此，SWAT 模型同时提供了一个天气发生器（WXGEN），用于弥补某些气象要素数据缺乏或某些年份缺测时的模型无法运行的缺陷。在模型需求的 6 个气象要素中，日降水量及日最高温度、日最低温度是不可缺少的，其余 3 个气象要素缺少时可以通过 WXGEN 模拟生成。本章选用的气象数据来源于南流江流域及周边 1961～2008 年各县气象站气象数据，主要是灵山、浦北、博白、北流、玉林、合浦、陆川气象站 7 个站点。

5. 径流、泥沙观测数据

在 SWAT 模型中，径流、泥沙数据主要是作为参数率定、校正和验证之用。模拟结果的好坏主要通过观测数据来验证说明，因此，若要用 SWAT 模型来做水沙模拟，径流、泥沙的观测数据是必不可少的数据。本书收集到南流江流域内博白、常乐两个水文站点的径流、泥沙资料以及横江水文站径流资料。时间尺度上，月尺度数据收集年份比较长，收集年份为 1965～1985 年，日尺度数据仅收集到 2001 年、2003～2005 年、2007～2010 年这 8 年。为方便后期模拟验证使用，将所有收集到的径流、泥沙数据都建库，分别以 .xls 和 .txt 格式存储。

11.4.3　基于 SWAT 模型的南流江流域水文建模

1. 流域水系自动生成

流域水系的计算是流域划分的基础，也是 SWAT 建模必不可少的步骤。泥沙、污染物到流域出口站点的积累都需要根据河道进行演算。SWAT 模型自带有流域水系生成及子流域划分模块（automatic watershed delineation），其计算方法与 River Tools[85]、Arc Hydro Tools[86]、TOPZA[87] 等计算方法大同小异，都需要经过 DEM 数据预处理、水流方向计算、汇流积累计算等几个环节。然而，由于 DEM 模型本身精度问题以及水流方向等算法误差问题，一般直接利用模型自动生成的流域水系往往误差较大。考虑到这些，SWAT 模型在水系生成中提供了 "burn-in" 子模块对水系进行矫正。"burn-in" 方法通过引入一些实测或者利用遥感影像数据勾画的矢量线画水系数据，修正原始 DEM 模型，迫使模型自动生成使水系强制与引入水系保持一致。本书在流域水系生成时，为提高精度，引入国家 1：25 万水系数据进行修正。计算结果如图 11-29 所示。

图 11-29　南流江流域水系图

2. 子流域划分

一个完整的流域往往面积较大，如本书的南流江流域就有 9000 多平方千米，流域内部地形、地貌、河道特征等一般较为复杂多样，因此，计算时为提高计算精度，往往需要进行划分，按小区域进行计算。一般而言，子流域划分越细，计算的精度就越高，但划分得越细，计算过程就越是烦琐，效率也就越低，因此，子流域划分时需要考虑计算的目的和精度要求。划分的大小可以通过汇流积累阈值来控制，阈值越大，表示设置最小子流域集水面积越大，阈值越小，则对应最小子流域集水面积越小。本书考虑到南流江流域实际情况和模拟精度要求等，经反复试验，最终确定汇流积累量阈值为 10000hm²，划分出 55 个子流域，具体如图 11-30 所示。

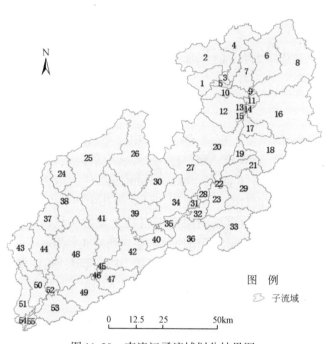

图 11-30　南流江子流域划分结果图

3. 水文响应单元划分

水文响应单元（hydrologic response unit，HRU）的划分是针对子流域划分的不足而进行的。子流域划分主要考虑地形因素，按照水流方向及一定的集水面积，以两条水系的交点作为流域的出口点进行划分，未能充分考虑到区域内不同的土壤类型、土地利用方式等因素。而除地形影响外，区域内土地利用方式、土壤类型等对区域的径流、泥沙、污染载荷等的影响效果也十分显著。SWAT 模型对水文响应单元（HRU）的划分提供了两种方法，一种以子流域内面积最大的土壤类型及土地利用类型组合为代表，作为子流域唯一的 HRU，另一种方法则以一定的土壤和土地利用类型比例为基础，一个子流域划分出多个HRU[88]。本书选取土壤及土地利用类型的最小阈值均为 10%，共划分出 725 个水文响应单元（HRU），其示意图如图 11-31 所示。

4. 数据写入

每一个模型都有自己独特的数据格式及存读方式。SWAT 模型通过 Write All 命令按钮，将数据库文件重新读取，并分配给每一个子流域及响应单元。通过数据的重新读取和分配，从而为实现分布式计算和模拟做准备。SWAT 模型的最后模拟计算调用的数据都是此步骤写入的数据，因此，若后期对数据有修改，则每修改一次都需要重新写入。

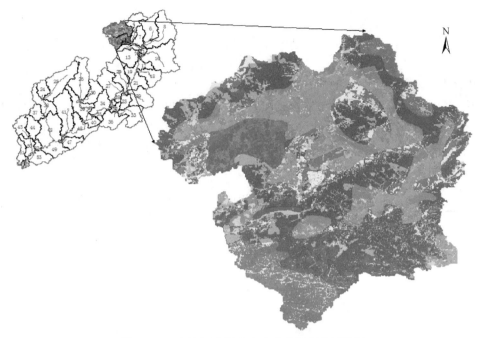

图 11-31　南流江流域水文响应单元划分示意图

11.4.4　模型参数的率定与验证

1. 模型参数敏感性分析

SWAT 模型参数众多，这既是它的优点，也是它的缺点。众多的参数使模型对事物描述更加客观，物理意义更加明确，但众多的参数同时也造成了操作过程复杂，参数对结果影像程度难以区分，参数值的确定难度大等一系列问题。为较好地处理好这一矛盾，需要对模型的参数进行敏感性分析，从模型的众多参数中挑选出对结果影响显著的参数，以便有针对性地做出调整，提高工作效率。国内外关于 SWAT 模型参数的敏感性分析已经做了不少的研究[89-91]，本书主要参照前人研究成果，结合南流江流域实际情况，挑选出 20 个主要可能的影响参数进行敏感性分析。

1）敏感性分析方法

SWAT 模型在 2009 版本及之前多个版本自带有敏感性分析及自动率定模块，采用的是 LH-OAT（latin hypercube one-factor-at-a-time）方法进行敏感性分析。LH-OAT 方法由 LH（latin hypercube）采样方法和 OAT（one-factor-at-a-time）敏感性分析方法两部分组成，兼有二者的优点[92]。LH 方法确保了所有参数均被采到，并且明确指出了哪一个参数对模型的输出产生了影响[93]。而 OAT 方法在每次模型运行中只改变一个参数值，使参数对模型运行结果产生的影响更加直观化[94]。计算方程见式（11-27）。

$$S_{ij} = \left| \frac{100\left(\dfrac{M[e_1,\ K,\ e(1+f_i),\ K,\ e_p] - M(e_1,\ K,\ e_p)}{M[e_1,\ K,\ e(1+f_i),\ K,\ e_p] + M(e_1,\ K,\ e_p)/2} \right)}{f_i} \right| \tag{11-27}$$

式中，S_{ij} 为参数敏感性值；$M(x)$ 为模型运行函数；f_i 为参数 e_i 的变化比率；j 为 LH 采样点[95]。

SWAT 模型 2012 版本参数的敏感性分析不再内嵌到 SWAT 模型当中。为提高率定效率及满足不同用户需求，SWAT 官网推出 SWAT-CUP 软件，专门对 SWAT 模型的参数进行敏感性分析和率定。SWAT-CUP 程序包含有 GLUE、SUFI2、Para SO 以及 MCMC 等程序与 SWAT 关联，运用 LH 采样采样方法的目标函数多元回归值进行参数敏感性分析[96,97]。回归方程见式（11-28）。分析结果用 t 检验方法进行判断，t 值越大，敏感性越好。

$$g = \alpha + \sum_{i=1}^{n} \beta_i b_i \qquad (11\text{-}28)$$

式中，g 为回归结果，表示模型参数的敏感度；α 为常数；β_i 为第 i 个参数的回归系数；b_i 为进行敏感性分析的参数。

2）敏感性分析结果

运用 SUFI2 算法，在 SWAT-CUP 软件平台的支持下，基于 2003~2005 年横江、博白以及常乐 3 个水文站点的径流、泥沙资料进行参数敏感性分析。参考前人的研究成果[82,89,92,98]，选取 CN2（SCS 径流曲线系数）、ESCO（土壤蒸发补偿系数）、OV_N（地表径流曼宁系数）等 20 个参数分别对径流及泥沙进行敏感性运算，运算结果见表 11-10 和表 11-11。

表 11-10　南流江流域径流重要参数敏感性分析结果

编号	参数名称	参数含义	t-Stat	P-Value
1	CH_K2. rte	主河道河床有效导水率	−0.01458	0.98838
2	HRU_SLP. hru	平均坡度	−0.13757	0.89064
3	USLE_C. plant. dat	USLE 方程植被覆盖与管理因子	0.25525	0.79864
4	SOL_AWC. sol	土壤有效含水量	0.41506	0.67828
5	OV_N. hru	地表径流曼宁系数	0.61889	0.53628
6	SLSUBB SN. hru	平均坡长	0.67616	0.49927
7	USLE_P. mgt	USLE 方程水土保持措施因子	−0.90980	0.36339
8	GWQMN. gw	浅层地下水回流深度阈值	−1.07049	0.28494
9	CH_K2. rte	主河道河床有效导水率	−1.37739	0.16903
10	SFTMP. bsn	降雪温度	−1.41540	0.15760
11	ALPHA_BF. gw	基流 a 因子	−1.66762	0.09605
12	CH_N2. rte	主河道曼宁系数	1.93773	0.05324
13	SOL_K. sol	土壤饱和导水率	−2.25970	0.02429
14	GW_REVAP. gw	浅层地下水再蒸发系数	2.55417	0.01095
15	SOL_BD. sol	土壤容重	−3.66293	0.00028
16	REVAPMN. gw	浅含水层向深含水层渗透深度阈值	−5.09732	0.00000
17	ESCO. hru	土壤蒸发补偿系数	−7.52784	0.00000
18	GW_DELAY. gw	地下水滞后天数	7.58572	0.00000
19	ALPHA_BNK. rte	基流对河岸调蓄的 a 因子	−10.00851	0.00000
20	CN2. mgt	SCS 径流曲线系数	−39.51859	0.00000

表 11-11　南流江流域泥沙重要参数敏感性分析结果

编号	参数名称	参数含义	t-Stat	P-Value
1	REVAPMN. gw	浅含水层向深含水层渗透深度阈值	0.24591	0.80594
2	ALPHA_BNK. rte	基流对河岸调蓄的 a 因子	0.36096	0.71840
3	GW_REVAP. gw	浅层地下水再蒸发系数	−0.46502	0.64228
4	GWQMN. gw	浅层地下水回流深度阈值	−0.50899	0.61116
5	USLE_C. plant. dat	USLE 方程植被覆盖与管理因子	0.58219	0.56091
6	OV_N. hru	地表径流曼宁系数	0.59548	0.55200
7	GW_DELAY. gw	地下水滞后天数	0.61141	0.54143
8	SOL_BD. sol	土壤容重	0.74024	0.45978

续表

编号	参数名称	参数含义	t-Stat	P-Value
9	SOL_K. sol	土壤饱和导水率	0.74068	0.45951
10	ALPHA_BF. gw	基流 a 因子	0.83981	0.40173
11	SFTMP. bsn	降雪温度	−0.94737	0.34427
12	HRU_SLP. hru	平均坡度	−1.24802	0.21307
13	ESCO. hru	土壤蒸发补偿系数	1.67657	0.09475
14	CH_K2. rte	主河道河床有效导水率	−1.75195	0.08088
15	CH_N2. rte	主河道曼宁系数	1.76540	0.07859
16	SLSUBB SN. hru	平均坡长	−2.23674	0.02609
17	CH_K2. rte	主河道河床有效导水率	−2.48366	0.01359
18	SOL_AWC. sol	土壤有效含水量	2.86701	0.00446
19	USLE_P. mgt	USLE 方程水土保持措施因子	−7.44909	0.00000
20	CN2. mgt	SCS 径流曲线系数	−8.66748	0.00000

　　从表 11-10 和表 11-11 中可以看出，虽然产流和产沙具有极大的相关性，但二者对参数的敏感性并不完全一致，因此，在参数的率定中选择分开率定效果会更好。

　　对径流而言，CN2 参数极为敏感，敏感性 t 统计量绝对值达到 39.5，这一方面说明了 CN 参数对地表径流影响很大，另一方面也说明原始 CN 值的设置可能并不理想，需要调整。除 CN2 参数外，ALPHA_BNK、GW_DELAY、ESCO、REVAPMN 等参数的敏感性也较大，且这些参数大部分与地下水有关，这表明在模型水量平衡中，地下水计算可能存在一些问题，需要调整。

　　对泥沙而言，CN 值的影响同样强烈，但相比较径流影响参数而言，泥沙变化对 USLE_P、SOL_AWC、CH_K2、SLSUBBSN 等与地表覆盖情况、人工干预措施以及坡度、坡长等参数较为敏感。

2. 模型参数率定与验证

　　SWAT 模型参数较多，在实际生产应用中难以达到每一个参数都经过实测获取而来，而模型本身默认的参数是由美国地区经大量实测或统计而来，对于中国或者某一具体的区域，这些参数并不一定适合。为解决这一矛盾，需要对参数进行率定，通过一些参数在合理范围内的调整，使模拟值与观测值达到最大程度的吻合[99]。

　　当模型参数率定完成后，为检验率定参数的有效性和稳定性，需要对模型的模拟结果进行验证，以保证建立的模型在未来的模拟预测中具有良好的适应性。本章选用南流江流域内横江水文站、博白水文站和常乐水文站这 3 个站点 2003～2005 年的月观测径流数据对模型参数进行率定，运用 2007～2008 年的观测数据进行验证。同时选择博白水文站和常乐水文站两个水文站观测 2003～2005 年的月观测泥沙数据对模型参数进行率定，运用 2007～2008 年的泥沙观测数据进行验证。参数适用性采用相对误差 Re、决定系数 R^2 和 Nash-Sutcliffe 效率系数 NS 进行评价，计算公式见式（11-29）～式（11-31）。

$$\text{Re} = \frac{P_t - Q_t}{Q_t} \times 100\% \tag{11-29}$$

$$R^2 = \frac{\left[\sum_{i=1}^{n}(P_t - P_{\text{avg}})(Q_t - Q_{\text{avg}})\right]^2}{\sum_{i=1}^{n}(P_t - P_{\text{avg}})^2 \sum_{i=1}^{n}(Q_t - Q_{\text{avg}})^2} \tag{11-30}$$

$$NS = 1 - \frac{\sum_{i=1}^{n} (Q_t - P_t)^2}{\sum_{i=1}^{n} (Q_t - Q_{avg})^2} \tag{11-31}$$

式中，P_t 为模拟值；Q_t 为实测值；P_{avg} 为模拟值平均值；Q_{avg} 为观测值的平均值。Re 值的绝对值越小，表示模拟效果越好；R^2 越接近 1，模拟效果越好；NS 系数越大，表示模拟结果越好，一般认为 NS > 0.5，则表示模拟结果可以接受。

1）径流参数率定与验证

根据径流参数敏感性分析的结果，选择敏感性较高的参数，同时深入分析 SWAT 模型的基本原理选择较可能对径流造成影响的参数进行率定，参数率定的结果见表 11-12。

表 11-12　南流江流域径流敏感性参数率定结果

编号	参数名称	参数含义	最小值	最大值	原始值	调整值
1	ALPHA_BF. gw	基流 a 因子	0	1	0.4	0.59
2	CH_N2. rte	主河道曼宁系数	−0.01	0.3	0.014	0.19
3	SOL_K. sol	土壤饱和导水率	0	2000	70	357
4	GW_REVAP. gw	浅层地下水再蒸发系数	0.02	0.2	0.02	0.11
5	SOL_BD. sol	土壤容重	0.9	2.5	1.05	1.51
6	REVAPMN. gw	浅含水层向深含水层渗透深度阈值	0	500	1	3.63
7	ESCO. hru	土壤蒸发补偿系数	0	1	0.95	0.89
8	GW_DELAY. gw	地下水滞后天数	0	500	31	42
9	ALPHA_BNK. rte	基流对河岸调蓄的 a 因子	0	1	0	0.01
10	CN2. mgt	SCS 径流曲线系数	35	98	78	65

把率定好的参数加载到模型当中，重新进行模拟运算，模拟效果用相对误差 Re、相关系数 R^2 和 Nash-Sutcliffe 效率系数 NS 进行评价。评价结果见表 11-13。

表 11-13　南流江流域各水文站点月尺度模拟评价表

站点	率定期（2003~2005 年）			验证期（2007~2008 年）		
	Re	R^2	NS	Re	R^2	NS
横江水文站	29	92	89	12	0.96	0.88
博白水文站	27	0.97	0.94	23	0.96	0.91
常乐水文站	17	0.96	0.94	22	0.95	0.93

从表 11-13 中可以看出，除 Re 绝对值相对较大，表明模拟结果存在一点问题外，R^2 和 NS 系数都较接近 1，基本都在 0.9 以上，表明模拟结果精度较高，所建立的分布式模型能较好地模拟南流江流域的月径流变化情况。

2）泥沙参数率定与验证

泥沙参数率定与径流参数率定的方法及操作基本一致，但选取的参数不同，参数率定结果见表 11-14。通过参数的率定，调整参数，保证模拟结果的 NS 系数在 0.6 以上，R^2 在 0.7 以上，将调整好后的参数代回模型当中，重新运行模型，模拟效果见表 11-15。从表 11-15 中可以看出，通过率定后的模型运行稳定，验证期 R^2 在 0.9 以上，NS 系数也基本都在 0.8 以上，模拟精度较高。所建立的分布式模型具有稳定的产输沙模拟能力。

表 11-14　南流江流域泥沙敏感性参数率定结果

编号	参数名称	参数含义	最小值	最大值	原始值	调整值
1	ALPHA_BF. gw	基流 a 因子	0	1	0.4	0.59
2	HRU_SLP. hru	平均坡度	0	1	0.2	0.31
3	ESCO. hru	土壤蒸发补偿系数	0	1	0.95	0.81
4	CH_K2. rte	主河道河床有效导水率	-0.01	500	0	87.15
5	CH_N2. rte	主河道曼宁系数	-0.01	0.3	0.014	0.018
6	SLSUBB SN. hru	平均坡长	10	150	15.24	19.52
7	SOL_AWC. sol	土壤有效含水量	0	1	0.21	0.32
8	USLE_P. mgt	USLE 方程水土保持措施因子	0	1	0.74	0.72
9	CN2. mgt	SCS 径流曲线系数	35	98	78	75

表 11-15　南流江流域博白、常乐水文站点月尺度模拟评价表

站点	率定期（2003~2005 年）			验证期（2007~2008 年）		
	Re	R^2	NS	Re	R^2	NS
博白水文站	32	0.92	0.85	38	0.94	0.79
常乐水文站	25	0.98	88	28	0.97	84

11.4.5　模拟结果分析

1. 径流模拟分析

南流江流域范围内有 3 个水文站点，且都有径流观测资料。图 11-32~图 11-34 分别为基于流域内横江、博白及常乐 3 个水文站点的观测资料的模拟验证情况。从图中可以看出，南流江流域径流变化有明显的汛期与非汛期之分，汛期主要发生在夏季。3 个水文站的验证结果都显示，模型模拟的吻合度较高，取得较满意的效果。同时，率定期模拟精度要略微高于验证期，表明模型率定的参数具有一定的不确定性。

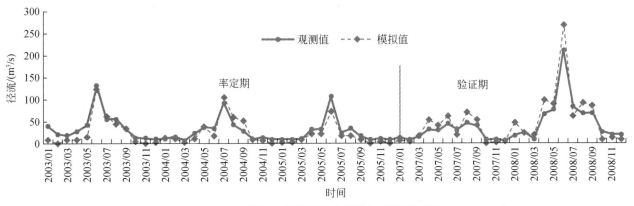

图 11-32　横江水文站月径流模拟与观测情况图

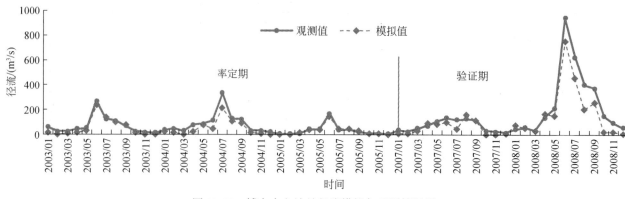

图 11-33　博白水文站月径流模拟与观测情况图

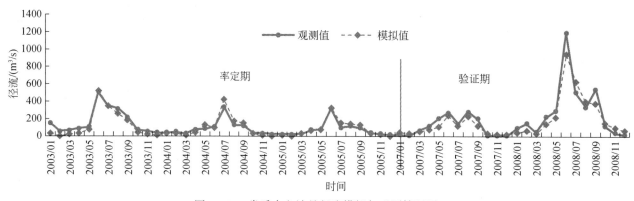

图 11-34　常乐水文站月径流模拟与观测情况图

2. 泥沙模拟分析

南流江流域内的 3 个水文站点中，只有博白水文站及常乐水文站收集到历年泥沙观测资料，因此，运用这两个水文站点观测资料对模型产输沙情况进行率定和验证。模拟效果如图 11-35 和图 11-36 所示。从图中可以看出，总体两个站点的模拟效果均取得较好的效果。同时，率定期模拟精度略微好于验证期，模型率定参数具有一定的不确定性。

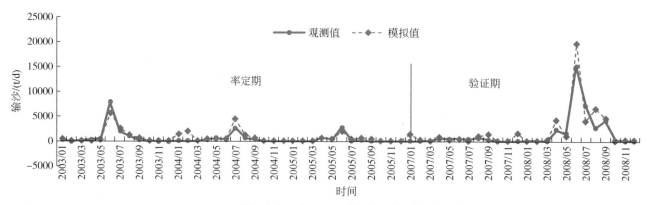

图 11-35　博白水文站月均输沙模数模拟与观测情况图

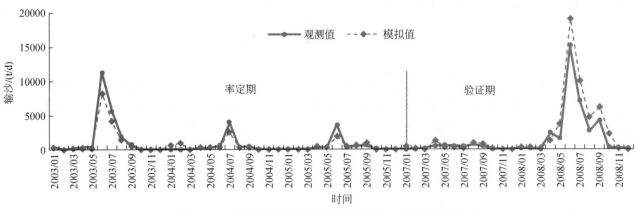

图 11-36　常乐水文站月均输沙模数模拟与观测情况图

11.4.6　SWAT 模型适用性评价

从模拟率定结果来看，SWAT 模型对径流和泥沙的模拟都较为准确，尤其是对径流的模拟，模拟精度可达到 90% 以上。因此，对如南流江这种中尺度范围的流域而言，依托 SWAT 模型进行流域径流、泥沙模拟是可行的，其模拟的精度大大高于 RUSLE 模型。然而，SWAT 模型虽然物理机制较好，模拟结果较为准确，但其参数众多，入门门槛较高，对于初学者而言不容易掌握，降低了其推广应用的效率。此外，SWAT 模型对模拟结果的空间可视化方面，做得不够理想，模拟之前虽然进行了水文响应单元的划分，也基于水文响应单元计算，但其模拟结果中缺乏对响应单元一一对应的代码，使模拟结果在可视化上只能达到子流域的尺度，显示效果不如 RUSLE 模型分辨率高。

综合来看，与 RUSLE 模型相比较，SWAT 模型精于对数值准确度的模拟，在空间分布反映上，RUSLE 模型的模拟效果要更好一些。因此，在实际水沙耦合模拟应用中，笔者建议，如果仅仅想要大致了解某区域范围的土壤侵蚀状况，选择 RUSLE 模型进行评价可以大大提高效率，如果想要准确把握流域产流、产沙情况，具有免费、开源的优势的 SWAT 模型是一个不错的选择。然而，如果要准确把握流域的产流、产沙以及空间分布状况，将两个模型结合使用是个切实可行的办法，同时，通过 RUSLE 模型进行坡面上的评价，结果满意后再将 RUSLE 模型调整好的 R 值、K 值、C 值、P 值等输入 SWAT 模型中进行模拟，可大大提高参数率定和模拟的效率。

11.4.7　小结

本章依托 SWAT 模型，基于所收集到 2003 ~ 2008 年的南流江流域内横江、博白、常乐 3 个水文站点的径流、泥沙观测资料，实现对南流江流域径流、泥沙的模拟。模拟采用分布式方法，将南流江划分为 55 个子流域，子流域内依据土地利用、土壤类型以及地形坡度的不同继续划分出不同的 HRU，并以 HRU 为模型运算的最小计算单元。整个南流江共划分出 725 个 HRU。

为提高建模效率和提高模拟精度，在充分分析南流江流域气候、径流、泥沙等历史资料的基础上，结合南流江流域实际情况，参考大量文献资料，选取 CN2（SCS 径流曲线系数）、ESCO（土壤蒸发补偿系数）、OV_N（地表径流曼宁系数）等 20 个参数分别对径流及泥沙进行敏感性分析，并对较敏感的参数进行率定，率定径流、泥沙的模拟都取得较高精度，R^2 和 NS 系数都在 0.8 以上。为检验通过率定后模型运行的稳定性，选用 2007 ~ 2008 年相同站点的径流、泥沙观测资料对模拟结果进行验证，R^2 和 NS 系数也基本都在 0.8 以上，模型运行稳定。

与 RUSLE 模型对比，SWAT 模型对数值的模拟较为准确，然而，空间分布上，模拟效果略逊于

RUSLE 模型，结合使用可以提高模拟效率和精度。

11.5　本章小结

本章在通过对南流江流域地形、地貌、水文、地貌、土壤、植被以及气候变化等特征进行系统分析的基础上，基于 1961～2008 年的流域内降水、气温等气象资料和 2003～2008 年的流域内水文站点径流、泥沙观测资料，建立分布式水沙耦合模型。本章系统探讨了流域内气象因子变化特征及其对水文过程的影响；基于高精度地类图斑，运用 RUSLE 模型，对流域内土壤侵蚀情况进行定量评价，系统分析了土地利用、地形、植被覆盖等因素对土壤侵蚀的影响；最后，基于 SWAT 模型对流域径流、泥沙月尺度变化特征进行模拟。通过研究，本章得出以下主要结论。

（1）系统分析了流域内气温、降水、径流、泥沙的年内变化、年际变化以及趋势性特征。1961～2008 年，降水基本保持波动平衡。气温变化相对稳定，平均温度及最高温度、最低温度的极差值都在 4℃以内，季节变化特征明显。通过 M-K 检验发现，在 1967 年左右，气温发生了突变。年均径流及输沙的年际变化基本保持一致，且皆有表现为下降的趋势，径流、泥沙受气候变化影响显著，径流与降水回归决定系数可达到 0.8 以上，同时，泥沙变化主要受径流变化控制，指数回归决定系数达到 0.74。

（2）运用 RUSLE 模型，对流域内土壤侵蚀状况进行定量评估分析。南流江流域土壤总体侵蚀状况为轻度侵蚀，平均土壤侵蚀模数 1390t/（km²·a），年总侵蚀量为 1032.83×10⁴t/a。侵蚀模数较大的区域主要分布在流域外围，即流域周边山地，地形起伏较大的区域，也是坡耕地主要集中的区域。南流江流域土壤侵蚀的贡献主要来源于旱地、草地和林地，旱地多为坡耕地，草地中人工草地广袤，林地中桉树种植极为广阔，这些都是造成侵蚀的重要因素；海拔特征与土壤侵蚀分布情况有较大的相关性，随海拔的增高，土壤侵蚀有先增大后减少的变化趋势，这主要还是受人为活动的影响造成；此外，南流江流域植被盖度主要集中在 70%～90%，土壤侵蚀有随植被盖度上升而减少的趋势，极强度侵蚀和剧烈侵蚀主要集中在植被盖度 30% 以下部分。

（3）基于 RS/GIS 技术，运用 SWAT 模型，建立南流江流域分布式水沙耦合模型。采用引入矢量化水系修正方式，提取南流江流域水系，并进一步将南流江划分为 55 个子流域，同时，依据子流域内土地利用、土壤类型以及地形坡度的不同继续划分出 725 个 HRU。运用 SUFI2 算法，基于 2003～2005 年横江、博白及常乐 3 个水文站点的径流、泥沙资料选取 CN2（SCS 径流曲线系数）、ESCO（土壤蒸发补偿系数）、OV_N（地表径流曼宁系数）等 20 个参数分别对径流及泥沙进行敏感性分析。结果显示，对径流而言，CN2、ALPHA_BNK、GW_DELAY、ESCO、REVAPMN 等参数的敏感性较大。对泥沙而言，CN、USLE_P、SOL_AWC、CH_K2、SLSUBBSN 等与地表覆盖情况、人工干预措施以及坡度、坡长等参数较为敏感。

运用相对误差 Re、决定系数 R^2 和 Nash-Sutcliffe 效率系数 NS 对模型参数率定的合理性进行评价。率定期径流、泥沙模拟的 R^2 和 NS 系数都在 0.8 以上，精度较高，验证期径流、泥沙的 R^2 和 NS 系数也基本都在 0.8 以上，模型运行稳定。

（4）通过对 RUSLE 模型和 SWAT 模型的结合使用，发现对于水沙耦合建模而言，对于径流的模拟可以依靠 SWAT 模型，然而在泥沙的运移模拟中，可先通过 RUSLE 模型进行坡面上的评价，结果满意后再将 RUSLE 模型调整好的 R 值、K 值、C 值、P 值等输入 SWAT 模型中进行模拟，可大大提高参数率定和模拟的效率。

参 考 文 献

[1] Rodriguez- Iturbe I. Ecohydrology: A hydrologic perspective of climate- soil- vegetation dynamies [J]. Water Resources Research, 2000, 36 (1): 3-9.

[2] 汪涛. 三峡库区土壤侵蚀遥感监测及其尺度效应 [D]. 华中农业大学硕士学位论文, 2011.

[3] 周璟. 武陵山区低山丘陵小流域土壤侵蚀特征及产流产沙模拟预测 [D]. 中国林业科学研究院博士学位论文, 2009.

［4］ 阚兴龙，周永章，李辉. 华南南流江流域 ESRE 复合系统协调发展研究［J］. 热带地理，2012，32（6）：658-663

［5］ 王小刚，郭纯青，田西昭，等. 广西南流江流域水环境现状及综合管理［J］. 安徽农业科学，2011，39（5）：2894-2895.

［6］ 金鑫，郝振纯，张金良. 水文模型研究进展及发展方向［J］，水土保持研究，2006，13（4）：197-199.

［7］ Freeze R A, Harlan R L. Blueprint of a physically-based digitally-simulated hydrological response model［J］. Journal of Hydrology，1969，9：237-258.

［8］ Beven K J, Kirkby M J. A physically based variable contributing area model of basin hydrology［J］. Hydrological Sciences Bulletin，1979，24（1）：43-69.

［9］ Abbott M B, Bathurst J C, Cunge J A, et al. Introduction to the European hydrological system-systeme hydrologique Europeen，'SHE'，2：Structure of a physically-based, distributed modelling system［J］. Journal of Hydrology，1986，87（1-2）：61-67.

［10］ Bathurst J C, Wicks J M, O'Connell P E. The SHE/SHESED basin scale water flow and sediment transport modeling system［A］. in：Singh V P（ed.）. Chapter 16 in Computer Models of Watershed Hydrology［C］. Littleton：Water Resource Publications，1995.

［11］ Benven K J. A discussion of distributed modeling［A］//Abbott M B, Refsgard J C（eds.）. Distributed Hydrological Modeling［C］. Dordrecht：Kluwer Academic Publisher，1996.

［12］ Lenzi M A, Luzio M D. Surface runoff soil erosion and water quality modeling in the Alpone watershed using AGNPS integrated with a Geographic Information System［J］. European Journal of Agronomy，1997（6）：1-14.

［13］ Aerts J C J H, Kriek M, Sehepel M. STREAM（Spatial Tools for River Basins and Environment and Analysis of Management options）：'Set Up and Requirements'［J］. Physics & Chemistry of the Earth Part B Hydrology Oceans & Atmosphere，1999，24（6）：591-595.

［14］ Arnold J G, Williams J R, Srinivasan R, et al. Large area hydrologic modeling and assessment part I：Model development［J］. Journal of the American Water Resources Association，1998，34（1）：73-89.

［15］ Neitsch S L, Arnold J G, Kiniry J R, et al. Soil and water assessment tool theoretical documentation version 2000［M］. College Station：Texas Water Resources Institute，2002.

［16］ Liang X, Lettenmaier D P, Wood E F. Surface soil moisture parameterization of the VIC-2L model：Elevation and modification［J］. Global Plant Change，1996，13（1）：195-206.

［17］ Liang X, Xie Z. A new surface runoff parameterization with subgrid-scale soil heterogeneity for land surface models［J］. Advances in Water Resources，2001，18（24）：1173-1192.

［18］ Todini E. 1995. New trends in modelling soil processes from hill slope to GCM scales［A］//Oliver H R, Oliver S A（eds.）. The Role of Water and the Hydrological Cycle in Global Change, NATO ASI Series I：Global Environmental Change：317-347.

［19］ 雷晓辉，蒋云钟，王浩，等. 分布式水文模型 EasyDHM［M］. 北京：中国水利水电出版社，2010.

［20］ 李兰. 分布式水库区间洪水预报模型［A］. 第四届海峡两岸水利科技研讨会论文集［C］. 台北：台湾大学出版社，1999.

［21］ 杨超，李兰，赵英虎，等. LL-Ⅲ分布水文模型在国际分布模型比较计划中的应用［J］. 中国农村水利水电，2008，（8）：52-56.

［22］ 白清俊. 流域土壤侵蚀预报模型的回顾与展望［J］. 人民黄河，1999，21（4）：18-21.

［23］ Wisehxlleier W H, Smith D D, Predicting rainfall-erosion losses from cropland east of the Roeky Mountains［M］. Washington D C：Agricultural Research Service，1965.

［24］ Sharpley A N, Williams J R. EPIC-erosion Productivity impact calculator：Model documentation［M］. Washington D C：Agricultural Research Service，1990.

［25］ Nearing M A, Forste G D, Lane L J, et al. A process-based soil erosion model for USDA-water Erosion Prediction Project Technology［J］. Tans ASAE，1989，32：1587-1593.

［26］ De Roo A P J, Wesseling C G, Ritsma C G. LISEM：A single-event Physical based hydrological and soils erosion model for drainage basin，I：theory, Input and output［J］. Hydrological Processes，1996，10（8）：1107-1117.

［27］ Morgan R P C. The European soil erosion model：An update on its structure and research base［A］. in：Richson, Conserving Soil Resources：EuroPean Perspectives［C］. Cambridge：CAB International，1994：286-299.

[28] Rose C W, Williams J R, Sander G C, et al. A mathematical model of soil erosion and deposition processes: Theory for a plane land element [J]. Soil Science Society of America Journal, 1983, 47 (5): 991-995.

[29] Lu H, Gallant J, Prosser I P, et al. Prediction of Sheet and Rill Erosion Over the Australian Continent, Incorporating Monthly Soil Loss Distribution [M]. Canberra: CSIRO Land and Water Technical Report, 2001.

[30] 刘善建. 天水水土流失测验的初步分析 [J]. 科学通报, 1953, 12: 59-65.

[31] 江忠善, 王志强, 刘志. 应用地理信息系统评价黄土丘陵区小流域土壤侵蚀的研究 [J]. 水土保持研究, 1996, 3 (2): 84-96.

[32] 刘宝元, 谢云, 张科利. 水土流失预报模型 [M]. 北京: 中国科学技术出版社, 2001.

[33] 谢树楠, 张仁, 王孟楼. 黄河中游黄土丘陵沟壑区暴雨产沙模型研究 [A] //黄河水沙变化基金会. 黄河水沙变化研究论文集 (第 5 卷), 1993: 238-274.

[34] 汤立群. 流域产沙模型研究 [J]. 水利科学进展, 1996, 7 (1): 47-53.

[35] 蔡强国, 王贵平, 陈永宗. 黄土高原小流域侵蚀产沙过程与模拟 [M]. 北京: 科学出版社, 1998.

[36] 赵善伦, 尹民, 张伟. GIS 支持下的山东省土壤侵蚀空间特征分析 [J]. 地理科学, 2002, 22 (6): 694-699.

[37] 姚华荣, 杨志峰, 崔保山. GIS 支持下的澜沧江流域云南段土壤侵蚀空间分析 [J]. 地理研究, 2006, 25 (3): 421-429.

[38] 安娟. 东北黑土区土壤侵蚀过程机理和土壤养分迁移研究 [D]. 中国科学院教育部水土保持与生态环境研究中心博士学位论文, 2012.

[39] 张旭群, 陈耀强, 陈浩昆. 基于 GIS 和 RUSLE 的粤东黄冈河流域土壤侵蚀评估 [J]. 中国水土保持, 2013, (2): 34-37.

[40] Richard L A, Gardner W R, Ogata G. Physical processes determining water loss from soils [J]. Soil Science Society of America Journal, 1956, 20: 310-314.

[41] 刘家福, 蒋卫国, 占文凤, 等. SCS 模型及其研究进展 [J]. 水土保持研究, 2010, 17 (2): 120-124

[42] 王中根, 夏军, 刘昌明, 等. 分布式水文模型的参数率定及敏感性分析与探讨 [J]. 自然资源学报, 2007, 22 (4): 649-655.

[43] Renschler C S, Mannaerts C, Diekkiger B. Evaluating spatial and variability of soil erosion risk-rainfall erosivity and soil ratios in Andalusia, Spain [J]. Catena, 1999, 34: 209-22.

[44] 金鑫. 黄河中游分布式水沙耦合模型研究 [D]. 河海大学博士学位论文, 2007.

[45] 吴险峰, 刘昌明. 流域水文模型研究的若干进展 [J], 地球科学进展, 2002, 21 (4): 341-348.

[46] Fortin J P, TurCotte R, Massicottes, et al. Distributed watershed model compatible with remote sensing and GIS data II: Application to Chaudiere watershed [J]. Journal of Hydrological Engineering, 2001, 6 (2): 100-108.

[47] 李庆云. 黄土丘陵区流域径流泥沙对气候变化和高强度人类活动响应研究 [D]. 北京林业大学博士学位论文, 2011.

[48] 张增哲. 流域水文学 [M]. 北京: 中国林业出版社, 1991.

[49] Jain S, Lall U. Magnitude and timing of annual maximum floods: Trends and large-scale climatic associations for the Blacksmith Fork River [J]. Water Resources, 2000, 36 (12): 3641-3651.

[50] Ichiyanagi K, Yamanaka M D, Muraji Y, et al. Precipitation in Nepal between 1987 and 1996 [J]. International Journal of Climatology, 2007, 27 (13): 1753-1762.

[51] 赵少华, 杨永辉, 邱国玉, 等. 河北平原 34 年来气候变化趋势分析 [J]. 资源科学, 2007, 29 (4): 109-112.

[52] 徐宗学, 张楠. 黄河流域近 50 年降水变化趋势分析 [J]. 地理研究, 2006, 25 (1): 27-35.

[53] 丁晶, 邓育仁. 随机水文学 [M]. 成都: 成都科技大学出版社, 1988.

[54] Yan-sheng Y U. 基于 Mann-Kendall 法的水文序列趋势成分比重研究 [J]. 自然资源学报, 2011, 26 (9): 1585-1591.

[55] 张建云, 王国庆, 贺瑞敏. 黄河中游水文变化趋势及其对气候变化的响应 [J]. 水科学进展, 2009, 20 (2): 153-158.

[56] 刘光生, 王根绪, 胡宏昌, 等. 长江黄河源区近 45 年气候变化特征分析 [J]. 资源科学, 2010, 32 (8): 1486-1492.

[57] 章文波, 付金生. 不同类型雨量资料估算降雨侵蚀力 [J]. 资源科学, 2003, 25 (1): 37-38.

[58] 谢云, 刘宝元, 章文波. 侵蚀性降雨标准研究 [J]. 水土保持学报, 2000, 14 (4): 6-11.

[59] 张金池，李海东，林杰，等．基于小流域尺度的土壤可蚀性 K 值空间变异［J］．生态学报，2008，28（5）：2199-2206.

[60] Wischmeier W H, Smith D D, Uhland R E. Evaluation of factors in the soil- loss equation［J］. Agriculture Engineering, 1958, 39（8）：458-462.

[61] Sharply A N, Williams J R. EPIC- Erosion/Productivity impact calculator 1：Model documentation［Z］. U. S. Department of Agriculture Technical Bulletin, 1990.

[62] Renard K G, Foster G R, Weesies G A, et al. Predicting rainfall erosion by Water：A guide to conservation planning with the revised universal soil loss equation（RUSLE）［M］. Washington D C：USDA Agricultural Hand book, 1997.

[63] Wischmeier W H, Smith D D. Predicting rainfall erosion losses from cropland east of the Rocky Mountains：A guide for soil and water conservation planning［M］. Washington DC：USDA Agricultural Hand book, 1978.

[64] Liu B Y, Nearing M A, Risse L M. Slope gradient effects on soil loss for steep slopes［J］. Transactions of the ASAE, 1994, 37（6）：1835-1840.

[65] Van Remortel R D, Hamilton M E, Hickey R J. Estimating the LS factor for RUSLE through iterative slope length processing of digital elevation data within Arclnfo grid［J］. Cartography, 2001, 30（1）：27-35.

[66] 唐克丽．中国水土保持［M］．北京：科学出版社，2006.

[67] 高峰．基于 GIS 和 CSLE 模型的区域土壤侵蚀定量评价研究［D］．广西师范学院硕士学位论文，2013.

[68] 谢红霞．延河流域土壤侵蚀时空变化及水土保持环境效应评价研究［D］．陕西师范大学博士学位论文，2008.

[69] 孙泽祥．基于 GIS 和 RS 的沂河上游重点地区土壤侵蚀监测方法研究［D］．山东师范大学硕士学位论文，2012.

[70] 徐金英，柴文晴，陈晓燕，等．基于137Cs 法对小流域侵蚀特征的研究［J］．西南大学学报（自然科学版），2009，31（5）：155-161.

[71] 侯刘起．南流江流域土壤侵蚀空间分布特征研究［D］．广西师范学院硕士学位论文，2013.

[72] Neitsch S L, Arnold J G, Kiniry J R, et al. Soil and water assessment tool theoretical do cumentation（version 2005）［J］. Computer Speech & Language, 2011, 24（2）：289-306.

[73] Arnold J G, Williams J R, Nicks A D, et al. SWRRB：A basin scale simulation model for soil and water resources management［M］. College Station：Texas A & M University Press, 1990.

[74] Williams J R, Singh V P. The EPIC model［J］. Computer models of watershed hydrology, 1995：909-1000.

[75] Knisel W G. CREAMS：A field- scale model for chemicals, runoff and erosion from agricultural management systems［J］. USDA Conservation Research Report, 1980, （26）.

[76] Arnold J G, Williams J R, Maidment D R. Continuous-time water and sediment-routing model for large basins［J］. Journal of Hydraulic Engineering, 1995, 121（2）：171-183.

[77] Knisel W G, Still D A. GLEAMS Groundwater Loading Effects of Agricultural Management Systems Version 2. 10［J］. Transactions of the American Society of Agricultural Engineers, 1986, 30（5）：1403-1418.

[78] Boughton W C. A review of the USDA SCS curve number method［J］. Soil Research, 1989, 27（3）：511-523.

[79] Williams J R. SPNM, A model for predicting sediment, phosphorus, and nitrogen yields from Agricultural basinsl［J］. Journal of the American Water Resources Association, 1980, 16（5）：843-848.

[80] 李峰，胡铁松，黄华余．SWAT 模型的原理、结构及其应用研究［J］．中国农村水利水电，2007，3：24-28.

[81] 马杏，许建初，董秀颖，等．西庄流域土地覆被变化及其水文响应模拟研究［J］．水文，2008，28（4）：70-76.

[82] 李庆云，余新晓，信忠保，等．黄土高原典型流域不同土地利用类型土壤物理性质分析［J］．水土保持研究，2010，17（6）：106-110.

[83] Saxton K E, Willey P H. The SPAW model for agricultural field and pond hydrologic simulation［J］. Watershed Models, 2006.

[84] 陶艳成，华璀，卢远，等．钦江流域土地利用变化对径流的影响［J］．中国水土保持，2013，（6）：34-38.

[85] Rivix L L C. Introduction to River Tools［EB/OL］. http：//rivix. com/intro. php［2013-05-20］.

[86] ESRI. Introduction to Arc Hydro Tools［EB/OL］. http：//resources. arcgis. com/en/communities/hydro［2013-5-20］.

[87] Garbrecht J, Martz L W. An Overview of TOPAZ：An automated digital landscape analysis tool for topographic evaluation, drainage identification, water- shed segmentation, and sub- catchment parameterization［EB/OL］. http：//homepage. usask. ca/~lwm885/topaz/overview. html［2013-05-20］

[88] 庞靖鹏．非点源污染分布式模拟——以密云水库水源地保护为例［D］．北京师范大学博士学位论文，2007.

[89] 黄清华, 张万昌. SWAT 模型参数敏感性分析及应用 [J]. 干旱区地理, 2010, (1): 8-15.

[90] Romanowicz A A, Vanclooster M, Rounsevell M, et al. Sensitivity of the SWAT model to the soil and land use data parametrisation: A case study in the Thyle catchment, Belgium [J]. Ecological Modelling, 2005, 187 (1): 27-39.

[91] Mejdar H A, Bahremand A, Najafinejad A, et al. Sensitivity Analysis of SWAT Mode in Chehelchai Watershed, Golestan Province [J]. JWSS-Isfahan University of Technology, 2014, 18 (67): 279-287.

[92] 余新晓, 郑江坤, 王友生, 等. 人类活动与气候变化的流域生态水文响应 [M]. 北京: 科学出版社, 2013.

[93] 田琳. 基于敏感性分析的 SWAT 水文参数优化方法比较研究 [D]. 吉林大学硕士学位论文, 2014.

[94] Holvoet K, Van Griensven A, Seuntjens P, et al. Sensitivity analysis for hydrology and pesticide supply towards the river in SWAT [J]. Physics and Chemistry of the Earth, Parts A/ B/ C, 2005, 30 (8): 518-526.

[95] Van Griensven A, Meixner T, Grunwald S, et al. A global sensitivity analysis tool for the parameters of multivariable catchment models [J]. Journal of hydrology, 2006, 324 (1): 10-23.

[96] Abbaspour K C. SWAT-CUP2 [J]. SWAT calibration and uncertainty programs, Version, 2009, 2.

[97] Abbaspour K C, Vejdani M, Haghighat S. SWAT-CUP calibration and uncertainty programs for SWAT [C]. MODSIM 2007 International Congress on Modelling and Simulation, Modelling and Simulation Society of Australia and New Zealand, 2007.

[98] 李慧, 靳晟, 雷晓云, 等. SWAT 模型参数敏感性分析与自动率定的重要性研究——以玛纳斯河径流模拟为例 [J]. 水资源与水工程学报, 2010, 21 (1): 79-82.

[99] Seibert J. Conceptual runoff models-fiction or representation of reality? [D]. the Faculty of science and Technology, Uppsala University, 1999.

第 12 章　南流江流域经济社会发展与生态环境的协调性分析

12.1　流域发展历程与经济空间差异演变

南流江流域明显经历了农业文明时代和以工业化和城市化为主要特征的工业文明时代。1949 年以前为农业文明时代，1949 年至改革开放前的 1978 年是农业文明时代与工业文明时代的过渡阶段，处于工业化和城市化的前期。1978 年以来全球化对流域影响显著[1]，工业化与城镇化提速成为流域发展的最大特征，而且 30 多年的迅猛发展对流域生态环境影响巨大。

由于基础数据非跨地区性的制约，本章选取南流江干流经过而且其辖地全部属于南流江流域的地区作为典型代表，即上游玉林市（玉州区和福绵区），中游博白县，下游北海市（包括合浦县）进行研究。将流域发展分为农业文明时代和工业文明时代两个时期，通过系统分析不同时代流域经济社会发展历程及差异演变，揭示流域经济社会发展与自然环境的互动过程与作用机制。

12.1.1　农业文明时代流域发展

人口增长及农业发展是一个传统的研究课题，许多学者对其开展深入研究[2-4]。前人研究认为[5]，历史时期农业文明时代区域开发，多始于移民和农业开发。前人曾对南流江流域的经济社会发展开展研究，取得了非常有意义的认识[6]。

农业文明时期南流江流域的发展源于人口迁移及农业开发，而且与南流江主要功能变迁息息相关。前人研究显示[5]，南流江最初是运粮输兵的军事通道，汉代时南流江成为中原通向海上丝绸之路的黄金水道，从三国时期直至唐代，南流江水利灌溉功能促进了流域农业发展，越来越多的先民迁移至南流江流域，流域开发逐步成熟，南流江"舟楫之利"航运功能给历史时期流域发展打上了深刻的江河经济烙印。

1. 人口迁移与农业开发发展动力

农业文明时代人口是地区开发与发展的重要动力，南流江流域各地区经济发达程度与人口数量密切相关。历史时期南流江流域人口情况，有较丰富的文献记载及相关研究[7-10]，本书在此基础上，通过梳理南流江流域历史上不同时期、不同地区人口数量来推断其发展水平。

1）历史时期流域人口增长过程

南流江流域人口规模真正增加是从中原移民开始的。从秦汉开始至中华人民共和国成立前，流域经历了长达 2000 多年的人口迁移和人口增长过程，总体特征为缓慢增长，起伏较大。

南流江流域客家人是历史上中原移民实边，中原汉军戍边，汉官治边，汉民迁徙南方而成[8]。公元前 223 年间，秦平定南越后，大批移民（主要是中原汉人）南迁至南流江流域，开始了流域长时期移民和人口发展史[9]。为了巩固岭南统治，秦朝有组织地往岭南移民共三次。大批中原汉人随军南下定居。秦末中原动乱而岭南偏安，入迁岭南的客家先民没返回中原，继续在岭南安居乐业。汉代时，中原王朝与交趾数次交战，每次都会留下部分军队戍边定居。"海上丝绸之路"选择从合浦港始发，合浦港成为南流江"黄金水道"的贸易港，不断吸引中原商人前来贸易定居。唐朝时也有不少军队戍边定居于南流江流域各县境。靖康以后宋覆亡，有随赵构南渡或随南明王朝南迁而来落户者。此外，还有不少官宦贬谪至流域各县境。相关研究显示[11]，明清时期，是客家人入迁南流江流域的高潮期，博白成为全国最大的客家县，也是在这时期打下了基础。通过流域内各县志人口资料的统计数据看，历史时期流域人口整体呈缓慢增长态势，发生大的战争、灾害、疫病，以及沉重的赋税，都会使人口锐减，而不同朝代人口政策的调整，又会使人口迅速增加，因此人口缓慢增长的过程中起伏波动较大（表 12-1）。

表 12-1　南流江流域各县历代人口数

地区	时期	年份	总计/人
玉林	明朝	洪武二十四年（1391 年）	46400
		正德七年（1512 年）	46900
		崇祯元年（1628 年）	34000
	清代	光绪十九年（1893 年）	333000
	中华民国	1927 年	343900
		1937 年	360000
		1946 年	370000
博白	唐代	天宝四年（745 年）	9498
	北宋	元丰年间	18000
	清代	道光十二年（1832 年）	141483
	中华民国	1927 年	226563
		1933 年	365673
		1944 年	413975
合浦	西汉	公元前 202～公元 8 年	78980 人（全郡），平均每县约 15795 人
	东汉	25～220 年	86617 人（全郡），平均每县约 17321 人
	唐代	天宝元年（742 年）	13029
	明代	洪武二十四年（1391 年）	41582
		永乐十年（1412 年）	33007
		天顺六年（1462 年）	16934
		成化八年（1472 年）	13572
		万历三十年（1602 年）	18578
		崇祯三年（1630 年）	15467
	清代	康熙七年（1668 年）	7048
		康熙十一年（1672 年）	8798
		康熙五十年（1711 年）	9208
		道光八年（1828 年）	26528
	中华民国	1915 年	454520
		1927 年	558139
		1934 年	558739
		1939 年	543056
		1941 年	682510
		1942 年	581100
		1944 年	581890

资料来源：广西壮族自治区地方志编纂委员会 1996 年资料

注：清代人口统计，纯属按壮年人口计算，不包括妇女老少在内，西汉元鼎六年（公元前 111 年）10 月，设合浦郡，共辖 5 县，合浦县属郡治所在县。东汉建武十九年（43 年）合浦郡所辖的五县不变。唐贞观八年（634 年），置廉州。州境相当合浦、北海等地域。中华民国时期合浦县包括今浦北县、北海市辖区范围

2）历史时期流域农业发展

南流江流域地处边疆，最早的农业开发始于军事屯田。相关研究显示，我国历朝历代出于边疆军事守卫和边疆开发目的，屯田历史悠久[12]。南流江流域屯田分为军屯和民屯，两类屯田都始于秦代，公元前214年秦王朝统一岭南后，南来的50万大军就地屯垦，除部分作军屯外，戍守军兵在所在郡县入籍，戍卒身份随即发生变化，其大部分转为民屯，这是南流江流域屯田的开始[9]。据1996年版《广西通志·农垦志》记载，南流江流域汉代的民屯，一般按居民编制组织，如伍、里、连、邑等。汉代采取"以边土养边民，以边民守边土"的屯田政策，巩固了边疆。同时将中原的先进农业生产技术与灌溉方法带到边郡，故当时南流江流域边境人民已能掌握凿井开渠，使用铁制农具，以及饲养鸡、猪，种植黍、豆等。唐代对于民屯的经营管理更为重视，在南流江流域实施屯田制度，促进了农业生产的发展。当时，还有一些罪犯及其家属被流放到南流江流域，由驻军收管分配荒地令他们开垦谋生。这些措施的实施，在很大程度上扩大了南流江流域耕地面积，促进了经济发展。宋代南流江流域继续实行军屯制度。元朝政府为了加强对少数民族地区管制，驻防南流江流域边境的兵力增多，为减少军粮输送，采用屯垦荒地的办法，以增加军粮补给，进一步推动流域屯田发展。明代，南流江流域屯田又有发展，清代除军屯外，清政府还鼓励发展民屯。

唐代以前流域各县、州具体屯田数目无记载，唐代自景龙末年（710年）至元和初年（806年）的近百年间，均有屯田记载。元代《续文献通考》卷4记载，廉州（今合浦一带）有屯户60户、屯田488亩。元至元二十八年（1291年），上思知州黄胜许起兵反元，次年，元将刘国杰奉命讨伐，黄败走交趾，遗弃水田尽取之以为屯田，"募（庆）远诸僮人耕之，以为两江屏障。"唐代以来南流江流域各县州具体屯田数量见表12-2。

表 12-2　南流江流域明代以来各县、州屯田数量

朝代	年份	屯田地点	屯田面积
明	1522～1566 年	郁林守御千户所	600 亩
清	1683 年	郁林州	5272 亩
	1733 年	郁林州	4996 亩

资料来源：广西壮族自治区地方志编纂委员会 1996 年资料

注：①雍正十一年，郁林州、北流市属直隶郁林州；②亩以下之分、厘数四舍五入；③明清时期 1 亩约为 614.4m²

中华人民共和国成立以前南流江流域农作物耕作制度落后，复种指数低，以粮食作物为主，流域耕作制度以一年两熟为主。水田早、晚两造种植水稻（少数高寒山区只种中稻），冬季绝大部分犁晒，少数种冬菜或小麦。旱地春播作物多为单种。冬季大部分闲置。1949年流域耕地复种指数为155.6%[13]。

历史时期流域土地以粮食种植为主，粮食作物又以水稻为主。流域种植水稻，历史久远，宋代以前多为单季稻，宋代以后逐渐改为双季稻。水稻作为流域的主要作物，在各个县区的种植面积及产量都占绝对优势。

据1996年版《广西通志·农业志》记载，流域历史上各类经济作物在玉林地区种植面积及产量较可观。流域内主要经济作物有茶叶、木薯、水果、蚕桑、麻类、冬烤烟、甘蔗、棉花等，流域内很多经济作物种植历史悠久，玉林在清光绪二十年（1894年）《鬱林州志》载：茶宜于山，近山者利嫩芽。据1988年版《广西农业经济史》载，汉代，玉林地区已使用铁农具，开始种植大麻、葫芦等作物，以及李、梅等果树。清代，鬱林州、兴业县已大量种植花生、糖蔗等。玉林糖蔗生产，在清代已是农村经济作物主要项目之一。民国22年（1933年），鬱林、兴业两县糖蔗种植面积5522亩，总产量98.6万kg[13]。水果作为历史上流域内重要的经济作物，很多县区都形成了自己传统的优势品种，如博白桂圆。

2. 江海联运"舟楫之利"的发展动力

1）南流江"军事通道"推动流域开发

地方建制与人口迁移对南流江流域早期开发起到了重要推动作用。南流江流域地处边疆，历史时期每次大型军事行动，都会给地区带来深远影响[5]。前人研究显示[14]，历史时期中原对南流江流域的征战首先会推动地方建制发展，流域纳入国家发展体系当中；其次会增加地方人口，历朝历代每次征战结束会留大量士兵戍边，这是流域早期人口增加的重要因素。

南流江由北往南的流向及特殊的地理位置使其在历史时期成为中原地区对岭南用兵的重要"军事通道"。南流江及下游出海口合浦军事地理位置特殊，是历代中原南征的必经之路[10]。合浦雄踞廉州湾，扼交趾至雷州水道之咽喉，从秦代以来就是一个南方军事重镇（图12-1）。唐代以前，我国政治、经济重心在北方，分布于黄河流域的中原地区，从中原至合浦水路交通的开辟，成为最初秦平岭南、汉征交趾及以后历代对南方用兵的重要军事通道捷径[7,15]。前人研究显示[16]，中原取道南流江，从合浦出兵的大型战争有4次。第一次为秦始皇平定岭南，主帅为屠睢、任嚣、赵佗；第二次为汉代平定交趾叛乱，主帅为伏波将军马援、伏乐侯刘隆和楼船将军段志；第三次为唐咸通四年，收交州（西汉时称交趾，东汉初改为交州），主帅为高骈；第四次为南宋收复交州，主帅为陈伯绍。这4次大型边疆军事行动从中原首都发兵至岭南以水路进军皆取道南流江，南流江作为南北流向的军事通道作用显得尤为重要。历史上每次大型军事征战南流江军事航道的功能都起了关键性作用，南流江作为军事通道，对整个流域的开发有着重要意义。

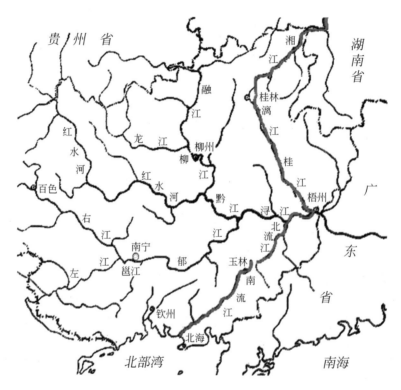

图 12-1　南流江水道示意图[17]

南流江"军事通道"对历史时期流域开发推动作用主要体现在建制、戍边两个方面。南流江流域早期的重大地方建制，都是缘于中原征战。对南流江流域影响比较大的3次地方建制分别是秦代、汉代和南朝。前人研究显示[18]，秦代时，秦始皇平定南越后，设三郡，即桂林、象郡、南海，当时南流江流域属南海郡管辖，这是南流江流域第一次纳入中央统治的版图内。汉代时，汉武帝平定南越国后设九郡，九郡分别为南海、苍梧、郁林、合浦、交趾、九真、日南，后增海南岛的珠崖、儋耳二郡，南流江流域当时归郁林郡、合浦郡管辖[14]（图12-2）。南北朝时期设越州，整个流域都归越州管辖。南朝宋始泰始八年（472年）宋明帝刘或批准设立越州。元徽二年（474年），越州城建峻，陈伯绍被任命为越州第一任刺史。州址临漳，就在今广东浦北县石涌乡坡子坪的仰天湖边。越州管辖临漳、百梁、陇苏、永宁、安昌、富昌、南流、合浦、宋寿九郡。梁天监元年（502年）后，越州治所迁合浦县（浦北县泉水镇旧州）城。越州是南北朝间在今广西境内设置唯一的相当于省级行政单位的州，权力与广州、交州并重，当时南流江流域皆归越州管辖范围[6,14]。

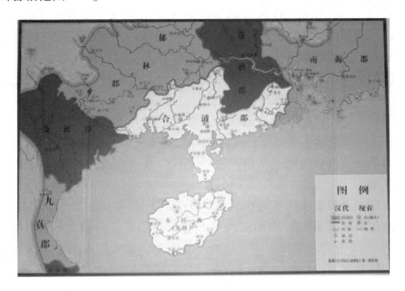

图 12-2　汉代合浦郡示意图
资料来源：北海市政府 2011 年资料

历史上南流江流域经历多次中原南征的战事，历朝历代对岭南的大规模用兵大多都沿南流江而下，征战结束后，大批官兵驻守边疆戍边，逐渐流散到流域各地，加速了中原文化在南流江流域的传播和影响。这些戍边人口成为当时开发岭南地区（包括南流江流域）的先民，也是当时最先进的生产力[12]。

秦始皇平岭南后留下大量士兵戍边，《史记·淮南衡山列传》载："尉佗知中国劳极，止王不来，使人上书，求女无夫家者三万人，以为士卒衣补。"其实是赵佗上书秦始皇要三万妇女，与当地戍边士兵结合组建家庭，但当时秦始皇只批了一万五，由于戍边将士众多，僧多粥少，众多戍边将士便与当地妇女通婚，因此早期征战的戍边士兵，成了流域开发的主要力量。秦末战乱时，当时这些戍边人口也没有返回中原，七年之后，秦朝灭亡，这五十万人基本上沉淀在岭南地区（包括南流江流域），成了岭南人的先民。

前人研究及资料记载显示[19]，汉代平定交趾南征胜利后，马援将大批士兵和部分将领留在交趾、九真等地，让他们分散安插在当地雒越民众中。《水经注》引《林邑记》载："建武十九年，马援树两铜柱于象林南界，与西屠国分汉之南疆也。……土人以其流寓，号曰'马流'，世称汉之子孙也。"古代的愈安期说："马文渊立两铜柱于林邑岸北，有遗兵十万，不瓜，居寿冷岸南，面对铜柱，悉姓马，自婚姻。今有两百户。交州以其流寓，号曰马流。言语饮食，尚与华同。"平定交趾后马援班师回朝的路上，汉北滩大元帅刘法在南流江北戍滩病卒，舆榇还葬于博白县水鸣墟头，其后裔即留下守墓，逐成刘村。在合浦留有与马援有关"伏波滩""伏波庙""铜鼓塘""铜船湖""马留人""马留话"等典故遗迹。合浦民众将马援列为孔庙名宦祠中第一位供奉，历代编修的《廉州府志》均为之作传。

前人研究显示[20]，唐武德二年（865 年），以秦州经略使高骈治兵于海门（今廉州镇），大破蛮军，收复安南，交趾故道，留下海门防遏使杨俊等一大批官兵戍边。宋皇祐四年（1052 年）夏，邕州依智高发动了反对北宋皇朝的起义斗争，在八个月内一连攻克了 12 个州，官军一败涂地，朝廷震动。为了镇压依智高起义军，王朝派遣枢密院副使耿青率领余靖、孙沔、孙节各部官军，展开了大规模的镇压活动。耿青曾于博白县朗平将军岭下和县城南面马头岭安营扎寨。平乱结束后，又把一大批中原人留在鬼门关古道屯驻戍边[8]。明洪武十九年（1386 年）至天启六年（1626 年），广西大藤峡地区瑶族、僮族反对明朝统治，历时 240 年前仆后继起义。这次由朝廷组织的大规模镇压，也留下不少将卒镇守戍边。博白县宁潭《赵氏族谱·前言》载："溯我族始祖惟天公，原籍江西吉安，官任都督。因明季寇贼猖獗，奉旨往粤西剿寇。寇平，复旨，果不还籍，安居博白周罗（今宁潭镇）内"。

2）南流江"黄金水道"孕育流域江河经济

南流江作为联通海上丝绸之路内陆的黄金水道，对整个流域发展产生了深远影响。前人研究显示[8,9,20]，南流江流域历史时期发展体现出典型的江河经济特征。本书在前人工作基础上，对有关资料进行系统梳理，结果显示：沿南流江水道形成了玉林、合浦等大型以物资集散为主要功能的商贸市场，强大的江河经济促进了两岸手工业发展及农作物商品化，历史上南流江流域产生了众多地方知名手工业产品和农产品，同时江河经济也孕育了流域的商业文化。

南流江黄金水道承载下的江河经济推动流域商业繁荣，孕育了南流江沿岸地区发达的商贸业。前人研究显示[6,14]，伴随着南流江流域不断开发，在这条南北运输主干道上先后产生了两个大型的商业中心：水陆中转码头玉林和南流江入海口合浦。从相关史料记载以及现在遗留古城墟市遗址，可推断历史上两地都有过繁荣的商业活动。

上游玉林作为南流江水上黄金水道水陆中转站，历史时期商业持续繁荣。宋代重修郁林州城时，大量的商业物流、人流使郁林州城设立集中市场[6]。《重修郁林州城记》碑文记载："况盐利所在，舟车之会，巨商富贾于此聚居。"辛仓埠在秦汉至明万历初一直繁荣，宋代周去非在《岭外代答》中记载："客贩西盐者，自廉州陆运郁林州，以后可以舟运"，在《广右漕计》记载："乃置十万仓于郁林州"，明万历初还设郁林州鱼盐总埠于此，后由于辛仓埠被洪水冲毁，于明万历十二（1584年）年始，郁林州鱼盐总埠搬迁至南流江与定川江汇流处的定川埠（今福绵船埠村），永乐元年（1403年）鬱林州圩市有在城圩、木棉圩、大塘圩、新立圩。崇祯四年（1631年）发展到20个。光绪三十年（1904年），两广总督岑春煊奏准清廷正式划南流江为广西食盐进口航道，船埠圩来往民船1000多艘，从北海、廉州运进食盐、咸鱼、海味和越南货物，输出大米、牲畜、蓝靛、药材、食糖、大蒜。从明末到清代以至中华民国时期，依然是（州）县鱼盐总埠，鱼盐航运一直繁荣。随着船埠物资中转数量的增大，船埠还设立了盐务局，设立银行、税务、财政等部门，建筑了码头、围墙、炮楼、盐仓、酒房、药房、酒家、客栈以及由过路商旅捐资兴建的护龙庙。

下游合浦作为汉代海上丝绸之路的始发港，自秦汉始一直都是中原商贾与东南亚交往的重要集散地。前人研究显示[5,7]，两汉时海上丝绸之路繁荣达到鼎盛，合浦作为南流江这条黄金水道由海运转内河运输的中转站，商业持续繁荣，一直持续至中华人民共和国成立前。汉代合浦已是丝绸、陶瓷、珍珠、茶叶的集散地，《廉州府志》记载："武帝威德远播，薄海从风，外洋各国夷商，无不梯山航海，源源而来，现在幅辏肩摩、实为海疆第一繁庶之地。"前人研究显示[21]，宋代朝廷把廉州作为对外互市口岸与交趾进行边境贸易，促使边贸市场发达，元代朝廷又在廉州设市舶提举司，相当于今天的海关。清朝设海关署道，机构职能不断扩大完善，大大促进了合浦市场繁荣。据相关文献记载[7]，明代是廉州市场的鼎盛时期，由此奠定了廉州古城市场格局。先后在古城设有阜民圩、西门市、卫民圩等专业市场，后来又设置了崩坝口市场，中华民国初期，又设东安市场、西安市场。在廉州古城的街巷里还分布着缸瓦街、槟榔街、篓行街等专业市场。廉州珠市为包括广州花市、东莞香市、罗浮药市、廉州珠市的广东古代四市之一。相关文献记载[20]，明末清初著名学者屈大均专门前往合浦珠市考察，并记录了当时珠市的繁荣："珠市，在廉州城西卖鱼桥畔，盛平时，蚌壳堆积，有如玉阜""土人饷我珠肉，腊以为珍，持以下酒"。据史料记载清代廉州古城内的店铺号有1300多间，清嘉庆年间，到廉州经商的广府人就超过300户。现在北海城区的珠海路、中山路便是19世纪鸦片战争后繁华的商业街，据现场调研考察发现，两条古街长达5km，可见当时商业之繁荣（图12-3）。

从秦汉海上丝绸之路时，南流江便作为南北商业的物流主干道，大量商贸需求，促使南流江沿线手工业迅速发展。在历史上，玉林的纺织、冶铁，合浦的海味、海盐、陶瓷、珍珠等都成为南流江黄金水道上的畅销产品[6]。抗战时期，北方战区布料紧缺，郁林土布行业更加兴盛。前人研究显示[7]，从秦汉时，合浦成为南来北往商船及进贡使者由海运转内河运输的中转站，大量的贸易需求，推动合浦手工业率先发展，据相关考古证明合浦在汉代时，便具有了相当的陶瓷生产能力，从出土的陶瓷文物来鉴定，合浦陶瓷窑址群大多在距乾体港3~6km的南流江支流畔。说明这些汉代陶瓷窑址群所生产的产品，大都

图 12-3　北海城区古老商业街

是为出口海外服务的。秦末汉初，南越王赵佗便以合浦丝绸朝贡汉朝皇帝。此后，合浦生产的丝绸便成为南越王朝贡汉朝的贡品[20]。合浦珍珠采集始于汉代，前人研究显示[22]，秦朝时将合浦珍珠定为贡品，派出官吏监采珍珠，长期的官采支持促进采珠业的畸形发展，还形成了独特的珍珠文化。

南流江黄金水道的江河经济大大促进了南流江流域的农产品商品化。流域各地区历史上众多农特产品成为对外输出的商品，合浦荔枝在汉代时就成为朝廷贡品，博白桂圆等都是畅销农产品。据清光绪版《郁林州志》载：郁林州谷类……客争贩往四方，京都称为"广西细米"。前人研究显示[5,9]，蓝靛在玉林的生产历史，可以追溯至宋朝，距今已有 1000 多年，染布的蓝池主要分布在现在的福绵、玉州。玉林的蓝靛生产在清朝末年发展到顶峰，成为广西最重要的蓝靛生产地及集散地之一。据资料记载[9]，蓝靛多集中于船埠，经北海运销各地，光绪年间最高年外销量达 400 万 kg。玉林大蒜头已经有上千年的栽培历史[8]。从清朝到中华民国时期，多集散于福绵圩，由船埠经南流江水道运经北海，远销东南亚。博白是桂圆肉主要产地之一，中华民国时期，博白的"生晒圆肉"，通过南流江水道运至北海、香港地区，有的还远销至东南亚一带。

3. 南流江"舟楫之利"推动流域重要城镇形成

南流江流域历史时期众多地方建制都是沿南流江这条水上运输干道展开，在江河经济的孕育下，沿江水运重要节点城市不断发展[14]。南流江上游玉林、中游博白及下游合浦都位于"黄金水道"沿岸，其形成和发展都得益于南流江舟楫之利的江河经济。

1）"南货北运"促进上游郁林崛起

前人研究显示[5]，南流江流域的开发始于中原客家的迁徙。据资料记载和前人研究显示[16,23]，从秦汉时期，北方中原汉人便沿漓江—西江—北流江—南流江水路往南流江流域迁徙，从北流登陆过鬼门关到达玉林，从玉林再沿南流江顺流而下到达出海口合浦。这是早期南流江流域人口迁移和流域开发的主要形式。

宋代以来（1051 年）玉林成为南流江上游最大的货物中转码头，经济地位上升助力上游玉林开始崛起。前人研究显示[6]，宋代以来南流江流域人口不断增加，流域开发进程进一步加快，南流江航运更加繁荣，南流江黄金水道上游玉林地区沿途两岸设的船埠码头，作为南流江上游的水陆中转站，其重要意义更加凸显，码头集散货物的商贸功能，大大促进了玉林地区人口聚集和当地经济发展，从而促进了郁林州城的不断扩建。据资料记载[8]，这一时期玉林的崛起有以下两大标志性事件：第一是宋代重修郁林州城，第二是明代时郁林行政级别进一步提高并开始管辖北流市。促使这一转变是南流江"黄金水道"舟楫之利的江河经济进一步发展壮大的结果。根据文献记载和前人研究[7]，宋代时期南流江开始作为北海南盐北运的主通道，进一步提高了"黄金水道"的地位。宋代在石康（今合浦县石康镇）设置了长沙盐署，负责着 19 个州的盐运专卖，南流江水道开始了大规模北海南盐北运，宋代周去非在《广右漕计》记载"乃置十万仓于郁林州"，因此才出现《重修郁林州城记》碑文记载："况盐利所在，舟车之会，巨商富贾于此聚居"的盛况。元代，据《元一统志》载："岁通舟楫，来往运海北海南盐课，至南辛仓交卸"。明《徐霞客游记》载："流较罗望为大（今名清湾江）。涯下泊舟鳞次"都是记载了当时南流江水运繁忙景象。据前人调查记载[21]，明清时期郁林州城至周围各县大路已经通达，虽不若水路运输廉价，但堪称便捷。因此郁林州城除了作为南北货物水陆联运的中转码头外，还逐渐发展成为了周边县州的物流集散中心，更加强化了南流江运输主干道的地位。文献记载显示[6]，明初，废南流县入郁林州，原由容州管辖的北流、陆川也由郁林州管辖，从而形成了郁林州管辖郁林州、兴业县、北流市、陆川县、博白县的区域中心城市，而这种行政架构一直延续至今。

2）"北货南运"推动中游博白发展

三国至宋代时期，因南流江水陆交通便利，地理、气候条件优越，南流江两岸平原成为中原人南来首选的聚集地[8]。南流江作为沟通中原与岭南、海外的繁忙商道，这一时期主要是沿南流江—北流江交通干道，由北往南进行，这条主干道给南流江流域输送来了大量来自中原的人口和物资。流域人口不断增多，中游博白（白州）城镇逐步形成。三国至宋代时期，南流江中游博白地区人口增加主要来源于中原南征戍边[9]。当时岭南边疆战事不断，尤其是交趾叛乱和岭南地区的政治变动，皇朝曾多次派大军南征镇压。每一次征剿之后，都留下大批兵将戍边，以巩固边疆。据博白县志记载，博白曾为百越杂居地区，原先的主人是西瓯骆越人。秦汉后开始有大批官兵南征戍边及客家先民移民实边到博白，当时的主要通道便是南流江，大量官兵南征戍边，还有一些被朝廷谪贬的官人仕族，都是经容县上北流到郁林沿南流江南下辗转至博白地区，驻足博白的中原人越来越多，终于反客为主，成为当地主要居民[20]。三国至宋代期间，中游博白地区不断增加新的行政建置，相继有了南昌、朗平、建宁、周罗、淳良、南州、白州等县的建置[6,14]。随着中游博白地区的不断开发，南流江博白段沿途两岸设埠增多，如博白的大岭埠、常乐埠、沙河埠等。南朝梁代（502~557 年），分合浦郡地置南昌县，县治设在三滩圩，这是博白地建县之始，至今 1400 多年，唐代又设白州，州治在博白县城，《旧唐书·地理志》载：白州天宝四年（745 年），领县五，户 2574，口 9498 人，而当时整个广西总人口只有 60 万左右。

3）"海上丝绸之路"促进下游合浦繁荣

作为军事重镇的合浦在汉代成为海上丝绸之路的始发港，繁忙的水运促进了合浦繁荣。秦汉时期，中央政治统治中心位于长安城，王朝与岭南及东南亚地区的交往，通过南流江由合浦出海是水上航程距离最短、最便捷的航线[16]。位于南流江出海口的合浦成为其海上航线的出发点和返回中原的必经之地。合浦拥有通江达海的区位优势，成为了海上丝绸之路始发港[23]。据《廉州府志》记载："廉州背山面海，南流江自博白入境……汉武帝时，国内船舶便时常载运大批丝绸、黄蚕、陶瓷器等销往越南、泰国、马来西亚、印度、斯里兰卡等国家和地区。又购回明珠、玛瑙、琉璃、奇石等，古乾体港确汉代对外交通贸易的重要港口。"据《汉书·地理志》记载："自合浦、徐闻南入海，得大州，东西南北千里，武帝六年略以为儋耳、珠崖郡""自日南障塞，徐闻，合浦船行五月，有都元国……自黄支国行船约八个月，到皮宗；再行船约二月，到日南象林交界。黄支国南面，有程不国"。按照当时的说法是用合浦珍珠交换内地的丝绸，然后将丝绸运往今天的马来西亚、印度尼西亚、斯里兰卡等国，形成了一条"海上丝绸之路"。

海上丝绸之路鼎盛时期，合浦发展也进入了空前繁荣，从合浦发掘的庞大古墓群可见一斑（图 12-4）。合浦汉墓群已列为全国重点文物保护单位，主要分布在合浦县城廉州镇境内，往南延伸到北海福成镇。据 20 世纪 80 年代合浦县博物馆调查登记，在地面上尚保存有明显封土可数的汉墓还有 1000 余座，从已经发掘的经验得知，封土已经淹没的将十倍于此。自 20 世纪 70 年代以来，历年清理、发掘的汉墓已达 500 余座，出土文物数万件。据文献记载（广西文物考古研究所 2012 年资料），年代早的是西汉中期，极少数可早到西汉前期，晚的到东汉时期，少数延续到晋至南朝，而以西汉晚期到东汉前期的最多，正好和汉设合浦郡以及海上丝绸之路鼎盛时期的年代相吻合。据实地调查发现，合浦汉墓随葬器物以陶器和铜器为大宗，还有金、银、玉石、玛瑙、水晶、琉璃等大量的佩饰品，反映出当时经济发达，物产丰富，社会繁荣。

图 12-4　合浦汉墓群博物馆

12.1.2　工业文明时代流域发展

1949 年以来，流域进入工业文明时代，1949 年至改革开放前的 1978 年是农业文明时代与工业文明时代的过渡阶段，处于工业化和城市化的前期，流域发展特征更接近于农业文明时代。改革开放以来，南流江流域进入工业化与城市化为主要特征的工业文明发展时代，工业化成为推动流域发展的核心动力。随着流域工业化进程的加快，流域上中下游地区经济差异开始进一步扩大。中华人民共和国成立以来流域人口增长迅猛，"石油农业"大力发展，流域公路、铁路及海港等现代物流体系的建立导致流域商贸及经济发展格局发生变化。本书从人口、农业、交通及工业化等角度对流域发展动力及地区发展差异进行系统分析。

1. 人口增长及农业发展的动力

1）流域人口迅猛增长，劳动力资源充足

中华人民共和国成立以来，流域人口开始快速增长，增长率虽有所起伏，但总体上保持持续增长态势（图 12-5、图 12-6）。流域人口规模达到历史最高峰，给流域生产发展提供了源源不断的劳动力。同时不断增长的人口，也给流域的生态环境带来较大的压力。

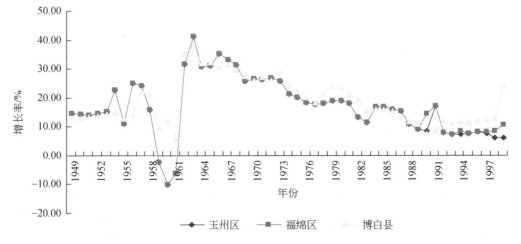

图 12-5　中华人民共和国成立以来流域上游和中游各地区人口自然增长率

资料来源：玉林市统计局 2012 年资料

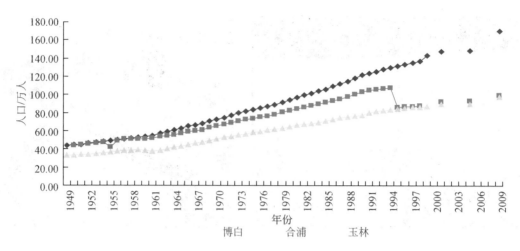

图 12-6　中华人民共和国成立以来南流江流域各地区人口增长
资料来源：玉林市统计局、北海市统计局 2012 年资料

据资料记载（玉林市统计局、北海市统计局 2012 年资料），1949 年流域总人口数为 121.77 万人，2010 年根据第六次全国人口普查数据，流域人口总数为 437.97 万人，是中华人民共和国成立初期人口总量的 3.6 倍，比中华人民共和国成立初期增加了 316.2 万人。2010 年流域各地区总人口又以较高的增长率增加，原因是 20 世纪 80 年代增长高峰期出生的人，在本期进入婚、育期，南流江流域进入了中华人民共和国成立以来第四个人口增长高峰期。

2）农业现代化进程加快，农业飞速发展

中华人民共和国成立以来流域土地关系改革、兴修水利、农业机械化等因素促使农业快速发展，流域粮食产量持续稳定增长。据资料记载（玉林市统计局、北海市统计局 2012 年资料），中华人民共和国成立以来，南流江流域进行了土地关系改革，流域在各地区家庭联产承包责任制落实之后，劳动积极性和效率有了很大提高。耕作制度更加合理化，农业机械化率的提高，大大提高了流域农业生产效率，大批剩余劳力由第一产业转向发展多种经营，因而出现了各种形式的专业户、个体户发展商品生产，发展乡镇企业，从事工、商、建筑、交通运输、服务等各种产业。

中华人民共和国成立以来南流江流域水利事业得到了长足发展，给粮食增产提供了基础保障。于 20 世纪 50 ~ 60 年代大兴水利，南流江流域修建了大量水库，提高了灌溉能力。水库等水利设施的完善使流域有效灌溉面积增加（图 12-7）。

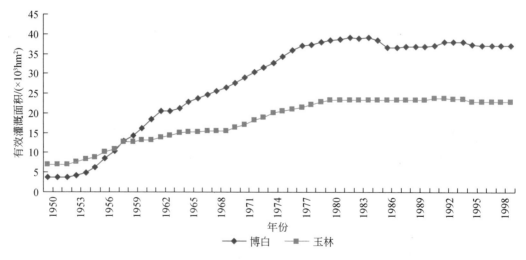

图 12-7　1949 ~ 1999 年流域上游玉林、中游博白历年水利工程有效灌溉面积
资料来源：玉林市统计局 2012 年资料

前人研究显示[13]，广西各地区农业水利化的程度以玉林地区最高，有效灌溉面积占总耕地面积的79.98%。农田抗旱能力增强和生产条件逐步改善，大部分地区的耕作制度也开始变化，逐渐由原来的一年两熟过渡到一年三熟，大力开展冬种。表 12-3 展示了至 1990 年南流江流域上中下游各地区有效灌溉农田情况。

表 12-3　至 1990 年南流江流域上中下游各地区有效灌溉农田情况

地区	大型水库有效灌溉面积/万亩	中型水库有效灌溉面积/万亩	小（一）型水库有效灌溉面积/万亩	小（二）型水库有效灌溉面积/万亩	小塘库有效灌溉面积/万亩	总计有效库容/亿 m³	总计有效灌溉面积/万亩
上游玉林		28.74	6	3.61	6.06	2.42	44.4
中游博白	8.15	14.15	8.52	5.07	3.85	2.81	39.74
下游合浦	列入合浦水库灌区	列入合浦水库灌区	列入合浦水库灌区	列入合浦水库灌区	3.878	10.6	55.28

资料来源：广西壮族自治区地方志编纂委员会 1996 年资料

中华人民共和国成立后大量农机具在农业生产中得到使用与推广，机耕面积增加，尤其是拖拉机在流域农业生产中得到广泛应用（表 12-4），提高了流域农业生产机械化水平和生产效率。

表 12-4　中游博白、下游合浦若干年份机耕面积统计表

地区	年份	年末耕地面积/万亩	机耕面积/万亩	机耕面积占耕地面积/%
中游博白	1970	77.72	14.3	1.8
	1975	83.39	46.58	55.85
	1978	84.26	44.46	52.76
	1980	83.59	38.18	45.67
	1985	81.42	22.89	28.11
	1989	79.7	36.56	45.87
下游合浦	1965	108.2	34.0	3.14
	1970	108.2	42.3	3.91
	1975	114.9	43.0	37.47
	1978	115.0	53.2	46.26
	1980	113.3	59.3	52.32
	1985	112.3	44.2	39.49
	1989	111.3	50.3	45.23

资料来源：玉林市统计局、北海市统计局 2012 年资料

注：耕整机并入手扶拖拉机一起统计；1965 年前的拖拉机属国营农垦场所有，主要用于开垦荒地；水稻插秧机有人力插秧机、动力插秧机

改革开放以来流域农业现代化进程加速，农业飞速发展。据资料记载（玉林市统计局 2012 年资料），1978 年以来流域农业现代化程度提速，农机数量和化肥施用量增加使流域农业进入了飞速发展阶段，粮食产量和第一产业增加值增长幅度高（图 12-8、图 12-9）。

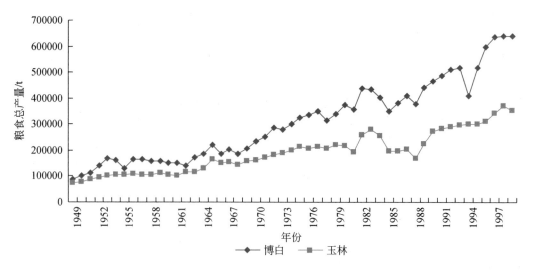

图 12-8　1949~1999 年南流江上游玉林、中游博白粮食总产量变化

资料来源：玉林市统计局 2012 年资料

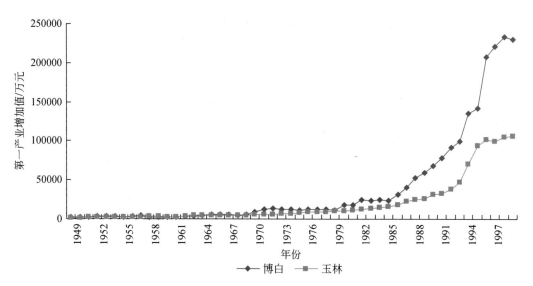

图 12-9　1949~1999 年南流江上游、中游第一产业增加值变化

资料来源：玉林市统计局 2012 年资料

2. 交通变革的发展动力

1）铁路、公路兴起，现代海港崛起

中华人民共和国成立以来流域铁路、公路及现代海港组成的现代物流交通体系逐步替代了以南流江水运航道为主轴的传统物流体系。据资料记载（北海市统计局 2012 年资料），随着过往流域的第一条铁路，即黎（塘）湛（江）玉林段通车，铁路运输能力不断提升，玉林地区原来由南流江水上航道集散的货物大部分经铁路运输，直接导致了南流江航运衰落。据资料记载（玉林市统计局 2012 年资料），中华人民共和国成立后流域内现代公路体系陆续建立起来，公路通路里程不断快速增长（图 12-10、图 12-11），公路货运能力也有了实质性提高，并且日益完善的公路系统与铁路运输组成新的现代流域物流运输体系，完全取代了原来由南流江水上航线为中心的运输体系，使南流江水上航运彻底衰落。中游博白地区南北运输主干道，由原来的南流江演变成通过县境的南北向公路（图 12-12），并且未来的县域交通发展还将延续这一趋势。

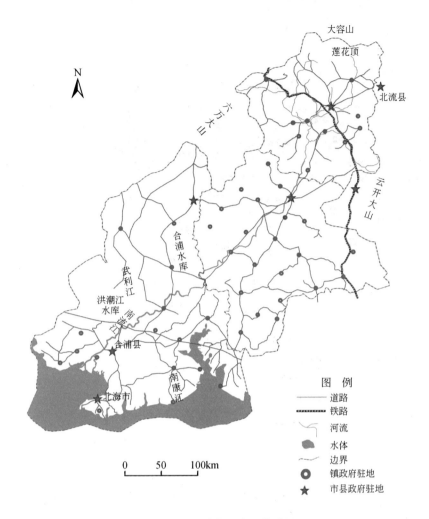

图 12-10　流域主要交通线路图

资料来源：依据《广西壮族自治区行政区划图（1∶50 万）》重新编绘

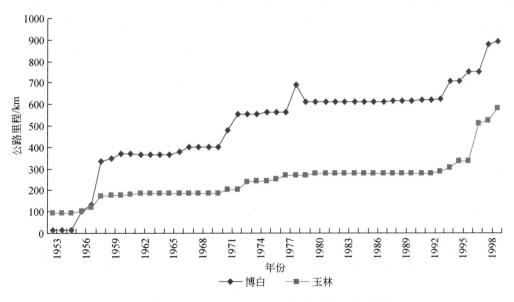

图 12-11　上游玉林与中游博白 1953～1999 年公路里程变化

资料来源：玉林市统计局 2012 年资料

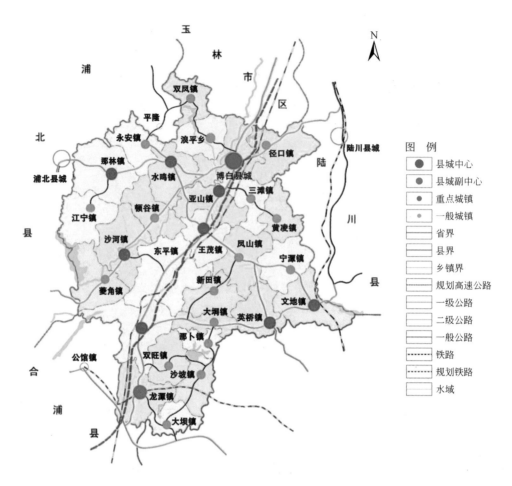

图 12-12　中游博白地区综合交通及未来发展趋势

据文献记载（北海市统计局 2012 年资料），北海石头埠港、沙田港、公馆港、闸口港等于 20 世纪 70～80 年代相继建成可以停泊 100t 级或 200t 级货船的码头，北海铁山港区 10 万 t 级泊位相继建成投入运行，各大海港码头吞吐量逐年递增（图 12-13），2009 年北海市港口货物吞吐量突破千万吨大关。随着北海港口码头由南流江入海口开始往东部海岸线转移，对下游滨海地区的开发重心也随之转移。

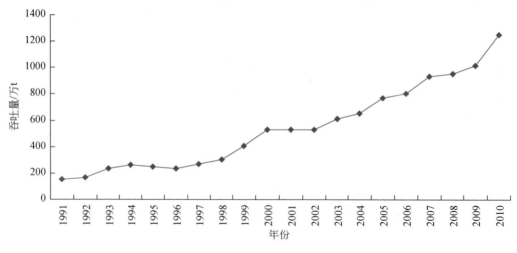

图 12-13　北海市 1991～2010 年港口吞吐量完成情况

资料来源：北海市统计局 2012 年资料

2）江河航运衰落，河港码头废弃

中华人民共和国成立以来，南流江航运由上游开始逐步衰落，到20世纪70年代末，南流江的航运功能基本丧失。中华人民共和国成立后，黎（塘）湛（江）玉林段通车前，南流江还继续发挥航运作用，随着铁路通车、公路体系发展，60年代末，南流江支流被拦截筑坝建水库，主航道流量减少，泥沙淤积严重，外加上南流江不断修建电站，破坏了航道，南流江水运逐步走向衰落。

上游玉林段南流江航运最先衰落。在上游船埠进行田野调查访谈，据当地老年人回忆，铁路修通之前船埠有大量水上货运船只，密密麻麻停泊在船埠前的江面上，通过由船连成的浮桥可以过江，铁路修通后水上航运货源急剧减少，船埠的货船也几乎没有了。中游博白段南流江航运衰落于20世纪70年代。1972年8月，沙河水运社和县水上运输公司合并，大部分船只经改装后驶到石头埠参加浅海运输。博白段南流江段作为传统南北运输通道的功能丧失。70年代合浦30t级船只能航行到沙河，80年代后，出县境上游航道已无法通航。

随着南流江航运功能逐渐丧失，南流江沿岸历史时期形成的主要船埠码头相继废弃。根据现场调查发现，南流江上游最大的船埠码头，已完全衰败。合浦的河港大都成为废港。据资料记载及前人研究显示[5,7]，党江港于20世纪60年代初成为废港，70年代后期，西门江水枯浅，木船无法驶至廉州城内，水儿港也因此废弃。

3）流域商贸经济发展格局重构

南流江河运衰落导致沿江两岸传统商埠受到严重冲击，随着新交通格局、物流体系建立，区域各地区商贸经济发展格局也在变革中进行了重构。

上游玉林依托船埠发展起来的集散市场相继废弃。根据现场调查发现，历史时期南流江主干道上最大的物资集散地福绵船埠已经全部废弃。据文献记载[24]，船埠在中华人民共和国成立前沿江街道商店、装卸码头、仓库、客栈众多，特别是抗日战争时期，商贾云集，码头繁忙，是玉林县四大区之一的西南行政区政府所在地。20世纪60年代以来随着南流江水运衰落，船埠完全丧失了水陆中转、物资集散功能。在田野调查中发现，原来船埠码头边上的盐仓、药仓、客栈已经荒废，古建筑一片破败景象，周边菜市场、客栈、商店等也荒废，只有一两户人家住在传统老屋里，过着简单的农家生活。流域历史上基于南流江黄金水道江河经济形成的商贸市场空间格局也发生了重构，商贸重心开始由南流江沿岸逐渐往城区转移。前人研究显示[9]，原来较大的市场一般都在临近南流江航运干道货物转运的船埠码头旁边，原来依托船埠发展起来的市场如今全部转移至玉林城区。据前人研究显示[25]，黎（塘）湛（江）铁路经过玉林城区，以城区为中心的公路系统不断完善，其物资集散功能进一步加强，商贸业也进一步繁荣发展，替代了传统商贸中心船埠成为南流江流域新的物流集散商贸中心。

流域交通格局变革致使中游博白的绿珠古渡、春台古渡、大岭古埠相继废弃，而且还影响了城镇体系发展格局变化[9]。据相关资料记载（广东省城乡设计研究院2008年资料），博白县县域城镇的形成和发展主要原因有三类，一是因集市贸易兴起而形成，这类城镇主要分布于公路和南流江沿线，典型代表主要有博白镇、东平镇、那林镇、龙潭镇等。二是因行政机构的设置而形成，这类城镇多处于交通不便地区，典型代表有黄凌镇、新田镇、那卜镇等。三是因铁路运输设站而成，主要有文地镇。随着南北向公路运输主干道替代原有的南流江南北运输功能（图12-14），地区城镇也由原来沿南流江沿线集中分布，开始向公路沿线及铁路运输站聚集，沿主要交通干线的城镇经济发展提速，靠近六万大山、云开大山两大山系的城镇其经济发展水平较低。

南流江航运衰落后，下游合浦维持了2000多年的河海中转码头物资集散功能丧失殆尽。实地考察发现，合浦廉州城内依托西江码头发展起来的商业老街也逐渐衰落。地区发展动力严重不足，导致合浦在中华人民共和国成立以来行政区划不断调整，据相关资料记载（北海市统计局2012年资料），首先是管辖面积减少；继而是行政级别降低，1987年，合浦划归北海市管辖，由历史上的郡治所在地，变成了新兴城市北海的一个下辖县，地区经济、政治中心都由原来南流江内河港口码头所在地廉州迁移至现代海港码头所在地海城区。合浦衰落与北海兴起，本质上是区域物资集散功能由传统江海模式向陆海集散模式转变的结果。

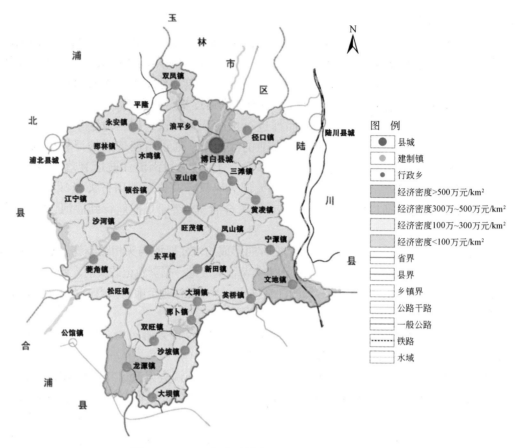

图 12-14 2008 年中游博白地区城镇经济密度分布

3. 主导产业演进的发展动力

前人研究指示[26,27]，中华人民共和国成立以来，流域工业化进程加快，尤其是改革开放以来，工业化成为流域发展的主要驱动力。上游玉林、中游博白与下游北海地区三次产业结构不断变化，三个地区第一产业比重都大幅下降（图 12-15），第二产业比重迅速提升（图 12-16），第三产业比重稳定增长（图 12-17）。随着流域上中下游三个地区主导产业变为第二产业，第二产业发展对地区经济总量贡献也越来越大，同时第二产业发展，尤其是工业化进程加快导致流域面临的生态压力也越来越大。

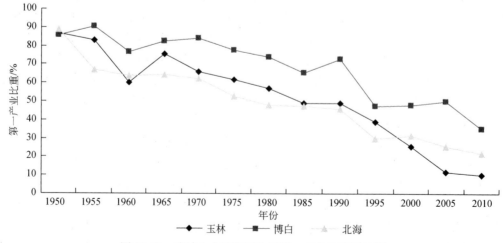

图 12-15 流域上中下游三地区第一产业比重对比图

资料来源：玉林市统计局、北海统计局 2012 年资料

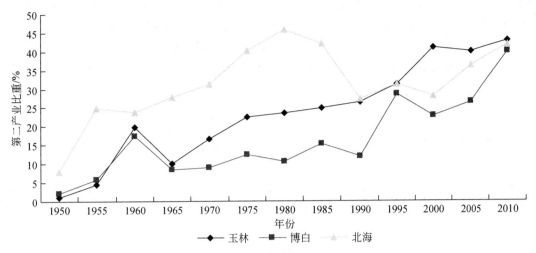

图 12-16　流域上中下游三地区第二产业比重对比图

资料来源：玉林市统计局、北海统计局 2012 年资料

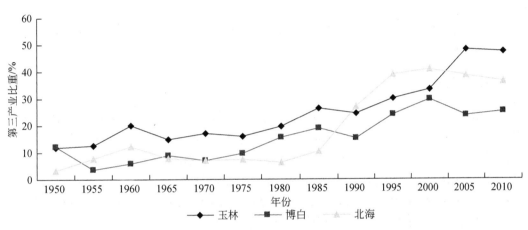

图 12-17　流域上中下游三地区第三产业比重对比图

资料来源：玉林市统计局、北海市统计局 2012 年资料

12.2　流域经济发展时空差异测评

12.2.1　经济发展水平差异测评

1. 计算指标的选取

对于区域经济发展水平差异的研究，国内外学者已有较多的研究成果[28-31]。在此借鉴已有的研究成果并结合南流江流域的特点，采用人均 GDP 这一指标对区域经济的差异进行分析。选取人均 GDP 主要是因为人均 GDP 较 GDP 能避免因为人口、区域面积等造成的量度影响，并且人均 GDP 容易获取，可保证数据的连贯性和可靠性。

区域经济发展水平的差异可通过绝对差异和相对差异进行衡量。绝对差异主要是比较各区域人均 GDP 的极差。相对差异方面，在此主要选取人均 GDP 偏差率、人均 GDP 相对发展率及变异系数等指标进行衡量。其中，极差是一组数据中最大值和最小值的差，反映一组数据内部最大差距。人均 GDP 偏差率表示流域内各地区经济发展水平同各区的上级区域广西之间的经济差距。人均 GDP 偏差率 =［（某地区人均 GDP－全区人均 GDP）/全区人均 GDP］×100%。人均 GDP 相对发展率较 GDP 或人均 GDP 的增长率更能准确地反映地区经济发展状况，为此，选取相对发展率（Nich）来反映南流江流域地区间经济相对增长量，它表示某地区在某一时期内人均 GDP 的变化与同期广西人均 GDP 变化的关系，其计算公式为

$$\text{Nich} = (Y_{2i} - Y_{1i})/Y_2 - Y_1 \tag{12-1}$$

式中，Y_{2i} 和 Y_{1i} 分别为广西第 i 个区域在时间 2 和时间 1 的人均 GDP；Y_2 和 Y_1 分别为广西在时间 2 和时间 1 的人均 GDP。

变异系数是指样本标准差除以平均数，它不受平均数与标准差大小限制。其值越大，波动程度越大。参考前人研究[28,32]，设定其公式如下：

$$V = \frac{\sqrt{\dfrac{\sum\limits_{i=1}^{n} (X_i - \overline{X})^2}{n}}}{\overline{X}} \tag{12-2}$$

式中，X_i（i=1，2，3，… n）为南流江流域内各地区人均 GDP；i 为各地人均 GDP；$\overline{X}$ 为各地人均 GDP 的平均值；n 为地区单元个数。

2. 计算结果及讨论

前人研究显示[29,30]，区域经济差异是一种普遍的现象，南流江流域上中下游的区域同样也存在经济差异这种现象。从绝对差异来看，如图 12-18 所示 1949 年人均 GDP 最高的是北海，为 90 元，最低的是玉林，为 48 元，前者是后者的 1.88 倍。1980 年最高的是北海，为 603 元，最低的是博白，为 260 元，前者是后者的 2.32 倍，2010 年北海是博白的 2.48 倍。总体看来流域经济绝对差异有所扩大。值得注意的是，上游地区玉林在 20 世纪 60 年代开始经济发展水平提高，并高于中游博白。尤其是 2000 年以来，玉林的经济发展较快，同北海的差距在逐步缩小（图 12-19，表 12-5）。

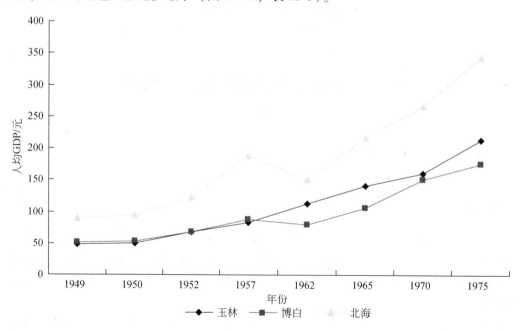

图 12-18　1949 ~ 1976 年南流江上中下游三地区人均 GDP 差异变化

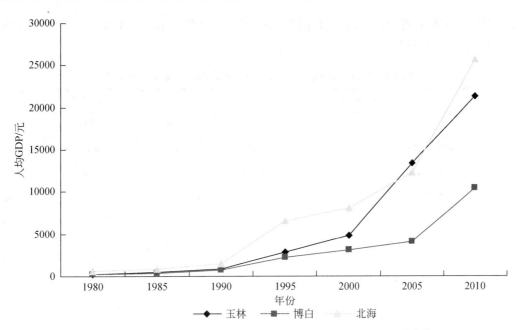

图 12-19　1980～2010 年南流江上中下游三地区人均 GDP 差异变化

表 12-5　南流江流域各区域的人均 GDP（元）及变异系数

年份	玉林	博白	北海	变异系数
1949	48	51	90	0.30
1950	49	53	94	0.31
1952	67	68	122	0.30
1957	82	88	189	0.41
1962	113	80	151	0.25
1965	141	105	216	0.30
1970	161	151	266	0.27
1975	213	176	343	0.29
1980	283	260	603	0.41
1985	455	345	806	0.37
1990	835	774	1436	0.29
1995	2885	2284	6628	0.49
2000	4867	3082	8085	0.39
2005	13411	4068	12225	0.42
2010	21312	10368	25657	0.34

相对差异方面，从 1949 年以来南流江流域各地区的相对差异出现波动特征（表 12-6），尤其是在 1957 年、1980 年、1995 年和 2005 年 4 个时段相对差异最大。2010 年同 1949 年相比变动不大。南流江流域各地区同上级区域广西的比较中，通过计算人均 GDP 的偏差率及相对发展率可以看出（表 12-6，图 12-20～图 12-22）：改革开放以来南流江下游地区北海的经济发展无论是发展速度还是发展水平，都高于广西的平均水平。南流江中游博白发展水平和发展速度一直落后于广西平均水平。上游玉林从 2000 年开始经济发展优于广西平均水平。近年来与广西平均水平相比，北海的优势在减弱，玉林的发展势头更

强。同时发现北海、玉林和博白的人均 GDP 偏差率和相对发展率变化趋势基本一致，说明区域经济差异的变化同经济发展速度密切相关。

表 12-6　南流江流域各区域人均 GDP 的偏差率与相对发展率

年份	人均 GDP 的偏差率			人均 GDP 的相对发展率		
	玉林	博白	北海	玉林	博白	北海
1985	−0.033970276	−0.267516	0.7112527	0.8911917	0.440414508	1.051813472
1990	−0.216697936	−0.273921	0.3470919	0.6386555	0.721008403	1.058823529
1995	−0.126815981	−0.308717	1.0060533	0.9159964	0.674709562	2.319928508
2000	0.046216681	−0.337489	0.7379622	1.4703264	0.591988131	1.080860534
2005	0.526058261	−0.537096	0.3911015	2.065764	0.238394584	1.000967118
2010	0.148894879	−0.441617	0.3831267	1.5232534	0.644335177	1.375947552

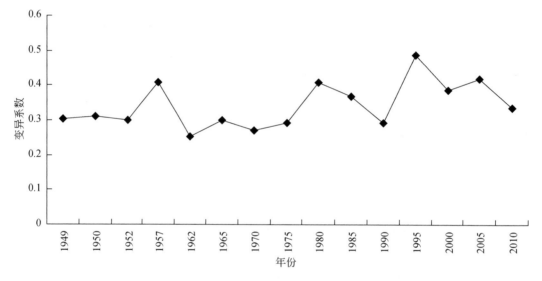

图 12-20　南流江流域上中下游地区发展差异变异系数

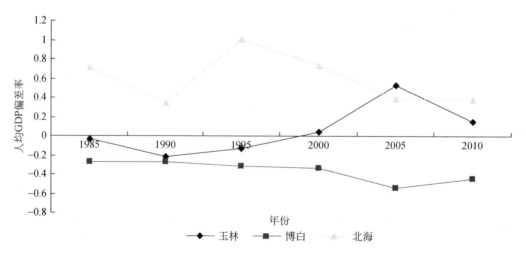

图 12-21　南流江流域上中下游三地区人均 GDP 偏差率

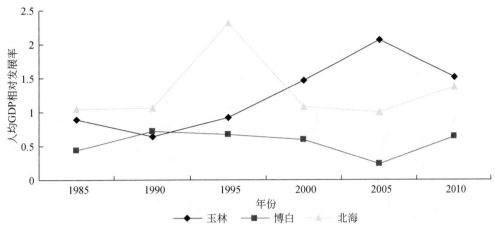

图 12-22 南流江流域上中下游三地区人均 GDP 相对发展率

12.2.2 产业结构及工业化水平差异测评

中华人民共和国成立以来南流江流域上中下游其经济发展水平空间差异不断变化，其中一个重要原因是 3 个地区三次产业结构演化进程不同，因此系统分析流域上中下游 3 个地区三次产业结构演化过程及对其工业化发展水平进行判定，可较好地解释流域上中下游三个地区经济发展水平空间差异变化。

工业化发展阶段是一个传统的研究课题，许多学者对其开展深入研究[33,34]。判断区域工业化发展阶段的方法有钱纳里多国模型、西蒙-库兹涅茨定理、配第-克拉克定理、霍夫曼系数、钱纳里城市化率等方法[27,33]，本书考虑到流域上中下游地区面积不同，人口不同等因素，以地区人均 GDP 为判定指标，选用钱纳里多国模型；考虑到产业结构演变及优化因素，再结合对流域上中下游地区中华人民共和国成立以来产业结构演化过程的分析，对南流江流域上中下游地区进行工业化发展阶段判定。

1. 流域上中下游三次产业结构演变过程

中华人民共和国成立以来，随着南流江流域经济不断发展，流域上中下游三次产业结构也不断变化（图 12-23 ~ 图 12-25）。流域上游玉林和下游北海两地区三次产业结构演变表现出典型的地方特色：第三产业产值比重增长强劲，几乎与第二产业保持同步增长。究其原因是玉林延续中华人民共和国成立前的重要功能——区域物资集散，其商贸业持续繁荣，中华人民共和国成立后一直保持强劲的发展势头，因此第三产业的比重一直与第二产业不相上下，持续至今，下游北海则主要是与旅游商贸业发展强劲有紧密关系。

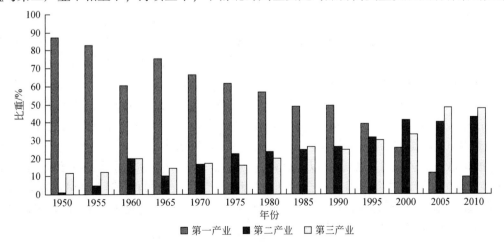

图 12-23 1950 ~ 2010 年上游玉林三次产业结构演变

资料来源：玉林市统计局 2012 年资料

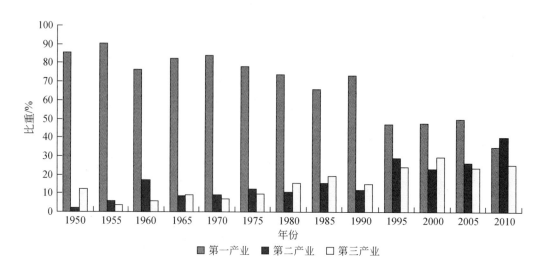

图 12-24　1950~2010 年中游博白三次产业结构演变
资料来源：玉林市统计局 2012 年资料

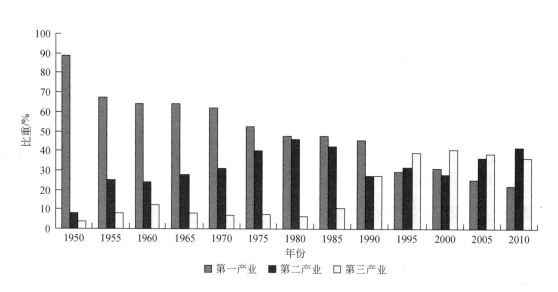

图 12-25　1950~2010 年下游北海三次产业结构演变
资料来源：玉林市统计局 2012 年资料

　　中华人民共和国成立以来，上游玉林第一产业比重持续下降，2000 年前后第一产业比重降至最低。并且第二、第三产业发展较为同步，比重相差不大。2005 年前后第三产业比重位居第一，2010 年玉林三次产业呈现出"三、二、一"结构。中游博白农业一直占据首位的状况一直延续到 2010 年前后。博白第二、第三产业的演进同玉林较为相似。2010 年博白三次产业呈现出"二、一、三"结构。下游北海第一产业比重不断下降。据资料记载（北海市统计局、玉林市统计局 2012 年资料），北海第二产业发展较早，早在 1980 年前后第二产业比重已达 46%，同其第一产业比重相当，此时玉林、博白的第二产业比重分别为 23%、11%。2010 年北海的产业结构呈现出"二、三、一"结构。

　　南流江下游地区中华人民共和国成立以来行政区划调整较大，据地方志资料记载（北海市地方志编纂委员 1996 年资料），在 1987 年 7 月 1 日合浦县划归北海市管辖，1994 年划合浦县的南康镇、营盘镇两镇归铁山港区管辖，划福成镇归银海区管辖。因此对南流江下游地区的产业结构演变分析，将同时考虑合浦县与北海市两个行政区的情况。

　　通过分析合浦县 1949~2009 年与北海市 1991~2011 年三次产业结构演变过程（图 12-26，图 12-27），发现合浦县第二、第三产业比重上升缓慢，直到 2009 年，其第一产业比重仍居第一位，说明合浦县中华人民共和国成立以来，工业化水平低下，第三产业发展缓慢，通过分析北海市三次产业结构变化情况看，北海市辖合浦县后，其三次产业结构演变表现出独有的地方特色：第三产业比重率先超过第一产业比重，随后第二产业比重相继超过第一产业和第三产业比重。综上所述说明，北海市辖合浦后，推动产业结构演变的主要动力来自原北海市辖区，得益于其物流仓储、旅游商贸业发展强劲。2000 年以来，北海市大型现代海港相继建成运营，物流、仓储业得到长足发展，旅游接待人数与旅游收入增长迅速，全面带动北海市第三产业发展。据资料记载（北海市统计局 2012 年资料），2001 年 8 月 22 日，北海工业园区成立，大量电子、制药、食品加工、服装、建材、包装、水产加工等行业企业相继入园投产，加快了北海市工业化进程，使北海市第二产业比重于 2006 年赶超第三产业而位居首位。

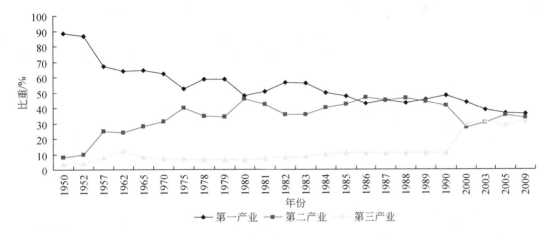

图 12-26　合浦县 1949～2009 年三次产业产值比重变化

资料来源：北海市统计局 2012 年资料

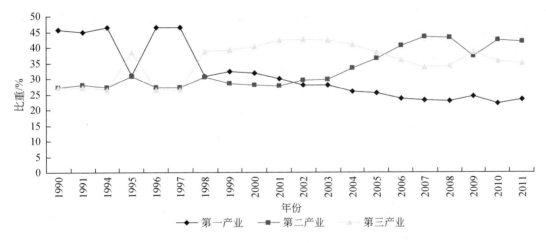

图 12-27　北海市 1990～2011 年三次产业产值比重变化

资料来源：北海市统计局 2012 年资料（缺失 1992 年、1993 年数据）

2. 流域上中下游工业化水平差异

根据钱纳里多国模型方法[33]，把流域上中下游 3 个地区最近年份人均 GDP 与钱纳里所划分多国模型阶段中的多区间段人均 GDP 进行比较，确定其属于哪个发展阶段。1986 年，美国经济学家钱纳里借助多国模型，按照不同的人均 GDP 水平，将一国（或地区）经济发展的过程划分为 3 个阶段 6 个时期[33]：第一阶段，准工业化阶段，为初级产品生产阶段；第二阶段，工业化阶段，包括初级、中级和高级 3 个阶段；第三阶段，后工业化阶段，发达经济初级阶段、发达经济高级阶段。前人研究显示[34]，当时钱纳里以 1964 年美元水平来衡量研究区域发展阶段，要分析南流江流域现在所处经济发展阶段，必须把 1964 年美元换算成现在判定年份。在此根据王树华换算后的标准[35]进行测算。

据资料统计（广西壮族自治区统计局、玉林市统计局、北海市统计局 2012 年资料），2010 年广西、玉林、博白和北海人均 GDP 分别为 18550 元、21312 元、10358 元和 25657 元，首先根据《中国统计年鉴 2011》公布的居民消费价格指数，将 2010 年人均 GDP 以 2007 年标准进行换算，换算后广西、玉林、博白和北海人均 GDP 分别为 17087 元、19631 元、9541 元和 23633 元。2007 年美元对人民币汇率为 7.7035，将以上地区人均 GDP 换算成美元后分别为 2219 美元、2549 美元、1239 美元和 3069 美元。通过判断得出，广西、玉林和北海均处于工业化初级阶段，玉林和北海工业化水平优于广西平均水平，北海工业化发展水平最高，接近工业化中级阶段。博白处于初级产品生产阶段，且落后于广西全区平均水平（表 12-7）。

表 12-7　地区人均 GDP 与工业化阶段[32,34]

时期	人均 GDP 变动范围/美元		发展阶段	
	1964 年	2007 年		
1	100～200	797～1593	初级产品生产阶段	初级产品生产阶段
2	200～400	1593～3186	工业化初级阶段	工业化阶段
3	400～800	3186～6373	工业化中级阶段	
4	800～1500	6373～11949	工业化高级阶段	
5	1500～2400	11949～19118	发达经济初级阶段	发达经济阶段
6	2400～3600	11912～28678	发达经济高级阶段	

注：2007 年与 1964 年美元的换算因子为 7.966，由王树华根据美国 GDP 减缩指数计算并参照钱纳里等的方法加以适度调整得出

南流江"舟楫之利"航运功能成为农业文明时期流域开发的助推器。南流江航运功能首先体现在军事通道的作用，直接推动流域早期地方建制、人口迁移及屯田耕垦发展；其次，商贸通道的功能促进流域江河经济繁荣发展，进而推动流域三大地方城镇兴起，处于航运通道上下两端的物资集散中心玉林和合浦得到优先发展（图 12-28）。

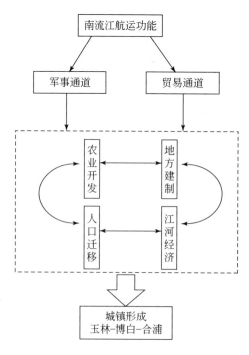

图 12-28　农业文明时期南流江流域发展动力及作用机制过程

进入工业文明时期，人口增长、农业发展、交通变革、产业演替构成流域发展四大动力。新增人口为流域经济社会发展提供了充足的人力资源，农业现代化水平提高促进农业大发展，为流域第二、第三产业发展奠定坚实基础。铁路公路及现代海港崛起系列交通变革成为流域发展的新动力。交通物流格局变化导致流域上中下游商贸业及地区经济格局发生重构，商贸重心由沿江船埠码头转移至城区，下游商贸物流中心由合浦转移至北海城区。工业化进程加快，工业化成为推动流域发展的主导力量，工业化水平空间差异直接导致经济发展水平空间差异。中华人民共和国成立以来流域上中下游 3 个地区的经济水平差异有增大趋势，主要原因是不同地区工业化水平差异所致。流域上中下游地区进行工业化水平测评结果显示，上游玉林、下游北海处于工业化初期，中游博白相对落后，处于初级产品生产阶段，这与 3 个地区经济发展水平差异情况相吻合（图 12-29）。

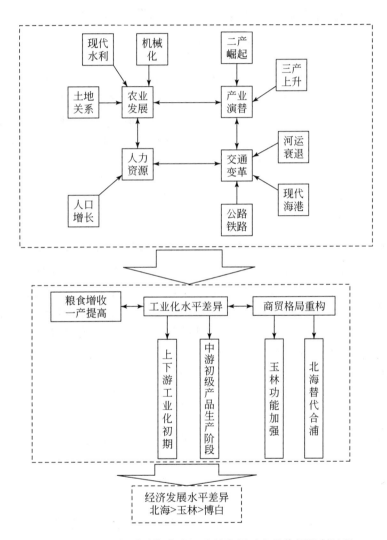

图 12-29　工业文明时期南流江流域发展动力及作用机制过程

12.3　流域经济社会发展与生态环境的协调性分析

人类发展历史是一部人地关系耦合演变史[36,37]。处于原始文明时期，人地关系特点是人类对大自然崇拜和依赖，进入农业文明时代，人类开始利用自然、改造自然，进入工业文明时代人类征服、掠夺自然。流域发展历史是人地关系系统在流域这一特殊地理空间的耦合演变史，具体表现在流域经济、社会、自然生态环境构成的复合系统三大子系统的互动发展演进过程[38-41]。

经济、社会与自然生态环境发展互动耦合是流域可持续发展的重要研究课题[41-44]。经济、社会和自然三大子系统协调发展是流域可持续发展的基本要求。许多学者对其开展深入研究[45-47]，并提出了许多共识。代表性的认识有，流域地区可持续发展本质是资源环境与经济社会的协调发展，资源承载力的研究、协调度测评及判定是指导流域地区可持续发展的重要手段[41,48,49]。

本书在前人研究的基础上，把流域自然生态环境与经济社会发展的互动关系演变过程放到更长的历史背景中去审视，对整个流域上中下游地区，即上游玉林市（玉州区和福绵区）、中游博白县、下游的北海市（包括合浦县），测评其资源环境综合承载力，对流域经济、社会和生态三大子系统协调发展水平进行测评。

12.3.1　流域自然环境对经济、社会文化的影响

前人研究显示[39,50]，区域经济–社会–自然复合生态系统中自然环境子系统是经济、社会子系统发展的基础，自然环境子系统既为经济、社会子系统提供发展的场所，给经济、社会子系统发展提供水、土地、矿产等自然资源，又利用自身的生态恢复调节能力，容纳经济、社会发展产生的污染，不断发挥对区域经济、社会发展的支撑作用。研究显示，区域自然地理环境及资源禀赋差异往往使区域经济社会发展形成不同特色。南流江流域经济社会发展受自然环境影响深远，流域经济社会发展表现出明显的地方特色。

1. 流域自然环境对经济发展的影响

1）"水"元素的推动

农业文明时期，南流江及江海陆交通格局的形成对流域发展影响深远。南流江流域地势走向决定了南流江的流向。文献记载显示[51]，南流江流域地处亚热带季风气候区，雨量充沛，流域众多山脉涵养水源能力强，这些地理条件给南流江提供了充足稳定的水量，从而保证其航运功能。南流江成为历史上先进中原文化往南开拓的主通道，南流江不仅是军事通道，更是南北货物的运输主干道，繁忙航运促进流域商贸经济发展和沿江两岸城镇的兴起[6]。据文献记载[19]，南流江流域也留下了众多名人踪迹，如东汉孟尝、宋代苏东坡、明代徐霞客、明代解缙等。南流江下游濒临北部湾，丰富的渔业、珍珠、盐业资源支撑历史时期南流江航道的南货北运。文献记载显示[7]，北部湾历来盛产海产品、珍珠及海盐。历史上合浦海产品、珍珠及海盐是南货北运的主要货物，尤其是珍珠与海盐，都由历代朝廷直接采购，丰富的物资支撑了南流江南货北运航运繁荣。

进入工业文明时期，南流江继续为农业、工业及城市化发展提供水资源保障。流域兴建大量水库使灌溉面积大增，有效促进粮食增产和农业发展。流域工业化和城市化进程加快，城市生活用水和工业用水剧增。流域水资源起到了重要的支撑保障作用。

2）矿产资源的支撑

南流江流域处于我国华南地区著名的钦杭结合带的南端，钦杭结合带是重要的成矿带，该带内矿床规模巨大、成矿时代集中、储量分布集中、矿床类型齐全且伴生组分多样[52]。南流江流域矿产资源丰富，为流域历史时期冶铁、陶瓷等传统手工业及现代产业发展提供了物质基础。

上游玉林凭借丰富的矿产资源和南流江强大航运功能，唐代便开始有冶铁业。文献记载显示[53,54]，位于兴业县龙安镇的绿鸦冶铁遗址始建于唐代末年，盛于宋代，是当时南宋两大冶炼基地之一，距今已有1000多年历史。遗址位于今兴业县龙安镇一带，东起六西村，西至绿鸦村，北至柑坡村，南至牟村山底岭，面积60km²，现留下遗物有大量的炼炉、炼渣、风管等（图12-30）。宋代《舆地纪胜》记载："绿鸦场在南流县，收铁六万四千七百斤往韵州浈水场（今曲江县境内）库交"，绿鸦场生产的铁首先通过鸦桥江（古称绿鸦江）顺流而下，接南流江干流后，再溯南流江而上，至郁林州城，经陆运至北流，沿北流河而下达西江，最终运至"韵州浈水场"。

图 12-30　兴业县古绿鸦铁矿冶铸遗址示意图[53]

1. 祁阳岭南坡遗址；2. 冲塘岭遗址；3. 六西村遗址；4. 山底岭遗址；5. 胜果寺遗址；6. 加岭遗址；
7. 栏冲遗址；8. 蕨菜冲遗址；9. 大陂头遗址；10. 高岭遗址

下游合浦地区高岭土储量丰富，历史上合浦高岭土开采利用较早。文献记载显示[7,10]，早在汉代就有生产出口陶瓷的记载，考古发现汉窑群中有汉窑十多座。前人研究显示[55]，合浦沿海汉代陶瓷窑遗址包括：山口英罗村 3 处，廉州老哥渡 2 处，廉州镇窑上街 2 处，都位于汉代海上丝绸之路合浦始发港附近。汉代合浦作为海上丝绸之路的始发港，是各类商品的集散地，而且也成为陶瓷等手工业产品生产地。

3）农业发展条件的多元化

山地、丘陵、台地、盆地、平原纵横交错的地形格局使南流江流域农业发展呈现以粮食种植为主兼有水果畜牧等多元化格局。野外实地考察显示，南流江流域丘陵、台地众多，尤其以丘陵地分布较为广泛，当地居民大量种植桂圆、荔枝、柑、橙、沙田柚、玉桂、八角、竹子等经济林，近期广泛加种了针阔混交速生林木等，形成了以林果竹为主的多种经营的习惯和传统。玉林盆地、博白盆地，还有南流江冲积成的广西最大三角洲平原长期以来一直是水稻等粮食高产区。

前人研究显示[7,56]，历史上南流江流域很早就开始种植桂圆、荔枝。早在 2000 多年前，博白人民就有种植龙眼树的习惯，桂圆是博白县的重要特产之一，1991 年，被定为国家"优质龙眼"生产基地。1992 年，被国家农业部命名为"全国桂圆之乡"[57]。博白种植荔枝历史同样悠久。远在汉和帝时期(79～105 年)，就是进献皇上的贡品，有诗曰"永元荔枝来交州，天宝岁贡取之涪"（苏轼《荔枝叹》句）。

野外实地考察显示，博白丘陵低山地区盛产竹子和芒划蔓藤，竹资源相当丰富。当地农户十之八九会编织。据文献记载[58]（博白县志编纂委员会 1994 年资料），博白历来有芒编的习惯，明、清年间，博白就有编织草席、竹篮等习惯。改革开放以来，博白成为全国著名的"中国编织工艺品之都"[58]。

2. 流域自然环境对社会文化的影响

南流江流域独特自然地理环境对流域的风俗、语言、饮食等文化都产生了深刻影响，流域内主要县区行政名称，几乎都与流域独特的自然地理特征有渊源。

1）山地格局塑造了客家风俗及方言

南流江流域风俗、语言、饮食、歌谣等传统文化受自然环境影响较大。南流江流域是广西最大的客家集聚区[9,11]，也是历史上大陆客家人南迁的最终集聚区。南流江流域地方风俗、方言均体现出典型的客家特色[8,25]。

实地调研显示，南流江流域客家人建筑选址时，对于"风水"较为热衷，"依山面水"式经典选址模式受自然地理环境影响较大。山地丘陵地区是博白客家人主要生产生活场所，其客家特有的建筑——客家围屋大多是依山而建，客家人聚族而居在围屋。这与北方平原地区棋盘式民居聚落格局不同，一方面是传统宗族制度的体现，另一方面更是当地山地为主的自然环境影响的结果。居民建筑与山地自然环境融为一体，依山面水而建的围屋一方面可以山体为屏障，屋前水源又可作为日常生活用水，围屋建筑通过选择"风水"而顺应山川形势，既是受山地自然环境影响的结果，也是客家人山水人居建筑艺术智慧的结晶。

南流江流域方言形成与演变，也与流域自然环境有关。南流江流域地域广阔，由于不同时期移民过程及地理阻隔作用，流域分布着众多方言。山地为主的自然环境对方言起到了保护作用。实地调研显示，目前博白操地佬话的人群主要居住在山区，有博白县城和北部、西部、中部等十多个乡镇。客家人在历史上分批迁入博白，不同时期迁入博白的客家人被地理环境阻隔，长期封闭条件下形成了不同的地方言，即地佬话和新民话。地佬话的形成，便是秦汉时期沿北流江—南流江而下至博白地区的先民，远离古汉语集中区中原地区，又吸收当地的语言，长期封闭、演化而成[9,59]。前人研究显示[8,11]，宋元明清时期大量迁入博白地区的客家人，主要由广东方向迁入，其同样受到自然地理环境的影响，长期与原先迁入的地佬相隔离，从而形成了客家话，也叫新民话、[亻厓]话。清道光十二年（1832年）刊印的《博白县志·礼俗篇》载："博邑土音有三：地老话是唐宋前遂居此；新民话在元明间多自江浙来，故声音与江浙相近；漳州话自闽省来"。博白地区方言既受不同时期迁入博白移民原有语言的影响，也是自然地理环境长期封闭、隔离的结果。

2）行政单位名称突出自然环境元素

在一个民族的地名系统里，往往有一些最基本的客观再现该民族所处自然环境的地名。同样，南流江流域各行政区名称的形成与发展，与当地的自然地理环境联系紧密。流域复杂多样的自然地理环境，为行政区名称形成提供了基础，众多行政区名称也鲜明地反映了流域自然地理特征，流域地理环境主导因素是山与水，流域各级行政单位名称由来，大多与流域山水自然环境有关。表12-8列举了玉林、博白、合浦、北海等地名与邻近河流或海洋的渊源。

表12-8　南流江流域主要行政单位名称由来

行政区	建制开始时间	名称由来
玉林	唐武德四年（621年）	古地名为鬱林，1956年，将鬱林改为玉林。鬱，简体"郁"，汉语词典解释为茂盛的样子。鬱林名称缘于古鬱林地区森林茂盛，郁郁葱葱。武德四年（621年），今玉州区境东南又析北流市地置南流县，南流县便是因为处在往南流的江边而得名
博白	南朝梁（502~557年）	博白县因境内有博白江（又名小白江）而得名。据《太平寰宇记》卷167白州博白县："以博白江为名。"
合浦	西汉元鼎六年（公元前111年）	《说文》释："濒也"，水边或河流入海的地区，合浦，意为江河汇集于海之地
北海	1662年	据《清史稿·兵志六》："北海镇标及城守营，康熙初年设。"北海镇因北面濒海，故名

资料来源：广西壮族自治区地方志编纂委员会1996年资料

12.3.2　流域经济社会发展对自然环境变迁的影响

前人研究显示[45,48,49,60]，流域经济社会发展对自然环境变迁有十分显著影响。本书结果支持了前人的结论。流域经济社会发展对自然生态环境的不利影响主要表现在水土流失、水质变差、生物多样性减少及自然资源消耗等方面。

1. 水土流失

水土流失是土地退化和生态恶化的主要表现形式。野外调查显示，水土流失在南流江流域普遍存在。南流江流域以山地丘陵地形为主，发展农耕生产时，极易造成水土流失。

农业在南流江流域具有悠久的发展历史。文献记载[16]，2000 多年以前流域人民就开垦荒地，耕种粮食，繁衍生息，南流江滋养了沿岸农业，但加剧了水土流失，增加了南流江的含沙量。

野外调查显示，除农业外，流域内矿产开采、交通道路、工业及建筑等用地形式多样化，导致水土流失进一步加剧。前人研究显示[61]，20 世纪 60 年代末至 70 年代，南流江含沙量及输沙量大增，原因是其间乱伐森林导致水土流失严重。

水土流失是南流江河道淤积，下游港口淤积的重要原因[7]。改革开放以来，随着流域工业化、城镇化加快推进，水土流失更加严重。历史上，上游玉林地区通航港都是可以顺利通航的，但后来港埠不断下移。合浦廉州港、乾体港由于淤积，目前港口已转移至水域更深的北海港。这是流域人类活动，尤其是农业开发导致水土流失的结果。

2. 南流江干流局部河段水质出现变差趋势

改革开放以来，南流江流域工业化进程加快，大量工业废水未经处理直接排入南流江，造成南流江严重污染。污染较严重河段是上游玉林城区和中游博白地区。甚至有报道称[62]，2009 年 8 月 10 日大容山南流江源头水中 pH 为 6.89，达到地表水 Ⅰ 类水质标准，可以直接饮用，而同一时间在南流江船埠段（玉林与博白交接）为地表水 Ⅳ 类水质，水溶解氧偏低，不适合饮用。

上游玉林对南流江的污染主要来自生活污水、工业废水。据资料记载（玉林市环境保护局 2012 年资料），玉林城区人口增加，城市生活污水也逐年增加，生活污水成为污染玉林境内南流江的第一污染源。玉林还是著名的中小企业之城，部分水洗、造纸等重点污染企业产生污水未经处理就直接排放到南流江。

野外调查显示，中游博白对南流江的污染主要来自农业废水及禽畜养殖废水。博白一直以来都是农业大县，中华人民共和国成立以来农药化肥施用量逐年增加，大量农用化学品给地表河流以及地下水体都带来了严重污染。前人研究显示[63]，农村养殖污染已在各类环境污染中的比重占到 30% ~ 60%，其中化学需氧量（COD）排放量已超过城市和工业源的排放总量，是导致自然水体富营养化、水质严重恶化、耕地土壤质量退化和产生系列农产品安全隐患的重要原因。近几年农村地区生活污水对水资源的污染呈上升趋势。

下游合浦近几年农村普遍发展养虾业。实地调研显示，党江镇的新阳村、螺江村等大量农田改为养虾塘，养虾规模大，成为养虾专业村。由于养虾必须用咸水，中间还要用大量虾药：双效肥水素、虾蟹增氧解毒应激宝、惠钠 1 号肥水育藻剂及各种饲料。虾塘排出的废水使水体富营养化、咸化，导致河水变咸，水中的浮游植物茂盛。

3. 生物多样性减少，自然资源消耗严重

自古以来，南流江流域一直是一些动物的良好栖息地。据文献记载[64,65]，清代晚期至中华人民共和国成立初期，南流江流域有许多华南虎。但随着生态环境退化，食物链中下端食源锐减，处于自然界生物链顶端的老虎，不断从深山窜入城乡，以人畜为食，从而形成虎患。据地方志资料记载显示（博白县志编纂委员会 1994 年资料），博白县 1953 年春、夏期间组织乡、村干部和民兵进行较大规模的打猎，共捕杀野兽 1109 只，其中老虎 25 只、山猪 131 只、箭猪 231 只、黄猄 772 只。1958 年为烧炭炼钢铁而砍掉了 28.75 万亩的林木，野兽的生存环境遭到严重破坏，野兽的种类和数量明显减少，至 20 世纪 60 年代初，虎、豹、猴、鹿、獐、龙猪、铃猪等已绝迹。

据史料记载（合浦县志编纂委员会 1994 年资料），清朝初期，合浦县西部乌家至钦州沿途箐深林密，

康熙二十三年（1684 年），钦差大臣、工部尚书杜臻率队经过时尚有荫翳恐怖之感。县东部大廉山、山口等地古代曾森林密布，盛产大木良材。清乾隆十六年（1751 年），合浦县知县曾立碑禁止县东南沿海多颜、赤江、石头埠一带滥伐"官山"林木，证明当时当地仍有大片森林。18～19 世纪初，合浦人口及经济迅速发展，丘陵台地、平原荒地多数垦为农田，大片森林被毁。

合浦县境海域适合儒艮生存，境内未发现有儒艮动物天敌，对其危害主要是人类非法捕捉及渔业生产活动骚扰。据资料记载显示（北海市统计局 2012 年资料），1958～1976 年从大风江口至英罗港海域共发现儒艮 200 头左右，20 世纪 90 年代初沙田镇海区大约还有儒艮 60 头。前人研究显示[22]，合浦珍珠的采集自汉代开始，在汉代合浦就有数千人以采珠为生。明代是中国历史上采珠最盛的一个时期。到了清代，合浦采珠业便渐趋衰落，到了中华民国时期合浦采珠业更是一落千丈，日产珍珠只有 3～5 斤。1949年以后，合浦开始发展人工养殖珍珠，一直持续至今。

南流江流域手工业发展历史悠久，尤其是冶铁、制陶类手工业，发展的同时，也消耗了当地的矿产资源。中华人民共和国成立以来，依托先进的矿产开采技术和不断壮大的矿产加工产业，对矿产资源的消耗进一步加大。

4. 滨海生态环境质量下降，脆弱性增大

南流江携带污染物流入北部湾，直接污染北部湾近海海域生态环境。统计数据显示（广西壮族自治区海洋局 2012 年资料），2011 年经由南流江入海污染物总量为 151896t，处在各大北部湾入海河流的首位，其中化学需氧量（COD）148674t，约占总量的 97.87%，营养盐（氨氮、总磷）1396t（表 12-9）。实地走访调研广西壮族自治区北海海洋环境监测中心站显示，北部湾滨海污染物南流江贡献最大，近几年有上升趋势。

表 12-9　2011 年北部湾主要河流排放入海的污染物量　　　　　（单位：t）

河流名称	化学需氧量	氨氮（以氮计）	总磷（以磷计）	石油类	重金属	砷
大风江	51530	1014	133	95	66	1
南流江	148674	1396	962	585	273	6
钦江	70470	668	362	123	97	1
防城江	36855	804	348	67	31	1
茅岭江	48035	742	337	129	77	1
总计	355384	4624	2142	1000	545	10

资料来源：广西壮族自治区海洋局 2012 年资料

统计数据显示（广西壮族自治区海洋局 2012 年资料），2011 年北部湾地区入海排污口达标排放次数占全年监测总次数的比例为 17.5%。不同类型入海排污口的达标次数比例从高到低依次为排污河（75%）、工业排污口（25%）、市政排污口（5%）。入海排污口排放的主要污染物是总磷、COD、悬浮物和氨氮，与上年相比均有所提高。入海排污口邻近海域环境质量状况总体一般，其中，北海市银滩正门排污口邻近海域水质劣于第四类海水水质标准。

随着海洋资源开发力度的加深，海洋生态环境破坏程度也加大，渔业资源的过度捕捞造成海洋生物多样性逐渐衰减。湿地生态系统遭受严重破坏，大量的围海造田、滩涂围垦一定程度上造成南流江河口滨海湿地面积的减少和功能的衰退。

图 12-31 展示了南流江流域不同历史时期人地关系地域系统作用过程与机制。它显示了南流江流域在农业文明时代发展过程中，流域自然子系统对经济、社会两大子系统影响巨大。流域自然地理条件和资源禀赋是影响流域经济社会发展的基础要素，主要表现在流域经济、产业及社会发展等方面。

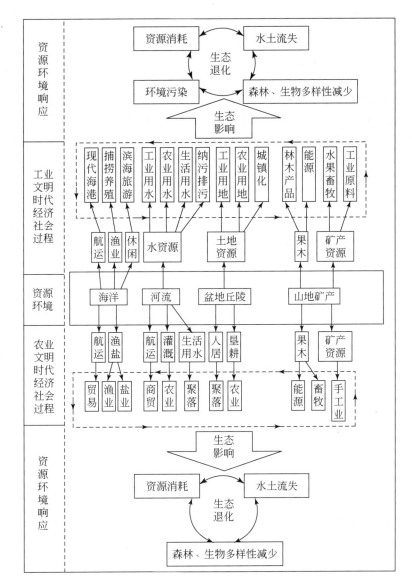

图 12-31 南流江流域人地关系地域系统作用过程与机制

流域经济、社会子系统的发展也对流域自然环境产生影响，主要是流域农业开发大量自然森林生态系统转变成人工农田生态系统，带来生境破坏、生物多样性减少和水土流失。总体上经济社会发展处于流域自然子系统的承载范围内，自然子系统的自我修复和恢复能力较强，经济、社会、自然三大子系统协调发展，人地关系总体较和谐。

进入工业文明时代，流域经济、社会子系统发展提速，对自然子系统作用力加强，工业文明掠夺式发展模式对流域自然生态环境造成较大影响。主要表现在资源过度开发、环境污染、水土流失加重、生物多样性减少等，引起经济、社会和自然三大子系统不协调发展，人地关系开始有恶化倾向，工业文明弊病开始凸显。

12.3.3 流域相对资源承载力测评

资源环境与社会经济的关系非常密切，二者相互制约、相互促进。一方面资源环境是社会经济赖以发展的重要基础条件，社会经济在发展过程中需要消耗资源，并且会给环境带来一定的影响，严重的负面影响会导致资源环境系统的失衡，这又会影响到社会经济系统的发展；另一方面，开发利用资源以及保持良好的生态环境或是治理污染离不开社会经济的发展带来的资金支持和技术保障。两者的辩证统一关系必然要求社会经济与资源环境协调发展，并且社会经济的发展必须要建立在资源环境的承载力之内。因此区域资源环境承载力的测评是区域资源环境和社会经济关系的量化体现。

1. 资源承载力与相对资源承载力

资源承载力是可持续理论的重要概念，许多学者对其开展深入研究，并取得一些有意义的一致认识[66,67]（中国土地资源生产能力及人口承载量研究课题组1991年资料）。资源是区域发展的基础，区域可持续发展必须在资源承载力范围内进行。资源承载力是指在一定时期、一定技术和文化条件下，一个国家或地区的资源数量和质量，对该空间人口的基本生存和发展的支撑力，以及该空间环境所能承受的人类活动的阈值[68]。有学者对土地等自然资源承载力进行研究[69]（中国土地资源生产能力及人口承载量研究课题组1991年资料），对区域单一资源进行承载力研究存在较大片面性，应扩展资源的范围，应从资源的综合角度来考虑地区的人口承载能力[66]。有学者指出[66]，广义的资源包括自然资源、经济资源和社会资源，提出相对资源承载力概念及相关计算模型。众多学者从可持续发展的角度研究区域相对资源承载力及其动态演变过程[67,68,70]。本书采用相对资源承载力相关计算方法对南流江流域不同时期相对资源承载力进行测算。

2. 相对资源承载力测评方法

考虑到耕地资源是自然资源中与人类关系最为密切的资源，而国内生产总值又是体现区域经济资源优劣程度的最好指标，本书选择耕地面积代表自然资源和国内生产总值代表经济资源作为主要分析对象，选取参照区域，计算得出相对资源承载力和相对经济资源承载力。计算公式如下[63]：

（1）相对自然资源承载力计算公式为

$$C_{rl} = I_1 \times Q_1 \tag{12-3}$$
$$I_1 = Q_{p0} / Q_{l0}$$

式中，C_{rl} 为相对自然资源承载力；Q_1 为研究区耕地面积；I_1 为自然资源承载指数；Q_{p0} 为参照区域人口数量；Q_{l0} 为参照区域耕地面积。

（2）相对经济资源承载力计算公式为

$$C_{re} = I_e \times Q_e \tag{12-4}$$
$$I_e = Q_{p0} / Q_{e0}$$

式中，C_{re} 为相对经济资源承载力；Q_e 为研究国内生产总值；I_e 为经济资源承载指数；Q_{e0} 为参照区国内生产总值。

（3）综合资源承载力计算公式为

$$C_s = W_1 \times C_{rl} + W_2 \times C_{re} \tag{12-5}$$

式中，C_s 为综合资源承载力；W_1、W_2 为权重系数。

参考相关研究[66]，在计算综合承载力时，W_1 和 W_2 均取 0.5。在得出综合资源承载力的基础上，通过与实际资源承载人口的比较，能够获取不同时间阶段该地区相对于参照区域的承载状态，包括以下3种类型：

超载状态实际资源承载人口（P）大于综合资源承载力（C_s），即 $P-C_s>0$。

富余状态实际资源承载人口（P）小于综合资源承载力（C_s），即 $P-C_s<0$。

临界状态实际资源承载人口（P）等于综合资源承载力（C_s），即 $P-C_s=0$。

3. 测评结果

根据以上计算思路和方法，以全国作为参照区域，以1990年、1995年、2000年、2005年、2010年为研究参照时段，可以估算出南流江流域的自然资源、经济资源和综合资源承载力。表12-10列举了南流江流域上中下游地区基本指标数据，表12-11展示了南流江流域自然资源、经济资源和综合资源承载力估算结果。

表 12-10　南流江流域和全国自然资源、经济资源基础数据

年份	地区	耕地面积/($\times10^3$hm^2)	GDP/亿元	人口/万人
1990	上游玉林	31.302	6.45	77.22
	中游博白	53.388	9.41	121.62
	下游北海	112.471	17.68	123.14
	全国	130722.8	18667.8	114333
1995	上游玉林	29.791	24.25	84.04
	中游博白	53.225	30.11	131.85
	下游北海	119.663	87.62	132.2
	全国	130039.2	60793.7	121121
2000	上游玉林	28.996	42.30	86.91
	中游博白	53.914	44.84	145.50
	下游北海	121.33	109.49	135.42
	全国	128243.1	99214.6	126583
2005	上游玉林	30.685	119.67	89.73
	中游博白	50.281	60.41	148.50
	下游北海	115.328	182.45	149.24
	全国	122082.7	184937.4	127627
2010	上游玉林	29.60	216.19	101.44
	中游博白	53.979	181.04	174.78
	下游北海	118.60	415.00	161.75
	全国	122358.6	401202.0	133972

数据来源：玉林市统计局、北海市统计局 2012 年资料；中华人民共和国国家统计局 2012 年资料

表 12-11　南流江流域各地承载力

年份	地区	自然承载力/万人	经济承载力/万人	综合承载力/万人	超载/富余人口/万人
1990	上游玉林	27.38	39.50	33.44	43.78
	中游博白	46.69	57.63	52.16	69.46
	下游北海	98.37	108.30	103.30	19.81
1995	上游玉林	27.75	48.31	38.03	46.01
	中游博白	49.57	59.99	54.78	77.07
	下游北海	111.40	174.60	143.00	−10.80
2000	上游玉林	28.62	53.97	41.29	45.62
	中游博白	53.22	57.21	55.21	90.29
	下游北海	119.80	139.70	129.70	5.694
2005	上游玉林	32.08	82.59	57.33	32.40
	中游博白	52.56	41.69	47.13	101.40
	下游北海	120.60	125.90	123.20	26.00
2010	上游玉林	32.41	72.19	52.30	49.14
	中游博白	59.10	60.45	59.78	115.00
	下游北海	129.90	138.60	134.20	27.53

图 12-32 显示，与全国相比，1990～2010 年南流江流域各地基本都处于人口相对超载状态，实际人口

数量都超过了相对自然承载力、相对经济承载力和综合承载力。1990～2010 年，从相对自然承载力来看，下游最大，中游次之，上游最小。从综合承载力来看，除 2005 年外，其他年份也是下游最大，中游次之，上游最小。从经济承载力来看，2000 年之前下游最大，中游次之，上游最小，2005～2010 年中游最小，上游承载力居中，上游经济承载力增加，主要得益于上游地区该时段经济的较快增长。从超载人口的数量来看，1990～2010 年中游超载人口数量最多，上游次之，超载人口数量最少的是下游。从超载人口数量的变化趋势来看，中游超载人口数量增长最为显著。

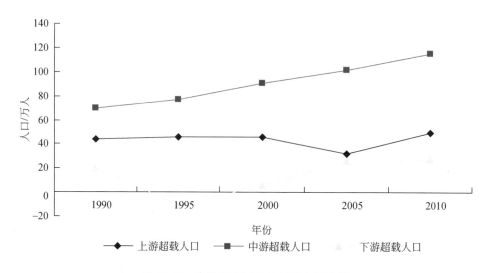

图 12-32　南流江流域各地超载人口数量

从时间序列分析可以看出（图 12-33～图 12-35），1990～2010 年南流江流域上游地区自然承载力的变化不大，经济承载力变动较大，综合承载力随经济承载力的变化而变化，说明经济资源对该区域综合承载力的贡献大于自然资源的贡献。下游地区各承载力的变化基本类似于上游地区，同样表明经济资源对该区域综合承载力的贡献较大，但与上游相比，经济资源对综合承载力的拉动作用稍弱。中游地区自然承载力、经济承载力和综合承载力的变化都不大，与此形成明显反差的是超载人口的数量是一直增长的，1990～2010 年中游超载人数增长率位列首位，上游增长 12.24%，下游增长 38.97%，中游增长 65.56%，且超载人口数量的增长较承载力变化的幅度更为明显。

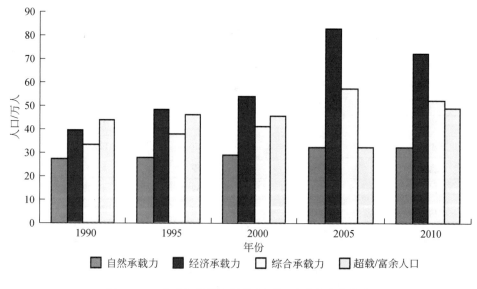

图 12-33　南流江流域上游资源环境承载力变化趋势

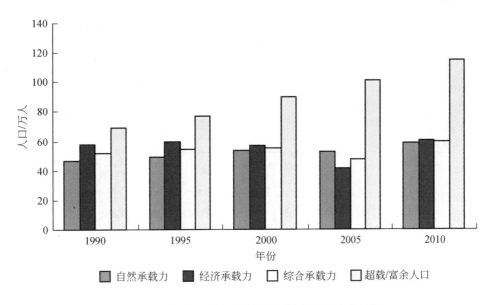

图 12-34　南流江流域中游资源环境承载力变化趋势

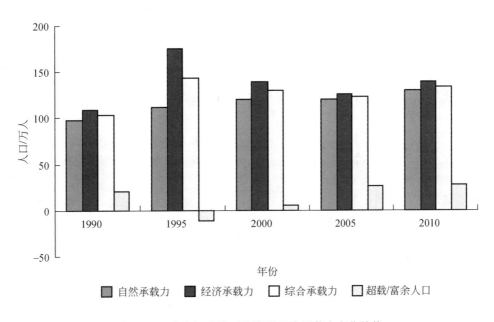

图 12-35　南流江流域下游资源环境承载力变化趋势

　　综上所述，一方面，南流江流域相对综合承载力不断增加，其中相对自然资源承载力变化不大，相对经济承载力的变动幅度较大，说明经济资源对该区域综合承载力的贡献大于自然资源。另一方面，南流江流域的综合承载力水平要差于全国的平均水平，并且这种差距在 1990～2010 年不断扩大，主要体现在超载人口数量不断增长，1990 年超载人数为 133.05 万人，2010 年超载人数为191.67 万人，增长率为 58.62%。综合承载力差距的扩大主要是经济发展水平较差、经济发展差距扩大所导致（图 12-36）。因此，在自然资源承载力有限的情况下，要想增加流域相对综合承载力就必须要大力发展经济，并且还要注意在经济发展过程中处理好资源利用和环境保护的问题，只有这样的发展才是可持续的发展。

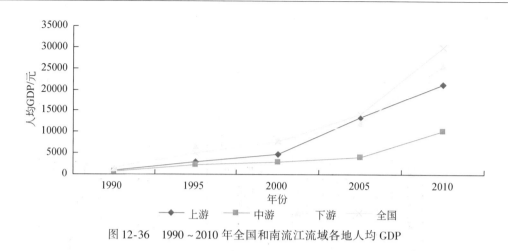

图 12-36　1990～2010 年全国和南流江流域各地人均 GDP

12.3.4　流域经济–社会–自然复合生态系统发展协调度测评

1. 协调发展的内涵

协调是两种或两种以上系统或系统要素之间配合得当、和谐一致、良性循环的关系[71]。协调发展是协调与发展的交集，是系统或系统内要素之间在和谐一致、配合得当、良性循环的基础上由低级到高级，由简单到复杂，由无序到有序的总体演化过程[72]。

系统之间或系统组成要素之间在发展演化过程中彼此和谐一致的程度称为协调度[73]。协调度是判断社会、经济、人口及环境是否处于协调状态的定量指标，是协调状态的测度或评价，体现了系统由无序走向有序的趋势[72]。

协调发展是可持续理论的重要概念，许多学者对其开展深入研究。研究认为，经济与生态环境系统之间存在着复杂的相互作用，区域协调发展应包括区域经济发展系统、社会发展系统与资源环境系统三者的综合协调发展才是区域可持续发展的本质内涵[74-78]。

正确处理好流域经济社会同资源环境的关系，保持经济、社会和资源环境协调发展是流域可持续发展的本质[77]。流域经济–社会–自然复合生态系统中三大子系统相辅相成，相互支持又相互制约。自然子系统包括自然资源与自然环境，自然资源包括水资源、土地资源、矿产资源等，是流域经济社会发展的基础与保障，自然环境是流域经济与社会发展的支持条件。流域经济社会发展必须在流域资源环境的合理承载力范围内进行，如果经济社会发展的速度超越了流域资源的承载程度，发展所造成的污染超过了流域生态系统的自净能力，就会对流域的资源环境造成不可逆转的影响。

2. 协调度指标体系构建及计算模型

1）指标体系构建

前人对协调度指标体系进行了有意义的探讨[71,74,75,79,80]，认为区域协调发展的指标主要包括区域经济与区域自然环境等相关指标。目前关于区域发展协调度的计算大都是经济和环境两大系统的协调[79,81]，区域可持续发展本质上是经济–社会–自然复合生态系统的协调发展[39,82]。为了更好地反映经济发展、社会进步及资源环境利用和影响方面的综合状况，本书在经济和环境两大系统的基础上增加社会发展系统，并计算三大系统的协调情况。

本章根据南流江流域上中下游 3 个地区的实际和资料的收集掌握情况，充分考虑南流江流域上中下游地区异质性，在保证能够同时得到 3 个地区的相关指标原始数据的情况下，将协调度计算的指标体系分为 3 部分，一是经济发展体系，二是社会发展体系，三是资源环境利用和保护体系，表 12-12 列举了本书构建的社会经济发展与资源环境协调度评价指标体系。表 12-13 ～ 表 12-15 分别列举了南流江流域上中下游地区采集的各系统指标数据。

表 12-12　社会经济发展与资源环境协调度评价指标体系

系统	三级指标	单位
经济	人均全社会固定资产投资额	万元/人
	人均社会消费品零售总额	万元/人
	第二产业占 GDP 比重	%
	第三产业占 GDP 比重	%
	人均 GDP	元
	人均吸收外商直接投资	美元
社会	城镇居民人均可支配收入	元
	农民人均纯收入	元
	万人拥有病床数	张
	万人对应高等学校在校生数	人
	人均图书册数	册/人
	人口密度	人/m²
资源环境	人均公共绿地	m²人
	建成区绿化覆盖率	%
	万元能耗吨标准煤	t/万元
	万元废水排放量	t/万元
	用气普及率	%
	污水处理率	%

表 12-13　上游玉林 2000 年、2007~2010 年各系统指标数据

系统	指标	单位	2000 年	2007 年	2008 年	2009 年	2010 年
经济	人均全社会固定资产投资额	万元/人	0.09	1.15	1.34	1.86	2.01
	人均社会消费品零售总额	万元/人	0.37	0.85	1.03	1.2	1.39
	第二产业占 GDP 比重	%	41.05	40.09	38.64	42.736	42.78
	第三产业占 GDP 比重	%	33.3	48.99	50.366	47.23	47.35
	人均 GDP	元	4867	18098	20406	20129	21312
	人均实际外商直接投资	美元	44.43	14.01	3.64	38.25	15.81
社会	城镇居民人均可支配收入	元	5690	14588	16202	17836	19822
	农民人均纯收入	元	3049	4173	4907	4927	6029
	万人拥有病床数	张	34.54	39.42	41.21	45.54	48.27
	万人对应高等学校在校生数	人	60	120	124	193	137
	人均图书册数	册/人	0.38	0.45	0.47	0.49	0.51
	人口密度	人/m²	726	747	766	782	809
资源环境	人均公共绿地	m²人	24.01	11.51	10.85	11.02	10.25
	建成区绿化覆盖率	%	30.82	22.06	30.02	32.26	33.02
	万元能耗吨标准煤	t/万元	5.10	1.2	1.12	1.08	1.04
	万元废水排放量	t/万元	12.04	22.90	18.04	17.01	15.49
	用气普及率	%	100	97.1	97.43	97.5	98.22
	污水处理率	%	0	0	0.57	47.22	98.24

资料来源：广西壮族自治区统计局 2012 年资料

表 12-14　中游博白 2000 年、2007～2010 年各系统指标数据

系统	指标	单位	2000 年	2007 年	2008 年	2009 年	2010 年
经济	人均全社会固定资产投资额	万元/人	0.03	0.13	0.26	0.40	0.53
	人均社会消费品零售总额	万元/人	0.08	0.18	0.21	0.24	0.27
	第二产业占 GDP 比重	%	25	31	33.93	36.87	39.8
	第三产业占 GDP 比重	%	23	24.8	24.937	25.07	25.2
	人均 GDP	元	3077	5609	6415	7220	8026
	人均实际外商直接投资	美元	13.02	6.48	3.53	7.40	7.43
社会	城镇居民人均可支配收入	元	4796	9724	11464	13203	14943
	农民人均纯收入	元	1604	3252	3863	4473	5084
	万人拥有病床数	张	4	10	11.33	12.67	14
	万人对应高等学校在校生数	人	0	0.0	0	0	0
	人均图书册数	册/人	0.18	0.45	0.47	0.49	0.49
	人口密度	人/m²	381	419	432	446	459
资源环境	人均公共绿地	m²人	7.91	6.03	6.18	6.32	6.47
	建成区绿化覆盖率	%	21	27	29	31	33
	万元能耗吨标准煤	t/万元	1.85	0.96	0.94	0.92	0.902
	万元废水排放量	t/万元	20.06	15.71	15.09	14.46	17.26
	用气普及率	%	13.76	53.13	58.75	64.37	70.0
	污水处理率	%	0	0	0	0	80.1

资料来源：广西壮族自治区统计局 2012 年资料

表 12-15　下游北海 2000 年、2007～2010 年各系统指标数据

系统	指标	单位	2000 年	2007 年	2008 年	2009 年	2010 年
经济	人均全社会固定资产投资额	万元/人	0.15	0.87	1.27	2.01	3.00
	人均社会消费品零售总额	万元/人	0.24	0.41	0.51	0.60	0.67
	第二产业占 GDP 比重	%	27.99	39.93	42.97	36.88	41.82
	第三产业占 GDP 比重	%	40.82	36.82	34.18	39.12	36.46
	人均 GDP	元	8085	15988	20093	20302	25657
	人均实际外商直接投资	美元	25.61	45.80	56.39	31.33	61.42
社会	城镇居民人均可支配收入	元	6167	12334	13989	15134	16798
	农民人均纯收入	元	2590	3846	4309	4697	5426
	万人拥有病床数	张	22.71	21.48	23.56	25.91	26.66
	万人对应高等学校在校生数	人	0	59	83	99	140
	人均图书册数	册/人	0.23	0.5	0.45	0.5	0.52
	人口密度	人/m²	424	468	473	480	485

续表

系统	指标	单位	2000 年	2007 年	2008 年	2009 年	2010 年
资源环境	人均公共绿地	m²/人	6.66	3.39	3.23	6.03	8.6
	建成区绿化覆盖率	%	54.39	43.88	25.99	35.56	35.78
	万元能耗吨标准煤	t/万元	1.23	1.41	0.37	0.34	0.32
	万元废水排放量	t/万元	23.33	19.09	15.81	19.01	12.19
	用气普及率	%	99.14	56.53	56.64	98.04	99.71
	污水处理率	%	41.1	48.94	58.29	74.18	81.06

资料来源：广西壮族自治区统计局 2012 年资料

2）计算模型及说明

许多学者对协调度计算模型进行了创新和发展，代表性的模型有协调度计算模型、广义脉冲响应函数、结构分解分析模型、能值分析模型等[71,73,83,84]。本书根据南流江流域经济社会发展情况与资源环境基本特征，结合前人已有研究成果，在指标体系构建中增加社会发展系统，相应地在原有协调度计算模型中增加了社会效益的综合评价指数，本书的协调度计算公式为

$$C=\left\{\frac{f(x)\cdot g(y)\cdot h(z)}{[\alpha f(x)+\beta g(y)+\gamma h(z)]^3}\right\}^K \tag{12-6}$$

式中，C 为协调度，取值在 $0\sim1$；$f(x)$ 为经济效益的综合评价指数；$g(y)$ 为社会效益的综合评价指数；$h(z)$ 为资源环境效益的综合评价指数；K 为调节系数（$K\geqslant2$）；$f(x)\cdot g(y)\cdot h(z)$ 为复合社会经济资源环境综合效益评价指数；$\alpha f(x)+\beta g(y)+\gamma h(z)$ 为综合社会经济资源环境效益评价指数，α、β、γ 为相应的指标权重。协调度 C 的等级划分见表 12-16。

表 12-16　社会经济与环境协调度的划分[68]

协调度 C	0~0.09	0.10~0.19	0.20~0.29	0.30~0.39	0.40~0.49
协调等级	极度失调	严重失调	中度失调	轻度失调	濒临失调
协调度 C	0.50~0.59	0.60~0.69	0.70~0.79	0.80~0.89	0.90~1.00
协调等级	勉强协调	初级协调	中级协调	良好协调	优质协调

经济效益的综合评价指数 $f(x)$，社会效益的综合评价指数 $g(y)$，资源环境效益的综合评价指数 $h(z)$ 的计算公式分别如下[71]：

$$f(x)=\sum_{i=1}^{m}a_ix_i^2 \tag{12-7}$$

$$g(y)=\sum_{i=1}^{n}b_iy_i^2 \tag{12-8}$$

$$h(z)=\sum_{i=1}^{k}c_iz_i^2 \tag{12-9}$$

式（12-7）~式（12-9）中，x_i^2 为第 i 个经济指数与其标准值的相对差异；y_i^2 为第 i 个社会发展指数与其标准值的相对差异；z_i^2 为第 i 个资源环境指数与其标准值的相对差异；a_i、b_i、c_i 为相应的指标权重。

协调发展度与协调度比较而言，协调度反映系统各因素相互协调的状况，而协调发展度能很好地反映系统的综合效益或发展水平[84]。协调发展度的计算公式如下[71,78]：

$$D=\sqrt{C\cdot T} \tag{12-10}$$

$$T = \alpha f(x) + \beta g(y) + \gamma h(z) \tag{12-11}$$

式中，D 为协调发展度，取值在 $0 \sim 1$；C 为协调度；T 为社会经济与资源环境的综合评价指数，取值在 $0 \sim 1$，反映社会经济与资源环境的综合效益或水平；α、β、γ 为相应的指标权重。协调发展度的分类及判定标准见表 12-17。

表 12-17　社会经济与环境协调发展的分类体系及判定标准[71]

类型（大类）	D	类型（亚类）	$f(x)$、$g(y)$、$h(z)$ 三者对比关系	类型（基本类型）
协调发展类（可接受区）	0.90~1.00	优质协调发展类	$f(x)>g(y)>h(z)$ $g(y)>f(x)>h(z)$	环境滞后型
			$h(z)>f(x)>g(y)$ $f(x)>h(z)>g(y)$	社会发展滞后型
			$h(z)>g(y)>f(x)$ $g(y)>h(z)>f(x)$	经济滞后型
			相等时为同步	三者同步型或两者同步一者滞后型
	0.80~0.89	良好协调发展类	$f(x)>g(y)>h(z)$ $g(y)>f(x)>h(z)$	环境滞后型
			$h(z)>f(x)>g(y)$ $f(x)>h(z)>g(y)$	社会发展滞后型
			$h(z)>g(y)>f(x)$ $g(y)>h(z)>f(x)$	经济滞后型
			相等时为同步	三者同步型或两者同步一者滞后型
	0.70~0.79	中级协调发展类	$f(x)>g(y)>h(z)$ $g(y)>f(x)>h(z)$	环境滞后型
			$h(z)>f(x)>g(y)$ $f(x)>h(z)>g(y)$	社会发展滞后型
			$h(z)>g(y)>f(x)$ $g(y)>h(z)>f(x)$	经济滞后型
			相等时为同步	三者同步型或两者同步一者滞后型
	0.60~0.69	初级协调发展类	$f(x)>g(y)>h(z)$ $g(y)>f(x)>h(z)$	环境滞后型
			$h(z)>f(x)>g(y)$ $f(x)>h(z)>g(y)$	社会发展滞后型
			$h(z)>g(y)>f(x)$ $g(y)>h(z)>f(x)$	经济滞后型
			相等时为同步	三者同步型或两者同步一者滞后型
过渡类（过渡区）	0.50~0.59	勉强协调发展类	$f(x)>g(y)>h(z)$ $g(y)>f(x)>h(z)$	环境滞后型
			$h(z)>f(x)>g(y)$ $f(x)>h(z)>g(y)$	社会发展滞后型
			$h(z)>g(y)>f(x)$ $g(y)>h(z)>f(x)$	经济滞后型
			相等时为同步	三者同步型或两者同步一者滞后型

续表

类型(大类)	D	类型(亚类)	$f(x)$、$g(y)$、$h(z)$三者对比关系	类型(基本类型)
过渡类 (过渡区)	0.40~0.49	濒临失调衰退类	$f(x)>g(y)>h(z)$ $g(y)>f(x)>h(z)$	环境损益型
			$h(z)>f(x)>g(y)$ $f(x)>h(z)>g(y)$	社会发展损益型
			$h(z)>g(y)>f(x)$ $g(y)>h(z)>f(x)$	社会损益型
			相等时为同步	三者同步型或两者同步一者损益型
失调衰退类 (不可接受区)	0.30~0.39	轻度失调衰退类	$f(x)>g(y)>h(z)$ $g(y)>f(x)>h(z)$	环境损益型
			$h(z)>f(x)>g(y)$ $f(x)>h(z)>g(y)$	社会发展损益型
			$h(z)>g(y)>f(x)$ $g(y)>h(z)>f(x)$	社会损益型
			相等时为同步	三者同步型或两者同步一者损益型
	0.20~0.29	中度失调衰退类	$f(x)>g(y)>h(z)$ $g(y)>f(x)>h(z)$	环境损益型
			$h(z)>f(x)>g(y)$ $f(x)>h(z)>g(y)$	社会发展损益型
			$h(z)>g(y)>f(x)$ $g(y)>h(z)>f(x)$	社会损益型
			相等时为同步	三者同步型或两者同步一者损益型
	0.10~0.19	严重失调衰退类	$f(x)>g(y)>h(z)$ $g(y)>f(x)>h(z)$	环境损益型
			$h(z)>f(x)>g(y)$ $f(x)>h(z)>g(y)$	社会发展损益型
			$h(z)>g(y)>f(x)$ $g(y)>h(z)>f(x)$	社会损益型
			相等时为同步	三者同步型或两者同步一者损益型
	0~0.09	极度失调衰退类	$f(x)>g(y)>h(z)$ $g(y)>f(x)>h(z)$	环境损益型
			$h(z)>f(x)>g(y)$ $f(x)>h(z)>g(y)$	社会发展损益型
			$h(z)>g(y)>f(x)$ $g(y)>h(z)>f(x)$	社会损益型
			相等时为同步	三者同步型或两者同步一者损益型

协调度与协调发展度的计算公式中涉及了一些系数和权重。本书在专家咨询的基础上，同时考虑经济、社会发展和资源环境的重要性，设 α、β、γ 值相同，均为 1/3；a_i、b_i、c_i 分别采取平均权重，因各系统都选取了 6 个因素，因此设 a_i、b_i、c_i 均为 1/6。此外，指标体系构成中，人口密度、万元能耗吨标准煤、万元废水排放量均为负向指标，其他均为正向指标，因此在计算过程中负向指标数值采用其倒数进行计算。

3. 协调性测评分析

表 12-18～表 12-20 分别展示了南流江流域 3 个地区社会经济与资源环境的协调度测评结果。表中所示的协调度测评充分考虑到了实际数据的可取性。在收集资料时发现，2000 年之前的统计年鉴数据关于资源环境的较少，2000～2006 年部分年份统计指标与 2007 年及以后的年份不统一，2007～2010 年的统计指标及统计口径完全一致。因此根据尽可能收集到的口径相同，并且研究区域所涉及的上中下游 3 个地区同时具有的统计数据这一原则，选取 2000 年为比较的基准年份，分析 2007～2010 年上游玉林、中游博白和下游北海 3 个地区的社会经济发展与资源环境的协调情况。

表 12-18　上游玉林社会经济与资源环境协调度与协调发展度（2007～2010 年）

年份	$f(x)$	$g(y)$	$h(z)$	T	C	D
2007	0.62	0.59	0.40	0.54	0.71	0.62
2008	0.61	0.60	0.42	0.54	0.77	0.65
2009	0.68	0.63	0.48	0.59	0.82	0.70
2010	0.65	0.63	0.48	0.59	0.85	0.71

表 12-19　中游博白社会经济与资源环境协调度与协调发展度（2007～2010 年）

年份	$f(x)$	$g(y)$	$h(z)$	T	C	D
2007	0.64	0.51	0.41	0.52	0.74	0.62
2008	0.67	0.52	0.46	0.55	0.78	0.66
2009	0.69	0.54	0.50	0.58	0.82	0.69
2010	0.72	0.55	0.55	0.60	0.87	0.72

表 12-20　下游北海社会经济与资源环境协调度与协调发展度（2007～2010 年）

年份	$f(x)$	$g(y)$	$h(z)$	T	C	D
2007	0.64	0.65	0.45	0.58	0.78	0.67
2008	0.67	0.66	0.49	0.61	0.84	0.72
2009	0.51	0.67	0.56	0.58	0.88	0.71
2010	0.70	0.68	0.60	0.66	0.95	0.79

1）上中下游 3 个地区的协调性分析

从表 12-21 展示的社会经济与资源环境的协调度测评结果可以看出，南流江流域上中下游 3 个地区的经济社会与资源环境协调水平在近几年都发生了比较大的变化。其中上游玉林与中游博白在 2007 年、2008 年都处于中级协调水平，而 2009 年与 2010 年，两地区都处于良好协调水平。这说明两地区经社会与资源环境协调水平在逐年提高。下游北海在 2007 年处于中级协调水平，从 2009 年便达到良好协调水平，并且持续稳定上升，在 2010 年达到优质协调水平。

表 12-21　南流江上中下游 3 个地区 2007～2010 年协调发展水平及发展类型变化

协调水平及发展类型	2007 年		2008 年		2009 年		2010 年	
	协调水平	发展类型	协调水平	发展类型	协调水平	发展类型	协调水平	发展类型
上游玉林	中级	环境滞后	中级	环境滞后	良好	环境滞后	良好	环境滞后
中游博白	中级	环境滞后	中级	环境滞后	良好	环境滞后	良好	环境滞后
下游北海	中级	环境滞后	良好	环境滞后	良好	环境滞后	优质	环境滞后

近年来南流江流域上中下游 3 个地区经济社会与资源环境的协调发展水平都在上升。其中下游北海经济社会与资源环境协调发展的水平最高，中游博白与上游玉林经济社会与资源环境协调发展的水平比较相近，其中博白略微优于玉林。

流域上游玉林及中游博白资源环境的综合评价指数近年来不断上升，主要得益于近几年玉林、博白污水处理率的提高。改革开放以来，流域上游玉林、中游博白，中小企业发展迅猛，工业污染逐年加重，尤其是从 20 世纪 90 年代起，大量家庭作坊式的小造纸厂在南流江两岸及其支流江段出现，把大量污水直接排入南流江，给南流江造成严重污染，使流域生态环境遭到严重破坏，大大超出了流域自然生态环境的承载力，甚至危及两岸人畜饮水安全。随着流域上游、中游对造成严重污染的小造纸厂关停，以及城市生活污水处理设备相继投入运行，大大减少了污水对南流江的污染。现场调研时，据玉林市环境保护局的工作人员介绍，2008 年 12 月 30 日玉林污水处理厂试运行之前玉林市没有污水处理厂，污水处理处于空白状态。近几年全玉林市迅速推进市县城区污水处理厂建设，2010 年 9 月 30 日，实行 BOT 运作方式的玉林城区污水处理厂全部建成并通过环保验收，并由环保部门实行在线监控，日处理污水 20 万 t，已基本解决玉林城区生活污水排放造成的水体污染问题。2010 年 3 月 17 日，中游博白县城区实行 BOT 运作方式的污水处理厂一期工程成功试运行，日处理污水 5 万 t。

流域上游中游污水处理厂投入运营，使流域内城区生活污水得到有效处理，这对改善南流江及各支流水质，提高地区生态环境质量起到了重要作用。从协调度和协调发展度来看，上游玉林、中游博白污水处理率的提高，使玉林、博白资源环境的评价指数近年来不断上升，但相对于经济、社会和综合评价指数，资源环境发展层次还是相对较低，这是影响玉林、博白综合发展水平的重要因素。

通过对上中下游 3 个地区协调发展度的分析，发现 3 个地区都属于协调发展类的可接受区，并且 3 个地区社会经济与环境协调发展的基本类型都是环境发展滞后型。一方面说明南流江流域上中下游 3 个地区经济社会与资源环境发展 3 个子系统中，对资源环境关注不够，还需要进一步加强环境发展与建设，另一方面也说明，流域近几年经济发展速度较快，这与 12.2 节中对流域上中下游 3 个地区工业化水平的判定结果相符，地区将要或已经步入工业初期阶段，未来经济产业发展将继续提速。在经济产业更加快速发展的同时更要注重资源环境的开发和保护，做到同时协调进步。

2）流域整体对比分析

本书在表 12-18～表 12-21 展示的社会经济与资源环境的协调度测评结果的基础上，对流域上中下游 3 个地区经济效益的综合评价指数 $f(x)$、社会效益的综合评价指数 $g(y)$ 和资源环境效益的综合评价指数 $h(z)$ 进行了单项比较。表 12-22 展示了南流江上中下游地区三大系统综合评价指数排名结果。

表 12-22　南流江上中下游地区三大系统综合评价指数排名

指标	排名
经济效益的综合评价指数 $f(x)$	博白>玉林>北海
社会效益的综合评价指数 $g(y)$	北海>玉林>博白
资源环境效益的综合评价指数 $h(z)$	北海>博白>玉林

分析表 12-22 可以发现，中游博白在非常注重经济发展的同时，社会发展比较滞后。究其主要原因是博白地区农业人口较多，城镇化水平较低。上游玉林在保持经济高速发展的同时，其资源环境建设相对滞后。而下游北海其社会综合效益综合指数及资源环境综合效益指数都处于领先，在保持经济发展的同时，其社会与资源环境发展建设都在稳步提升，这与前面分析的北海于 2010 年处于经济社会与资源环境协调水平的优质协调水平结果相符。

下游北海在南流江上中下游 3 个地区中，协调发展度最高。这说明其经济社会与资源环境趋于全面协调发展的速度较快。北海在 2010 年经济社会与资源环境协调发展水平等级中达到优质协调水平。资源环境效益的综合评价指数在一直维持比较高的水平和发展速度，这与北海市十分重视城市生态环境建设有紧密关系。北海较早重视城市绿地系统的科学规划与实施。它在 1995 年 10 月就开始实施《北海市区园林绿地系统规划》。2010 年，根据国家园林城市新标准，编制实施《北海市城市绿地系统规划（2010—2025年）》和《北海市创建国家园林城市市政设施专项规划（2011—2015 年）》。2008 年被国家环境保护部命名为第六批"国家级生态示范区"城市；2009 年荣获"中国人居环境范例奖"，北海银滩改造及生态保护项目获得"中国人居环境范例奖"，成为 2010 年全国 34 个获奖项目之一。北海市从 2008 年开始准备申报国家园林城市，在创建国家园林城市的活动中，使其于 2009 年、2010 年在绿地建设、节能减排、基础设施、人居环境等方面得到了全方位的发展，环境各项指标都明显优于上游玉林和中游博白。2012 年 2月 9 日，北海市荣获"国家园林城市"称号。

12.3.5　本章小结

流域发展历程是流域地理单元人地关系地域系统各要素相互作用、相互影响的过程。流域水资源、矿产资源及农业发展资源等自然资源对流域经济社会发展起到了重要的支撑作用，自然环境还深刻影响了流域风俗方言及地名文化。长时期的人类活动对流域生态环境造成的累积效应明显。流域农业文明和工业文明时期发展都造成不同程度的水土流失、森林面积及生物多样性减少。进入工业文明时期，人类活动对自然环境影响加剧。主要表现在自然资源消耗加速和污染物排放量增加，流域水环境质量及滨海生态环境质量都有变差趋势。流域发展面临生态压力越来越大。

对流域进行资源承载力和经济–社会–自然复合系统协调发展水平测评。由于流域经济发展水平相对落后，流域上中下游各地区普遍存在超载现象，尤其中游博白地区超载明显，而且有加重趋势。流域经济–社会–自然复合生态系统协调性测评结果显示目前流域整体上处于良好协调状态。综合考虑流域相对资源承载力与经济–社会–自然复合生态系统协调发展水平，判定南流江流域属于经济相对落后，生态环境良好的后发地区。

参 考 文 献

[1] 薛德升，黄耿志，翁晓丽，等．改革开放以来中国城市全球化的发展过程 [J]．地理学报，2010，65（10）：1155-1162．

[2] 韩茂莉．辽金时期西辽河流域农业开发与人口容量 [J]．地理研究，2004，（5）：677-685．

[3] 曾早早，方修琦，叶瑜．基于聚落地名记录的过去 300 年吉林省土地开垦过程 [J]．地理学报，2011，66（7）：985-993．

[4] 刘大可．山东移民垦殖与东北农业发展 [J]．山东社会科学院历史研究所，2011，32（4）：24-28．

[5] 杨天保．新"港口–腹地"文化模型：广西南流江流域文化史的再发现 [J]．玉林师范学院学报，2011，32（3）：15-20．

[6] 韩光辉．广西玉林地区城镇体系形成和发展 [J]．经济地理，1991，11（2）：37-41．

[7] 廖国一，曾作健．南流江变迁与合浦港的兴衰 [J]．广西地方志，2005，（3）：39-44．

[8] 陈国才．南流江见证了中原客家移民迁徙史 [EB/OL]．http：//www.cnbobai.com/html/index.html [2013-05-20]．

[9] 陈延国．奔腾的南流江 [M]．北京：红旗出版社，2009．

[10] 梁旭达，邓兰．汉代合浦郡与海上丝绸之路 [J]．广西民族研，2001，（3）：86-87．

[11] 钟文典．论客家民系及其源流 [J]．广西师范大学学报（哲学社会科学版），1996，（4）：22-25．

[12] 朱竑，贾莲莲．戍边屯田等政治措施对海南岛文化发展的促进作用 [J]．人文地理，2006，（5）：55-60．

[13] 樊端成．近现代广西农业经济结构的演变透视 [D]．中央民族大学博士学位论文，2009．

[14] 韩光辉，李先一．玉林地名溯源 [J]．中国地名，2011，（3）：23-24．

[15] 王铮，张丕远，周清波．历史气候变化对中国社会发展的影响——兼论人地关系 [J]．地理学报，1996，（4）：329-339．

[16] 李玮．灵渠考略 [J]．西安社会科学，2010，28（4）：82-83．

[17] 吴传钧．海上丝绸之路研究 [M]．北京：科学出版社，2006．

[18] 王子今．岭南移民与汉文化的扩张——考古资料与文献资料的综合考察 [J]．中山大学学报（社会科学版），2010，50（4）：110-111．

［19］施铁靖．试论马援对古代民族地区的贡献［J］．广西民族研究，2005，（3）：153-162．

［20］戚万法．唐代流人与岭南开发研究［J］．广西社会科学，2007，（10）：107-110．

［21］韩光辉，张宝秀．广西南流江与北流江的联水陆运和郁林城市的兴起［J］．地理科学，1992，2（12）：135-142．

［22］王赛时．古代合浦采珠史略［J］．古今农业，1993，（3）：89-90．

［23］范玉春．灵渠的开凿与修缮［J］．广西地方志，2009，（6）：88-89．

［24］石维有，张坚．抗战时期玉林的"通道经济"及其启示［J］．学术论坛，2009，（9）：127-130．

［25］周利理．玉林旅游文化研究［M］．南宁：广西人民出版社，2010．

［26］张秉文，黄飞．后发展地区推进新型工业化探索——以广西玉林市为例［J］．桂海论丛，2011，27（2）：95-99．

［27］陈佳贵．北部湾（广西）经济区将成为我国新的经济增长极［J］．当代广西，2006，（12）：31．

［28］刘卫东．我国省际区域经济发展水平差异的历史过程分析（1952—1995）［J］．经济地理，1997（2）：34-35．

［29］林毅夫，蔡昉，李周．中国经济转型时期的地区差距分析［J］．经济研究，1998，（6）：55-57．

［30］陈明星，陆大道，刘慧．中国城市化与经济发展水平关系的省际格局［J］．地理学报，2010，65（12）：1443-1445．

［31］沈坤荣，马俊．中国经济增长的"俱乐部收敛"特征及其成因研究［J］．经济研究，2002，（1）：45-46．

［32］罗浩．区域经济平衡发展与不平衡发展的动态演变［J］．地理与地理信息科学，2006，（3）：65-69．

［33］钱纳里，鲁宾逊，赛尔奎．工业化和经济增长的比较研究［M］．上海：上海三联书店，1989．

［34］王金照．典型国家工业化历程比较与启示［M］．北京：中国发展出版社，2010．

［35］王树华．关于我国工业化发展阶段的评估［J］．商业时代，2008，（29）：4-5．

［36］陆大道．关于地理学的"人–地系统"理论研究［J］．地理研究，2002，21（2）：135-136．

［37］吴传钧．论地理学的研究核心——人地关系地域系统［J］．经济地理，1991，（3）：1-6．

［38］王如松．生态文明建设的控制论机理，认识误区与融贯路径［J］．中国科学院院刊，2013，28（2）：173-174．

［39］王如松．生态整合与文明发展［J］．生态学报，2013，33（1）：1-11．

［40］郑度，吴绍洪．自然地理研究的拓展与深化［J］．资源环境与发展，2010，（4）：30-31．

［41］左其亭，毛翠翠．人水关系的和谐论研究［J］．中国科学院院刊，2012，27（4）：476-477．

［42］牛文元．中国可持续发展的理论与实践［J］．中国科学院院刊，2012，27（3）：280-281．

［43］陆大道，樊杰．区域可持续发展研究的兴起与作用［J］．中国科学院院刊，2012，27（3）：290-291．

［44］于贵瑞，于秀波．中国生态系统研究网络与自然生态系统保护［J］．中国科学院院刊，2013，（2）：275-283．

［45］方创琳．黑河流域生态经济带分异协调规律与耦合发展模式［J］．生态学报，2002，（5）：699-708．

［46］吕晓，刘新平，李振波．塔里木河流域生态经济系统耦合态势分析［J］．中国沙漠，2010，（3）：620-624．

［47］党小虎，刘国彬，赵晓光．黄土丘陵区县南沟流域生态恢复的生态经济耦合过程及可持续性分析［J］．生态学报，2008，（12）：6321-6333．

［48］袁绪英，曾菊新，吴宜进．溾水河流域经济环境协调发展系统动力学模拟［J］．地域研究与开发，2011（6）：77-78．

［49］赖发英，周春火，肖远东，等．鄱阳湖流域生态足迹与生态环境协调度的计算与分析［J］．中国生态农业学报，2006，（4）：221-225．

［50］严耕，林震，吴明红．中国省域生态文明建设的进展与评价［J］．中国行政管理，2013，（10）：7-12．

［51］赵江洁．影响广西的东风波特点［J］．广西气象，2004，（2）：8-9，16．

［52］周永章，曾长育，李红中，等．钦州湾–杭州湾构造结合带（南段）地质演化和找矿方向［J］．地质通报，2012，31（2-3）：486-488．

［53］黄全胜，李延祥，万辅彬．广西兴业古绿鸦冶炼遗址初步考察［J］．广西民族大学学报（自然科学版），2007，（2）：23-27．

［54］黄全胜，李延祥．广西兴业县高岭古代遗址冶炼技术初步研究［J］．自然科学史研究，2012，31（3）：288-298．

［55］邓家倍．合浦与徐闻在海上丝路始发港地位与作用比较研究［J］．中国地方志，2005，（10）：55-59．

［56］周绍毅，徐圣璇，黄飞，李强．广西农业气候资源的长期变化特征［J］．中国农学通报，2011，27（27）：168-173．

［57］宁丰南．博白桂圆加工现状及发展思路［J］．中国热带农业，2012，（3）：19-20．

［58］汪德荣．广西玉林市编织工艺品行业发展对策［J］．经济师，2012，（4）：217-218．

［59］赵彦行．南流江流域的方言文化［J］．玉林师范学院学报，2009，（6）：7-8．

［60］周晓芳，周永章，郭清宏．生态线索与人居环境研究［M］．广州：中山大学出版社，2012．

［61］徐国琼．南流江泥沙运动规律及其与人类活动的关联［A］．中国水力发电工程学会水文泥沙专业委员会．中国水力

发电工程学会水文泥沙专业委员会第七届学术讨论会论文集（上册）［C］．中国水力发电工程学会水文泥沙专业委员会，2007：7．

[62] 肖世艳．平果凯特生物公司被罚62.5万元［N］．中国贸易报，2009-08-20（H02）．

[63] 黎景兰，朱品清，钟卫兵，等．博白县养殖污染的现状调查及建议［J］．广西农学报，2009，（4）：83-85．

[64] 谭伟福，蒋波．广西生物多样性保护策略和途径［J］．环境教育，2007，（5）：22-26．

[65] 刘代汉，周天福，黄寿昌，杨振科，唐芸．广西国有林场森林生物多样性变化评价［J］．广西植物，2004，（6）：524-528．

[66] 黄宁生，匡耀求．广东相对资源承载量与可持续发展问题［J］．经济地理，2000，20（2）：52-56．

[67] 李旭东．贵州乌蒙山区资源相对承载力的时空动态变化［J］．地理研究，2013，32（2）：233-244．

[68] 陈英姿．我国相对资源承载力区域差异分析［J］．吉林大学社会科学学报，2006，（4）：111-117．

[69] 廖金凤．广东省土地人口承载能力［J］．经济地理，1998，（1）：75-79．

[70] 景跃军，陈英姿．关于资源承载力的研究综述及思考［J］．中国人口·资源与环境，2006，（5）：11-14．

[71] 廖重斌．环境与经济协调发展的定量评判及其分类体系——以珠江三角洲城市群为例［J］．热带地理，1999，9（2）：45-46．

[72] 李辉，阚兴龙，于潇．珠海市社会经济发展与资源环境的协调度分析［J］．资源开发与市场，2012，（6）：495-497．

[73] 钟霞，刘毅华．广东省旅游-经济-生态环境耦合协调发展分析［J］．热带地理，2012，32（5）：568-574．

[74] 毛汉英．县域经济和社会同人口，资源，环境协调发展研究［J］．地理学报，1991，46（4）：386-389．

[75] 熊鹰，曾光明，董力三，等．城市人居环境与经济协调发展不确定性定量评价——以长沙市为例［J］．地理学报，2007，（4）：397-406．

[76] 马世骏，王如松．社会-经济-自然复合生态系统［J］．生态学报，1984，4（1）：1-6．

[77] 阚兴龙，李辉，周永章．华南南流江流域ESRE复合系统协调发展研究［J］．热带地理，2012，32（6）：658-660．

[78] 方创琳，鲍超．黑河流域水-生态-经济发展耦合模型及应用［J］．地理学报，2004，（5）：781-790．

[79] 李艳，曾珍香，武优西，等．经济-环境系统协调发展评价方法研究及应用［J］．系统工程理论与实践，2003，（5）：54-58．

[80] 杨峰，孙世群．环境与经济协调发展定量评判及实例分析［J］．环境科学与管理，2010，（8）：140-143，162．

[81] 张卫．淮河流域人地系统协调性分析——基于可持续发展战略的思考［D］．北京大学硕士学位论文，2000．

[82] 牛文元．生态文明的理论内涵与计算模型［J］．中国科学院院刊，2013，28（2）：163-164．

[83] 冯久田，尹建中．资源-环境-经济系统协调发展策略研究——以山东省为例［J］．中国人口·资源与环境，2005，（3）：135-139．

[84] 侯增周．山东省东营市生态环境与经济发展协调度评估［J］．中国人口·资源与环境，2011，21（7）：157-161．

第三篇

流域社会生态系统专题研究

每一个文明的起源，都能听见河水的喧哗声。作为四大文明古国之一，我国的流域管理有着悠久的历史。从大禹治水，到秦始皇"兴修水利，富民强兵"，到孙中山先生的"改良"长江上游、设闸蓄水，再到长江水利委员会等七大流域管理机构的成立，我国从古至今都将流域管理放在社会建设中的重要位置，不断探索流域管理的新思路新途径。特别是2011年新中国历史上第一部流域综合性行政法规《太湖流域管理条例》的出台，标志着我国在依法治水和流域综合管理立法方面取得了重要成就，是我国迈向流域综合管理的重要进展，树立了我国流域管理体制机制建设的新标杆。党的十八届五中全会提出"创新、协调、绿色、开放、共享"的五大发展理念，成为我国"十三五"乃至更长时期流域管理事业发展的行动指南，体现了流域综合管理的内涵。

本篇为南流江流域社会生态系统专题研究，分为土地研究、生态环境评价研究与流域综合管理研究三大部分。在土地研究方面，主要研究了南流江流域的土地利用变化和农村集体土地使用权流转机制。生态环境评价研究包括南流江流域城市河流沉积物营养盐富集特征及污染评价研究、社会生态系统健康评价研究以及生态风险评价。流域综合管理研究则是基于社会生态系统理念，结合地质地貌、气候灾害、水文水质、土壤侵蚀、植被覆盖等基础研究与专题研究，对南流江社会生态系统存在的突出问题提出针对性的综合管理对策，并对南流江生态海绵流域建设与生态产业优化进行了探讨，促进南流江流域的可持续发展。

第13章　南流江流域土地利用变化图谱分析研究

13.1　绪　　论

13.1.1　研究的背景、目的及意义

1. 研究背景

土地资源是人类生存与发展的根本，人类社会的发展，需要不断地对土地进行开发、利用和改造；土地利用具有非常明显的时空特点，是自然基础上人类对土地进行改造活动的直接反映[1]。人类发展史上几乎所有的社会经济活动都是在土地上进行的，可见人地之间关系的密切，有学者在深入进行全球变化研究的同时，也在不断加强对土地利用、变化的研究[2]，包括土地利用动态监测研究，驱动因子研究，变化机制研究，土地利用变化对社会、经济、生态、环境等方面产生影响的研究。

近年来，经济的快速增长带来用地的增加，用地增加导致土地利用的频繁变化，使土地管理部门急需新方法、新技术来代替常规的土地利用及变更调查。随着计算机技术的发展和遥感技术的出现，为土地利用研究提供了全新的技术手段。应用遥感技术高效、快速、准确地获取土地资源的利用状况[3]，为科学、合理进行土地开发利用与管理决策提供了技术支撑；运用遥感监测手段，分析土地利用的时空演变规律，了解土地变化与自然环境、生态过程、人类社会活动之间的关系，为保障社会经济持续、快速、协调、健康发展提供了科学依据。

南流江发源于广西北流市大容山最高峰莲花顶北面的草甸溪涧间，流经玉林盆地、博白盆地和南流江三角洲后汇入北部湾，是广西南部独自流入大海诸江河中，流程最长、流域面积最广、水量最丰富的河流。流域地处广西北部湾经济区，自然条件优越，经济相对发达。

随着广西北部湾经济区发展规划的批复，国务院关于进一步促进广西经济社会发展的若干意见、承接东部产业转移等相关政策的相继出台，广西北部湾经济区将迎来发展的大好机遇，同时也面临重大挑战，城市化、工业化的发展过程必然对土地利用带来强烈干扰，由此出现的生态环境恶化、人地矛盾加剧等问题，将会制约南流江流域社会生态系统的可持续发展。如何在保障经济增长的同时，协调好人地关系的和谐发展，这将成为未来南流江流域发展过程中需要慎重考虑的问题。

2. 研究目的及意义

基于上述研究背景，本书以南流江流域为研究区，通过遥感监测手段，采用 ERDAS 和 ArcGIS 软件平台提取南流江流域 1990～2010 年的土地利用数据，生成变化图谱并进行图谱分析，探讨研究区土地利用时空演变规律，对流域土地利用变化的驱动力进行分析，以期为南流江流域社会生态系统的可持续发展提供科学依据，为实现当地人–地协调发展起到重要作用，对相关部门管理和决策土地资源的开发利用，改善和保护流域生态环境等都具有十分重大的现实意义。

（1）对南流江流域土地利用状况的了解和掌握，能够更合理地规划并管制当地土地用途及布局，以防乱占乱用、违法违规、土地浪费等现象的发生，为研究区土地资源的有效利用提供保障。

（2）农用地、建设用地、其他土地等各种土地利用类型的面积及构成比例，可以在一定程度上反映出研究区社会经济产业结构的比例，了解和掌握南流江流域土地利用结构、数量的变化特征，为引导当

地区域经济产业结构的调整、促进各产业间相互协调、健康发展提供一定的科学依据。

（3）研究南流江流域土地利用时空分布、变化趋势、土地利用转移矩阵的转出去向和转入来源，可以更深入地了解土地利用类型相互之间的转换关系，为土地利用变化的原因分析、土地利用变化预测等研究奠定了基础。

（4）分析南流江流域土地利用变化的驱动力，为管理部门对土地资源的科学合理规划、管理、决策提供一定的科学依据，促进了流域生态环境的改善、社会经济的发展、人们生活水平的提高、区域综合竞争力的加强等。

13.1.2 国内外研究进展

众多文献研究显示，流域问题的研究一直是国内外地理学科研究的热门课题，流域研究的历程是由沿海发展到内陆、大流域发展到小流域、再由小流域发展到行政区划内流域以及城市内流域[4]。流域是由水文、生态、经济、社会、人口、工程等组合而成的复杂的有机系统[5]。作为独特的地理单元，流域有着复杂的自然、人文地理环境。大部分流域都是人口相对集中、社会相对发达、经济快速增长、人地关系相对复杂的区域[6]。伴随着流域土地利用开发和流域经济水平的逐步提高，其中产生的土地过度开发问题、水土流失问题、生态破坏问题、环境污染问题等将不容忽视。

1. 流域土地利用变化的相关研究

一般来说，土地利用是指人类根据经济社会发展的需要以及土地本身的自然属性，而对土地进行有目的的长期改造、周期性经营或开发利用的一整套生物和人类技术活动[7]，土地利用多数情况下是指人类对土地的利用状况和利用方式，是土地本身的社会经济属性[8]，是自然因素和人类活动、经济、社会等因素共同影响的结果。土地利用变化则是指人类为了满足经济社会快速发展的需要，不断调整各种土地利用类型的配置的动态过程[9]。对土地利用变化进行研究，既可以了解土地利用变化的原因和机理，又可以通过调整人类活动的干扰行为，促进合理的土地利用，进而提高土地资源的可持续利用[10]，缓解人地矛盾的加剧，保护生态环境等。

20 世纪 70 年代，卫星遥感与计算机的迅速发展，使大面积大范围内土地利用动态监测[11]成为可能，此后，遥感技术在不同尺度上对土地利用/覆被变化的研究与应用不断取得突破性进展[12]。最先的土地利用类型提取与制图是以空间分辨率为 1000m 的 NOAA/AVHRR 和 SPOT4/Vegetation 卫星遥感数据为基础的[13]，其后出现的 MODIS 数据在空间分辨率上达到了 250m[14]，虽然较 NOAA/AVHRR 和 SPOT4/Vegetation 有了较大改进，光谱分辨率[15]也得到改善，但仍难以满足不同尺度上土地利用/覆被变化的监测与分析研究[16]。遥感技术和计算机技术发展至今，应用 30m 空间分辨率的 Landsat TM/ETM+影像数据进行土地利用变化的研究占绝大部分，其信息覆盖范围广、影像获取费用低、时间序列跨度长等特点得到众多学者的青睐。

目前国内学者基于遥感技术的土地利用变化分析研究多集中于土地利用/覆被变化过程、土地利用变化引起的生态环境及社会经济效益，通过驱动力分析探讨土地利用变化机制、变化趋势并对其进行模拟预测等方面[17]。

汪西林[18]借助航空像片，运用 GIS、面积变化转移概率矩阵模型分析出比利时中部黄土区 Ganspoel 流域 20 世纪 40~80 年代的土地利用变化情况，得出土地利用变化引起生态变化，导致景观逐渐破碎化的结论。

高俊峰[19]通过土地详查资料分析太湖流域 1986 年和 1996 年的土地利用在数量及空间上的变化，阐明研究区土地利用变化幅度、变化速度、变化驱动力等；根据汛期降雨，计算两个年份的产水数量并比较其空间分布的差异，分析洪涝灾害与土地利用变化的关系及土地利用变化对太湖流域产水过程所产生的影响。

郭宗锋等[20]运用 RS 和 GIS 技术，在土地利用变化转移矩阵、景观分析方法的支撑下，结合西双版纳流沙河流域民族传统风俗习惯，探讨了 1965～2003 年研究区土地利用变化的原因，包括人类活动的干扰、政策因素的影响、民族风俗的影响、自然环境的变化等共同决定了流沙河流域土地利用的空间格局。

万秀琴等[21]利用 TM 影像，通过决策树、支持向量机分类方法对老哈河流域 1976～2007 年的土地利用变化进行遥感监测，分析城市化发展进程中的老哈河流域土地利用变化数量、变化幅度、变化强度以及年均土地动态度等，为当地社会经济可持续发展、土地的可持续利用提供科学参考。

2. 流域土地利用变化图谱分析研究

1997 年，我国学者陈述彭院士提出一种全新的地理时空演变分析方法——地学信息图谱。在《地学信息图谱探索研究》一书中，陈述彭院士分别对图谱、地学图谱、地学信息谱图的概念、基本理论和方法做了详细阐述，他指出地学信息图谱的核心就是充分发挥人的形象思维，在所获取大量对地观测数据的基础上，通过分析研究，发现地学变化发展的规律并完成地理过程的反演与预测[22]，地学信息图谱综合了 "3S" 技术、计算机技术、通信网络技术、电脑制图技术等，遵循地球系统科学，运用时空模型重建过去、仿真现在、虚拟未来，形象反映出地球表面上的事物形态及现象，同时反映事物发展变化过程中的时空演变规律等[23]。地学信息图谱提出至今，众学者运用其理论、方法、思路及方向等进行了大量研究，并取得了阶段性的成果。

除陈述彭在其著作中对地学信息图谱的概念、研究思路、方法进行阐释外，众学者也从不同角度对其概念、内涵、定义、研究方法、研究模型等方面进行理论上的探索研究，如廖克[24]、田永中等[25]、齐清文[26]、张洪岩等[27]、胡圣武等[28]、励惠国等[29]。

地学信息图谱在不同领域的应用研究也取得明显的进展。张百平等[30]在总结前人研究山地垂直带中存在不足的基础上，构建了可视化的山地垂直带谱。能否应用地理信息图谱对城市交通网络进行改进，周江评等[31]对此做了预测研究。在水土流失方面，沙晋明等[32]尝试用图谱、土壤景观、分形三者结合起来进行预测、决策和管理。罗静等[33]综合运用地理信息图谱来监测并分析烟草长势。黄家柱等[34]以地学图谱形式描绘长江河道 1954～1997 年的演变状态。侯碧屿等[35]则利用 RS 和 GIS 技术，从土地类型、土地利用变化、年均变化率、土地转移矩阵、图谱分析等方面，对永定河流域的土地利用变化及驱动力进行分析研究，为永定河流域的维护管理、建设和谐生态环境提供科学依据。而张岑等[36]则在城市土地利用图谱分析方面进行了详细研究；闫文浩等[37]对塔里木河下游的土地利用变化进行图谱分析研究。此外在黄河三角洲湿地[38]、生态景观图谱[39]、区域可持续发展[29]、滑坡[40]、水灾[41]等自然灾害研究领域，地学信息图谱也发挥出其独特的优势，目前正在逐渐兴起的数据挖掘，其理论方法的日趋成熟将不断推动地学信息图谱研究的发展，地学信息图谱的发展将更广泛地应用于地学研究的诸方面。

3. 流域土地利用变化驱动力研究

土地利用的时空变化是自然因素和人文因素综合驱动作用的结果，而对于流域土地利用变化驱动力的研究，研究者多偏向于选择典型流域，且驱动因子的选择也多为人文因素，这与研究者所选的区域尺度及时间尺度有关。

陈忠升等[42]在新疆和田流域土地利用变化研究中，运用相关分析和主成分分析方法来探讨和田流域土地利用/覆被变化的驱动力。在辽西大凌河流域[43]土地利用变化及驱动力分析中，有学者从政策、社会经济因素入手，对研究区的农户发放问卷调查，选取影响土地利用变化的驱动因子，利用主成分分析和多元迭代回归分析，拟合出研究区 1987～2002 年土地利用变化的最优度模型。吴连喜[44]在巢湖流域土地利用变化研究中，在 SPSS 软件平台中采用主成分分析法对研究区 30 年来土地利用变化的社会经济驱动力进行定量分析。在《惠州东江流域土地利用变化时空特征及驱动力研究》一文中，笔者结合东江流域社会经济统计资料，采用灰色关联分析方法对研究区土地利用变化的驱动力及其内部机制进行了分析研究，揭示东江流域土地利用变化的时空演变特征[45]。

　　流域由于社会、经济的发展，人地矛盾较为突出，同时不合理的土地利用又带来一系列的生态环境问题。因此，流域社会、经济与环境的协调发展是一个十分紧迫而又有待解决的问题。作为较为典型的入海河流域，并处于广西北部湾经济区范围内，目前有关广西南流江流域的研究相对较少，多为水环境及其保护对策方面的研究，流域尺度上的土地利用变化及驱动力研究尚未发现。

　　本章针对南流江流域的土地利用现状，通过对其 1990～2010 年的土地利用变化的图谱及驱动力进行分析，为研究区土地资源的可持续利用提供科学依据，为促进流域社会、经济和生态环境的协调发展奠定基础。

13.1.3　研究方法和研究内容

1. 研究方法

　　通过大量查阅国内外研究学者的文献资料，对土地利用变化、图谱分析、驱动力分析等相关研究有了一定的掌握和了解，为本书将进行的研究搜集理论依据。

　　收集整理南流江流域 1990 年、2000 年、2010 年 3 个时期的遥感影像、DEM 数据、行政区划图，以及自然和人口、社会经济等数据资料，为土地利用变化研究提供基础资料。

　　运用马里兰大学网站下载的 Landsat TM/ETM+（30m 空间分辨率）遥感影像数据，在遥感影像分析软件 ERDAS IMAGING 9.2 中进行校正、解译等处理，获取南流江流域 1990 年、2000 年及 2010 年的土地利用类型数据，为研究区土地利用数量变化特征分析与图谱分析研究提供基础数据。

　　在 ArcGIS 9.3 软件中分析 3 个时期土地利用类型图谱的变化过程，通过转移矩阵分析 1990～2000 年、2000～2010 年的土地利用类型转入转出关系，并在此基础上运用灰色关联度分析方法研究人类社会活动影响下，南流江流域土地利用变化的驱动力。

2. 研究内容

　　从遥感解译和 GIS 空间分析角度出发，对南流江流域土地利用变化信息图谱及驱动力进行分析研究，主要内容如下。

　　1）流域土地利用变化信息图谱及相关理论

　　通过查阅大量相关领域研究文献，论述流域、土地利用及变化、地学信息图谱、驱动力等相关概念定义、基本理论、所运用的研究方法，以及研究进展和主要研究成果，在此基础上阐明广西南流江流域土地利用变化信息图谱、变化的驱动力研究的重要性及意义，进而提出本书的目标及所要解决的问题。

　　2）流域土地利用变化数据的解译

　　对南流江流域三期遥感影像数据进行镶嵌融合、裁剪、图像增强等预处理后，建立解译标志，并在 ERDAS 9.2 中进行监督分类及分类后处理等步骤，最终解译出南流江流域 1990 年、2000 年和 2010 年的土地利用分类数据。

　　3）流域土地利用变化图谱分析

　　利用 TM/ETM+遥感影像解译后得到的三期土地利用类型图谱，分析其数量、结构特征等；在 ArcGIS 9.3 的空间分析模块中生成南流江流域土地利用分类图谱，分析其面积、空间位置的变化状况；对相邻时间的土地利用类型图进行两两叠加后，形成 1990～2000 年和 2000～2010 年土地利用变化图谱，进而分析南流江流域 20 年来土地利用变化的趋势。

　　4）流域土地利用变化驱动力分析

　　选取人口、社会经济等驱动因子，着重从人文因素影响方面入手，分析南流江流域 1990 年、2000 年、2010 年 3 个时期的土地利用动态变化驱动力。

13.1.4　技术路线

本书在地学信息图谱、土地利用变化、驱动力系统等理论和遥感、地理信息系统等技术的支持下，根据图 13-1 所示的技术路线对南流江流域的土地利用变化进行研究。

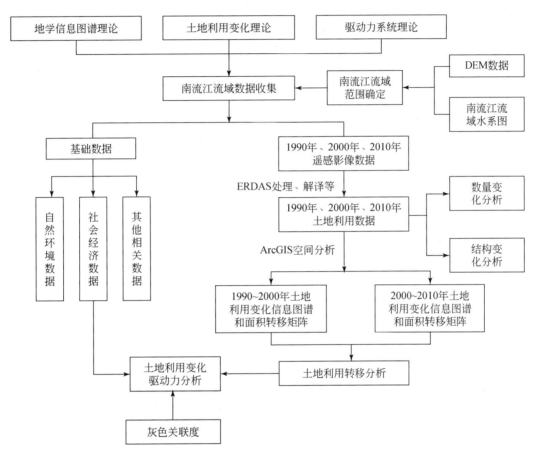

图 13-1　技术路线图

13.2　基础理论与技术方法

13.2.1　理论基础与相关概念

1. 地学信息图谱理论

地学信息图谱是 20 世纪 90 年代由中国科学家、著名地理学者陈述彭院士首次提出的一种新概念、新方法，是中国地球信息科学领域的重大创新研究，是 GIS 技术及应用发展到相当水平后的必然要求[46]，为地球系统科学的研究提供了一种新的范式。

1）"图"与"谱"

"图"常指地图，是描述山川水系、城邑村镇、疆域四至等，主要反映所研究区域的空间范围和布局特征的一种空间概念的表达；"谱"指系统，是经过推理、演化得到的，它反映了事物的内在规律，是众多同类事物或现象的系统排列，是按照事物特征或时间序列所建立的体系[22]。

2）图谱与地学图谱

1961 年，陈述彭通过对地图学发展的分析，首先提出了图谱的概念。图谱兼有"图形"和"谱系"的双重特性[24]，是指经过分析、归纳和综合，用图形、图表、曲线或图像反映事物和现象空间结构特征与时空序列变化规律的一种信息处理与显示方法。地学图谱则是图谱在地学研究中的应用与发展，是空间与时间动态变化的统一表述，在时间演化过程的系统中，同时表示地区（空间）差异的地图称为地学图谱。

图谱主要运用图形语言，进行时间与空间的综合表达与分析；地学图谱则是应用于地学分析的系列多维图解，不仅用来描述现状，而且通过建立时空模型来重建过去和虚拟未来，善于利用图谱这一研究方法，就有可能超前发现和理解自然的法则和规律，为知识创新和预测、预报做出导向性的贡献。

3）地学信息图谱

地学信息图谱是信息时代在地学图谱原理基础上的创新和发展，是计算机化的地学图谱，两者在本质上是一脉相承的，均可表述区域自然过程与社会经济发展的时空演变特征，能再现历史、仿真现在、虚拟未来，作为研究区域自然环境与社会发展的一种现代化的科学方法和高新技术，服务于国土整治、城乡规划、资源开发、环境保护等多方面的规划、决策及管理。

地学信息图谱是由遥感、地图数据库、地理信息系统，与数字地球的大量数字信息，经过图形思维和抽象概括，并以计算机多维可视化技术，显示地球系统及各要素和现象的空间形态结构时空变化规律的一种手段和方法，能够把"表现空间单元特征的图"与"表示事件发展之起点与过程的谱"合二为一，弥补了基于非空间属性数据库的数据挖掘方法在形象思维和空间位置方面的不足[38]。同时，这种空间图谱与地学认识的深入分析可进行推理、反演及预测，形成对事物和现象更深层次的认识，有可能总结出重要的科学规律或规划决策的具体方案[24]。

地学信息图谱是有关资源环境信息形、数、理一体化有机结合的理论。包括地球信息的表达、表现形式的研究，信息获取、分析、分解、综合和解译的数理解析方法的研究，信息的发生、传输、认知的机理机制的研究，以及研究上述表现形式、数理解析方法和机理机制之间的关系。

作为一个交叉性的研究方向，地学信息图谱的研究涉及计算机图形学、空间认知、地球系统科学等多个领域的知识，具体包括空间图形思维、分形分维、地理信息单元、地学信息图谱反演等，详见表 13-1。

表 13-1　地学信息图谱相关理论

理论	空间图形思维	分形分维	地理信息单元	地学信息图谱反演
具体理论	1. 空间意象概念	1. 分形数	1. 地理信息单元概念	1. 图谱的数学模型基础
	2. 空间意象的基本形式：地理区域、综合体、地理景观、区域地理系统	2. 多重分形	2. 地理单元的多尺度	2. 图谱理论对应的数学模型：变化探测模型、综合评价模型、发展预测模型
	3. 空间意象的发展	3. 分形分维应用	3. 地理单元制图	

地学信息图谱理论的核心就是发挥人的形象思维的特点，通过大量对地观测数据的搜集分析，发现其中的地学规律，完成地理现象、地理过程的反演与预测；充分发挥图形信息压缩、时空尺度转换与数据挖掘等技术优势，运用信息图谱的多维组合、转换与显示，既系统地描述空间格局，又从科学的现状反演历史的过程或推断未来的发展态势，对地球系统科学及地球信息科学的研究都将产生深远的影响。

2. 土地利用变化相关理论

土地利用变化作为土地科学领域的前沿课题，却因课题本身更加侧重操作性和实践性，其理论建设起步较晚，相关理论成果并不多见。关于土地利用变化的理论解释更多借助其他理论的建设，尤其是土地利用理论的建设[47]。有关土地利用变化理论的研究主要借助经济地理学理论、可持续发展理论和人地关系理论建立。

1）基于经济地理学的土地利用变化理论

土地利用变化理论最早可追溯到屠能[48]的农业地租理论，屠能最早解释了土地利用结构形成机制的理论，其农业地租理论的最大贡献在于把区位引进土地利用配置研究中，并初步阐释了位置级差地租的概念，其实践意义在于揭示了土地利用结构形成的机制。Alonso[49]的竞租模型应用和改善了屠能的思想，建立了土地利用与土地价格（地租）简单一致性模型，对土地利用变化进行了解释。哈罗德-多玛模型、要素-出口模型、新古典主义的多区域增长分析等[50]也在一定程度上对土地利用变化进行了解释，但以上模型忽略了空间因素，因此不能直接用来分析特定研究区域的土地利用变化。20 世纪 80 年代，物理学中的分形理论也被应用到土地利用变化的分析中。刘纯平等[51]在 2003 年利用分形理论对不同时期内土地利用类型分维值进行研究，探讨土地利用变化的稳定性和形状的复杂性以及土地利用类型的变化趋势。

2）基于可持续发展理论的土地利用变化理论

20 世纪 70 年代以来，可持续发展理论的提出受到了广泛关注，随后在各研究领域中得以应用并迅速发展，其中不乏运用该理论对土地利用变化进行的解释，可持续发展理论为人口、财富、技术及资源利用的变化导致的土地利用变化提供了很好的指导。Manning[52]提出了一种详细的可持续发展分析框架，考虑了土地利用变化的生物物理及社会经济因素间的相互作用。

3）基于人地关系理论的土地利用变化理论

Scar 和 Baternan[53]将行为地理学理论与土地利用变化结合，通过考察人的决策行为及认知行为与土地利用的关系，探讨了土地利用变化趋势，但该理论较少考虑土地利用的空间结构模式，并过于注重个人行为的影响力，而忽略了社会结构的制约作用。李秀彬[54]提出了一个"土地利用-环境效应-制度响应"反馈环的土地利用变化机制，从社会群体行为角度解释了土地利用变化。

4）土地利用变化的形式及研究内容

土地利用变化有两种形式，即利用范围变化与利用程度变化。利用程度变化的方向倾向于一种单向上升变化，变化幅度受自然、社会经济影响因素的制约。而利用范围的变化及变化幅度，在利用程度相对稳定的情况下，取决于需求变化的方向与幅度；在利用程度不断上升的情况下，则取决于供给与需求关系的总量对比。其研究的主要内容见表 13-2。

表 13-2　土地利用变化研究的核心内容

研究内容	核心 I	核心 II	核心 III
	土地利用的动力机制	土地利用变化	区域与全球模型
研究方法	比较研究	实地调研与诊断模型	综合评估
具体内容	1. 对土地利用决策的认识	1. 土地利用变化指标体系，热点区、脆弱区和典型区域研究	1. 已有区域模型的回顾、总结与对比
	2. 土地利用变化的动态模拟	2. 自然与社会经济变量的动态监测	2. 区域 LUCC 模型建立过程中关键性技术与回顾
	3. 从过程到格局的研究	3. 像素的社会化	3. LUCC 及其相关系统的动力机制
	4. 土地利用变化可持续性研究	4. 从过程到格局的研究	4. 紧要环境问题，如水资源问题所采取方案的开发与评估

资料来源：1999 年国际地圈生物计划（IGBP）和国际全球环境变化人文因素计划（IHDP）报告，以及孙成权等于 2003 年编写的《全球变化与人文社会科学问题》

3. 土地利用变化驱动力系统理论

土地利用变化动力学研究对于揭示土地利用与土地覆被变化的原因、内部机制、基本过程、预测未来变化方向和后果，以及制定相应的对策至关重要。土地利用变化动力学研究的核心是驱动力与土地利用变化的关系。驱动力是指导致土地利用方式和目的发生变化的主要生物物理因素和社会经济因素。土地利用是人与土地相互作用构成的动态系统，因而从本质上讲，土地利用的变化基本上源于 3 个方面：第一，在社会经济发展的不同时期，人们对土地产出（或服务）的种类或数量的需求发生改变，由此导致的土地利用变化可称为内生性变化或主动性变化；第二，自然或人为原因导致土地的属性发生变化或者社会群体目标发生变化，使人们不得不改变土地的利用方式，可称为外生性变化或被动性变化；第三，技术进步导致土地利用方式的改变，可称为技术性变化。然而，无论哪种原因导致的变化，都源于土地所有者或使用者对于用地类型间边际效用的比较[55]。

在自然系统中，气候、土壤、水文等是主要的驱动力类型；在社会系统中，通常将驱动力分为 6 类，即人口变化、贫富状况、技术进步、经济增长、政治经济结构，以及价值观念[56]。驱动力的种类很多，如果孤立地分析个别的驱动力，则难以解释它们与土地利用变化之间的复杂关系，因而需要将它们看做一个完整的系统，应用系统论的观点和方法综合考察。驱动力系统主要有以下特性。

1）驱动力系统的整体性

根据系统论的整体性原理[57]，驱动力系统是由各种驱动力组成的具有一定新功能的有机整体，它具有单独驱动力所不具有的性质和功能，是土地利用变化的动力系统。系统中的每一种驱动力都对土地利用产生一定程度的影响，且影响不是独立发生的，是众多其他驱动力相互作用、相互制约的。

2）驱动力系统的层次性

驱动力系统是一个内部有序的系统，组成驱动力系统的各种驱动力的结合与联系具有一定的规则和层次，即层次性。驱动力系统的层次具有多样性，可以根据不同需要划分系统层次，土地利用变化驱动力系统可以分为两个部分，即自然因素驱动力和人文因素驱动力，如图 13-2 所示。

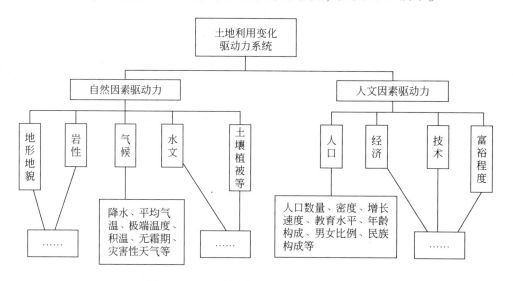

图 13-2　土地利用变化驱动力系统结构图

3）驱动力作用下的土地利用动态

土地利用是由不同的利用方式和利用强度组成的一个系统。该系统的动态变化是驱动力系统运动的结果。土地利用动态变化也有横向和纵向之分。横向运动是指内在的、难以观察的土地利用系统与驱动力系统和其他系统之间，以及与外部环境的相互作用，是一种内在的、难以观察的过程；纵向运动表现为外在的、可观察到的土地利用类型的转变和土地利用强度的变化等，是一种外在的、可观察到的变化。

以驱动力与土地利用之间的相互作用为主导的土地系统的横向运动导致了土地利用系统外在的纵向变化。这种变化表现出不同的形式，土地利用类型的变化如森林变农田、沙漠变绿洲、耕地变城镇等；利用强度的变化如耕地通过灌溉、施肥、平整等措施增加产出，同样面积的住宅用地通过提高建筑高度增大居住空间等。

13.2.2　南流江流域土地利用变化研究方法

土地利用变化研究在国际学术界受到极大关注[58]，研究尺度包括全球、区域和地方。不可否认，土地利用变化科学作为新的科学范式，不仅成为当前重要的科学前沿，同时也是地理学最重要的研究领域之一[59]，随着经济社会的快速发展，不同领域的科研计划也在不断加强土地利用变化的研究。

近年来，从流域尺度上研究土地利用变化已经成为众多学者的选择方向，流域是一条河流的集水区域，具有完整的自然生态系统，因此，流域内土地利用格局的演变直接影响着流域内各系统的自然发生发展。随着人口的急剧增长，人类活动对土地利用格局的干扰程度越来越大，短期内人为因素的干扰成为土地利用变化的主要驱动力。如何在保障经济增长的同时，又协调好人地关系的和谐发展，将成为土地利用变化及其驱动力研究过程中必然需要考虑的问题。

本书借鉴前人在流域土地利用研究的基础上，以南流江流域为研究区，通过土地利用变化动态度、土地利用信息熵、均衡度以及土地利用程度综合指数等方面，揭示南流江流域1990~2010年土地利用变化的数量特征以及变化幅度等规律。

1. 土地利用变化动态度

土地利用变化动态度是指在一定时间内，可以定量描述研究区土地利用类型数量变化的速度，也可预测土地利用变化的趋势，计算公式为

$$R = \frac{(K_b - K_a)/K_a}{T} \times 100\% \tag{13-1}$$

式中，K_a 为研究区初期某种土地利用类型面积；K_b 为研究末期某种土地利用类型面积；T 为研究初期与研究末期时间长。

2. 信息熵和均衡度

信息熵表示土地利用的有序程度，信息熵（H）越大，土地利用系统有序程度越低，反之越高；均衡度（E）则反映土地利用结构的均衡性，取值范围为 $[0, 1]$，当土地利用类型达到理想均衡状态时，均衡度取值为1，当均衡度取值为0时，表示研究区用地状态最不均匀[42]。计算公式分别为

$$H = -\sum_{i=1}^{m} p_i \ln P_i \tag{13-2}$$

$$E = \sum_{i=1}^{m} (P_i \ln P_i)/\ln m \tag{13-3}$$

式中，P_i 为某一土地利用类型面积占研究区总面积的比例；m 为土地利用类型数。

3. 土地利用程度综合指数

本书用土地利用程度变化量 ΔS_{b-a}、年均变化量（R_a）、变化幅度（R_e）来定量揭示土地利用综合水平及变化趋势[60]。当 $\Delta S_{b-a} > 0$，或（R_a）> 0，或（R_e）> 0 时，反映该时段内研究区的土地利用处于发展时期；当 $\Delta S_{b-a} < 0$，或（R_a）< 0，或（R_e）< 0 时，为调整期或衰退期。计算公式分别为

$$\Delta S_{b-a} = S_b - S_a = \left[\sum_{i=1}^{m} (A_i \times P_{ib}) - \sum_{i=1}^{m} (A_i \times P_{ia}) \right] \times 100\% \tag{13-4}$$

$$R_a = \frac{\Delta S_{b-a}}{T} \times 100\% \tag{13-5}$$

$$R_e = \frac{S_b - S_a}{S_a} \times 100\% \tag{13-6}$$

式中，S_a、S_b 分别为研究区 a 时间和 b 时间的土地利用程度综合指数；A_i 为第 i 级的土地利用程度分级指

数（表 13-3）；P_{ia}、P_{ib} 分别为研究区 a 时间和 b 时间第 i 级土地利用类型的面积百分比。

表 13-3　南流江流域土地利用程度分级赋值表

土地利用类型	林、水用地级	农业用地级	建设用地级
分级指数（A_i）	1	2	3

13.2.3　南流江流域土地利用变化遥感监测

遥感技术自 20 世纪 60 年代起源发展至今，已被广泛应用于土地利用、资源探测、现代军事、车载导航、气象灾害预警等领域，提供具有实时性、覆盖范围广、分辨率高等信息量丰富的数据，对社会经济发展的作用越来越重要[61]。土地利用变化遥感监测是基于同一区域不同年份的同一时期影像间存在着光谱特征差异的原理，来识别土地利用状态或现象变化的工作[62]。其基本原理是对遥感影像的空间域、时间域、光谱域的效果特征进行量化，以获取区域土地利用变化的类型、位置、数量等信息[63]。

本书在 ERDAS 9.2 软件平台下，对所获取的南流江流域三期遥感影像图进行几何校正、波段融合、镶嵌、裁剪，建立解译标志，执行监督分类、分类后处理等步骤后，解译出 1990 年、2000 年和 2010 年的土地利用类型数据。

1. 遥感数据的预处理

遥感技术在获取地面数字图像的过程中，由大气传输、太阳辐射、卫星运行姿态、卫星轨道、地表起伏形态、传感器等因素影响而引起的数字遥感影像的几何畸变和辐射畸变[64,65] 等误差，这些误差在数据的获取过程中难以避免，降低遥感数据质量的同时也影响图像分析的精度[66]。因此，在接收到卫星遥感影像之后和对卫星遥感影像进行分类解译之前，都需要对其进行几何精校正、配准、图像镶嵌与裁剪、去云及阴影和光谱归一化等图像预处理工作，尤其是遥感影像的几何校正，是遥感技术应用过程中必须完成的步骤[65]。本书采用的 Landsat TM/ETM+基础遥感资料已经进行了比较系统的辐射校正以及几何变形校正处理。

1）TM 影像的镶嵌和裁剪

首先进行波段合成处理，将南流江流域 3 个时期的每一景影像的 7 个波段数据在 ERDAS 9.2 中做 Layer Stack 处理（图 13-3），合成含 7 个波段的一幅影像后进行镶嵌处理。遥感影像的镶嵌处理就是将含有地图投影信息的，经过辐射校正、几何校正等预处理后的两景或多景相邻影像拼接成一幅或者一组影像[67]，进行拼接的影像必须具有相同的波段数（本书所用的影像均为 7 个波段），地图投影类型可以不同，遥感影像的像元大小也可以不相同[68]。研究区范围内 4 景影像符合拼接要求，可以进行拼接（图 13-4）。镶嵌融合后，用南流江流域范围作为 AOI 文件，对图像进行裁剪。

2）遥感影像增强处理

图像增强处理技术一直是图像处理领域非常重要的基本处理技术[69]。对遥感影像进行增强处理前，首先要完成辐射校正、几何校正等预处理步骤。遥感影像增强处理就是将原影像上因传感器原因、天气原因等引起的某些不清晰、发生偏差的区域处理成清晰的含有丰富可用信息的图像，即通过改善影像的质量、加强影像光谱特征信息量，有效地去除影像中的噪声等杂质，使影像中不同土地利用类型之间的光谱特征差异、视觉差异更明显、更容易分辨，使影像的判读过程更精准，以达到最佳的分类识别效果为目的图像处理过程[67]。

关于影像增强在 ERDAS 中处理的方法，汤国安等[68] 做了详细介绍，图像增强的方法有空间域增强和频率域增强。空间域增强把图像看成一种二维信号，对其进行基于二维傅里叶变换的信号增强，采用低通滤波（即只让低频信号通过）法，可去掉图中的噪声；采用高通滤波法，则可增强边缘等高频信号，使原影像的模糊部分变得清晰[70]。频率域增强则是直接对原图像的灰度级别进行数据运算，它分为两类，

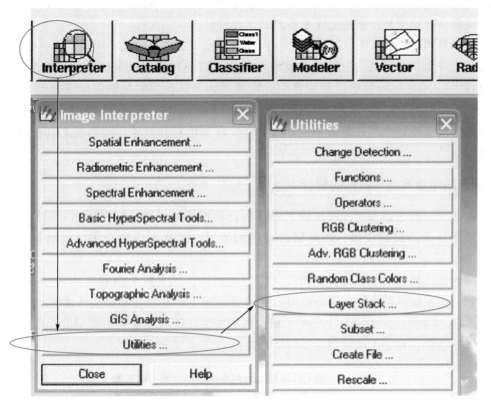

图 13-3　波段合成过程图

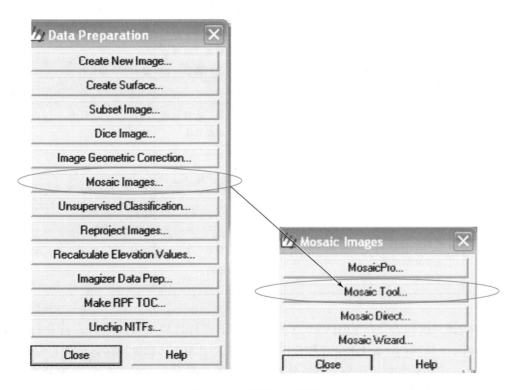

图 13-4　镶嵌融合过程图

一类是与像素点邻域有关的局部运算，如平滑、中值滤波、锐化等；另一类是对图像做逐点运算，称为点运算，如灰度对比度扩展、削波、灰度窗口变换、直方图均衡化等[71]。总之，空间域增强法和频率域增强法的目的都是通过数学技术方法等使原影像数据发生变换，或者附加部分信息，来突出影像中的重要信息，同时减弱或者掩盖甚至直接去除不需要的信息特征。

空间域增强法具体可分为4类：灰度变换、直方图变换、平滑、锐化。因其具有很强的包含空域先验约束能力，采用全局和局部运动、空间可变模糊点扩散函数、非理想亚采样等观测模型，使处理后的图像质量效果更佳[72]，因此空间域增强是较常用的影像增强方法，空间域增强中含空间增强、辐射增强、光谱增强[68]。

本书先取的南流江流域范围分布在4景影像上，波段和色彩有差异，需要在ERDAS 9.2软件中对其进行直方图匹配。

2. 解译标志的建立及遥感数据的解译

遥感解译的方法一般包括人工目视解译、计算机自动识别解译和人机交互解译，随着社会的发展进步，计算机和遥感技术的日趋成熟，计算机自动识别解译已经逐渐成为众多学者解译遥感影像的主流选择[73]。

综合考虑南流江流域的土地利用变化研究的内容及目的，本书所采用的土地利用类型是在中国目前的土地利用现状分类系统基础上加以提炼而得。所研究区域土地利用类型分为5类：1表示耕地、2表示园地、3表示林地、4表示建设用地、5表示水域。根据南流江流域土地利用类型的影像特征，成像日期、季节，空间分布特征等，建立土地利用类型解译判读标志[74]，见表13-4。

表13-4　南流江流域土地利用类型解译判读标志表

地类代码	地类名称	空间分布	影像特征		
			形态	色调	纹理
1	耕地	包括水田和旱地，主要分布在山区、河流、沟谷两侧	几何特征较明显，田块均呈条带状分布	深青色、浅青色等，色调均匀	均一细腻
2	园地	包括果园、茶园等；平原、丘陵、山区均有分布	几何特征明显，边界呈块状、不规则面状，边界较清晰	紫红色、暗红色	无明显纹理
3	林地	包括有林地、灌木林地和其他林地；主要分布在山区、丘陵地带	受地形控制，边界自然圆滑，呈不规则状	深红色、暗红色、色调均匀	结构均一细腻
4	建设用地	包括建制镇、农村居民点、公路等，主要分布在平原、沿海区及山区盆地、城镇经济发达周边地区、交通沿线	几何形状明显，边界清晰	青灰色，杂有其他地类处，色调混乱；交通用地多现灰白色，色调较均匀	结构粗糙
5	水域	包括河流、水库、坑塘、滩涂等，主要分布在平原、山区沟谷、耕地等周围	几何特征明显，自然弯曲，边界清晰	深蓝色、浅蓝色、色调均匀	结构均一

根据表13-4解译判读标志，在ERDAS 9.2软件平台下进行计算机自动解译。首先打开要分类的影像，并打开Classifier下的Signature Editor（模板编辑器），运用AOI选择训练样区，保存分类模板；在Supervised Classification中的最大似然法分类器下执行监督分类；得到分类结果后，运用分类精度评估方法对研究区遥感影像分类结果进行评价，若分类精度达不到最低允许判别精度0.7[75]，则重新调整解译分类模块至精度达到0.7以上为止。经过以上步骤，南流江流域三期解译数据的最终精度评价结果均达到要求。分类过程中可能产生的破碎多边形图斑，需要对其进行聚类分析（clump）、剔除分析（eliminate）等分类后处理操作来去除碎屑图斑，或者将小的同类图斑进行合并，以便提高分类效果。

13.2.4　南流江流域土地利用变化图谱分析及驱动力分析

1. 图谱分析的方法

1）确定图谱单元

土地利用变化图谱单元是由相对均质的空间单元和相对均一的时间单元集合而成的，是进行土地利用图谱分析的基本单元[76]。

图谱空间单元确定。鉴于流域地理环境的连续性、渐变性和波动性等特征，确定最小地理单元显得极其重要。空间单元选取过大，则难以反映空间的异质性；空间单元选取过小，则不能很好地表达空间的同一性。一般情况下，以单元内部相对均质、单元之间相对异质性为图谱空间单元确定的首选[77]，同时考虑到南流江流域遥感数据的可获取性，本书选取 30m 的空间分辨率作为图谱分析的基本地理单元。

图谱时序单元的确定。不同时序单元的土地利用数据反映了不同时期的土地利用状况，理论上来说，地理事件发展的整个过程，其每个细节的都是应该被记录的[78]，但限于研究区范围内数据的可获取性以及现有数据获取时间的限制性，本书选取了南流江流域 3 个时期的遥感影像数据，确定研究图谱时序单元为 1990~2000 年、2000~2010 年。

2）生成图谱构造

图谱是图谱分析的基础，是属性表派生的数据源[77]，本书采用地图代数方法合成南流江土地利用变化系列图谱。步骤如下：以研究区经过解译处理后的 1990 年、2000 年、2010 年土地利用格局图谱单元为基础，运用 ArcGIS 空间分析功能，首先生成土地利用分类图谱[79]；其次以时间序列为轴，将南流江流域不同时期的土地利用数据进行空间叠加（intersect），即时间上相邻的数据两两合成，得到系列时空复合体[78]数据，就是空间–属性–过程一体化的土地利用转移图谱。

本书中分别生成 1990~2000 年、2000~2010 年 2 个时序单元土地利用转移图谱；将三期土地利用数据合成系列时空复合体数据，得出南流江流域土地利用变化过程图谱；为了进一步揭示研究区土地利用的内在转化规律，分析研究期内土地利用转移的来源及去向，本书建立了南流江流域土地利用变化转移矩阵。

上述分析过程为南流江流域 20 年来的土地利用变化图谱分析做了充分准备。

2. 南流江流域土地利用变化驱动力分析方法

对"驱动力"一词的理解，不同学科领域有不同的解译。《机械加工工艺辞典》中对于驱动力的定义是指机械运动时，使物体加速运动的力[80]。摆万奇、赵士洞在《土地利用变化驱动力系统分析》一文中对于驱动力的解译则是指导致土地利用方式和目的发生变化的主要生物物理和社会经济因素[81]，同时指出，土地利用驱动力系统具有整体性、层次性、动态性等特点。

土地利用变化驱动力分析方法包括定性分析和定量分析。其中，定性分析是基础，通过定性描述研究对象的自然环境、社会经济发展、政策法规等相关因子的状况，来分析所研究区域的土地利用变化驱动力。定量分析方法则是运用统计资料及数学计算方法，揭示土地利用变化与驱动因子之间的内在关联程度，包括多元回归分析方法[82,83]、主成分分析方法[42,43]、灰色关联分析方法[45,84-86]、典型相关分析方法[87]、主成分结合典型相关分析方法[88]、定性分析结合定量分析方法[89]等。

本书运用灰色关联度分析方法，对引起南流江流域 1990~2010 年的土地利用变化的驱动因子进行分析，探讨驱动因子与研究流域土地利用变化的相关程度。

1）灰色关联度分析方法概述

灰色系统理论是由我国学者邓聚龙教授于 20 世纪 80 年代首创的一种系统科学理论[90]。灰色系统关联方法，是一种定量比较的研究方法，是分析系统内所包含的各因素之间的是否存在相互联系、相互影响、相互制约的关联程度[45]。其基本思想是根据序列曲线几何形状的相似程度来判断因子间的相互影响程度，或者因子对主行为的贡献程度，曲线越接近，相应序列之间的关联度就越大，反之就越小[91]。即通过计算因子关联度并对其进行排序，关联度越大，表明该因子在所研究系统的发展过程中的驱动作用越大；关联度越小，表明该驱动因子对系统发展的影响越小或没有影响。

2）灰色关联度分析方法的计算步骤

a. 确定参考序列及比较序列

本书的参考序列为 1990 年、2000 年、2010 年的土地利用面积数据，比较序列为所选驱动因子在 1990 年、2000 年、2010 年的社会经济统计数据。

b. 无量纲化处理

不同因子的统计单位不一样，为了消除量纲的影响，使不同因子之间具有可比性，在进行关联度计算之前，首先要对各因子的原始数据做初值变化（无量纲化处理）[90]。常用的方法有均值化变换、初值化变化和标准化变换，本书使用初值化方法进行无量纲化处理。初值化变化方法将参与计算的各序列数据除以第一列数据，即

$$x_i' = x_i(t)/x_i(1) \quad (i=1,2,\cdots,N;t=1,2,\cdots,M) \tag{13-7}$$

c. 计算关联系数

先计算参考数列与各比较数列之间的差列的绝对值，再求差列绝对值的最大值和最小值，关联系数计算公式为

$$L_{ij}(t) = \frac{\Delta_{\min} + k\Delta_{\max}}{\Delta_{ij}(t) + k\Delta_{\max}} \tag{13-8}$$

式中，$L_{ij}(t)$ 为因子 x_j 对 x_i 在 t 时刻的关联系数；其中

$$\Delta_{ij}(t) = |x_i(t) - x_j(t)| \tag{13-9}$$
$$\Delta_{\max} = \max_j \max_i \Delta_{ij}(t) \tag{13-10}$$
$$\Delta_{\min} = \min_j \min_i \Delta_{ij}(t) \tag{13-11}$$

式中，k 为 $[0,1]$ 上的灰数，一般取 k 在 $[0.1,0.5]$。本书灰数取值 0.5，其意义是削弱最大绝对差值太大引起的失真，提高关联系数之间差异显著性。

d. 求关联度

求关联系数的平均值，n 为比较序列的长度。

$$r_{ij} = \frac{1}{n} \sum_{t=1}^n L_{ij}(t) \tag{13-12}$$

e. 对驱动因子关联度进行排序

将关联度按从大到小的顺序排序，关联度大的因素是影响系统发展的主要因素，关联度小则表示系统发展变化过程中基本不受此因素影响或很少受此因素影响。

南流江流域的土地利用变化驱动力分析将根据以上步骤计算各因子的关联度，从最终关联度排序结果来分析各驱动因子与土地利用类型变化的相关关系，为南流江流域的发展提供一定的科学依据。

13.3　范围获取与数据来源

13.3.1　南流江流域范围的获取

南流江流域范围的获取主要在 ArcGIS 9.3 空间分析的水文分析（hydrology）模块下进行。该模块以 D8 算法为基础，可以进行空间任何地点的水流流向分析，计算上游集水区面积，生成流域河网，进行流域分割及其他水文建模分析[92]。

南流江流域范围的划分采用 30m DEM 数据（马里兰大学网站下载），在 ArcGIS 9.3 的水文分析模块中，经 DEM 洼地填充、汇流累计量计算、水流长度提取、河网提取、流域分割 5 个步骤来提取南流江流域范围，如图 13-5 所示。

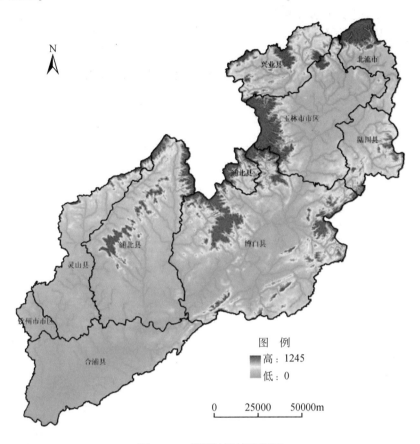

图 13-5　南流江流域范围图

13.3.2　南流江流域数据来源

1. 土地利用基础数据来源及基本信息

本书所采用的三期土地利用类型数据分别从 1990 年、2000 年和 2010 年的 Landsat TM/ETM+ 卫星遥感影像，经分类解译后所得。TM/ETM+ 遥感影像来源于 http：//glcf. umiacs. umd. edu/data/（马里兰大学网站）、http：//datamirror. csdb. cn/index. jsp（国际科学数据服务平台网站）。1990 年与 2000 年的遥感影像为 tif 格式，2010 年的遥感影像为 dat 格式，三期影像分辨率均为 30m，并带有坐标信息；三期影像的投影类型均为通用横轴墨卡托投影（universal transverse mercator，UTM）投影，椭球体为 WGS84 椭球体；研究区范围分布在 4 景影像上，影像行列号为 124/44、124/45、125/44 和 125/45（表 13-5）。

表 13-5　南流江流域卫星影像信息表

卫星	传感器	投影类型	数据格式	空间分辨率	轨道号/行号	成像时间
Landsat	TM/ETM	UTM	tif	30m	124/44，124/45，125/44，125/45	1990-11-3
Landsat	TM/ETM	UTM	tif	30m	124/44，124/45，125/44，125/45	2000-10-30
Landsat	TM/ETM	UTM	dat	30m	124/44，124/45，125/44，125/45	2010-10-25

2. 社会经济基础数据来源

人口、经济等数据主要来源于流域范围所辖行政区相应年份的统计资料，对 1990 年以来流域所包含行政区划的数据进行收集整理，从而了解南流江流域在过去 20 年间的社会基本情况，为土地利用变化趋势及变化的驱动力研究提供数据准备。

13.4　土地利用变化图谱分析

运用 ERDAS IMAGING 9.2 软件和 ArcGIS 9.3 软件，对 1990 年、2000 和 2010 年的卫星遥感影像图进行融合、解译等处理，提取出南流江流域 3 个时期的土地利用类型数据，并两两叠置合成系列图谱，以软件 ArcGIS 9.3 为主要分析工具，分析 1990 年、2000 和 2010 年 3 个时期的土地利用状况、土地利用转移状况等，以此来探讨广西南流江流域土地利用格局的时空演变规律。

13.4.1　南流江流域土地利用格局图谱分析

1. 土地利用现状图的生成

以遥感影像图为基础，经过判读解译及解译后处理等工作，得到 1990 年、2000 年及 2010 年土地利用现状矢量图。在 ArcGIS 9.3 软件平台上用不同的符号表示耕地、园地、林地、建设用地和水域，经过修饰渲染后，得到研究区三期土地利用现状图，如图 13-6 ~ 图 13-8 所示。

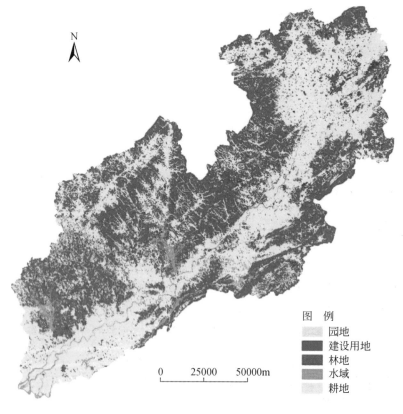

图 13-6　1990 年土地利用现状图

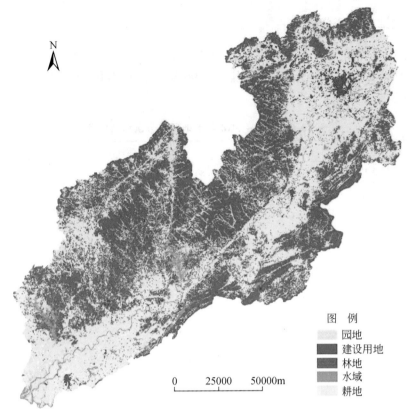

图 13-7　2000 年土地利用现状图

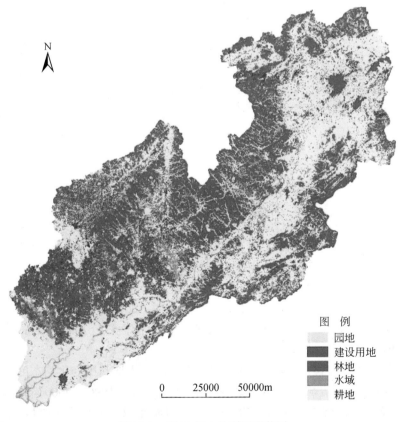

图 13-8　2010 年土地利用现状图

2. 土地利用数量结构特征分析

土地利用数量结构是指研究区土地利用在各用地类型上分配的绝对数量和各用地类型之间面积比重[45]。经统计，ERDAS 9.2 分类解译后南流江流域 1990 年、2000 年和 2010 年各土地利用类型的数量结构见表 13-6、图 13-9。

表 13-6　1990 ~ 2010 年土地利用数量和结构表

年份		耕地	园地	林地	建设用地	水域	合计
1990	面积/km²	3793.74	823.03	3983.84	434.76	301.90	9337.26
	结构/%	40.63	8.81	42.67	4.66	3.23	100
2000	面积/km²	3679.68	747.41	3924.96	673.0	312.21	9337.26
	结构/%	39.41	8.0	42.04	7.21	3.34	100
2010	面积/km²	3473.32	655.03	3782.13	1122.51	304.27	9337.26
	结构/%	37.20	7.02	40.51	12.02	3.26	100

注：受四舍五入的影响，表中数据稍有偏差

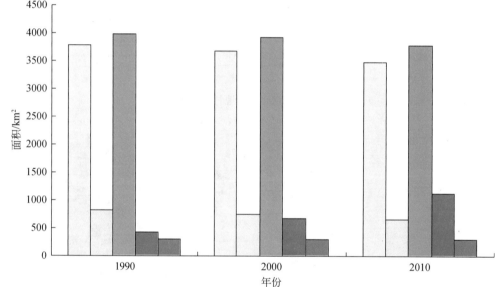

图 13-9　1990 ~ 2010 年土地利用结构图

从表 13-6 和图 13-9 可以看出，南流江流域土地利用以林地和耕地为主，两者占流域土地总面积的 80% 以上，呈逐年减少的趋势，1990 年耕地比重为 40.63%，林地比重为 42.67%；到 2010 年，耕地比重为 37.20%，林地比重为 40.51%。园地、建设用地、水域比重较小，其中建设用地呈逐年增加趋势，占流域土地总面积的比重从 1990 年的 4.66% 增加到 2000 年的 7.21% 再到 2010 年的 12.02%；园地和水域面积变化量较小，水域面积基本保持不变，园地 1990 年面积比重为 8.81%，2010 年为 7.02%，面积减少了 168km²，水域 1990 年占流域面积的比例为 3.23%，2010 年为 3.26%，2010 年面积较 1990 年增加了 2.37km²。

1）南流江流域土地利用变化动态度

根据研究区土地利用数据和式（13-1），计算出南流江流域土地利用变化动态度。

从表 13-7 可以看出南流江流域建设用地呈现增加趋势，其中 1990 ~ 2000 年年均增长率为 5.48%，2000 ~ 2010 年年均增长率为 6.68%，1990 ~ 2010 年建设用地面积净增加 687.75km²；耕地、园地、林地面积都有所减少，其中园地变化率最大，年均减少率在 1% 左右；耕地减少量最多，1990 ~ 2010 年净减少 320.42km²。水域在 1990 ~ 2000 年呈增长趋势，2000 ~ 2010 年呈现减少趋势。

表 13-7　南流江流域土地利用变化动态度　　　　　　　　（单位：%）

时段	耕地	园地	林地	建设用地	水域
1990～2000 年	-0.30	-0.92	-0.15	5.48	0.34
2000～2010 年	-0.56	-1.24	-0.36	6.68	-0.25
1990～2010 年	-0.42	-1.02	-0.25	7.91	0.04

2）南流江流域信息熵和均衡度

根据式（13-2）、式（13-3）和南流江流域 3 个时期土地利用数据计算出土地利用信息熵和均衡度，如图 13-10 所示。可以看出，南流江流域 1990～2010 年土地利用系统无序化日趋剧烈，且 2000～2010 年土地利用信息熵年均变化量与变化幅度较 1990～2010 年增加趋势更为明显。均衡度变化趋势由 1990 年的 0.6829 增加到 2010 年的 0.7604，增长幅度为 11.35%，表明 20 年来南流江流域土地利用均衡度逐渐提高。

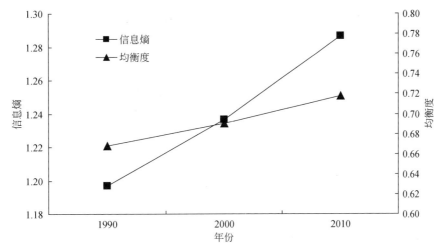

图 13-10　南流江流域土地利用结构信息熵与均衡度变化图

3）南流江流域土地利用程度综合指数

根据式（13-4）～式（13-6）分别计算出南流江流域土地利用程度变化量（ΔS_{b-a}）、年均变化量（R_a）及变化幅度（R_e），详见表 13-8。可以看出，南流江流域 1990～2000 年、2000～2010 年、1990～2010 年的土地利用程度综合指数均大于 0，说明这 20 年间南流江流域土地利用处于发展阶段。1990～2010 年，土地利用程度综合指数不断增加，且 2000～2010 年土地利用程度变化量为 6.43，大于 1990～2000 年的 3.07；年均变化量 2000～2010 年为 0.64，大于整个研究时期 1990～2010 年的 0.48；2000～2010 年变化幅度为 3.97，大于 1990～2000 年的 1.93，说明研究期内广西南流江流域的土地利用综合水平不断提高。

表 13-8　南流江流域土地利用程度综合指数

时段	ΔS_{b-a}	R_a	R_e
1990～2000 年	3.07	0.31	1.93
2000～2010 年	6.43	0.64	3.97
1990～2010 年	9.50	0.48	5.98

13.4.2　南流江流域土地利用分类图谱

在 ArcGIS 9.3 软件平台下，利用空间分析功能制作广西南流江流域 1990 年、2000 年、2010 年的土地利用分类图谱，如图 13-11。可以看出，1990～2010 年南流江流域伴随着建设用地不断增加耕地逐渐减少，

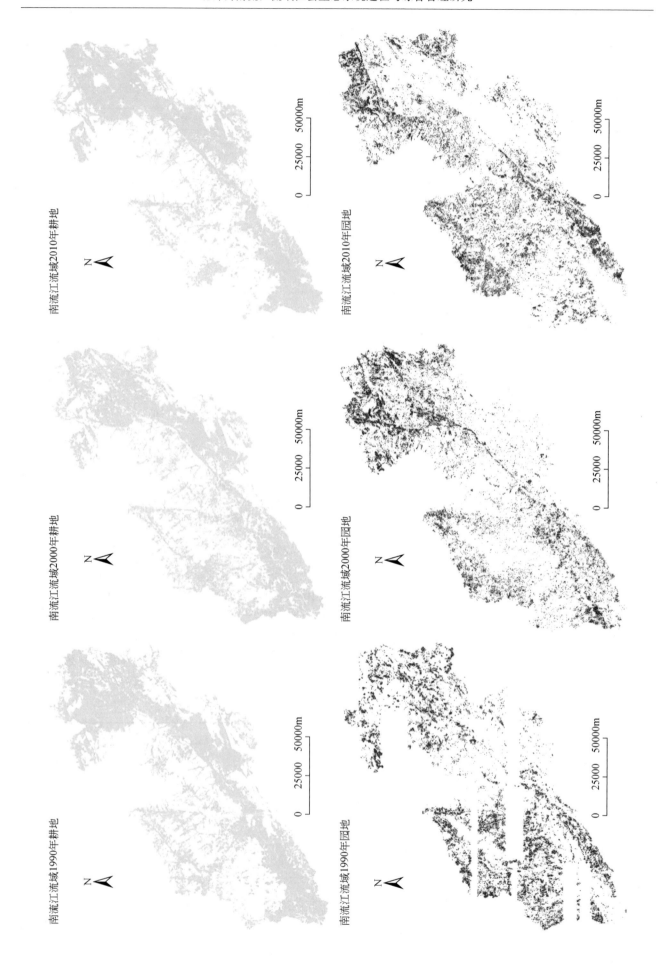

南流江流域2010年耕地

南流江流域2000年耕地

南流江流域1990年耕地

南流江流域2010年园地

南流江流域2000年园地

南流江流域1990年园地

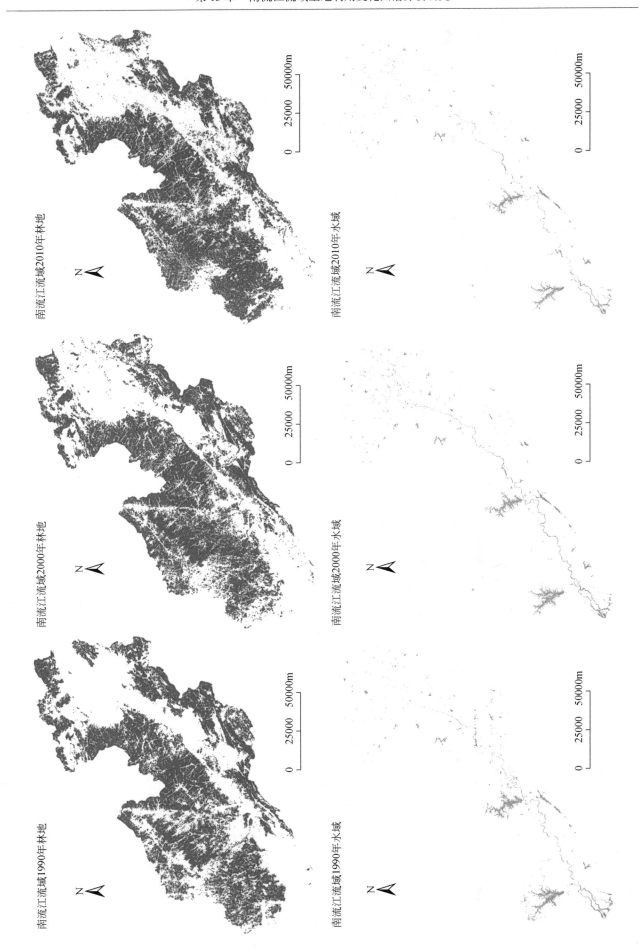

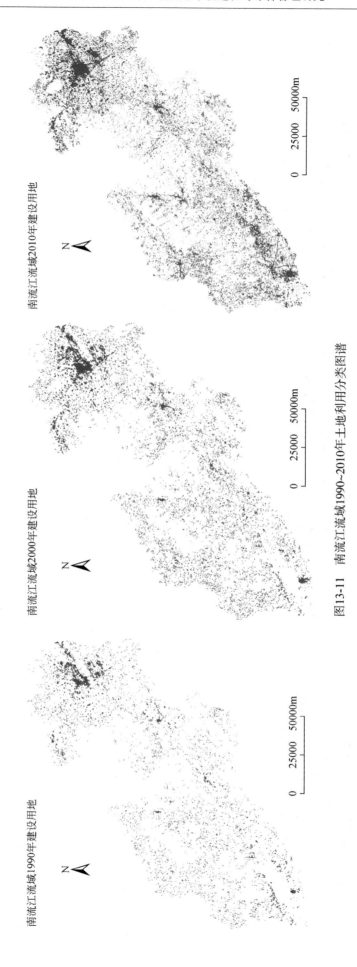

图 13-11　南流江流域 1990~2010 年土地利用分类图谱

其间建设用地面积净增加 687. 75km², 耕地净减少 320. 42km², 在空间位置上相对吻合, 主要在流域北部的玉林市市区、博白县城、合浦县城及周边城镇、交通沿线等; 东北部及下游的园地减少较多, 其间园地面积净减少 168. 0km²; 林地减少量为 201. 71km², 空间位置的减少幅度相对不太明显; 水域的面积变化、空间位置变化也不明显。

13. 4. 3　南流江流域土地利用转移图谱分析

1. 土地利用转移图谱的合成

根据图谱分析方法, 分别生成 1990 ~ 2000 年 (图 13-12)、2000 ~ 2010 年 (图 13-13) 的土地利用转移图谱。

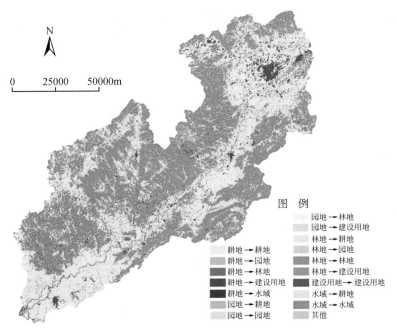

图 13-12　南流江流域 1990 ~ 2000 年土地利用转移图谱

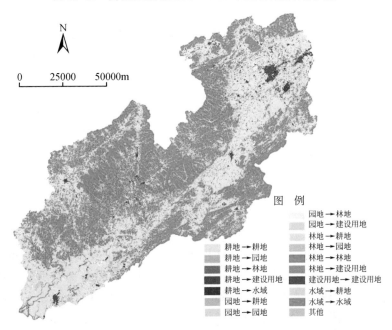

图 13-13　南流江流域 2000 ~ 2010 年土地利用转移图谱

前面分析了南流江流域 3 个时期的土地利用数量、结构特征,对流域土地利用动态演变的特点、趋势有了基本的把握,为了进一步了解南流江流域土地利用的时空演变特征,需要对不同土地利用类型之间的相互转换做定量化分析来揭示变化的内在过程。本书中不同土地类型的相互转换用土地利用转移矩阵来表示,转移矩阵内能够很好地揭示土地利用类型的转变情况,即研究期内,转出到其他利用类型部分、保持不变部分、从其他利用类型转入部分[45]。

2. 1990 ~ 2000 年土地利用转移图谱分析

1990 ~ 2000 年南流江流域土地利用转移图谱(图 13-12),是根据 1990 年和 2000 年土地利用分类结果在 ArcGIS 9.3 软件平台上合成的,这一时段土地利用变化转移矩阵见表 13-9,根据表 13-9 得出该时段土地利用转移去向概率(表 13-10)及来源概率(表 13-11)。

表 13-9　南流江流域 1990 ~ 2000 年土地利用转移矩阵　　　　　　（单位：km²）

土地类型	耕地	园地	林地	建设用地	水域	1990 年合计
耕地	3397.15	94.66	77.21	194.50	30.22	3793.74
园地	145.51	619.50	18.86	21.56	17.60	823.03
林地	102.95	18.63	3824.92	28.53	8.82	3983.84
建设用地	1.45	13.67	0.59	416.81	2.24	434.76
水域	32.62	0.95	3.39	11.60	253.33	301.90
2000 年合计	3679.68	747.41	3924.97	673.00	312.21	9337.26

注:受四舍五入的影响,表中数据稍有偏差

表 13-10　南流江流域 1990 年土地利用去向概率　　　　　　（单位:%）

土地类型	耕地	园地	林地	建设用地	水域	1990 年合计
耕地	89.55	2.50	2.04	5.13	0.80	100
园地	17.68	75.27	2.29	2.62	2.14	100
林地	2.58	0.47	96.01	0.72	0.22	100
建设用地	0.33	3.14	0.14	95.87	0.52	100
水域	10.81	0.32	1.12	3.84	83.91	100

注:受四舍五入的影响,表中数据稍有偏差

表 13-11　南流江流域 2000 年土地利用来源概率　　　　　　（单位:%）

土地类型	耕地	园地	林地	建设用地	水域
耕地	92.32	12.67	1.97	28.90	9.68
园地	3.95	82.89	0.48	3.20	5.64
林地	2.80	2.49	97.45	4.24	2.82
建设用地	0.04	1.83	0.02	61.93	0.72
水域	0.89	0.13	0.09	1.72	81.14
2000 年合计	100	100	100	100	100

注:受四舍五入的影响,表中数据稍有偏差

1)耕地转移分析

从表 13-9 ~ 表 13 ~ 11 可以看出,1990 ~ 2000 年南流江流域耕地转出总量为 396.59km²,转入(新增耕地)总量为 282.53km²,转出耕地面积大于转入面积,89.55% 的耕地保持不变。转出的主要流向是建设用地、园地、林地,少量转为水域,转出量分别为建设用地 194.50km²、园地 94.66km²、林地 77.21km²、水域 30.22km²,转出量分别占 1990 年耕地总量的 5.13%、2.50%、2.04%、0.80%。新增耕地来源于园地 145.51km²、林地 102.95km²、水域 32.62km²、建设用地 1.45km²。

2）园地转移分析

1990~2000 年南流江流域园地转出总量为 203.53km², 转入（新增园地）总量为 127.92km², 转出园地面积大于转入面积, 75.27% 的园地面积保持不变。转出量分别为耕地 145.51km²、林地 18.86km²、建设用地 21.56km²、水域 17.60km², 转出量分别占 1990 年园地总面积的 17.68%、2.29%、2.62%、2.14%。新增园地来源于耕地 94.66km²、林地 18.63km²、建设用地 13.67km²、水域 0.95km²。

3）林地转移分析

1990~2000 年南流江流域林地转出总量为 158.92km², 转入（新增林地）总量为 100.05km², 转出林地面积大于转入面积, 96.01% 的林地面积保持不变。转出量分别为耕地 102.95km²、园地 18.63km²、建设用地 28.53km²、水域 8.82km², 转出量分别占 1990 年林地总面积的 2.58%、0.47%、0.72%、0.22%。新增林地来源于耕地 77.21km²、园地 18.86km²、建设用地 0.59km²、水域 3.39km²。

4）建设用地转移分析

1990~2000 年南流江流域建设用地转出总量为 17.95km², 转入（新增建设用地）总量为 256.19km², 转出建设用地面积小于转入面积, 95.87% 的建设用地面积保持不变。转出量分别为耕地 1.45km²、园地 13.67km²、林地 0.59km²、水域 2.24km², 转出量分别占 1990 年建设用地总面积的 0.33%、3.14%、0.14%、0.52%。新增建设用地来源于耕地 194.50km²、园地 21.56km²、林地 25.83km²、水域 11.60km²。

5）水域转移分析

1990~2000 年南流江流域水域转出总量为 48.57km², 转入（新增水域）总量为 58.88km², 转出水域面积小于转入面积, 83.91% 的水域面积保持不变。转出量分别为耕地 32.62km²、园地 0.95km²、林地 3.39km²、建设用地 11.60km², 转出量分别占 1990 年水域总面积的 10.81%、0.32%、1.12%、3.84%。新增水域来源于耕地 30.22km²、园地 17.60km²、林地 8.82km²、建设用地 2.24km²。

3. 2000~2010 年土地利用转移图谱分析

2000~2010 年南流江流域土地利用转移图谱（图 13-13）, 是根据 2000 年和 2010 年土地利用分类结果在 ArcGIS 9.3 软件平台上合成的, 这一时段土地利用变化转移矩阵见表 13-12, 根据表 13-12 得出该时段土地利用转移去向概率（表 13-13）及来源概率（表 13-14）。

表 13-12　南流江流域 2000~2010 年土地利用转移矩阵　　　　　　（单位：km²）

土地类型	耕地	园地	林地	建设用地	水域	2000 年合计
耕地	3086.82	114.66	109.41	313.72	55.06	3679.68
园地	186.42	466.35	32.26	59.23	3.15	747.41
林地	150.12	54.69	3632.87	85.11	2.17	3924.96
建设用地	8.09	13.22	3.45	645.61	2.63	673.00
水域	41.87	6.11	4.13	18.84	241.26	312.21
2010 年合计	3473.32	655.03	3782.13	1122.51	304.27	9337.26

注：受四舍五入的影响, 表中数据稍有偏差

表 13-13　南流江流域 2000 年土地利用去向概率　　　　　　（单位：%）

土地类型	耕地	园地	林地	建设用地	水域	2000 年合计
耕地	83.89	3.12	2.97	8.53	1.50	100
园地	24.94	62.40	4.32	7.92	0.42	100
林地	3.82	1.39	92.56	2.17	0.06	100
建设用地	1.20	1.96	0.51	95.93	0.39	100
水域	13.41	1.96	1.32	6.03	77.27	100

注：受四舍五入的影响, 表中数据稍有偏差

表 13-14　南流江流域 2010 年土地利用来源概率　　　　　（单位:%）

土地类型	耕地	园地	林地	建设用地	水域
耕地	88.87	17.51	2.89	27.95	18.10
园地	5.37	71.19	0.85	5.28	1.03
林地	4.32	8.35	96.05	7.58	0.71
建设用地	0.23	2.02	0.09	57.51	0.86
水域	1.21	0.93	0.11	1.68	79.29
2010 年合计	100	100	100	100	100

注：受四舍五入的影响，表中数据稍有偏差

1）耕地转移分析

从表 13-12 ~ 表 13-14 可以看出，2000 ~ 2010 年南流江流域耕地转出总量为 592.86km²，转入（新增耕地）总量为 386.50km²，转出耕地面积大于转入面积，83.89% 的耕地保持不变。转出量分别为园地 114.66km²、林地 109.41km²、建设用地 313.72km²、水域 55.06km²，转出量分别占 2000 年耕地总面积的 3.12%、2.97%、8.53%、1.50%。新增耕地来源于园地 186.42km²、林地 150.12km²、建设用地 8.09km²、水域 41.87km²。

2）园地转移分析

2000 ~ 2010 年南流江流域园地转出总量为 281.06km²，转入（新增园地）总量为 188.68km²，转出面积大于转入面积，62.40% 的园地保持不变。转出量分别为耕地 186.42km²、林地 32.26km²、建设用地 59.23km²、水域 3.15km²，转出量分别占 2000 年园地总面积的 24.94%、4.32%、7.92%、0.42%。新增园地来源于耕地 114.66km²、林地 54.69km²、建设用地 13.22km²、水域 6.11km²。

3）林地转移分析

2000 ~ 2010 年南流江流域林地转出总量为 292.10km²，转入（新增林地）总量为 149.26km²，转出林地面积大于转入面积，92.56% 的林地保持不变。转出量分别为耕地 150.12km²、园地 54.69km²、建设用地 85.11km²、水域 2.17km²，转出量分别占 2000 年林地总面积的 3.82%、1.39%、2.17%、0.06%。新增林地来源于耕地 109.41km²、园地 32.26km²、建设用地 3.45km²、水域 4.13km²。

4）建设用地转移分析

2000 ~ 2010 年南流江流域建设用地转出总量为 27.39km²，转入（新增建设用地）总量为 476.90km²，转出建设用地面积小于转入面积，95.93% 的建设用地保持不变。转出量分别为耕地 8.09km²、园地 13.22km²、林地 3.45km²、水域 2.63km²，转出量分别占 2000 年建设用地总面积的 1.20%、1.96%、0.51%、0.39%。新增建设用地来源于耕地 313.72km²、园地 59.23km²、林地 85.11km²、水域 18.84km²。

5）水域转移分析

2000 ~ 2010 年南流江流域水域转出总量为 70.95km²，转入（新增水域）总量为 63.01km²，转出水域面积大于转入面积，77.27% 的水域保持不变。转出量分别为耕地 41.87km²、园地 6.11 km²、林地 4.13km²、建设用地 18.84 km²，转出量分别占 2000 年水域总面积的 13.41%、1.96%、1.32%、6.03%。新增水域来源于耕地 55.06km²、园地 3.15km²、林地 2.17km²、建设用地 2.63km²。

4. 主要转移图谱单元

1990 ~ 2000 年的土地利用转移图谱是由 1990 年与 2000 年的土地利用类型数据在 ArcGIS 空间分析模块下叠置而成的。该转移图谱中生成 25 种不同类型的图谱单元，通过对发生转移的图谱单元的转移面积、转移百分比按从大到小进行排序，统计转移累计百分比，见表 13-15。可以看出，8 种类型图谱单元占总转移图谱单元的 85.54%，其中耕地转为建设用地占 23.56%，园地转为耕地、林地转为耕地、耕地转为园地、耕地转为林地分别占 17.63%、12.47%、11.47% 和 9.35%，四者占 50.91%，表明除耕地转向建设用地外，1990 ~ 2000 年的土地利用类型的变化以耕地、园地、林地之间的相互转移为主，即农用地内部结构进行了调整。

表13-15 南流江流域1990~2000年土地利用主要转移图谱单元排序

年份	转移图谱单元	转移面积/km²	转移百分比/%	转移累计百分比/%
1990~2000	耕地→建设用地	194.50	23.56	23.56
	园地→耕地	145.51	17.63	41.18
	林地→耕地	102.95	12.47	53.65
	耕地→园地	94.66	11.47	65.12
	耕地→林地	77.21	9.35	74.47
	水域→耕地	32.62	3.95	78.42
	耕地→水域	30.22	3.66	82.09
	林地→建设用地	28.53	3.46	85.54

2000~2010年的土地利用转移图谱是由2000年与2010年的土地利用类型数据在ArcGIS空间分析模块下叠置而成的。该转移图谱中生成25种不同类型的图谱单元，通过对发生转移的图谱单元的转移面积、转移百分比按从大到小进行排序，统计转移累计百分比，见表13-16。可以看出，8种类型图谱单元占总转移图谱单元的84.92%，其中耕地转为建设用地占24.81%，园地转为耕地、林地转为耕地、耕地转为园地、耕地转林地分别占14.74%、11.87%、9.07和8.65%%，四者占44.34%，表明除耕地转向建设用地外，2000~2010年的土地利用类型的变化以耕地、园地、林地间的相互转移为主，即农用地内部结构进行了调整，且调整幅度较1990~2000年有所下降。

表13-16 南流江流域2000~2010年土地利用主要转移图谱单元排序

年份	转移图谱单元	转移面积/km²	转移百分比/%	转移累计百分比/%
2000~2010	耕地→建设用地	313.72	24.81	24.81
	园地→耕地	186.42	14.74	39.56
	林地→耕地	150.12	11.87	51.43
	耕地→园地	114.66	9.07	60.50
	耕地→林地	109.41	8.65	69.15
	林地→建设用地	85.11	6.73	75.88
	园地→建设用地	59.23	4.68	80.57
	耕地→水域	55.06	4.35	84.92

13.5 土地利用变化驱动力分析

驱动力是土地利用变化研究的焦点问题[93]，与土地利用变化的关系研究是土地利用变化动力学研究的核心问题之一，而自然环境因素和社会经济因素的综合驱动导致了土地利用类型的时空演变，自然因素主要包括土壤、岩性、降雨、地形地貌、水文、自然灾害等，社会经济因素方面有人口变动、贫富状况、技术进步、经济增长、政治政策、价值观念等[94]。一般来说，较短的研究时期内社会经济因素对土地利用变化的驱动作用较明显，而自然因素的驱动作用就相对难以使土地利用类型发生较为剧烈的变化。本书的时间尺度为1990~2010年，研究时间跨度较短，研究区范围9337.26km²，面积也相对较小；此外，驱动力的分析研究相当复杂，很难分析完所有因子的驱动力，因此本书主要选择人口、经济、政策等人文因素对南流江流域1990~2010年土地利用变化驱动力进行深入分析探讨。

13.5.1　土地利用变化驱动力模型及驱动因子选取

根据相关研究,同时考虑研究区社会经济统计数据的可获取性,本书从人口驱动力、经济驱动力、技术驱动力、城市化水平、社会富裕程度这几个方面来选取南流江流域土地利用变化的驱动力因子。详见表 13-17。

表 13-17　南流江流域土地利用变化驱动因子

社会经济驱动因子	社会经济驱动因子
总人口（万人）	农业机械总动力（万 kW）
单位从业人数（万人）	水产品总量（万 t）
社会消费品零售总额（亿元）	非农人口（万人）
国内生产总值（亿元）	农业人口（万人）
第一产业产值（亿元）	建成区面积（km²）
第二产业产值（亿元）	境内公路里程（km）
第三产业产值（亿元）	农民人均纯收入（元）
农业总产值（亿元）	城镇居民人均可支配收入（元）
工业总产值（亿元）	地方财政收入（亿元）
粮食总产量（万 t）	地方财政支出（亿元）

13.5.2　土地利用变化与驱动因子的关联度分析

1. 耕地面积变化与驱动因子的关联度分析

选取表 13-17 中的 16 个因子作为南流江流域耕地面积变化的社会经济驱动因子（表 13-18），按照式（13-7）~式（13-11），分别计算出各驱动因子的关联系数。

表 13-18　耕地面积变化与驱动因子关联系数表

序号	驱动因子	1990 年	2000 年	2010 年
1	总人口	1	0.9609	0.9308
2	单位从业人数	1	0.9514	0.9149
3	国内生产总值	1	0.8229	0.4614
4	第一产业产值	1	0.8674	0.6663
5	第二产业产值	1	0.8055	0.3333
6	第三产业产值	1	0.7471	0.3465
7	农业总产值	1	0.6783	0.5665
8	粮食总产量	1	0.9748	0.9876
9	农业机械总动力	1	0.8887	0.7399
10	农业人口	1	0.9686	0.9377
11	建成区面积	1	0.8561	0.7669
12	境内公路里程	1	0.9022	0.7117
13	农民人均纯收入	1	0.7249	0.5306
14	城镇居民人均可支配收入	1	0.8863	0.5228
15	地方财政收入	1	0.8437	0.6885
16	地方财政支出	1	0.8722	0.3738

根据式（13-12），计算得出各驱动因子与耕地面积变化的关联度并进行排序，关联度大小关系为粮食总产量>农业人口>总人口>单位从业人数>农业机械总动力>建成区面积>公路里程>第一产业产值>地方财政收入>城镇居民人均可支配收入>国内生产总值>农民人均纯收入>地方财政支出>农业总产值>第二产业产值>第三产业产值（表 13-19）。

表 13-19　耕地面积变化驱动因子关联度排序表

序号	驱动因子	关联度	关联度排序
1	总人口	0.9639	3
2	单位从业人数	0.9554	4
3	国内生产总值	0.7614	11
4	第一产业产值	0.8446	8
5	第二产业产值	0.7129	15
6	第三产业产值	0.6979	16
7	农业总产值	0.7483	14
8	粮食总产量	0.9688	2
9	农业机械总动力	0.8762	5
10	农业人口	0.9875	1
11	建成区面积	0.8743	6
12	公路里程	0.8713	7
13	农民人均纯收入	0.7518	12
14	城镇居民人均可支配收入	0.8031	10
15	地方财政收入	0.8441	9
16	地方财政支出	0.7486	13

从表 13-19 和图 13-14 可以看出，导致南流江流域耕地面积变化的主要驱动力包括农业人口、粮食总产量、总人口、单位从业人数、农业机械总动力、建成区面积、公路里程等。总人口的增长，农业人口比重的下降，建成区面积的扩展，交通设施的占用，是耕地面积减少的重要原因。

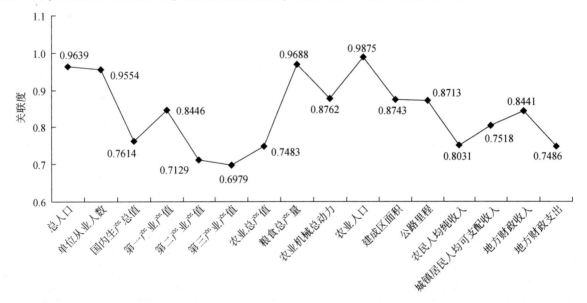

图 13-14　耕地面积变化驱动因子关联度

统计资料显示，南流江流域总人口数量由 1990 年的 287.46 万增加到 2010 年的 419.85 万，建成区面积由 1990 年的 69.73km² 扩展到 2010 年的 219.33km²，2010 年的公路里程是 1990 年的 3.89 倍，城市化水平的不断提高，从事农业劳动人数的缩减，耕地面积的减少，必须依靠现代农业技术提高粮食产量来满足人口增长对粮食的需求，缓解人口增长对耕地带来的压力；农业机械总动力的大幅增长，提高了农业种植的集约化程度，同时可以减少农业劳动人数，释放更多农业劳动力到社会经济发展需要的各行各业中去。

前面土地利用类型转移矩阵分析中，1990～2000 年耕地转为其他地类面积大小依次为建设用地、园地、林地、水域，2000～2010 年耕地转为其他地类的排序与 1990～2000 年一致，但 2000～2010 年的转出量更大，说明耕地变化受经济发展、人类活动的干扰更加剧烈。耕地面积的减少同时受退耕还林等政策因素的驱动影响，受农村民营企业、乡镇企业发展的驱动影响。

粮食总产量呈先上升后下降的态势，而研究区第一产业产值中经济作物产值则保持上升态势，说明当地农民受经济利益驱动影响，将部分耕地改种经济作物来获取经济收入，提高农民人均纯收入。地方财政支出、农业产值、第二产业产值、第三产业产值等因子关联度排名靠后，说明耕地面积变化几乎不受这些驱动因子的影响。

总体来说，耕地面积变化与各因子、各因子之间的驱动影响关系，不是单纯的一一对应关系，而是有机结合、相互联系、相互制约、相辅相成的完整的统一体，孤立分析某一驱动因子，难以解释清楚其中的复杂关系。

2. 建设用地面积变化与驱动因子的关联度分析

选取表 13-17 中的 15 个因子作为南流江流域建设用地面积变化的社会经济驱动因子，按照式（13-7）～式（13～11），计算出各驱动因子的关联系数（表 13-20）。

表 13-20　建设用地面积变化与驱动因子关联系数表

序号	驱动因子	1990 年	2000 年	2010 年
1	总人口	1	0.9587	0.8529
2	国内生产总值	1	0.8666	0.4854
3	第一产业产值	1	0.9229	0.7641
4	第二产业产值	1	0.8450	0.3333
5	第三产业产值	1	0.7734	0.3483
6	农业总产值	1	0.6915	0.6223
7	粮食总产量	1	0.9436	0.8050
8	农业机械总动力	1	0.9502	0.8771
9	农业人口	1	0.9503	0.8464
10	建成区面积	1	0.9084	0.9203
11	公路里程	1	0.9678	0.8329
12	农民人均纯收入	1	0.7467	0.5742
13	城镇居民人均可支配收入	1	0.9472	0.5639
14	地方财政收入	1	0.8928	0.7974
15	地方财政支出	1	0.9290	0.3797

根据式（13-12）计算得出各驱动因子与建设用地面积变化的关联度并进行排序，结果为总人口>公

路里程>农业机械总动力>建成区面积>农业人口>粮食总产量>地方财政收入>第一产业产值>城镇居民人均可支配收入>国内生产总值>农民人均纯收入>农业总产值>地方财政支出>第二产业产值>第三产业产值（表 13-21）。

表 13-21　建设用地面积变化驱动因子关联度排序表

序号	驱动因子	关联度	关联度排序
1	总人口	0.9372	1
2	国内生产总值	0.7840	10
3	第一产业产值	0.8957	8
4	第二产业产值	0.7261	14
5	第三产业产值	0.7072	15
6	农业总产值	0.7712	12
7	粮食总产量	0.9162	6
8	农业机械总动力	0.9424	3
9	农业人口	0.9322	5
10	建成区面积	0.9429	4
11	公路里程	0.9336	2
12	农民人均纯收入	0.7736	11
13	城镇居民人均可支配收入	0.8370	9
14	地方财政收入	0.8967	7
15	地方财政支出	0.7695	13

从表 13-21 和图 13-15 可以看出，总人口驱动因子排序居首，公路里程、农业机械总动力驱动因子位列第二、第三，说明总人口驱动因子和城市化水平的提高是建设用地面积变化的主要影响因素；农业机械总动力、农业人口、建成区面积、粮食总产量、地方财政收入、第一产业产值等排名居中，表明建设用地面积变化的驱动原因较为复杂，是众多驱动因子共同作用、相互影响的结果。

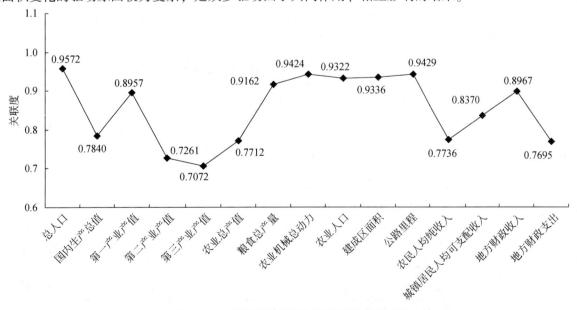

图 13-15　建设用地面积变化驱动因子关联度

人口增长一直以来都是建设用地变化的重要影响因素之一。人可以通过土地改造、生产活动对土地利用结构进行组织调整，并占用土地作为生活居所、消费土地利用系统生产的产品，总之，人的衣、食、住、行等一切活动都离不开土地。因此，人口数量不断增加的同时必然要求建设用地、农用地面积的增加，才能使人类的生活、经济生产活动得以继续进行。但土地总量毕竟有限，建设用地量的增加必定导致耕地、园地、林地、水域等土地面积的减少。社会经济的快速发展，城镇生活设施、环境逐步改善，除非农人口的增加外，外来人口也逐渐增多，居住、投资等活动需要城乡建设用地、交通用地的不断扩张来满足，建设用地规模的空间需求，是人类对土地需求的最直接的表现形式，可见，人口增长是建设用地面积变化的最根本的驱动力。

经济增长是建设用地变化的又一重要驱动因素。经济的发展离不开产业，GDP 的增长，第二产业产值、第三产业产值比重的增加是农地转为建设用地的结果，城市化、城镇化、工业化的不断升级完善，就是通过产业结构的不断变革调整来完成的。不同的产业结构表现出对土地利用区位的需求不相同，如第三产业更趋于中心城区的集中，其他加工制造业等产业逐渐向城镇周边或郊区扩散，扩散的同时也形成空间上的一定规模的产业链或产业集群，是建设用地空间结构、空间形态演变的内在驱动力。同时，产业扩散的过程带动了部分人的生产生活圈子向城镇周边扩散，城郊结合部的农业人口逐渐融入第二、第三产业中参与工作，导致农业人口比重呈下降趋势。新农村建设的逐步推进，建设用地增减挂钩政策的不断推广，农村居民点用地逐渐减少，农村人口逐渐转化为城镇人口，乡镇企业逐渐向工业园区等产业群靠拢。综上分析，城镇人口随产业向城区周边迁移、农村人口进城打工，必然需要城镇规模的扩展来容纳这部分人。

此外，随着人们收入水平的提高，消费观念、生活方式的改变，需要占用更多的土地来满足不断增长的物质文化需求及享受，如宽敞舒适的住房、办公场所、休闲娱乐的广场、公园、运动场所、便利的交通等，而政府相关管理部门在土地利用分配的过程中也会充分考虑、满足人们的以上需求。

总而言之，建设用地的变化是受产业变迁、社会进行、经济发展、政府干预、土地财政、人类生产活动等综合作用的结果。南流江流域建设用地的增加与城市化、工业化、现代化、社会的进步发展相互促进、相互制约、相互影响，建设用地的增加推动了流域经济的发展，保障流域社会生活水平的提高，而流域城市化、工业化、现代化以及经济的发展是流域建设用地不断增加的重要驱动力。

3. 林地面积变化与驱动因子的关联度分析

选取表 13-17 中的 14 个因子作为南流江流域林地面积变化的社会经济驱动因子，按照式（13-7）~式（13-11），计算出各驱动因子的关联系数（表 13-22）。

表 13-22　林地面积变化与驱动因子关联系数表

序号	驱动因子	1990 年	2000 年	2010 年
1	总人口	1	0.9628	0.9347
2	单位从业人数	1	0.9532	0.9186
3	国内生产总值	1	0.8240	0.4619
4	第一产业产值	1	0.8687	0.6678
5	第二产业产值	1	0.8065	0.3333
6	第三产业产值	1	0.7478	0.3465
7	农业总产值	1	0.6788	0.5674
8	工业总产值	1	0.8323	0.4626
9	农业机械总动力	1	0.8901	0.7420

续表

序号	驱动因子	1990 年	2000 年	2010 年
10	农业人口	1	0.9705	0.9417
11	建成区面积	1	0.8573	0.7692
12	农民人均纯收入	1	0.7255	0.5313
13	地方财政收入	1	0.8449	0.6902
14	地方财政支出	1	0.8735	0.3739

　　根据式（13-12）计算得出各驱动因子与林地面积变化的关联度并进行排序，结果为农业人口>总人口>单位从业人数>农业机械总动力>建成区面积>第一产业产值>地方财政收入>工业总产量>国内生产总值>农民人均纯收入>地方财政支出>农业总产值>第二产业产值>第三产业产值（表13-23）。

表 13-23　林地面积变化驱动因子关联度排序表

序号	驱动因子	关联度	关联度排序
1	总人口	0.9658	2
2	单位从业人数	0.9573	3
3	国内生产总值	0.7619	9
4	第一产业产值	0.8455	6
5	第二产业产值	0.7133	13
6	第三产业产值	0.6981	14
7	农业总产值	0.7487	12
8	工业总产值	0.7650	8
9	农业机械总动力	0.8774	4
10	农业人口	0.9707	1
11	建成区面积	0.8755	5
12	农民人均纯收入	0.7523	10
13	地方财政收入	0.8450	7
14	地方财政支出	0.7491	11

　　森林生态系统与全球气候变化的关系一直以来都是国内外研究的热点。作为地球陆地上最大的生态系统，具有最复杂、最完整的组成结构，最旺盛的能量转换和物质循环，最强大的生态功能特征，同时具备经济效益和生态效益，且其生态价值远大与经济价值。在涵养水源、保护生态环境、生物多样性、维持碳汇碳平衡等方面的作用尤为重要。但在经济利益的驱动作用下，人类活动的干扰越来越严重地威胁着区域乃至全球的森林生态系统。

　　从表13-23和图13-16可以看出，1990~2000 年，南流江流域林地转为其他土地面积为158.92km^2，其他土地转入林地面积为100.05km^2；2000~2010 年，林地转为其他土地面积为292.10km^2，其他土地转入林地面积为149.26km^2，转出量大于新增量，整个流域林地总量呈减少趋势。从关联度分析得知，人口与经济是林地面积变化的两大驱动因子。人口的持续增长、城乡建设用地及交通用地的不断扩张，加剧了林地向其他土地的转变。1990~2010 年，南流江流域公路里程由 3750km 增加到 14573km，占用林地81.37km^2，滥砍滥伐、毁林耕种等劣迹也是导致南流江流域林地面积减少的原因。虽然自 1999 年国家、党中央提出退耕还林政策以来，研究区的林地增加取得一定成效，但整个林地系统的恢复发展还需要更长的时间以及更好的监管维护，况且南流江流域目前正处在高速发展时期，特别是北部湾经济区规划的批复实施以来，城镇化、工业化对建设用地需求的增长在所难免。近年来国家对耕地的保护力度大大加强，提倡建设用地占地逐渐向低丘缓坡的林地、园地扩张。

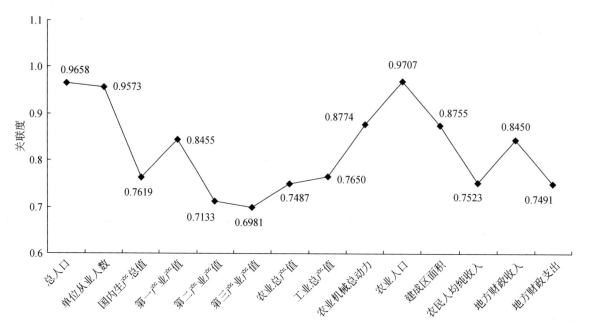

图 13-16　林地面积变化驱动因子关联度

4. 园地面积变化与驱动因子的关联度分析

选取表 13-17 中的 12 个因子作为南流江流域园地面积变化的社会经济驱动因子，按照式（13-7）~ 式（13-11），计算出各驱动因子的关联系数（表 13-24）。

表 13-24　园地面积变化与驱动因子关联系数表

序号	驱动因子	1990 年	2000 年	2010 年
1	总人口	1	0.9536	0.9175
2	国内生产总值	1	0.8184	0.4600
3	第一产业产值	1	0.8621	0.6610
4	第二产业产值	1	0.8014	0.3333
5	第三产业产值	1	0.7439	0.3464
6	农业总产值	1	0.6762	0.5633
7	工业总产值	1	0.8265	0.4607
8	粮食总产量	1	0.9671	0.9722
9	农业机械总动力	1	0.8829	0.7327
10	农业人口	1	0.9610	0.9242
11	建成区面积	1	0.8510	0.7589
12	农民人均纯收入	1	0.7221	0.5281

根据式（13-12）计算得出各驱动因子与园地面积变化的关联度并进行排序，关联度大小及排序结果见表 13-25。

表 13-25　园地面积变化驱动因子关联度排序表

序号	驱动因子	关联度	关联度排序
1	总人口	0.9570	3
2	国内生产总值	0.7595	8
3	第一产业产值	0.8410	6
4	第二产业产值	0.7116	11
5	第三产业产值	0.6968	12
6	农业总产值	0.7465	10
7	工业总产值	0.7624	7
8	粮食总产量	0.9798	1
9	农业机械总动力	0.8719	4
10	农业人口	0.9617	2
11	建成区面积	0.8699	5
12	农民人均纯收入	0.7501	9

从表 13-25 和图 13-17 可以看出，影响南流江流域园地面积变化的驱动因子主要是粮食总产量、农业人口、总人口、农业机械总动力、建成区面积、第一产业产值等。人口的增长，经济的发展，城市化进程的加速，农业人口比重的下降，导致南流江流域园地退化或被开发，加上近年来国家对耕地的保护力度大大加强，提倡建设用地占地向低丘缓坡的园地、林地扩张。

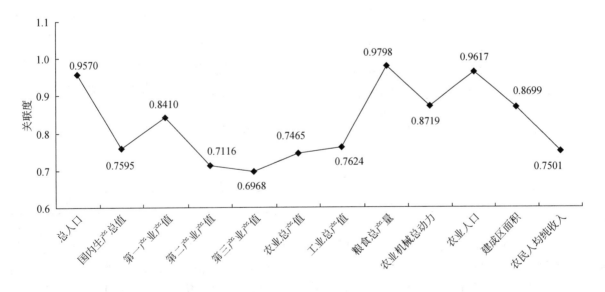

图 13-17　园地面积变化驱动因子关联度

5. 水域面积变化与驱动因子的关联度分析

选取表 13-17 中的 13 个因子作为南流江流域水域面积变化的社会经济驱动因子，按照式（13-7）～式（13-11），计算出各驱动因子的关联系数，见表 13-26；根据式（13-12）计算出各驱动因子与水域面积变化的关联度并进行排序，结果见表 13-27。

表 13-26　水域面积变化与驱动因子关联系数表

序号	驱动因子	1990 年	2000 年	2010 年
1	总人口	1	0.9689	0.9415
2	社会消费品零售总额	1	0.9520	0.8552
3	国内生产总值	1	0.8280	0.4626
4	第一产业产值	1	0.8733	0.6705
5	第二产业产值	1	0.8103	0.3333
6	第三产业产值	1	0.7508	0.3466
7	农业总产值	1	0.6810	0.5690
8	农业机械总动力	1	0.8951	0.7457
9	水产品总量	1	0.9460	0.8964
10	非农人口	1	0.8790	0.8594
11	农业人口	1	0.9767	0.9486
12	建成区面积	1	0.8618	0.7732
13	农民人均纯收入	1	0.7283	0.5326

表 13-27　水域面积变化驱动因子关联度排序表

序号	驱动因子	关联度	关联度排序
1	总人口	0.9701	2
2	社会消费品零售总额	0.9358	4
3	国内生产总值	0.7635	9
4	第一产业产值	0.8480	8
5	第二产业产值	0.7145	12
6	第三产业产值	0.6991	13
7	农业总产值	0.7500	11
8	农业机械总动力	0.8803	6
9	水产品总量	0.9475	3
10	非农人口	0.9128	5
11	农业人口	0.9751	1
12	建成区面积	0.8783	7
13	农民人均纯收入	0.7536	10

　　南流江流域水域面积变化驱动因子关联度排序结果为农业人口>总人口>水产品总量>社会消费品总额>非农人口>农业机械总动力>建成区面积>第一产业产值>国内生产总值>农民人均纯收入>农业总产值>第二产业产值>第三产业产值。可以看出农业人口、总人口、水产品总量位列前三，说明人口的增长，城市化、工业化的发展是流域水域面积变化的主要驱动力，1990～2010 年，水域面积呈先增加后减少的趋势，研究初期与研究末期水域面积基本保持一致，但是水产品产量上升，说明现代养殖技术大大提高了水产品的产量，基本解决人口增长对水产品的需求量。

　　从表 13-27 和图 13-18 可以看出，1990～2000 年，南流江流域水域转为耕地的面积为 32.62km²，占转出总量的 67.17%，往后依次为建设用地、林地、园地；转入水域的地类中，耕地和园地占转入总量的 80% 以上，转入总面积 58.88km² 大于转出面积 48.57km²。2000～2010 年，流域水域转出量 70.95km²，转入量 63.01km²，总面积有所减少，与 1990 年基本持平。水域面积的变化在数量上主要表现为与耕地面积的相互转换，根本原因在于建设用地占用耕地后，为保持占补平衡，部分水域被开发变成耕地；而人口增长、工业发展等对用水需求的增加，部分地方新建了水库，或将耕地开发成坑塘水面，养殖水产品，提高人均纯收入。

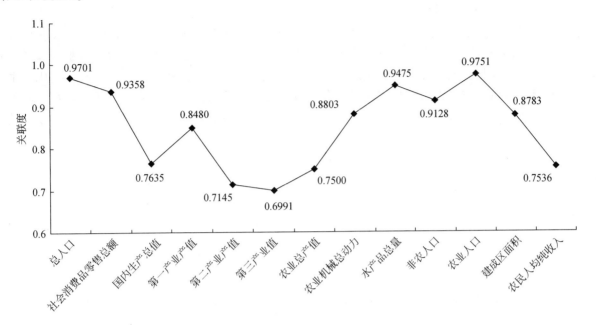

图 13-18　水域面积变化驱动因子关联度

13.6　本章小结

13.6.1　结论

在大量阅读前人关于流域土地利用变化、遥感监测、图谱分析等文献的基础上，本章对南流江流域 1990～2010 年土地利用变化及驱动力进行研究，得出如下主要结论。

（1）采用 30m 空间分辨率的 TM/ETM+遥感影像，经影像校正、镶嵌、裁剪等预处理后，建立解译标志，用 ERDAS 9.2 软件平台监督分类中的最大似然法，解译出南流江流域 1990 年、2000 年和 2010 年三期土地利用类型数据，且解译精度评价均在 0.7 以上，对解译结果进行分类后处理，并转换为 *.shp 格式的矢量数据，在 ArcGIS 9.3 软件中制作 3 个时期的土地利用类型图谱（图 13-6～图 13-8）；生成土地利用分类图谱（图 13-11）；生成土地利用转移图谱（图 13-12、图 13-13）；输出南流江流域土地利用面积变化转移矩阵（表 13-9、表 13-12）。

（2）南流江流域三期土地利用数据以耕地、林地为主，两者占流域总面积的 80% 以上，1990 年耕地面积比重为 40.63%，2000 年比重下降到 39.41%，2010 年减至 37.20%；林地面积比重从 1990 年的 42.67% 减到 2000 年的 42.04%，再减到 2010 年的 40.51%，两者呈缩减趋势。园地面积也有所减少。建设用地面积为增长趋势且增幅明显，比重从 1990 年的 3.66% 增长到 2000 年的 7.21%，再增长到 2010 年的 12.02%。水域面积变化变化不明显，研究初期与研究末期基本持平。1990～2010 年，南流江流域土地利用发生显著变化，2000～2010 年较 1990～2000 年无论是变化幅度，还是年均变化率、变化强度都更为明显，土地利用均衡度、综合指数逐渐提高。

（3）土地利用图谱分析显示，1990～2010 年，南流江流域土地利用时空演变特征复杂多样。各土地利用类型之间的相互转化，主要表现在耕地、林地转入建设用地；园地转入耕地、建设用地。1990～2000 年土地利用转移图谱中共生成 25 种不用类型的图谱单元，按照转移图谱单元的转移面积和转移百分比大小进行排序后，前 8 种图谱单元占总转移图谱单元的 85.54%（表 13-15）。2000～2010 年土地利用转移图谱中前 8 种图谱单元占总转移图谱单元的 84.92%（表 13-16）。

（4）南流江流域耕地变化的主要驱动因子是粮食总产量、农业人口、总人口、单位从业人数、农业机械总动力、建成区面积、公路里程；建设用地面积变化的主要驱动因子是建成区面积、农业机械总动力、总人口、公路里程、农业人口、粮食总产量、地方财政收入；林地面积变化的主要驱动因子是农业人口、总人口、单位从业人数、农业机械总动力、建成区面积、第一产业产值；园地面积变化的主要驱动因子是粮食总产量、农业人口、总人口、农业机械总动力、建成区面积、第一产业产值；水域面积变化的主要驱动因子是农业人口、总人口、水产品总量、社会消费品零售总额、非农人口、农业机械总动力、建成区面积。

13.6.2　展望

本章以南流江流域为研究区，以 20 年为研究时段，运用 RS 与 GIS 技术手段、数理统计分析方法等，对研究区的土地利用时空演变特征进行研究，并选取社会经济因子，采用灰色关联度分析方法对研究区的土地利用变化驱动力进行分析，以期为南流江流域的土地可持续利用、社会经济可持续发展提供一定的帮助。受时间、资料、信息不足及学术水平有限等因素的限制，研究过程中仍存在以下不足之处。

（1）土地利用变化现象是复杂的，鉴于所收集资料的有限性和遥感影像的精度，土地利用类型的分类较粗糙，同时缺少对土地利用变化机制、动态模型及演变趋势预测等方面的深入探讨，今后应进一步完善。

（2）受时间仓促和资料收集的局限的影响，对南流江流域土地利用变化研究的时间跨度不够，难以全面、深刻地反映研究区的土地利用变化特征及规律，但随着科技手段的迅速发展，遥感影像的精度将不断提高，时段将不断增加，为今后的土地利用变化研究提供翔实完整的基础数据。

（3）流域土地利用变化的驱动系统是受自然因素与人文因素相互作用、共同影响的，本书只选取了社会经济驱动因子进行较为粗略的研究，指标体系可能有偏差和遗漏，或在一定程度上还缺乏代表性和针对性，在指标筛选方面并不全面，相应得出的结论尚需进一步完善。

（4）对流域土地利用变化的研究深度有待加强，研究水平有待提高。

参 考 文 献

［1］刘鸿雁，赵雨森. 黑龙江乌裕尔河流域土地利用及景观变化分析［J］. 水土保持研究，2010，17（2）：94-99.

［2］张建明. 石羊河流域土地利用/土地覆被变化及其环境效应［D］. 兰州大学博士学位论文，2007.

［3］翁玉坤，刘排英，王鹏生. 遥感技术在土地调查与动态监测中的应用综述［J］. 北京测绘，2009，（3）：60-62.

［4］王振波. GIS 技术在中国流域研究中应用进展及展望［J］. 地理与地理信息科学，2009，25（3）：28-32.

［5］姚巍，付强，纪毅，等. 基于 GIS 的流域水基系统健康评价的研究进展［J］. 水利科技与经济，2011，17（1）：48-51.

［6］阚兴龙，周永章，李辉. 华南南流江流域 ESRE 复合系统协调发展研究［J］. 热带地理，2012，32（6）：658-663.

［7］张正栋. 广东韩江流域土地利用与土地覆盖变化综合研究［D］. 中国科学院广州地球化学研究所博士学位论文，2007.

［8］Jansen L J，Gregorio A D. Parametric land cover and land-use classifications as tools for environmental change detection［J］. Agriculture，Ecosystems &Environment，2002，91（1）：89-100.

［9］张滢，丁建丽. 绿洲土地利用变化未来趋势预测及其调控研究［J］. 干旱区资源与环境，2006，20（6）：29-35.

［10］刘纪远. 国家资源环境遥感宏观调查与动态监测研究［J］. 遥感学报，1997，1（31）：225-230.

［11］周乐群，杨岚. 基于"3S"技术的国土资源与生态环境动态监测［J］. 华南地质与矿产，2000，（4）：120-123.

［12］杨立明，朱智良. 全球及区域尺度土地覆盖/土地利用遥感研究的现状和展望［J］. 自然资源学报，1999，14（4）：340-344.

［13］Loveland T R，Reed B C，Brown J F，et al. Development of a global land cover characteristics database and IGBP DIS cover from 1 km AVHRR data [J]. International Journal of Remote sensing, 2000, 21 (6-7): 1303-1330.

[14] Justice C, Townashend J. Special issue on the moderate resolution imaging spectroradiometer (MODIS): A new generation of land surface monitoring [J]. Remote Sensing of Environment, 2002, 83: 1-27.

[15] Loveland T G, Merchant J W, et al. Seasonal land-cover regions of the United States [J]. Annals of the association of the American Geographers, 1995, 85 (2): 1453-1463.

[16] Lu H, Raupach M R, McVicar T R, et al. Decomposition of vegetation cover into woody and herbaceous components using AVHRR NDVI time series [J]. Remote Sensing of Environment, 2003, 86: 1-18.

[17] 靳文凭. 青海高原东部农业区土地利用变化遥感监测 [D]. 中南大学硕士学位论文, 2012.

[18] 汪西林. 比利时中部黄土区 Ganspoel 流域土地利用变化研究 [J]. 土壤侵蚀与水土保持学报, 1996, 2 (4): 89-94.

[19] 高俊峰. 太湖流域土地利用变化及洪涝灾害响应 [J]. 自然资源学报, 2002, 17 (2): 150-156.

[20] 郭宗锋, 马友鑫, 李红梅, 等. 流沙河流域土地利用变化研究 [J]. 水土保持研究, 2006, 13 (1): 144-147.

[21] 万秀琴, 任立良, 李琼芳. 近 40 年老哈河流域土地利用变化监测与分析 [J]. 国土资源遥感, 2012, 2 (93): 125-131.

[22] 陈述彭. 地学信息图谱探索研究 [M]. 北京: 商务印书馆, 2001.

[23] 陈菁. 生态环境综合信息图谱的研究——以福建省为例 [D]. 福建师范大学博士学位论文, 2006.

[24] 廖克. 地学信息图谱的探讨与展望 [J]. 地球信息科学, 2002, (1): 14-19.

[25] 田永中, 岳天祥. 地学信息图谱的研究及其模型应用探讨 [J]. 地球信息科学, 2003, (3): 103-106.

[26] 齐清文. 地学信息图谱的最新进展 [J]. 测绘科学, 2004, 29 (6): 16-23.

[27] 张洪岩, 王钦敏, 鲁学军, 等. 地学信息图谱方法研究的框架 [J]. 地球信息科学, 2003, (4): 101-103.

[28] 胡圣武, 王宏涛. 地学信息图谱研究 [J]. 测绘与空间地理信息, 2006, 29 (5): 11-14.

[29] 励惠国, 岳天祥. 地学信息图谱与区域可持续发展虚拟 [J]. 地球信息科学, 2000, (1): 48-52.

[30] 张百平, 姚永慧, 莫申国, 等. 数字山地垂直带谱及其体系的探索 [J]. 山地学报, 2002, 20 (6): 660-665.

[31] 周江评, 崔功豪, 张京祥, 等. 城镇交通网络信息图谱研究刍议 [J]. 地理研究, 2001, 20 (4): 397-406.

[32] 沙晋明, 郑达贤, 林志垒, 等. 水土流失地球信息图谱表示方法的研究 [J]. 水土保持研究, 2002, 9 (1): 116-120.

[33] 罗静, 崔伟宏, 牛振国. 时空推理模型的烟草长势图谱分析与监测 [J]. 地球信息科学, 2006, 8 (2): 120-124.

[34] 黄家柱, 赵锐, 戴锦芳. 遥感与 GIS 在长江三角洲地区资源与环境动态监测中的应用 [J]. 长江流域资源与环境, 2000, 9 (1): 34-39.

[35] 侯碧屿, 曹孟磊, 刑哲, 等. 北京市永定河流域土地利用格局变化及图谱分析 [J]. 林业调查规划, 2011, 36 (6): 5-9.

[36] 张岑, 任志远, 孙素梅. 基于 RS 和 GIS 的河西走廊地区城市土地利用时空变化图谱分析——以张掖市甘州区为例 [J]. 干旱地区农业研究, 2008, 26 (1): 166-170.

[37] 闫文浩, 任志远, 张翀. 基于 Landsat TM 的塔里木河下游土地利用变化与图谱研究 [J]. 资源科学, 2009, 31 (1): 142-151.

[38] 叶庆华, 刘高焕, 姚一鸣, 等. 黄河三角洲新生湿地土地利用变化图谱 [J]. 地理科学进展, 2003, 22 (2): 141-148.

[39] 李锦, 张慧芝, 王让会, 等. 干旱区绿洲生态景观信息图谱的研究与应用 [J]. 干旱地区农业研究, 2008, 26 (1): 106-111.

[40] 李军. 地面滑坡信息图谱的浅析 [J]. 地球信息科学, 2001, (3): 64-71.

[41] 黄晓霞, 王静爱, 王瑛. 1949-1998 年中国水灾县域分布图谱分析与格局动态 [J]. 北京师范大学学报 (自然科学版), 2001, 37 (5): 690-696.

[42] 陈忠升, 陈亚宁, 李卫红. 新疆和田流域土地利用/覆被变化及其驱动力分析 [J]. 中国沙漠, 2010, 15 (3): 326-333.

[43] 魏晶, 王涌翔, 吴钢, 等. 辽西大凌河流域土地利用变化及驱动力分析 [J]. 中生态环境, 2006, 30 (2): 559-563.

[44] 吴连喜. 巢湖流域 30 年土地利用变化及其驱动力研究 [J]. 土壤通报, 2011, 42 (6): 1293-1298.

[45] 黄锦凤. 惠州东江流域土地利用变化时空特征及驱动力研究 [D]. 中南大学硕士学位论文, 2011.

[46] 陈燕, 齐清文, 杨桂山. 地学信息图谱的基础理论探讨 [J]. 地理科学, 2006, 26 (3): 306-310.

[47] 蔡运龙. 土地利用/土地覆被变化研究：寻求新的综合途径［J］. 地理研究，2001，20（6）：645-652.

[48] 屠能. 孤立国［M］. 顾绥禄译. 南京：正中书局，1937.

[49] Alonso W. A theory of the urban land market［J］. Papers and Proceedings of the Regional Science Association，1960，6：149-157.

[50] Hoover E M，Giarratani F. An Introduction to Regional Economics［M］. New York：Alfred A. Knopf，Inc.，1984.

[51] 刘纯平，陈宁强，夏德深. 土地利用类型的分数维分析［J］. 遥感学报，2003，7（2）：136-141.

[52] Manning E. Analysis of Land Use Determinants in Support of Sustainable Development［R］. CP-88-1. IIASA，Laxenburg，Austria，1998.

[53] Scar R，Baterman I. Eefficiency gains offorded by improved bid design Versus follow-op valuation questions in discretechoice CV studies［J］. Land Economics，2000，76：299-311.

[54] 李秀彬. 土地利用变化的解释［J］. 地理科学进展，2002，21（3）：195-203.

[55] 李平，李秀彬，刘学军. 我国现阶段土地利用变化驱动力的宏观分析［J］. 地理研究，2001，56（3）：253-260.

[56] Turner B L，Meyer W B，Skole D L. Global Land-use/Land-cover Chang：Towards an Integrated Program of Study［J］. Ambio，1994，23（1）：91-95.

[57] 魏宏森，曾国屏. 系统论——系统科学哲学［M］. 北京：清华大学出版社，1995.

[58] Jonathan A F，Ruth D，Gregory P A，et al. Global consequences of land use［J］. Science，2005，309（22）：570-574.

[59] 王磊. 土地利用变化的多尺度模拟研究——以贵州猫跳河流域为例［D］. 北京大学博士学位论文，2011.

[60] 陈曦. 中国干旱区土地利用与土地覆被变化［M］. 北京：科学出版社，2008.

[61] 杨清华，齐建伟，孙求军. 高分辨率卫星遥感数据在土地利用动态监测中的应用研究［J］. 国土资源遥感，2000（4）：20-28.

[62] 沙志刚. 数字遥感技术在土地利用动态监测中的应用概述［J］. 国土资源遥感，1999，（2）：7-11.

[63] 李德仁. 数字地球与3S技术［J］. 中国测绘，2003，28（1）：28-31.

[64] 赵英时. 遥感应用分析原理与方法［M］. 北京：科学出版社，2003.

[65] 张培. 北碚区土地利用景观格局信息图谱分析［D］. 西南大学硕士学位论文，2011.

[66] 刘蓉蓉，林子瑜. 遥感图像的预处理［J］. 吉林师范大学学报（自然科学版），2007，（4）：6-10.

[67] 党安荣，贾海峰，陈晓峰，等. 遥感图像处理教程［M］. 北京：清华大学出版社，2010.

[68] 汤国安，张友顺，刘咏梅，等. 遥感数字图像处理［M］. 北京：科学出版社，2004.

[69] 吴铁洲，熊才权. 直方图匹配图像增强技术的算法研究与实现［J］. 湖北工业大学学报，2005，20（2）：59-61.

[70] 卡斯尔曼 K R. 数字图像处理［M］. 朱志刚译. 北京：电子工业出版社，1998.

[71] 郑建英. 数字图像处理技术［M］. 呼和浩特：内蒙古科技与经济出版社，2002.

[72] 徐炜君，刘国忠. 空间域和频域结合的图像增强技术及实现［J］. 中国测试，2009，35（4）：52.

[73] 甘立彩. 基于生态功能评价的小尺度生态功能区划研究——以重庆市江津区为例［D］. 西南大学硕士学位论文，2010.

[74] 常虹. 第二次土地调查遥感解译与数据库建立研究——以镶黄旗为例［D］. 内蒙古农业大学硕士学位论文，2010.

[75] Lucas I F J，Frans J M. Accuracy assessment of satellite derived land-cover data：a review［J］. Photogrammetric Engineering & Remote Sensing，1994，60（4）：410-432.

[76] 齐清文，池天河. 地学信息图谱的理论和方法［J］. 地理学报，2001，（B09）：8-18.

[77] 朱占永，郭伟志，张海力. 海河流域土地利用变化图谱分析［J］. 安徽农业科学，2012，40（14）：8292-8295.

[78] 叶庆华，刘高焕，陆洲，等. 基于GIS的时空复合体——土地利用变化图谱模型研究方法［J］. 地理科学，2002，21（4）：350-357.

[79] 戴声佩，张勃. 利用Landsat影像构建河西绿洲土地利用信息图谱——以张掖市甘州区为例［J］. 遥感信息，2012，27（5）：107-114.

[80] 郑鹏. 中国入境旅游流驱动力研究——目的地和旅游者双重视角的审视［D］. 陕西师范大学博士学位论文，2011.

[81] 摆万奇，赵士洞. 土地利用变化驱动力系统分析［J］. 资源科学，2001，23（3）：39-41.

[82] 张惠远，赵昕奕，蔡运龙，等. 喀斯特山区土地利用变化的人类驱动机制研究——以贵州省为例［J］. 地理研究，1999，18（2）：136-142.

[83] 索安宁，巨天珍，熊友才，等. 泾河流域土地利用区域分异与驱动力的关系［J］. 中国水土保持科学，2006，4（6）：75-80.

［84］ 王兆礼，陈晓宏，曾乐春，等. 深圳市土地利用变化驱动力系统分析［J］. 中国人口. 资源与环境，2006，16（6）：124-128.

［85］ 付修勇. 基于灰色关联分析方法的区域土地利用变化研究［J］. 河北农业科学，2008，12（4）：78-80.

［86］ 高辉巧，牛光辉，肖献国. 土地荒漠化驱动因子的灰色综合关联度分析［J］. 人民黄河，2009，31（5）：94-96.

［87］ 吴承祯，洪伟. 中国土地利用程度的区域分异规律模拟研究［J］. 山地学报，1999，17（4）：333-337.

［88］ 胡婷. 洱海流域土地利用变化及驱动力分析［D］. 陕西师范大学硕士学位论文，2012.

［89］ 蒋小荣，李丁，庞国锦. 本世纪初石羊河流域土地利用变化及驱动力分析［J］. 干旱区资源与环境，2010，24（12）：61-66.

［90］ 徐建华. 现代地理学中的数学方法［M］. 北京：高等教育出版社，2009.

［91］ 刘思峰，党耀国，方志耕，等. 灰色系统理论及其应用［M］. 北京：科学出版社，2010.

［92］ 陈加兵，励惠国，郑达贤，等. 基于 DEM 的福建省小流域划分研究［J］. 地球信息科学，2007，9（2）：74-77.

［93］ 李秀彬. 全球环境变化研究的核心领域——土地利用/土地覆被变化的国际研究动向［J］. 地理学报，1996，51（6）：553-558.

［94］ 伍飞舟. 黄土区罗玉沟流域土地利用变化及驱动力研究［D］. 北京林业大学硕士学位论文，2010.

第14章 农村集体土地使用权流转机制研究

14.1 绪　　论

14.1.1 选题背景和研究意义

1. 选题背景

土地问题是一个贯穿中国几千年发展史的重大问题。农村土地作为由农村和农民所掌握的最重要的生产资料和与农民关系最为直接和密切的社会资源，日益成为农村深化改革的焦点所在。党的十八届二中全会指出要把规范农村集体建设用地流转作为健全和发展我国农村土地工作的基本内容。农村土地流转是适应我国城市化和现代化发展需要，有效提高土地利用效率的重要手段。土地是人类从事物质资料生产活动的基本要素之一，因此土地流转在本质上就是一种生产要素的流动，而任何生产要素的流动总是在一定的制度环境约束下进行的，而且不同的制度安排决定了这些要素的组合形式及其发挥的功能。因此研究农村土地流转问题必须考察相应的制度环境和制度安排。土地是农户从事生产经营活动的生产资料，尤其是在我国特定的二元体制下，土地又是农户的职业和社会保障的基本载体。因此农户行为与土地流转存在着内在的联系。考察农户行为与土地流转的关系，对于在土地流转中如何协调好促进土地流转与充分尊重农户意愿的关系具有重要意义。

为此，本章深入研究我国农村土地制度，结合实证研究，明确农户土地流转行为和意愿的影响因子，分析当前土地使用权流转不畅的主要原因，提出完善农村土地产权制度和促进农村土地使用权有效流转的对策，以期建立完善的农村土地使用权流转体制。

2. 研究意义

（1）通过对农村土地流转制度的研究，对农村集体土地的产权制度进行探索创新，以实现农村土地的规范有序流转，将有助于进一步丰富和发展农村集体土地产权理论。

（2）通过对影响农村土地流转的宏观因素和微观动因的分析，提出了一系列促进和规范农村土地流转的对策建议，为政府制定政策和制度提供了可参考的方向及思路。

（3）通过南流江流域的实地调研，了解当前农户土地流转的现状及存在的主要问题，明确农地流转行为和意愿的影响因子，为规范南流江流域农地流转提供依据。

14.1.2 国内外研究综述

国内学术界对农村土地流转的研究起步较晚，开始于20世纪80年代中期，但从中国知网全文数据库的检索看，20世纪80年代至今国内关于农村土地流转方面的学术论文为7600余篇，表明农村土地流转问题是当前国内学术界研究的热点。本章将主要从农村土地流转的现状及问题、农村土地流转市场及效用、促进农村土地流转的对策和建议几个方面来介绍当前的研究成果。

1. 农村土地流转现状及存在的问题探讨

只有准确清楚地认识和把握我国当前农村土地流转现状，才能更加有针对性地开展后面的研究工作并提出相应的政策建议。国内学者普遍认为，我国农村土地流转仍处于欠发达阶段，发展极不平衡，也跟不上农村经济发展的现状，甚至已经落后于农村经济体制改革。王瑞雪认为目前农村土地流转范围窄、交易量小，无法形成规模效益；农地流转交易多为无偿或低偿交易，流转周期较短[1]。陈锡文和韩俊指出，我国总体上农村土地流转发生率很低。近几年，由于经营土地的收益不高，大量农村劳动力转向城市，农地流转速度有所加快[2]。杨德才和朱奎指出，20世纪80年代中期，国内农村土地流转规模都较小，而近些年，一些地区如浙江、江苏等地，农地流转已经初具规模[3]。

现有研究显示我国农村土地流转主要存在农村土地流转有法难依，甚至无法可依；土地流转后擅自改变农地用途；农村土地流转程序不规范；农村土地流转动力不足；农地流转中农民权益保护不够等问题。在此基础上，众学者也针对农村土地流转过程中存在的各种问题，从多角度分析了其产生的原因。有学者指出，现行农村土地流转制度的不完善，突出表现在相关法律、法规、制度上的不到位，土地使用权流转政策法规建设还滞后于现实的需要[4,5]。冷淑莲等[6]认为土地流转市场不健全，农村土地流转市场化运行机制还没有建立，更未形成统一规范化的土地流转市场，制约了农村土地流转有序进行。农村社会保障制度缺失，魏世军[7]认为农村土地具有保障功能是制约农村土地流转的社会因素，覃美英和程启智[8]认为社会保障功能的缺失使农民将土地视为最后的生活保障，李红梅等[9]认为没有健全的社会保障将很难从本质上提高农民离开土地的安全感和规避市场风险的能力。

2. 关于农村土地流转市场及效用研究

大量研究认为，我国农地流转市场不健全，制约市场发展的主要原因是劳动力市场、土地金融市场和资源配置机制不健全。Carte和Mesbah[10]指出，农村非农劳动市场的产生使农民受利益驱动放弃土地，农业劳动力的转移促进了农地市场的发展。Binswanger和Deininger[11]认为，导致资源利用率低下和经济发展缓慢的主要原因是土地、劳动力、信用及商品市场的扭曲。土地使用权的转移有利于资源的有效配置，刺激人们对土地的深度投资，减少农民的风险规避行为。Feder和Feeney[12]指出清晰明确的土地产权更有利于农业投资和农业生产力的提高，还有利于交易成本的降低，从而使生产要素得到更有效的配置。正如一些发展中国家一样（如拉丁美洲、加勒比海等地区），我国缺少一个权利得到有效保障的信贷市场，这是制约农业发展的一个重要因素。另外，农村社会保障体系的不完善和其他相关制度也阻碍了土地市场的发展[13]。

从总体上看，多数研究者认为农地流转有明显的正面效应。马晓河[14]认为农地流转促进了农业规模经营和科技进步，加快了农业产业结构调整，提高了土地产出效益。刘启明[15]认为，农地流转有利于农村土地资源合理配置；能使分散的土地集中起来，便于统一规划，有利于农业产业化进程和结构调整。徐旭等[16]指出，农地流转促使了农民向第二、第三产业转移，有利于农民增收，推动了城市化和农业现代化的进程。但是对于以集体组织为主的反租倒包、股份制合作等流转形式，却存在着很大争议。部分研究者认为，反租倒包、股份制合作可以通过规模经营和引入外部资本，发展高效经济作物，提高土地收益水平，应该给予鼓励和支持。也有学者认为，反租倒包、股份制合作的收益会刺激部分乡村组织不尊重农民意愿，强行收回农户承包地，非法获得土地收益。有些地区农村劳动力并未全部向城市转移，这些农户的承包地被收回后，可能导致失地农民生活困难，容易引发社会矛盾。

3. 促进农村土地流转的对策和建议

从已有的研究成果来看，国内很多学者从不同角度对完善农村土地流转制度提出了相应的对策建议，总结起来主要有以下几方面：立法上完善；产权上明晰；构建市场体系；健全农村社会保障体系；建立耕地保护机制。黄爱学[17]提出重建农村产权组织，转变村集体组织职能，使农民集体成员大会成为集体所有权行使机构。张军[18]指出应建立创新的产权制度，重新定位农户主体地位，确立国家土地所有权和个人土地使用权的关系。胡同泽和任涵[19]提出健全土地流转市场机制，包括交易中介机制、价格评估机制、利益分配机制等。为保障广大农民的基本利益，很多学者提出完善农村社会保障制度，建立农村土地流转监督和合同备案制度，通过政策性农业保险和风险保障基金防范风险[20]。李钢[21]提出完善土地管理的法律体系、土地流转市场机制和村民自治制度，而且必须严格依法办事，才能真正落实对农民土地收益的保护。

4. 国内外研究综述述评

总体而言，国内外学界对农村土地流转制度的研究已经取得了一些具有理论和实践意义的成果，但部分研究往往滞后于现实发展情况，其前瞻性和指导性还不够。尤其是在我国统筹城乡发展和建设社会主义新农村的部署下，农村土地流转制度已进入了加速变革和创新的阶段，面对新形势、新目标和新任务，学界研究的深度和进度明显滞后于实践发展的需要，对农村土地流转自身理论体系的系统研究和对产权内部、城乡协调、农村内部等方面的研究的高质量成果不多；动态上把握土地流转演变的阶段、规律以及与发展和创新的关系研究不足；对不同区域、不同类型地区的农村土地流转的差异性研究欠缺，现有研究的区域多为东部沿海发达地区，以西部地区包括广西为研究对象的系统研究较少，而且研究的重点多为经验总结。本章在综述国内外已有研究文献的基础上，试图完善当前研究所存在的部分不足之处。

14.1.3 研究内容、方法及特色

1. 研究内容

本章主要运用理论和实证的分析，对当前农村土地流转的现状、制度环境、影响因素等进行研究和考察，旨在提出完善农村土地流转的相关对策和思路。围绕这一研究目标，主体内容分为六部分。

第一部分为绪论，简要讨论选题的背景及研究的理论和实践意义，在分析对这一问题已有研究的不足的基础上，提出本章的内容、方法和思路。

第二部分重点阐述土地流转的相关法律、制度原理，探讨影响农村土地流转的宏观因素和微观动因，为研究土地流转问题提供基本的理论依据。

第三部分对南流江流域的概况和农地流转现状进行了简要介绍，并明确了实证研究的数据来源。

第四部分通过对南流江流域的实地调研，明确当前农户土地流转行为和意愿的影响因子，分析得出对其产生显著影响的各因素，为规范南流江流域农地流转提供依据。

第五部分针对前文指出的一系列农村土地流转的问题提出相应的对策，试图完善南流江流域的农村土地使用权流转体系。

第六部分简要归纳本章的主要结论，并提出研究中存在的不足及后续研究的方向。

2. 研究方法

（1）定性分析与定量分析相结合的方法。首先对农村土地流转制度所涉及的经济和社会关系的影响因素做出基本判断，再结合调查所获得的数据进行模型的论证，探寻农户土地流转行为的规律。

（2）问卷调查法。通过设计调查问卷，对农户家庭土地流转的情况进行问卷调查，并整理分析，以获取较为真实的第一手资料，并从中归纳出一般性的规律。

（3）实证分析法。通过实地调研，了解南流江流域土地流转的现状及存在的主要问题，并分散采点选取南流江流域范围9个县各个乡镇，考察其土地流转的意向和对流转方式的选择，力求找到适合当地情况的农地流转路径。

（4）访谈调查。除了抽样问卷调查外，笔者还对一些地区进行了走访式调查。通过走访调查，可以更为真实地了解实地情况以弥补问卷调查可能存在的信息失真，又可以得到生动具体的典型个案。

3. 研究特色

本章从农村集体土地的制度和法律出发来研究土地流转问题，对广西南流江流域农村土地流转机制进行了研究，在对南流江流域农村土地流转状况进行分析总结的基础上，通过建立 Logistic 回归模型对影响农户土地流转意愿因素进行分析，提出对南流江流域农村土地流转体制的完善具有重要实践意义的对策和措施。弥补了广西地区在农村土地流转方面研究较少的不足。

14.1.4　研究思路与技术路线

1. 研究思路

本章在国内外对农村土地流转已有研究的基础上，阐明了我国现行农村集体土地制度的相关理论和法律概念，探索分析了影响我国农村土地流转的宏观和微观制约因素，结合实证研究，在综合考察影响农村土地流转的宏观外在制度环境因素和微观的农户行为因素基础上，提出完善农村土地流转的对策。

2. 技术路线

本章研究技术路线图如图 14-1 所示。

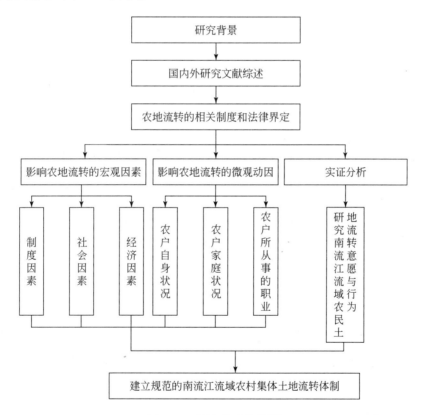

图 14-1　研究技术路线图

本章遵循阐明原理—解释概念—提出问题—分析研究问题—提出对策建议的过程展开。先从理论上阐述产权制度的一般原理，因为土地流转从本质上讲就是一种产权的交易和流转；界定农村集体土地的相关法律和制度原理；再通过分析影响农村土地流转的宏观和微观两方面因素，指出在流转过程中存在的问题和矛盾；结合南流江流域的实地调研和实证分析，通过建立 Logistic 回归模型对影响农户土地流转意愿因素进行分析，从而为积极配置农村土地流转提供一定的操作性建议，以期建立适合广西南流江流域实际状况的农村土地流转体系。

14.2　农村集体土地流转的相关理论分析

14.2.1　农村集体土地流转制度的核心概念界定

1. 土地制度

对土地制度的理解，人们从不同的思维视角有不同的认识，概括地说，土地制度的内涵包括以下内容：第一，土地制度是一定社会条件下，人们在占有和利用土地过程中所形成的人与人之间关系的总称。第二，以土地为媒介形成的人与人之间的关系，有的上升为国家意志，形成有关土地的法律和政策。因此土地制度既包括经济关系，也包括法权关系。前者属于经济基础，后者属于上层建筑。第三，土地制度有广义和狭义之分，广义的土地制度包括一切有关土地的制度；狭义的土地制度包括土地所有制、使用制度和管理制度[22]。

2. 农村土地产权

1）产权的内涵

产权是经济所有制关系的法律表现形式。一般而言构成产权的要素有 3 个方面：一是主体，即权利的拥有者，包括自然人、企业法人、政府公法人员；二是客体，即权利所指向的目标，既可以是土地、房屋等有形财产，也可以是知识、劳动等无形财产；三是权利内容，即主体对客体所拥有的权利和承担的义务。产权是一种权利束，包括所有权、占有权、使用权、支配权、收益权和处置权等。而在组成产权的各种权利中，所有权是其他权能的基础，所有权具有独占性、排他性和不可分割性，但是在保障所有权实现的前提下，所有权的各种权能又是可以按照一定的条件分割的。所有权和所有权权能的统一或分割，以及所有权权能的各种不同组合，使产权结构和产权的具体表现形式呈现出多样化特征。

2）土地产权

根据上述产权的内涵，不难得出土地产权的定义。土地产权就是有关土地这项财产的一切权利的综合，即土地的所有权、使用权、收益权、处分权等各项权利共同组成的土地产权，其同样是一种权利束，不同的组合方式形成不同的土地产权结构，不同的土地产权结构形成不同的利益主体结构。

3. 农村土地使用权流转

1）农村土地使用权

农村土地使用权是指农村土地使用者依照法律规定对农民集体土地享有的占用、使用和收益的权利。农村土地使用权是在农民集体土地所有权基础上派生的一种财产权，是土地所有权与使用权分离的结果。与农村土地分离相对应，农村土地使用权分为农村土地承包经营权（即农用地使用权）与农村集体建设用地使用权。本章的研究重点就是农村土地承包经营权的流转。

2）农村土地流转

我国农村土地流转指的是土地使用权的流转，也就是指拥有土地承包经营权的农户保留其承包权，将经营权转让给其他农户或其他经济组织的行为。这种保留土地承包权，转让土地使用权的制度安排，是由我国农村土地集体所有制的产权特征所决定的。

14.2.2　农村土地使用权流转的法律界定

我国农村土地使用权流转指的是农村土地承包经营权流转。《农村土地承包法》和《物权法》都对土地承包经营权的流转做了较为全面的规定，主要内容涉及土地承包经营权流转主体、流转方式、流转原则及流转合同等。

1. 流转主体的法律界定

我国《农村土地承包法》第三十四条规定："土地承包经营权流转的主体是承包方。承包方有权依法自主决定土地承包经营权是否流转和流转的方式。"承包方可以是公民，也可以是集体。公民指的是农村承包经营户；集体是指由农村集体经济组织成员自愿组成的，进行联合承包的作业组，或者是农村集体经济组织下设的集体劳动组织（如村民小组）。

2. 流转方式的法律界定

我国《农村土地承包法》第三十二条规定："通过家庭承包取得的土地承包经营权可以依法采取转包、出租、互换、转让或者其他方式流转。"家庭承包经营和其他方式的土地承包经营流转方式的不同在于，家庭承包经营方式不可以进行抵押，其他方式可以进行抵押。

对于农村土地流转方式可以做以下界定：转包、出租、互换、转让、入股、抵押以及其他方式，其他方式主要指代耕及反租倒包。农村土地流转的方式不同将会造成农村土地流转关系的不同。按照农村土地流转关系法律性质的不同，农村土地流转可以分为物权性、债权性、股权性和行政性的农村土地承包经营权流转。其中，物权性的农村土地流转包括转让、互换、抵押等；债权性的农村土地流转包括转包、出租、代耕、反租倒包等；股权性的农村土地流转指的是入股；行政性的农村土地流转主要体现为征用等行政行为。

1）转让与转包

根据农业部 2005 年 1 月颁布并于当年 3 月 1 日起实施的《农村土地承包经营权流转管理办法》第三十五条的规定，转让是指承包方有稳定的非农职业或者有稳定的收入来源，经承包方申请和发包方同意，将部分或全部土地承包经营权让渡给其他从事农业生产经营的农户，由其履行相应土地承包合同的权利和义务。转让后原土地承包关系自行终止，原承包方承包期内的土地承包经营权部分或全部灭失。转包是指承包方将部分或全部土地承包经营权以一定期限转给同一集体经济组织的其他农户从事农业生产经营。转包后原土地承包关系不变，原承包方继续履行原土地承包合同规定的权利和义务。接包方按转包时约定的条件对转包方负责。不少学者认为，转让与转包的区别在于：转让后，转让人不再享有土地承包经营权，受让人直接成为土地承包经营合同的当事人，对发包方承担义务。转让的实质是农户永远的失去承包土地。按照《土地承包法》第五条的规定，任何组织和个人不能剥夺和限制农村集体经济组织成员承包土地的权利。可见，土地承包权是集体组织成员的成员权，那么允许农户将承包地一次性永久转让，就会产生以下几个问题：一是当这种转让发生在本村村民与外村村民或经济组织之间时，在第二轮土地承包合同期满后，这一已经永久转让的承包地该如何处理，承包地所在的集体经济组织或村民委员会是否能够收回该承包地，原转让方是否还享有下一轮土地承包权。二是当这种转让发生在本集体经济组织成员内部时，当承包期满后，在下一轮承包中，原承包地的转让方和受让方是否仍然享有平等的承包权。对此法律都没有做出明确的说明。

2）出租与互换

出租是指承包方将部分或全部土地承包经营权以一定期限租给他人从事农业生产经营。出租后原土地承包关系不变，原承包方继续履行原土地承包合同规定的权利和义务。出租是当前农村土地流转中非常普遍的形式，它是建立在承包权和经营权分离的基础上的，承租人享有对土地的经营权，土地的发包方与承包方的承包合同关系不变。

互换是指承包方之间为方便耕作或各自需要，对属于同一集体经济组织的承包地进行交换，同时交换相应的土地承包经营权。互换一般是在农户之间自发的，经过双方协商一致并大多以口头形式达成的流转，一般也不会导致农户失去土地。这主要解决了承包地发包时"远近搭配、抽肥补瘦"而造成的土地细碎化带来的耕种不便的问题。互换目前大多数发生在同村内部，对于不同村落之间的互换，涉及承包地的所有者代表（村集体经济组织）之间的关系，而农村村落又是一个属地性较强的组织，因此这种互换在实践中还有待于通过建立一套相应的程序和原则才能得到认可和保护。

3）土地入股

根据《农村土地承包经营权流转管理办法》第六章第三十五条的解释，所谓入股是指"实行家庭承包方式的承包方之间为发展农业经济，将土地承包经营权作为股权，自愿联合从事农业合作生产经营；其他承包方式的承包方将土地承包经营权量化为股权，入股组成股份公司或者合作社等，从事农业生产经营"。《土地承包法》第四十六条规定："荒山、荒沟、荒丘、荒滩等可以直接通过招标、拍卖、公开协商等方式实行承包经营，也可以将土地承包经营权折股份给本集体经济组织成员后，再实行承包经营或者股份合作经营。"法律虽然规定了不同的承包经营权（采用家庭承包方式和不宜采用家庭承包方式的"四荒地"）入股的方式，但是对如何入股，具体采取何种入股模式，法律没有做进一步的说明，导致实践中土地股份制的内涵和形式多种多样。

4）反租倒包

反租倒包实际上是由村集体主导下的土地承包经营权流转方式，是指村集体根据群众意愿，将已经发包给农户的土地以一定的价格反租（反包）回集体，村集体经过对土地的适当整理（如土地平整、排水灌溉设施的改良等）再将土地以更高的价格发包给本村集体组织的农户或租赁给集体经济组织以外的经营者。这种方式实际上是将土地承包经营权经过二次转移：第一次流转，即农户将承包地转包给村集体，由村集体支付转包费给农户；再次流转，即村集体再将土地转包给第三方，由第三方支付转包费给村集体。这种流转方式可以很大程度降低农户单独经营的风险，有利于改善土地生产的条件。

3. 流转客体的法律界定

物权法把土地承包经营权界定为用益物权的一种，所以农村土地流转法律关系的客体应该被界定为一种权利——土地使用权。我国《农村土地承包法》第二条规定："农村土地，是指农民集体所有和国家所有依法由农民集体使用的耕地、林地、草地，以及其他依法用于农业的土地。"[10]其他依法用于农业的土地，主要包括荒山、荒沟、荒丘、荒滩4类荒地以及养殖水面等。因此农地流转的客体是指对农民集体所有和国家所有依法由农民集体使用的耕地、林地、草地，以及依法用于农业土地的使用权，还包括对园地、养殖水面、"四荒"土地的使用权等。

14.2.3　影响农村土地使用权流转的宏观因素分析

农村土地使用权流转作为一种市场交易行为，必然受到市场外部环境、市场组织程度和市场交易双方行为的影响。其中农户作为参与土地经营和流转的利益主体，他们的意愿和行为对土地流转的规模、流转机制和流转模式的选择都有着根本的影响。本章综合对土地流转双方行为产生影响的因素，从宏观和微观两方面对影响农户土地流转的因素进行分析。

1. 国家政策制度

（1）国家相关的支农惠农政策。国家对农业的这种政策优惠和奖励措施，对土地流转会产生直接的影响，特别是对养殖大户扩大经营规模会产生积极的促进作用。

（2）农村社会保障程度。社会保障的完善程度对农民是否愿意离开土地和采取何种方式离开土地具有决定性的作用。医疗、养老、子女教育等相应的社会保障程度越高，农民参与土地流转的意愿就越强烈。

（3）当地政府对土地流转的重视和组织程度。地方政府对土地流转越重视，流转市场的组织化程度越高，往往有利于促进当地土地流转，降低土地流转的交易成本，土地流转也越规范。

2. 社会因素分析

除了制度因素外，社会因素也是农村土地流转制度改革中不容忽视的因素之一。而城市化现象无疑是诸多社会因素中最为重要的一个因素。

（1）随着我国当前城镇化率的不断提高，更多的农村人口转化为城市人口，农村人口和农村劳动力的相对减少就必然导致了农村土地流转现象的产生。城市化促成了农村土地流转的形成，可以从以下几方面理解。一方面，城市化即农村人口向城市人口转化，农村人口和农业劳动力随之减少，导致部分土地无人耕作而闲置，同时农业劳动力的减少客观上要求提高农业生产的效率，而将土地参与流转就可以使闲置的土地资源得到有效的配置，并且把零散的土地集中起来更有利于实现农业的规模化、集约化、产业化经营。另一方面，农村人口流入城市务工，从事非农产业生产，对农业生产的依赖程度降低了，脱离土地的可能性较大，因而将土地参与流转的积极性更高，这样就会有更多的土地进入流转市场。

（2）当地的经济社会发展水平。一般来说一个地区经济发达和农民收入水平高，特别是第二、第三产业越为发达，从事非农产业的农民越多，他们对土地的依赖程度就越弱，农民参与土地流转的意愿就越强，土地流转的规模就越大。

3. 经济因素分析

（1）农地流转价格因素。我国目前没有土地市场化定价，因此一些自发流转的土地受不到法律的保护，存在折价的风险，农民只能得到极低的收益。因而必须有明确的法律保障，才能消除土地流转折价的现象。我国当前的农地价格机制存在的主要问题有：农地流转价格未融入市场经济的竞争，强制性流转远远多于自愿性的流转，致使农地流转价格低；农地流转市场的不成熟导致市场竞争机制对价格影响不足。

（2）农地流转交易成本差异。交易成本对农地流转的影响主要体现在几个方面：一是，农户面临过高的信息获取成本。目前我国农地流转市场还不完善，在农村土地流转过程中，为了避免过高的搜寻成本，农户大都自己寻找流转对象，从而导致多数土地流转仅限在本组或本村的亲戚、朋友中。二是，流转双方面临较高的谈判成本。由于我国目前农地流转价格评估还不规范，没有正式的交易市场和中介组织，流转双方在确定流转土地的面积、价格以及各自的权利和义务过程中难度较大，如一些农业的投资项目，由于必须挨家与农户进行农地流转谈判过程太烦琐，土地集中难度大，项目难以实施。三是，农户自发实现流转，面临较高的履约成本。在农村土地流转过程中可能时常发生转出方中途毁约收回土地、转入方抛荒土地或对土地掠夺性开发等违约行为，从而产生非常高的履约成本，往往由农户自己承担这较高的风险。上述几方面因素均制约着农村集体土地流转的实现。

（3）农村土地流转市场的供求因素。农地规模经营、农业结构调整、农业产业化标准化等是农业发展的必然，也是促使农村土地流转的需求因素。调查发现，土地集中到农业企业或农业生产大户之后，便于采用高技术和高标准规模种植，并且可以根据市场的需求适时调整各种粮食作物的种植面积，从这一角度看，农地流转是由农地规模经营和农业产业化标准化等农业发展需求决定的。然而以上分析的高昂的交易成本和农业比较收益的下降等因素，导致了农地使用权需求不足。同时，很多农民外出务工导致农村剩余劳动力不足，以及农村社会保障制度不健全致使农民希望保留土地为失业、养老等提供保障，这些因素又阻碍和抑制了农地使用权供给。因此，我国目前的农村土地流转市场表现为需求和供给都严重不足。

14.2.4　影响农村土地使用权流转的微观动因

影响农村土地流转的宏观因素会直接对土地流转的微观主体参与土地流转的意愿和行为产生影响，但是，参与土地流转农户自身的内在因素也会影响土地流转。虽然农村土地流转是一个涉及流入和流出双方的事情，但从目前流转状况看，导致流转比例不高的主要原因在于土地流转的供给方（即转出土地的农户），而土地转入方的情况较为复杂。因此这里把对农地流转微观因素的分析定位于土地的转出方。

（1）农户的年龄结构和文化程度、身体状况。一般来说农户年龄较大、文化程度低、身体状况不佳，外出打工和从事非农产业的机会较少，因此其参与土地转出的意愿较低，而转入土地的意愿相对较强。但这种土地流入大多是亲戚朋友因外出打工经商而代为耕种的方式。反之，对于农村青壮年劳动力和文化水平较高的农民，由于外出从事第二、第三产业的能力较强，对农业生产的依赖程度较低，脱离农业生产可能性较大，因而转出土地概率和意愿相对较大，而转入土地的意愿相对较小。当然，也可能存在一些青壮年和具有一技之长的农民，愿意务农种地发展农业生产；也可能存在年纪较大和文化程度较低的农民，受自身经营能力和技能限制，不存在转入土地意愿。

（2）农户的家庭结构、人均拥有土地的数量、非农收入比例。一般来说农户家庭劳动力缺乏，人均土地占有数量低，非农收入占家庭收入比例高，更愿意将土地参与流转。但是由于农民的恋土情节和传统观念，有时也会做出逆向的选择。例如，一些家庭人均土地数量少、非农收入比例很高的农户，并不在乎土地流转的收入，而更愿意将土地自己耕种甚至作为一种精神消遣和锻炼身体的手段。

（3）农户所从事职业、是否有手艺。农户从事农业经营活动的时间长短和经验，是否有特殊的技能手艺也会影响土地流转行为。一般来说，农户从事农业经营活动时间较长，经验丰富，其参与土地流出的意愿就较低。农户有手艺，外出获取非农收入的机会较多，将土地参与流转的意愿就较强。

14.3 研究区概况及数据来源

14.3.1 南流江流域社会经济状况

南流江流域包括北流、兴业、玉林、博白、陆川、浦北、灵山、钦州、合浦、北海等县（市、区）（表14-1）。

表 14-1 南流江流经的行政区

市	玉林市					钦州市			北海市
县（区）	兴业县	北流市	玉州区	陆川县	博白县	浦北县	灵山县	钦南区	合浦县
乡（镇）	太平山镇	大里镇	大塘镇	珊罗镇	双凤镇	福旺镇	文利镇	那思镇	乌家镇
	龙安镇	西埌镇	仁东镇	平乐镇	永安镇	三合镇	伯劳镇	那彭镇	沙岗镇
	卖酒乡	新圩镇	仁厚镇	马坡镇	郎平乡	小江镇	武利镇		西场镇
	葵阳镇	北流镇	茂林镇	米场镇	径口镇	北通镇	檀圩镇		党江镇
	石南镇	塘岸镇	玉林镇	沙湖乡	水鸣镇	龙门镇	新圩镇		廉州镇
			成均镇		那林镇	白石水镇			星岛湖乡
			福绵镇		亚山镇	大成镇			石湾镇
			樟木镇		三滩镇	张黄镇			石康镇
			新桥镇		江宁镇	安石镇			常乐镇
			石和镇		顿谷镇	石埇镇			曲樟乡
			沙田镇		旺茂镇	泉水镇			
					黄凌镇				
					沙河镇				
					凤山镇				
					菱角镇				
					东平镇				
					新田镇				
					博白镇				

自国家大力开发北部湾以来，南流江流域的经济水平有了很大幅度的提高。2010 年年底，玉林市辖6县1区，总面积 12838km²，总人口 671.23 万。地区生产总值 840.25 亿元，其中第一产业产值 171.73 亿元，第二产业产值 373.39 亿元，第三产业产值 295.13 亿元，第一、第二、第三产业的比值为 1：2.17：1.72。可见第二产业已经是玉林市的支柱产业。钦州市辖2县3区，总面积 10843km²，总人口 379.11 万。地区生产总值 520.67 亿元，其中第一产业产值 132.21 亿元，第二产业产值 218.51 亿元，第三产业产值169.95 亿元，第一、第二、第三产业的比值为 1：1.65：1.29。可见第二、第三产业优势还不太明显，产业结构还有待调整。北海市辖1县3区，总面积 3337km²，总人口 161.75 万。地区生产总值 401.41 亿元，其中第一产业产值 87.17 亿元，第二产业产值 167.88 亿元，第三产业产值 146.36 亿元，第一、第二、第三产业的比值为 1：1.93：1.68。可见第二产业已经是北海市的支柱产业，第三产业也有所发展。

14.3.2　南流江流域农地流转状况

1. 南流江流域农村土地使用权流转方式

南流江流域最早出现农村土地使用权流转的情况发生在 20 世纪 90 年代初。大多数情况是由于当地农民外出广东福建等地打工，而把自家的土地交给亲戚朋友代为耕种。他们通过口头协议，约定代耕方能获得多少收成。经过这些年的发展，至今南流江流域农村土地使用权流转形式增多，面积扩大，农户数量增多。通过对样本区的调查，南流江流域土地使用权流转形式以转包、互换、代耕、租赁等为主。

1）土地转包

据调查，以转包方式进行土地流转的主要是原土地承包户将土地转让给亲属或其他农户经营。这些农户多数是全家在外打工或从事个体经营，无法耕作所承包的土地，又不愿放弃其对土地承包的权力。从土地转让的情况看，转包这种形式有分散性和小规模的特点，且流动的对象和范围都十分有限，大部分通过亲朋好友进行。

2）土地互换

调查区的土地互换一般是建立在同村农户之间，自发的经过双方协商一致，并大多以口头形式达成的流转，一般不会导致农户失去土地。由于承包土地在发放时，各家农户分到的土地比较分散而不集中，耕种起来不方便。他们进行土地互换主要是为了使所经营的土地集中连片，以便于耕作和管理。

土地互换又分为土地使用权互换和土地承包权互换。土地使用权互换是指互换的双方与集体之间的土地承包关系不变的情况下，仅交换土地的使用权（图 14-2）。而土地承包权互换指的是在交换土地使用权的同时，也交换各自与集体的土地承包关系（图 14-3）。

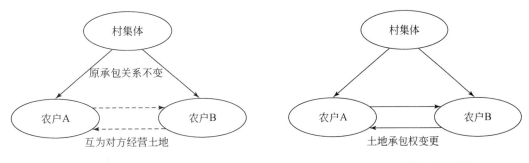

图 14-2　使用权互换流转　　　　　　　　　图 14-3　承包权互换流转

3）土地代耕

土地代耕，是指代耕方接受土地承包方的委托，在承包方取得家庭承包经营权的前提下，不改变土地承包经营权利，接受土地承包方的委托，暂时代其耕种承包地而形成的耕种该土地的权利。土地代耕权是根据承包人的授权而产生，代耕方和承包方的权利、义务由双方协商确定。代耕期间承包方与发包方的承包关系不变。农村精壮劳动力大量外出务工，家庭缺乏精壮劳动力，土地无人耕种，因而通过土地代耕的方式暂时将土地交给第三方代为耕种。在不改变土地承包经营权的情况下，土地承包方可以在需要的时候收回土地耕种的权利。

4）土地租赁

租赁是调查区非常普遍的土地流转形式，它是建立在承包权和经营权分离的基础上的，承租人享有对土地的经营权，土地的发包方与承包方的承包合同关系不变。土地的承包方大多是经营农业生产的种养专业户或农业企业。农民通过土地流转除获得土地租金外，还可以通过外出从事别的行业或到农业企业打工获得经营和劳动收入，促进了农民的增收。

2. 南流江流域农村土地流转过程中存在的问题

通过农村土地使用权的流转，可以提高农业产业化和规模化经营水平，推动农业优势产业群建设，并能促进农民增收。但是，农村土地使用权流转政策性极强、涉及面广，应重视土地流转中的潜在问题以及对当地经济发展的整体影响和农民长远利益的研究。由于南流江流域大多数地区属经济欠发达地区，人多地少，农村劳动力过剩，土地流转过程中不可避免地存在着一些问题。

1）农地流转未遵循农民自愿原则

土地作为农民最基本的生产和生活资料，其参与土地流转的主观意愿度与农民从事非农职业和收益的大小及稳定性存在着很大的正相关度，我们在实证分析中也印证了这种关系。对于一些年纪较大，外出打工没有门路或不稳定的农户大多在主观上不太愿意参与土地流转。更何况像南流江流域大多数地区属于经济欠发达地区，农民对土地存在很强的依赖性心理，导致有些非农职业和收入稳定的农户，也宁愿将土地闲着或是让家里的老人低效益地经营，而不愿轻易将土地流转出去。在《农村土地承包法》中也有规定，土地流转必须遵循依法、有偿、自愿的原则。然而，在实际操作中一些地方的基层政府为了增加地方财政收入，在没有征得农民同意的情况下，将农民视为生存保障的土地做出轻率处置，引起农民对地方政府的不满，从而可能成为农村社会的不稳定因素。因此，如何处理好土地流转与遵循农民自愿原则的关系，如何保障失地农民的利益，是土地流转过程中当地基层组织必须注意的问题。

2）农地流转机制不健全

从我国的农村土地政策来看，政策并不支持土地调整频繁发生，大部分地区的土地使用权流转并不活跃，发生率也很低，根据笔者在广西玉林地区的调查分析，土地流转在1993年前后才出现。2005年乡镇农经机构撤并后，虽部分地区挂了土地流转服务站的牌子，但由于兼职较多，土地流转尚处于自发阶段，信息渠道不畅，有的地方存在着想流流不出，想转转不进的现象。农村土地流转尚未形成较完善的市场体系和相对固定的模式，缺乏一个自上而下的网络服务体系，导致土地供需双方的信息渠道不畅通。这种自发和无序的状态，使交易成本提高，阻碍了土地流转的进程。

3）农民参与农地流转的积极性受到流转价格的制约

党的十七届三中全会提出要科学指导土地流转工作，政策允许土地有偿流转，但是总体来看目前土地流转的价格还是偏低。调研区很多都出现了土地抛荒的现象，造成这种现象的原因是：第一，农民种地不划算，一个农村劳动力单靠种地获得的收入远远低于打工的收入。据调查，目前南流江流域地区一个劳动力种地所得年收入不足2000元，而打工的年收入至少6000元，这样的收入差距非常明显。第二，土地流转没有完整的价格体系，也没有现成的经验可以借鉴，从而导致农民流转的价格意识淡薄，参与流转的积极性低下。因此，建立土地流转的价格评估和保障机制是促进农村土地流转的重要问题。

4）农村社会保障的滞后制约着农地流转

1949年以来我们执行的农村社会保障一直是民政部门的扶贫救灾工作与我国的商业保险公司相互结合的二元制的社会保障结构，在更多的时候民政救灾的作用远远大于农业的社会保险功能。目前，城市基本已形成了以就业为中心，较为完善的社会保障体系，而农村的社会保障体系还是处在较低层次，主要还是依靠于农村基本的经济组织。如果这种社会保障的城乡分化长期不能实现衔接与整合，很显然是不合理的。这样农民进城务工，他们为城市的繁荣和发展贡献了自己的力量，但是却没有被城市所接纳，城市的社会保障始终把他们排除在外。农民进城打工却无法享受到城市社会保障，他们通常认为土地具有社会保障和就业功能，只要不失去土地就不愁温饱问题，而当前我国农村社会保障体系尚不完善，这也是农民不愿将土地参与流转的根本原因。

14.3.3 数据来源

由于农户是土地经营和流转的主体，他们的意愿和行为从根本上影响着农村土地流转的形式和规模。因此，本章通过问卷调查取得研究区农户土地流转数据，通过建立 Logistic 回归模型对农户的土地流转意愿与行为进行分析，研究农村土地流转机制。

1. 调查的对象

抽样选取南流江流域范围兴业、北流、玉州、陆川、博白、钦南、浦北、灵山以及合浦 9 个县（市、区）的部分区域作为此次调查的对象。

2. 调查选用的方法

此次调查采取发放调查问卷的方式，访问了南流江流域 9 个县（市、区）的 72 个乡镇的农民，共发问卷 1000 份，收回 674 份，其中有效问卷 617 份，有效率约为 62%。严格控制问卷调查的每个环节，从方案设计、组织人员培训、实地调查到录入问卷，力求确保调查结果的客观真实性。

3. 样本分布情况

抽样调查分布情况如图 14-4 及附表 1 所示。

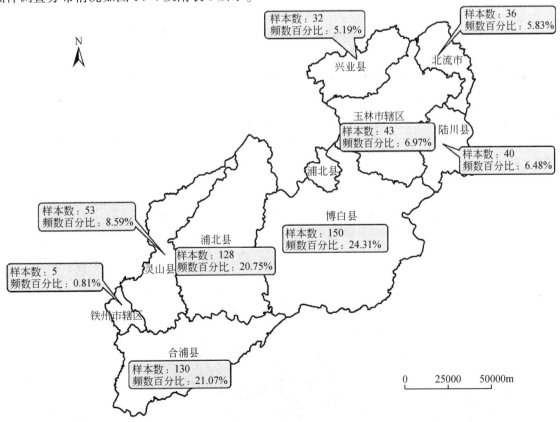

图 14-4 调查问卷样本分布图

14.4　南流江流域农村集体土地使用权流转机制研究

14.4.1　农户土地流转的基本情况

1. 农户家庭基本情况

（1）家庭人口状况。此次问卷共调查 617 户农户家庭，调查涉及人口 3644 人。农户家庭人数最少的为 2 口人，有 14 户，占总数的 2.27%；人口最多的家庭有 11 人，只有 1 户，占 0.16%；比例最大的为 6 口之家，有 196 户，占总数的 31.28%；其次是 5 口之家，共有 142 户，占 23.01%。调查统计表见表 14-2。

表 14-2　农户家庭人口状况

项目	数值
样本量有效值	617
样本量缺失值	0
平均数	6.89
中位数	7
众数	6
标准差	2.93
最小数	2
最大数	11
总数	3644

（2）家庭成员性别结构。此次调查涉及人数 3644 人，其中男性人数 1795 人，占 49.26%；女性有 1849 人，占 50.74%（表 14-3、图 14-5）。

表 14-3　样本区调查对象性别分布状况

项目		频数	百分比/%	有效百分比/%	累计百分比/%
有效值	男	1795	49.26	49.26	49.26
	女	1849	50.74	50.74	100.00
	总计	3644	100.00	100.00	

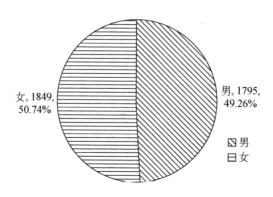

图 14-5　样本对象性别分布状况示意图

（3）家庭成员年龄结构。经统计，本次调查涉及的对象在 18 岁以下的有 921 人，占总人数的 25.27%；18～35 岁的 1368 人，占 37.54%；35～55 岁的有 1021 人，占 28.02%；55 岁以上的 334 人，占 9.83%（表 14-4、图 14-6）。

表 14-4　样本区调查对象年龄分布状况

项目		频数	百分比/%	有效百分比/%	累计百分比/%
有效值	18 岁以下	921	25.27	25.27	25.27
	18～35 岁	1368	37.54	37.54	62.82
	35～55 岁	1021	28.02	28.02	90.83
	55 岁以上	334	9.17	9.17	100.00
	总计	3644	100.00	100.00	

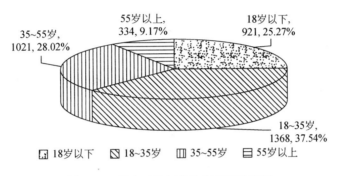

图 14-6　样本对象年龄分布状况示意图

（4）家庭成员的文化程度。此次调查的对象是广大农民，因此在设计问卷时力求做到尽可能浅显易懂，又能准确反映需要调查的问题。统计调查对象的受教育程度，其中小学文化及以下程度的有 1398 人，占 38.54%；初中文化程度的 974 人，占总数的 26.85%；高中（中专）文化程度的有 908 人，占 25.03%；大专及本科文化程度的 300 人，占总数的 8.27%；本科以上文化程度的为 47 人，占 1.3%（表 14-5、图 14-7）。

表 14-5　样本区调查对象文化程度状况

项目		频数	百分比/%	有效百分比/%	累计百分比/%
有效值	小学及以下	1398	38.36	38.54	38.54
	初中	974	26.73	26.85	65.39
	高中（中专）	908	24.92	25.04	90.43
	大专及本科	300	8.23	8.27	98.7
	本科以上	47	1.29	1.3	100
	合计	3627	99.53	100	
缺失值		17	0.47		
总计		3644	100		

2. 农户家庭土地流转状况

根据问卷数据统计，在 617 户家庭中，有 214 户农户转入了 265 亩耕地，占总户数的 34.68%；转出

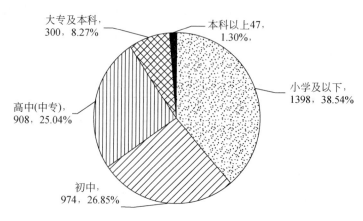

图 14-7　样本对象文化程度状况示意图（对应表 14-5 中有效百分比）

土地的家庭有 201 户，占总户数的 32.58%，转出耕地面积为 269 亩。农户土地流转的类型、方式及数量见表 14-6 ~ 表 14-8、图 14-8、图 14-9。

表 14-6　农户转入耕地的情况

项目		频数	百分比/%	有效百分比/%	累进百分比/%
有效值	0	367	59.48	63.17	63.17
	0.2 ~ 10	214	34.68	36.83	100
	合计	581	94.17	100	
缺失值		36	5.83		
总计		617	100		

表 14-7　农户转出耕地的情况

项目		频数	百分比/%	有效百分比/%	累进百分比/%
有效值	0	385	62.4	65.7	65.7
	0.2 ~ 10	201	32.58	34.3	100
	合计	586	94.98	100	
缺失值		31	5.02		
总计		617	100		

表 14-8　农户承包耕地的情况

项目		人均耕地	转入耕地	转出耕地
样本量	有效值	617	581	586
	缺失值	0	36	31
均数		0.3233	1.2379	1.3383
中位数		0.3	0	0
众数		0.5	0	0
最小数		0	0	0
最大数		1.5	4.5	8

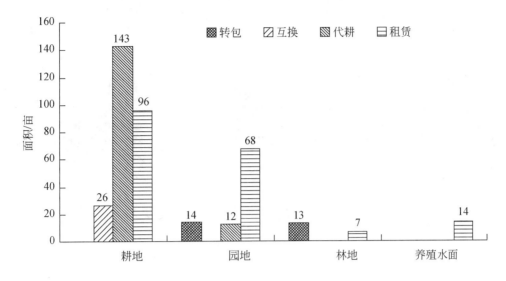

图 14-8　农户转入各类土地状况示意图

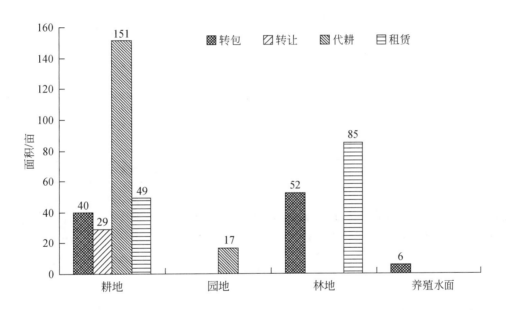

图 14-9　农户转出各类土地状况示意图

14.4.2　农户转入土地意愿与行为分析

1. 农户转入土地的形式

在接受调查的农户中，转入了耕地的有 214 户，占 34.68%。土地的转入的主要形式有：转包、转让、互换、代耕、租赁等形式。调查区没有出现以转包和转让方式转入耕地的情况，其中以互换形式转入耕地的有 37 户，面积为 26 亩；有 95 户以代耕方式转入 143 亩耕地；以租赁方式转入土地的农户有 82 户，面积为 96 亩，平均每户转入 1.24 亩（图 14-10、表 14-9）。

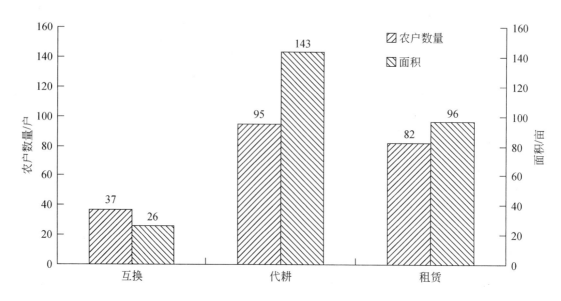

图 14-10　农户转入土地的形式及面积分布图

表 14-9　农户转入土地的形式的情况

流转形式	农户		总面积	
	农户数/户	比例/%	面积/亩	比例/%
转包	0	0	0	0
互换	37	17. 29	26	9. 81
代耕	95	44. 39	143	53. 96
租赁	82	38. 32	96	36. 23
合计	214	100	265	100

由表 14-9 可知：代耕是农户转入土地的主要形式，有 143 亩的土地是通过代耕的方式转入的，占总面积的 53.96%；其次是租赁，82 户（38.32%）农户通过租赁方式转入了 96 亩（36.23%）土地；有 37 户（17.29%）土地转入户通过互换方式转入了 26 亩（9.81%）土地；转让和转包方式在样本区没有出现。

2. 农户转入土地的来源

（1）农户土地转入的空间分布。如图 14-11 所示，从转入土地的农户来看，大部分土地转入是在本组范围内发生的，在本组内转入土地的农户有 60.28%，在本村外组转入土地的农户占 30.37%，通过本乡外村转入土地的有 7.94%，在本县外乡转入土地的农户占 1.4%。从转入土地的面积来看，从本组范围内转入的土地比例最大，占 65.66%，有 24.91% 的土地是从本村外组转入的；从外村和外乡转入的土地比较少，分别占土地转入总面积的 4.91% 和 4.53%，详见附表 2、附表 3。

（2）农户土地转入的社会空间分布。从样本数据统计得知，农户转入土地的社会空间分布特征存在着明显差异：土地流转大部分发生在亲戚朋友之间，多数农户是从有亲戚关系或朋友中转入土地的。如图 14-12 所示，从转入土地的农户数量上看，有 43% 的土地转入发生在转入户与转出户之间无特殊社会关系的情况。

由此可见，在亲戚朋友之间发生土地流转的比例较大，但转入面积占土地转入总面积的比例相对较小；更大面积的土地转入是发生在转入方与转出方之间无亲缘关系的情况下，详见附表 4、附表 5。

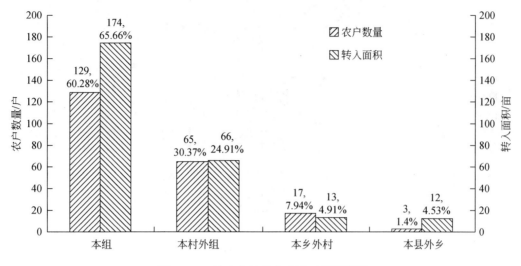

图 14-11　转入土地的农户及面积情况图

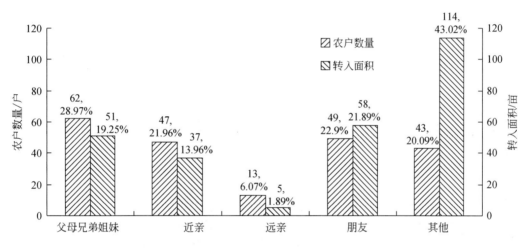

图 14-12　农户土地转入的社会空间分布图

3. 农户转入土地的约束条件

农户转入土地受到土地承包经营权流转市场和集体经济组织两方面的约束，因此，本章从农户转入土地的约定年限、是否经集体同意以及合同形式几个方面来分析农户转入土地的约束条件。

（1）农户转入土地的年限。农户转入土地的约定年限长短，体现了农户对所转入土地的预期。约定的年限越短或没有约定，表明农户对转入土地的预期不乐观，方便随时将土地脱手；约定的年限越长，说明农户对转入土地的未来预期越好，预计经营较长的时间。如图 14-13 所示，大部分农户转入土地约定的年限在 5 年内，其中约定年限为 1~5 年的农户占 62.62%，流转的土地面积为 68.68%；约定年限 10~15 年的农户占 12.15%，流转的土地面积占 10.94%。也就是说大部分土地转入户转入大部分土地约定的年限较短，说明农户对转入土地的预期并不乐观，详见附表 6。

（2）土地转入是否经村组同意。农户在转入土地之前是否经过集体组织同意，是衡量农户土地流转组织化程度和自由度的一个重要方面。通过对调查数据统计，174 户农户（81.31%）通过私下协商（未经村组同意）自行转入了 148 亩土地（55.85%）。只有 29 户农户（13.55%）在经过村组同意后转入土地，面积为 102 亩，占转入总面积的 38.49%（图 14-14）。

但是从经过村组同意后转入与双方私下协商转入土地的户均值来看，前者远大于后者。由此可推论，虽然经村组同意转入土地未成规模，但当农户需转入较大面积土地时，会需要村组出面协调，从而流转

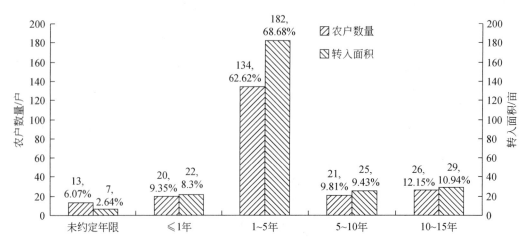

图 14-13　农户转入土地的年限分布图

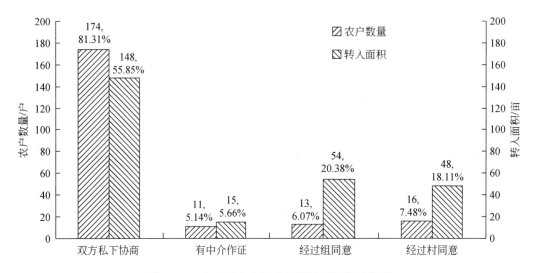

图 14-14　农户转入土地是否经村组同意示意图

更有保障；当农户转入土地面积较小时，只需要通过与转出户私下协商就能达到转入土地的目的，详见附表 7。

（3）土地转入的协议形式。农户转入土地是否订立合同反映了土地流转的行为约束度和农村土地流转的契约化程度。由样本统计数据分析（图 14-15），有 54.34% 的土地是以口头协议约定转入的，以书面形式约定转入的土地占 45.66%。从转入土地的农户数量看，78.5% 的农户是以口头协议约定转入土地的，有 21.5% 的农户以书面合同形式约定转入土地。也就是说，大多数的土地转入户以口头协议形式转入了相对较少比例的土地；而以书面协议约定转入土地的农户虽然数量很少，但是转入了相对较多的土地（以书面协议约定转入土地的户均值大于以口头协议约定转入土地的户均值），详见附表 8。

由此可见，当农户转入较大面积土地时，往往需要以书面协议的方式订立合同，协议有了书面合同的制约具有更强的保障性，流转双方的权益能得到更好的保护；而转入土地面积较少时，为了方便，农户大多会选择以口头协议约定。

4. 农户转入土地的态度

（1）已转入土地的农户是否愿意继续转入土地。在已转入土地的农户中，有 34.11% 的农户愿意转入更多的土地，有 68.89% 的农户不愿意再转入更多土地。可见，在已转入土地的农户中，大部分农户不愿意再转入土地，如图 14-16 所示。

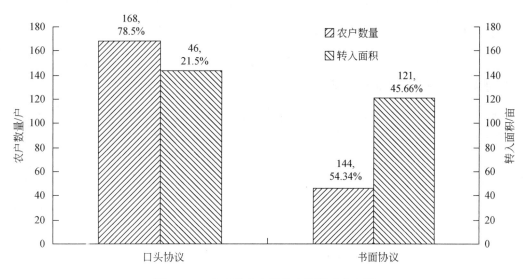

图 14-15　农户转入土地的合同形式分布图

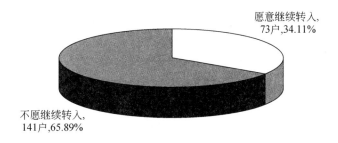

图 14-16　转入户对继续转入土地的态度示意图

（2）未转入土地的农户对转入土地的态度。在未转入土地的农户中，部分农户表示不愿意转入土地。近些年，由于外出务工相对种地轻松，而且收入较高，越来越多的农民选择进城务工，家庭农业劳动力减少，因而不会转入更多的土地。同时，也有一些农民自身具有较高的农业生产技能和较好的农业生产条件，他们愿意通过转入更多土地发展农业生产来增加收入。在没有转入土地的农户中，表示愿意转入土地的仅占 9.07%。

（3）农户希望转入土地但没有转入的原因。如图 14-17 所示，因为没有好的生产项目而未转入土地的农户占 26.79%；12.5% 的农户因为考虑到土地转入价格太高；17.86% 的农户因为没人转出或不知道谁愿意转出土地；14.29% 的农户由于考虑到谈判太麻烦不愿转入土地；7.14% 的农户由于家庭劳动力不足无法转入土地；21.43% 的农户由于其他原因没有转入土地，详见附表 9。

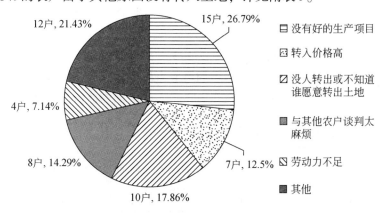

图 14-17　农户希望转入土地而未转入的原因分布图

14.4.3　农户土地转入机制分析

1. 农户土地转入行为的影响因素分析

通过对影响农村土地使用权流转的微观动因分析，并结合样本区的实地调研，本书将影响土地流转的微观因素归纳为 5 类（表 14-10）：①农户家庭情况，如家庭成员年龄、受教育程度、家庭主业等内容；②农户家庭人口结构特征，如家庭人口数、劳动力比例、劳动力外出打工人数等方面；③农户家庭资源状况，如土地资源、劳动力资源和技术资源；④农户家庭收入结构，如农业收入、农业收入占总收入的比重；⑤土地用途。

表 14-10　影响土地转入的微观因素

类别	因素
农户家庭情况	家庭成员年龄
	家庭成员受教育程度
	家庭主业是否为农业
农户家庭人口结构特征	劳动力人数
	劳动力外出打工人数
	兼业人数
农户家庭资源状况	土地资源
	劳动力资源
	技术资源
农户家庭收入结构	农业收入
	农业收入占总收入的比重
土地用途	粮食作物面积

2. 相关变量的设定

本章采用 Logistic 回归模型对影响农户土地转入意愿的因素进行分析，根据调查问卷中"您家是否转入或转出土地"的结果设置虚拟变量，即被解释变量是农户土地流转的意愿，1 表示农户有转入土地的意愿，2 表示农户有转出土地的意愿，3 表示农户没有流转土地的意愿。本章设定模型如下：

$$Y=\gamma_0+\gamma_1X_1+\gamma_2X_2+\gamma_3X_3+\cdots+\gamma_{12}X_{12}+\mu \tag{14-1}$$

式中，Y 为农户是转入或转出土地；X_1 为农户家庭主业（若家庭收入以农业为主，则 $X_1=1$，否则 $X_1=0$）；X_2 为家庭成员文化程度（家庭成员高中及以上学历的人数）；X_3 为家庭粮食主要来源（若主要是购买，则 $X_3=1$；若主要是自产，则 $X_3=0$）；X_4 为家庭人口数量；X_5 为家庭劳动力比例；X_6 为家庭外出打工人数；X_7 为家庭兼业人数；X_8 为非农劳动时间；X_9 为家庭人均耕地面积；X_{10} 为家庭人均农业收入；X_{11} 为机耕和机播面积；X_{12} 为粮食作物面积。本章运用 SPSS 16.0 软件进行 Logistic 回归分析，详见表 14-11。

表 14-11　土地流转影响因素对农户土地转入意愿与行为的影响

土地流转意愿		系数值	标准误差	卡方值	自由度	P 值	OR 值	OR 值的 95% 置信区间	
转入	［农户家庭主业=0.00］	-0.133	0.399	0.111	1	0.739	0.875	0.401	1.913
	［农户家庭主业=1.00］	0 (b)			0				

续表

土地流转意愿		系数值	标准误差	卡方值	自由度	P 值	OR 值	OR 值的95%置信区间	
转入	文化程度	-0.146	0.080	3.412	1	0.085	1.159	0.991	1.355
	[粮食主要来源=0.00]	0.332	0.315	4.572	1	0.034	1.032	1.033	1.062
	[粮食主要来源=1.00]	0（b）			0				
	家庭人口数量/人	-0.386	0.434	0.802	1	0.367	0.684	0.279	1.613
	劳动力比例	-0.158	0.281	0.16	1	0.574	1.171	0.675	2.303
	外出打工人数/人	-0.621	0.165	0.121	1	0.015	1.112	0.756	1.243
	兼业人数/人	0.209	0.173	1.459	1	0.227	1.233	0.878	1.730
	非农业劳动时间/月	-0.044	0.039	1.232	1	0.267	0.957	0.887	1.034
	人均耕地面积/亩	-1.678	0.771	0.112	1	0.003	1.294	0.285	5.867
	人均农业收入/×10^2元	0.572	0.536	6.232	1	0.012	1.003	1.001	1.002
	机耕和机播面积/亩	0.038	0.107	0.123	1	0.568	1.032	0.839	1.302
	粮食作物面积/亩	0.812	0.089	17.583	1	0.000	2.190	1.901	2.748

3. 结果分析

模型拟合的卡方值为 381.724，P 值为 0.000 通过显著性检验。检验结果表示本模型中的一系列影响土地流转的因素对农户的土地流转行为在总体上具有统计学意义。最后的参数估计值见表 14-12，根据结果分析农户特征变量与土地转入意愿的相关关系，得到以下结论。

表 14-12　模型拟合信息

模型	-2 对数似然值	卡方值	自由度	P 值
反限截距	787.788　408.642	381.724	44	0.000

1) 农户家庭基本情况与土地转入意愿的关系

第一，家庭主要从事农业生产的农户转入土地的意愿高于家庭主业为非农职业的农户。若农户家庭主业是农业生产，那么他们就会希望增加土地经营面积以增加农业收入；若家庭主业为非农产业，他们对土地的依赖程度较低，自然不会希望转入更多的土地。

第二，家庭成员文化程度与土地转入意愿呈现负相关关系，相关系数为 -0.146，显著性水平为 0.085，这种关系在统计上不够显著。因为农户家庭成员的文化程度越高，他们选择非农产业就业的机会就越多，对土地的需求就越小；然而，也有些受教育程度较高的农民，他们具有较高的农业生产和经营的知识技能，会选择种地发展农业生产，从而愿意转入更多的土地。因此相关关系不明显。

第三，粮食主要来自自产的农户转入土地的意愿要明显高于粮食主要来源于购买的农户。相关系数为 0.332，显著性水平为 0.034，这种相关关系比较显著。所以，粮食主要来自于自产的家庭转入土地的意愿就越强。

2) 农户资源占有与土地转入意愿的关系

第一，农户家庭人均耕地面积与土地转入意愿有很强的负相关性。结果显示，相关系数为 -1.678，其显著性水平为 0.003，表现为非常显著。表示家庭人均拥有的耕地越多，农户转入土地的意愿越小。

第二，家庭的机耕和机播面积与农户土地转入意愿具有正相关关系，相关系数为 0.038，显著性水平为 0.568。这表明家庭的农业生产机械化程度越高，就越希望转入更多的土地。然而，实际情况是在调查区地形多不平坦，承包地较零散分散，不便于大规模实现农业机械化生产，因此这种相关关系并不显著。

3）农户收入结构与土地转入意愿的关系

第一，家庭人均农业收入与土地转入意愿呈现正相关关系，其相关系数为0.572，显著性水平为0.012，表现为非常显著。农民转入土地的目的无非是希望增加农业收入，如果家庭农业收入越高，那么农民对土地的预期效益就越高，更希望扩大土地经营规模来获得更多的收入。

第二，非农劳动时间与土地转入意愿具有负相关关系。农户家庭从事非农劳动的时间越长，从事农业生产的时间就越短，他们脱离农业生产的可能性就越大，对土地的依赖程度较小，不会选择转入更多的土地。

4）农户人口结构与土地转入意愿的关系

第一，家庭人口数量和劳动力比例与土地转入意愿具有负相关关系。随着城市的迅速发展，农民离开土地从事第二、第三产业的机会越来越多；由于农业具有收益低、经营风险大的特点，农民更愿意外出打工寻找就业机会。特别是那些人口较多的家庭，现有土地无法承担家庭过多的人口和劳动力，所以，从事非农产业就成为这些家庭理性的选择，因而不会转入更多的土地。

第二，外出打工人数与土地转入意愿具有负相关的关系，相关系数为-0.621，显著性水平为0.015，相关关系比较显著。近年来，由于外出务工相对种地轻松，而且收入较高，农民前往广东等工业发达地区打工的越来越多，农户家庭去外地务工的人数越多，留在农村从事农业生产的人就越少，没有更多的农业劳动力，因而不会转入更多的土地。

第三，家庭兼业人数与土地转入意愿呈现正相关关系，其相关系数为0.209，显著性水平为0.227，这种正相关关系不显著。随着农村社会的发展，兼业经营已成为现今农村极为普遍的现象，农户家庭兼业人员越多，相比外出务工的，就有更多的人员和时间可以从事农业生产，转入土地的可能性就更高。

5）土地用途与土地转入意愿的关系

粮食作物面积与土地转入意愿具有正相关的关系，其相关系数为0.812，显著性水平为0.000，说明相关关系极为显著。家庭种植粮食作物的面积越大就意味着经济作物的面积相对较少，对于主要从事农业生产的农户家庭来说，在没有更好的农业生产项目可供选择的情况下，只有通过扩大粮食作物面积来增加收入。这说明，调查区缺乏好的农业生产项目。

14.4.4　农户转出土地意愿与行为分析

1. 农户转出土地的形式

调查区农户转出土地共269亩，转出方式主要有转包、互换、代耕和出租。从转出土地的农户数量和转出面积两方面看，其主要方式是代耕，如图14-18所示，代耕占转出土地总量的56.51%，涉及57.21%的转出户；其次是以出租方式转出土地，占转出土地总量的18.59%，涉及22.89%的农户。在目前非农就业不稳定的情况下，农民选择代耕和出租的方式转出土地，需要时方便收回。转包土地的农户数量和土地转包的面积分别占相应总体的11.94%和10.41%；互换在土地转出涉及的农户数量和土地数量分别为7.96%和14.5%，详见附表10。

2. 农户转出土地的范围

（1）农户转出土地去向的空间范围。如图14-19所示，114户农户（56.72%）在本组范围内转出103亩土地（38.29%）；有53户农户（26.37%）转出87亩土地（32.34%）转向本村外组成员。农户把土地转给外村、外乡的人员，一般是在集体干预或政府引导下实现的。转向外村和外乡的土地面积分别为40亩和39亩，占转出土地总面积的比例分别为32.34%和14.87%；所涉及的农户则比较少，分别为26户和8户，占转出农户总数的12.94%和3.98%，转出土地的户均值较大，详见附表11、附表12。

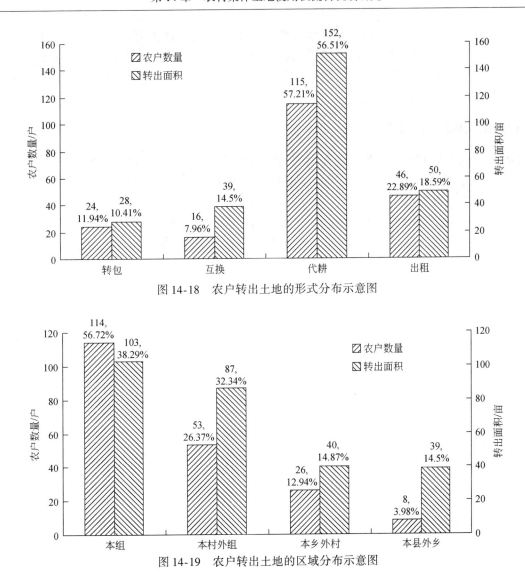

图 14-18　农户转出土地的形式分布示意图

图 14-19　农户转出土地的区域分布示意图

（2）农户转出土地的社会空间分布。如图 14-20 所示，从转出土地的面积看，有 157 亩（58.36%）土地转给了无亲缘关系的农户，有 112 亩（41.64%）土地转给了亲戚朋友。从转出土地的农户数量看，有 127 户（63.18%）的土地转入发生在转入户与转出户之间无特殊社会关系的情况，在亲戚朋友间转出土地的农户有 74 户（36.82%），详见附表 13、附表 14。

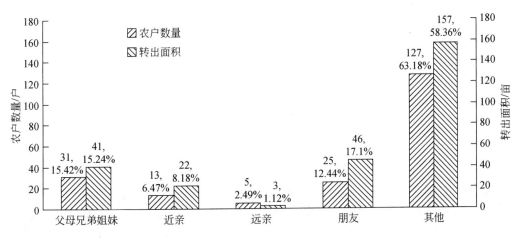

图 14-20　农户转出土地的社会空间分布示意图

由于那些土地转入的大户往往是农业规模经营的业主，他们经济实力较强，为了扩大农业规模化经营愿意以相对较高的价格转入土地，出于理性选择，即使土地转出户与他们没有亲缘关系，也会愿意将土地以较高的价格流转给这些农业业主。除此之外，地方政府对土地流转的引导，也是促使更多土地流向无亲缘关系的农户的一个重要因素。

3. 农户转出土地的约束条件

（1）转出土地的年限约定。土地转出年限的约定体现了农户转出土地的时效性和土地的承包剩余期。如图14-21所示，有12.94%的农户在未约定年限的情况下转出了15.61%的土地；而约定了流转年限的大多小于5年，约定转出年限在5年以下的农户占63.69%，转出的土地面积占62.82%；转出年限在10年以上的农户占13.43%，所转出的土地面积为14.94%，转出土地面积的户均值较大。说明当转出土地面积较小时，约定的年限较短；当转出土地面积较大时，则约定的年限相对较长，详见附表15。

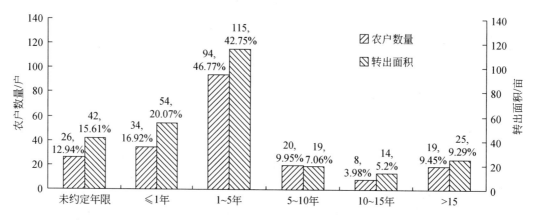

图14-21 农户土地转出年限分布示意图

（2）土地转出是否经村组同意。从样本资料看（图14-22），多数参与流转的农户是在未经村组同意情况下，私下协商转出的；经村组同意转出土地的承包户仅有27户，详见附表16。

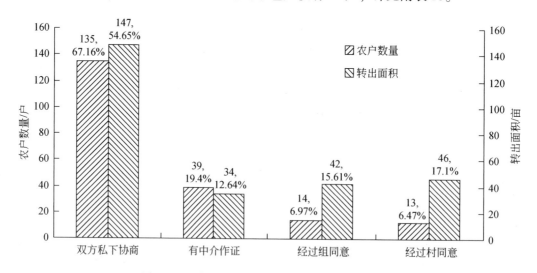

图14-22 农户转出土地是否经过村组同意示意图

据访谈得知，一般来说农户将土地转给亲戚朋友的，都在未经村组同意情况下私下协商转出；而农户将土地转给无特殊社会关系的土地转入户时，他们则希望村组介入，村组作为中间人和证人可以保证农户自身的权益不受侵犯。由于大多数家庭的承包地都分布零散，为了响应党的十八大"发展农业规模经营"的号召，就要求村组在土地流转中发挥好其协调者的角色。

（3）土地转出的约定形式。如图 14-23 所示，有 61.69% 的农户以口头协议约定转出土地，转出土地面积占 54.65%；38.31% 的农户以书面协议约定转出土地，转出土地面积占 45.35%，详见附表 17。

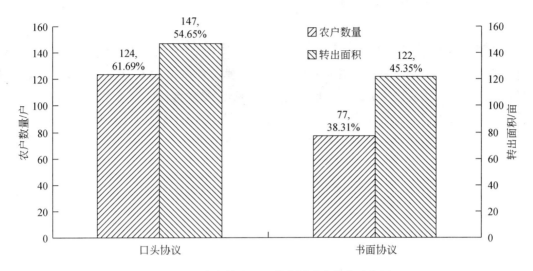

图 14-23　农户转出土地的合同形式分布示意图

通过调查发现，以口头协议约定转出土地的，往往没有约定土地的转出年限或约定年限很短，因此转出土地的使用权较灵活；以书面协议约定转出的土地大多约定了较长的转出年限，因此土地转出较稳定。

4. 农户转出土地的原因

如今，随着农村经济的发展和农业生产力的提高，农户普遍存在着农业劳动力剩余的情况，农户转出土地的原因有（图 14-24）：由于家庭劳动力不足而转出土地的有 42 户（20.9%），转出土地 19 亩，占总量的 18.45%；有 93 户农户（46.27%）因劳动力外出打工而转出 48 亩土地（46.6%）；有 55 户农户（27.3%）考虑到种地不划算而转出土地 24 亩（23.3%）；有 11 户农户（5.47%）是在集体的干预下而不得不转出土地，转出土地面积 12 亩，占土地转出总面积的 11.65%，详见附表 18。

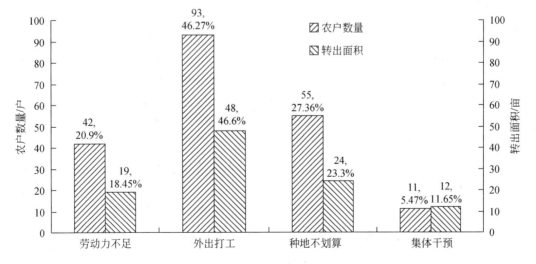

图 14-24　农户转出土地的原因及分布示意图

事实上，农户转出土地的根本原因是农业生产效益不高，如果农民外出从事第二、第三产业的能力较强，选择放弃经营土地的可能性就越大，转而从事收入更高的第二、第三产业。因此，农户选择转出土地根本原因是种地不划算，从事农业生产辛苦且收入低。

14.4.5 农户土地转出机制分析

1. 农户土地转出行为的影响因素分析

通过对影响农村土地使用权流转的微观动因分析，并结合样本区的实地调研，本书将影响土地流转的微观因素归纳为 5 类：①农户家庭情况，如家庭成员年龄、受教育程度、家庭主业等内容；②农户家庭人口结构特征，如家庭人口数、劳动力比例、劳动力外出打工人数等方面；③农户家庭资源状况，如土地资源、劳动力资源和技术资源；④农户家庭收入结构，如农业收入、农业收入占总收入的比重；⑤土地用途（表 14-13）。

表 14-13　影响土地转出的微观因素

类别	因素
农户家庭情况	家庭成员年龄
	家庭成员受教育程度
	家庭主业是否为农业
农户家庭人口结构特征	劳动力人数
	劳动力外出打工人数
	兼业人数
农户家庭资源状况	土地资源
	劳动力资源
	技术资源
农户家庭收入结构	农业收入
	农业收入占总收入的比重
土地用途	粮食作物面积

2. 相关变量的设定

本章采用 Logistic 回归模型对影响农户土地转出意愿的因素进行分析，根据调查问卷中"您家是否转入或转出土地"的结果设置虚拟变量，即被解释变量是农户流转土地的意愿，1 表示农户有转入土地的意愿，2 表示农户有转出土地的意愿，3 表示农户没有流转土地的意愿。设定如下模型：

$$Y = \gamma_0 + \gamma_1 X_1 + \gamma_2 X_2 + \gamma_3 X_3 + \cdots + \gamma_{12} X_{12} + \mu \tag{14-2}$$

式中，Y 为农户是转入或转出土地；X_1 为农户家庭主业（若家庭收入以农业为主，则 $X_1=1$，否则 $X_1=0$）；X_2 为家庭成员文化程度（家庭成员高中及以上学历的人数）；X_3 为家庭粮食主要来源（若主要是购买，则 $X_3=1$；若主要是自产，则 $X_3=0$）；X_4 为家庭人口数量；X_5 为家庭劳动力比例；X_6 为家庭外出打工人数；X_7 为家庭兼业人数；X_8 为非农劳动时间；X_9 为家庭人均耕地面积；X_{10} 为家庭人均农业收入；X_{11} 为机耕和机播面积；X_{12} 为粮食作物面积。本文运用 SPSS 16.0 软件进行 Logistic 回归分析，详见表 14-14。

表 14-14　土地流转影响因素对农户土地转出意愿与行为的影响

土地流转意愿		系数值	标准误差	卡方值	自由度	P 值	OR 值	OR 值的 95% 置信区间	
转出	［农户家庭主业＝0.00］	1.376	1.343	1.049	1	0.306	3.957	0.284	55.056
	［农户家庭主业＝1.00］	0（b）			0				
	文化程度	−0.159	0.273	0.341	1	0.559	0.853	0.499	1.456

续表

土地流转意愿		系数值	标准误差	卡方值	自由度	P 值	OR 值	OR 值的95%置信区间	
转出	［粮食主要来源=0.00］	-0.065	0.055	1.381	1	0.04	0.937	0.842	1.044
	［粮食主要来源=1.00］	0（b）			0				
	家庭人口数量/人	-0.278	1.892	0.017	1	0.887	0.796	0.018	35.285
	劳动力比例	-0.173	0.721	0.116	1	0.685	1.115	0.265	5.21
	外出打工人数/人	2.027	1.691	1.438	1	0.23	7.594	0.276	8.661
	兼业人数/人	-1.914	0.9	4.523	1	0.013	0.147	0.025	0.861
	非农业劳动时间/月	0.129	0.151	0.726	1	0.394	0.879	0.654	1.182
	人均耕地面积/亩	4.366	1.326	10.45	1	0.001	72.805	5.409	979.895
	人均农业收入/×10² 元	-1.042	0.004	0.739	1	0.39	0.996	0.988	1.005
	机耕和机播面积/亩	0.094	0.714	0.107	1	0.875	1.099	0.271	4.449
	粮食作物面积/亩	-3.284	0.875	14.163	1	0	0.037	0.007	0.206

3. 结果分析

模型拟合的卡方值为381.724，P 值为0.000通过显著性检验，检验结果表示本模型中的一系列影响土地流转的因素对农户的土地流转行为在总体上具有统计学意义。参数估计值见表14-15，根据结果，分析农户特征变量与土地转出意愿的相关关系，得到以下结论。

表14-15　模型拟合信息

模型	-2 对数似然值	卡方值	自由度	P 值
反限截距	787.788　408.642	381.724	44	0.000

1）农户家庭情况与土地转出意愿的关系

第一，家庭主业为非农职业的农户转出土地的意愿高于主要从事农业生产的农户。若农户家庭主要收入为非农收入，他们对土地的依赖程度较低，那么转出土地的可能性就更大；反之若家庭主业是农业生产，土地则是他们维持生计的主要来源，自然不会轻易转出土地。

第二，家庭成员文化程度与土地转出意愿具有负相关关系，相关系数为-0.159，显著性水平为0.559，相关关系不显著。有些文化程度较高的农民，他们具有较高的农业生产和经营的知识技能，会选择种地发展农业生产，因而不会选择转出土地；但大多数文化程度高的农民，他们选择非农产业就业的机会越多，对土地的需求就越小，因此这种负相关关系不显著。

第三，家庭粮食来源主要来源于自产的农户转出土地的意愿要明显低于粮食主要来源于购买的农户，相关系数为-0.065，显著性水平为0.040，相关关系较为显著。表明粮食主要来自于购买的家庭转出土地的意愿强；粮食来源主要于自产的农户，他们对土地的依赖程度高，选择转出土地的可能性小。

2）农户资源与土地转出意愿的关系

第一，农户家庭人均耕地面积与土地转出意愿呈现较强的正相关关系，其相关系数为4.366，其显著性水平为0.001，表现为非常显著。说明为家庭人均拥有的耕地越多，农户转出土地的意愿越大。

第二，家庭的机耕和机播面积与农户土地转出意愿具有正相关的关系，相关系数为0.094，其显著水平为0.875，这种关系在统计上不显著。

3）家庭收入结构与土地转出意愿的关系

第一，家庭人均农业收入与土地转出意愿呈现负相关的关系。对于那些以农业收入为主的家庭，家庭农业收入越高，他们对土地的预期效益就越高，就会选择继续经营土地，因此不会将土地转出。

第二，农户家庭非农业劳动时间与土地转出意愿具有正相关关系。这说明，农户家庭从事非农劳动的时间越长，从事农业生产的时间就越短，他们对土地的依赖性越小，更愿意将土地参与流转。

4）家庭人口结构与土地转出意愿的关系

第一，家庭人口数量和劳动力比例与土地转出意愿呈现负相关关系。随着城市的迅速发展，虽然农民更希望离开土地从事第二、第三产业，但是，实际情况通常是人口越多的家庭，劳动力的文化素质越低，从事非农产业的能力越差，对他们来说，更现实的选择还是种地。因此，家庭人数越多和劳动力比例越高的农户转出土地的意愿越小。

第二，外出打工人数与土地转出意愿具有正相关关系。在调查中发现，由于农业特别是种植业的比较效益低，一般农户有从事第二、第三产业的能力，他们就会选择外出务工，从而家庭没有足够的劳动力经营现有的土地，他们便会希望转出土地；但由于外出打工的不稳定性，有很多农户考虑到不久的将来还会回到土地上来，宁愿暂时将土地闲着而不愿参与流转。因此这种正相关关系不够显著。

第三，兼业人数与土地转出意愿呈现较强的负相关关系，其相关系数为-1.914，显著性水平为0.013。随着农村社会的发展，兼业经营已成为现今农村极为普遍的现象，兼业人数越多，其家庭粮食需求就越大，农户就更加不愿转出自家的土地。另外，兼业人数越多，农户家庭从事农业生产的劳动力和时间就越多，就越没有转出土地的意愿。

5）土地用途与土地转出意愿的关系

粮食作物面积与土地转出意愿呈现很强的负相关关系，其相关系数为-3.284，显著性水平为0.000，相关关系极为显著。家庭种植粮食作物的面积越大就意味着经济作物的面积相对较少，对于主要从事农业生产的农户家庭来说，在没有更好的农业生产项目可供选择的情况下，只有通过扩大粮食作物面积来增加收入，因而不愿转出自家的土地。这一结果再次说明，调查区缺乏好的农业经营项目。

14.4.6　研究结果分析

通过对回归模型的结果分析表明，对农户土地流转的意愿和行为产生显著影响的因素共有6个，分别是家庭粮食主要来源、家庭人均耕地面积、家庭人均农业收入、家庭外出打工人数、家庭兼业人数和粮食作物面积。

（1）家庭粮食主要来源。家庭粮食主要来源为自产的农户转入土地的意愿要明显高于粮食主要来源于购买的农户，而转出土地的意愿要明显低于粮食主要来源于购买的农户。对于粮食主要来源为自产的家庭来说，种地是他们维持生计的主要手段，他们需要种植较多的土地来满足口粮的需要，离开了土地他们将难以生存，而对于粮食主要来源于购买的家庭，则对土地没有如此高的依赖性。所以，粮食主要来自于自产的家庭转入土地的意愿强，相反粮食主要来自于购买的家庭转出土地的意愿强。

（2）家庭人均耕地面积。家庭人均耕地面积与土地流转意愿具有较强的相关性。家庭人均耕地面积与转入土地意愿呈现负相关关系，与转出土地意愿呈现正相关关系。如果家庭人均占有的耕地较多，而能从事农业生产的劳动力数量则有限，无法继续扩大种植面积，或无力经营现有的较多的土地，因此他们转入土地的意愿就越小，转出土地的意愿就越大。

（3）家庭人均农业收入。家庭的人均农业收入与土地转入意愿呈现显著正相关性，其相关系数为0.572，显著性水平为0.012。农民转入土地的目的无非是希望增加农业收入，如果家庭农业收入越高，说明他们所经营的农业生产项目收益越好，对土地的预期效益就越高，更希望扩大土地经营规模以获得更多的收入，因此会选择转入更多的土地。

（4）家庭外出打工人数。外出打工人数与土地转入意愿具有较强的负相关关系，相关系数为-0.621，显著性水平为0.015。近些年，由于外出务工相对种地轻松，而且收入较高，农民前往工业发达地区打工的越来越多，农户家庭去外地务工的人数越多，留在农村从事农业生产的人就越少，没有更多的农业劳动力，自然不会转入更多的土地。

（5）家庭兼业人数。家庭兼业人数与土地转入意愿具有正相关关系，而与土地转出意愿呈现较强的负相关关系。随着农村社会的发展，兼业经营已成为现今农村极为普遍的现象，农户家庭兼业人员越多，相比外出务工的，就有更多的人员和时间可以从事农业生产，转入土地的可能性就更高。但同时，家庭的兼业人数越多，其口粮需求就越大，农户就更加不愿转出自家的土地。另外，兼业人数越多，农户家庭从事农业生产的劳动力和时间就越多，就越没有转出土地的意愿。

（6）粮食作物面积。粮食作物面积对土地流转意愿具有显著性影响：粮食作物面积与土地转入意愿呈现较强的正相关关系，而与土地转出意愿呈现较强的负相关关系。家庭种植粮食作物的面积越大就意味着经济作物的面积相对较少，对于主要从事农业生产的农户家庭来说，在没有更优的农业生产项目可供选择的情况下，只有通过扩大粮食作物面积来增加收入，因此愿意转入土地而不愿转出土地。这也说明了，调查区缺乏适合当地条件的农业生产项目。

14.5　完善南流江流域农村土地流转的对策及政策体制构建

农地流转是一个长期的过程，不可能在短时间内解决所有的问题，它要受到多种因素制约，如农村土地承包法律制度、土地流转的市场机制、农民土地流转后的保障等。针对广西南流江流域的土地流转状况，可以看出，虽然我国的土地流转进行的时间不是很长，土地流转涉及的面积不是很大，参与流转的农民的数量不是很多，但土地流转对增加农民收入，扩大农业的对外开放，加快农村剩余劳动力的转移；优化农村土地资源的配置等方面都已经发挥了积极的作用。当然土地流转也存在很多问题：如流转过程不规范，流转违背农民意愿，农民流转土地后的保障不足等。通过实证分析，本书认为应当从完善农地流转的相关制度、加强对农地流转的过程管理、规范农村土地流转市场、完善农地流转的法律和政策保障这几方面入手，完善广西南流江流域农村土地流转体系构建（图14-25）。

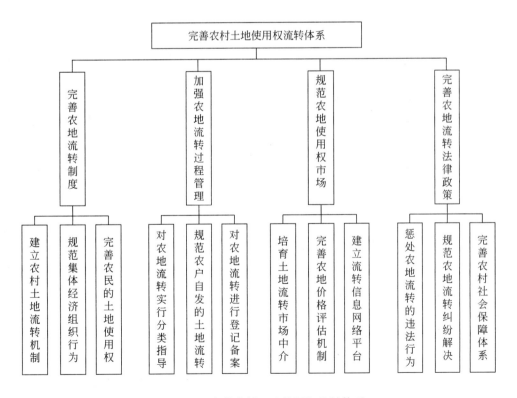

图 14-25　完善农村土地使用权流转体系

14.5.1 完善农村土地流转制度

1. 建立规范的农村土地流转机制

农村土地流转是农村生产力发展到一定阶段的必然产物，要从以下几个方面建立规范有序的土地流转机制：一是严格按照自愿、有偿的原则，依法进行土地流转，各级行政主管部门做好调控和服务的工作，杜绝以土地流转为名义随意占用和调整农民承包地的行为。二是宣传土地流转对推进高效农业、促进农民增收的积极作用，激发他们自愿参与土地流转的积极性，并引导他们进行土地流转。三是建立农村土地流转档案管理制度，实现农地流转信息化管理，实现土地流转管理的规范化。四是建立农村土地流转动态监测机制，规范农村土地流转行为。

2. 严格规范农村集体经济组织行为

《农村土地承包法》关于"农民权益保护"一章中，要求进一步规范各级政府和有关部门、农村集体经济组织和社会有关方面的行为，赋予农民依法保护自己财产的规范权利，并针对土地流转中的问题派出检查组来保护农民权益。本书认为应严格规范乡村的集体经济组织行为，尤其避免土地流转过程中的级差收入流失。土地流转过程中的土地交易价格应该由转出农户和其他承包经营者自由协商，而且土地的级差收益应全部归农户所有。然而通过实地调研发现，某些地区存在农村集体经济组织把农户零散的土地集中起来对外承包，从中牟取土地流转收益的情况。集体经济组织在农地流转过程中作为一个中介方的角色，只有获得一定中介费的权利，而不能作为土地管理者来收取本该归农民所有的土地流转收益。

3. 完善农民的土地使用权

土地使用权是一项相对独立和完整的财产权利。由于历史原因等多种因素，过去政府征办农民承包地审批手续十分简单，他们认为土地归国家所有，无视农民对土地使用的权利。然而，根据我国的物权法的规定，可知土地使用权也应包括处分权。当土地转入者转入土地使用权（经营权）时，作为承包方除进行商品的等价交换以外，他们的权利也应该受到限制，如保护农田的基本原貌，不得随意抛荒和弃耕，还可以规定再次进行流转要通知原土地承包者，如果双方的合同到期要求延长也要续签合同等。这样既规范了土地流入者，也保证了土地流转后的用途。

14.5.2 加强对农地流转过程的管理

1. 对农地流转实行分类指导

如果土地流转仅凭农民自己的力量而盲目无规章地进行，则无法达到高效利用和优化配置土地资源的目的。因此，各级政府和土地主管部门要对土地流转进行引导、监管和协调；根据实际情况制定严格的各种农用地的规模指标和结构；强化对土地流转后的动态监管；切实履行政府的公共服务职能。党的十八大关于农村土地政策提出，鼓励农民进行土地流转，通过土地流转，促进小农场和农业企业的发展，走农业集约化、规模化经营道路。在不改变土地用途的前提下，引导土地使用权向高效、集约利用的方向流动。

2. 加强对农户自发的土地流转的管理

我国土地政策要求在稳定农村土地承包权长久不变的前提下，鼓励农户土地经营权有序流转。加强宣传土地流转对农业发展和农民增收的积极作用，让农民明白进行土地流转不会丧失家庭对土地的承包权，激发他们自愿参与土地流转的积极性。地方政府也在积极地引导土地流转，就笔者实地调研的情况，有些地区将土地流转作为实现农业规模化、集约化、产业化经营的重要措施，并制定了具体的工作目标。目前我国农村土地流转主要还是农户自发的，这种低效的流转不能发挥土地流转应有的成效，因此加强对其引导和管理是非常必要的。

3. 进行土地流转的登记备案

必须建立农村土地流转登记制度，对流转的土地进行登记备案。所登记的项目应该包括：土地流转的双方，流转土地的位置，流转土地的用途，流转的时间等，并对土地流转后的用途、土地质量进行动态监测。为适应现代化的管理水平，可以运用计算机档案管理系统进行土地流转登记，以便更高效地对农村土地流转进行管理，切实保障土地流转双方的利益。

14.5.3　建立和完善农村土地使用权流转市场

1. 培育土地流转中介方

由于农村土地流转的交易程序比较复杂，而过高的交易成本会阻碍农户将土地进行流转。因此要成立专业的土地流转市场信息、流转价格评估和咨询等土地流转中介组织，以降低土地流转的交易成本。据调查，目前我国土地流转的中介机构相当匮乏，导致农村土地流转中获取信息的来源窄、难度大。加强中介组织的建设是完善农村土地流转市场的重要环节。有条件的地区可以乡（镇）和村委会为依托，建立集信息采集发布、委托代理、业务咨询等功能为一体的中介服务组织；或由县一级设立农村土地流转中心，乡镇分设流转服务站。同时可以利用现代信息技术，扩展土地交易的服务范围，实现服务的信息化、专业化。

2. 建立和完善农村土地价格评估体系

为了满足农村土地流转日趋频繁的需要，必须要有土地价格评估机构对其价格进行评估。第一，设立专门的农村土地价格评估机构，土地主管部门对评估机构进行监督管理；第二，建立农村土地价格评估信息系统，将农村土地价格评估程序化，以提高农村土地价格评估的效率和结果的准确度；第三，完善农村土地相关的法律法规，订立统一的农村土地价格评估规范和规程；第四，建立专业资格认证体系，对从事农村土地估价人员进行严格的资格认证。从以上几个方面健全农村土地价格评估体系，完善农村土地流转市场。

3. 建立土地流转市场的信息网络平台

将现代信息网络技术引入农地流转信息市场，建立农村土地流转信息发布平台，能够有效解决当前农村土地流转信息不畅的问题，大大降低流转双方的信息搜寻成本。农地流转信息网络平台可采用市、县、乡、村四级联动方式，由县一级定期对乡、村级发布的土地流转信息进行汇总审核后统一发布，市一级主要负责咨询服务和政策法规的发布等。通过这种网络平台发布土地流转的信息，可以让希望参与流转的农户和有意愿转入的专业户或农业企业准确快捷地获得信息，也能便于转出方和转入方进行沟通，有效地提高土地流转的效率。

14.5.4　完善农村土地流转的法律和政策保障

1. 建立农村土地流转违法行为的惩处机制

在目前的农村土地流转过程中存在着一些基层政府领导为了地方财政收入的增加，不顾农民意愿干涉土地流转的违法行为。因此，必须建立农村土地流转过程中违法行为的惩处制度，进行经常性检查，对违法乱纪行为严肃查处并责令其纠正，规范基层领导干部的行为，切实保证农民的权益不受侵犯。稳定农村土地承包权长久不变，巩固农村土地基本经营制度，提高农村土地流转的政策落实度和流转绩效。

2. 规范农村土地流转纠纷解决

《农村土地承包经营纠纷调解仲裁法》第三条、第四条规定，"发生农村土地承包经营纠纷的，当事人可以自行和解，也可以请求村民委员会、乡（镇）人民政府等调解""当事人和解、调解不成或者不愿和解、调解的，可以向农村土地承包仲裁委员会申请仲裁，也可以直接向人民法院起诉"。《农村土地承包法》第五十一条、《土地法》第十六条也做出了相应的规定，明确了农村土地流转纠纷的协商、调解、仲裁和诉讼4种解决机制。解决农村土地流转的纠纷，必须遵守国家的相关法律规定，并在当事人自愿平等的前提下进行。

3. 完善农村社会保障制度

我国农村的现实情况决定了土地对农民不单纯是一种生产要素，同时具有极强的社会保障功能，农村土地在分配的过程中采用的是确保每一名农民生存权的"均田制"，大多数农户不会轻易流转自己的土地，难以实现农地优化配置。因此，要推进农村土地流转，让更多农民愿意将土地参与流转，必须完善农村社会保障体系建设，以剥离农村土地的社会保障功能。拟从以下几方面入手：第一，完善农村医疗保险、养老保障和最低生活保障体系建设，制定相关的法律法规。第二，国家应积极引导国家、地方财政和社会筹措农村养老基金和统筹基金。第三，财政、监察、审计等部门亟须制定严格的农村社会保障基金监督管理办法，定期检查、监督、审计农村社会保障基金的使用情况，坚决杜绝任何挪用、套取、挤占农村社会保障基金的情况。

14.6　本　章　小　结

14.6.1　研究的主要结论

（1）农村土地流转是社会经济发展到一定阶段的必然产物，其从本质上而言是一种生产要素的流动，而任何生产要素的流动总是在一定的制度环境约束下进行的。研究农村土地流转问题必须考虑相应的制度环境。我国现有的土地集体所有制下的，以家庭承包经营责任制为基础的农村土地制度有其现实的合理性。农村集体土地产权制度改革，需要在完善农村土地流转政策体系建设的基础上推进。

（2）影响土地流转的宏观因素包括国家制度因素和社会经济因素。国家有关的法律政策、农村社会保障程度与当地政府的组织程度是影响农村土地流转的制度因素；社会因素以城市化为主，也包括当地经济社会发展状况；农地流转价格因素、农地流转的交易成本和农村土地流转市场供求机制，是影响农地流转的外部经济因素。

（3）影响农户土地流转行为和意愿的显著因子包括：家庭粮食主要来源、人均耕地面积、农户家庭的农业收入、家庭外出打工人数、兼业人数和粮食作物面积。通过构建 Logistic 回归模型对影响农户土地流转意愿因素进行分析，得出粮食主要来源于自产的家庭转入土地的意愿强，相反粮食主要来源于购买的家庭转出土地的意愿强；人均耕地面积与农户转入土地意愿具有显著负相关关系，与转出土地意愿呈现较强正相关关系；家庭人均农业收入对农户土地转入意愿具有显著正相关关系；外出打工人数与农户土地转入意愿具有较强的负相关关系；家庭兼业人数与土地转入意愿具有正相关关系，而与土地转出意愿呈现较强的负相关关系；粮食作物面积与土地转入意愿呈现较强的正相关关系，与土地转出意愿呈现较强的负相关关系。

14.6.2 研究存在的不足及未来展望

受农村集体土地流转问题既涉及政府、农村集体经济组织、农民、土地使用者等各主体之间的经济利益问题，也涉及我国特定社会制度和经济体制下的社会关系问题，以及我国体制转轨的历史承接性导致的立法滞后与现实超前的冲突、人们对土地的价值认同差异和观念习俗的固化等方面的影响，土地流转这个复杂的研究课题存在缺乏从法学、经济学、社会学等多学科综合的视角更深层次地挖掘集体土地流转的问题。特别是受条件的制约，本书实地调研地区主要集中在广西南流江流域范围，虽然也选取了不同自然条件和经济发展水平的地区作为调研的样本，并通过从个别到一般中提炼出普遍的带规律性的结论。但农村土地流转及其引致的相关问题，不仅受所在地区的自然经济等因素的影响，甚至与地方政府的导向、当地人们的历史传统价值观念等有关，必然使土地流转具有鲜明的地域特色，因此本书涉及的面的广度上存在一定的局限和不足。另外，笔者收集到研究区的数据有限，本章以南流江流域的耕地流转为对象，未能区分不同的流域地区和土地类型，未能分别比较不同土地利用流转意愿的差异，导致本书深度不够，未能得出揭示研究区内部差异和特殊性规律的结论。在研究方法上，虽然进行了大量的实地调研和问卷调查，但是由于研究者在相关知识和能力方面的欠缺，缺乏对所获数据的数理统计和分析，未能通过建立相关的数理模型进行量的验证，而主要根据调查所获的情况侧重于面上的定性分析，从而研究结论未能更好地建立在定性与定量相互验证的基础上。有关农村土地流转的对策建议，重在从宏观层面进行立意和解读，缺乏从微观层面的量的具体剖析和比较。这些不足都将是后续研究中需要重点关注和改进的方面。

参 考 文 献

［1］ 王瑞雪. 推进农村土地流转需要认识与观念的突破［J］. 调研世界，2004，（3）：32-35.

［2］ 陈锡文，韩俊. 如何推动农民土地使用权合理流转［J］. 学习与研究，2002，（6）：33-36.

［3］ 杨德才，朱奎. 家庭承包制下的土地制度比较分析［J］. 当代经济研究，2003，（8）：59-62.

［4］ 蒋满元. 农村土地流转的障碍因素及其解决途径探析［J］. 农村经济，2007，（3）：23-25.

［5］ 朱宏宇，董成玉. 辽宁省土地流转问题研究［J］. 农业经济，2008，（11）：43-44.

［6］ 冷淑莲，徐建平，冷崇总. 农村土地流转的成效、问题与对策［J］. 价格月刊，2008，（5）：3-8.

［7］ 魏世军. 农村土地流转的制约因素与对策［J］. 西南民族大学学报（人文社科版），2005，（8）：115-118.

［8］ 覃美英，程启智. 农村土地使用权流转市场困境的成因探析［J］. 农业经济，2007，（7）：19-22.

［9］ 李红梅，曹军，李曼伟. 新型农村合作医疗制度的筹资模式探析［J］. 科技情报开发与经济，2007，（6）：120-121.

［10］ Carter M R, Mesbah D. Can land market reform mitigate the exclusionary aspects of rapid agro-export growth? ［J］. World Development, 1993, 21 (7): 1085-1100.

［11］ Binswanger H P, Deininger G E. Power, distortions re-voltand reforming agricultural land relat ［J］. Handbook of Development Economics, 1993, 3 (2): 2661-2772.

［12］ Feder G, Feeney N D. The theory of land tenure and property rights ［J］. World Bank Economic Review, 1993, 5 (7): 135-153.

［13］ Nguyen T, Cheng E, Findlay C. Land fragmentation and farm productivity in China ［J］. Agricultural Economics, 1998, 19 (1): 63-71.

［14］ 马晓河. 结构转换与农业发展［D］. 南京农业大学博士学位论文，2002.

［15］ 刘启明. 关于辽宁省农村土地使用权流转情况的调查报告［J］. 农业经济，2002，（1）：9-12.

［16］ 徐旭，蒋文华，应风其. 农民对土地权利的现状及意愿［J］. 经济研究参考，2003，（23）：28.

［17］ 黄爱学. 我国农村土地权利制度的立法思考［J］. 甘肃社会科学，2008，（2）：164-167.

［18］ 张军. 农村土地流转存在的问题与对策思考［J］. 农业经济，2007，（8）：38-40.

［19］ 胡同泽，任涵. 农村土地流转中的主体阻碍因素分析及其对策［J］. 价格月刊，2007，（7）：53-55.

［20］ 周玉. 农地流转中农民权益保障问题探析［J］. 广东土地科学，2009，8（1）：35-39.

［21］ 李钢. 农地流转与农民权益保护的制度安排［J］. 财经科学，2009，（3）：85-90.

［22］ 王梦麟. 基于城乡统筹背景的我国农村土地流转机制研究［D］. 重庆大学硕士学位论文，2009.

第15章 南流江流域城市河流沉积物营养盐富集特征及污染评价研究

15.1 绪 论

15.1.1 研究背景

水是万物之源，是人类生存社会发展最为重要的自然资源。河流是水资源的主要载体，是联系水体、自然界与人类关系的纽带，是陆地和海洋进行物质和能量交换的主要通道[1]。河流作为人类及动植物赖以生存物质基础，更是人类文明孕育的摇篮，如尼罗河流域的古埃及文明，两河流域的古巴比伦文明，印度河流域的古印度文明及我国黄河流域古文明。事实上，人类历史就是在人类与河流的相互作用、相互影响的过程中逐步前进的[2]。

河流是一个动态、复杂的生态系统，可为人类的生产、生活提供诸多生态服务和经济服务[3]。河流在城市的发展中扮演不可替代的作用。一方面为城市大量的人口提供水资源，防洪排涝，调节城市小气候及航运等，另一方面为人们提供休闲、娱乐的自然与人文景观。城市人口的增长、建筑物面积的扩张都对城市河流水文效应产生影响。这种水文效应主要反映在城市河流径流量增加、水质污染、水资源短缺等方面，其中城市河流水质污染是该效应的重要组成部分。

我国水资源总量丰富，约有 2.8 万亿 m³，但人均占有量却不足 2200m³，约为世界人均水量的 1/4，列世界第 121 位。

据研究，我国 660 多个城市有 400 个缺水，且大部分是由于城市污染导致的水质型缺水。且这些城市集中分布在我国工业化程度高、经济发达和人口密集的长江流域、淮河流域和珠江流域，如蚌埠、苏州、无锡、昆明、佛山等城市[4]。2002 年，七大水系 741 个重点监测断面中，仅有 29.1% 的断面满足 Ⅰ～Ⅲ 类水质要求，30.0% 的断面属Ⅳ类、Ⅴ类水质，40.9% 的断面为劣Ⅴ类水质。主要湖泊氮、磷污染严重，富营养化问题突出。滇池草海为重度富营养状态，太湖和巢湖为轻度富营养状态。其他大型湖泊，如洞庭湖、达赉湖、洪泽湖、兴凯湖、南四湖、博斯腾湖、洱海和镜泊湖 8 个淡水湖泊中，仅兴凯湖达到Ⅱ类水质标准；洞庭湖和镜泊湖水质达到Ⅳ类水质标准；其他湖泊水质均为Ⅴ类或劣Ⅴ类[5]。

另据有关部门统计，我国 138 个城市河段中，有 133 个河段受到不同程度的污染，占统计总数的 96.4%。属于超Ⅴ类水质的有 53 个河段，属于Ⅴ类水质的有 27 个河段，属于Ⅳ类水质的有 26 个河段，属于Ⅱ类、Ⅲ类水质的有 32 个河段[6]。由此可见，我国城市河流水体污染问题十分严峻，河流水质亟待改善。

南流江是广西北部湾独流入海诸河中流域面积最广、水量最丰富的河流。然而，其河水流速缓，水质污染问题严重，存在水资源与经济发展不协调等问题，水生态环境十分脆弱。近年来，由于流域城镇快速发展，周边厂矿、流域农业发展及居民生活对河流造成严重水体污染，河流水质不断恶化，据《广西水资源公报》，南流江流域水质常年在Ⅳ类、Ⅴ类、劣Ⅴ类水平，主要超标污染为氨氮、总磷、五日生化需氧量，如图 15-1 所示。

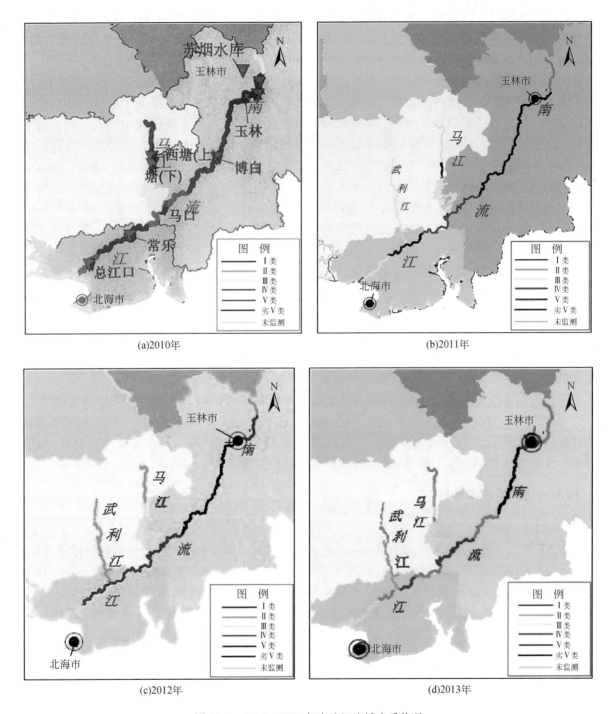

图 15-1　2010～1013 年南流江流域水质状况

图片来自 2010～2013 年《广西水资源公报》并重新绘制

15.1.2　研究现状

1. 城市河流污染现状

所谓"城市河流"是指发源于城区或流经城市区域的河流或河流段，也包括一些历史上虽属人工开挖但经多年演化已具有自然河流特点的运河、渠系[7]。城镇化进程的加速，大量人口涌入城市，城市化面积突飞猛进般扩张，造成典型城市河流天然汇水区域大幅减少。据统计，"百湖之城"武汉市，在中华人民共和国成立初期，仅汉口地区大小湖泊就有 100 多个，但截至 2000 年年底，武汉三镇仅存湖泊 27 个[8]。湖泊湿地面积的锐减改变了城市局地小气候，减弱了调蓄洪水能力，增加了洪涝灾害发生风险，侵占了动植物栖息地，降低城市动植物物种多样性，同时也是对城市景观的一种严重破坏。

水体污染指的是当污染物进入河流、湖泊、海洋或地下水等水体后，其含量超过了水体的自净能力，使水体的水质和水体底质的物理、化学性质或生物群落组成发生变化，从而降低了水体的使用价值和使用功能的现象。水体包括水中悬浮物质、溶解物质、底泥和水生生物等。根据《中华人民共和国水污染防治法》，水污染即指"水体因某种物质的介入而导致其物理、化学、生物或者放射性等方面特性的改变，从而影响水的有效利用，危害人体健康或破坏生态环境，造成水质恶化的现象"。当我们研究流域水生态环境问题时，应以水体污染概念为研究出发点，将水体这种综合自然体作为研究主体，这样才能得出准确且全面的认识，而不只是单纯研究水污染问题。

工业废水、生活污水的大量排放，氮、磷等营养元素随污水进入水体及底泥中，一部分发生化学转化变为其他污染物，一部分被浮游植物，如蓝藻等吸收富集，其余大部分进入底泥富集，在一定条件下释放，造成二次污染，都可使水体向着富营养状态方向发展，如我国太湖[9,10]、巢湖[11,12]、滇池[13]、苏州河[14]、洞庭湖[15]、湘江[16]等河流、湖泊均呈严重的富营养化状态。

随着城市发展，城市化进程的不断推进，城市河流在人类活动的剧烈干扰下，所暴露出来的问题越来越被人们关注。近年来，国内外专家学者开展了大量研究。

国际上，内容涉及流域生态调查评价[17-21]、近自然治理措施[22-24]、生态因子间相关性分析[25]、流域尺度生态修复[26-28]与管理[29,30]、生态完整性的恢复和重建[31,32]、河流生态健康评价[3,33,34]等。

国内研究大多运用遥感影像、测绘数据及历史记载等资料开展研究。陈德超等[35]、袁雯等[36]、凌红波等[37]、孟飞等[38]、程江等[39]、黄奕龙等[40]、雒占福等[41]讨论了上海、深圳、兰州等的城市河流水系形态变化和特征，杨凯等[42]、周洪建等[43]、吴俊范[44]、袁雯等[45]研究了城市河流水系变化与城市化、生态环境、水灾等的相互关系，城市河流水体的研究日益受到重视[46]。

2. 城市污染河流成因分析

1）点源污染

美国 1987 年的《清洁水法》（*Clean Water Act*）502（14）条款中对点源有明确规定：任何可识别的、限定的和不连续的输送途径，包括但不限于管道、沟渠、集中养殖场、汽车或其他流动交通工具等，不包括农业暴雨径流及农业灌溉回水。对城市污染河流而言，汇入河流的点源污染物主要是城市污水（urban sewage），包括城市生活污水和工业废水等，其污染物通常通过固定的排污口排放，所排污染物的种类、特性、浓度和排放时间相对稳定，具有易于监测与控制特点。生活污水是由城镇居民生活所产生的污水，其含有大量氮、磷等营养物质及细菌、病原体等[47]，一部分随地表径流汇入河流，一部分由城市污水管网直接排入河流；工业废水性质差异大，物质组成复杂，其水量和水质随工业生产过程技术操作、原料、污水控制措施不同而异，其主要污染物有：不溶性、难溶性和可溶性固体致浊物，无机有毒有害物（氰、铬、铅、汞等），有机物（分为可生物降解有机物和难生物降解有机物）以及油类物质和放射性物质等。

2）面源污染

根据美国 1997 年的《美国清洁水法修正案》（*The US Clean Water Act Amendments*）修正案中定义：面源污染（diffused pollution）为"污染物以广域的、分散的、微量的形式进入地表及地下水体"[48]。从污染物来源的自然要素，可划分为大气环境面源、污染环境面源和水环境面源；从污染物来源的人居环境类型，可分为农业面源、城市面源、矿山面源、大气沉降面源等。

城市面源污染通常指在降雨过程中，雨水及所形成的径流流经并冲刷城市地面，使溶解的或固体污染物，如油、盐分、氮、磷、有毒物质、杂物等污染物，进入受纳水体而产生的污染[49,50]。

随着城市点源污染的逐步治理，得到有效控制后，面源污染越来越成为城市水体污染的主要来源[51]。

我国对于城市地表水环境面源污染方面的研究起步晚、缺少监测资料。目前主要在大中城市开展研究，如 20 世纪 80 年代初对北京的城市径流污染进行研究，随后在上海、杭州、南京、苏州、成都等城市也开展过研究[52]。

3. 底泥中磷释放影响因子

1）pH

pH 的变化对底泥磷释放量具有重要影响。国内外大量的实验研究均表明：在中性条件下，磷释放速率最小，而在酸性或碱性条件下，磷的释放速率均随 pH 变化而增加，呈现"U"形曲线[53-56]。潘成荣等[56]对瓦埠湖沉积物研究时发现，沉积物总量的最大释放量（y）与 pH（x）呈抛物线相关。并给出了相应的回归方程：

$$y = 3.0057x^2 - 39.371x + 139.21 \tag{15-1}$$

pH 通过对底泥磷的吸附和离子交换作用而影响磷释放。在酸性条件下，磷以溶解态的磷酸盐为主，铁结合态磷和铝结合态磷不易释放，但随着 pH 的降低，一方面，H^+ 对钙结合态磷具有溶出作用，使水体中的 $H_2PO_4^-$ 增加。另一方面，在酸性条件下，由于微生物对有机质的降解，产生的 CO_2 也会加大钙结合态磷的溶解。当湖水的 pH 升高至 7 左右，Al^{3+} 会水解形成 $Al(OH)_3$ 胶体，由于其很大的比表面积，能够强烈地吸附水相中的 HPO_4^{2-} 和 $H_2PO_4^-$，降低了水体磷的有效性。韩伟明[55]研究得出，在 pH=6.5 时，底泥中总可溶性磷（TDP）的释放量是最小的，并给出了 TDP 释放量（y）与 pH（x）抛物线关系曲线：

$$y = 0.586x^2 - 7.572x + 24.513 \tag{15-2}$$

在碱性条件下，一方面，底泥中的可变电荷胶体的表面会带上负电荷，降低了对水体中 HPO_4^- 的吸附性。另一方面，水体中 OH^- 能与铁结合态磷和铝结合态磷中的 $H_2PO_4^-$ 发生交换，增加了磷向上覆水释放的速率[56,57]。综上所述，pH 对沉积物磷释放的影响主要是 pH 影响 Fe、Al、Ca 等元素与磷的结合状态。金相灿等[58]通过研究得出，在高 pH 条件下，促进 NaOH—P（主要是铝、铁、锰的氧化物和水化物结合的磷）的释放，而在低 pH 条件下，促进 HCl—P（主要是钙结合态磷）的释放。姜敬龙和吴云海[59]、周贤兵等[60]的研究表明，pH 为 12.00 时，河流的底泥磷的释放量是 pH 在 7.81~10.98 的 3~8 倍。

2）溶解氧

溶解氧（DO）的含量是影响底泥-水界面物质迁移行为的重要因素[61]。大量研究表明，厌氧环境能促进沉积物中磷的释放，好氧环境则抑制磷的释放，两者之间相差一个数量级[62,63]。潘成荣等[56]在对瓦埠湖沉积物磷释放研究中，通过实验得出：好氧状态下最大释磷量低于 5mg/kg，而在厌氧状态下可达到 34.3mg/kg。蔡景波等[64]通过实验得出，厌氧状态下上覆水的磷浓度约是好氧状态下的 15 倍。龚春生和范成新[65]通过实验室模拟，对南京玄武湖底泥溶解性磷酸盐（DP）和溶解性总磷（DTP）在不同溶解氧条件下的释放速率进行了研究，并给出了拟合曲线：

$$y_{DP} = 0.070x^2 - 4.529x + 37.050, \quad R^2 = 0.970(0.05 \leqslant x \leqslant 10.08) \tag{15-3}$$

$$y_{DTP} = 0.059x^2 - 4.581x + 36.245, \quad R^2 = 0.966(0.05 \leqslant x \leqslant 10.08) \tag{15-4}$$

式中，y_{DP}、y_{DTP} 分别为相应磷释放速率；x 为溶解氧（mg/L）水平。

以上现象原因在于，好氧条件下，铁等金属离子均呈高价态 Fe^{3+} 形式，可大量吸附水体中的磷，阻滞底泥-水体的物质交换强度，有效地固定底泥中的磷[66]。相反，厌氧条件下，Fe^{3+} 转化为更易溶解的 Fe^{2+}，构成底泥磷迁移的重要途径[67]，即使是在石灰质的底泥中也是这样[68]。大量底泥磷释放模拟实验表明，若底层水体-表层底泥体系构成厌氧环境，此时该体系铁还原分解与底泥释磷量有密切关系。当 Fe^{3+} 还原成 Fe^{2+} 的时候，Fe^{2+} 和吸附的磷会释放到水体中。且底泥的三价铁还原菌也促进了这一过程。

3）温度

据研究，底泥内源负荷与固定能力具有显著的季节性特征，表明温度影响沉积物和上覆水中生物的活动过程[69]。温度的升高可促进无机磷释放量[70]。从温度-释磷量函数曲线可以看出，在高温条件下磷浓度保持较高数值的天数比低温时短。可能原因主要有升温对磷酸盐水解过程的促进作用及增加了底泥中微生物的活性。微生物活性的提高可消耗底泥中的溶解氧，降低 Eh，利于 Fe^{3+} 向 Fe^{2+} 的转化，促进 Fe—P 和有机磷的释放[71]。

4）扰动

河流扰动主要包括风浪扰动、船只航行、河水流动等，水体受扰动后，可促进底泥间隙水的释放和扩散。除此之外，释磷水平还受底泥与水体之间实际平衡条件以及浮游植物对磷吸收能力制约[72]。研究表明，在某些季节时段扰动会促进水体磷释放，但在其他时段也可能出现变化不明显特征[73]。从总体来看，扰动对底泥磷的释放会起到一定的促进作用。姜永生等[74]对山东东平湖底泥氮、磷在不同扰动强度下释放规律进行了研究，结果显示，与静态释放（即扰动强度 0 r/min）相比，沉积物中的总磷释放量和释放速率均随着扰动强度的增大而呈显著增加的趋势。并给出了不同扰动强度下总磷释放动力学方程（表 15-1）。

表 15-1　不同扰动强度下 TP 释放动力学方程

扰动强度/（r/min）	TP 释放动力学方程	相关系数（r^2）
0	$V_0 = 0.0127x + 0.0209$	0.993
25	$V_{25} = 0.0173x + 0.0913$	0.875
50	$V_{50} = 0.0180x + 0.0793$	0.972
100	$V_{100} = 0.0289x + 0.0275$	0.844

注：V_i 为 TP 释放速率 [mg/（kg·h）]；x 为释放时间（h）

5）物质组成

沉积物物质组成对释磷过程也有影响。相比钙质沉积物，非钙质沉积物含更多 Fe 和有机碳，在好氧条件下，由于氧化铁对磷的吸附作用，非钙质沉积物的释磷过程受到限制。同等条件下，钙质沉积物向上覆水中释放的磷则更多[63]。此外，据研究发现，珠江广州河段底泥中总磷的含量随钡浓度增加而减少[75]。沉积物释磷过程与其机械组成也有关系。陈家宝[76]在研究南湖沉积物磷释放时发现，湖泊底质中细颗粒成分越高，底质向湖水中释磷量越高，主要由于细颗粒更易于悬浮到水中[77]。

6）颗粒物粒径

底泥颗粒物粒径粗细受水下地形和水动力条件影响。一般岸边沉积物的颗粒相对较粗，远离岸边的沉积物颗粒相对较细。颗粒物的粒径越小，比表面积越大，具有更大的表面能，对底泥中磷的吸附性能越强，越不利于磷的释放。金相灿等[78]对五里湖和贡湖的颗粒物进行实验时，发现各粒级沉积物对磷的吸附量、吸附效率以及吸附速率的变化顺序均为黏粒级>细砂粒级>粗砂粒级>粉砂粒级。

7）生物

富营养化水体中，藻类的大量繁殖，可促使沉积物向上覆水释磷量的增加，藻类存在时优先释放的形态为机磷（P—org）和铝磷（P—Al）[79]。沉积物中磷的释放又进一步促使藻生长，加剧了磷释放量。微生物的活动在释磷过程中起着相当重要的作用，由微生物分解有机质而释放的磷是一个不可逆的过程，由此造成的水体富营养化通常比较严重[80]。此外，微生物活动也可促进沉积物磷释放量。实验表明[81]，在无微生物状态下，沉积物中磷的释放几乎为零，而有微生物参与情况下，沉积物释放的磷比前者高出 50% ~ 100%[77,82]。

4. 底泥中氮释放影响因子

1）pH

pH 通过影响间隙水 NH_4^+—N 的迁移转化过程以及底泥中微生物的活性来影响氮释放，此外，还受化学作用的影响[83-85]。底泥释放的 NH_4^+—N 会首先扩散至沉积物的间隙水当中，然后再逐步扩散至沉积物的表面，最后向水体中扩散。间隙水 pH 的改变，打破了沉积物中氮的固定与释放之间的动态平衡，加速了间隙水中 NH_4^+—N 向沉积表面以及水体中的扩散[86]。大量实验研究结论表明：中性条件下，底泥氮素向水体释放量最大，酸性、碱性均抑制释放，碱性条件下，释放量最弱。酸性条件下，上覆水中的

H^+ 与底泥胶体上的 NH_4^+ 构成竞争关系，促进 NH_4^+ 的解吸及上覆水中 NH_4^+—N 浓度的升高；碱性条件下，体系中 pH 超过了底泥胶体的电荷零点，使其表面呈现负电荷，有利于 NH_4^+ 的吸附，减少 NH_4^+ 向上覆水中的释放。另外，体系中存在的大量 OH^- 与上覆水中 NH_4^+—N 发生如下化学反应：

$$NH_4^+ + OH^- = NH_3 + H_2O \tag{15-5}$$

NH_4^+ 以 NH_3 的形式从水溶液中逸出，降低 NH_4^+—N 的浓度[53]。有研究表明，中性条件下，总氮释放能力最强，碱性条件下最弱，且酸性和碱性条件都会不同程度地抑制总氮的释放[87]。邢雅囡等[88]对苏州古城区河流底泥进行实验室研究，结果表明底泥中 NH_4^+—N 释放量随 pH 增大而减小，当体系 pH 低于 6.0 时，NH_4^+—N 的释放量随 pH 变化幅度不大，仅为 0.08mg/kg；当 pH 大于 6.0 时，NH_4^+—N 释放量急剧下降。

2）溶解氧

底泥中溶解氧（DO）水平主要影响微生物的硝化和反硝化作用，从而影响底泥氮的迁移和交换。通常可把底泥从上到下分为 4 层，即高溶解氧层、亚高溶解氧层、低溶解氧层和厌氧层。不同底泥层溶氧水平不同，不同形态氮的释放能力也不相同。通常在厌氧状态下，以 NH_4^+—N 为主要溶出形式；在高 DO 水平下，NH_3—N 为主要溶出形式。林建伟等[89]通过实验室模拟，得出曝气复氧对富营养化水体底泥氮释放有较大影响，其中 DO 是影响底泥内源氮释放的主要因素。一般认为，在厌氧及高溶解氧状态下氮均可降解，在厌氧状态下，有机物降解速率比较缓慢，一般以 NH_4^+—N 形式释放，并在还原层中大量积累；且在厌氧状态下，Fe 和 Mn 的氧化物也可作为 NH_4^+—N 氧化的电子受体，产生 N_2O、NO 等；而在高溶解氧状态下，沉积物表层和上覆水中的 NH_4^+—N 易被硝化细菌通过硝化作用氧化为 NO_2^-—N 和 NO_3^-—N。

3）温度

环境温度可影响底泥中硝化、反硝化以及有机物矿化速率，从而影响沉积物-水界面氮的交换能力。沉积物-水界面的吸附通常为放热过程，当温度升高时，沉积物中吸附能力下降，导致底泥中的营养盐释放速率则升高[90,91]。另外，邢雅囡等[88]对苏州市古城区竹辉河底泥样品进行实验室分析。相关研究表明[92]，底泥中 NH_4^+—N 的释放量随温度升高而逐渐增加，30℃时 NH_4^+—N 的释放量为 5℃时释放量的 1.5 倍。

4）扰动

风浪、船只及生物等扰动是影响水-底泥界面氮素迁移转化的重要物理因素，尤其在浅水湖泊，如我国太湖、巢湖等[93]。此类大型浅水湖泊的沉积物易被风浪等外力作用搅动，悬浮于水体中，增加了颗粒物反应面积，加速了间隙水中氮化合物向水体释放的动力，进而增加了水体中氮、磷含量[94]。孙飞跃等[95]通过实验室模拟，对巢湖西半湖底泥内源氮在不同扰动强度下释放规律进行了研究，结果显示，上覆水中的氮先逐渐释放，8 天左右又开始被底泥吸附。扰动强度越大，底泥中氮的释放（被吸收）越快，且累计释放量也明显比静止时大。姜永生等[74]对山东东平湖底泥氮、磷在不同扰动强度下释放规律进行了研究，结果显示，扰动可增加 TN 的释放量，并加快释放速率。并给出了不同扰动强度下 TN 释放动力学方程（表 15-2）。

表 15-2　不同扰动强度下 TN 释放动力学方程

扰动强度/（r/min）	TN 释放动力学方程	相关系数（r^2）
0	$V_0 = 0.0789x + 1.3049$	0.96
25	$V_{25} = 0.0928x + 1.9407$	0.98
50	$V_{50} = 0.0988x + 1.3936$	0.96
100	$V_{100} = 0.1369x + 2.6147$	0.94

注：V_i 为 TN 释放速率 [mg/（kg·h）]；x 为释放时间（h）

5）有机质含量

底泥中的营养物质大多数来自于底泥中有机质的分解，通过吸附作用、矿化作用或者向上覆水中扩散。因此，底泥中有机质的含量会直接影响间隙水中营养盐的浓度，从而间接影响上覆水中营养盐的浓度[96]。

6）颗粒物粒径

沉积物颗粒粒径大小与沉积环境关系密切，粒度分析不仅可以划分沉积物类型，而且能够反映沉积环境和物源信息[97]。粒度分析侧重研究湖泊、洞穴沉积、海岸带沉积等沉积环境，以揭示区域气候变化规律，湖泊、洞穴发展过程和趋势，自然状态下环境的原始特征等[98]。不同粒径的颗粒物具有不同比表面、表面能。通常较细的颗粒具有较强的吸附能力和较强的再悬浮能力[99]。Bolalek 和 Greaca[100]研究表明不同类型沉积物的氨氮扩散通量不同，砂质沉积物的扩散通量最小，而黏土或淤泥质沉积物的扩散通量要高。在水生态系统中，无机盐 NH_4^+、NO_3^-、NO_2^- 和含氮有机物是氮元素的主要存在形式，既可以赋存于沉积物颗粒上，又可以游离在水中[101]。在强烈的环境变化时大颗粒沉积物也不易破碎而使氮溶出，只有颗粒表层的氮或在水中小颗粒中的氮才能够释放，参与氮循环[102]。

15.1.3　研究内容

1. 南流江干流上覆水及表层沉积物氮、磷、碳富集特征

选取南流江干流上、中、下游典型断面，研究在各种理化因子作用下，表层沉积物氮、磷、碳富集特征。

2. 南流江干流上覆水理化性质对沉积物氮、磷、碳富集特征影响

河流水体营养元素时刻不停地在水相与沉积相之间进行生物地球化学循环，主要对象涉及水中颗粒物、水体、沉积物及水体生物等，营养元素以不同化合形态在四者之间进行着极其复杂的迁移、转化、富集过程。本章通过对上覆水及沉积物理化性质进行实验室分析测定，初步揭示南亚热带气候背景下，南流江上覆水理化性质与沉积物营养盐关系及相互作用机理。

3. 不同城市河段底泥污染评价

结合营养盐在水体及沉积物中赋存特征，采用污染分级评价法、单因子评价法及内梅罗综合评价法对各河段营养元素污染状况进行评价，给出各河段沉积物污染评价结论。

15.1.4　研究方法

本章研究方法主要是野外样品采集与实验室理化分析相结合；数理统计方法与 GIS 技术相结合，具体如下。

1. 描述性统计法

描述性统计法是地统计学（geostatistics）中基本统计方法。统计指标包括数据的频数、平均数、中位数、众数、极差、方差、标准差、变异系数、偏度和峰态等。其中，偏度系数是统计数据中分布偏斜程度的度量，是描述非对称程度的数字特征。峰度系数是统计数据分布陡峭程度的度量。沉积物的偏度和峰态对于判断沉积环境类型有重要意义[103]。

偏度公式如下：

$$S_k = \frac{1}{nS^3} \sum_{i=1}^{n} (z_i - \bar{z})^3 \qquad (15-6)$$

式中，S_k 为偏度系数；$\bar{z}$ 为样本的平均值；S 为样本的标准差；n 为样本容量。偏度有正偏和负偏两种情况，当频数分布是对称的，则 $S_k=0$；若为正偏，即较小的数据比较集中，$S_k>0$，且 S_k 越大说明右偏的程度越高；若为负偏，即较大的数据比较集中，$S_k<0$，且 S_k 越小说明其左偏的程度越高。

峰度公式如下:

$$K_u = \frac{1}{nS^4} \sum_{i=1}^{n} (z_i - \bar{z})^4 - 3 \tag{15-7}$$

式中, K_u 为偏度系数; $\bar{z}$ 为样本的平均值; S 为样本的标准差; n 为样本容量。一般来说, 当频数分布的曲线的峰高于正态分布时, 则 $K_u > 0$, 称为尖顶峰度; 当频数分布的曲线较正态分布更加平坦时, 则 $K_u < 0$, 称为平顶峰度。若服从正态分布, 则 K_u 等于或接近于 $0^{[104]}$。

2. Pearson 相关分析法

自然界中许多现象并不是各自独立存在的, 它们之间存在一定的联系。利用数理统计方法建立这些因素的相关关系, 称为相关性分析[105]。

底泥中营养盐, 如氮、磷等的富集特征与环境因子, 如 pH、DO、水温、扰动、底泥颗粒物粒径及物质构成等都具有复杂的相关关系。皮尔逊 (Pearson) 相关系数也称皮尔逊积矩相关系数, 是英国统计学家皮尔逊于 20 世纪提出的一种计算直线相关的方法, 本章利用 Pearson 相关系数来揭示沉积物中营养盐富集特征与环境因子间定量关系, 其计算公式如下:

$$r(xy) = \frac{\sum_{i=1}^{n} (X_i - \bar{X})(Y_i - \bar{Y})}{\sqrt{\sum_{i=1}^{n} (X_i - \bar{X})^2 (Y_i - \bar{Y})^2}} \tag{15-8}$$

式中, $r(xy)$ 为相关系数; n 为河流样点数量。

3. Kriging 插值法

空间插值实质是通过已知样点的数据来估算未知点的数据的一种方法, 是地统计学中常用方法。在资源管理、灾害管理、生态环境治理等领域应用非常广泛。长期以来, 国内外学者对空间插值方法进行了大量的研究, 提出的常用方法有反距离权重法 (inverse distance weighted, IDW)、克里金法 (kriging methods)、样条函数法 (spline methods)、趋势面法 (trend surface methods)、多项式插值法 (interpolating polynomials methods) 等一系列模型方法。

克里金插值法是 1951 年由南非地质学家 Krige 提出, 法国统计学家 G. Matheron 在 20 世纪 60 年代首先给出定义[106]。按照空间场是否存在漂移可将克里金插值分为普通克里金插值法 (ordinary kriging) 和泛克里金插值法 (universal kriging)[107]。本章采样普通克里金插值法进行研究。其公式如下:

$$Z = \sum_{i=1}^{n} \mu_i Z(X_i) \tag{15-9}$$

式中, Z 为待估算点值; μ_i 为参与插值的点对带估算点权重; X_i 为已知点位置; n 为用于估算的已知点的个数。插值计算的核心步骤为权重的确定, 而权重系数依赖于半方差图的计算及样本点和内插点的设置。接近内插点的样本点具有较大的权系数, 远离内插点的样本点上的权系数较小甚至等于 $0^{[108]}$。假设 $Z(x_i)$ 和 $Z(x_{i+h})$ 分别是变量 x 在 i 和 $i+h$ 处的观测值, 则半方差函数计算公式可以表示为

$$r(h) = \frac{1}{2N(h)} \sum_{i=1}^{N(h)} \left[Z(x_i) - Z(x_{i+h}) \right]^2 \tag{15-10}$$

式中, $r(h)$ 为半方差函数; h 为步长; $N(h)$ 为步长为 h 的样本点对数。

4. 沉积物营养盐污染评价

1) 沉积物污染分级评价法

2000 年中国水利水电科学研究院对全国江河湖库底泥污染状况进行了系统研究并做了污染分级标准[109]。其中, 有机质 (OM) 共 871 个监测断面, 总磷 658 个监测断面, 总氮 619 个监测断面。本章参照该沉积物污染分级方法, 对南流江流域上中下游城区河段沉积物污染进行评价, 给出评价结论, 并与

我国不同研究区域污染状况进行对比研究。沉积物营养物质污染分类方法见表 15-3。

表 15-3　沉积物营养物质污染分级[109]　　　　　　　　　　　　　　（单位：g/kg）

污染等级	类别	有机质（OM）	总磷（TP）	总氮（TN）
Ⅰ	清洁	<26	<0.73	<1.1
Ⅱ	较清洁	26≤OM<39	0.73≤TP<1.1	1.1≤TP<1.6
Ⅲ	轻度污染	39≤OM<52	1.1≤TP<1.5	1.6≤TP<2
Ⅳ	重度污染	≥52	≥1.5	≥2

注：本书对原表进行了修改

2）单因子污染指数评价法

单因子污染指数[110]是确定污染物中主要污染因子的常用方法。在土壤质量评价[111]与水环境质量评价[112]中广泛应用。本章单因子污染指数评价法采用断面岸边土壤"背景值"作为环境质量参照标准，该"背景值"为 20 世纪 80 年代初广西第二次土壤调查数据[113]。单因子指数评价分级见表 15-4。

表 15-4　单因子指数评价分级

等级	单因子指数	污染等级
Ⅰ	$P_i \leqslant 1$	无污染
Ⅱ	$1 < P_i \leqslant 2$	轻微污染
Ⅲ	$2 < P_i \leqslant 3$	轻度污染
Ⅳ	$3 < P_i \leqslant 5$	中度污染
Ⅴ	$P_i > 5$	重度污染

3）内梅罗指数评价

内梅罗指数（Nemoro index）由美国雪城大学内梅罗（N. L. Nemerow）教授于 1974 年在其所著的《河流污染科学分析》一书中提出[114]。该方法既综合考虑了所有测定项目污染指数，又兼顾了污染最严重因子，是一种多因子环境质量指数。该方法在土壤质量评价[115,116]、水质评价[117,118]等研究中应用广泛。本章引入该方法对南流江流域河流沉积物营养盐污染状况进行评价。其计算见式（15-11）、式（15-12），评价分级标准见表 15-5。

$$P_i = C_i / S_i \tag{15-11}$$

$$P_N = \sqrt{\frac{P_{max}^2 + P_{ave}^2}{2}} \tag{15-12}$$

式中，P_i 为沉积物中污染物 i 的环境质量指数；C_i 为污染物 i 的实测浓度（g/kg）；S_i 为污染物 i 的评价标准（g/kg）；P_{max} 为沉积物污染物中环境质量指数最大值；P_{ave} 为沉积物污染物中环境质量指数平均值[119]。

表 15-5　内梅罗指数评价标准

等级	内梅罗指数	污染等级
Ⅰ	$P_N \leqslant 0.7$	清洁（安全）
Ⅱ	$0.7 < P_N \leqslant 1.0$	尚清洁（警戒线）
Ⅲ	$1.0 < P_N \leqslant 2.0$	轻度污染
Ⅳ	$2.0 < P_N \leqslant 3.0$	中度污染
Ⅴ	$P_N > 3.0$	重污染

资料来源：《土壤环境监测技术规范》（HJ/T 166—2004）

15.1.5　研究思路与技术路线

南流江流域尤其是城市河段，常年水质较差，在Ⅲ类以下，水生态环境十分脆弱[120]。通过对南流江流域实地调研，并结合水利部门与环保部门资料，本书提出以下几点疑问：

（1）南流江是北部湾入海最大河流，流量与流域面积均较大，为什么水体环境这么差？

（2）流域干流上中下游水体流速、颜色、悬浮物等及两岸土地利用情况相差较大，会对水质产生怎样的影响？

（3）不同城市人口数量不同，生活污水排放量不同，生活污水中所含营养元素（氮、磷、碳）含量各异，可能是导致不同河段水质差异性的重要因子。

（4）不同断面河岸有砂质与泥质，且泥质砂质淤积厚度各异，由此推断，不同河流断面沉积物及不同分层沉积物在物质组成、质地上存在差异，对沉积物营养元素富集及二次释放可能会产生不同效应，有待验证。

基于以上现象及疑问，本章选取了南流江上游（玉州区）、中游（博白县）、下游（合浦县）3 个城区河段进行对比研究，采集典型剖面上覆水与底泥样品进行实验室分析，测定其氮、磷、碳含量及其他理化性质，来揭示该流域城区河段营养盐释放规律及其驱动机制，为流域水生态环境改善提供建议（图 15-2）。

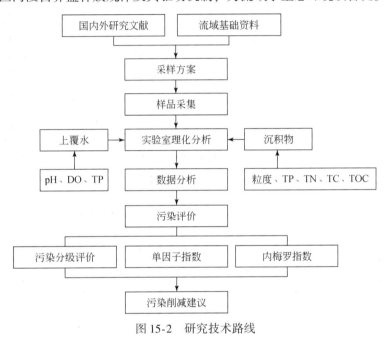

图 15-2　研究技术路线

15.2　材料与方法

15.2.1　样品采集及预处理

1. 布点原则

采样主要依据均匀布点原则，且全部位于城区河段，相邻样点间隔在 1~2km。充分考虑河流两岸排污口分布情况、两岸功能区（居民区、工业园区、滨江绿地、采砂场、农田菜地等）及河流交汇处。另外，由于可操作性及交通可达性，采样工作考虑桥梁分布。上覆水与沉积物同时同地采集。

2. 采样与预处理

采样工作于 2014 年 7 月 23~25 日完成。工作依次为现场勘查、调查当地自然条件与社会经济条件、确定交通可达性，并对采样点做现场位置校正；对样点进行采样；然后进行下一城区河段勘查、采样，以此类推。

　　选取自上游向下游依次为玉州区、博白县、合浦县 3 个城区河段。依据布点原则，玉州区 6 个采样点，博白县 6 个采样点，合浦县 7 个采样点，所有采样点均使用全球卫星定位系统（GPS）进行定位，如图 15-3 ~ 图 15-5 所示。

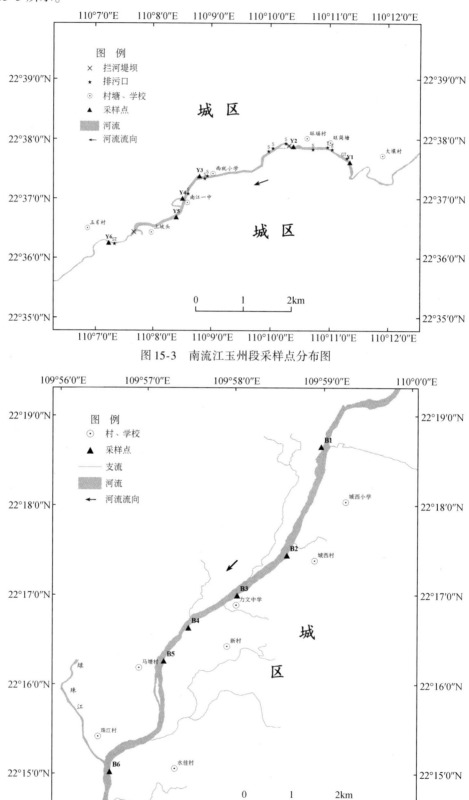

图 15-3　南流江玉州段采样点分布图

图 15-4　南流江博白段采样点分布图

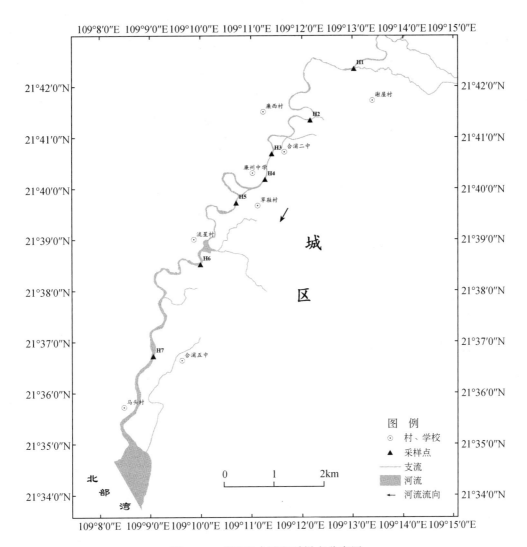

图 15-5　南流江合浦段采样点分布图

　　沉积物样品共 27 份。由于采样断面地质地貌、植被覆盖及人类活动影响（采砂作业、修建堤坝、土地利用等）的差异，沉积物样品有砂质沉积物与泥质沉积物两种。玉州区河段由于水流流速慢，城市废水排入量大，底泥深厚，大部分样点采集柱状样；博白与合浦河段水流流速快，砂质河岸，沉积物沉积量有限，故全部采集表层，深度为 0～5cm（个别样点由于水流冲刷或砂质较多，深度为 3cm），见表 15-6。采集河流中心及向河岸两侧，共 3 点样品，去除植物根系、石块、垃圾等杂物，混合后取 1.5～2kg 装入自封袋，代表该断面沉积物样品。为防止野外采样过程中自封袋及标签受损，将样品装入双自封袋，并贴双标签。样品采集完毕立即运回实验室，摊开、自然风干。

表 15-6　采样点及样品编号

采样点	水样		沉积物		
	编号	备注	编号	分层	备注
Y1	Y1	河流	Y1$_a$	0～18cm	柱状沉积物
			Y1$_b$	18cm 以下	
Y2	Y2	河流	Y2$_a$	0～10cm	柱状沉积物
			Y2$_b$	10～15cm	
			Y2$_c$	15cm 以下	

采样点	水样		沉积物		
	编号	备注	编号	分层	备注
Y3	Y3	河流	Y3$_a$	0~6cm	柱状沉积物
			Y3$_b$	6~15cm	
			Y3$_c$	15cm 以下	
Y4	Y4	河流	Y4	0~5cm	表层沉积物
Y5	Y5	河流	Y5$_a$	0~12cm	柱状沉积物
			Y5$_b$	12cm 以下	
Y6	Y6	河流	Y6	0~5cm	表层沉积物
Y6P	Y6P	排污口	Y6P	0~5cm	排污口表层
B1	B1	河流	B1	0~5cm	表层沉积物
B2	B2	河流	B2	0~5cm	表层沉积物
B3	B3	河流	B3	0~5cm	表层沉积物
B3P	B3P	排污口	B3P	0~5cm	排污口表层
B4	B4	河流	B4	0~5cm	表层沉积物
B5	B5	河流	B5	0~5cm	表层沉积物
B6	B6	河流	B6	0~5cm	表层沉积物
H1	H1	河流	H1	0~5cm	表层沉积物
H2	H2	河流	H2	0~5cm	表层沉积物
H3	H3	河流	H3	0~5cm	表层沉积物
H4	H4	河流	H4	0~5cm	表层沉积物
H5	H5	河流	H5	0~5cm	表层沉积物
H6	H6	河流	H6	0~5cm	表层沉积物
H7	H7	河流	H7	0~5cm	表层沉积物

待样品全部风干后，去除砾石、动植物残体及其他侵入体（玻璃、螺、塑料垃圾等），研磨后全部通过2mm（10目）筛，四分法取两份，一份通过60目筛，待测有机质与TN；一份通过100目筛，待测TP及磷的其他形态。剩余两份，一份待测沉积物粒度，最后一份封装样品袋备用。全过程贴好标签，具体如图15-6所示。

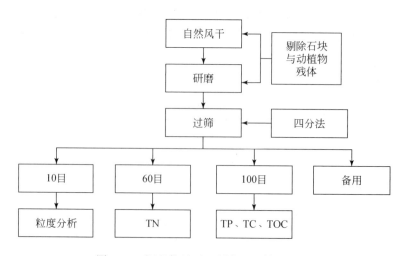

图15-6　沉积物风干—研磨—过筛流程图

上覆水样品共 21 份（其中 Y6P、B3P 为排污口水样）。每个水样采集均位于沉积物样品垂直上方，水面下 0.5m（依据沉积物厚度，个别样点取 0.3m）处。同样地，混合后代表该断面上覆水样品。每个断面先取上覆水 500mL，装入聚乙烯瓶，滴入 3～4 滴浓硫酸酸化至 pH<2；然后用 500mL 溶解氧瓶再取一瓶水样（不留气泡，待测溶解氧），全部放入储物箱，立即运回实验室，放入冰箱 4℃ 冷藏。所有项目当天测定完毕。

采样过程中注重样品编号科学性与简便性，各地采样点编号为自上游至下游依据城市名称首字母与数字 1、2、3…组合。即，玉州区样点自上游至下游分别为 Y1、Y2、Y3…，博白县分别为 B1、B2、B3…，合浦县分别为 H1、H2、H3…。另外，为了反映排污口水质情况，分别在玉州区 Y6 与博白县 B3 样点处选择了两个典型生活污水排放口，取污水样，编号为 Y6P、B3P。

记录采样断面植被、河流两侧功能区、排污口、水体及沉积物等描述信息，见附表 19。

15.2.2 实验主要仪器及试剂

1. 主要仪器设备

实验主要仪器设备见表 15-7。

表 15-7 主要仪器设备

仪器名称	型号	厂家
活塞式柱状沉积物采样器	RUL.XDB0204	北京多乐仪达科技有限公司
营养盐流动分析仪	AA3	德国水尔（Seal）公司
微波消解仪	CEM MARS	美国化学电子微波（CEM）公司
手持 GPS	Unistrong	北京合众思壮科技股份有限公司
激光粒度分析仪	Mastersizer2000	英国马尔文仪器有限公司
电子分析天平	BS224S	北京赛多利斯仪器系统有限公司
移液枪	Genex Beta1-5mL	芬兰宝予德（BIO-DL）公司
超纯水系统	FST-UV-16	美国赛默飞世尔科技（Thermo Fisher Scientific）公司
元素分析仪	Vario el cube	德国艾力蒙塔（Elementar）公司
酸度计	Sartorius PB-10 pH	德国赛多利斯（Sartorius）公司
数显电热鼓风干燥箱	101A-4	上海浦东荣丰科学仪器有限公司
数控超声波清洗器	KQ-250DB	昆山市超声仪器有限公司

2. 试剂及配制

实验试剂及配制见表 15-8。

表 15-8 主要化学试剂

化学试剂	规格	生产厂家
无水乙醇	AR	广东省化学试剂工程技术研究开发中心
六偏磷酸钠	AR	天津市光复精细化工研究所
土壤成分分析标准物质	GBW07457（GSS-28）湖南省益阳市湘江沉积物	中国地质科学院地球物理地球化学勘查研究所
土壤成分分析标准物质	GBW07309（GSD-9）长江沉积物	
硝酸	GR	国药集团化学试剂有限公司
盐酸	GR	广东省化学试剂工程技术研究开发中心
氢氟酸	AR	上海试四赫维化工有限公司
乙酰苯胺	GR	美国珀金埃尔默（PE）公司

（1）硫酸锰溶液：称取 480g 硫酸锰溶于水，用水稀释至 1000mL。

（2）碱性碘化钾溶液：称取 500g 氢氧化钠溶解于 300mL 水中，另称取 150g 碘化钾溶于 200mL 水中，待氢氧化钠溶液冷却后，将两溶液合并、混匀，用水稀释至 1000mL。储存于棕色瓶中，用橡皮塞塞紧，避光保存。

（3）浓硫酸溶液：配制 1∶1 浓硫酸溶液。

（4）1% 淀粉溶液：称取 1g 可溶性淀粉，用少量水调成糊状，再用刚煮沸的水冲稀至 100mL。冷却后，加入 0.1g 水杨酸。待测。

（5）重铬酸钾标准溶液：称取于 105～110℃ 烘干 2h 并冷却的优级纯的重铬酸钾 1.2258g，溶于水，移入 1000mL 容量瓶中，用水稀释至标线，摇匀。

（6）硫代硫酸钠溶液：称取 3.2g 硫代硫酸钠溶于煮沸放冷的水中，加入 0.2g 碳酸钠，用水稀释至 1000mL。储存于棕色瓶中。

（7）2% 硝酸溶液：用 5mL 移液枪准确吸取 5mL 硝酸于 250mL 容量瓶，用超纯水滴定至刻度线，混匀。

（8）1mol/L 盐酸溶液：用移液枪取 20.8mL GR 级浓盐酸，用 250mL 容量瓶定容。

15.2.3　分析项目

本书所采用的方法均为国家标准化测定方法以及国家环境保护部主编的《水和废水监测分析方法》（第四版）中规定的标准方法，见表 15-9、表 15-10。

表 15-9　水样分析项目及方法

分析项目	分析方法	方法来源
DO	碘量法	《水质　溶解氧的测定　碘量法》（GB 7489-87）
pH	酸度计	《酸度计检定规程》（JJG 119—2005）
TP	过硫酸钾消解-连续流动分析法	《水质　磷酸盐和总磷的测定　连续流动-钼酸铵分光光度法》（HJ 670—2013）

表 15-10　底泥分析项目及方法

分析项目	分析方法	方法来源
粒度	激光衍射法	《粒度分析　激光衍射法》（GB/T 19077.1—2003）
TN	高温燃烧催化氧化	《元素分析仪方法通则》（JY/T 017—1996）；《元素分析仪校准规范》（JJF 1321—2011）
TP	碱熔-钼锑抗分光光度	《土壤　总磷的测定　碱熔-钼锑抗分光光度法》（HJ632—2011）
TOC	高温燃烧催化氧化	《元素分析仪方法通则》（JY/T 017—1996）；《元素分析仪校准规范》（JJF 1321—2011）
TC	高温燃烧催化氧化	《元素分析仪方法通则》（JY/T 017—1996）；《元素分析仪校准规范》（JJF 1321—2011）

15.2.4　水样分析测定

1. DO

（1）将各水样沿着瓶壁，缓缓倒入 250mL 溶解氧瓶至溢出，避免留有气泡。

（2）将剩余的水样加 3～4 滴 1∶1 浓硫酸固定，待后续项目测定。

（3）用移液管插入已倒满样品水的溶解氧瓶液面下，加入 1mL 硫酸锰溶液与 2mL 碱性碘化钾溶液，可见絮状沉淀，盖好瓶塞，颠倒混合数次，直至静置时棕色沉淀物占溶解氧瓶体积的 1/3 时停止。

（4）轻轻打开瓶塞，用移液管插入到液面下加入 2.0mL 浓硫酸。盖好瓶塞。颠倒混合摇匀至沉淀全部溶解。用遮光布遮盖全部样品，避免阳光，放置 5min。

（5）取 100.0mL 上述溶液于 250mL 锥形瓶中，用硫代硫酸钠溶液滴定，至溶液呈淡黄色，加入 1mL 淀粉溶液，继续滴定至蓝色刚好消失为止，记录硫代硫酸钠溶液用量。

最后，DO(mg/L) 计算公式为

$$DO = (M \cdot V \cdot 8 \cdot 1000)/100 \tag{15-13}$$

式中，M 为硫代硫酸钠溶液浓度（mol/L）；V 为滴定时消耗硫代硫酸钠溶液体积（mL）。

2. pH

水样在运输过程中理化性质会发生变化，温度、DO、微生物活性等都会对 pH 产生影响，因此采取现场 pH 计测量。

3. TP

酒石酸锑钾作催化剂条件下，正磷酸盐与钼酸盐反应生成磷钼杂多酸，该化合物立即被抗坏血酸还原生成蓝色络合物，在 660nm 下测定吸光度，根据朗伯-比尔定律可以计算出样品浓度值。计算公式如下：

$$c = c_v \times f = \frac{y - a}{b} \times f \tag{15-14}$$

式中，c 为水样中总磷浓度（mg/L）；c_v 为仪器测定浓度值；y 为峰高；a 为标准曲线截距；b 为标准曲线斜率；f 为水样稀释倍数。

该试剂与材料准备参照《水质磷酸盐和总磷的测定 连续流动-钼酸铵分光光度法》（HJ 670—2013）技术规范。操作仪器为德国水尔公司 AA3 营养盐流动分析仪，工作参数及模块分析流程如下（表 15-11，图 15-7）。

表 15-11 水样 TP 测定仪器工作参数

项目	滤光片波长	进样速率	清洗比	试剂吸收	水样稀释倍数
TP	660nm	40/h	3:1	0.01	10

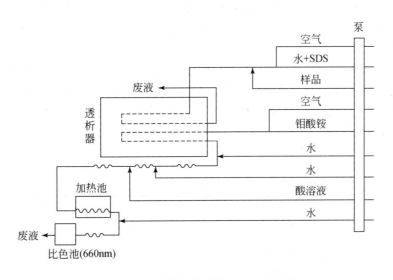

图 15-7 MT7 模块全磷分析流程示意图

15. 2. 5　底泥分析测定

1. 粒度分析

本书粒度分析采用英国 Malvern 公司生产的 Mastersize 2000 型激光粒度仪进行。工作原理如下：颗粒在激光束的照射下，其散射光的强度与颗粒的直径成反比，散射光强度随颗粒粒径的增加呈对数规律衰减，通过接受和测量散射光的能量分布就可以得出颗粒的粒度分布特征[121]。

沉积物粒度参数的计算根据 Folk 和 Ward 的算法公式得出，计算参数包括平均粒径（Mz）、中值粒度（Md）、偏态（Sk）、峰态（KG）、分选系数（So）等[122]。其中，平均粒径采用激光粒度仪测量软件直接输出的值作为表征平均粒径的指标[123]。粒级分类采用国家海洋局 1975 年的分类标准[124,125]。

实验粒度分析流程如下：将沉积物风干样品全部通过 10 目筛，四分法取一份待测粒度，共 27 份样品。用电子分析天平（精度为万分之一）准确称取每份样品 2.00g，将样品分别装入 50mL 烧杯中，并贴好标签。用塑料勺取六偏磷酸钠［(NaPO₃)₆］粉末于 200mL 烧杯中，并用电子分析天平取至 76.47g。加超纯水，搅拌约 20min 至全部溶解，无固体沉淀。将溶解后的六偏磷酸钠溶液用玻璃杯缓缓引流至 250mL 容量瓶中，烧杯用超纯水清洗 3 次，将清洗液全部倒入容量瓶，最后将容量瓶定容至 250mL。用移液枪每次移取 5mL 六偏磷酸钠溶液至装有样品的烧杯中。静置 12h（21：30～9：30），用纸板盖住样品，避尘处理。开启激光粒度分析仪，用清水进样，清洗仪器多次。待背景值合格（光能<100，激光强度>70%）后，依次加入样品至遮光度稳定在 10%～20%，开始测量。每个样品测量 3 次，取平均值，且误差在 3% 以内。

2. TN、TC、TOC 测定

土壤（或沉积物）氮、碳含量传统测定方法中，全氮采用经典的凯氏定氮法。有机碳采用滴定法，通过计算进而可求出有机质含量。相比于传统测定方法，元素分析仪采用杜马斯燃烧定氮法，误差更小，精度更高，在许多研究中已得到验证[126-128]。试验采用 Vario EL cube 型元素分析仪进行项目分析测定。实验流程如下。

TOC 测定：样品在风干后研磨至 200 目，称取 1.0000g（精确到 0.0001g）风干原样先用 2mL 的 1mol/L 的盐酸超声波 3h 除去无机碳，其中 2mL 的盐酸分两次添加，自然风干后称重（精确到 0.0001g）。风干干燥后取 40～80mg（精确到 0.0001g），用锡舟包裹置入元素分析仪中，采用 C/N 模式分析表层沉积物中的总有机碳（TOC）含量。

TN、TC 测定：令 1g（精确到 0.0001g）风干土样在 55℃的温度下烘干 2h 取 40～80mg（精确到 0.0001g），用锡舟包裹置入元素分析仪中，进行总碳（TC）、总氮（TN）含量的测定。测试过程中，用乙酰苯胺（ACET）做标样，水系沉积物样品（湖南益阳湘江沉积物 GSS-28）做质量控制。每批样品进行 10% 的质控样和平行样。样品测定结果中扣除空白值，每 8 个样做一次空白校正。仪器工作参数见表 15-12。

表 15-12　沉积物 TN、TC、TOC 测定仪器工作参数

项目	参数	项目	参数
氧化炉温度	1150℃	O₂压强	0. 15MPa
还原炉温	850℃	Ar 压强	0. 12MPa
加氧时间	90s	反应模式	CHNS
热导检测器（TCD）	59. 8℃	方法	40mg 210s
分析时间	10min	标样	ACET

3. TP 测定

干物质含量按照《土壤干物质和水分的测定–重量法》（HJ 613—2011）测定。TP 按照《土壤总磷的测定碱熔–钼锑抗分光光度法》（HJ 632—2011）测定。测定原理如下：将风干后且过 100 目筛沉积物的样品加入氢氧化钠并高温熔融，样品中含磷矿物及有机磷化合物等各种磷形态全部转化为可溶性的正磷酸盐，在酸性条件下与钼锑抗显色剂反应生成磷钼蓝，在波长 700nm 处测量其吸光度，最后通过朗伯–比尔定律（Lambert-Beer law）计算出总磷含量。

朗伯–比尔定律原理如下：当一束平行单色光垂直入射通过均匀、非散射、透明的吸光物质的稀溶液时，溶液对光的吸收程度与溶液的浓度及液层厚度的乘积成正比。它是紫外–可见分光光度法进行定量分析的理论基础。

$$A = \lg(1/T) = Kbc \tag{15-15}$$

式中，A 为吸光度；T 为透射比，是透射光强度与入射光强度之比；c 为吸光物质的浓度；b 为吸收层厚度；K 为吸收系数。

据此原理，沉积物 TP（mg/kg）计算公式如下：

$$TP = \frac{\left[(A-A_0)-a\right] \times V_1}{b \times m \times w_{dm} \times V_2} \tag{15-16}$$

式中，A 为吸光度值；A_0 为空白试验的吸光度值；a 为标准曲线的截距；V_1 为定容体积（mL）；b 为标准曲线斜率；m 为样品量（g）；V_2 为试料体积（mL）；w_{dm} 为沉积物干物质含量（%）。

15.3　氮、磷释放结果及空间特征分析

15.3.1　上覆水理化性质及分析

1. 上覆水 DO

从图 15-8 可看出，南流江流域上中下游河流 DO 平均水平依次为 7.69mg/L、6.79mg/L、6.57mg/L，

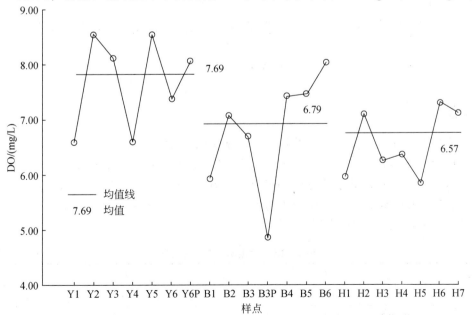

图 15-8　上覆水 DO

呈依次降低变化趋势。玉州区河段 DO 平均水平达到了《地表水环境质量标准》（GB 3838—2002）（以下简称《标准》）Ⅰ类水质标准，溶氧水平较高；博白与合浦河段均为Ⅱ类标准。分析认为，水样采集 3 天前流域范围发生一次暴雨事件，径流量的增加使水体得到充分的更新，使溶氧水平上升。就个别样点而言，DO 最大值为 Y2 与 Y5 样点，均达到了 8.5mg/L，Y2 样点为玉州区河段上游，且周边无居民点，两岸分布大量农田菜地；Y5 样点为水坝上游，水量充沛，水体流速较快。DO 最小值为 B3P 样点，即博白县河段排污口处水样，为 4.9mg/L，属Ⅳ类水标准。B1、H1、H5 样点为Ⅲ类水标准，其余大部分样点属Ⅱ类、Ⅰ类标准。

2. 上覆水 pH

从图 15-9 可以看出，3 个河段 pH 分布特征与 DO 有所类似，从上游至下游各河段平均 pH 依次为 7.1、6.9、6.4，同样呈现出向下游逐渐降低的变化。总体上，玉州区与博白县上覆水呈中性，除了 B4 样点 pH 为 6.5，其他均为 6.9~7.2；合浦县河段上覆水 pH 明显偏低，最低值出现在 H2、H3 样点，pH 分别为 6.2 与 6.3，最高值出现在 H5 样点，尚不足 6.7。

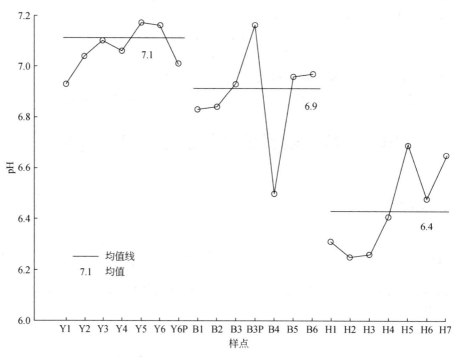

图 15-9　上覆水 pH

3. 上覆水总磷

从表 15-13 和图 15-10 可以看出，上覆水 TP 呈现越向下游越高的变化，河段上覆水 TP 均值，3 个河段依次 1.58mg/L、1.79mg/L、2.24mg/L，只有个别样点上覆水达到《标准》中Ⅲ类标准，大部分为Ⅴ类及劣Ⅴ标准。玉州区河段上覆水除了排污口 Y6P 处为 7.67mg/L，其余均低于 1.5mg/L。博白河段仅有 B1 样点 TP 为Ⅴ类标准，为 0.34mg/L，其余均为劣Ⅴ类。B3P 样点 TP 含量为 4.17mg/L，为该河段最高值。合浦河段上覆水 TP 含量最高，均达不到Ⅴ类标准。

表 15-13　上覆水 TP 测定情况　　　　　　　　　　　　（单位：mg/L）

标准系列	1	2	3	4	5	6	相关系数
理论值	0.5	0.4	0.2	0.1	0.05	0	0.9998
测定值	0.5	0.402	0.196	0.101	0.048	0.003	

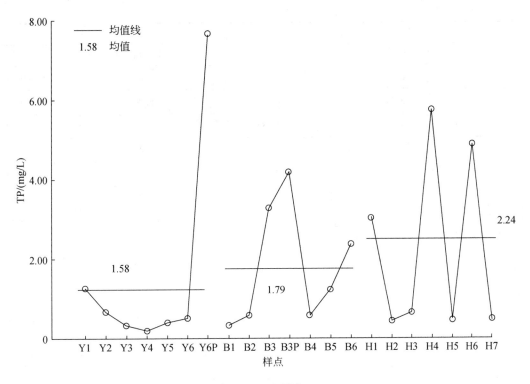

图 15-10　上覆水 TP

4. 上覆水单因子评价

单因子指数法是用水质最差的单项指标所属类别来确定水体综合水质类别，用水体各监测项目的监测结果对照该项目的分类标准，确定其水质类别[129]。该方法具有简单、直观的特点[130]。玉州区河段水体主要用于工业及城市景观用水，故依据《标准》Ⅳ类标准进行评价；博白县部分采样河段作为备用地表水源地，故依据《标准》Ⅲ类标准进行评价；合浦县河段水体流经城区，承接大量生活污水，且只作为一般景观用水，故按照《标准》Ⅴ类标准进行评价。具体评价结果见表 15-14。具体公式见式（15-17）。

$$P_i = C_i / S_i \tag{15-17}$$

式中，P_i 为污染指数；C_i 为第 i 种水质指标的实测浓度；S_i 为第 i 种水质指标评价标准值。

表 15-14　南流江不同河段单因子污染指数

样点	TP		DO	
	实测值/（mg/L）	P_i	实测值/（mg/L）	P_i
Y1	1.27	4.23	6.59	0.46
Y2	0.69	2.28	8.54	0.35
Y3	0.31	1.03	8.11	0.37
Y4	0.20	0.67	6.60	0.45
Y5	0.40	1.33	8.54	0.35
Y6	0.52	1.73	7.38	0.41
Y6P	7.67	25.57	8.07	0.37
B1	0.34	1.70	5.94	0.84

样点	TP		DO	
	实测值/（mg/L）	P_i	实测值/（mg/L）	P_i
B2	0.57	2.85	7.07	0.71
B3	3.31	16.53	6.70	0.75
B3P	4.17	20.85	4.87	1.03
B4	0.58	2.90	7.43	0.67
B5	1.21	6.05	7.47	0.67
B6	2.37	11.85	8.04	0.62
H1	3.02	7.55	5.97	0.33
H2	0.43	1.08	7.10	0.28
H3	0.67	1.68	6.26	0.32
H4	5.76	14.40	6.37	0.31
H5	0.45	1.13	5.85	0.34
H6	4.89	12.23	7.30	0.27
H7	0.48	1.20	7.11	0.28

从表 15-14 中可以明显看出，DO 污染指数远小于 TP，TP 污染指数最大的全部是排污口样点，Y6P 样点达到 25.57，B3P 样点达到 20.85。总体上，玉州区河段污染指数较低。玉州区河段周围人口数量大，城市化剧烈，但河段处于南流江上游，且污水大多经过处理排放。合浦县河段各样点污染指数差异较大，可能与采样点距离污水排放口远近有关。

15.3.2　沉积物粒度分析

本章粒度分析中粒级分类采用 Udden-Wentworth 等比制 φ 值粒级标准，粒级划分见表 15-15。

表 15-15　碎屑沉积物的粒级划分

粒径/mm	φ	Udden-Wentworth 粒径	
2 ~ 1	−1 ~ 0	极粗砂	
1 ~ 0.5	0 ~ 1	粗砂	
0.5 ~ 0.25	1 ~ 2	中砂	砂
0.25 ~ 0.125	2 ~ 3	细砂	
0.125 ~ 0.0625	3 ~ 4	极细砂	
0.0625 ~ 10.031	4 ~ 5	粗粉砂	
0.031 ~ 0.0156	5 ~ 6	中粉砂	
0.0156 ~ 0.0078	6 ~ 7	细粉砂	粉砂
0.0078 ~ 0.0039	7 ~ 8	极细粉砂	
<0.0039	>8	黏土	

沉积物分类和命名采用 Shepard[131] 的沉积物粒度三角图解法。三角形三个顶点分别代表砂、粉砂、黏土，将沉积物分为 10 类，将全部样点按 Udden-Wentworth 分类制划分，如图 15-11 所示。从图 15-11 可

以看出，绝大部分样点均属于黏土质粉砂与砂质粉砂粒级，黏土质粉砂为主，只有 Y1B、H6 样点属于粉砂质砂。总体上，南流江河流沉积物以粉砂类型占绝大多数。

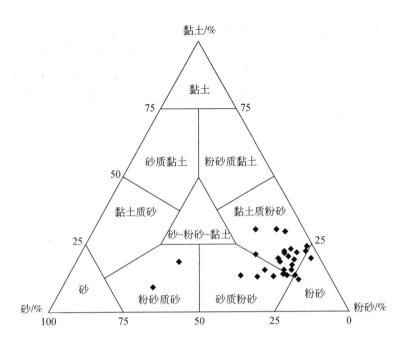

图 15-11　Shepard 沉积物粒度三角图及投点图

粒度分布统计学中常用统计指标有 $D[4，3]$、$D[3，2]$、$d(0.1)$、$d(0.5)$、$d(0.9)$、遮光度、残差及径距等[132]。

$d(0.1)$、$d(0.9)$ 分别为累计到 10% 和 90% 体积对应样品的粒径值；$d(0.5)$ 为中值粒径，即有 50% 颗粒的粒径低于该值，另 50% 颗粒的粒径高于该值。残差是衡量计算数据与测量数据对比拟合度的指标。$D[4，3]$ 为指体积加权平均值，$D[3，2]$ 为指表面积加权平均值。若假设 3 个直径分别为 1、2、3 单位的球体，则 $D[4，3]$、$D[3，2]$ 的计算公式表示为

$$D[4，3] = \frac{\sum d^4}{\sum d^3} = \frac{1^4 + 2^4 + 3^4}{1^3 + 2^3 + 3^3} = 2.72 \tag{15-18}$$

$$D[3，2] = \frac{\sum d^3}{\sum d^2} = \frac{1^3 + 2^3 + 3^3}{1^2 + 2^2 + 3^2} = 2.57 \tag{15-19}$$

径距又称为分布跨度（SPAN），是对样品粒径分布宽度的度量，数值越小，分布越窄。其公式如下：

$$SPAN = \frac{d(0.9) - d(0.1)}{d(0.5)} \tag{15-20}$$

全流域河段沉积物粒度中粉砂占绝大多数。粉砂平均含量为 65.8%，黏土为 18.7%，砂为 15.5%。该结论与赵小敏[133]、林俊良[134]、徐德星[135] 等研究成果基本一致。

玉州区河段沉积物以粉砂为主，砂含量最低，粉砂占 62.1%，黏土占 20.1%，砂占 17.8%。分层沉积物具有越向下层粉砂含量越低，黏土含量越高的特征。博白河段沉积物以粉砂含量为主，粉砂占 69.8%，黏土占 18%，砂占 12.2%。合浦河段沉积物同样以粉砂含量为主，粉砂占 68.1%，黏土占 17.2%，砂占 14.7%。从 3 个河段粒度分析中，可以看出下游沉积物细粒含量更高。上游沉积物由于水动力、沉积环境等不同，颗粒物较下游粗。具体数据见附表 20。

15.3.3 沉积物 TN

流域样点 TN 平均含量为 1.2g/kg，玉州区平均含量为 1.3g/kg，博白为 1.1g/kg，合浦为 0.9g/kg。其中 Y6P 样点含量最高，达到 3.6g/kg；H6 样点含量最低，为 0.2g/kg。玉州区样点 TN 含量变异较大，$Y3_a$、$Y3_c$、Y4、Y6P 含量均超过了 2g/kg（图 15-12）。为了更直观表达空间上 TN 分布，利用克里金插值法对其含量空间分布进行模拟。将玉州区样点分层沉积物 TN 含量求平均值，代表该样点含量，如图 15-13 ～图 15-15 所示。

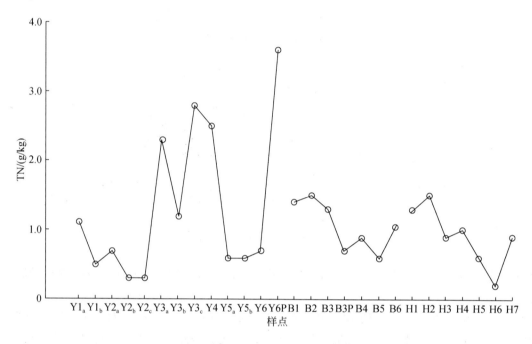

图 15-12　沉积物 TN

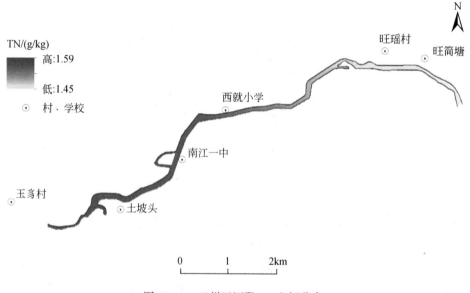

图 15-13　玉州区河段 TN 空间分布

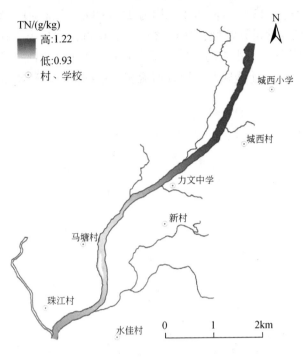

图 15-14 博白河段 TN 空间分布

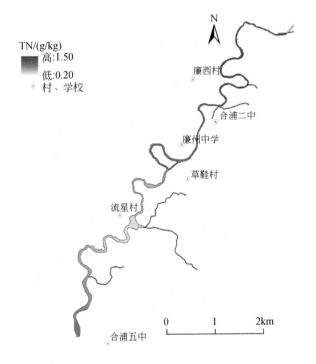

图 15-15 合浦河段 TN 空间分布

15.3.4 沉积物 TOC、TC

由图 15-16 可知,南流江不同河段采样断面沉积物 TC 平均含量为 17.4g/kg,TOC 平均含量为 9.8g/kg,TOC 占 TC 的 56%。TC 含量最高值点为 Y4,最低值点为 $Y2_c$;TOC 最高值点为 B3P,最低值点为 $Y1_a$、$Y2_c$。玉州区河段主要表现为城区碳含量高,郊区较低,TOC 平均为 7.55g/kg,TC 平均为 16.5g/kg;博白河段

TOC 与 TC 较高，TOC 平均含量为 13.9g/kg，TC 平均为 23.8g/kg。合浦河段 TOC 平均含量为 9.8g/kg，TC 平均为 12.6g/kg。其中 Y6 点碳含量异常低，TOC 含量为 1.6g/kg，TC 为 2.0g/kg，从采样现场分析，该断面为砂质河岸，且岸边有剧烈的采砂活动，导致沉积物被大量抽离河底，底层砂质沉积物被大量搬运至表层，有机物质沉积速率远小于迁移速率，导致河流相沉积物以底层砂质占绝大部分。

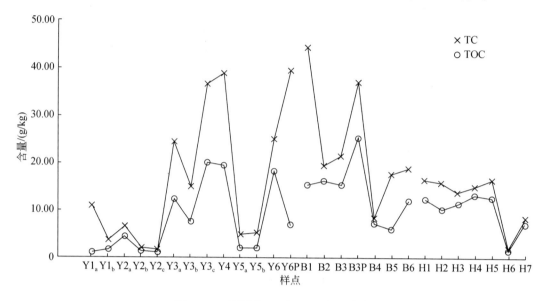

图 15-16　沉积物 TC 与 TOC 含量分布

总体上看，南流江河流沉积物碳含量具有以下特点：

（1）砂质断面 TOC 含量低于泥质断面，采砂活动加剧了这种变化。

（2）分层沉积物中，上层沉积物碳含量高于下层。

（3）城区河段沉积物碳含量明显高于郊区河段。

（4）排污口处沉积物碳含量与自然断面沉积物含量无明显差异。

15.3.5　沉积物 TP

以磷标准工作溶液（5mg/L）体积为横坐标，吸光度为纵坐标，绘制总磷测定标准工作曲线，拟合度为 0.9998，曲线斜率为 0.145，截距为 0.0097，如图 15-17 所示。

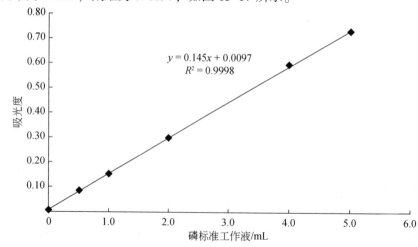

图 15-17　沉积物 TP 标准工作曲线

由图 15-18 可知，南流江各采样河段 TP 含量平均为 0.09g/kg，其中 $Y2_c$、$Y5_a$、$Y5_b$、H6 样点 TP 含量最低，均为 0.03g/kg；Y6P 样点 TP 含量最高，达到了 0.36g/kg。玉州区河段 TP 平均含量为 0.1g/kg，其中 Y3、Y4、Y6P 样点磷含量较高。Y3、Y4 样点位于玉州区城区中心，两侧有较为密集的生活污水排放口（$Y1_a$），污水中磷素经生物富集、转化及底泥吸附等过程可向沉积物大量富集；从 Y6P 磷含量的异常高值，可以看出该排污口处底泥已被污水严重污染；博白河段 TP 平均含量 0.08g/kg，各样点间差异性不显著。TP 含量具有越向下游含量越高的变化特征。合浦河段 TP 平均含量 0.08g/kg。H4 样点含量为 0.17g/kg，两侧有密集民房，距离河流水体不足 10m，底泥黑臭，可见生活污水排放是导致该点底泥磷素含量较高最直接原因。H6 样点磷素含量较低，与 15.2.3 节具有相似致变原因，剧烈的采砂活动可改变河流冲淤变化特征[136]，从而影响河流沉积物的沉积过程、沉积物物质组成，是对河流水生态环境的一种重要人为破坏方式。

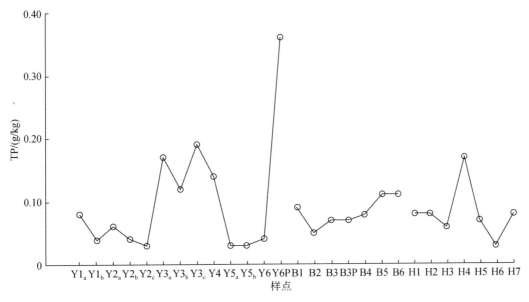

图 15-18　沉积物 TP 含量分布

将玉州区样点分层沉积物 TP 含量求平均值，代表该样点含量，利用克里金插值法对其含量空间分布进行模拟，如图 15-19 ~ 图 15-21 所示。

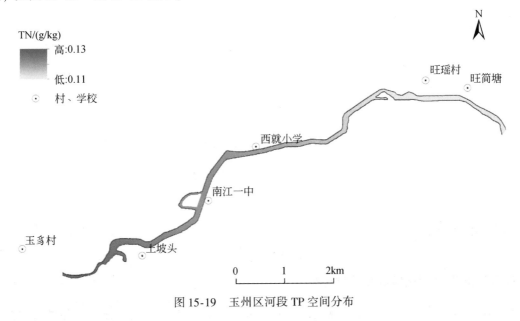

图 15-19　玉州区河段 TP 空间分布

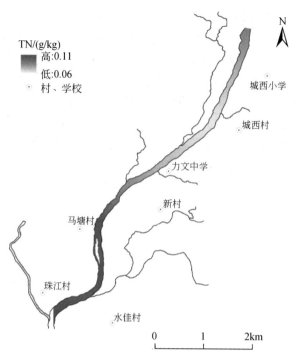

图 15-20　博白河段 TP 空间分布图

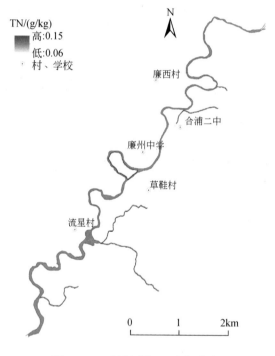

图 15-21　合浦河段 TP 空间分布

15.3.6　相关性分析

1. 上覆水与沉积物理化参数相关性分析

利用 Pearson 相关系数，本章对上覆水与沉积物营养元素含量进行相关性分析，并进行双侧检验，得出相关系数矩阵，见表 15-16。

表 15-16　上覆水与沉积物分析项目相关系数矩阵

分析项目	pH	TP_W	DO	$d(0.5)$	TP_S	TN	TOC	TC
pH	1							
TP_W	−0.078	1						
DO	0.313	−0.095	1					
$d(0.5)$	0.229	0.250	−0.076	1				
TP_S	0.108	0.585**	0.152	0.524*	1			
TN	0.149	0.287	0.116	0.443	0.834**	1		
TOC	0.164	−0.006	−0.598**	−0.067	0.064	0.244	1	
TC	0.366	0.174	−0.359	0.258	0.530*	0.658**	0.720**	1

＊＊指在 0.01 水平上显著相关；＊指在 0.05 水平上显著相关

注：TP_W 为上覆水中 TP；TP_S 为沉积物中 TP；$d(0.5)$ 为沉积物中值粒径

从表中可以看出上覆水 pH 与其他项目相关系数 $r_{0.05}<0.4329$，相关性不显著。沉积物中 TP 含量与上覆水 TP、沉积物 TN、沉积物中值粒径、沉积物 TC 均具有显著的正相关关系。其中与上覆水 TP 含量相关性系数 $r_{0.01}=0.585$，大于 0.5487，呈极显著正相关关系；与 TN 含量呈极显著相关关系，$r_{0.01}=0.834$，大于 0.5487；与沉积物 TC 含量相关系数 $r_{0.05}=0.53$，大于 0.4329，具有显著相关性。沉积物中值粒径与上覆水中 TP、沉积物 TN 相关系数分别为 $r_{0.05}=0.524$，$r_{0.05}=0.443$，均大于相关系数临界值（0.4329），达到显著水平。上覆水 DO 水平与沉积物 TOC 含量呈现出极显著负相关关系，$r_{0.01}=-0.598$。另外，沉积物 TOC 与 TC 含量也达到了极显著水平，$r_{0.01}=0.72$。

2. 沉积物质地与营养元素相关性分析

为了进一步探讨不同沉积物质地对营养元素富集、释放特征的影响，运用相关分析方法，揭示其定量关系。将按 Shepard 命名的不同沉积物质地与营养元素含量进行相关性分析，相关系数矩阵见表 15-17。

表 15-17　沉积物质地与营养元素含量相关系数矩阵

沉积物质地	TP_W	TP_S	TN	TOC	TC
黏土	0.408	−0.634**	−0.499*	0.171	0.379
极细粉砂	0.292	−0.565**	−0.461*	0.184	0.423
细粉砂	0.089	0.272	0.188	0.010	0.221
中粉砂	0.279	0.296	0.174	0.254	0.163
粗粉砂	0.374	0.519*	0.270	0.208	0.321
极细砂	0.317	0.534*	0.433*	0.141	0.421
细砂	0.090	0.427	0.517*	0.166	0.436*
中砂	0.084	0.374	0.389	0.007	0.267
粗砂	0.032	0.005	0.001	0.260	0.103
极粗砂	0.064	0.107	0.108	0.342	0.217

＊＊指在 0.01 水平上显著相关；＊指在 0.05 水平上显著相关

注：TP_W 为上覆水中 TP；TP_S 为沉积物中 TP

从表 15-17 中可见，上覆水中 TP、沉积物 TOC 含量与沉积物质地无显著相关性。沉积物中 TP 含量与黏土、极细粉砂存在负相关关系，且均达到极显著水平，但与粗粉砂、极细砂具有正相关关系，达到显著水平。沉积物中 TN 与黏土、极细粉砂呈现显著负相关关系，与极细粉砂、细砂具有显著正相关关系。沉积物碳含量与沉积物质地相关性不显著，TOC 与沉积物无显著相关关系，仅 TC 与细砂具有显著相关关系，$r = 0.436$，大于 0.4329。

为了进一步揭示南流江流域河道沉积物营养盐富集水平及环境因子之间耦合效应，本章给出了显著相关因子间关系方程，见表 15-18。

表 15-18 南流江流域河道沉积物显著相关因子间耦合方程

因变量-自变量	耦合方程	R^2	显著性水平
TPs-TPw	$Y = 0.02X + 0.057$	0.342	0.01
TPs-$d(0.5)$	$Y = 0.007X - 0.004$	0.275	0.05
TPs-TN	$Y = 0.078X + 0.003$	0.696	0.01
TPs-TC	$Y = 0.003X + 0.034$	0.281	0.05
TN-TC	$Y = 0.042X + 0.369$	0.433	0.01
TN-$d(0.5)$	$Y = 0.065X + 0.278$	0.196	0.05
TC-TOC	$Y = 1.382X + 3.919$	0.518	0.01
TOC-DO	$Y = -3.998X + 38.961$	0.358	0.01
TPs-黏土	$Y = -0.009X + 0.268$	0.402	0.01
TPs-极细粉砂	$Y = -0.012X + 0.305$	0.319	0.01
TPs-粗粉砂	$Y = 0.011X - 0.045$	0.27	0.05
TPs-极细砂	$Y = 0.013X - 0.006$	0.286	0.05
TN-黏土	$Y = -0.078X + 2.64$	0.249	0.05
TN-极细粉砂	$Y = -0.102X + 3.023$	0.212	0.05
TN-极细砂	$Y = 0.116X + 0.402$	0.188	0.05
TN-细砂	$Y = 0.2X + 0.612$	0.267	0.05
TC-细砂	$Y = 2.65X + 11.684$	0.19	0.05

15.4 沉积物污染评价及削减控制意见

15.4.1 沉积物污染分级评价法

本节参照中国水利水电科学研究院对全国江河湖库底泥污染状况进行的评价分级方法[109]，对南流江流域上中下游城区河段沉积物污染进行评价，结果如图 15-22 所示。

由图 15-22 可知，南流江各河流断面沉积物 TN 污染较严重；TP 均达到了 1 级清洁水平，并未污染；有机质总体清洁或较清洁，只有 B3P 样点呈轻度污染。其中玉州区 TN 污染较严重，尤其是 Y3$_a$、Y3$_c$、Y4、Y6P 样点均达到了 4 级重度污染，主要是由于 Y3、Y4 河段位于城市河段中心，含氮污水大量排放是断面污染的最主要因素。Y6P 为排污口处底泥，该处底泥污染状况同样比较严重。博白县污染状况较玉州河段轻，合浦河段底泥污染状况最轻，主要是由于合浦城区人口数量不大，且处于下游，水量充沛，沉积物营养盐可以充分转化并随河流迁移。

15.4.2 单因子污染指数评价

从表 15-19 可以看出，67% 断面受到不同程度污染，博白断面较为严重，全部处于轻微污染或更严重

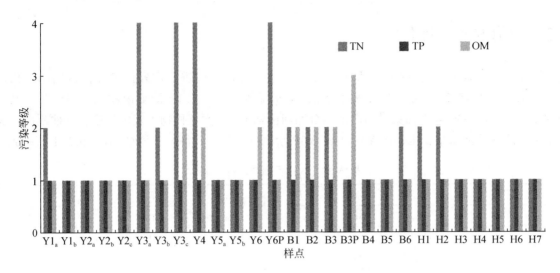

图 15-22　南流江流域沉积物营养盐污染等级

本书依据 Van Bemmelen 因数（1.724）[137]，将实测 TOC 含量转化为 OM 含量

水平。总体上，各断面轻微污染样点为 5 个，轻度污染为 6 个，中度污染为 3 个，无重度污染断面；排污口处污染较自然河流断面严重，玉州区排污口处 Y6P 断面为 TN 污染，博白 Y3 断面为 OM 污染；各断面 TP 未达到污染水平，与 15.5.1 节中评价结论符合。

表 15-19　单因子评价结果

样点	TP	TN	OM
Y1	0.15	0.80	0.08
Y2	0.08	0.43	0.13
Y3	0.40	2.10	0.76
Y4	0.35	2.50	1.11
Y5	0.08	0.60	0.12
Y6	0.11	0.70	1.04
Y6P	0.89	3.60	0.40
B1	0.15	1.40	2.65
B2	0.09	1.50	2.79
B3	0.12	1.30	2.64
B3P	0.12	0.70	4.36
B4	0.14	0.90	1.24
B5	0.18	0.60	1.03
B6	0.18	1.05	2.07
H1	0.21	0.87	3.53
H2	0.20	1.00	0.88
H3	0.15	0.60	0.98
H4	0.42	0.67	1.15
H5	0.17	0.40	1.09
H6	0.09	0.13	0.14
H7	0.21	0.45	0.31

15.4.3 内梅罗指数评价

为了更全面、准确地对流域断面沉积物污染状况进行评价，引进国内外污染评价常用的内梅罗指数法。从评价结果（表15-20）可以看出博白断面污染状况较严重，除B5断面沉积物为尚清洁，其他均受到不同程度污染，以B3P断面污染最为严重；合浦河段除H1断面沉积物为轻度污染，其他断面污染均较轻，处于清洁或尚清洁水平；玉州区Y3、Y4、Y6P断面沉积物受到污染，该结论与15.5.1节一致。

表 15-20　内梅罗指数评价结果

样点	P_N	评价	样点	P_N	评价	样点	P_N	评价
Y1	0.62	清洁	B1	2.12	中度污染	H1	2.73	中度污染
Y2	0.34	清洁	B2	2.23	中度污染	H2	0.86	尚清洁
Y3	1.67	轻度污染	B3	2.10	中度污染	H3	0.81	尚清洁
Y4	2.00	轻度污染	B3P	3.32	重污染	H4	0.97	尚清洁
Y5	0.46	清洁	B4	1.03	轻度污染	H5	0.86	尚清洁
Y6	0.85	尚清洁	B5	0.85	尚清洁	H6	0.13	清洁
Y6P	2.79	中度污染	B6	1.66	轻度污染	H7	0.39	清洁

15.4.4 削减控制建议

1. 河岸缓冲带分析

河岸缓冲带（riparian buffer zone）作为一种典型的水陆交错带，具有保持物种多样性、改善微气候、提供生物栖息地、稳定河岸、连接廊道、提供景观观赏资源、削减地面污染物和涵养水源等生态功能，具有独特的生物化学循环特征和生态水文功能[138]。不同植被类型、宽度的河岸缓冲带对氮、磷削减效率不同。河岸缓冲带的宽度对于截留污染物、水体净化效率具有重要作用。宽度越宽，则径流水体中氮、磷可得到充分净化，否则便得不到充分截留净化污染河流水体[139-141]。美国对河岸带研究较为深入，大部分州已制定相关条例法令和建设导则，明确规定了河岸带宽度范围。Hawes 和 Smith[142]给出了美国不同功能要求的河岸带宽度推荐值，见表15-21。

表 15-21　美国不同功能要求的河岸带宽度推荐值　　　　　　　（单位：m）

削减污染	减少河岸侵蚀	提供水生生物栖息地	提供陆生生物栖息地	防洪安全	提供食物来源
5～30	10～20	30～500	30～500	20～150	3～10

近年来，我国学者对河岸带研究逐步增多。李萍萍等[143]以太湖流域东战备河为对象，认为不同河岸带宽度对污染物去除率的影响随季节、污染物类型和植被类型而变化，表现为冬季大于夏季，TN大于TP，乔草大于灌草，枯水期10m、丰水期6m的河岸带宽度基本合理。左华[144]通过地形分析与Index污染物迁移模型相结合的方法，计算了桂林市"两江四湖"农业区河岸缓冲带安全宽度，见表15-22。

表 15-22　桃花江中上游农业区河岸缓冲带宽度　　　　　　　（单位：m）

狮子岩	甲山饭店	半岛桥	鲁家村	芦笛岩	新城桥
12.5	14.7	11.9	13.4	13.4	12.7

经实地调研，南流江不同城区河岸带宽度见表 15-23。

表 15-23　南流江不同城区河岸带宽度　　　　　　（单位：m）

样点	宽度	样点	P_N	样点	P_N
Y1	14	B1	24	H1	30
Y2	10	B2	12	H2	20
Y3	8	B3	15	H3	5
Y4	15	B3P	14	H4	7
Y5	18	B4	10	H5	17
Y6	4	B5	12	H6	10
Y6P	4	B6	20	H7	15

若以河岸缓冲带污染物得到充分净化所需生态宽度来比较，南流江玉林、合浦河段缓冲带宽度明显不足，城区中心河段河岸宽度大部分较窄，低于美国河流生态功能上要求的最低河岸宽度（30m）；合浦城区个别河段缓冲带宽度不足 10m，甚至出现"屋后便是河"，居民住宅与河流矛盾突出。博白河段河岸缓冲带大部分为农业区，主要种植绿色蔬菜。暴雨径流作用下，大量残留农药、化肥等将以面源污染物的形式向河流汇集，故该地区必须以特定化学农药类型、农药施用量及降雨地形特点设计河流生态缓冲带。另外，流域不同河段还存在河岸缓冲带植被类型单一、工程结构不合理等现象，如玉州区城中心河岸带为混凝土–挡墙式河岸，不仅紧束河水造成潜在安全问题，而且严重阻隔了河水与缓冲带植被土壤潜水层等物能交换，降低了河水自净能力，加之大量生活污水排入，极易导致河水水质恶化。综上所述，本章提出以下几点建议：

（1）玉州中心城区混凝土挡墙式缓冲带（Y3、Y4 断面处）应重新设计为近自然斜坡式缓冲带（如 Y2、Y1 断面处），且要增加缓冲带宽度，以期达到可防洪、防侵蚀、削减面源污染物或生活污水浓度等目的。

（2）博白河段需按其以农业种植区为主、缓坡、当地降雨地形条件为特征，选取面源污染模型进行生态缓冲带设计。

（3）合浦中心城区段需"退界还带"，即将房屋建筑与河岸间留有足够生态缓冲距离，尤其是 H3、H4、H5 断面。

2. 跨流域调水

玉州区河段位于南流江流域上游，人口数量大且经济相对发达，面临水质型缺水与资源型缺水双重压力。虽上游建有大容山水库、苏烟水库，并有南流江水源地作为城区饮用水水源，但供水能力不足以满足城区 40.79 万人的饮用水需求。南流江源头出境断面流量仅为 7.1m³/s，干旱或枯水季节河道甚至出现断流现象。此外，饮用水水源地水质状况不容乐观[145-147]，其中南流江水源地水资源质量常年不达标，见表 15-24。加之城区拦河蓄水，水流缓而形成类似湖泊水体，极易导致城区河段水体富营养化。

表 15-24　玉林市南流江大壤水源地历年水质状况

年份	全年		汛期		非汛期	
	水质评价/类别	超标项目	水质评价/类别	超标项目	水质评价/类别	超标项目
2006	V	粪大肠菌群、铁	Ⅳ	粪大肠菌群、铁	劣V	粪大肠菌群、铁
2007	Ⅳ	粪大肠菌群	Ⅲ	—	V	粪大肠菌群
2008	不合格	粪大肠菌群、铁	不合格	粪大肠菌群、氨氮、铁	不合格	粪大肠菌群、
2009	不合格	五日生化需氧量	不合格	五日生化需氧量、铁	合格	—

续表

年份	全年		汛期		非汛期	
	水质评价/类别	超标项目	水质评价/类别	超标项目	水质评价/类别	超标项目
2010	不合格	粪大肠菌群、总磷、铁	不合格	粪大肠菌群、总磷、氨氮、铁	不合格	粪大肠菌群、总磷
2011	不合格	五日生化需氧量、总磷	合格	—	不合格	五日生化需氧量、总磷
2012	不合格	总磷、铁	不合格	总磷、高锰酸盐指数、铁	合格	—
2013	不合格	总磷	不合格	总磷、铁	不合格	总磷

资料来源：2001～2013 年《广西水资源公报》

注：地表水水源地评价标准为《地表水环境质量标准》（GB 3838—2002）基本项目标准限值Ⅲ类标准和集中式生活饮用水地表水源地补充项目标准限值

跨流域调水是解决玉州区水量不足、水质下降的根本出路。郁江水资源充沛，流域集雨面积为 86800km²，具有引水水文、地质、水质等条件[148]。目前正在建设的郁江引水工程从贵港市港南区瓦塘乡福新村的郁江边取水，沿途经瓦塘乡取水口—石塘—长塘—湛江—蓬塘—山心—石南—南乡—大平山—三山—马坡—旺村—玉林城北水厂，全长 75km。规划从郁江引水 50 万 m³/d，设计引水流量 5.8m³/s，可解决玉林市和沿途 9 个城镇生活、生产用水。引郁江水不仅可以补充南流江水量，而且可以从根本上解决城区饮用水问题，改善流域水生态环境，更具有促进流域经济发展的深远意义。

15.5　本 章 小 结

本章通过对南流江流域上中下游城区河段上覆水-底泥界面营养盐调查分析，并对营养盐及上覆水理化性质进行了相关性分析，对流域营养盐污染状况进行了评价，揭示了其空间富集特征及地球化学作用机理。主要结论如下：

（1）全流域上中下游不同断面 DO 平均水平为 7.02mg/L，pH 为 6.8mg/L，上覆水 TP 平均含量为 1.87mg/L，粒度以粉砂粒级为主，沉积物 TN 平均含量为 1.2g/kg，TP 为 0.09g/kg，TOC 为 9.8g/kg，TC 为 17.4g/kg。营养盐含量具有排污口断面大于自然河流断面特点，DO、pH、沉积物 TN、沉积物 TP 具有自上游向下游降低特点，而水体 TP 呈现相反变化。

（2）从相关性分析可知，沉积物 TN 与 TP 之间、沉积物 TP 与上覆水 TP、TOC 与 TC 间均具有显著相关关系，而 TOC 与 DO 之间具有显著负相关关系。沉积物 TN、TP 含量呈现出与黏土颗粒负相关，与粉砂颗粒正相关关系。

（3）从沉积物污染评价结果看，合浦河段断面最优，博白河段内梅罗指数普遍位于 1 以上，污染状况最差。排污口处底泥污染较自然河流沉积物明显严重。

（4）本章认为合理规划河岸缓冲带、跨流域调水是解决南流江流域水生态问题的重要途径。

流域氮、磷、碳等元素在水-沉积物界面迁移转化涉及复杂的生物地球化学过程，每种因子的变化都是其他多种因子作用的结果。本章对南流江流域水-沉积物界面营养元素富集特征做了较系统研究，但对于各因子间作用机理尚缺乏深入研究，缺少对营养元素吸附-解吸机理的实验室模拟工作，且对于南流江流域特有水生植物对营养元素富集未做分析。由于缺少流域土壤水动力参数，本章并未对河岸带生态宽度进行模型计算，这将是下一步的重点研究工作。

参 考 文 献

[1] 刘昌明，刘晓燕. 河流健康理论初探 [J]. 地理学报，2008，63（7）：683-692.

[2] 吴思茹. 缓流河流中磷在底泥与上覆水中迁移转换规律的研究 [D]. 苏州科技学院硕士学位论文，2011.

[3] 陈兴茹. 国内外城市河流治理现状 [J]. 水利水电科技进展，2012，32（2）：83-88.

[4] 赵勇. 我国城市缺水研究 [J]. 水科学进展，2006，17（3）：389-394.

[5] 刘延恺. 城市水环境与生态建设 [M]. 北京：中国水利水电出版社，2009.

［6］ 杨存信，崔广柏. 城市水资源与水环境保护［M］. 南京：河海大学出版社，1996.

［7］ 宋庆辉，杨志峰. 对我国城市河流综合管理的思考［J］. 水科学进展，2005，13（3）：377-382.

［8］ Dan Y L，Wang H Z，Zhang H，et al. Lakes evolution of central Wuhan during 2000 to 2010［J］. Acta Ecologica Sinica，2014，34（5）：1311-1317.

［9］ 孔繁翔，马荣华，高俊峰，等. 太湖蓝藻水华的预防、预测和预警的理论与实践［J］. 湖泊科学，2009，21（3）：314-328.

［10］ 朱广伟. 太湖富营养化现状及原因分析［J］. 湖泊科学，2008，20（1）：21-26.

［11］ 贾晓会，施定基，史绵红，等. 巢湖蓝藻水华形成原因探索及"优势种光合假说"［J］. 生态学报，2011，31（11）：2968-2977.

［12］ 殷福才，张之源. 巢湖富营养化研究进展［J］. 湖泊科学，2003，15（4）：377-384.

［13］ 郭怀成，孙延枫. 滇池水体富营养化特征分析及控制对策探讨［J］. 地理科学进展［J］. 2002，21（5）：500-506.

［14］ 程曦，李小平，陈小华. 苏州河水质和底栖动物群落 1996～2006 年的时空变化［J］. 生态学报，2009，29（6）：3278-3287.

［15］ 黄代中，万群，李利强，等. 洞庭湖近 20 年水质与富营养化状况变化［J］. 环境科学研究，2013，26（1）：27-33.

［16］ 李杰，彭福利，丁栋博，等. 湘江藻类水华结构特征及对重金属的积累［J］. 中国科学：生命科学，2011，41（8）：669-677.

［17］ Gloss S P，Lovichj E，Melis T S. The state of the Colorado River ecosystem in Grand Canyon［R］. Reston，Virginia，U. S. Geological Survey，2005.

［18］ Battle J M，Jackson J K，Sweeney B W. Mesh size affects macroinvertebrate descriptions in large rivers：Examples from the Savanah and Mississippi Rivers［J］. Hydrobiologia，2007，592（1）：329-343.

［19］ Ziglar C L，Anderson R V. Epizoic organisms on turtles in pool 20 of the Upper Mississippi River［J］. Journal of Freshwater Ecology，2005，20（2）：389-396.

［20］ Hrabik R A，Herzog D P，Ostendorf D E，et al. Larvae provide first evidence of successful reproduction by pallid sturgeon，Scaphirhynchus albus，in the Mississippi River［J］. Journal of Applied Ichthyology，2007，23（4）：436-443.

［21］ Gurnell A，Lee M，Such C. Urban rivers：Hydrology，geomorphology，ecology and opportunities for change［J］. Geography Compass，2007（1-5）：1118-1137.

［22］ Miseki T，Takazawa H. Project for creation of river rich in nature-towards a richer environment in towns and on watersides［J］. Journal of Hydroscience and Hydraulic Engineering：Special Issues，1993（4）：86-87.

［23］ Gore J A，Shields F D. Can large rivers be restored？［J］. Bioscience，1995，45：142-152.

［24］ Denneman W D，Pree A D，Reininga G A O，et al. Environmental aspects of the restoration of river ecosystems in the Netherlands［J］. Water Science and Technology，1995，31（8）：147-150.

［25］ Chick J H，Ickes B，Pegg M A. Spatial structure and temporal variation of fish communities in the upper Mississippi River system［R］. Reston，Virginia，U. S. Geological Survey，2005.

［26］ Clarke S J，Bruce-Burgess L，Wharton G. Linking form and function：towards an eco-hydromophic approach to sustainable river restoration［J］. Aquatic Conservation：Marine and Freshwater Ecosystems，2003，13：439-450.

［27］ Kondolf G M，Downs P. Catchment approach to planning channel restoration［M］//Brookes A，Shields F D（eds. ）. River Channel Restoration：Guiding Principles for Sustainable Protects［M］. Chichester：John Wiley and Sons Ltd. ，1996.

［28］ Poudevigne I，Alard D，Leuven R S E W，et al. A systems approach to river restoration：A case study in the lower seine valley，France［J］. River Research and Applications，2002，18：239-247.

［29］ Wissmar R C，Beschta R L. Restoration and management of riparian ecosystems：A catchment perspective［J］. Freshwater Biology，1998，40：571-585.

［30］ Stromberg J C. Restoration of riparian vegetation in the south-western United States：Importance of flow regimes and fluvial dynamism［J］. Journal of Arid Environments，2001，49：17-34.

［31］ Jungwirth M，Muhar S，Schmutz S. Re-establishing and assessing ecological integrity in riverine landscape［J］. Freshwater Biology，2002，47：867-887.

［32］ ASAE River Restoration Committee. Urban stream restoration（forum）　［J］. Journal of Hydraulic Engineering，2003，129（7）：491-493.

［33］ Zandbergen P A. Urban watershed ecological risk assessment using GIS：A case study of the Brunette River watershed in British

Columbia, Canada [J]. Journal of Hazardous Materials, 1998, (61): 163-173.

[34] Finkenbine J K, Atwater J W, Mavinic D S. Stream health after urbanization [J]. Journal of the American Water Resources Association, 2000, 36 (5): 1149-1160.

[35] 陈德超, 李香萍, 杨吉山, 等. 上海城市化进程中的河网水系演化 [J]. 城市问题, 2002, (5): 31-35.

[36] 袁雯, 杨凯, 吴建平. 城市化进程中平原河网地区河流结构特征及其分类方法探讨 [J]. 地理科学, 2007, 27 (3): 401-407.

[37] 凌红波, 徐海量, 乔木, 等. 1958~2006年玛纳斯河流域水系结构时空演变及驱动机制分析 [J]. 地理科学进展, 2010, 29 (9): 1129-1136.

[38] 孟飞, 刘敏, 吴健平, 等. 高强度人类活动下河网水系时空变化分析——以浦东新区为例 [J]. 资源科学, 2005, 27 (6): 156-161.

[39] 程江, 杨凯, 赵军, 等. 上海中心城区河流水系百年变化及影响因素分析 [J]. 地理科学, 2007, 27 (1): 85-91.

[40] 黄奕龙, 王仰麟, 刘珍环, 等. 快速城市化地区水系结构变化特征——以深圳市为例 [J]. 地理研究, 2008, 27 (5): 1212-1220.

[41] 雒占福, 白永平, 蔡文春. 1949~2005兰州城区段黄河演变特征与影响因素分析 [J]. 干旱区地理, 2009, 32 (3): 403-411.

[42] 杨凯, 袁雯, 赵军, 等. 感潮河网地区水系结构特征及城市化响应 [J]. 地理学报, 2004, 59 (4): 557-564.

[43] 周洪建, 王静爱, 史培军, 等. 深圳市1980~2005年河网变化对水灾的影响 [J]. 自然灾害学报, 2008, 17 (1): 97-103.

[44] 吴俊范. 城市空间扩展视野下的近代上海河浜资源利用与环境问题 [J]. 中国历史论丛, 2007, 22 (3): 67-77.

[45] 袁雯, 杨凯, 唐敏, 等. 平原河网地区河流结构特征及其对调蓄能力的影响 [J]. 地理研究, 2005, 24 (5): 717-724.

[46] 陈昆仑. 1990~2010年广州城市河流水体形态演化研究 [J]. 地理科学, 2013, 33 (2): 223-230.

[47] Kokkinos P A, Ziros P G, Mpalasopoulou A, et al. Molecular detection of multiple viral targets in untreated urban sewage from Greece [J]. Virology Journal, 2011, 8: 195.

[48] Lee S I. Nonpoint source pollution [J]. Fisheries, 1979, (2): 50-52.

[49] 赵剑强. 城市地表径流污染与控制 [M]. 北京: 中国环境科学出版社, 2002.

[50] 黄志霖, 田耀武, 肖文发, 等. 三峡库区典型小流域非点源污染研究——基于GIS与AnnAGNPS模型 [M]. 北京: 中国环境科学出版社, 2012.

[51] 丁程程, 刘健. 中国城市面源污染现状及其影响因素 [J] 中国人口·资源与环境, 2011, 21 (3): 86-89.

[52] 宫莹, 阮晓红, 胡晓东. 我国城市地表水环境非点源污染的研究进展 [J]. 中国给水排水, 2003, 19 (3): 21-23.

[53] 王晓蓉, 华兆哲, 徐菱, 等. 环境条件变化对太湖沉积物磷释放的影响 [J]. 环境化学, 1996, 15 (1): 15-19.

[54] 王新建, 王松波, 耿红. 东湖、汤逊湖和梁子湖沉积物磷形态及pH对磷释放的影响 [J]. 生态环境学报, 2013, 22 (5): 810-814.

[55] 韩伟明. 杭州西湖底泥释磷及其对富营养化的影响 [J]. 环境科学, 1993, 1 (3): 25-29.

[56] 潘成荣, 张之源, 叶琳琳, 等. 环境条件变化对瓦埠湖沉积物磷释放的影响 [J]. 水土保持学报, 2006, 20 (6): 148-152.

[57] Lijiklema L. The role of iron in the exchange of phosphate between water and sediments [C] //interaction between sediments and freshwater. Proceedings of an International Symposium, 1977: 313-371.

[58] 金相灿, 王圣瑞, 庞燕. 太湖沉积物磷形态及pH对磷释放的影响 [J]. 中国环境科学, 2004, (6): 707-711.

[59] 姜敬龙, 吴云海. 底泥磷释放的影响因素 [J]. 环境科学与管理, 2008, 33 (6): 43-46.

[60] 周贤兵, 齐泽民, 杨凯, 等. pH对蒙溪河底泥氮磷释放影响的研究 [J]. 内江师范学院学报, 2006, 21 (S1), 232-234.

[61] 秦伯强, 胡维平, 张金善, 等. 太湖沉积物悬浮的动力机制及内源释放的概念性模式 [J]. 科学通报, 2003, 48 (17): 1822-1831.

[62] Blgham J M, Schwertmann U, Carlson L, et al. A poorly crystallized oxyhydorxy sulfate of iron formed by bacterial oxidation of Fe (Ⅱ) in acid mine waters [J]. Geochimica et Cosmochimica Acta, 1990, 54 (10): 2743-2758.

[63] Holdren G C, David E. Armstrong, factors affecting phosphorus release from intact lake sediments cores [J]. Environ Sci Technol, 1980, 14 (1): 79-87.

[64] 蔡景波, 丁学锋, 彭红云. 环境因子及沉水植物对底泥磷释放的影响研究 [J]. 水土保持学报, 2007, 21 (2): 151-154.

[65] 龚春生, 范成新. 不同溶解氧水平下湖泊底泥-水界面磷交换影响因素分析 [J]. 湖泊科学, 2010, 22 (3): 430-436.

[66] Miao S Y, Delaune R D, Jugsujinda A. Influence of sediment redox condition on release/solubility of metals and nutrients in a Louisiana Mississippi River deltaic plain freshwater lake [J]. Science of the Total Environment, 2006, 371: 334 -34.

[67] Jensen H S, Kristensen P, Jeppesen E, et al. Iron: Phosphorus ratio in surface sediment as an indicator of phosphate release from aerobic sediments in shallow lakes [J]. Hydorbiologia, 1992, 235: 731-743.

[68] Olila O G, Reddy K R, Influence of redox potential sediments in two sub-tropical eutrophic lakes [J]. hydrobiologia, 1997, 345: 45-57.

[69] Jensen H S, Andersen F. Importance of temperature, nitrate, and pH for phosphorus release from aerobic sediments of four shallow eutrophic lakes [J]. Limnol. Oceanogr, 1992, 37: 577-589.

[70] Gomez E, Fillit M, Ximenes M C, et al. Phosphate mobility at the sediment-water interface of a Mediterranean laggon (etang du Mejean), seasonal phosphate variation [J]. Hydrobiologia, 1998, 374: 203-21.

[71] 许俊, 陈永红, 王娟, 等. 淮河 (淮南段) 底泥内源磷释放特性的实验研究 [J]. 淮南师范学院学报, 2005, 7 (31): 24-28.

[72] Ekholm P, Malve O, Krkkala T. Internal and external loading as regulators of nutrient concentrations in the agriculturally loaded Lake Pyhajarvi, southwest Finland [J]. Hydrobiologia, 1997, 345: 3-14.

[73] Fan C X, Zhang L, Qu T C. Lake sediment resuspension and caused phosphorus release-a simulation study [J]. Environ Sci-China, 2001, 13: 406-410.

[74] 姜永生, 李晓晨, 邢友华, 等. 扰动对东平湖表层沉积物中氮磷释放的影响 [J]. 环境科学与技术, 2010, 33 (8): 41-44.

[75] 陈玉娟. 珠江广州河段中磷的形态研究 [J]. 中山大学学报 (自然科学), 1990, 9 (4): 73-78.

[76] 陈家宝. 南宁市南湖沉积物磷释放的研究 [J]. 广西大学学报 (自然科学版), 1998, 23 (3): 269-273.

[77] 韩沙沙, 温琰茂. 富营养化水体沉积物中磷的释放及其影响因素 [J]. 生态学杂, 2004, 23 (2): 98-101.

[78] 金相灿, 王圣瑞, 赵海超, 等. 五里湖和贡湖不同粒径沉积物吸附磷实验研究 [J]. 环境科学研究, 2004, 17 (1): 6-9.

[79] 华兆哲. 太湖沉积物磷释放对羊角月牙藻的生物可利用性研究 [J]. 环境科学学报, 2000, 20 (1): 100-105.

[80] Holdren G C, David E. Armstrong, factors affecting phosphorus release from intact lake sediments cores [J]. Environ Sci Technol, 1980, 14 (1): 79 ~ 87.

[81] Macia H, Bates N, Neafus J E. Phosphorus release from sediments from Lake Carl Blackwell, Oklahoma [J]. Water Res., 1980, 14: 1477-1481.

[82] Pomeroy L R, Smith E E, Grant C M. The exchange of phosphorus between estuarine water and sediments [J]. Limnol Oceanogr, 1965, 10 (1): 167-172.

[83] Sondergaard M, Kristense P, Jeppesen E. Phosphorus release from sediment in the shallow and wind exposed Lake Arreso, Denmark [J]. Hydrobiologia, 1992, 228 (6): 91-99.

[84] 尹大强, 覃秋荣, 阎航. 环境因子对五里湖沉积物磷释放的影响 [J]. 湖泊科学, 1994, 6 (3): 240-244

[85] Kemp W M, Sampou P, Mayer M. Ammonium Recycling veruss Denitrifieation in Chesapeake By Sedimenst [J]. Limnology and Oeenaography, 1990, 35 (7): 1545-1563.

[86] 王东红, 黄清辉, 王春霞, 等. 长江中下游浅水湖泊中总氮及其形态的时空分布 [J]. 环境科学, 2004, 25 (S1): 27-30.

[87] 荣伟英, 周启星. 大沽排污河底泥释放总氮的影响 [J]. 环境科学学报, 2012, 32 (2): 326-331.

[88] 邢雅囡, 阮晓红, 赵振华. 城市重污染河道环境因子对底质氮释放影响 [J]. 水科学进展, 2010, 21 (1): 120-126.

[89] 林建伟, 朱志良, 赵建夫. 曝气复氧对富营养化水体底泥氮磷释放的影响 [J]. 生态环境, 2005, 14 (6): 812-815.

[90] 刘培芳, 陈振楼, 刘杰, 等. 环境因子对长江口潮滩沉积物中 NH_4^+—N 的释放影响 [J]. 环境科学研究, 2002, 15 (5): 28-32.

[91] 杨磊, 林逢凯, 青峥, 等. 底泥修复中温度对微生物活性和污染物释放的影响 [J]. 环境污染与防治, 2007,

1 (7)：53-87.

[92] 王静，吴丰昌，黎文，等．云贵高原湖泊颗粒有机物稳定氮同位素的季节和剖面变化特征 [J]．湖泊科学，2008，20 (5)：571-5781.

[93] 朱广伟，秦伯强，高光．浅水湖泊沉积物磷释放的重要因子——铁和水动力 [J]．农业环境科学学报，2003，22 (6)：762-764.

[94] 张之源，王配华，张崇岱．巢湖营养化状况及水质恢复探讨 [J]．环境科学研究，1999，12 (5)：45-48.

[95] 孙飞跃，陈云峰，高良敏．巢湖底泥中氮释放规律研究 [J]．现代农业科技，2012，14：200-201.

[96] 范成新，张路，秦伯强，等．太湖沉积物-水界面生源要素迁移机制及定量化，铵态氮释放速率的空间差异及源-汇通量 [J]．湖泊科学，2004，16 (10)：10-20.

[97] 赵永杰，陈晔，徐娟，等．苏北近海平原沉积物的粒度特征及其环境意义 [J]．南京师范大学学报，2010，33 (3)：103-108.

[98] 何华春，丁海燕，张振克，等．淮河中下游洪泽湖湖泊沉积物粒度特征及其沉积环境意义 [J]．地理科学，2005，25 (5)：590-596.

[99] 孟凡德．长江中下游湖泊沉积物理化性质与磷及其形态的关系研究 [D]．首都师范大学硕士学位论文，2005.

[100] Bolalek J, Greaca Z. Ammonia nitrogen at the water-sediment interface in Puck bay (Baltic sea) [J]. Estuarine, Coastal and Shelf Seienee, 1996, 43: 767-779.

[101] 陈会霖．辽河吉林省段沉积物中氮和磷的分布与释放特征研究 [D]．吉林大学硕士学位论文，2013.

[102] 马红波，宋金明，吕晓霞，等．渤海沉积物中氮的形态及其在循环中的作用 [J]．地球化学，2003，32 (1)：48-54.

[103] 金秉福．粒度分析中偏度系数的影响因素及其意义 [J]．海洋科学，2012，36 (2)：129-135.

[104] 史舟，李艳．地统计学在土壤学中的应用 [M]．北京：中国农业出版社，2006.

[105] 房明惠．环境水文学 [M]．合肥：中国科学技术大学出版社，2009.

[106] Oliver M A, Webster R. Kriging: A method of interpolation for geographical information systems [J]. International Journal of Geographic Information Systems, 1990, 49 (4): 313-3321.

[107] 高金龙，陈江龙，杨叠涵．南京市城市土地价格空间分布特征 [J]．地理科学进展，2013，32 (3)：361-371.

[108] 洪伟，吴承祯．Krige 方法在我国降雨侵蚀力地理分布规律研究中的应用 [J]．水土保持学报，1997，3 (1)：91-96.

[109] 周怀东，彭文启．水污染与水环境修复 [M]．北京：化学工业出版社，2005.

[110] 国家环境保护总局．土壤环境监测技术规范 (HJ/T 166—2004) [S]．北京：中国环境科学出版社，2005.

[111] 谢小进，康建成，李卫江，等．上海城郊地区城市化进程与农用土壤重金属污染的关系研究 [J]．资源科学，2009，31 (7)：1250-1256.

[112] 李名升，张建辉，梁念，等．常用水环境质量评价方法分析与比较 [J]．地理科学进展，2012，31 (2)：617-624.

[113] 广西土壤肥料工作站．广西土壤 [M]．南宁：广西科学技术出版社，1990.

[114] 关伯仁．评内梅罗的污染指数 [J]．环境科学，1979 (4)：67-71.

[115] 张江华，赵阿宁，王仲复，等．内梅罗指数和地质累积指数在土壤重金属评价中的差异探讨-以小秦岭金矿带为例 [J]．黄金，2010，31 (8)：43-46.

[116] 包耀贤，徐明岗，吕粉桃，等．长期施肥下土壤肥力变化的评价方法 [J]．中国农业科学，2012，45 (20)：4197-4204.

[117] 徐彬，林灿尧，毛新伟．内梅罗水污染指数法在太湖水质评价中的适用性分析 [J]．水资源保护，2014，30 (2)：38-40.

[118] Tu J C, Zhao Q L, Yang Q Q. Fractional distribution and assessment of potential ecological risk of heavy metals in municipal sludges from wastewater treatment plants in Northeast China [J]. Acta Scientiae Circumstantiae, 2012, 32 (3): 689-695.

[119] 李良忠，杨彦，蔡慧敏，等．太湖流域某农业活动区农田土壤重金属污染的风险评价 [J]．中国环境科学，2013，33 (S1)：60-65.

[120] 代俊峰，张学洪，王敦球，等．北部湾经济区南流江水质变化分析 [J]．节水灌溉，2011，5：41-44.

[121] 雷国良，张虎才，张文翔，等．Mastersize2000 型激光粒度仪分析数据可靠性检验及意义——以洛川剖面 S4 层古土壤为例 [J]．沉积学报，2006，24 (4)：531-539.

[122] 成都地质学院陕北队．沉积岩 (物) 粒度分析及其应用 [M]．北京：地质出版社，1978.

[123] 王乃昂，李吉均，曹继秀，等．青土湖近 6000 年来沉积气候记录研究 [J]．地理科学，1999，19（2）：119-124.

[124] 徐馨，何才华，沈志达．第四纪环境研究方法 [M]．贵阳：贵州科技出版社，1992.

[125] 何华春，丁海燕，张振克，等．淮河中下游洪泽湖湖泊沉积物粒度特征及其沉积环境意义 [J]．地理科学，2005，25（5）：590-596.

[126] 王巧环，任玉芬，孟龄，等．元素分析仪同时测定土壤中全氮和有机碳 [J]．分析试验室，2013，32（10）：41-44.

[127] 李志鹏，潘根兴，李恋卿，等．水稻土和湿地土壤有机碳测定的 CNS 元素分析仪法与湿消化容量法之比较 [J]．土壤，2008，40（4）：580-585.

[128] 江伟，李心清，蒋倩，等．凯氏蒸馏法和元素分析仪法测定沉积物中全氮含量的异同及其意义 [J]．地球化学，2006，35（3）：319-324.

[129] 曾永，樊引琴，王丽伟，等．水质模糊综合评价法与单因子指数评价法比较 [J]．人民黄河，2007，29（2）：64-65.

[130] 朱灵峰，王燕，王阳阳，等．基于单因子指数法的海浪河水质评价 [J]．江苏农业科学，2012，40（3）：326 -327.

[131] 窦衍光．长江口邻近海域沉积物粒度和元素地球化学特征及其对沉积环境的指示 [D]．国家海洋局第一海洋研究所硕士学位论文，2007.

[132] 舒霞，吴玉程，陶庆秀，等．Mastersizer2000 分析报告解析 [J]．实验技术与管理，2011，28（2）：37-41.

[133] 赵小敏．淮河淮南段底泥的污染特征研究 [D]．安徽理工大学硕士学位论文，2005.

[134] 林俊良．广西古宾河都川段表层沉积物重金属污染评价 [D]．广西师范学院硕士学位论文，2013.

[135] 徐德星．三峡入库河流大宁河回水区沉积物和消落带土壤氮磷形态及其分布特征研究 [D]．北京化工大学硕士学位论文，2009.

[136] 乔飞，孟伟，张万顺，等．人工采砂对东江干流局部河段河床冲淤的影响研究 [J]．泥沙研究，2014，2：64-69.

[137] 鲍士旦．土壤农化分析（第三版）[M]．北京：中国农业出版社，2008.

[138] 侯利萍，何萍，钱金平，等．河岸缓冲带宽度确定方法研究综述 [J]．湿地科学，2012，10（4）：500-506.

[139] Messer T L, Burchell M R, Grabow G L, et al. Groundwater nitrate reductions within upstream and downstream sections of a riparian buffer [J]. Ecological Engineering, 2012, 47: 297-307.

[140] Clinton B D. Stream water responses to timber harvest: Riparian buffer width effectiveness [J]. Forest Ecology and Management, 2011, 261: 979-988.

[141] Jr T R A, Rasera K, Parron L M, et al. Nutrient removal effectiveness by riparian buffer zones in rural temperate watersheds: The impact of no-till crops practices [J]. Agricultural Water Management, 2015, 149: 74-80.

[142] Hawes E, Smith M. Riparian buffer zones: Functions and recommended widths [R]. Connecticut: Yale School of Forestry and Environmental Studies, 2005.

[143] 李萍萍，崔波，付为国，等．河岸带不同植被类型及宽度对污染物去除效果的影响 [J]．南京林业大学学报，2013，37（6）：47-52.

[144] 左华．城市水环境生态修复技术研究与实践 [M]．南宁：广西科学技术出版社，2005.

[145] 唐小丽．苏烟水库藻类暴发机理分析 [J]．人民珠江，2014，3：98-100.

[146] 韦利珠．玉林市水库水源地水环境状况及水资源质量评估分析 [J]．人民珠江，2013，6：36-39.

[147] 韦祖安，陆秋艳，唐婷婷．郁江引水工程近日动工，玉林人喝上郁江水指日可待 [N/OL]．玉林新闻网，2013. http://www.gxylnews.com/news/html/3/60474.htm.

[148] 梁海，庞英伟．建设郁江引水工程改善玉林市城区水环境 [J]．广西水利水电，2006，3：45-47.

第16章 南流江流域社会生态系统健康评价研究

16.1 绪 论

16.1.1 研究背景与意义

1. 研究背景

近年来，生态系统健康问题成为社会关注的热点问题，2001 年，联合国开展了可持续发展新阶段的千年生态系统评估（millennium ecosystem assessment，MA）。该评估主要研究生态系统服务功能的变化是如何影响人类福利、未来的变化给人类社会造成什么影响、人类应该采取什么措施改善生态环境等问题。

20 世纪以来我国经济快速发展并取得巨大的成就，随之出现了一列的环境问题，如食品污染、饮用水安全、空气污染、能源短缺、土地荒漠化、水质污染等一系列问题已经渗透到人民的日常生活中并有加剧趋势，这严重干扰和破坏了自然生态系统的平衡，使自然生态系统为人类服务和自我维持、调节的功能减弱。人类与自然生态系统是一种相互影响的动态关系：一方面，人类的社会行为会直接或间接影响生态系统的变化；另一方面，生态系统的变化又引起人类行为的变化。因此，生态环境问题成为人类社会可持续发展的障碍并制约着国民经济的发展[1]。在这种背景下，生态系统健康作为可持续发展和生态环境治理的一种新方法，受到相关领域专家的持续关注[2,3]。

流域作为一种复杂、多样化的动态发展和演替的区域，其生态系统的健康状况尤为重要。流域以丰富的水资源为人类社会生产、生活提供服务，为流域经济可持续健康的发展提供强大的发展动力。生态系统服务功能的变化受多种驱动力的影响。随着社会经济和人类需求的增加，人们对流域生态环境的破坏、资源的过度开发利用，导致流域内水资源污染、植被破坏、土地退化等，影响生态环境的健康。正是在这种背景下，对流域社会生态系统健康的研究成为研究的热点，并受到人类的重视。国内外相关学者对不同评价单元（河流、流域、城市等）进行生态系统健康研究。其中，涉及流域的研究是通过选取能够表征流域社会生态系统健康状况的指标构建评价体系，进行定量和定性相结合的方法进行研究。研究的结果能够一定程度上表明流域社会生态系统的健康程度，对流域可持续发展具有指导作用[4,5]。此外，对生态系统健康的研究丰富、扩展了生态学的研究内容和范围，为生态学、环境科学等的发展注入了新活力、提供了新思路。

2004 年 1 月，南流江博白段一家造纸厂在无任何排污措施的情况下，将造纸厂工业废水直接排放到江中，造成水体黑臭，严重影响了两岸居民的正常饮用水。2009 年 8 月，玉林市区苏烟水库附近出现大面积的蓝藻，经过检测发现主要超标项目为总磷和总氮，此次蓝藻暴发是由苏烟水库二库接纳上游汇入的生活污水、牲畜养殖污水和种植农作物产生的面源污染，致使水库水质在中度富营养状态下，再加上遇到持续了四十多天的高温天气造成的[6]。据调查统计，南流江沿岸各乡镇没有配套污水和垃圾处理设施，生活污水未经处理直接排入江中。农业生产活动过程中使用化肥、农药等污染物也随雨水的冲刷汇入江中，这些工农业和加工业等工业废水及生活污水造成的水质污染问题显著。据调查资料表明，南流江水土流失面积达 722km²，流域水土流失区平均土壤侵蚀模数为 883t/（km²·a）。每年排入南流江的污水量近 1 亿 t，污染物达 10 亿 t[7]。以 2012 年为例，南流江源头大容山，水质处于地表水标准Ⅱ类；玉林段，水质出现急转恶化现象，从Ⅱ类水下降为Ⅳ类水；合浦段水质处于Ⅲ类或Ⅳ类水[8]。根据相关人员的研究情况来看，南流江水体污染比较严重，水生态环境质量较差。因此，要加强对流域生态环境修复治理和生物多样性的保护，从而恢复流域健康的生态系统。这对保障流域水生态环境安全、维持良好的生态系统、加快桂东南经济快速发展具有十分重大的意义。

2. 研究意义

流域是一个集社会、经济、自然为一体的复合生态系统[9,10]。流域内部的每个生态系统都是一个复杂的系统，具有多组成的特点，其结构和功能处在一个相对平衡的状态，具有自我调节能力，若组成流域的内部结构越复杂，则自我调节能力就会越强。其中任何一个结构因子的健康受到破坏，系统内部之间的平衡状态将会受到影响。所以，系统各组成部分经营状况的好坏直接关系到复合生态系统健康程度的高低。

根据《广西水资源公报》和相关学者的研究，近年来南流江流域沿岸的城镇缺乏必要的排污设施设备，将大量的污水排入江中，使该流域河流生态系统受到一定程度的破坏，生态环境逐渐恶化，尤其是水质污染较为严重。南流江玉林城区段的河流水质处于地表水质超Ⅳ类，严重影响沿岸居民的正常生产和生活。水质是生态系统健康一个敏感因子，水体污染和水质恶化，结果导致流域生态系统退化风险增大，危及水的供应和水的其他重大生态系统服务功能。本章以流域生态学、景观生态学、环境学等相关理论为支撑，并结合国内外流域生态健康评价的相关研究基础，以南流江上中下游（玉州、博白、合浦）为例，基于 P-S-R 模型，以 78 个乡镇单元为评价单元，选取与生态系统健康状况联系密切的相关指标，构建了南流江流域社会生态系统健康评价指标体系，对流域上中下游（玉州、博白、合浦）的生态系统健康状况进行定量和定性相结合方法分析评价，使流域社会生态系统健康评价具有可操作性、可度量性和可比较性，从而优化系统的结构与功能，提高生态系统组织结构的稳定性和对胁迫的恢复能力。通过对流域社会生态系统的健康程度及演变规律的认识，为生态环境的综合管理和经济社会可持续发展工作提供依据。

16.1.2　研究内容与技术路线

1. 研究内容

本章从流域社会生态系统结构的完整性和复杂性等特点出发，结合调研国内外关于生态系统健康评价的相关理论、技术和方法，根据现有数据资料和南流江流域特点，利用 P-S-R 模型，借助遥感数据、GIS 技术和 SPSS 数据分析软件，通过对流域社会生态系统的各指标的定量化处理，对南流江流域社会生态系统健康空间分布差异状况进行研究。具体步骤如下。

（1）通过野外调研采样、遥感影像处理、流域边界确定等，选取南流江流域内 9 个县级行政区域并从中筛选 78 个乡镇作为研究单元，利用 ArcGIS 提取各乡镇 6 类土地利用类型的面积及表征景观格局的相关数据。此外，利用中国气象科学数据共享服务平台获取广西气象数据，查阅相关的统计年鉴、县志、土地志，以及《广西水资源公报》《广西水利统计公报》《广西环境公报》《广西海洋环境质量公报》等获取研究区的相关数据，为生态系统健康评价提供基础数据和背景资料。

（2）根据收集到的相关数据和国内外生态系统研究的理论，筛选出国内外认可度高、具有一定代表性的、可量化的敏感指标作为评价指标，利用 P-S-R 模型构建流域社会生态系统健康评价框架。

（3）从压力、状态和响应 3 个方面构建评价指标体系，分析各指标的含义及计算、量化方法，通过各指标极差标准化和综合权重的计算确定各指标的权重。同时，运用相对评价法、GIS 技术和聚类分析法对各单因子和综合因子进行分级处理和评价，并绘制南流江流域社会生态系统健康分布图。

（4）根据 P-S-R 模型的评价结果，探讨南流江流域社会生态系统健康分布的空间差异，总结概括出影响流域社会生态系统健康的因素。

2. 技术路线

根据南流江流域的实际情况和获取数据的相关性，结合国内外研究现状，得出本章的技术路线如图16-1所示。

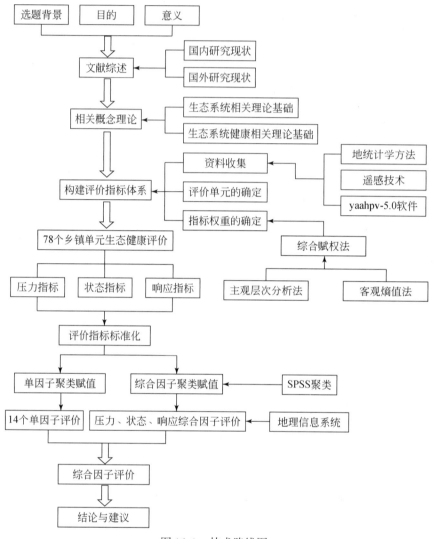

图 16-1　技术路线图

16.2　流域社会生态系统健康评价的理论与方法

16.2.1　生态系统健康的研究概况

生态系统的健康是由生态系统各组成部分、各要素共同决定的[10]。通过对生态系统的结构、功能和弹性度等复杂的综合体进行研究，从而判断其健康状况。一个非健康的生态系统往往是处于衰退或者趋于崩溃的过程[11]。近几十年来，随着对生态系统健康的研究探索，其概念及其评估方法、指标有了新的进展，研究尺度、对象和范围不断变化。依据相关学者的研究[12,13]，为了直观形象地表示生态系统健康概念的发展历程，本章概括归纳出生态系统健康相关概念的发展历程，如图16-2所示。

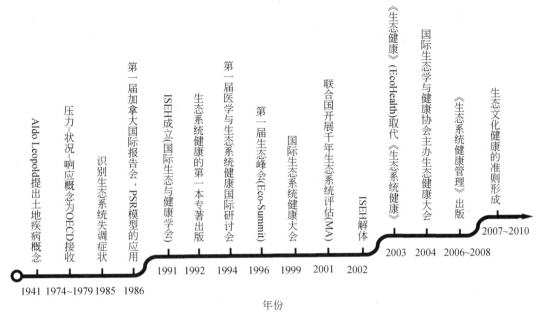

图 16-2　生态系统概念发展时间轴图

16.2.2　生态系统与生态系统健康的概念

1. 生态学萌芽的产生和发展

古代人类在长期的生产和生活实践中产生了朴素的生态学萌芽，如我国的二十四节气，就反映了作物、昆虫等与气候之间的关系。此外，在我国的多部书籍中也能够发现生态学思想的萌芽。例如，《尚书·洪范》中的"五行说"提出了自然界万物包括生命在内的起源及其相互关系；《管子·地员篇》描述了沼泽植物与水土条件的生态关系；中国古代农学家贾思勰的著作《齐民要术》一书中提出农业生产要遵循"因地制宜"的原则；李时珍在《本草纲目》中描述了药用植物的生境特点和药用动物的生活习性。在西方，亚里士多德（Aristotle）描述了动物的不同生态类型；公元前 300 年，提奥弗拉斯图斯（Theophrastus）的植物地理学著作《植物调查》中已经提出类似植物群落的概念[14]。

生态学一词是在 1866 年由德国物理学家赫克尔（Ernst Haeckel）在《有机体普通形态学》一书中首先提出的。它由希腊文 oikos 和 logos 衍生而来，前者表示"住所"或"生活所在地"，后者表示科学。在字面上的意思为"生境的科学"[15]。通常，生态学的定义是研究生物或生物群体及其环境的关系。随着生态学的发展，产生了生态系统。生态系统是一个很广的概念，强调系统内部结构之间的相互作用和相互依存。对生态系统的研究，我们要把它看成一个整体和动态的过程。随着系统内部各部分功能之间的整合，系统就变得越复杂。

2. 生态系统的概念

生态系统（ecosystem）一词首先是英国植物生态学家 A. G. Tansley 提出来的，表示在特定的时间和空间范围内，由生物群落及其生存的物理环境所构成的整体[16]。生态系统的定义的基本含义包括以下几个方面：①系统由生物和非生物要素两部分组成；②各组成要素之间有机地组合在一起，为人类提供一定的服务功能；③生态系统是客观存在的实体，是有时空概念的功能单元；④生态系统为人类社会发展提供物质基础。生态系统包含自然界的任何一部分，而自然界的每一部分又是一种自然整体，如森林、草地、农田等，都是不同的生态系统[14]。因此，依据研究内容的侧重点不同，我国目前的生态系统一级分类主要包括农田、森林、水体与湿地生态系统、聚落生态系统、荒漠生态系统。这 6 类生态系统由不同的物质构成，其结构和功能也各不相同，因此在进行研究时，应该从系统的特点、组成和发展阶段出发，从整体上把握生态系统自我平衡和自我调控的功能。

3. 生态系统健康的相关概念及特点

生态系统健康的概念提出时间很短，目前没有统一的定义。对生态系统健康的科学认识可以从美国著名生态学家、土地伦理学家 Aldo Leopold 开始，其首先定义了土地健康（land health）[17]。随后，新西兰土壤学会就出版发行了土壤与健康（*Soil and Health*）杂志，提出"健康的土壤–健康的食品–健康的人"[18]。

Costanza[2]认为健康的生态系统是稳定、可持续的，而且具有活力，对外界压力有一定弹性。1999年，Costanza 又专门撰写题为《什么是生态系统健康》的文章，对生态系统健康概念进行论述，他认为："健康的生态系统是一个可持续的、完整的、在外界胁迫状况下完全具有维持其结构和功能的生态系统。"Holling[19]认为，系统受到外界干扰时，具有调整结构和维持功能。Karr 等[20]认为良好的个体生态系统、整个生态系统，受到干扰时具有自我恢复力。Haskell[21]认为生态系统健康没有疾病出现和生态系统稳定，就是一个健康的生态系统。

1993 年，Cairns 等[22]认为健康的生态系统的指标由预警、适宜度、诊断三部分组成，并开始在时间尺度研究生态系统健康。

国际生态恢复学会、国际生态工程学会的成立和生态期刊的出版，积极有力地推动了生态系统健康理论和实践工作的科学发展，为生态系统健康学的发展奠定了良好的基础。20 世纪 90 年代开始进入生态系统健康评估方法的实践阶段，生态系统健康研究侧重个案分析研究。目前，对生态系统健康研究，大部分学者转移到如何构建科学合理的生态评价指标，不同的生态系统类型需要采用不同的指标体系和评价模型。

在某一特定的时段和相对稳定的环境下，生态系统在各结构和功能相对平衡的条件下，具体特征如下：①生态系统是一个复杂开放的大系统。生态系统以生物为主体，而生物是由两种以上的种群组成。生物的多样性与所处的物理环境有着密切的联系。一般而言，复杂开放的生态环境能够维持生物多样。②生态系统是个多功能单元。它是生物与生态之间、生物与环境之间不断进行着复杂的相互作用的功能单元。生态系统的基本功能是为人类生存和发展提供食物。依据千年生态系统评估（MA）报告[23]，生态系统具有 4 个功能，即供给功能（提供食物、燃料等）；调节功能（水调节、土地退化等）；支持功能（土壤形成物质的养分循环、初级生产力等）；文化功能（娱乐、增长见识等）。③生态系统的层次性。生态系统由诸多成分组成，尺度因素对生态系统的评价结果产生很大的影响。④生态系统具有自我维持和调控的能力。⑤生态系统具有地域性。由于受地理位置、气候和地形等因素的影响，生态系统具有地域性，又具有异质性。生态系统所处的空间是其形成、发展的基础，深刻地反映生态系统地域性的特点。

16.2.3　流域社会生态系统健康评价的方法

1. 指示物种评价法

指示物种评价法常用于对某一特定区域的生态系统健康情况进行评价，且适用于流域社会生态系统健康评价。一般包括单物种生态系统健康评价法和多物种生态系统健康评价法。在特定的生态系统中，对周围环境变化最敏感的景观要素采用单物种评价法。该评价法中，生态系统中某一景观要素发生微小变化时，该景观要素的特征也相应地发生明显变化。同时，指示物种的数量变化超过一定的阈值也能够反映生态系统受胁迫的程度。在构建评价体系时，要选择能够表征不同景观的结构和功能的、反映生态系统恢复力和承载力的指标。

指示物种评价法简单易行，但缺少指示物的筛选标准，只能表征该物种的状况，还不能反映整个流域社会生态系统的状况。因此，在筛选指示物种时，一定要了解该物种指示作用的程度。此外，监测参数的选择也会影响生态系统健康评价的结果。所以，在选择指示物种时，要考虑该物种的敏感性和准确度。

2. 指标体系评价法

指标体系评价法称为综合指标法，是一个复合指标体系，在国内外生态系统健康评价中比较常用。该方法构成的指标体系全面系统，能够从自然、社会、经济多方面反映生态系统结构和功能的健康程度。根据相关学者的研究，现阶段健康评价指标体系主要包括以下几个方面。

（1）流域内的水环境评价的评价体系。主要是针对流域内的水环境和水生态进行评价，其主要是为流域的水质量和水环境的治理提供依据。美国新泽西州公共利益研究所曾对该州的水质进行健康评价；在国内，相关学者运用水质综合污染指数、生物多样性指数等方法对重点的江河流域进行评价。

（2）以流域土地利用方式为核心。主要认为不透水面积对流域社会生态系统健康具有关键性影响作用，如美国密西西比河流域报告中指出人类大量开发利用活动对土壤和水分的输送、存储等自然资源的改造导致流域水文条件的变化（不透水面和密实土壤增加），影响地表径流和水文循环系统[24]。

（3）P-S-R（压力–状态–响应）框架模型。最初是由加拿大统计学家 Rapport 和 Friend 于 1979 年提出，由经济合作和开发组织（OECD）与联合国环境规划署（UNEP）共同完善发展成生态系统评价模型[25]。从压力、状态和响应 3 个方面详细反映人类社会对环境产生的影响及如何恢复和修复环境。三者之间相互贯通，为防止环境退化和维持健康的生态系统提供保障。

（4）"自然条件限制因子–流域生态健康指示因子–人类活动影响因子"框架模型。在该模型中，指标的选取综合考虑流域内的自然、社会经济的发展状况以及人类活动强度的影响，再依据评价范围选取能够全面表征流域生态健康的因子。

16.2.4　流域社会生态系统健康评价的研究进展

1. 国外流域社会生态系统健康评价研究进展

美国马斯科卡流域委员会依据专家和公众的意见对该流域开始进行健康评价[26]，采用"压力–状态–响应"（P-S-R）模型，建立了两套马斯科卡流域健康的指标体系，由于其简单和实用性被广泛传播使用。该方法分别从压力、状态和响应 3 个层次筛选能够反映流域社会生态系统健康程度的指标进行全面评价。

2002~2004 年，Brazner 等花费 2 年的时间年采集北美洲五大湖岸线的 450 个采样点的动植物数据，生物主要是陆地和水域动植物（鸟类、鱼类、湿地植物等），其利用动植物指标作为评价人类干扰作用下，生态系统在大范围尺度的变化程度[27]。

加拿大的肯普特维尔流域健康保护计划[28]，对流域的生态环境的保护从可持续的角度出发，保护对象包括水质和水量，减少流域污染物的排放量，保持自然的水循环系统畅通，同时美化流域的景观要素、社会经济因素，以及良好的生态环境为人类发展提供服务功能、增加流域产值和提高生态环境的保护意识、肯普特维尔流域健康保护计划强调流域生态系统保护与开发并重的原则。采用可持续性的开发方式，禁止人类对自然界过度开发造成资源的浪费和生态承载力的下降。健康可持续的生态系统应该达到人类社会发展与自然生态平衡的状态。

澳大利亚联邦科学和工业研究组织（CSIRO）的相关学者，通过综合分析，建立了对流域环境质量进行系统评价的指标，该方法提出 10 项环境背景指标、10 项环境趋势指标、9 项经济变化指标。对于每项指标都进行解释并提出治理流域环境的措施[29]。

美国布丁河流域的评估（Pudding river assessment）中[30]，根据土地管理部门、渔业和野生动物服务机构、当地统计部门已搜集的相关数据，为流域生态评估建立一个基础细节图，图中包括该流域的地形地貌特征、植被、土地利用等详细的自然资源信息，利用图中的标识物对流域健康状况进行评价，旨在改善和提高水体生态系统，识别鱼类生存环境的范围。

2006年，北美洲地区研究者收集和筛选出北美洲五大湖40个湿地的鱼类和环境资料数据，并建立了湿地鱼类指数（wetlands fish index，WFI）评价海岸带湿地生态系统的健康状况[31]。

此外，国外研究者依据生态系统的分类，对森林、草地、农业、湿地、海洋、荒漠、景观等生态系统进行研究评价。森林生态系统中的各种要素具有错综复杂的耦合关系。环境的变化将导致生态系统物质循环和能量流动率发生相应变化，进而改变生态系统的结构和功能。通过多学科、多方法、多尺度的再整合研究森林生态系统，获知健康的生态系统对全球气候的影响作用；湿地生态系统的研究还处于起步阶段，加强对生态系统结构、过程与功能的研究，有利于流域湿地修复、区域生态环境保护和资源可持续利用；景观格局在生态系统健康评价中具有重要作用，通过一系列多维、不同景观的格局指数和生态过程变量关系进行相关分析，验证景观格局指数对生态系统过程的反映能力。因此，景观格局能够表征流域社会生态系统健康强弱[32]。

2. 国内流域社会生态系统健康评价研究进展

随着近代科学技术的飞速发展，人类以前所未有的规模强调改造和利用自然，使全球生态系统遭到破坏，生态环境和生态安全问题日益突出，严重威胁到经济和环境的可持续发展，生态系统的调节和服务功能减弱。生态系统健康评价是在一定的尺度下进行的评价，能在一定程度上反映研究区的生态系统健康状况。目前，在生态系统环境问题越来越突出的情况下，我国的相关学者也开始关注本国的生态系统健康情况，并采取相应的措施为流域的生态环境的修复和可持续发展提供科学依据。现阶段，我国对流域生态健康评价还处于起步阶段，对生态系统的概念、理论和评价方法有一定的研究，还需要从多尺度、多侧面和多学科的角度进行综合研究。总结国内关于生态系统健康评价大致可以分为以下几方面。

1）生态系统健康的基本概念、相关理论和历史现状研究

刘明华[33]从学科发展的角度论述生态系统健康产生的大背景、生态学的相关理论，以及生态系统健康评价与营造良好环境制定的管理措施关系。

侯扶江、徐磊[34]对生态系统健康的历史与现状进行研究，表明生态系统健康的研究经历了3个阶段。第一阶段，1935年，健康思想萌芽，提出"生态系统"的概念，1941年，出现生态系统健康思想的萌芽；第二阶段，1982年，随着生态系统萌芽的发展和丰富，生态系统健康学形成，自此生态系统健康研究进入学科研究阶段；第三阶段，1999年，生态系统健康评价开始付诸实践，各种分析方法得到建立。

刘焱序等[13]对生态系统的新进展和趋向进行了相关研究。通过文献统计，概述国际上有关生态系统的概念和评估方法，揭示生态系统健康研究的发展历史以及对生态系统健康研究具有重要贡献的期刊、学会组织的成立。最后表明我国未来生态系统健康研究发展的新方面，即从多尺度、多学科的角度综合考虑。

2）基于RS和GIS对流域社会生态系统健康的研究

刘明华和董贵华[35]在RS和GIS技术支持下，利用遥感影像获取秦皇岛地区土地利用相关数据，并以小流域为评价单元，构建P-S-R指标体系对其进行生态系统健康评价。对区域生态系统空间尺度和以流域为单元的评价提供了案例和技术支持。

徐明德等[36]基于RS和GIS对高平市的生态系统进行评价，其运用RS、GIS和统计分析方法，筛选出具有代表性的14个指标因子并运用定量的方法对生态系统进行综合评价和验证，并绘制压力、状态和响应分布图。

张哲等[37]基于 GIS 以洞庭湖区子流域作为评价单元，依据陆域、岸边带和水域三部分生态结构功能差异，并从生态系统的物化和生态方面构建指标体系，评价该流域社会生态系统健康状况的空间分布差异规律。

3）对于不同类型的生态系统进行健康评价

王树功等[38]基于 P-S-R 模型，以珠江口淇澳岛红树林湿地为研究区，筛选人口活动干扰强度、珠江口排污量年均增长率、水体综合污染指数等指标进行评价，结果表明该区域目前生态系统健康良好。

闫东锋等[39]对宝天曼自然保护区从土壤因子和环境因子方面出发，建立森林生态系统健康评价模型并运用模糊数学方法进行综合评价，结果表明，自然保护森林整体处于次健康状态，这与当地的旅游开发有密切的关系，要采取相应的政策和措施加强对保护区的管理，提高保护区森林生态系统调节功能。

吴建国和常学向[40]在生态系统健康相关理论的基础上，对荒漠生态系统的概念、指标的筛选和评价方法等方面进行论述。我国荒漠生态系统不健康主要由自然因素和人类活动两方面造成，应减少因人类活动所引起的荒漠生态系统退化问题，建立生态系统保护区和保护生物多样性。

冷悦山[41]从生态系统的结构和功能出发，选择环境指标（水质、重金属、沉积有机物等）和生物指标（浮游植物、动物和底栖生物等）构建胶州湾海洋生态系统健康评价体系，对比分析 1999 年、2003 年和 2006 年的生态系统健康状况，结果表明胶州湾生态系统健康状况由亚健康转变为健康。

谢花林等[42]依据农业生态系统的特点，从活力、组织结构和恢复力筛选净初级生产力、植被覆盖度、水土流失率、土地沙化率等 17 个指标构建西部农业区生态系统健康评价体系，对比分析广西青藏高原区、黄土高原区、云贵高原区、四川盆地区等区域的农业生态系统健康状况。

目前国内相关学者对生态系统类型都进行过评价，未来的发展应该结合典型研究区的特征，运用 3S 技术进行多尺度、多过程、多侧面、多学科评价。同时，建立生态系统稳定机制，科学管理流域生态环境，维持生态系统平衡，为流域社会生态系统健康提供理论和技术支撑。

16.3　研究区数据获取及处理

16.3.1　数据来源

（1）从《广西土种志》《广西土壤》等资料中搜集广西壮族自治区土壤分布图并利用 GIS 手段以及通过野外实地考察，获得南流江流域土壤类型图、河网水系图及流域行政区划图[43,44]。

（2）通过中国气象科学数据共享服务平台获取广西近 40 年（1971~2010 年）各项气象数据。

（3）本书所需的遥感影像数据通过中国遥感卫星地面站，下载 2012 年 Landsat TM 影像，空间分辨率为 30m。

（4）玉林、博白、合浦、钦州、浦北等全国第二次土地利用调查及变更数据。

（5）从国际科学数据服务平台下载 1∶5 万 DEM 数字高程数据。研究区所需影像图分别为 ASTGTM_N21E109M_DEM_UT、ASTGTM_N22E109X_DEM_UT、ASTGTM_N21E110L_DEM_UTM、ASTGTM_N22E110B_DEM_UTM、ASTGTM_N21E108K_DEM_UTM。

（6）从《玉州区年鉴 2013》《北海统计年鉴 2013》《合浦年鉴 2013》《博白年鉴 2013》《浦北年鉴 2013》等获取研究区的社会经济数据。

（7）通过《广西水资源公报》《广西水利统计公报》《广西环境公报》及《广西海洋环境质量公报》等获取南流江流域工农业用水、生活用水和生态用水的情况、水质变化情况。

16.3.2 数据处理

1. 遥感影像处理

数据预处理的过程一般包括几何校正、投影转换、图像融合拼接、裁剪等环节。几何校正是针对遥感影像在成像时，受传感器、地球旋转等影响，获取的图像发生变形的问题，而需要对图像进行的校正；投影的方法采用等积圆锥投影，地理坐标系采用 Krasovsky_1940；在 ERDAS IMAGINE 9.1 中运用 Mosaic Tool 进行拼接，利用 ArcGIS 空间分析工具进行裁剪，得到研究区 DEM 数据（图 16-3）。

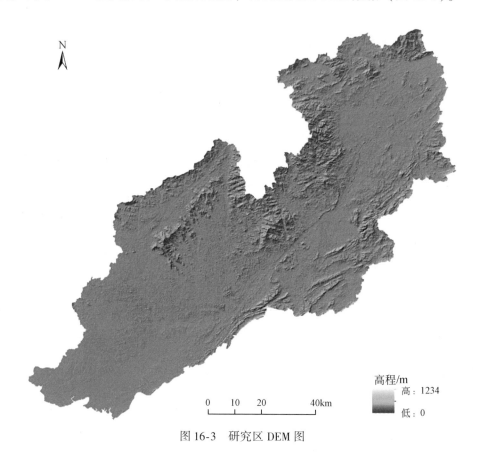

图 16-3　研究区 DEM 图

2. 土地利用信息的处理

土地利用现状的形成和演变过程受自然因素和人类社会因素综合作用，能够反映地表景观的分布格局。通过对土地利用信息的研究，能够揭示出区域生态环境优劣。本章结合玉林、博白、合浦、浦北等 9 个县级行政区域全国第二次土地利用调查及变更数据，选用监督分类和人工目视解译结合的方法，对植被、水体、居民点等信息进行判断，再利用 ArcGIS 软件提取土地利用信息。根据 2007 年国家标准《土地利用现状分类》一级分类，并结合景观分类的相关原理及数据的有限性，将本书研究区分为耕地、森林、草地、水域及水利设施用地、城镇居民及工矿交通用地、未利用地 6 类土地利用类型（图 16-4）。

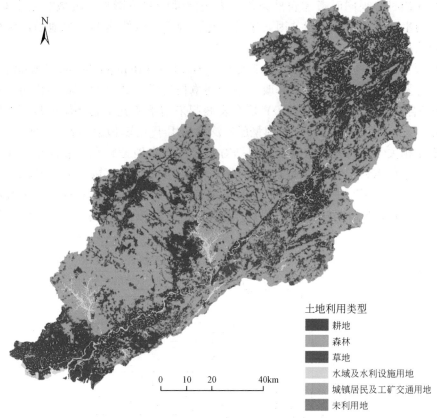

土地利用类型
- ■ 耕地
- ▨ 森林
- ■ 草地
- ▫ 水域及水利设施用地
- ▨ 城镇居民及工矿交通用地
- ▨ 未利用地

0　10　20　　40km

图 16-4　研究区土地利用类型图

16.4　评价指标体系与模型的建立

16.4.1　指标体系建立的原则

　　流域生态健康涉及自然和人类社会两大系统,所以在筛选指标时,要综合考虑生态环境和社会经济特征及其内在联系与因果关系对流域系统的影响。因此,指标体系的构建需遵循系统性、科学性。指标体系构建时一般要经过指标的初步选择、筛选和最后确定等阶段,并结合研究区域的实际情况,如指标的获取完整程度、获取技术条件等,不断加以改进、修订和完善并最终确定。因此,在构建评价指标体系过程中需遵循以下原则:

　　(1) 科学性与系统性原则。指标体系要能够客观科学地反映流域生态健康的内涵,将评价目标和指标结合起来,建立层次清晰的评价系统。因此,筛选的指标须完整,且各指标具有唯一性。

　　(2) 实用性与可操作性原则。根据研究区的实际情况,选取能够反映流域生态健康状况的指标。

　　(3) 空间性原则。选取的指标应该具有空间差异性特点。

　　(4) 定性与定量相结合原则。流域社会生态系统构成是一个复杂多变的系统,其中有些评价指标难以定量描述,应采用定性和定量相结合的方法来选取指标。

　　(5) 在构建指标体系时,尽量避免所选指标表征特征之间发生交叉,尽可能使各项指标相互独立。

16.4.2　评价模型的选择

　　流域社会生态系统健康现状是在自然生态系统、人类开发活动和环境管理相互作用下形成的结果。

因此，在生态系统评价时必须同时考虑自然条件和人类活动的双重影响。流域社会生态系统健康评价，就是对影响流域社会生态系统健康的相关因素进行筛选、规整，以便能够客观地描述和揭示各类因子对生态系统健康的影响程度。

P-S-R（压力–状态–响应）模型最初由加拿大统计学家 David Rapport 和 Tony Friend 提出。20 世 70 年代，欧洲经济合作与发展组织对其进行了修改并用于环境报告[45]。20 世纪 90 年代初，联合国环境规划署（UNEP）和经济合作和开发组织（OECD）联合发展起来用于研究生态环境可持续发展机理的框架体系。目前，P-S-R（压力–状态–响应）评价模型已广泛地应用于生态环境评价、工业污染评价、湿地健康评价等领域。在总结相关学者研究的基础上，根据对研究区的实地考察和实际需要，并结合指标的选取原则，本章选取人口干扰指数、生态弹性度、森林覆盖率等 14 个反映流域社会生态系统健康状况的指标，构建生态健康评价指标体系。其中，单因子评价中，各单因子具有相对独立性，用以表示该单因子指标流域空间分布状况。应用层次分析法构建目标层、准则层和指标层结构框架（图 16-5）。

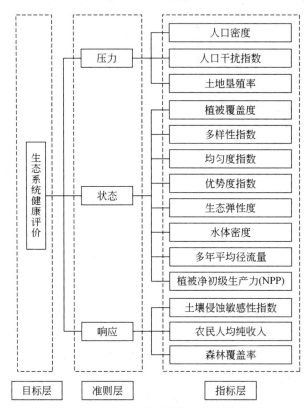

图 16-5　生态系统健康评价指标结构体系

16.4.3　评价体系的建立

1. 压力指标选取

压力表征造成发展不可持续的人类社会经济活的负面作用，主要阐明生态系统承受压力程度。人类活动干扰会引起生态系统的演替[35]。生态系统退化的决定因素是维持能力、抵抗外在干扰力变弱。本章通过对南流江流域实地调查，结合前人研究成果，选取人口密度、人口干扰指数等作为评价指标。

1）人口密度

人口密度是表示在某一特定时间段单位面积土地上所居住的人口数量。本章中乡镇单元若不完全位于流域内，则其人口数量按其流域范围内行政单元面积权重计算，土地总面积为该乡镇流域范围内涉及的土地面积。人口密度越大，表明人口压力越大，其计算公式如下：

$$人口密度 = 人口数量/土地总面积 \tag{16-1}$$

2）人口干扰指数

人口干扰指数越大，表明人口压力越大，生态环境承载的压力越大，最终导致生态系统功能退化，其计算公式如下：

$$人口干扰指数 = （耕地面积+交通运输面积+住宅用地面积）/土地总面 \tag{16-2}$$

3）土地垦殖率

土地垦殖率指某一区域内耕地面积占该区土地总面积的比例，表示土地可继续为人类所利用的能力，它是反映土地资源利用程度和结构的重要指标。土地垦殖率越大，则表示土地可继续开发利用的余地越小，土地的承载力越大，其计算公式如下：

$$土地垦殖率 = 耕地面积/土地总面积 \tag{16-3}$$

2. 状态指标选取

状态表征研究区域的环境状况及变化情况，反映生态系统在自然、人类活动等因素综合作用下表现出的一种状态，即其生态功能现状。本章所选择的状态指标植被覆盖度、植被净初级生产力（NPP）生态弹性等能够反映生态系统自身的结构和功能。

1）植被覆盖度

植被覆盖度指植被冠层（包括叶、茎、枝）在地面的垂直投影面积占土地总面积的百分比[46]。目前对于植被覆盖度的估算有两种方法：一是地面监测，只能进行小尺度的监测；二是遥感估算法，由于"3S"计算的发展，遥感估算法被广泛用于监测大中尺度区域植被信息。

遥感估算的重点在于植被指数的选择和植被指数转换。植被指数是从光谱遥感数据中提取研究区域植被覆盖状况的数值，一般用近红外波和红波段运用数学运算得到。选取常用的归一化植被指数 NDVI，能够反映植物生长状态和其背景环境以及植被空间分布密度。NDVI 的取值范围在 [-1, 1]，一般情况下，用 NDVI 判断植物生长的情况，由于植物叶绿素发生光合作用而吸收红光，所以生长状况良好的植物吸收红光就越多，反射近红外光也越多。因此，NDVI 越大，植物的长势就越好，其所处区域的生态系统处在相对健康的状态中，计算公式如下：

$$NDVI = （NIR-R） / （NIR+R） \tag{16-4}$$

式中，NDVI 为归一化植被指数；NIR 为近红外波段；R 为红光波段。

通过混合像元法将 NDVI 转换为植被覆盖度，植被指数转换模型[47]如下：

$$f_c = \frac{NDVI-NDVI_{min}}{NDVI_{max}-NDVI_{min}} \tag{16-5}$$

式中，f_c 为植被覆盖度；$NDVI_{min}$ 为最小归一化植被指数值；$NDVI_{max}$ 为最大归一化植被指数。

2）多样性指数

多样性指数是表示不同土地利用类型内群落的多样性程度。在某一生态系统中，景观多样性指数越大，则表明该生态系统中土地类型的多样性就越大。当景观由单一要素构成，则多样性指数为 0；当景观由两个以上的要素构成，且各景观类型所占比例相等时，多样性达到最高；各景观类型所占比例差异增大，则景观的多样性下降[48]，计算公式如下：

$$H = -\sum_{i=1}^{m} P_i \ln P_i \tag{16-6}$$

式中，H 为多样性指数；P_i 为第 i 中土地类型所占的比例；m 为土地类型数目。

3）均匀度指数

均匀度指数是描述景观里不同景观要素的分配均匀程度[48]。均匀度越大，则景观类型分布越均匀，各土地利用类型分布越均匀，计算公式如下：

$$E = \frac{H}{H_{max}} \tag{16-7}$$

式中，E 为均匀度指数；H 为多样性指数；H_{max} 为最大多样性指数，且 $H_{max} = \ln m$。

4）优势度指数

优势度主要描述生态系统中的景观由一种或几种景观要素构成。表征优势种群的优势程度，与多样性指数成反比。该值越大，表明生态系统由景观中某一要素或几种要素控制；其值越小，表明生态系统中各种景观要素所占比例相当；当 $D = 0$ 时，则表明各景观要素所占比例相等[48]，计算公式如下：

$$D = H_{max} - H = H_{max} + \sum_{i=1}^{m} P_i \ln P_i \tag{16-8}$$

式中，D 为优势度指数；P_i 为第 i 种土地类型所占的比例；m 为土地类型数目；H_{max} 为最大多样性指数，且 $H_{max} = \ln m$。

5）生态弹性度

生态弹性度[49]是指生态系统的可自我维持、自我调节及其抵抗各种压力与扰动能力的大小。生态弹性度包含两个方面：一是生态系统的弹性强度（弹性力高低），二是生态系统的弹性限度（弹性范围的大小）。

生态弹性度通常可以通过某一流域的植被类型的变化来定性反映判断其弹性限度的大小。通常情况下，系统内部构成的景观要素越多、质量越高，弹性范围也就越大。耕地、森林、草地、园地、水域构成的复合生态系统，其弹性限度就会高于某一单一要素构成的生态系统。本章利用研究区内的土地利用数据来反映生态弹性度，计算公式如下：

$$ECO_{res} = \sum_{i=1}^{m} (S_i \times P_i) \tag{16-9}$$

式中，ECO_{res} 为生态弹性度大小；S_i 为第 i 种土地类型所占的比例；P_i 为第 i 种土地类型的弹性分值；m 为土地类型数目。

土地类型的弹性分值 P_i 参考有关学者的研究[50]，并结合研究区的实际情况得出生态弹性度分值（表16-1）。

表 16-1　生态弹性度 P_i 值分类表

土地利用类型	分值	备注
森林	0.9	对维持生态系统弹性有极其重要的作用
水域及水利设施用地	0.8	
草地	0.6	
耕地	0.5	对维持生态系统弹性具有重要作用，利用不好，则容易退化而导致生态弹性度下降
城镇居民及工矿交通用地	0.4	
未利用地	0.3	

6）水体密度

流域水体具有调节局地气候、维持生物繁衍、改变地形地貌形态等作用，其面积大小对于维持生态系统健康具有重要影响。依据中国气象局下发的《生态质量气象评价规范（试行）》[51]中规定：水体密度指数是指区域内水域面积占该区总面积的比例，水域面积包括河流、湖泊、人工水库及地表河流等。具体的计算方法如下：

水体密度指数=水域面积/区域面积　　　　　　　　　（16-10）

7）多年平均径流量

多年平均径流量数据参考《广西通志水利志1991—2005》，查阅玉州、博白、合浦、浦北等9个县级行政区域多年平均径流量（亿 m^3），依据78个乡镇行政区面积权重，得出每个乡镇的多年平均径流量。

8）植被净初级生产力

植被净初级生产力（net primary production，NPP）指绿色植物在单位时间、单位面积内所积累的有机物数量[52]，是光合作用所产生的有机质总量中扣除自养呼吸后的剩余部分。NPP 是植物自身与外界环境相互作用的结果，也是物质、能量、循环三者之间变化研究的基础[53]。同时还是表征植物生物群落的重要变量，而且是判定生态系统碳源汇和调节生态过程的主要因子。因此，NPP 可作为衡量流域社会生态系统健康的指标之一。

目前对于 NPP 的估算主要有气候生产力模型、生态生理过程模型及光能利用率模型[54]。

近年来，随着"3S"技术的发展，光能利用模型由于只需较少的资源及环境调控因子作为输入参数，且部分关键参数可以利用遥感数据反演的优点，成为 NPP 估算的一种全新手段[54]。本章依据南流江流域尺度及估算精度需求，选取该模型并参考车良革[55]的相关研究成果，利用 ArcGIS 分区统计功能，将研究区 NPP 栅格数据转化为乡镇单元数据，具体分布如图 16-6、图 16-7 所示。

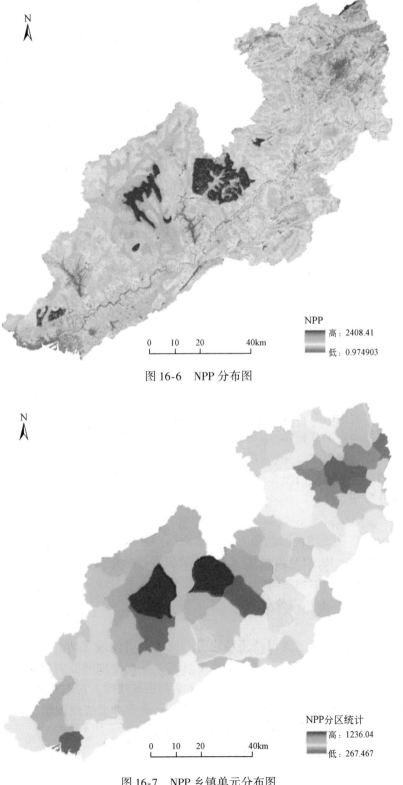

图 16-6　NPP 分布图

图 16-7　NPP 乡镇单元分布图

3. 响应因子指标选取

响应就是指生态环境受压力所产生的变化。就自然方面的变化而言，生态系统的变化会导致其功能的弱化，如水土流失、湿地面积减少等。就人类社会的变化来说，不良的生态系统会导致流域耕地面积减少、生产力下降等。因此，用土壤侵蚀敏感性指数、农民人均纯收入等来反映响应指标对整个流域社会生态系统健康的影响程度。

1）土壤侵蚀敏感性指数

土壤侵蚀敏感性是指在自然状况下，发生土壤侵蚀的可能性及其程度[56]。根据研究区的实际情况，特将土壤侵蚀敏感性指数作为流域社会生态系统健康评价的指标之一，为制定生态环境保护、评价流域生态安全和促进流域可持续发展提供科学依据。

目前，国内外没有统一的、适用于大范围的土壤侵蚀敏感性评价模型，土壤敏感性等级的界定也没有统一的标准。因此，根据本章的研究区，选择通用的因子分析模型，即土壤侵蚀方差（USLE）。水土保持措施因子（P）与人类活动密切，与自然状态下的土壤侵蚀联系不大，本书中不考虑。最终选取降水侵蚀力（R）、地形（LS）、土壤（K）、植被覆盖（C）等因子估算研究区的土壤侵蚀敏感性指数。

a. 降水侵蚀力

降水量与土壤侵蚀密不可分，是影响土壤侵蚀的重要因子，在同等条件下，R值越大，土壤侵蚀敏感性等级越高。本章利用玉林、博白、合浦、北流、陆川、灵山等9个气象站点多年（1996～2006年）月平均降水量，利用ArcGIS空间差值获取研究区数据，利用周伏建等[57]提出的我国南方地区降水侵蚀力（R）的简易计算公式估算研究区R因子，计算公式如下：

$$R = \sum_{i=1}^{12} (0.3046P_i - 26398) \tag{16-11}$$

式中，R为年降水侵蚀力 [J·cm/（m²·h）]；P_i为月降水量（mm）。

b. 土壤因子

土壤是水土流失发生的主体，是被侵蚀的对象。土壤可蚀性因子是定量评价土壤受侵蚀程度，是影响土壤侵蚀量的内在因素，也是定量评价土壤侵蚀的基础[58]。目前，对土壤侵蚀因子的估算主要通过研究区内的土壤质地来反映。不同的土壤类型，土壤所具有的侵蚀速率和敏感程度也不同。据研究，K值越大，土壤侵蚀敏感性就越高。本章根据《广西土壤》和全国第二次土壤普查分类标准，南流江流域主要的土壤类型有水稻土、砖红壤、赤红壤、红壤、黄壤等。根据《广西土种志》中土壤类型分布转化为质地分布。将1:50万的广西土壤类型图矢量化后根据相关学者研究成果[55,58,59]（表16-2）分级赋值绘制研究区土壤类型侵蚀分布图。

c. 地形因子

地貌形态（地形）是影响土壤侵蚀的最重要因素之一，并制约土壤侵蚀程度和土地利用方式。地形因子对土壤侵蚀的影响通过坡长（L）与坡度（S）的乘积进行量化。在对区域研究时，通常将地形起伏度作为区域土壤侵蚀敏感性评价的地形指标。本章利用ArcGIS平台计算研究区最大、最小高程值的差值，根据表16-2分级赋值得到地形起伏度分布图。

d. 植被覆盖因子

植被是土壤侵蚀的抑制因子，能够保持土壤水分、减少土壤侵蚀等功能。不同地区、不同地表植被类型防止和减少土壤侵蚀的作用差别较大，植被盖度越高，其抗侵蚀的能力越强。植被覆盖能够表征流域社会生态系统健康程度，本章根据研究区NDVI和土地利用现状图，对不同植被覆盖因子分级赋值得到C因子分布图。根据南流江流域土壤的自然特性，参考相关学者对土壤侵蚀敏感性的评价成果[58,59]，确定出表16-2中的南流江流域土壤侵蚀敏感因子分级赋值标准。

表 16-2　南流江流域土壤侵蚀敏感性影响因子分级赋值标准

因子/分级	一般敏感	轻度敏感	中度敏感	高度敏感	极度敏感
降水侵蚀因子 R	<400	401～460	461～530	531～600	>600
土壤可蚀因子 K	新积土、水稻土、潮土、滨海盐土	—	—	砖红壤、赤红壤、红壤、黄壤	石灰（岩）土、紫色土
地形起伏度 LS	0～10.5m	10.6～27m	27.1～46.5m	46.6～70m	>70m
植被覆盖因子 C	水体、滩涂、沼泽、水田 NDVI <0.20	阔叶林、灌丛 NDVI>0.61	针叶林、果园、草地、旱地 NDVI 在 0.46～0.60	稀疏森林、荒草地和坡耕地 NDVI 在 0.31～0.45	裸露土地、裸岩石山地等区 NDVI 在 0.21～0.30
分级赋值	1	3	5	7	9
分级标准	1.0～2.11	2.12～2.77	2.78～3.22	3.23～3.65	3.65～5.47

土壤侵蚀敏感性指数的计算公式如下[60]：

$$SS_j = \sqrt[4]{\prod_{i=1}^{4} P_{ij}} \qquad (16\text{-}12)$$

式中，SS_j 为土壤侵蚀敏感性指数，j 为评价单元，i 为评价指标。根据表 16-2 分级标准，利用 GIS 空间栅格计算，根据式（16-12），得到研究区土壤侵蚀敏感性指数分布图（图 16-8、图 16-9）。

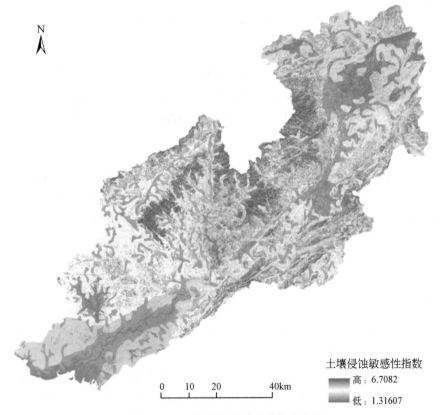

图 16-8　土壤侵蚀敏感性指数分布图

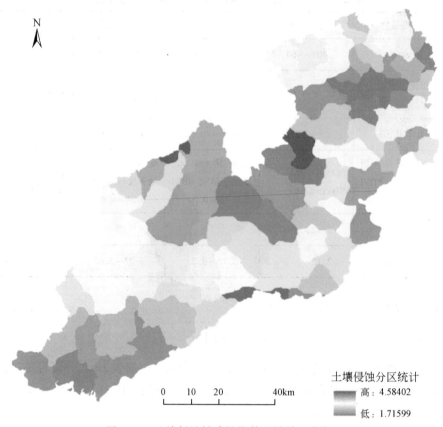

图 16-9　土壤侵蚀敏感性指数乡镇单元分布图

2）农民人均纯收入

农民人均纯收入指的是按农村人口平均的"农民纯收入"，它反映一个国家或地区农村居民收入的平均水平。该指标可以反映出区域居民保护生态环境经济能力。由于数据的有限性，本章利用农民人均纯收入这一经济指标作为评价因子。从《玉州区年鉴 2013》《北海统计年鉴 2013》《合浦年鉴 2013》《博白年鉴 2013》中查询数据。

3）森林覆盖率

森林是陆地生态系统的主体，是一个高密度树木的区域，是地球上最大的陆地生态系统，对维系整个地球的生态平衡起着至关重要的作用。当流域的生态系统发生变化时，森林覆盖率就会发生相应的变化。因此选择森林覆盖率作为反映生态系统健康状况的指标因子，其计算公式如下：

$$森林覆盖率=森林面积/土地总面积 \tag{16-13}$$

16.4.4　评价单元的确定

国内外对生态系统健康评价范围的确定，一般把行政单元、小流域等作为评价单元。本章对流域提取和裁剪时，经济人口数据是按行政单元进行统计的，与流域自然地理界限存在差异，因此在南流江流域的基础上进行裁剪。本章处理原则如下：若镇行政中心位于流域范围内，则保留该镇；若镇中心不在流域范围，但位于流域范围内面积大于等于 20% 的，则保留；反之则舍弃。最终确定 78 个乡镇为评价单元。

16.4.5　评价标准与方法

1. 评价标准

通过 P-S-R（压力–状态–响应）模型，选取能表征流域社会生态系统健康的指标构建评价体系，同时，通过科学的方法确定各指标的权重，最后还要运用一定的评价标准对其进行生态系统健康评价。对事物数量优劣的评价通常有两种方法：相对评价方法和绝对评价方法。相对评价方法是对待评价的各种事物的数量结果进行对比分析，最终对各事物的综合结果进行排序比较；绝对评价法是根据事物自身的要求，判断和评价其达到的水平，包括事物发展增长水平和接近自然状态水平。本章参照相关学者[61-63]的研究成果及南流江流域的特殊自然和社会条件，同时考虑到数据的有限性，对指标的分析过程中选取相对评价法，按照由高到低的标准对生态系统健康评价的总得分进行排列，按照分值反映研究区生态系统健康状况，将该区生态系统健康状况分为五级：良好、较好、一般、较差和极差，各级的具体含义见表 16-3。

表 16-3　南流江生态系统健康状态分级标准

健康等级	分值	健康状态	生态系统特征
一级	0.8 ~ 1.0	良好	生态结构很合理，自然条件优良，生态系统稳定，活力极强，压力小，生态功能很完善，处于持续发展状态，社会经济协调发展
二级	0.6 ~ 0.8	较好	生态结构比较合理，自然条件好，外界压力较小，生态系统的生态功能较完善，系统尚稳定，生态系统可持续，适合人类生存和发展
三级	0.4 ~ 0.6	一般	流域内生态系统结构完整，具有一定的系统活力和生态弹性，外界压力较大，流域社会生态系统尚健康，但敏感性强。部分地区出现少量的生态异常现象，生态功能水平有一定的退化，但适应人类居住
四级	0.2 ~ 0.4	较差	流域内生态系统结构出现缺陷，自然状态受到相当的破坏，系统活力较低，承受压力大，生态系统功能水平很大程度上退化，社会经济发展不平衡，存在限制人类生存的因素
五级	0 ~ 0.2	极差	流域内生态结构极不合理，自然状态在大范围内受到破坏，外界压力很大，活力和弹性极低，生态异常现象大面积出现，系统已经严重恶化且生态功能丧失，社会经济水平非常落后，不适合人类长期生存

2. 评价方法

根据数据的有限性和相关专家的研究，本章选取相对评价法中的单子因子评价法和综合评价法对南流江流域的生态系统健康进行评价。

1）单因子评价法

本章根据单因子的计算公式得到各单因子的数值，采用 min-max 标准化方法对单因子数据进行标准化处理，将标准化的数据运用 SPSS 软件进行 K-means 聚类。K-means 算法是一种迭代算法，其特点是运行速度快、便于操作，已被广泛运用于对数据的处理。对单因子聚类后，再根据综合集成赋权法确定各指标的权重，将单因子的权重与其标准化的数值相乘，即可得到各单因子的生态健康分值。利用 ArcGIS 对其进行分级并绘制各单因子分布图。

2）综合评价法

本章结合南流江流域生态健康影响多因素之间相互复杂的关系，根据得到各个单项指标健康评价值，采用被广泛应用的多指标综合指数评估法。流域社会生态系统健康综合指数计算公式如下：

$$\mathrm{HI} = \sum_{i=1}^{n} \lambda_j Y_{ij} \tag{16-14}$$

式中，HI 为第 i 个评价单元的生态系统健康综合评价值；λ_j 为综合权重；Y_{ij} 为各指标标准化后的数值；n

为评价指标的数目。HI 的值越大表明该评价单元的生态系统健康状态越好，反之则生态系统健康状况越差。

16.4.6　评价指标权重的确定

指标权重的赋值合理与否，对评价结果的科学合理性起着至关重要的作用。用多个指标对生态系统健康进行综合评价时，若某一指标的权重发生变化，将会导致结果出现偏差，影响整个评价结果。因此，确定权重的方法必须科学客观，根据评价指标的实际情况，选取一种合适的权重确定方法。

目前关于确定评价指标权重系数的方法有数十种，一般在可分为三类：主观赋权法、客观赋权法、综合集成赋权法。主观赋权法是定性的方法，专家根据经验进行主观判断而得到权数，然后对指标标准化后的数据进行综合评估，如德尔菲法、层次分析法等；客观赋权法是依据原始数据之间的相关性或指标与评估结果的关系来进行综合评估，主要有主成分分析法、因子分析法、熵值法等；根据主客观赋权法，进而提出综合集成赋权法。各赋权方法有不同的侧重，各有优缺点。主观赋权法基于评价者的主观偏好信息，易受个人经验的影响偏向某个评价因子，评价结果可能产生较大的个人主观意向。客观赋权法能够克服个人主观偏好的影响，但不能充分考虑各指标的重要程度。综合集成赋权法能够反映各指标的实际值，也综合考虑各指标的重要程度。本章根据研究区生态系统的特点和数据的可得性，选取层次分析法和熵值法相结合的综合集成赋权法确定指标的权重。

1. 层次分析法

本章采用层次分析法，运用 yaahp V7.5 软件为指标赋权重。美国运筹学家 T. L. Saaty 在 20 世纪 70 年代初期提出层次分析法（analytic hierarchy process，AHP）。该方法是将复杂的问题分解成具有相互关联作用的若干层次和若干要素，然后对各个要素的重要程度进行对比分析，即可得出不同单元的重要程度的权重。具体步骤如下[64]：

（1）建立层次结构模型。对所有指标要素按照目标层、准则层和因子层进行归类排列，明确下层指标对上层指标的贡献程度。同一层的指标需从属于上一层，同时又支配下一层。最上层为目标层只有一个因素，中间层为准则层，底层为指标层。

（2）构造判断矩阵。判断矩阵是指对上一层中的某指标而言，评定该层次中各有关指标相对重要程度，形式见表 16-4、表 16-5。

表 16-4　判断矩阵

A_k	b_1	b_2	…	b_n
B_1	b_{11}	b_{12}	…	b_{1n}
B_2	b_{21}	b_{22}	…	b_{2n}
⋮	⋮	⋮	⋮	⋮
B_n	b_{n1}	b_{n2}	…	b_{nn}

表 16-5　判断矩阵等级标度及意义

标度	含义
1	两因素相互比较，具有同等重要性
3	两因素相比，前者比后者比较重要
5	两因素相比，前者比后者显著重要
7	两因素相比，前者比后者强烈重要
9	两因素相比，前者比后者极其重要

标度	含义
2，4，6，8	2，4，6，8 分别表示相邻判断的中值（表示上述相邻判断的中间值）
倒数	若因素 i 与因素 j 的重要性之比为 b_{ij}，那么因素 j 与因素 i 重要性之比为 $b_{ji}=1/b_{ij}$

（3）根据专家打分结果，利用 yaahp V7.5 软件为指标赋权重。

（4）验证为了检验判断矩阵的一致性，需计算一致性指数，计算公式如下：

$$CI=\frac{\lambda_{max}-n}{n-1} \tag{16-15}$$

式中，λ_{max} 为判断矩阵最大特征根；n 为选取指数个数。CI＝0，则构建的判断矩阵具有完全一致性；反之，当 CI 越大，那么判断矩阵的一致性就越差。

为了进一步检查判断矩阵是否具有符合实际情况，通常将 CI 与平均随机一致性指标 RI（表16-6）进行比较分析。若处于 1 阶或 2 阶判断矩阵，则表明构建的矩阵总是具有完全一致性，若处于 2 阶以上的判断矩阵，则需要计算一致性指标 CI 与同阶的平均随机一致性指标 RI 之比，称为随机一致性比例，即 CR。CR＜0.10，则矩阵具有满意一致性；当 CR≥0.10，需调整判断矩阵直到达到满意一致性[61]。

表 16-6　平均随机一致性指标

阶数	1	2	3	4	5	6	7	8	9	10
RI	0	0	0.58	0.90	1.12	1.24	1.32	1.41	1.45	1.49

通过一致性检验后得到各个指标的权重，再取各指标权重的平均值，即可得出层次分析法各指标权重。

2. 熵权法

熵权法是根据各项指标指标值的变异程度来确定指标权数的，信息熵越小，指标权重就越大。这是一种客观赋权法，利用熵权法确定权重，避免了人为因素带来的偏差，使评价结果更加科学合理。设有 m 个评价单元，n 项评价指标，形成原始指标数据矩阵 $X=(x_{ij})_{m\times n}$，对于某项指标 x_j，指标 x_{ij} 的差距越大，那么该指标在进行评价中起的作用越大，表示该指标越重要；如果某一项指标的指标值全部相等，那么该指标在评价中作用不大。具体的计算步骤如下。

1）数据矩阵

$$A=\begin{pmatrix} X_{11} & \cdots & X_{1m} \\ \vdots & & \vdots \\ X_{n1} & \cdots & X_{nm} \end{pmatrix}_{n\times m}，其中 X_{ij} 为第 i 个单元第 j 个指标的数值。$$

2）数据的标准化处理

为消除指标间不同单位的影响，首先确定积极和消极指标，进行标准化处理，本章采用 min-max 标准化方法对各指标进行无量纲化处理，标准化后为了避免出现零而导致的求熵值时对数的无意义，需要对标准化后的数据进行整体平移。

3）计算第 j 项指标下第 i 个单元占该指标的比重

$$P_{ij}=\frac{X_{ij}}{\sum\limits_{i=1}^{n}X_{ij}}(j=1,2,\cdots,m) \tag{16-16}$$

4）计算第 j 项指标的熵值

$$e_j=-k\cdot\sum_{i=1}^{n}P_{ij}\ln P_{ij} \tag{16-17}$$

式中，$k>0$，$\ln$ 为自然对数，$e_j \geq 0$。常数 k 与样本数 m 有关，一般令 $k=1/\ln m$，则 $0 \leq e_j \leq 1$。

5）计算第 j 项指标的差异系数

对于第 j 项指标，指标值 X_{ij} 的差异性越大，则对评价单元的所起的作用就越大，熵值就越小。

$$g_j = 1 - e_j \qquad (16\text{-}18)$$

式中，g_j 越大，则表明其指标越重要。

6）计算权数

$$W_j = \frac{g_j}{\sum\limits_{j=1}^{m} g_j}, \quad (j=1,\ 2,\ \cdots,\ m) \qquad (16\text{-}19)$$

3. 综合集成赋权法

将运用 yaahp V7.5 软件计算出层次分析法获得的主观权重 w_i 与运用熵权法获得的客观权重 w_j 进行综合，运用式（16-20）计算出综合集成权重（表16-7）[65]。

$$\lambda = \frac{w_i w_j}{\sum\limits_{i,\ j=1}^{m} w_i w_j} \qquad (16\text{-}20)$$

表 16-7　评价指标体系各因子权重表

综合指标	权重	单因子指标	权重
压力	0.2816	人口密度	0.0621
		人口干扰指数	0.1345
		土地垦殖率	0.0850
状态	0.5073	植被覆盖度	0.0664
		多样性指数	0.0902
		均匀度指数	0.0721
		优势度指数	0.0542
		生态弹性度	0.0998
		水体密度	0.0328
		多年平均径流量	0.0342
		植被净初级生产力（NPP）	0.0576
响应	0.2111	土壤侵蚀敏感性指数	0.0978
		农民人均纯收入	0.0468
		森林覆盖率	0.0664

注：受四舍五入的影响，表中数据稍有偏差

16.5　南流江流域社会生态系统健康评价结果与分析

16.5.1　流域社会生态系统健康压力评价

P-S-R 模型中，压力指标是反映流域社会生态系统面临外界压力和其承压能力。南流江流域地处桂东南地区，人口密集，人口数量的增加造成人口干扰指数增大；另外，流域处在亚热带季风区，降雨充沛，农业发达。加之区内地带性土壤中赤红壤、砖红壤分布广，土壤保水保肥能力差，同时受地形的影响造成流域内土壤侵蚀大。因此，本章选取人口密度、人口干扰指数和土地垦殖率作为压力评价指标。

1. 压力指标单因子评价

1）人口密度

人口密度越大，生态资源的空间稀缺程度越大，人类活动强度越大，必然造成生态环境的压力大，进而影响生态系统健康状况。根据式（16-1）计算出 78 个乡镇的人口密度，利用 SPSS 中 K-means 聚类法，将数据分为 5 类，依据标准化后数据并结合表 16-3，将"良好""较好""一般""较差""极差"依次赋值为 9、7、5、3、1，分别表示生态系统健康等级为一级、二级、三级、四级、五级。利用 ArcGIS 空间分析模块将赋值并绘制人口密度指标分布图。

由图 16-10 可知，流域内大部分乡镇的人口密度处在一级"良好"水平，只有玉州区处在五级"极差"水平。具体的，一级水平乡镇占 50%，二级占 41%，三级占 6.4%，四级占 1.3%，五级占 1.3%。玉州区经济发达、人口数量大，人口活动干扰对流域生态健康构成潜在的威胁，相对而言一级、二级单元数量占绝大部分，处在丘陵山地，而流域中下游地区，人口密度相对较小，对流域社会生态系统健康的威胁程度较小。

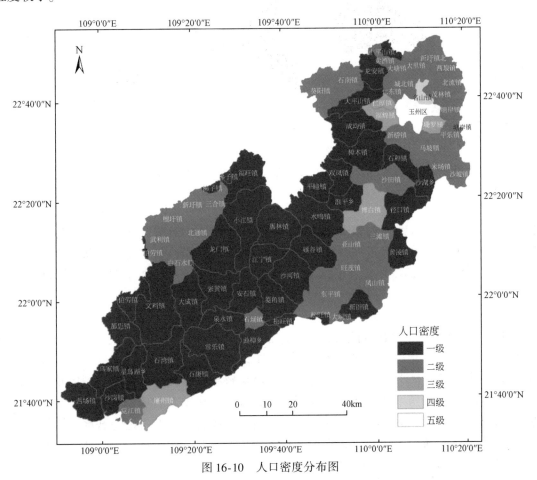

图 16-10　人口密度分布图

2）人口干扰指数

生态系统是一个演替的系统，人类的介入会影响生态系统发展与演化的方向和结果，加速生态系统功能的改良或退化。本章利用 ArcGIS 从 2012 年南流江流域土地利用类型图中提取玉州、博白、合浦、浦北等 9 个地区的耕地、交通运输用地、住宅用地等图层，将流域乡镇范围图层与此图层叠加得出流域人口干扰指数，计算结果见附表 21，分级赋值后绘制人口干扰指数分布图（图 16-11）。

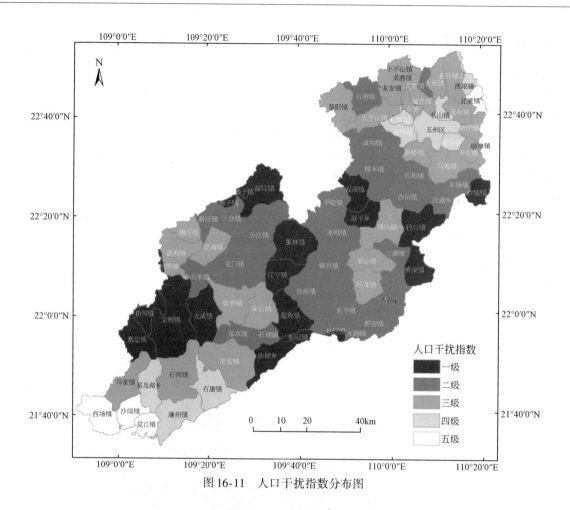

图 16-11　人口干扰指数分布图

从图 16-11 可知，一级单元主要集中在流域山地丘陵地带，大致分布于六万大山地区，人类干扰较弱；人类活动干扰最剧烈为合浦县沿海乡镇及玉州区、北流镇一带乡镇，均为五级水平。其中，一级乡镇数量占流域全部乡镇的 20.5%，二级区占 30.8%，三级区占 32.1%，四级区占 11.5%，五级区占 5.1%。

3）土地垦殖率

本章利用 ArcGIS 提取研究区耕地图层，然后叠加到研究区乡镇范围图层中，最后统计出研究区 78 乡镇耕地面积。将其数据标准化后分级赋值绘制土地垦殖率分布图。

从图 16-12 可知，研究区中部博白县及浦北县土地垦殖率大多数处于一级，健康水平较高。相比之下，玉州区、合浦县土地垦殖率高，合浦县沙岗镇、党江、西场镇及石康镇均达到五级"最差"水平，主要因为合浦沿海乡镇大面积分布的水产养殖产业占用大面积耕地。玉州区为城区，除城市用地外，其余大部分土地已被开发为耕地。其中，一级乡镇数量占流域全部乡镇的 28.2%，二级区占 29.5%，三级区占 25.6%，四级区占 11.5%，五级区占 5.1%。

2. 压力指标综合评价与分析

根据层次分析法和熵值法确定综合权重，结合各指标标准化数据，最后得到单因子生态系统健康分值，其计算公式如下：

$$HI = \sum_{i=1}^{n} \lambda_j Y_{ij} \tag{16-21}$$

式中，HI 为第 i 个评价单元的生态系统健康综合评价值；λ_j 为综合权重；Y_{ij} 为各指标标准化后的数值；选取 3 个状态指标，$n=3$。

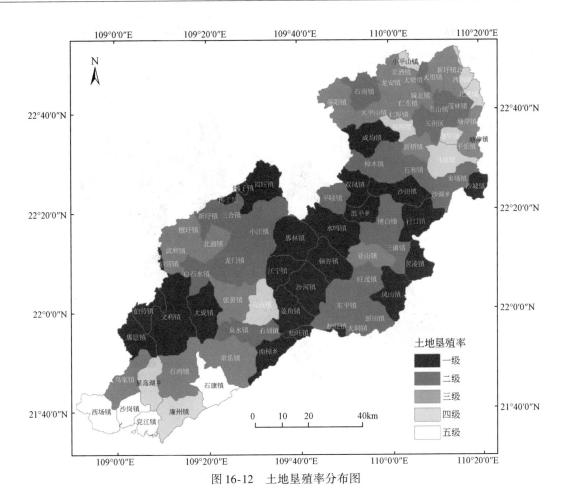

图 16-12　土地垦殖率分布图

将各单因子生态系统健康分值求和，得出压力指标综合分值。利用 ArcGIS 空间分析模块将综合评价分值分为 5 级，一级至五级评价分值范围依次为：2.2949 ~ 2.8025、1.9640 ~ 2.2948、1.5921 ~ 1.9639、1.0470 ~ 1.5920、0.5844 ~ 1.0469。

按分级标准分别赋值 9、7、5、3、1，得到研究区压力指标状况分布图（图 16-13）。

由图 16-13 可知，玉州区与合浦县大多数乡镇压力状态整体处于三级以下，生态系统所受的压力相对较大，相比之下，中游博白县、浦北县大部分乡镇压力状态处于三级以上，压力较小，生态环境质量较好。流域整体呈现上游玉州辖区与流域下游沿海生态压力状况较差，中游各乡镇较好的特征。其中，一级乡镇单元占流域全部乡镇的 20.5%，二级区占 25.6%，三级区占 24.4%，四级区占 15.4%，五级区占 14.1%。

流域上游各乡镇呈现出以福绵镇、玉州区、珊罗镇为中心向周围生态压力逐渐减少的变化趋势。随着玉州区城市化发展，人类活动对生态系统干扰强度随之增大，生态系统压力变大。

中游各乡镇除了博白镇、安石镇外，生态压力总体状况较好。生态压力呈现出以博白为中心向四周递减的变化特征。此变化受该区城镇发展和地形地貌的双重制约，与地形地貌变化特征吻合，浦北县六万大山地区人口数量小，人类活动干扰弱，耕地面积有限，而博白一带地处盆地地形，农业发达，人类活动剧烈，造成该区生态系统压力较大。

合浦县各乡镇生态压力总体状况与玉州区相似，生态压力较大。呈现出向沿海乡镇生态压力增大的变化趋势。靠近沿海及河流入海口的乡镇经济发达，人口密度大，土地平缓，水产养殖业中鱼、虾水塘占据了大量的土地，造成该地区自然生态状况剧烈变化，生态压力较大。

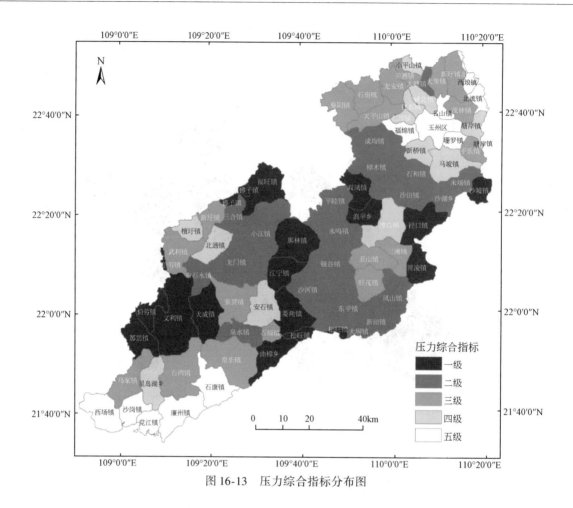

图 16-13　压力综合指标分布图

16.5.2　流域社会生态系统健康状态评价

生态系统健康状态主要指流域在自然和人类双重因素的影响下，生态系统所呈现的状态。本章选取最能够反映流域社会生态系统功能状态的植被覆盖度、植被净初级生产力（NPP）、多样性指数等 8 个生态指标进行单因子评价分析和综合评价分析。

1. 状态指标单因子评价

1）植被覆盖度

植被覆盖度是表示某一特定范围内的植物群落覆盖地表状况的一个综合量化指标，是区域生态系统环境变化的重要指示，影响生态系统的稳定性，因此把植被覆盖度作为生态系统健康评价的指标之一。利用 ArcGIS 绘制研究区植被覆盖度分布图（图 16-14）。其中，一级乡镇单元占流域全部乡镇的 24.4%，二级区占 28.2%，三级区占 28.2%，四级区占 16.7%，五级区占 2.6%。

从图 16-14 可知，研究区大部分乡镇处于一级、二级与三级水平，共占全部乡镇 80.8%，植被覆盖度水平总体较好。浦北县六万大山一带大部分乡镇处于一级区，植被覆盖度较高。相比之下，上游玉州区、合浦县沿海乡镇植被覆盖度较差，玉州区与党江镇均为五级水平。

2）多样性指数

利用 ArcGIS 提取研究区 78 个乡镇土地类型数目，然后计算多样性指数，将其标准化处理后分级赋值，见附表 21，绘制多样性指数分布图（图 16-15）。

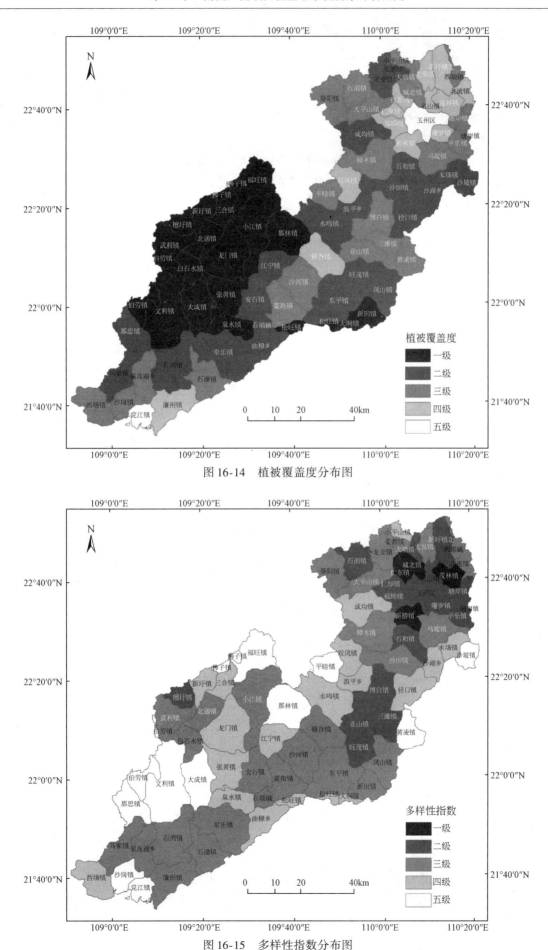

图 16-14 植被覆盖度分布图

图 16-15 多样性指数分布图

其中，一级乡镇单元占流域全部乡镇的5.1%，二级区占20.5%，三级区占35.9%，四级区占23.1%，五级区占15.4%。

研究区多样性指数大部分处于三级及以下水平。一级区分布在玉州区，该区多样性指数较高，景观要素类型较多，包括有新桥镇、仁东镇、城北镇、茂林镇。而六万大山一带乡镇景观多样性相对较差，主要是该地区大部分为山地，景观以森林为主。

3）均匀度指数

根据式（16-7）计算出均匀度指数，标准化处理绘制均匀度指数分布图（图16-16）。

其中，一级乡镇单元占流域全部乡镇的5.1%，二级区占20.5%，三级区占37.2%，四级区占21.8%，五级区占15.4%。

从图16-16可知，与多样性指数分布状况大致相同，上游玉州区各乡镇均匀度总体较好，城北镇、新桥镇、仁东镇、茂林镇均为一级水平。而博白、合浦乡镇均匀度大部分处于二级、三级水平。浦北县、灵山县均匀度指数较差，福旺镇、文利镇、大成镇、伯劳镇、那思镇均为五级水平。总体上看，流域上游均匀度比下游好。

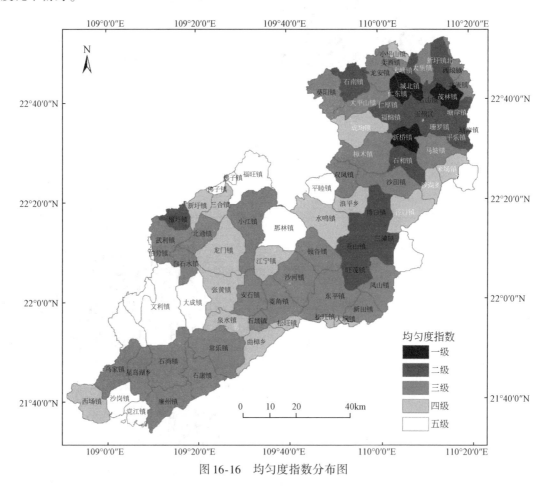

图16-16 均匀度指数分布图

4）优势度指数

优势度指数计算方法同多样性指数，优势度指数分布如图16-17所示。

其中，一级乡镇单元占流域全部乡镇的5.1%，二级区占20.5%，三级区占35.9%，四级区占23.1%，五级区占15.4%。

从图16-17可知，优势度较差的地区大多为六万大山各乡镇及沿海乡镇，六万大山一带各乡镇，如平睦镇、那林镇、福旺镇、大城镇、佛子镇等处于山区，森林覆盖占其他土地利用类型绝大比例；合浦县沿海乡镇，包括沙岗镇、党江镇，该地区景观类型比较单一。相比之下上游玉州区各乡镇景观优势度较好，景观类型多样。

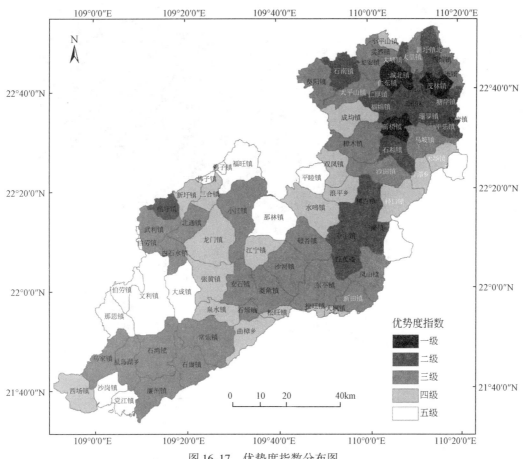

图 16-17　优势度指数分布图

5）生态弹性度

对流域而言，生态系统弹性度主要受人类活动干扰的土地利用方式差异的影响，不同的土地利用类型造成不同生态系统弹性度。因此，人类在开发利用流域资源时，要考虑到生态弹性度这一敏感生态因素。

利用 ArcGIS 从土地利用类型图中提取 78 个乡镇的土地类型，利用式（16-9）计算出每个乡镇的生态弹性度指数，将其指数标准化分级赋值绘制生态弹性度分布图（图 16-18）。

其中，一级乡镇单元占流域全部乡镇的 34.6%，二级区占 29.5%，三级区占 21.8%，四级区占 12.8%，五级区占 1.3%。

从图 16-18 可看出，流域下游沿海乡镇、玉州区及附近乡镇生态弹性度较差，普遍位于四级及四级以下水平，生态恢复能力较差。其中，党江镇是流域唯一处于五级水平的乡镇单元。相比之下，流域中段博白县、浦北县各乡镇生态弹性指数较好，普遍位于一级或二级水平，生态环境恢复能力较强。

6）水体密度

利用 ArcGIS 从南流江流域土地利用现状图中提取水体图层，再与研究区范围图层叠加，统计流域内水域面积代入式（16-10）计算出水体密度指数，分级赋值后绘制水体密度指数分布图（图 16-19）。

其中，一级乡镇单元占流域全部乡镇的 5.1%，二级区占 9%，三级区占 15.4%，四级区占 24.4%，五级区占 46.2%。

从图 16-19 可以看到，水体密度指标与流域高程分布十分符合，地势越低平，水体密度越大，相反则较小。上游玉州区、新桥镇、福绵镇等分布在玉州盆地，水体密度较大；博白镇及附近乡镇分布在博白盆地，水体密度大于地势较高的乡镇，如水鸣镇、平睦镇、那林镇等；安石镇、菱角镇及下游沿海平原乡镇水体密度同样较大。

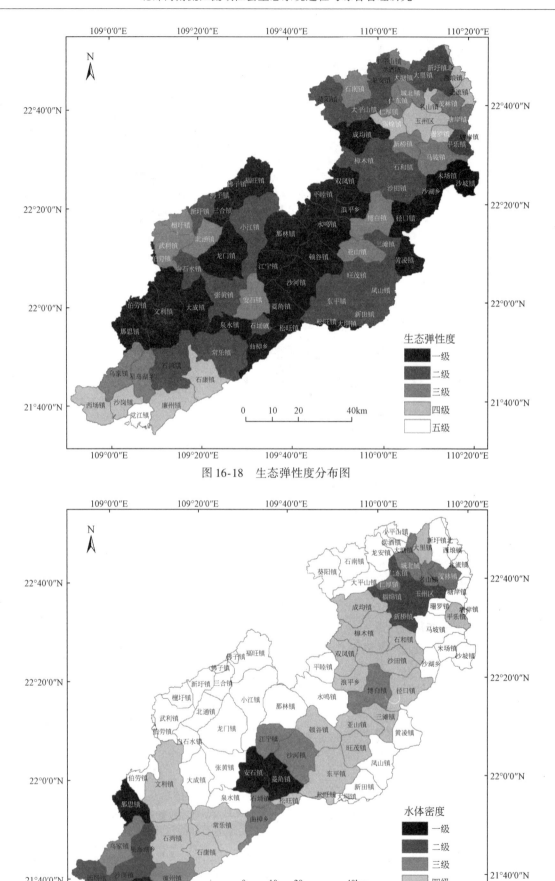

图 16-18　生态弹性度分布图

图 16-19　水体密度分布图

7）多年平均径流量

根据统计数据，利用 ArcGIS 绘制研究区多年平均径流量分布图（图 16-20）。

其中，一级乡镇单元占流域全部乡镇的 5.1%，二级区占 10.3%，三级区占 11.5%，四级区占 28.2%，五级区占 44.9%。

从图 16-20 可以看到，玉州区各乡镇多年平均径流量多数处于五级水平，径流量普遍偏低，生态环境较差。而博白县、合浦县及灵山县各乡镇则相对较好。东平镇、文利镇、常乐镇、石湾镇均为一级水平，生态环境较好。

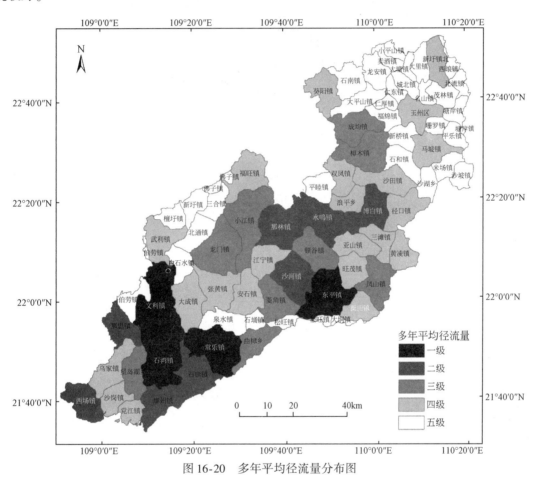

图 16-20　多年平均径流量分布图

8）植被净初级生产力

根据附表 21 中的统计结果，分级赋值后利用 ArcGIS 绘制研究区植被净初级生产力（NPP）分布图（图 16-21）。

其中，一级乡镇单元占流域全部乡镇的 1.3%，二级区占 1.3%，三级区占 19.2%，四级区占 66.7%，五级区占 11.5%。

从图 16-21 可以看到，玉州区各乡镇及北流镇 NPP 较低，植被总体生产能力较低，反映出该地区生态环境质量较低，而博白县与浦北县各乡镇 NPP 普遍位于一级或二级水平，生态环境较好。

2. 状态指标综合评价与分析

根据层次分析法和熵值法确定综合权重，结合各指标标准化数据，最后得到单因子生态系统健康分值，其计算公式如下：

$$\text{HI} = \sum_{i=1}^{n} \lambda_j Y_{ij}$$

（16-22）

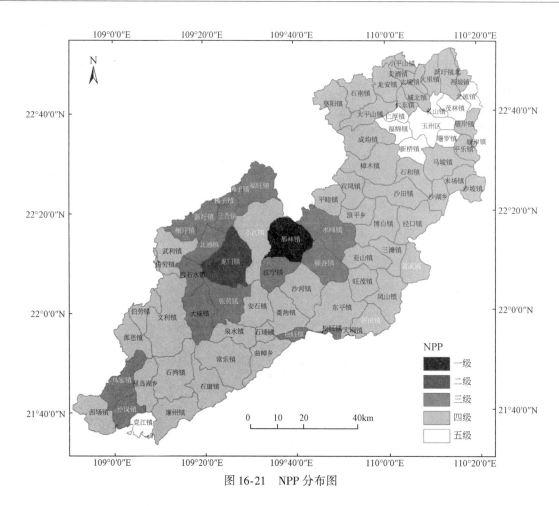

图 16-21　NPP 分布图

式中，HI 为第 i 个评价单元的生态系统健康综合评价值；λ_j 为综合权重；Y_{ij} 为各指标标准化后的数值；选取 8 个状态指标，$n=8$。

　　利用 ArcGIS 将状态综合评价分值分为 5 级，一级至五级评价分值范围依次为：3.0626～3.3389、2.7544～3.0625、2.3695～2.7543、0.8007～2.3694、0～0.8006。按分级标准分别赋值 9、7、5、3、1，得到流域状态指标分布图（图 16-22）。

　　由图 16-22 可知，流域社会生态系统状态综合指标整体处在三级以上，健康状态相对较好。与压力状况空间分布相比，状态综合状况空间总体上更加分散，局部集聚。具体为玉州区和合浦县分散，博白县集聚，个别乡镇出现极端值，如党江镇。

　　其中，一级乡镇单元占流域全部乡镇的 16.7%，二级区占 34.6%，三级区占 29.5%，四级区占 17.9%，五级区占 1.3%。

　　上游玉州区新桥镇、城北镇、茂林镇和仁东镇生态健康状况最好，均为一级水平。玉州区呈现出南北较好，中间一般的趋势。主要由于玉州区及周边城镇经济较发达，土地利用类型单一，城市建筑用地及郊区耕地占据绝大部分的面积，而北部和南部乡镇位于丘陵山地地形，人类活动影响较小，植被覆盖度高，土地类型多样，生态系统自我恢复能力更强，生态系统更加健康。

　　博白县各乡镇状态综合指标空间分布集聚特点明显，呈现出生态系统状态优良的乡镇沿 S216 省道分布的特点。该省道沿线乡镇水系密集，分布有茶根水库、温罗水库、火甲水库等，且地处丘陵盆地，在一定的人类活动作用下，土地类型丰富多样，生态系统结构更加完善，生态弹性度较高。

　　合浦县生态系统状态综合指标空间分布比较分散，其中党江镇处于五级"极差"水平，而石湾镇、常乐镇处于一级"优良"水平。党江镇位于南流江下游沿海，水产养殖业发达，土地类型单一，植被覆盖度低。相比而言，石湾镇、常乐镇地处内陆，南流江干流及众多支流流经，且该区植被覆盖度远大于

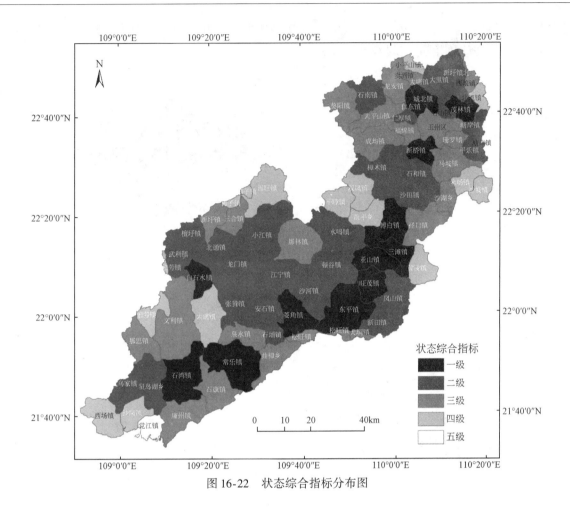

图 16-22　状态综合指标分布图

党江镇，抵御外界干扰、维持生态系统平衡和健康的能力更强。

浦北县生态系统状态综合指标评价较高，除佛子镇、福旺镇、平睦镇处于四级水平，大部分乡镇处于二级水平，其中白石水镇处于一级水平。该区域位于六万大山地丘陵地带，均匀度指数较差，水体密度较低，但植被覆盖度、NPP 较高，故状态综合指标较好。

16.5.3　流域社会生态系统健康响应评价

响应是生态系统在人类干预和自然生态环境的影响下，超出生态系统可承载力的一种反映。本章选取土壤敏感性指数、森林覆盖率和农民人均纯收入 3 个指标反映研究区响应综合评价值，土壤类型和地形地貌决定了该区土壤侵蚀强度和森林覆盖等自然条件对维持生态系统健康具有重要意义。此外，经济发展状态是促进生态环境良性发展的必要因素，生态系统健康状况又能影响区域经济发展的能力，加之本区的评价单元为乡镇，因此选择农民人均纯收入为响应的评价指标。

1. 响应指标单因子评价

1）土壤侵蚀敏感性指数

根据式（16-12），以及附表 21 的计算结果，分级赋值后利用 ArcGIS 绘制研究区土壤侵蚀敏感性指数分布图（图 16-23）。

其中，一级乡镇单元占流域全部乡镇的 2.6%，二级区占 21.8%，三级区占 25.6%，四级区占 28.2%，五级区占 21.8%。

从图 16-23 可以看到，合浦县、玉州区土壤侵蚀敏感性指数较低，生态环境较好，普遍位于三级以上。相比之下，博白县与浦北县土壤侵蚀敏感性较高。其中，六万大山及云开大山地带土壤最易发生侵蚀，主要受流域地形坡度剧烈的空间差异性影响。

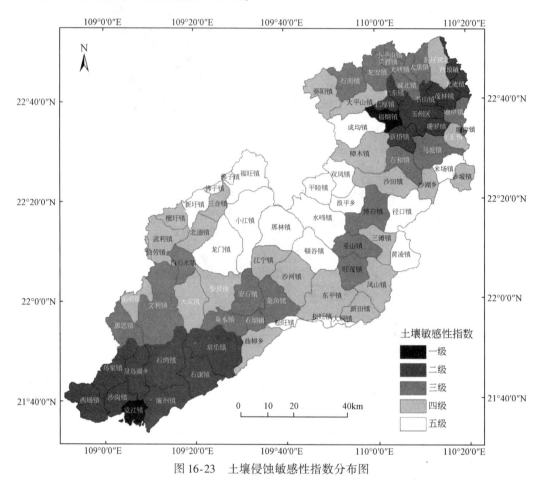

图 16-23　土壤侵蚀敏感性指数分布图

2）农民人均纯收入

农民人均纯收入从一定程度上能够反映研究区生态系统保护的程度，生态系统良好，则当地农民从农业、种植业等中获取的收益相应较高，保护生态的意识也会随之提高。相反，生态系统恶化，农民收益减少。利用 ArcGIS 绘制农民人均纯收入分级图（图 16-24）。

其中，一级乡镇单元占流域全部乡镇的 11.5%，二级区占 12.8%，三级区占 41%，四级区占 28.2%，五级区占 6.4%。

从图 16-24 可以看到，浦北县各乡镇农民人均纯收入较高，除福旺镇，普遍位于一级、二级水平，体现出该地区投入生态环保的经济能力较强；上游各乡镇及下游合浦县各乡镇普遍位于三级水平；大平山镇、马坡镇、福旺镇、旺茂镇、曲樟乡为流域五级水平。

3）森林覆盖率

利用 ArcGIS 从南流江流域土地利用现状图中提取研究区森林面积，按照计算得到森林覆盖率，再将结果标准化后对其进行聚类，最后根据分级赋值在 ArcGIS 中生成森林覆盖率分布图（图 16-25）。

其中，一级乡镇单元占流域全部乡镇的 28.2%，二级区占 20.5%，三级区占 28.2%，四级区占 15.4%，五级区占 7.7%。

从图 16-25 可以看到，博白县及浦北县各乡镇森林覆盖率较高，普遍位于三级以上，六万大山一带乡镇普遍位于一级水平。相比之下，玉州区与合浦沿海各乡镇森林覆盖率较低，生态环境质量较差。

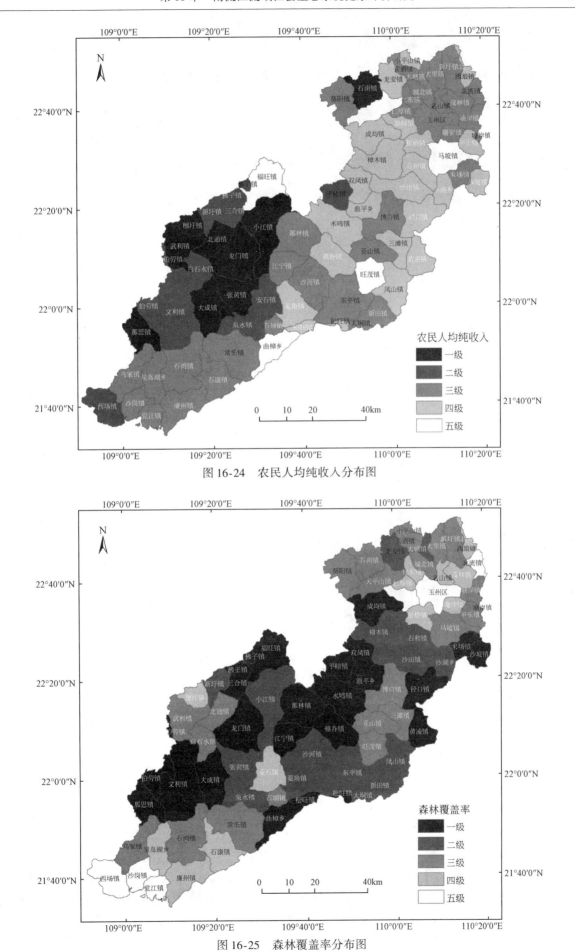

图 16-24　农民人均纯收入分布图

图 16-25　森林覆盖率分布图

2. 响应指标综合评价与分析

本章根据层次分析法和熵值法确定综合权重，结合各指标标准化数据，最后得到单因子生态系统健康分值，其计算公式如下：

$$HI = \sum_{i=1}^{n} \lambda_j Y_{ij} \tag{16-23}$$

式中，HI 为第 i 个评价单元的生态系统健康综合评价值；λ_j 为综合权重；Y_{ij} 为各单指标标准化值；选取 3 个响应指标，即 $n=3$。

利用 ArcGIS 将响应综合评价分值分为 5 级，一级至五级评价分值范围依次为：1.2961～1.5319、1.1554～1.2960、1.0479～1.1553、0.9289～1.0478、0.7806～0.9288。按分级标准分别赋值 9、7、5、3、1，得到研究区响应指标分布图（图 16-26）。

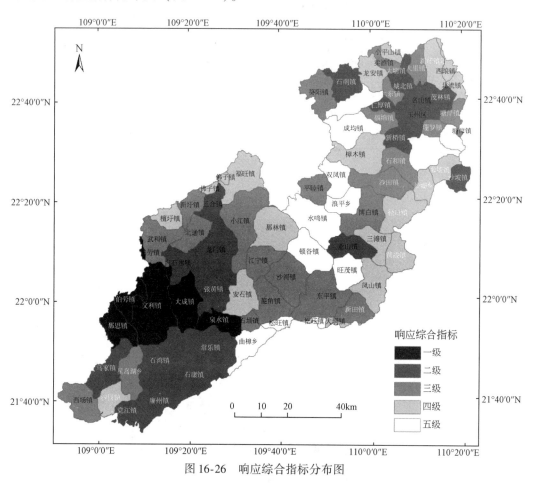

图 16-26　响应综合指标分布图

从图 16-26 可知，流域社会生态系统响应状况空间分布上更加分散，集聚效应较差。上游玉州区各乡镇及流域西南部浦北县、灵山县、合浦县茂林镇、双凤镇、顿谷镇、水鸣镇、浪平乡、成均镇、曲樟乡及松旺镇生态响应状况最差，均处于五级极差水平。

其中，一级乡镇单元占流域全部乡镇的 6.4%，二级区占 25.6%，三级区占 29.5%，四级区占 24.4%，五级区占 14.1%。

流域上游以玉州区为中心，响应综合指标普遍位于二级或三级水平，包括玉州区、大塘镇、城北镇、茂林镇、名山镇、仁厚镇、新桥镇等，该区土壤侵蚀相对不敏感。玉州区森林覆盖度低，但同时由于其大面积的城市硬化路面及完善的城市排水管道系统，土壤可侵蚀性较差，土壤敏感性指数相对较低，该地区生态响应状况并不是非常差。而大平山镇、成均镇、马坡镇、平乐镇虽森林覆盖程度较好，但由于其土壤侵蚀相对敏感，该区域生态响应状况差。

博白县双凤镇、浪平乡、水鸣镇、顿谷镇、旺茂镇、松旺镇生态响应状况最差，均为五级水平，主要是受两地区土壤易受侵蚀及较差的经济状况共同决定。相比之下，博白县南部乡镇生态响应状况较好，包括江宁镇、亚山镇、沙河镇，主要由于这些地区森林覆盖率及植被覆盖度较高，环境质量较好。下游合浦县大部分乡镇位于二级水平，生态响应状况较好。

浦北县及灵山县乡镇普遍位于一级或二级水平，生态响应状况较好。该区域农业发达，素有"中国香蕉之乡""中国荔枝之乡"之称，农民人均纯收入较高，森林覆盖度较高，生态环境质量较好。

16.5.4 流域社会生态系统健康综合评价与分析

本章采用综合指数法对研究区域生态系统健康状况进行综合评价。选取了压力、状态、响应 3 项指标层，通过各项因子加权求和，最后得到生态系统健康综合评价状况。其计算公式如下：

$$HI = \sum_{i=1}^{n} \lambda_j Y_{ij} \tag{16-24}$$

式中，HI 为第 i 个评价单元的生态系统健康综合评价值；λ_j 为综合权重；Y_{ij} 为各指标健康分值；本章选取 3 个指标层，即 $n=3$。

利用 ArcGIS 将综合评价分值分为 5 级，一级至五级评价分值范围依次为：6.1363 ~ 7.0888、5.6936 ~ 6.1362、4.9234 ~ 5.6935、3.6339 ~ 4.9233、2.6644 ~ 3.6338，各评价单元的综合得分见表 16-8，按分级标准分别赋值 9、7、5、3、1，得到研究区生态系统健康综合评价分布图（图 16-27）。

表 16-8 生态系统健康评价综合得分

乡镇名称	综合得分	乡镇名称	综合得分
博白镇	5.8979	仁厚镇	5.4784
双凤镇	5.5751	玉州区	4.7530
顿谷镇	5.9556	龙门镇	6.2375
水鸣镇	6.0481	小江镇	6.3420
那林镇	6.3176	张黄镇	5.8655
江宁镇	6.4075	安石镇	5.3663
三滩镇	6.0874	泉水镇	6.1997
黄凌镇	5.7639	石埇镇	6.1363
亚山镇	6.1221	大成镇	6.1951
旺茂镇	6.0687	白石水镇	6.3586
东平镇	6.3660	北通镇	5.6936
沙河镇	6.3477	三合镇	5.9021
菱角镇	6.6772	福旺镇	5.7168
新田镇	6.0849	平睦镇	5.3176
凤山镇	6.2229	佛子镇	5.6934
大垌镇	5.8049	新圩镇	5.6774
松旺镇	5.8069	檀圩镇	5.5307
径口镇	5.8788	武利镇	5.8851
浪平乡	5.7393	文利镇	6.5468
曲樟乡	6.1027	伯劳镇	5.9746
常乐镇	6.0706	那思镇	7.0888

乡镇名称	综合得分	乡镇名称	综合得分
石湾镇	6.2588	石南镇	5.9983
石康镇	4.6351	大平山镇	5.3642
廉州镇	4.7246	葵阳镇	5.3357
乌家镇	5.7287	龙安镇	5.3941
星岛湖乡	5.2218	卖酒镇	5.3651
沙岗镇	3.5611	小平山镇	4.8593
党江镇	2.6644	大里镇	5.6479
城北街	5.9347	新圩镇北	5.5540
名山镇	4.9234	西埌镇	4.4723
大塘镇	6.2560	北流镇	3.6339
茂林镇	6.1856	塘岸镇	5.5619
仁东镇	5.7553	珊罗镇	4.5944
福绵镇	4.6266	平乐镇	5.4628
成均镇	5.9102	马坡镇	4.8573
樟木镇	6.0098	米场镇	5.3761
新桥镇	6.0019	沙湖乡	5.8144
沙田镇	6.2555	沙坡镇	5.3456
石和镇	6.3070	西场镇	4.2627

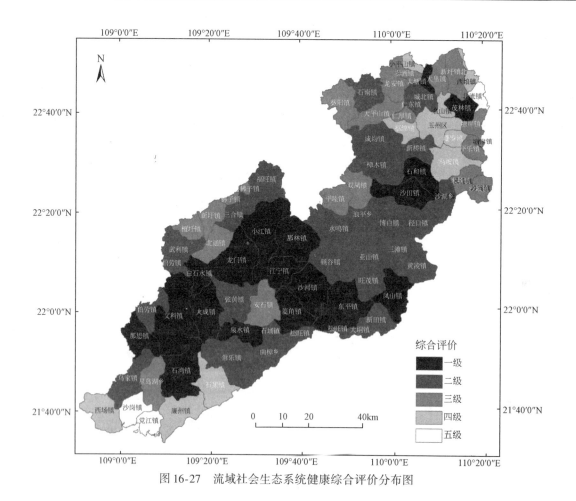

图 16-27　流域社会生态系统健康综合评价分布图

从图 16-27 可以看到，流域社会生态系统健康综合状况呈现出中部及下游较好，上游及沿海地区较差的特点。博白县、灵山县、合浦县北部各乡镇较玉州区、合浦县沿海各乡镇健康状况好。玉州区与合浦县生态系统健康综合状况具有空间相似性，但致变因素却有着差异性。玉州区城市较发达，植被覆盖度较低，植被净初级生产能力较差，且人口密度远大于研究区其他乡镇，综合作用下导致其生态系统健康状况较差。而合浦县处于流域下游，城镇发展普遍较发达，从卫星影像及实地调查结果可以看出，其大量的土地被用于水产养殖，尤其沿海乡镇，如党江镇、沙岗镇等，导致其土地类型单一，植被覆盖度低。另外，流域社会生态系统健康综合状况空间集聚效应明显，表示空间上研究区某些乡镇间具有较密切的生态系统关联性与相似性，具体如下。

一级乡镇有 17 个，占流域全部乡镇单元的 23.1%，主要分布在博白县南部、浦北县、灵山及玉州辖区南部，包括大塘镇、茂林镇、石和镇、沙田镇、那林镇、沙河镇、江宁镇、菱角镇、东平镇、凤山镇、小江镇、龙门镇、白石水镇、文利镇、大城镇、那思镇及石湾镇。

二级乡镇有 28 个，占 35.9%，主要分布在玉州区南部、博白县大部分、合浦县北部及浦北县个别乡镇，包括城北镇、仁东镇、石南镇、成均镇、樟木镇、新桥镇、沙湖乡、浪平乡、顿谷镇、水鸣镇、博白镇、径口镇、亚山镇、三滩镇、旺茂镇、黄凌镇、大垌镇、松旺镇、新田镇、福旺镇、三合镇、武利镇、张黄镇、石埇镇、伯劳镇、常乐镇、曲樟乡、乌家镇。

三级乡镇有 19 个，占 24.4%，主要分布在玉州区北部、陆川县及浦北县个别地区，包括新圩镇（北流市）、大里镇、塘岸镇、平乐镇、卖酒镇、双凤镇、平睦镇、佛子镇、新圩镇、檀圩镇、北通镇、安石镇、龙安镇、葵阳镇、大平山镇、米场镇、沙坡镇、仁厚镇、星岛湖乡。

四级乡镇有 10 个，占 12.8%，主要分布在玉州区中部及合浦县南部，包括小平山镇、名山镇、玉州区、福绵镇、珊罗镇、马坡镇、西场镇、廉州镇、石康镇及西埌镇。

五级乡镇有 3 个，占 3.8%，包括北流镇、沙岗镇与党江镇。

流域上游呈现出以玉州区为中心，南北部乡镇健康状况较好，中部乡镇较差的变化特点。大塘镇、石和镇、沙田镇及茂林镇较好，均处于一级水平；中部较差。主要是中部城镇为玉林市主城区，经济发达，城市化较剧烈，在人类活动干扰下，植被覆盖面积小，人口密度大，生态弹性度低，NPP 较低，导致生态压力较大，生态系统结构不合理，功能不完善；大塘镇、茂林镇地处南流江上游，大塘镇靠近城市饮用水水源保护区——苏烟水库，并有寒山水库等，境内植被覆盖较好，人口干扰相对较低，总体上虽无明显优势指标，但其总体健康状况较好。玉州区南部乡镇，石和镇与沙田镇等，人类干扰程度较小，土地垦殖有限，且其植被覆盖度较高，综合作用下，生态系统较为稳定，结构比较合理。从以上分析可得，玉州区、福绵镇及名山镇等应减少人口压力，增加城市绿化面积，植树造林，促进该地区生态系统可持续发展。此外，北流镇森林覆盖度低、水体密度低、人口干扰程度剧烈，处于五级水平。

流域中游各乡镇生态系统健康综合状况较好，呈现博白县南部乡镇为相对较好水平，普遍位于一级水平，包括那林镇、江宁镇、沙河镇、东平镇、凤山镇、菱角镇。分析可知，双凤镇与平睦镇森林覆盖度较高，但植被覆盖度却较低，通过实地调研得知，植被覆盖状况较差，且为单一马尾松林、桉树林树种；另外该地区均处于为丘陵山地，地形起伏大，境内有海拔 800m 以上的六万大山余脉——晒谷岗；双凤镇处于地形坡度较大的绿珠江上游，加之两地分布疏松的地带性赤红壤及山地黄壤，造成生态响应状况均较差，综合健康状况处于一般水平。从分析可知，两地应控制森林覆盖，调整经济林种植结构，控制土地开垦活动。

流域下游各乡镇生态系统健康综合状况呈现越向下游状况越差的特点，党江镇、沙岗镇及西场镇生态健康状况较差，处于五级"极差"等级。石湾镇、曲樟乡、常乐镇位于合浦县中、低丘陵区，降雨充沛，境内有旺盛江水库、六湖水库，水资源丰富，人口密度低，在有限的人类活动干扰下，植被覆盖度和生态弹性度较高，土壤敏感性指数和土壤垦殖率均较低，在多指标的综合作用下，生态功能较完善，系统结构合理，生态健康状况优良。相比之下，党江镇、沙岗镇及西场镇地处南流江下游冲积平原，地势平缓，农业发达，土地利用类型单一，以水稻田和鱼虾塘占大部分面积。党江镇、沙岗镇两乡镇森林覆盖率低，为流域各乡镇中最低的两个乡镇单元，生态恢复能力差。从以上分析中可知，党江镇、沙岗镇及西场镇必须增加森林面积，植树造林，保护自然森林与草地生态环境，控制沿海水产养殖规模，以期逐步恢复生态系统健康状况，完善生态系统结构功能。

此外，支流小江、武利江流经的浦北县及灵山县各乡镇生态系统健康综合状况较好，普遍位于一级、二级水平。该区域位于六万大山山地丘陵地带，植被覆盖度及森林覆盖率均较高，城镇发展有限，人口密度相对较小，人类干扰程度相对较小，故生态环境较好。该区域农业发达，尤其是种植业，在耕地开垦的同时应积极保护森林，维持该区域丘陵山地地形起伏较大情况下森林覆盖度，以改善区域土壤侵蚀状况。

16.5.5　对策

根据本章的评价结果来看，南流江流域社会生态系统健康整体呈现出流域中部及下游较好，上游及沿海地区较差的特点，处于二级、三级的状态，占南流江流域全部乡镇面积的 60.3%。在深入分析南流江流域社会生态系统特征的基础上得出本区的水体密度、植被覆盖度、土壤敏感性指数等指标的分布存在明显的差异。为了维护和改善本区生态系统健康，应该运用科学的方法进行管理。

1）分区治理，因地制宜

南流江流域内是一个复杂的生态系统，其内部结构及功能表现上是复杂的。由于流域上中下游生态上的差异，上下游水体密度较大，中游水体密度较小。因此，应采取分区治理的方法，根据各生态系统的特点因地制宜提出对策。

2）植树造林，提高植被覆盖度

人类在社会实践过程中不断向自然索取资源，促进经济发展的同时，也破坏了自然界的生态平衡，导致生态系统自我修复能力减弱。上游玉州区和下游合浦县沿海乡镇植被覆盖度较差。因此要植树造林育林，提高植被覆盖度。

3）加强流域环境监测，为流域治理提供科学依据

目前，在国家相关部门和学者的共同努力下，流域生态环境得到了改善，流域社会生态系统整个结构处于相对稳定的状态。应该加强对流域水质、径流以及污染等方面的监测，为流域生态环境的治理提供科学依据。

16.6　本　章　小　结

16.6.1　主要结论

随着人类活动对流域自然生态的干扰越来越频繁和深入，流域社会生态系统健康状态研究成为生态学领域研究的热点问题。本书以我国南亚热带季风气候区典型中尺度流域——南流江流域为研究区，选取南流江流域范围内玉州区、博白县、合浦县、浦北县、灵山县、兴业县、北流市、陆川县及钦南区共 9个县级行政区中 78 个乡镇作为评价单元，应用压力-状态-响应（P-S-R）模型，结合南流江流域自然生态特征和社会经济发展状况，筛选出表征流域社会生态系统健康的 14 个指标，揭示了南流江流域生态系统健康状况的空间分布特征，并对流域社会生态系统进行单因子和综合因子分析，为南流江流域社会生态系统可持续发展、生态环境的改善和资源的合理利用提供科学依据。本书成果对北部湾经济区生态环境建设和经济长远发展具有意义。主要结论如下。

（1）本章通过对现有的流域社会生态系统健康评价研究成果进行归纳，如黑河流域、福建九龙江流

域等，通过对流域生态状况的野外实地考察，并结合流域自然环境特征与社会经济发展状况，最终选取了符合流域特点，即南亚热带入海河流——南流江流域的生态系统健康指标体系模型，即压力–状态–响应（P-S-R）模型。在此基础上从压力、状态、响应 3 个层次综合影响因素出发，构建 3 个层次的 14 个单因子指标，其中压力指标包括人口密度、人口干扰指数、土地垦殖率；状态指标包括植被覆盖度、多样性指数、均匀度指数、优势度指数、生态弹性度、水体密度、多年平均径流量、NPP 指数等；响应指标包括土壤敏感性指数、森林覆盖率、农民人均纯收入。

（2）本章运用 K-means 聚类方法，将单因子数据聚为 5 类，将聚类的结果从高到低进行排序，分别赋值 9、7、5、3、1，并分别对应于生态系统健康评价分级中的一级、二级、三级、四级、五级，利用 ArcGIS 空间分析模块得到各单因子生态系统健康状况空间分布图。其中 NPP 指标空间状况：玉州区各乡镇 NPP 较低，生态环境质量较低；而博白县与浦北县各乡镇 NPP 普遍处于三级（一般）及以上水平，生态环境较好。土壤敏感性指数空间状况：合浦县、玉州区各乡镇土壤侵蚀敏感性指数较低，大部分乡镇位于三级（一般）以上；相比之下，受区域地形坡度剧烈变化影响，博白县及浦北县各乡镇土壤侵蚀敏感性指数较高。植被覆盖度空间分布状况：流域大部分乡镇处于一级（优良）与二级（较好）水平，植被覆盖度水平总体较好。但个别区域，如玉州区、党江镇却处于五级极差水平。

（3）将压力、状态、响应指标层各单因子评价分值加权求和得到 3 个层次的综合评价分值，利用 ArcGIS 空间分析功能中自然间断法，将综合评价的结果从高到低依次排序，分为一级至五级，再根据分级标准分别赋值 9、7、5、3、1，得到研究区生态系统压力、状态、响应综合评价分布图。压力综合评价空间分布状况：玉州区与合浦县大多数乡镇压力状态整体处于三级（一般）水平以下，生态系统所受的压力相对较大；博白县、浦北县及灵山县大部分乡镇压力状态处于三级水平以上，压力较小，生态环境质量较好。流域整体呈现流域上游玉州区、北流市与下游合浦县大部分乡镇生态压力状况较差，中游博白县及浦北县较好的特征。状态综合评价空间分布状况：整体处在三级（一般）水平以上，健康状态相对较好。与压力状况空间分布相比，呈现空间总体分散，局部集聚的特征，只有党江镇处于五级水平。响应综合评价空间分布状况：空间分布分散，集聚效应较差。流域中部六万大山一带乡镇生态响应综合状况最差。玉州区周边及下游灵山县、合浦县乡镇状况较好。

（4）选取了压力、状态、响应 3 项指标层，通过各项因子加权求和，最后得到生态系统健康综合评价状况。其中最大分值为 7.0888，处于一级（优良）水平；最小值为 2.6644，处于五级（极差）水平。总体上，一级乡镇有 18 个，占流域全部乡镇单元的 23.1%；二级乡镇有 28 个，占 35.9%；三级乡镇有 19 个，占 24.4%；四级乡镇有 10 个，占 12.8%；五级乡镇有 3 个，占 3.8%。流域社会生态系统健康综合状况呈现出上游及沿海乡镇较差，流域中部及下游灵山县乡镇较好特点。具体而言，上游以玉州区为中心，南北部乡镇健康状况较好，中部乡镇较差；中游博白县、浦北县及下游灵山县各乡镇生态系统健康综合状况较好；流域下游沿海乡镇呈现越向下游状况越差的特点。另外，玉州区与合浦县生态系统健康综合状况具有空间相似性，但致变因素却有着差异性。玉州区城市较发达，植被覆盖度较低，植被净初级生产能力较差，且人口密度远大于研究区其他乡镇。合浦县处于流域下游，城镇发展普遍较发达，大量的土地被用于水产养殖，土地类型单一，植被覆盖度低。

16.6.2　研究展望

本书对南流江流域 78 个乡镇生态系统健康状况及评价的空间分布进行分析研究，对流域社会生态系统健康评价具有一定的参考意义，但是研究尺度、方法、手段等需要进一步完善和健全。由于可收集到资料的局限性和笔者能力的有限，本章存在以下几点不足。

（1）对流域社会生态系统健康进行评价，应该是系统全面的一个过程。尤其是在指标构建时，应该从整体的角度出发，指标选择时应该尽可能多地涵盖流域的各个方面。本章在指标选取时，难免出现重复的现象。此外，在水质、底泥重金属污染指标选取时，虽有尝试，但最终因数据误差没有纳入评价体系。对指标的选取还有很多内容需要探讨研究。

（2）对研究范围和评价尺度的界定有一定的局限性。本书获取的数据是以行政单元为基础，因此对南流江流域范围进行科学裁剪。流域的健康状态是一个变化动态的过程，人类活动的影响在不同的时期是有差异的，本章只选取 2012 年这一时间段进行评价，缺少南流江流域详细时间序列数据，未能对不同年份的生态系统状态的变化情况进行纵向比较。

（3）由于运用 RS 和 GIS 对土地信息提取及收集资料的局限性，只得出初步的评价结果，数据的精准性有待提高。

（4）在评价标准确定方面，目前缺少对生态系统健康评价的统一的标准，因此本章在参考国内外相关文章进行相对评价方法对各单元内部进行分析比较，只说明了生态系统质量的优劣变化，具有一定的狭隘性。

（5）本章选用压力-状态-响应（P-S-R）模型，未选择其他模型进行对比分析研究来选择适合研究区的模型。因此，今后要结合研究区的实际情况，选用适当的模型对流域社会生态系统健康进行评价，为流域生态环境健康治理提供科学依据。

参 考 文 献

［1］刘建军，王文杰，李春来. 生态系统健康研究进展 ［J］. 环境科学研究，2002，15（1）：41-43.

［2］Costanza R. Toward an operational definition of ecosystem ［A］//Costanza R，Norton B G，Haskell B D，et al（eds.）. Ecosystem Health：New goals for environmental management ［C］. Washington：Island Press，1992.

［3］徐颖. 生态系统健康的概念及其评价方法 ［J］. 上海建设科技，2005，（1）：38-39.

［4］吴刚，蔡庆华. 流域生态学研究内容的整体表述 ［J］. 生态学报，1998，18（6）：575-581.

［5］阎水玉，王祥荣. 流域生态学与太湖流域防洪、治污及可持续发展 ［J］. 湖泊科学，2001，13（1）：1-8.

［6］广西壮族自治区水利厅. 2009 年广西壮族自治区水资源公报 ［R］. 南宁：广西壮族自治区水利厅，2010.

［7］肖宗光. 广西南流江水土流失与水环境保护 ［J］. 水土保持研究，2000，7（3）：157-158.

［8］韦利珠. 南流江水环境质量状况研究及生态保护修复探讨 ［J］，水利规划与设计，2014，11：17-20.

［9］陈高，邓红兵，王庆礼，等. 森林生态系统健康评估的一般性途径探讨 ［J］. 应用生态学报，2003，14（6）：995-999.

［10］朱圣潮，柳新红，唐建军. 生态系统健康与生态产业建设 ［M］. 北京：气象出版社，2007.

［11］刘明华. 生态系统健康的生态学理论及其评价方法 ［J］. 中国环境管理干部学院学报，2005，15（2）：44-52.

［12］Rapport D J，Maffi L. Eco-cultural health，global health，and sustainability ［J］. Ecological research，2011，26（6）：1039-1049.

［13］刘焱序，彭建，汪安，等. 生态系统健康研究新进展与趋向 ［J］. 生态学报，2015，35（18）：1-16.

［14］毕润成. 生态学 ［M］. 北京：科学出版社，2012.

［15］卓正大，张宏建. 生态系统 ［M］. 广州：广东高等教育出版社，1991.

［16］Tansley A G. The use and abuse of vegetational concepts and terms ［J］. Ecology，1935，16：284-307.

［17］Rapport D J. Ecosystem Health ［M］. Oxford：Black well Science，Inc，1998.

［18］王庆礼，陈高，代力民. 生态系统健康学：理论与实践 ［M］. 北京：机械工业出版社，2007.

［19］Holling C S. The resilience of terrestrialecosystems：Local surprise and global change ［A］//Clark W C，Murm R E（eds.）. Sustainable Development of the Biosphere. Cambrige：Cambridge University Press，1986.

［20］Karr J R，Fausch K D，Angermeier P L，et al. Assessing biological integrity in running waters：A method and itsrational ［M］. Champaign：Illinois Natural History Survey，1986.

［21］Haskell B D. What isecosystem health and why should we worry about it? ［A］//Costanza R，Norton B G，Haskell B D（eds.）. Ecosystem health：New goals for environment management ［C］. Washington：Island Press，1992.

［22］CairnsJ，Mc Cormick P V，Niederlehner B R. A proposed frame work for developing indicators of ecosystem health ［J］. Hydrobiologia，1993，263：1-44.

［23］Millennium Ecosystem Assessment. Ecosystems andHuman Well-being：Synthesis ［M］. Washing：Island Press，2005.

［24］杰弗里. W. 雅各布斯，朱晓红. 密西西比河与湄公河流域开发经验的比较 ［J］. 水利水电快报，2000，（8）：8-12.

［25］Tong C. Review on environmental indicator research［J］. Research on Environmental Science，2000，13（4）：53-55.

［26］Muskoka Watershed Council. Indicators of Watershed Health［R］. 1998.

［27］Brazner J C，Danz N P，Niemi G J. Evaluation of geographic，geomorphic and human influences on Great Lakes wetland indicators：A multi-assemblage approach［J］. Ecological Indicators，2007，7（3）：610-635.

［28］龙笛. 浅谈流域生态环境健康评价［J］. 北京水利，2005，（5）：6-9.

［29］张晓萍，李勤科，李锐. 流域"健康"诊断指标——一种生态环境评价的新方法［J］. 水土保持通报，1998，18（4）：58-62.

［30］Steve T，Jeremy L，Jim H，et al. 2014 Rapid Bio-Assessment In The Pudding River Basin［EB/OL］. http：//puddingriver-watershed. org/sites/default/files/pdfs/2014％20Pudding％20Presentation. pdf［2015-03-20］.

［31］Seilheimer T S，Chowfraser P. Application of the Wetland Fish Index to Northern Great Lakes Marshes with Emphasis on Georgian Bay Coastal Wetlands［J］. Journal of Great Lakes Research，2007，33（3）：154-171.

［32］中国科学技术协会，中国生态学学会. 2011-2012 生态学学科发展报告［R］. 北京：中国科学技术出版社，2012.

［33］刘明华. 生态系统健康的生态学理论及其评价方法［J］，中国环境管理干部学院学报，2005，15（2）：44-47.

［34］侯扶江，徐磊. 生态系统健康的研究历史与现状［J］. 草业学报，2009，18（6）：210-225.

［35］刘明华，董贵华. RS 和 GIS 支持下的秦皇岛地区生态系统健康评价［J］. 地理研究，2006，25（5）：930-938.

［36］徐明德，李静，彭静，等. 基于 RS 和 GIS 的生态系统健康评价［J］. 生态环境学报，2010，19（8）：1809-1814.

［37］张哲，潘英姿，陈晨，等. 基于 GIS 的洞庭湖区生态系统健康评价［J］. 环境工程技术学报，2012，2（1）：37-43.

［38］王树功，郑耀辉，彭逸生，等. 珠江口淇澳岛红树林湿地生态系统健康评价［J］. 应用生态学报，2010，21（2）：392-397.

［39］闫东锋，耿建伟，杨喜田，等. 宝天曼自然保护区森林生态系统健康评价［J］. 西北林学院学报，2011，26（2）：67-74.

［40］吴建国，常学向. 荒漠生态系统健康评价的探究［J］. 中国沙漠，2005，25（4）：7604-609.

［41］冷悦山. 胶州湾海洋生态系统健康评价研究［D］. 国家海洋局第一海洋研究所硕士学位论文，2008.

［42］谢花林，李波，王传胜，等. 西部地区农业生态系统健康评价［J］. 生态学报，2005，25（11）：3028-3031.

［43］广西壮族自治区地方志编撰委员会. 广西通志·水利志（1991—2005）［M］. 南宁：广西人民出版社，2011.

［44］广西壮族自治区地方志编纂委员会. 广西通志·自然地理志［M］. 南宁：广西人民出版社，1994.

［45］周林飞，许士国，孙万光，等. 基于压力–状态–响应模型的扎龙湿地健康水循环评价研究［J］. 水科学进展，2008，19（2）：205-213.

［46］Leprieur C，Kerr Y H，Mastorchio S，et al. Monitoring Vegetation Cover Across Semi arid Regions，Comparison of Remote Observations from Various Scales［J］. International Journal of Remote Sensing，2000，21（2）：281-300.

［47］赵英时. 遥感应用分析原理与方法［M］. 北京：科学出版社，2003.

［48］贾宝全，慈龙骏. 绿洲景观生态研究［M］. 北京：科学出版社，2003.

［49］高吉喜. 可持续发展理论探索：生态承载力理论、方法与应用［M］. 北京：中国环境科学出版社，2001.

［50］钟学斌，喻光明，何国松，等. 土地整理过程中碳量损失与生态补偿优化设计［J］. 生态学杂志，2006，25（3）：303-308.

［51］中国气象局. 生态质量气象评价规范（试行）［EB/OL］. http：//wmdw. jswmw. com/home/content/？3903-650919. html［2013-05-20］.

［52］LiuJ，Chen J M，Chen W. Net primary productivity distribution in the boreas region from a process model using satellite and surface data［J］. Journal of Geophysical Research，1999，104（D22）：27735-27754.

［53］Field C B，Behrenfeld M J，Randerson J T，et al. Primary production of the biosphere：Integrating terrestrial and oceanic components［J］. Science，1998，281（5374）：237-240.

［54］蒙古军. 自然地理学方法［M］. 北京：高等教育出版社，2013.

［55］车良革. 广西北部湾经济区生态环境脆弱评价［D］. 广西师范学院硕士学位论文，2013.

［56］刘康，康艳，曹明明，等. 基于 GIS 的陕西省水土流失敏感性评价［J］. 水土保持学报，2004，18（5）：168-170.

［57］Zhou F J，Chen Mi H，Lin F X. The rainfall erosivity index in Fujian Province.［J］. Journal of Soil and Water Conservation，1995，9（1）：13-18.

［58］梁音，史学正. 长江以南东部丘陵山区土壤可蚀性 K 值研究［J］. 水土保持研究，1999，6（2）：47-52.

［59］卢远，华璀，周兴. 基于 GIS 的广西土壤侵蚀敏感性评价［J］. 水土保持研究，2007，14（1）：98-100.

［60］国家环境保护局．生态功能区划暂行规程［EB/OL］．http：//sts. mep. gov. cn/stbh/stglq/200308/t20030815_90755. shtml［2013-05-20］.

［61］彭静．基于 RS 与 GIS 的生态系统健康评价研究［D］．太原理工大学硕士学位论文，2009.

［62］田雷．基于遥感信息的生态系统健康评价案例研究［D］．吉林大学硕士学位论文，2011.

［63］袁春霞．基于 RS 与 GIS 的金川河流域生态系统健康评价［D］．兰州大学硕士学位论文，2008.

［64］徐建华．现代地理学中的数学方法［M］．北京：高等教育出版社，2002.

［65］侯国林，黄震方．旅游地社区参与度熵权层次分析评价模型与应用［J］．地理研究，2010，29（10）：1804-1808.

第17章　南流江流域生态风险评价

17.1　绪　　论

17.1.1　研究背景和意义

1. 研究背景

生态风险评价是评估一种或多种压力因子干扰生态系统及其组分，可能引起或正在引起不利影响的过程[1]。风险评价的核心问题是调查生态系统的生态环境及其组成部分的风险因子，预测生态风险出现的概率及其可能的负面效应，并根据风险评价结果提出解决生态环境问题的措施[2]。生态风险评价可以帮助生态风险管理部门了解和预测外界生态影响因素和产生后果之间的关系，有利于环境决策的制定[3]。

南流江流域是广西独流入海的第一大河，是北部湾经济区流程最长、流域面积最广、水量最丰富的河流[4]。流域发源于北流市大容山南麓，流经玉州区、博白县、浦北县和合浦县，于合浦县的党江注入北部湾。南流江流域地处低纬度地区，濒临大海，受到东南沿海季风和热带气旋的影响，天气系统复杂多样，暴雨时常来袭，降水量丰富；再者，该区域的农业发达，复种指数高，水土流失严重，大量的泥沙流入南流江，南流江流域河段落差小，泥沙容易淤积，从而使流域河床抬高，当遇到强降雨时，极易发生洪涝灾害。据玉林县志资料记载，1985 年 9 月 22~23 日，受 17 号台风影响，新桥、沙田、南江、福绵等乡洪水泛滥，淹没农田 27 万亩，水淹村庄 77 个，倒塌房屋 2420 栋，经济损失达 300 万元以上[5]。同时，由于雨量的时空分布不均，在春、秋两季降雨少，容易发生干旱灾害。据县志资料记载，从明清以来，南流江流域共发生洪涝灾害 140 次，干旱灾害 200 次。随着人口和经济的快速增长，流域两岸的工业污水、生活污水、禽畜养殖废水的排放量急剧增加，尤其是沿岸的制革、制糖、造纸、酒精的排污甚为严重，流域的生态环境受到极大威胁。在南流江流域自然灾害、环境污染等风险胁迫下，人民的生产、生活受到极大的影响，甚至危及广大人民的身心健康。

2. 研究意义

生态风险评价于 20 世纪 90 年代兴起以来，一直是生态环境研究的热点领域，是当前环境管理和决策的科学依据。据研究分析，到目前为止，对南流江流域进行全面性的生态风险评价还比较少。南流江流域是北部湾经济区人口、经济较为发达的地区，是广西独流入海中最大的河流，对南流江流域进行系统性的生态风险评价有着重要的意义。

（1）利用 GIS 技术，对南流江流域生态风险评价具有重要意义。在我国，流域的生态风险评价处于起步阶段，尚未形成系统的评价标准。本章运用 GIS 技术，对南流江流域的自然灾害和环境污染进行科学的研究分析，系统地对南流江流域的生态风险开展评价，探究流域生态风险的空间差异性，把握流域生态风险的空间格局，提出科学的生态风险管理对策。

（2）流域生态风险评价为生态文明建设提供科学依据。大力推进生态文明建设是党的十八大提出的战略决策。基于此，对南流江流域进行生态风险评价可以认清生态环境问题，为环境管理者和决策者提供科学依据，以便更好地建设地区生态文明。

（3）流域生态风险评价可提高社会对生态环境风险的认识。以往生态环境风险评价主要是从定性方面来描述，缺乏对生态风险的科学认识，本章从定量的角度来对南流江流域生态风险进行分等级评价，具体地概括流域生态风险的空间变异情况，使广大人民群众对生态风险有科学的认识，以便增强社会对环境保护的意识。

17.1.2　生态风险评价研究现状

1. 生态风险评价国外研究现状

美国对生态风险评价工作的研究始于 20 世纪 70 年代。生态风险评价从人体健康风险评价发展而来，20 世纪 80 年代初，美国橡树岭国家实验室进行人体健康风险评价[6]。1992 年，美国国家环境保护局（USEPA）基于人体健康风险评价指南提出了生态风险评价框架，主要进行 3 个阶段的风险评价：提出问题、分析问题和风险表征[7]。1998 年 USEPA 在生态风险评价框架的基础上颁布了生态风险评价指南[8]，并对 1992 年提出的生态风险评价的框架进行完善和修改，要求在开展正式的科学评价前先制定一个总体规划，以便明确评价目的。在该时期的生态风险评价的风险源已经由单一的化学因子扩展到多种化学因子甚至已经考虑自然灾害因子，风险受体也由人体扩展到种群、群落乃至区域的生态系统[9]。在此之后，有诸多学者在 USEPA 提出的生态指南的基础上做了大量的研究实践。Wallack 和 Hope 根据土地利用方式、营养物质浓度和杀虫剂浓度之间的关系开展了关于杀虫剂对流域表层水体的风险评价[10]。Efroymson 和 Murphy 对有害的空气污染物进行多种受体的在污染物的暴露和效应的生态风险评价[11]。Naito 等利用水生系统模型，对水生环境中化合物的污染情况进行生态风险评价[12]。Karman 和 Reerink 以石油天然气生产平台排放的废水为风险源进行动态风险评价[13]。Cook 等对 Clinch 河流的水污染的历史和现状进行分析，对 Clinch 河流域进行生态风险评价[14]。

2. 生态风险评价国内研究现状

我国生态风险评价工作起步较晚，从环境风险评价起步，由环境生态风险评价逐渐发展到区域生态风险评价，由单一风险因子发展到多风险因子，由单一风险受体发展到多风险受体。

在我国，生态风险评价方面已经开展过一些研究工作，但还没成体系，达不到系统的运用，这是因为没有标准的生态风险评价导则参照执行。生态风险评价需要大量的基础数据和生态调查，而我国的生态环境复杂多样，区域差异大，每个生态系统影响的因素有所不同。国内的一些研究主要从化学污染源、自然灾害风险源和人为活动风险源等角度来进行生态风险评价。邹亚荣等选择与水土流失密切相关的年平均气温、干燥度、降雨、土地利用、坡度、植被指数、降水等生态环境因子，利用主成分分析方法对江西省水土流失进行生态风险评价[15]。贡璐等选取洪涝、干旱、水体矿化度和富营养化四类生态风险源，结合遥感和 GIS 技术对新疆博斯腾湖进行生态风险评价[16]。王春梅等采用山地滑坡、泥石流、地震、风灾、雪灾、冻灾作为物理胁迫，酸雨、河流水质作为化学胁迫，森林病虫害作为生物胁迫，人类对森林资源的掠夺开发作为社会胁迫以这 4 个胁迫因子对东北地区森林资源进行生态风险评价[17]。卢宏玮等，将工业污染、农业污染以及血防污染作为污染类风险源指数，把洪涝作为自然灾害指数和洞庭湖流域系统的生态指数完成了对洞庭湖流域的区域生态风险评价[18]。许学工等采用洪涝、干旱、风暴潮灾害、油田污染事故以及黄河断流的概率这五大主要风险源对黄河三角洲进行区域生态风险评价[19]。巩杰等根据主要地质灾害滑坡、泥石流和地震作为主要风险源，把景观格局作为风险受体，以景观格局指数和易损度指数作为评价指标，构建生态风险评价模型，对陇南山区进行生态风险评估[20]。徐丽芬等运用 DEM 数据计算的地形因子坡度、起伏度，结合植被覆盖度、干燥度、人口密度作为生态脆弱度和计算自然灾害风险源频率对北京幅片区生态系统风险进行评价[21]。付在毅等选取洪涝、干旱、风暴潮灾害和油田污染事故作为生态风险源，对风险源进行分级评分，对辽河三角洲进行生态风险评价[22]。孙洪波等从风险因子强弱程度、受体的暴露程度以及生态风险效应这三方面构建生态风险评价指标体系，选择了农用地比例、工业污染物排放强度、农田面源污染压力、路网密度、建设用地比例作为风险源强度，结合风险受体和风险效应，总体上以定性分析方法对长江三角洲南京地区进行土地利用生态风险评价[23]。

17.1.3　研究内容和技术路线

在流域生态风险评价理论的基础上,结合流域的实际情况,构建南流江流域生态风险评价体系,构建生态风险评价模型。以南流江流域为例开展流域生态风险评价,根据南流江流域生态风险评价结果提出生态风险管理对策,具体研究内容如下:

(1)提取南流江流域河网信息。采用研究区 2009 年获取的 DEM 数据,运用 GIS 的水文分析模型,提取南流江流域河网,计算南流江流域的河网密度以及河流分叉比和河长比,为研究南流江流域生态风险评价提供基础数据。

(2)南流江流域自然灾害生态风险评价。采取南流江流域 1970~2005 年的降水数据,统计流域汛期和非汛期的降水量,计算两者降水变率;在洪水灾害生态风险评价方面,分析汛期的降水和降水变率,结合地形、距水系的距离以及研究区的经济易损性来分析洪涝灾害对生态风险的影响;在干旱灾害生态风险评价方面,从非汛期的降水量及降水变率来分析干旱情况对南流江流域生态风险的影响。最后,从洪水灾害和干旱灾害两方面综合评价分析南流江流域自然灾害生态风险。

(3)南流江流域环境污染生态风险评价。采用 2012 年南流江流域的废水污染数据以及 1990 年废气污染数据和固体废弃物污染数据,运用等国土面积污染负荷法分析流域三大污染物的生态风险,最后综合分析三大污染物对南流江流域生态风险的影响。

(4)南流江流域综合生态风险评价。在自然灾害生态风险评价和环境污染生态风险评价的基础上,运用层次分析方法(AHP)确定各风险因子的权重,运用极差标准化法(min-max)对各个风险因子进行标准化处理,构建综合生态风险评价模型,综合各个风险因子,从南流江流域自然胁迫和人为胁迫两方面综合评价南流江的生态风险,把南流江流域综合生态风险分为低风险区、较低风险区、中等风险区、较高风险区和高风险区。

(5)管理对策。根据南流江流域综合生态风险评价结果,结合研究区的实际情况,提出南流江流域生态风险的管理对策。

南流江流域生态风险评价研究技术路线如图 17-1 所示。

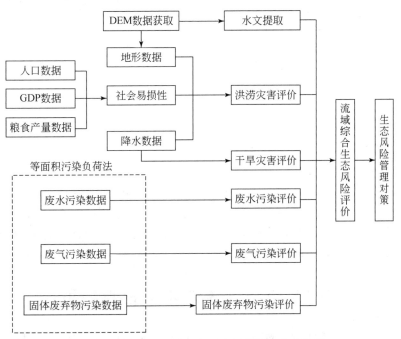

图 17-1　南流江流域生态风险评价研究技术路线

17.2　研　究　方　法

17.2.1　反距离权重插值法

反距离权重插值法（inverse distance weighted）是一种常用而简单的空间插值方法，它是基于"地理第一定律"的基本假设，即两个物体相似性随它们间的距离增大而减少。它以插值点与样本点间的距离为权重进行加权平均，离插值点越近的样本点赋予的权重越大，插值结果在插值数据的最大值和最小值之间。其不足之处是易受到极值的影响。

17.2.2　层次分析法

在 20 世纪 70 年代初期，美国运筹学家、匹兹堡大学 T. L. Saaty 教授提出层次分析法（analytic hierarchy process，AHP），该方法是定性和定量相结合的决策分析方法。其主要思想是把复杂的问题分解为若干层次和若干因素，通过咨询专家意见，在各个要素之间进行两两比较和计算，得出不同方案的重要性程度权重，从而为决策者分析决策方案提供科学依据。

采用层次分析法构建的层次结构，经专家打分，构建判断矩阵，结果如图 17-2 所示。

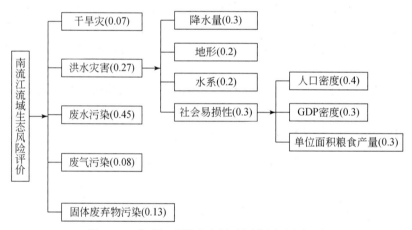

图 17-2　南流江流域生态风险评价因子和权重

17.2.3　空间叠加分析

空间叠加分析是 GIS 中的一项非常重要的空间分析功能。空间叠加分析的前提条件是用于叠加分析的图层必须具有统一的空间参考，基本原理是通过两个数据进行一系列的集合运算，产生新的数据。在本章中用于空间叠加分析的数据主要是栅格数据，采用栅格计算器进行栅格的叠加分析。栅格计算器是一种空间分析的函数工具，可以输入地图代数表达式，使用运算符和函数表达式来做数学计算。

17.3　南流江流域水文信息提取

运用 ArcGIS 中的水文分析模型提取南流江流域的水文信息，从而提取河网，并对河网进行特征分析。提取的南流江的河网为本章洪水灾害风险评价和废水污染风险评价提供基础数据。

17.3.1 DEM 数据的获取与预处理

1. 数据获取

研究区流域使用的数据是 ASTER 的 GDEM（全球数字高程模型），该数据是由美国国家航空航天局（NASA）与日本经济产业省（METI）共同推出，它是由 NASA 的新一代对地观测卫星 TERRA 搭载的 ASTER 星载热量散发和反辐射仪传感器接收的。ASTER 的 GDEM 数据可以从国际科学数据服务平台上下载（http：//datamirror.csdb.cn/）。根据研究区的范围，下载了 ASTGTM_N21E108S、ASTGTM_N21E109S、ASTGTM_N21E110S、ASTGTM_N22E108S、ASTGTM_N22E109S、ASTGTM_N22E110S 共 6 景影像。影像的参数如下：获取时间，2009 年；数据类型，IMAGINE；空间分辨率，30m；投影方式，UTM 投影；坐标系，WGS84。

2. 数据预处理

数据的预处理是把获取的数据进行镶嵌和裁剪。数据镶嵌是指将空间相邻的数据拼接为一个完整的目标数据[33]。因为南流江流域的范围跨越了 6 景相邻的影像，而这 6 景影像数据是分幅存储的，因此，要把下载的 6 景影像进行拼接处理。GDEM 栅格数据的拼接所用的工具是 ArcGIS 的 Data Management Tools 中的 Mosaic To New Raster 工具。数据裁剪是指从镶嵌的数据中裁剪出部分区域，以便获取需要的数据作为研究区域，减少不必要参与运算的数据[33]。运用南流江的流域范围数据作为掩膜，利用 ArcGIS 的 Spatial Analyst Tools 中的 Extract by Mask 工具进行掩膜裁剪，得出南流江区域的 DEM 数据（图 17-3）。

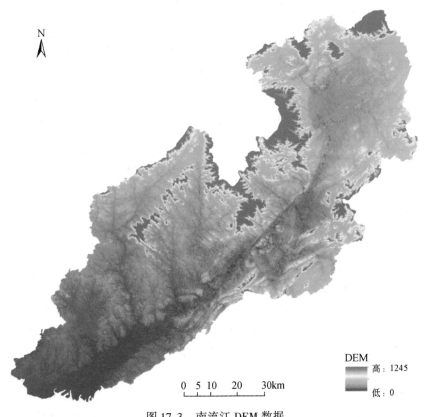

图 17-3　南流江 DEM 数据

17.3.2　流域水文分析的步骤

1. 无洼地 DEM 的生成

DEM 数据是对现实地表形态光滑模拟的地形表面模型，但 DEM 误差以及一些真实地形（如喀斯特地貌、湖泊、陷穴等）的存在[24]，造成了不能真实表达地貌形态的 DEM，如洼地或者尖峰，洼地是指某个单元格的高程值低于与它相邻的 8 个单元格的高程值，尖峰则相反，指某个单元格的高程值高于与它相邻 8 个单元格的高程值。洼地中水流只能流入不能流出，尖峰中水流则只能流出不能流入，这会给流向和流域边界的确定造成困难[25]。要对原始的 DEM 进行洼地填充，先利用水流方向数据计算出 DEM 数据中的洼地，并计算其洼地区域，最后根据计算的洼地深度进行洼地填充[24]。

2. 水流方向的确定

水流方向，对于每个栅格来说就是水流离开该栅格时所指的方向。水流方向的确定是运用 DEM 开展水文分析模拟过程中的基础，也是流域水系提取的关键[26]。在 ArcGIS 中水文分析模块（hydrology）采用 D8 算法来确定流域水流方向。D8 算法的原理如下：确定一个栅格的水流方向就是将该栅格单元与其相邻近的 8 个栅格单元之间的坡降进行比较，该栅格单元中心同其相邻的 8 个栅格单元中坡降最大的一个栅格单元中心之间连线的方向被定义为该栅格单元的水流方向，并且规定一个栅格的水流方向用一个特征码表示[36]。例如，该中心栅格的水流方向为正东方向，则其水流方向被赋值为 1，如图 17-4 所示。

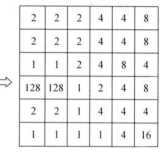

(a)流向编码　　　　　　　　　　(b)由填洼后DEM计算水流方向

图 17-4　水流方向及流向分析示意图

3. 汇流积累量的计算

汇流积累量数值矩阵表示区域地形每点的流水积累量。通过计算一个单元汇流积累量，就知道该单元格的汇流能力，汇流能力强的单元格便形成了河流的地表径流，这样便分辨出哪里是河谷，哪里是分水岭[28]。汇流积累量是指在规则的网格上表示 DEM 上每处都有一定的水量，按照自然规律中水往低处流的思想，在水流方向数据的基础上，计算出每个栅格网点上流过的水量值，该栅格网点上流过的水量即该栅格点所在的区域的汇流积累量。在地表 DEM 数据的径流模拟过程中，汇流积累量是在水流方向数据的基础上计算得到的[29]。汇流积累量是采用 ArcGIS 中 Hydrology 模块的 Fill Accumulation 工具来实现的。

4. 河网的提取和生成

河网提取的方法主要采用地表径流漫流模型。河网的提取是以汇流积累量数据作为基础的，假设每个栅格单元携带一份水流，那么栅格单元的汇流积累量就代表该栅格单元的水流量。由此得出，当汇流积累量达到一定大小的时候，就会产生地表水流，所以在河网的提取过程中最重要的是设定集水面积阈值。不同等级的沟谷拥有不同的集水面积，相同级别河流在不同的区域的集水面积阈值也是不同的，所以，在设定集水面积阈值时，要根据研究区的地形条件来设定阈值。在提取栅格河网时采用 ArcGIS 的 Map Algebra 工具集中的 Raster Calculator 工具的 Con 命令来进行栅格河网的提取。将提取的栅格河网用 Hydrology 工具集中的 Stream to Feature 工具进行矢量化，得到南流江流域水系图（图 17-5）。

图 17-5　南流江水域水系图

5. 河网分级

河网分级是用数学标识的方法对河网进行划分等级，其级别越高，流量越大，主要是分清其主流和支流。在地貌学上，河流的分级是根据河流的流量、形态等因素进行。而在 DEM 数据水文模拟中，不同级别的河网所代表的汇流积累量不同，级别越高则汇流积累量越大，一般可称为主流，而级别较低的河网一般则是支流。在 ArcGIS 的 Hydrology 分析模块中，比较常用的两种河网分级方法是 Strahler 分级和 Shreve 分级（图 17-6）。本章采用 Strahler 分级，Strahler 分级是将所有河网弧段中没有支流河网弧段定为第 1 级，两个 1 级河网弧段汇流成的河网弧段为第 2 级，依次类推分别为第 3 级，第 4 级…，一直到河网

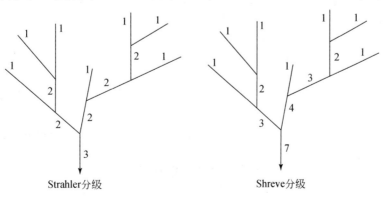

图 17-6　Strahler 河网分级法和 Shreve 河网分级法

的出水口。本章在河网分级中，以水流方向数据和提取的栅格河网数据为基础，用 ArcGIS 中的 Hydrology 模块的 Stream Order 工具来实现。

17.3.3　南流江流域特征分析

1. 流域提取结果分析

经过提取流域的分水岭，从而计算得出南流江流域的流域面积为 8632km²，与广西地表水资源中描述的基本一致。流域内最高海拔为 1245m，最低海拔为 0m，流域的地势东部、北部和西北部较高，中部和南部地势整体很低，从而形成了玉林盆地、博白盆地和合浦平原。南流江流域河网的提取结果取决于流域集水面积阈值的确定[30]，集水面积阈值越小，提取的河网越密集，集水面积越大，提取的河网越稀疏。根据集水面积从小到大的实验分析，根据集水面积阈值与河网密度的曲线（图17-9）确定了最终的集水面积阈值为 16km²，即在 DEM 数据中为 17777 个栅格单元。水文分析提取的河网干支流总长为 1864.98 km，提取的结果与广西 1∶25 万的流域河网图相比，有一定的误差。把广西 1∶25 万的流域河网和提取的河网与南流江流域坡度图进行叠加分析，在平坦的盆地和平原地区，提取的河网（图17-7）与自然状态下（图17-8）的河网不一致，其主要原因是流域内的地势较低，坡降不明显，在水文分析中根据 D8 算法提取水流方向时水流方向难以确定；而在山地地区，经水文分析提取的河网与广西 1∶25 万的流域河网基本一致，主要原因是山地地区坡度大，地形起伏较大，在水文分析中水流方向容易确定。

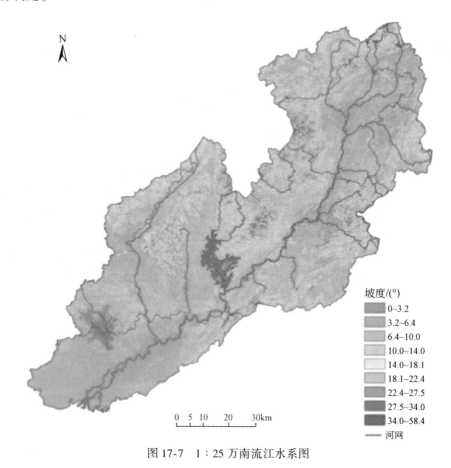

坡度/(°)

- 0~3.2
- 3.2~6.4
- 6.4~10.0
- 10.0~14.0
- 14.0~18.1
- 18.1~22.4
- 22.4~27.5
- 27.5~34.0
- 34.0~58.4
— 河网

0 5 10 20   30km

图 17-7　1∶25 万南流江水系图

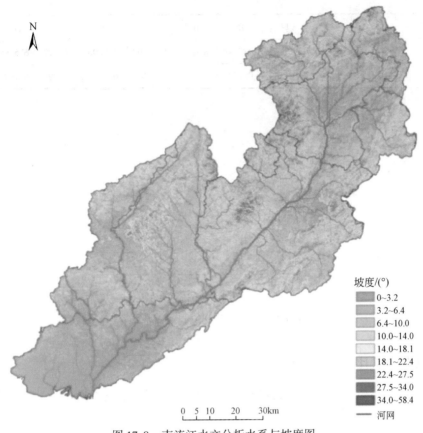

坡度/(°)
- 0~3.2
- 3.2~6.4
- 6.4~10.0
- 10.0~14.0
- 14.0~18.1
- 18.1~22.4
- 22.4~27.5
- 27.5~34.0
- 34.0~58.4
—— 河网

0 5 10   20   30km

图 17-8　南流江水文分析水系与坡度图

2. 河网密度

河网是由干流及其支流组成的网络系统。河网密度为干支流的总长度与流域总面积之比，表示单位面积上河流的长度[31]。计算公式如下：

$$M = \frac{\sum_{w=1}^{\varphi} \sum_{j=1}^{N_w} L_{wj}}{S} \tag{17-1}$$

式中，M 为河网密度；L_{wj} 为第 w 级河流中第 j 条河流的河长，$j=1, 2, 3, \cdots, N_w$；N_w 为第 w 级河流的数目，$\omega=1, 2, 3, \cdots, \varphi$；$S$ 为流域总面积。

在水文分析中，河网密度与集水区域面积阈值有着密切的联系。根据孔凡哲、李莉莉提出的集水面积阈值与河网密度关系曲线法，随着集水面积阈值的增大，河网密度变化值越趋于平缓，其认为河网密度和集水面积阈值关系曲线在突变趋于平缓时为最合理的集水面积阈值[32]。在南流江流域水文提取时，从 1km² 开始，即集水面积为 1111 个 DEM 栅格单元，以 11km² 为间距，逐个实验到 22km²，得到河网密度表（表 17-1），依此得到河网密度和集水面积阈值的关系曲线（图 17-9），从曲线中得出集水面积阈值取 16km² 时为最合理的集水面积阈值，此时河网密度为 0.216km/km²。

表 17-1　集水面积阈值与河网密度表

集水面积阈值/km²	1	2	3	4	5	6	7	8	9	10	11
河网总长/km	7536.87	5362.07	4373.06	3750.40	3388.51	3124.22	2885.79	2698.57	2529.24	2398.03	2271.72
河网密度/(km/km²)	0.873	0.621	0.506	0.434	0.392	0.362	0.334	0.313	0.293	0.278	0.263

集水面积阈值/km²	12	13	14	15	16	17	18	19	20	21	22
河网总长/km	2174.06	2084.27	2006.79	1933.46	1864.99	1810.92	1758.06	1714.72	1675.60	1636.90	1597.31
河网密度/（km/km²）	0.252	0.241	0.232	0.224	0.216	0.210	0.204	0.199	0.194	0.190	0.185

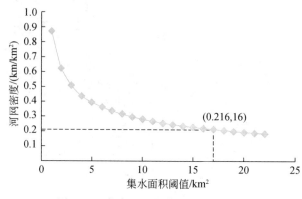

图 17-9　集水面积阈值和河网密度图

3. 河流分岔比与河长比

河流分岔比（L）是指流域内除最高级别水系外，每一级别水系的总数与比它高一级别总数的比值，公式如下：

$$L = \frac{K_{w-1}}{K}$$

(17-2)

式中，L 为河流分叉比；K 为某一级别水系的总数，$w = 2, 3, \cdots, \Omega$。

河长比（J）是指除最低级别水系外，w 级河流的平均长度 J_w 与比其低一级别，即（$w-1$）级河流的平均长度 J_{w-1} 的比值，公式如下：

$$J = \frac{J_w}{J_{w-1}}$$

(17-3)

式中，J 为河长比；J_w 为 w 级河流的平均长度；J_{w-1} 为（$w-1$）级河流的平均长度。

在南流江水文分析进行河网分级时，采用 Strahler 分级方法，把南流江流域分为 4 个等级，其中 1 级河流有 142 条，河流总长度为 964.69km，平均河长为 6.79km，2 级河流有 29 条，河流总长度为 463.64km，平均河长为 15.99km，3 级河流有 7 条，河流总长度为 271km，平均河长为 38.82km，4 级河流有 1 条，河流总长度为 164.92km。经计算得出各级河流分岔比为 4.14～4.91，河长比为 1.71～2.08，见表 17-2。河流分岔比越大反映河网发育程度越好，河网在整个流域范围越广泛，从而可以充分了解研究区流域的水文状况。

表 17-2　南流江流域河网等级统计表

河网等别	数目/条	总长度/km	平均河长/km	分岔比	河长比
1	142	964.69	6.79		
2	29	463.64	15.99	4.91	2.08
3	7	271.74	38.82	4.14	1.71
4	1	164.92	164.92		

17.4　南流江流域自然灾害生态风险评价

17.4.1　南流江流域洪水灾害生态风险评价

洪水是指大量降水或积雪融水在短时间内汇入河槽，形成的特大径流；而洪水灾害是指每当暴雨形成时，河流水量猛增，超过河网正常的宣泄能力。流域洪水灾害是一种突发性强、发生频率高、危害严重的灾害[33]。洪水灾害是指由大气降水的异常运动所引起的洪水给人类正常生产、生活带来的损失和祸患。洪水灾害包括两个方面的含义：一是发生洪水，二是形成灾害。南流江洪水类型属暴雨洪水型。由于地处低纬度地区，暴雨天气系统是多方面的，根据历史实测资料分析，南流江中下游洪水的暴雨天气系统以热带气旋为主，锋面、辐合带及高空槽、西南低压等天气系统为辅[34]。洪水灾害风险不同强度洪水发生的概率以及可能造成的经济损失，这反映了洪水灾害本身的自然属性和社会属性。洪水灾害风险的形成受不同因子的影响，有形成洪水的致灾因子和承受灾害的承灾因子。洪水灾害本身的自然属性有降水量、降水变率、坡度、水系，这些因子可诱发洪水灾害，也称为洪水灾害的致灾因子；洪水灾害风险会给社会带来损失，这可以从社会的人口密度、GDP 密度、粮食总产量来衡量洪水灾害导致的损失，这也称为洪水灾害的承灾因子。

1. 降水量对洪水灾害风险的影响

降水量对洪水灾害的影响与降水的多少有关，降水量以年度降水量来表征，降水量越大则对洪水形成的贡献率也越大，所以，降水量的多少与洪灾形成有着密切的关系[35]。但是洪灾的形成不仅与降水量的多少有关，还与降水的逐年变化量有关，即降水变率。降水变率越大，易发生洪涝，降水变率越小，则逐年降水较为稳定，不易产生洪灾。降水变率一般可分为绝对变率和相对变率，绝对降水变率是降水绝对距平值（某年降水量与常年平均降水量之差值）的算术平均数。

用 $\bar{x}$ 表示几年内降水的多年平均值，用 x_1，x_2，x_3，$\cdots$，x_i 表示某年的降水量，则绝对降水变率公式如下：

$$(v) = \sum_{i=1}^{n} |x_i - \bar{x}| / n \tag{17-4}$$

相对降水变率是降水距平百分率绝对值的和除以年数的商：

$$(\bar{v}) = \frac{\sum_{i=1}^{n} |x_i - \bar{x}|}{n \cdot \bar{x}} = \frac{v}{\bar{x}} \times 100\% \tag{17-5}$$

本章采用相对降水变率来计算降水变率。

南流江流域地处于北回归线以南，纬度为 20°38′ ~ 23°07′N，南临北部湾，属于南亚热带季风气候，在流域范围内受到东南亚季风环流的影响，在夏半年（一般为 4 ~ 9 月）盛吹偏南风，同时带来海洋暖湿气流，形成高温多雨的海洋性气候，年平均降水量为 1767mm。南流江流域按照水量的多少可以分为丰水期和枯水期，丰水期为每年的 4 ~ 9 月，其径流量占年径流量的 80.6%，其他时间为枯水期。丰水期也可以分为前汛期和后汛期，其中 4 ~ 6 月为前汛期，7 ~ 9 月为后汛期，后汛期的径流量占年径流量的 63.1%，南流江流域是后汛期降水比重较大的河流。以常乐水文站为代表，集雨面积为 6592km²，多年平均径流量为 56.1 亿 m³；汛期 4 ~ 9 月径流量为 45.3 亿 m³，占总径流量的 80.7%。本章采用南流江流域 9 个县级行政区气象台站 1970 ~ 2005 年的汛期降水数据来分析降水量和降水变率。首先计算每个气象站每年汛期平均降水量，再计算 35 年汛期的多年平均降水量，通过每个气象台站汛期平均降水量和多年平均降水量计算该台站的降水变率。南流江流域的年平均降水量为流域所辖地区所有的气象台站的降水量的年平均值，流域多年平均降水量为所有台站的多年平均降水量。南流江流域 1970～2005 年汛期年平均降水量和汛期多年平均降水量曲线如图 17-10 所示。流域汛期平均降水量反映流域某年的降水量情况，而流域多年平均降水量反映 35 年降水量的平均水平。

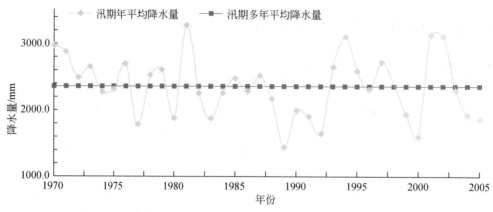

图 17-10　南流江流域汛期年平均降水量和多年平均降水量曲线图

从图 17-10 中的曲线可以看出，南流江流域 1970～2005 年汛期年平均降水量不稳定。在 35 年期间，汛期年平均降水量较多的是 1970 年、1981 年、1994 年、2001 年、2002 年，其中 1981 年是这 35 年中汛期年平均降水量最多的年份，达到 3273mm，1994 年、2001 年和 2002 年的汛期年平均降水量分别为 3098.5mm、3117mm 和 3096.2mm。

南流江洪水灾害的形成大多是在汛期形成，所以，本章采用 9 个县级行政区气象站的汛期多年平均降水量和汛期多年降水变率的平均值来综合表征降水量对洪水灾害危险性的影响。这 9 个县级行政区气象站的数据来源于各地气象局。本章不仅采用研究区范围内的气象站的数据，而且还采用研究区周边气象站的数据（表 17-3）。

表 17-3　降水量和降水变率相关测站数据

县（市、区）	气象站名	纬度（N）/（°）	经度（E）/（°）	多年平均降水量/mm	多年平均降水变率/%
合浦县	59640	21.67	109.19	2553.5	18.4
北海市	59644	21.45	109.14	2527.6	18.3
陆川县	59457	22.32	110.27	2581.5	17.4
灵山县	59446	22.42	109.31	2154.3	21.0
浦北县	59449	22.27	109.55	2360.5	20.8
博白县	59453	22.27	109.99	2465.8	17.4
北流市	59451	22.71	110.35	2074.1	17.4
玉州区	59453	22.65	110.17	2081.8	20.3
兴业县	59435	22.74	109.88	1685.7	20.3

根据表 17-3 中气象站的经纬度坐标，利用 ArcGIS 的 Data Management 工具集中的 Add XY Coordinates 工具，把气象台站的数据定位到研究区的矢量图内，得到降水数据和降水变率的数据在矢量图的地理位置，如图 17-11 所示。

图 17-11　南流江流域气象站地理位置

　　在南流江流域气象站地理位置图的基础上，利用 ArcGIS 中的反距离权重插值法对多年平均降水量和多年平均降水变率数据进行空间插值。反距离权重插值法的基本原理是以插值点与样本点间的距离为权重进行加权平均，离插值点越近的样本点赋予的权重越大。插值的结果按流域行政边界进行掩膜提取，得到南流江流域汛期多年平均降水量图（图 17-12）和多年平均降水变率图（图 17-13）。从图 17-12 中可

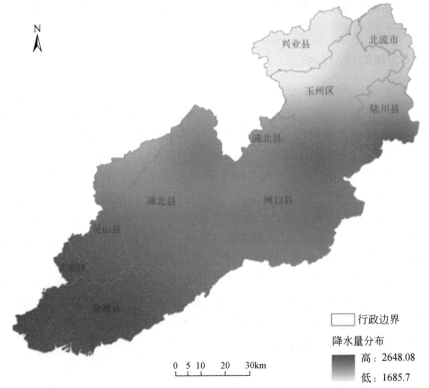

图 17-12　南流江流域多年平均降水量分布图

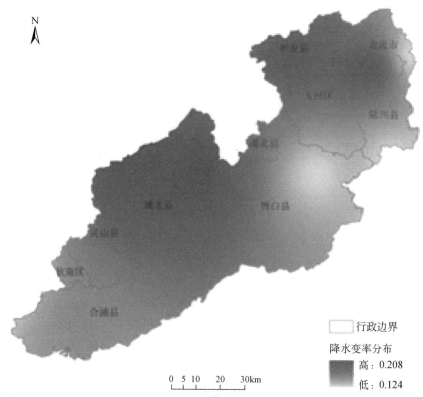

图 17-13　南流江流域多年平均降水变率分布图

以看出，南流江流域中下游地区的降水量较上游地区丰富，下游地区合浦县的多年平均降水量达到 2553.5mm，而上游地区的玉州区和兴业县，降水量分别为 2081.8mm 和 1685.7mm。从图 17-13 可以看出，南流江流域的降水变率在中游地区的浦北县、灵山县比较大，多年平均降水变率达到 20.8% 和 21.0%；而下游地区的多年平均降水变率比较小，合浦县的多年平均降水变率为 18.4%。分析可得，南流江流域在中下游地区易发生洪水灾害，上游地区的多年平均降水量和多年平均降水变率相对较低，发生洪水灾害的可能性较下游地区低。

2. 地形对洪水灾害风险性的影响

南流江流域内地势平坦，地形自东北向西南倾斜，顺地势沿着大容山、六万大山和云开大山三大山脉形成的山谷顺流而下。南流江流经玉林盆地、博白盆地，在合浦县三角洲平原注入北部湾。南流江流域的上游和中游分别为玉林盆地和博白盆地，两大盆地水资源丰富、地势平坦、土壤肥沃、交通方便、人力资源丰富，是农业生产的重要基地。其中，玉林盆地是广西最大的盆地，面积为 637km²；玉林盆地西连六万大山，北接大容山，东有石山群，南有低丘岗地，南流江由北向南贯穿盆地中部，冲积层厚度为 20~30m，海拔小于 200m。博白盆地则三面环山，形成较完整的盆地，面积为 201km²，占全县总面积的 5.24%。南流江下游的廉州镇直至北部湾畔的河口地区为三角洲平原，面积为 175km²，海拔由 3m 降至 0.5m。据文献资料记载，南流江流域受洪水威胁的耕地 7.2 万 hm²，占耕地面积的 46%，受灾人口 90 万人，占总人口的 28%，其洪灾主要集中在中上游的博白盆地、玉林盆地和下游地区的合浦三角洲平原[36]。地形对洪水灾害风险性影响有着密切的关系。地形高程越低，变化程度越小，越容易发生洪水，洪水灾害的风险性也越高。本章采用分辨率为 30m 的 GDEM 数据来分析南流江流域的坡度情况，得到南流江流域坡度等级图（图 17-14）。坡度等级越低，表示地形越平坦，越容易发生洪水；坡度等级越高，表示地形越陡峭，洪水对此的影响性越小。

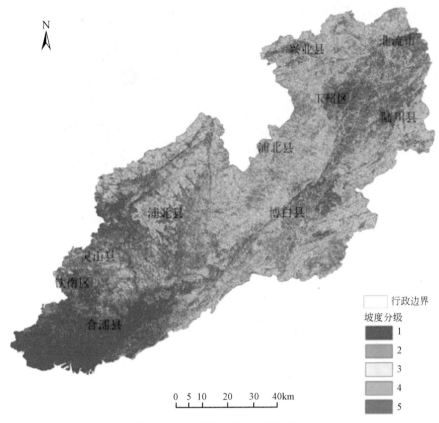

图 17-14　南流江流域坡度分级图

3. 水系对洪水灾害风险性的影响

　　流域内所有河流、湖泊等各种水体组成的水网系统，称为水系。水系的分布在一定程度上决定了评价区域遭遇洪水侵袭的难易程度[35]。南流江流域是广西独流入海的第一大河，从发源地北流市的大容山，向南流经北流市、玉林市的玉州区、博白县、浦北县、合浦县 5 县市，于合浦县注入廉州湾。在南流江的支流马江出口处，有一水库为小江水库又名合浦水库，小江水库集雨面积 1052.8km^2，总库容 12.4 亿 m^3；在南流江的支流洪潮江的中游合浦、灵山、钦南区的交界地区有红潮江水库。据历史资料记载，当洪水灾害发生时，距离河流两岸的受灾最严重，尤其是流域流经的玉林盆地、博白盆地和合浦三角洲平原。据玉林县志记载，1981 年夏涝，5~7 月，出现 4 次洪涝灾害，受灾面积 12.8 万亩，多次受灾面积 9 万余亩，其中颗粒无收 3447 亩；据博白县志记载，1981 年 6 月 28~30 日，连续暴雨，发生洪灾，16 万亩早稻被浸坏，2.4 万亩晚稻被浸死；据合浦县志记载，1970 年洪灾，南流江流域两岸淹没农作物面积 3850亩。距离河道越近，越容易遭受洪水的侵袭，洪水的危险程度越高。同时，不同级别的河流发生洪水时对周边的危险性也不同，级别越高的河流，其洪水对河流周边的影响范围越大；同一级别的河流在不同的地形条件下，其影响范围也不一样，河流所处地势平坦的地区，洪水灾害的危险性越大。根据本章水文分析提取的河网，分别对不同级别的河流做不同距离的缓冲区分析，其中 4 级河流的缓冲区距离为2000m，3 级河流的缓冲区距离为 1500m，2 级河流的缓冲区距离为 1000m，1 级河流的缓冲区距离为500m。运用 ArcGIS 中的分析工具集 Analysis Tools 中的领域分析 Proximity 的缓冲区分析工具 Buffer，得到南流江流域河网缓冲区图（图 17-15）。

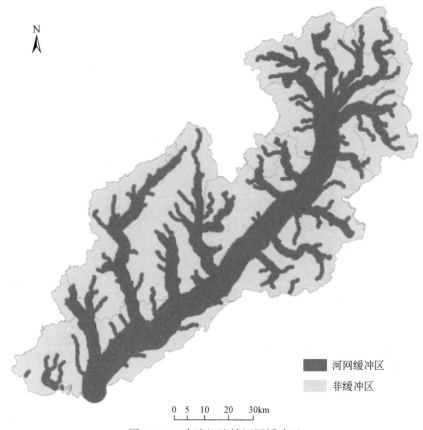

图 17-15　南流江流域河网缓冲区

4. 流域洪水灾害易损性评价

洪水灾害易损性是指在一定社会经济条件下，特定区域各类承灾体在遭受不同强度洪水后可能造成的损失程度[37]。所谓承灾体是致灾因子作用的对象，是人类活动所在的社会与各种资源的集合[38]。洪水灾害具有自然和社会双重属性，洪水灾害造成的损失，不仅与洪水强度有关，而且与承灾体密切相关；同样的洪水发生在不同的地区，可能会导致完全不同的结果，同样等级的洪水，发生在经济发达、人口密度大的地区可能造成的损失往往比在人烟稀少的经济落后区大得多。

洪灾发生时，在一定程度上会导致流域范围内人员伤亡、经济损失、房屋倒塌、农作物受灾、路桥交通设施损坏等损失。社会经济越发达的地区，人口、城镇密集，产业活动频繁，承灾体的数量多、密度大、价值高，遭受洪水灾害时人员伤亡和经济损失就越大。据玉林县志记载，1971 年 6 月初发生的洪涝灾害，死亡 66 人，受伤 88 人，房屋倒毁 4882 间，粮食损失 1600 多万千克，国民经济损失折合 245.16 万元。根据研究区的特点和数据收集的有限性，本章采用了 2005 年研究区的人口密度、GDP 密度和单位面积粮食产量 3 个承灾体作为南流江流域洪灾风险易损性评价指标。根据 2006 年《广西统计年鉴》的数据来计算指标数据（表 17-4）。

表 17-4　南流江流域 2005 年社会经济统计数据

县（市）	人口密度/（人/km²）	GDP 密度/（万元/km²）	单位面积粮食产量/（t/km²）
合浦县	392.44	286.36	130.59
北海市	454.88	838.75	56.00
陆川县	577.05	297.29	194.19

续表

县（市）	人口密度/（人/km²）	GDP 密度/（万元/km²）	单位面积粮食产量/（t/km²）
灵山县	387. 61	186. 24	128. 99
浦北县	322. 89	157. 31	95. 86
博白县	387. 22	157. 52	125. 13
北流市	492. 06	259. 37	177. 38
玉州区	717. 09	952. 52	214. 28
兴业县	461. 33	211. 66	172. 61

以气象站的基础数据为基础，把社会经济统计数据与气象站的数据进行关联，利用 ArcGIS 中数据框图层快捷菜单中的 Join and Relates 工具来实现。然后分别运用 ArcGIS 中的反距离权重插值法（IDW）对人口密度、GDP 密度和单位面积粮食产量数据插值分析。得到南流江流域人口密度易损性分布图，如图 17-16 所示；南流江流域 GDP 密度易损性分布图，如图 17-17 所示；南流江流域单位面积粮食产量易损性分布图，如图 17-18 所示。从图 17-16 中可以看出，南流江流域人口密度易损性在流域的上游地区的玉州区最高，人口密度达到 717.09 人/km²，中游地区的浦北县最低，人口密度为 322.89 人/km²。从图 17-17 中可以看出，南流江流域 GDP 易损性在流域的上游和流域的下游为高值，最高的为玉州区，GDP 密度为 952.52 万元/km²，其次为紧邻流域下游地区的北海市，GDP 密度为 838.75 万元/km²，GDP 密度易损性最低的为浦北县和博白县，分别为 157.3 万元/km²、157.52 万元/km²。从图 17-18 中可以看出，南流江流域单位面积粮食产量易损性最高的为上游地区的玉州区，其单位面积粮食产量为 214.28t/km²，流域范围内最低的是浦北县，单位面积粮食产量仅为 95.86t/km²。

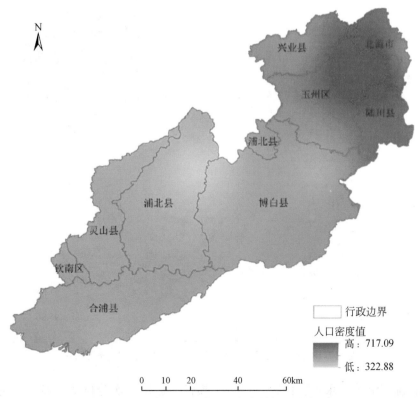

图 17-16 南流江流域人口密度易损性分布图

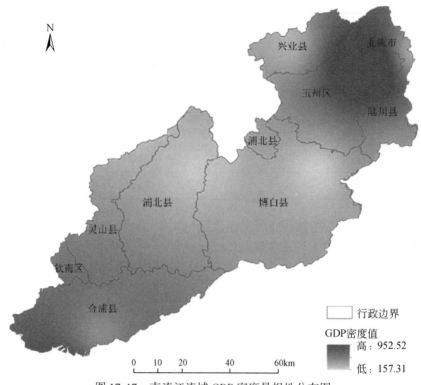

图 17-17 南流江流域 GDP 密度易损性分布图

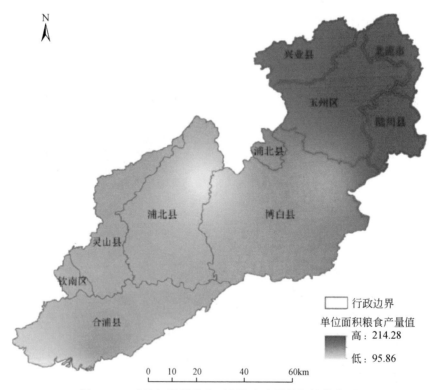

图 17-18 南流江流域单位面积粮食产量易损性分布图

为了综合评价南流江流域洪水灾害的社会经济易损性，运用层次分析法，经专家决策，得到南流江流域的人口密度、GDP 密度和单位面积粮食产量的权重分别为 0.4、0.3 和 0.3，把 3 个因子做加权叠加分析，得到南流江流域洪水灾害的社会经济易损性分布图，如图 17-19 所示。

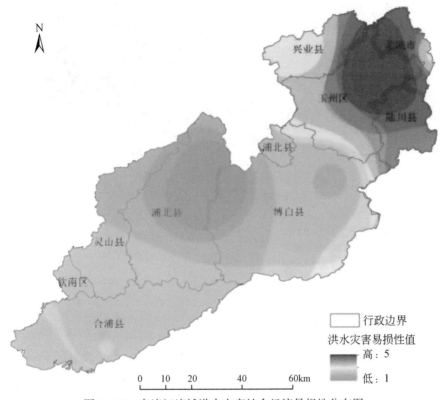

图 17-19　南流江流域洪水灾害社会经济易损性分布图

由图 17-19 可知，社会经济易损性的分布以玉林市为中心向周边县市逐渐减小，浦北县的社会经济易损性最小，合浦县和博白县的社会经济易损性介于玉林市的玉州区和浦北县，在空间分布上，整个流域范围的社会经济易损性呈阶梯式分布。

5. 流域洪水灾害综合评价

根据降水、地形、水系、社会易损性这四方面对南流江流域洪涝灾害风险性的影响进行分析，综合这四方面风险评价的值。运用层次分析法，经专家决策，得到降水量对洪水灾害的风险影响的权重为 0.3，地形的权重为 0.2，水系的权重为 0.2，社会易损性的权重为 0.3，然后采用叠加分析法计算南流江流域综合洪水灾害风险值，其结果如图 17-20 所示。

从图 17-20 可以看出，流域洪涝灾害风险在河流干流的东南方向的风险比较大，在西北方向的风险比较小，在流域所经过的玉林盆地、博白盆地、合浦平原的洪涝灾害风险性大，在流域的大容山山脉和六万山山脉的洪涝灾害风险性比较低。这与整个流域的地理空间格局有关，即在流域附近，地形平坦的区域易受到洪涝灾害的影响；远离河流，地形起伏大，地形为山地的区域，不易受到洪涝灾害的影响。从洪涝灾害综合风险的分布图来看，在河流的源头处，即玉林市的玉州区及周边地区，以及北流市和陆川县的洪涝灾害风险比其他地区的风险高，其主要原因是这些地区的社会易损性比较高，即所在区域的人口密度、GDP 密度、单位面积粮食产量比较高，同时在流域的降水变率分布图来看，该地区的降水变率也比较大，易发生洪涝，所以在该地区的综合洪涝灾害风险性高。而在兴业县、浦北县北部，洪涝灾害的风险性比较低，其主要原因是该地区是山地分布区，六万山山脉、大容山山脉分布其间，同时该地区远离河流的干流，是南流江流域的支流地区，降水量和降水变率不是很高，社会易损性比较低，所以该地区综合洪涝灾害风险比较低。

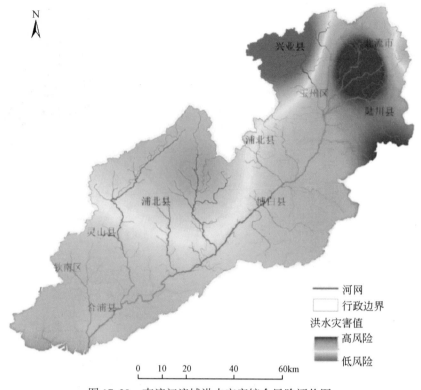

图 17-20　南流江流域洪水灾害综合风险评价图

17.4.2　南流江流域干旱灾害生态风险评价

干旱是自然界中一种不正常现象，气象学通常把降水量的多年平均状况称为正常现象，比多年平均降水量值低的叫做干旱[37]。从自然的角度来看，干旱是指某区域水分收支不平衡形成的水分短缺现象，主要是由气候变化等因子形成的随机性异常水分短缺现象；而旱灾是指因气候严酷或不正常的干旱而形成的气象灾害，两者是完全不同的概念。干旱不一定引起旱灾，在正常气候条件下，水资源充足，在较短的时间内由于降水减少等造成水资源短缺，或对生产生活造成较大的影响，才可以称为旱灾。

干旱的类型很多，世界气象组织把干旱分为 6 种类型：大气干旱、气象干旱、农业干旱、水文干旱、气候干旱、用水管理干旱。根据《气象干旱等级》国家标准，气象干旱可划分为 5 个等级，分别为无旱、轻旱、中旱、重旱和特旱。在《气象干旱等级》国家标准中，使用了不同的气象干旱指数来计算干旱的等级，不同的气象干旱指数所代表的意义不一样，我国常用的气象干旱指数包括：降水量距平百分率（P_a）、相对湿润度指数（M）、标准化降水指数（SPI）、帕默尔干旱指数（X）、土壤相对湿度干旱指数（R）。

本章采用降水距平百分率（P_a）来计算气象干旱等级。降水距平百分率是指某时段降水量较常年降水量的平均值偏多或偏少的指标之一，可以比较直观地反映降水异常引起的干旱，降水量距平百分率（P_a）的计算公式如下：

$$P_a = \frac{P - \overline{P}}{\overline{P}} \times 100\%　\qquad\qquad (17\text{-}6)$$

式中，P 为某时段降水量（mm）；$\overline{P}$ 为计算时段同期的多年平均降水量（mm）。

$$\overline{P} = \frac{1}{n} \sum_{i=1}^{n} P_i　\qquad\qquad (17\text{-}7)$$

式中，n 为年数，取 1，2，…，35；$i = 1$，2，…，n。

　　研究区各地的降水距平百分率有差异，所以利用降水距平百分率划分干旱等级来对某地区干旱程度进行评价，结合研究区的实际和历史旱情特点，根据表 17-5 划分降水距平百分率来确定干旱等级。

表 17-5　降水距平百分率划分的干旱等级

等级	类型	降水量距平百分率/%
1	无旱	$-25 < P_a$
2	轻旱	$-50 < P_a \leqslant -25$
3	中旱	$-70 < P_a \leqslant -50$
4	重旱	$-80 < P_a \leqslant -70$
5	特旱	$P_a \leqslant -80$

　　根据南流江流域各县的县志历史资料记载以及南流江流域所处的地理位置和气候区域，干旱时常发生在非汛期，即每年的 10 月到次年的 3 月。本章，首先计算南流江流域范围内每个气象站非汛期平均降水量，其次根据非汛期平均降水量计算非汛期平均降水量的多年平均值，根据非汛期平均降水量和多年平均值计算该气象站的某年的降水距平百分率。南流江流域非汛期平均降水量为流域范围内所有气象站的非汛期降水量的平均值。在研究过程中，采用 1970~2005 年的南流江流域非汛期的降水量平均值来计算降水距平百分率，图 17-21 为南流江流域 35 年逐年的降水距平百分率的曲线图，曲线可以反映南流江流域 35 年来非汛期降水的变化情况，可为计算南流江流域干旱等级提供依据。

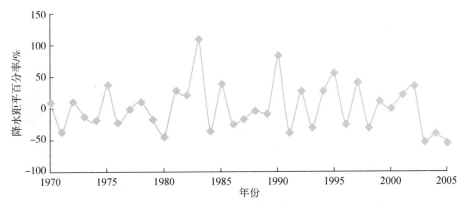

图 17-21　南流江流域降水距平百分率变化图（1970~2005 年）

　　本章参照《气象干旱等级》国家标准，由此得知降水距平百分率为负值表示干旱，正值表示不干旱。根据表 17-5 来划分某气象站非汛期某年的干旱等级，再统计该气象站 1970~2005 年的干旱程度等级值，

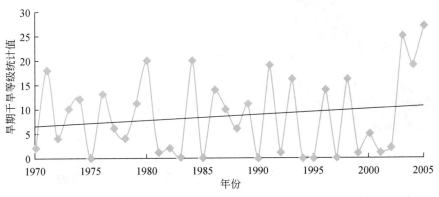

图 17-22　南流江流域非汛期干旱程度变化图（1970~2005 年）

用这 35 年的干旱等级的累加值表示该气象站 35 年来的干旱程度。南流江流域某年非汛期的干旱程度用流域范围内所有气象站干旱等级的累加值来表示，图 17-22 为南流江流域 1970～2005 年非汛期逐年的干旱程度变化曲线图。

通过南流江流域 1970～2005 年逐年的干旱程度变化图可知，流域范围内 1971 年、1980 年、1984 年、1991 年、2003 年和 2005 年的干旱程度比较高，这与流域所在县的县志记载中的干旱灾害年份基本相符。本章采取南流江流域的 9 个县区气象台站的降水数据来计算降水距平百分率，再根据降水距平百分率划分干旱等级，通过统计各县 1970～2005 年的干旱等级，得到统计数值代表每个县的干旱程度（表 17-6）。

表 17-6　南流江流域干旱强度统计表

县（市、区）	气象站名	干旱强度	县（市、区）	气象站名	干旱强度
合浦县	59640	34	北海市	59644	39
陆川县	59457	35	灵山县	59446	35
浦北县	59449	34	博白县	59453	32
北流市	59451	37	玉州区	59453	31
兴业县	59435	33			

以气象站的基础数据为基础，把干旱强度数据与气象站的数据进行关联，利用 ArcGIS 中数据图层中的 Join and Relates 工具，把干旱强度数据关联到气象站数据中。利用反距离权重插值法（IDW）把干旱强度数据进行插值，再按照自然间断点分级法对插值的数据进行分类，把南流江流域干旱强度分为微度干旱、轻度干旱、中度干旱、重度干旱、极度干旱 5 个等级，得到南流江流域干旱强度分布图，如图 17-23 所示。

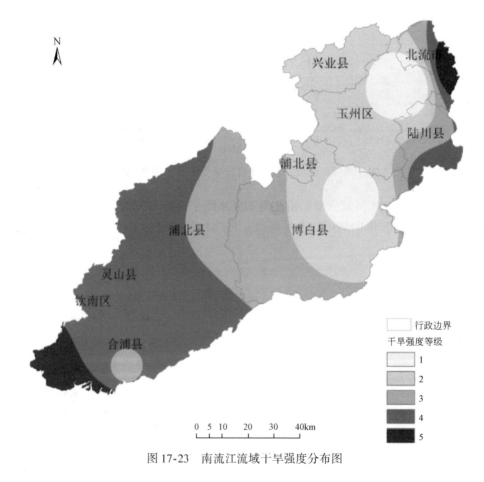

图 17-23　南流江流域干旱强度分布图

17.4.3 流域自然灾害生态风险评价

本章采用洪水灾害灾和干旱灾害进行南流江流域自然生态风险评价，从而分析洪水灾害风险和干旱强度风险两者不确定的风险可能对南流江流域生态环境产生作用，自然灾害风险因子可能会使生态系统结构和功能受到损伤，严重危及生态系统的健康和安全。把洪水灾害风险和干旱灾害风险进行叠加分析，得到自然灾害对生态系统风险分布的影响情况，如图 17-24 所示。

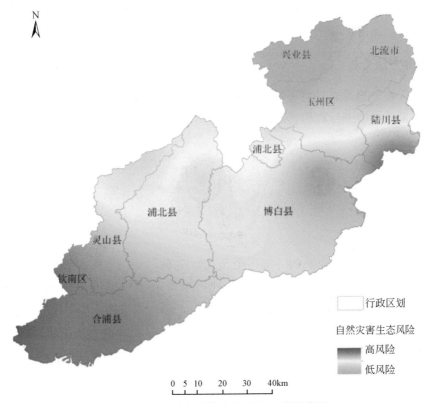

图 17-24　南流江流域自然灾害生态风险图

由图 17-24 可以看出，南流江流域下游地区自然灾害的风险性较高，其次是中游地区的博白盆地，风险性最低的是河流的发源地。玉州区、兴业县的风险值呈现出低值，这是因为干旱灾害在这些地区的低值，在叠加运算中把洪水灾害的高值平衡了，所以自然灾害生态风险比其他地区低。在流域的发源地，地势较高，自然灾害生态风险的影响不大，在低海拔平坦的合浦三角洲和博白盆地地区，自然灾害对下游地区生态威胁性大。这是因为下游地区地势平坦，河网的汇流使洪水灾害风险加大。同时，在流域的下游地区，在枯水期季节容易发生干旱灾害，这对人类活动的生产、生活造成很大影响，尤其是对合浦三角洲地区农业发展的威胁性最大。在洪水灾害和干旱灾害两个自然灾害因子的共同作用下，下游地区更具风险性，其风险性越大，反而上游地区的流域发源地风险性最低，中游地区的风险性介于两者。

17.5　南流江流域环境污染生态风险评价

17.5.1　环境污染评价理论与方法分析

1. 环境污染评价理论分析

南流江流域环境污染问题制约着该地区经济的可持续发展，影响沿江群众的身心健康。环境污染指人类活动向自然环境中投入的废弃物超过自然生态系统的自净能力，并在环境中扩散、迁移、转化，使环境系统的结构和功能发生变化，对人类和其他生物的正常生存和发展产生不利影响的现象[39]。本章主要选择南流江流域典型的工业污染作为研究对象，主要有三大类，即废水污染、废气污染和固体废弃物污染。其中废水污染主要的污染源有工业污染源、城镇生活污染源、农业生活污染源、畜禽养殖污染源以及水产养殖污染源等，废水直接排放到江河湖海中，污染地表水、地下水，危害水生环境等；废气污染主要来自二氧化硫（SO_2）、氮氧化物（NO_x）、碳氢化合物、硫化氢等，废气中有毒物质危及呼吸道，长期的高浓度的废气环境可造成人体呼吸、血液、肝脏等系统病变，甚至致癌；固体废弃物主要有锅炉渣、化工渣、工业垃圾、冶炼渣、生活垃圾等，有些固体废弃物具有毒性、放射性、难降解性，对资源、生态环境造成严重危害，同时影响市容、市貌，危害人类的身心健康。

2. 环境污染评价方法分析

等标污染负荷法主要思想是通过将不同污染源（既可以是行业，也可以是具体企业）排放的某污染物总量与该污染物的排放标准进行比较，从而得到同一尺度上可以相互比较的量[40]。

对某种废水污染物（i）：

$$P_i = \frac{Q_i}{C_{oi}} \times 10^6 \tag{17-8}$$

对某种废气污染物（i）：

$$P_i = \frac{Q_i}{C_{oi}} \times 10^9 \tag{17-9}$$

式中：P_i 为废气、废水中第 i 种污染物的等标污染负荷（等标排放量）（m^3/a）；Q_i 为废气、废水中第 i 种污染物的排放量（t/a）；C_{oi} 为废气、废水中第 i 种污染物评价标准的浓度值（采用环境质量标准）[mg/m^3（废气中第 i 种污染物浓度单位）；mg/L（废水中第 i 种污染物浓度单位）]。

本书根据其他学者提出的等标污染负荷法做了修改，提出等国土面积污染负荷法来对某一地区的污染程度进行评价。

$$P'_i = \frac{W_i}{A_i} \tag{17-10}$$

式中，P'_i 为某行政区的等国土面积污染负荷（t/km^2）；W_i 为某行政区的第 i 种污染物排放量（t/a）；A_i 为某行政区的国土面积（km^2）。

用等国土面积污染负荷法来评价南流江流域的环境污染状况，可确定各污染源对流域的影响力度和强度。所谓力度，是指各污染源所排污染物的总量；强度，主要指单位面积所排放的污染物的负荷[40]。

17.5.2 流域环境污染评价

1. 流域废水污染评价

南流江流域废水污染严重，南流江有河道弯曲、源头段流量小、河水流速缓慢、自净能力差等特点，流域水生态环境非常脆弱。据2012年污染统计数据可知，南流江流域2012年全年排放的工业废水排放量为2554万t，污染物为4534.10t，占各类污染物的2.17%；城镇生活污水排放量为1055.75万t，污染物为3747.36t，占各类污染物的1.79%；农村生活污水排放量为17690.83万t，污染物为52235.10t，占各类污染物的24.97%；南流江流域共有规模化畜禽养殖场402家，养殖排放的污染物为138201.16t，占各类污染物的66.06%；南流江流域共有耕地370.33万亩，年流失的污染物为7724.92t，占各类污染物的3.69%，种植业污染主要的污染物为氮污染物，流失的氮污染物为2865.77t，占农业污染的37.10%；水产养殖污染物主要来源于淡水养殖，淡水养殖产生的污染物有2571.06t，主要的污染物为COD污染。各行业排放污染物情况见表 17-7。根据表 17-7 的等国土面积污染负荷数据，结合研究区各县、市所在行政中心数据，把等国土面积污染负荷数据与行政中心数据关联，利用 ArcGIS 的反距离权重插值法对等国土面积污染负荷数据进行插值，得到南流江流域的等国土面积废水污染的空间分布图，如图 17-25 所示。

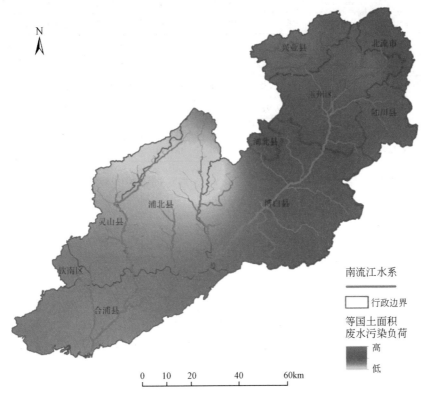

图 17-25　南流江流域等国土面积废水污染负荷分布图

由图 17-25 得出，南流江流域等国土面积废水污染的空间分布由北向南逐渐减少，在流域的源头处等国土面积废水污染最为严重，仅兴业县、玉州区、北流市 3 个县、市排放的废水占整个流域的 39.72%；在流域的中游地区博白县的废水排放量最多，污水排放量为 45201.23t，排放的污水占整个流域的 21.61%，博白县的国土面积大（面积为 3830km²），使得等国土面积废水污染负荷相对减小；而在流域的中下游地区的浦北县和灵山县，废水排放量较少，仅占整个流域废水排放的 7.09%；下游地区合浦县的等国土面积废水污染负荷介于中游地区的博白县和中下游地区的浦北县、灵山县，虽然合浦县的废水排放量不多，但是合浦县处于南流江流域的下游，在该区域的河段会受到来自上游河段水质的影响，在实际情况中，下游地区河段的污染是最为严重。

从图 17-25 还可以看出，在距城市越近的地区的废水污染越为严重，以玉林市玉州区为中心的等国土面积废水污染最为严重，周边地区北流市、陆川县和兴业县的等国土面积废水排放量也比较大。经研究得知，在这些区域工业、畜禽养殖、生活污水的排放比较严重，其中玉林市玉州区工业废水排放量占流域工业废水排放量的 16.31%，北流市占 15.60%，两者的工业废水排放量超过整个流域的 1/3；玉林市玉州区的畜禽养殖废水排放占了整个流域的 12.91%，兴业县占 18.54%，北流市占 10.39%，三者占整个流域的 41.84%；在生活污水方面，玉林市玉州区的城镇生活污水占整个流域的 22.89%，北流市占 14.34%，两者的城镇生活污水排放量占整个流域的 37.23%。

表 17-7　南流江流域各地区各行业污染物排放量情况表

县（市）	工业废水排放量/t	城镇生活污水排放量/t	农村生活污水排放量/t	畜禽养殖污水排放量/t	种植业污染排放量/t	水产养殖污染排放量/t	废水排放总量/t	占流域百分比/%	行政区面积/km²	等国土面积污染负荷/(t/km²)
合浦县	397.72	329.73	4589.62	10762.09	1124.98	471.79	17675.93	8.45	2762	6.40

续表

县（市）	工业废水排放量/t	城镇生活污水排放量/t	农村生活污水排放量/t	畜禽养殖污水排放量/t	种植业污染排放量/t	水产养殖污染排放量/t	废水排放总量/t	占流域百分比/%	行政区面积/km²	等国土面积污染负荷/(t/km²)
灵山县	494.60	351.35	4691.41	3137.22	540.69	48.28	9263.54	4.43	3558	2.60
浦北县	482.16	230.05	2601.58	1973.22	306.26	38.92	5632.18	2.69	2526	2.23
玉州区	739.18	857.92	5379.45	17839.56	893.80	475.69	26185.60	12.52	1265	20.70
容县	405.62	314.57	4961.58	15160.78	692.40	175.15	21710.11	10.38	2255	9.63
陆川县	572.23	411.33	6268.09	18298.08	717.84	350.38	26617.95	12.72	1554	17.13
博白县	526.37	569.59	10787.99	31049.97	1677.75	589.55	45201.23	21.61	3830	11.80
兴业县	209.25	145.34	4678.59	25626.43	703.58	117.28	31480.47	15.05	1468	21.44
北流市	706.98	537.47	8276.79	14353.82	1067.61	484.01	25426.69	12.15	2452	10.37
各行业排放量总量/t	4534.10	3747.36	52235.10	138201.16	7724.92	2751.06	209193.69		21670	9.65
各行业排放量所占百分比/%	2.17	1.79	24.97	66.06	3.69	1.32				

注：受四舍五入的影响，表中数据稍有偏差

2. 流域废气污染评价

南流江流域的主要废气污染物为二氧化硫（SO_2）、氮氧化物（NO_x）、一氧化碳（CO）、硫化氢（H_2S）、粉尘等。在本章的废气污染研究中，采用了流域所在地区1990年的县志环境污染资料记载的数据。

据县志资料记载，1990年北流市废气污染排放总量为77781万标立方米，其中SO_2排放量为2710.23t，粉尘排放量为3857.17t，氟化物排放量为112.1万t；1990年博白县工业废气排放总量为40947万标立方米，其中燃烧废气排放量为33931万标立方米，生产工艺废气排放量为7016万标立方米；1990年浦北县的废气排放量为53183万标立方米，其中燃烧废气排放量为26460万标立方米，生产工艺废气排放量为26723万标立方米；1990年合浦县废气排放总量为61222万标立方米，其中SO_2排放量为1275.44t，粉尘排放量为4511.70t，氟化物排放量为72.32t。

在废气污染评价研究中，统计流域的县志资料数据，统计1990年流域各县（市）的工业总产值数据，结合各县（市）的国土面积（1990年兴业县隶属玉林市，1997年设立兴业县），计算各县（市）的单位面积废气污染负荷见表17-8。

表17-8　南流江流域各县（市）废气污染排放量情况表

县（市）	废气/万标立方米	废气排放量所占百分比/%	工业总产值/万元	工业总产值所占百分比/%	万元产值废气排放量/(万标立方米/万元)	国土面积/km²	等国土面积废气污染负荷/(万标立方米/km²)
合浦县	61222	11.21	60722	18.95	1.01	2762	22.17
陆川县	28990	5.31	29671	9.26	0.98	1554	18.66
灵山县	85073	15.58	31247	9.75	2.72	3558	23.91
浦北县	53183	9.74	25745	8.04	2.07	2526	21.05
博白县	40947	7.50	31080	9.70	1.32	3830	10.69
北流市	77781	14.25	39610	12.36	1.96	2452	31.72
玉州区	198799	36.41	102286	31.93	1.94	2733	72.74
合计	545995		320361			19415	

根据表 17-8 数据得知，研究区玉州区的废气排放量最大，为 198799 万标立方米，其次是灵山县，废气排放量为 85073 万标立方米，在研究的流域内，按废气排放量的多少排序为玉州区>灵山县>北流市>合浦县>浦北县>博白县>陆川县。

根据周曙东等[41]的经济与大气污染的关系研究得知，大气污染与工业的发展呈同向变化的，根据研究区的废气排放数据与研究区的工业总产值统计数据得到大气污染与工业总产值之间的关系图，如图 17-26 所示。

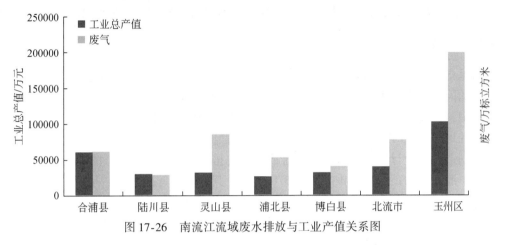

图 17-26 南流江流域废水排放与工业产值关系图

从图 17-26 可以看出，研究区合浦、陆川、博白的废气排放量与工业总产值呈现同向变化的关系，基本上万元工业总产值就会产生万标立方米的废气，工业总产值与废气的排放量相协调；但有些地区废气的排放远远大于工业总产值，打破了彼此之间的相互协调关系，如玉林市玉州区的万元工业总值的废气排放量为 1.94 万标立方米，北流市的万元工业总产值的废气为 1.96 万标立方米，灵山县为万元工业总产值废气排放量最大的县，为 2.72 万标立方米，浦北县的万元工业总产值的废气为 2.07 万标立方米。

根据表 17-8 的废气的数据，利用 ArcGIS 的反距离权重插值法对研究区的等国土面积废气污染负荷的数据进行插值，得到研究区的等国土面积废气污染负荷的空间分布图，如图 17-27 所示。

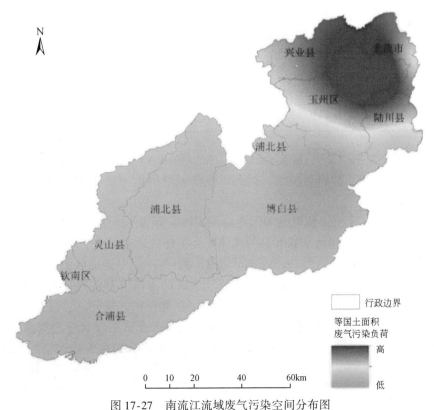

图 17-27 南流江流域废气污染空间分布图

从图 17-27 可以看出，南流江流域废气污染主要集中在玉林市玉州区、北流市一带，这一地区是整个流域大气污染最严重的区域，其他地区的废气排放量分布均衡。虽然灵山县的废气排放量在整个流域位居第二，但南流江流域范围内灵山县的面积较小，只有武利江左岸区域，而且离灵山县县中心较远，所以在流域的废气污染空间分布图上未见比其他县（市）高。大气圈是一个统一的整体，存在着大气运动，所以玉林市玉州区、北流市严重的废气污染也会影响其他县（市）大气的污染，尤其是与之相邻的县（市）污染最为严重。经研究发现，南流江流域的大气污染物主要为二氧化硫（SO_2）、氮氧化物（NO_X）、硫化氢（H_2S）等，主要来源于工业锅炉、金属冶炼、水泥立窑、红砖生产轮窑等。

3. 流域固体废弃物污染评价

固体废弃物是指在生产建设、日常生活和其他活动中产生的污染环境的固态、半固态废弃物质。

南流江流域的固体废弃物主要有锅炉渣、化工渣、工业垃圾、冶炼渣、生活垃圾等。在本章的固体废弃物污染研究中，在生活垃圾方面缺少统计数据，所以主要对工业固体废弃物进行研究，其数据主要来源于流域所在的地区 1990 年的县志资料。玉林市玉州区的工业固体废弃物排放量为 5.19 万 t，其中机械、食品、合成制造等工业行业的固体废弃物排放量占总排放量的 97.69%；博白县的工业固体废弃物排放量为 2.06 万 t；浦北县的工业废渣排放量为 3.87 万 t，其中铅、锌矿选的矿尾渣为 2.21 万 t，占全县总排放量的 57.11%；合浦县的工业固体废弃物排放量为 2.29 万 t；陆川县的工业固体废弃物排放量为 2.73 万 t。根据各县（市）的工业固体废弃物排放情况，结合各县（市）的国土面积，计算各县（市）的等国土面积固体废弃物污染负荷，结果见表 17-9。

表 17-9　南流江流域等国土面积固体废弃物污染负荷统计表

县（市）	固体废弃物/万 t	占总量的百分比/%	国土面积/km²	等国土面积固体废弃物污染负荷/（t/km²）
合浦县	2.29	11.83	2762	8.29
陆川县	2.73	14.10	1554	17.57
灵山县	1.59	8.21	3558	4.47
浦北县	3.87	19.99	2526	15.32
博白县	2.06	10.64	3830	5.38
北流市	1.63	8.42	2452	6.65
玉林市	5.19	26.81	2733	18.99
总计	19.36		19415	

根据表 17-9 的等国土面积固体废弃物污染负荷数据，利用 ArcGIS 中的反距离权重插值法对南流江流域等国土面积固体废弃物污染负荷进行插值，得到南流江流域等国土面积固体废弃物污染负荷的空间分布图，如图 17-28 所示。

从图 17-28 中可以看出，南流江流域的等国土面积固体废弃物污染主要以玉林市玉州区和浦北县为中心向周边县（市）辐射减少，玉州区和浦北县的固体废弃物排放量占了整个流域排放总量的 46.80%，其等国土面积固体废弃物污染负荷分别为 18.99t/km² 和 15.32t/km²。中游地区的博白县和下游地区的合浦县的固体废弃物的分布相对较少，最少的是位于南流江流域的支流武利江左岸的灵山县。整个流域的固体废弃物的空间分布的不规律性与流域的产业结构有关，在北流市、玉州区、陆川县、浦北县这些排放量大的地区，拥有金属冶炼、砖瓦、陶瓷、水泥等行业，固体废弃物不仅对土地资源占有、污染、浪费，而且会破坏生态环境，同时也会造成二次污染，所以南流江流域的固体废弃物污染问题急需解决。

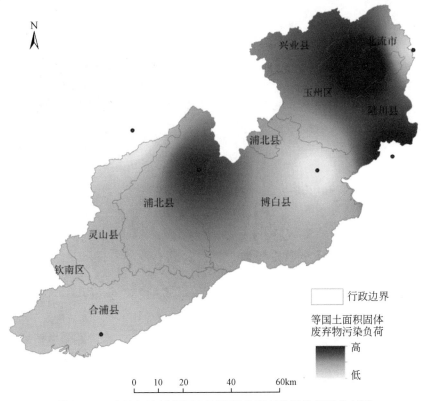

图 17-28　南流江流域等国土面积固体废弃物污染负荷分布图

17.5.3　南流江流域环境污染综合评价

在自然生态系统中，自然环境拥有自动调节能力，在一定条件下，污染物会被自然环境的自净能力所净化。如果污染物的排放量超出了自然环境的自净能力，生态环境就会遭到破坏，生态系统就会遭到很大威胁。在生态系统中，生态环境并不只是受到单一污染源的影响，可能会受到多重污染源的胁迫，本章综合分析多种污染源对生态环境的胁迫。在废水污染评价、废气污染评价和固体废弃物污染评价的基础上，综合分析"三废污染"对南流江流域环境的胁迫。

在南流江流域污染综合分析中，采用层次分析方法对"三废污染"进行权重计算，经专家的综合意见，得到"三废污染"的判断矩阵，并通过一致性检验，CR = 0.037 < 0.1，计算得到的权重（P_i）结果见表 17-10。

表 17-10　南流江流域污染物权重计算表

污染物	废水污染	废气污染	固体废弃物污染	权重（P_i）
废水污染	1	5	3	0.633
废气污染	0.2	1	0.333	0.106
固体废弃物污染	0.333	3	1	0.261

根据权重计算结果，利用 ArcGIS 中的 Raster Calculator 工具对南流江流域的废水污染、废气污染和固体废弃物污染进行加权叠加分析，得到南流江流域污染综合图，再根据 Natural Breaks 分类法，对流域综合污染进行重分类，把流域的综合污染分为微度污染、轻度污染、中度污染、重度污染、极度污染，从而得到南流江综合污染分级图，如图 17-29 所示。

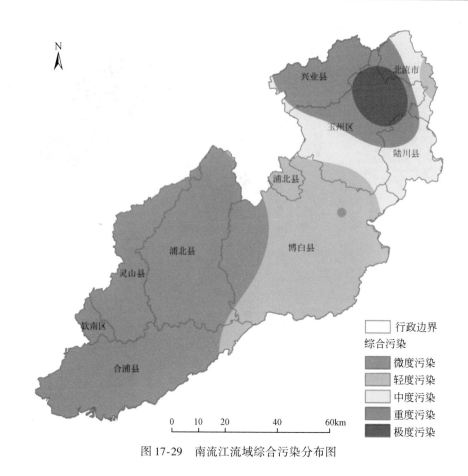

图 17-29 南流江流域综合污染分布图

从图 17-29 可以看出，南流江流域的极度污染的区域为玉林市玉州区的东北部和北流市紧邻玉州区地带，重度污染的区域为玉州区中部往北以极重度污染为界、北流市西南地区、兴业县的东部地区和陆川县的西北部地区，中度污染为玉州区的中部地区、陆川县的中部地区，轻度污染为玉州区的南部地区、陆川县的中部地区、博白县大部分地区，微度污染为浦北县、灵山县和合浦县。根据图 17-29 统计不同污染程度的的面积，结果见表 17-11，图 17-30。

表 17-11　南流江流域污染类别面积统计表

污染类别	面积/km²	污染程度所占百分比/%	污染类别	面积/km²	污染程度所占百分比/%
微度污染	4677.59	48.04	轻度污染	2507.89	25.76
中度污染	1090.46	11.21	重度污染	1097.66	11.27
极度污染	362.30	3.72			

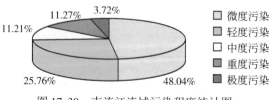

图 17-30　南流江流域污染程度统计图

南流江流域的环境污染以微度污染为主，占整个流域 48.04%，其次为轻度污染，占整个流域的 25.76%，污染程度最小的是极度污染，占整个流域 3.72%，中度污染和重度污染的情况基本一致，分别占整个流域的 11.21% 和 11.27%。虽然极度污染在整个流域所占面积的比例不大，但是极度污染所在的区域为玉林市的人口、政治、文化、经济中心，极度污染直接给人类及生态环境带来了胁迫，进而会阻碍经济的发展，甚至危及人们的身心健康。

17.6　南流江流域综合生态风险评价

17.6.1　南流江流域综合生态风险评价方法

1. 风险因子权重确定的方法

在南流江生态风险评价中，流域所面临的生态风险因子主要有洪涝灾害、干旱灾害、废水污染、废气污染、固体废弃物污染，不同风险因子对研究区的风险作用有差异，所以采用层次分析法对主要风险因子进行相互比较，构建判断矩阵，算出各主要风险因子的权重，从而进行南流江流域的综合生态风险评价（表 17-12）。

表 17-12　南流江流域风险因子层次分析判断矩阵

风险因子	洪涝灾害	干旱灾害	废水污染	废气污染	固体废弃物污染	权重
洪涝灾害	1	3	1/3	5	3	0.268
干旱灾害	1/3	1	1/5	1	1/3	0.072
废水污染	3	5	1	5	3	0.446
废气污染	1/5	1	1/5	1	1	0.082
固体废弃物污染	1/3	3	1/3	1	1	0.132

根据判断矩阵计算得到最大特征值为 5.261，一致性检验结果为 0.058，一致性检验结果小于 0.1，通过一致性检验。从而得到洪涝灾害的权重为 0.268，干旱灾害的权重为 0.072，废水污染的权重为 0.446，废气污染的权重为 0.082，固体废弃物污染的权重为 0.132。

2. 生态风险因子标准化方法

各生态风险因子在数值上存在差异，数据分析时可比性不强，所以在流域综合生态风险评价之前，要先对数据进行标准化处理（无量纲化），使各生态风险因子具有可比性。本章采用的无量纲化方法为 min-max 标准化法，min-max 标准化方法是对原始数据进行线性变换，使用 min-max 标准化方法的好处是保留了原始数据之间的关系。设 X 为栅格像元的值，D 为标准化后的值，Min A 和 Max A 分别为栅格像元中最小值和最大值，则公式为

$$D = (X - MinA)/(MaxA - MinA) \tag{17-11}$$

本章要对插值后的栅格数据进行标准化处理，所以对栅格数据进行标准化的方法是利用 ArcGIS 的 Raster Calculator 工具中的 Con 函数进行栅格数据的标准化处理，公式为

$$Con(X > 0, (X - MinA)/(MaxA - MinA)) \tag{17-12}$$

3. 流域综合生态风险评价

南流江流域主要受到自然和人为两大风险因子的影响。其中，在自然风险因子中选取了洪涝灾害和干旱灾害，在人为风险因子中选取了废水污染、废气污染、固体废弃物污染。在南流江流域风险评价中，

在流域范围内并不是只有这五大风险因子，本章主要选取对流域人们的生产、生活影响范围大，作用时间长，比较典型的风险因子进行研究。南流江流域五大风险因子描述如下。

1）洪涝灾害

南流江流域的洪涝大多是由暴雨形成，多发生在汛期的 7~8 月，主要受到台风和海洋季风暖湿气团的影响。洪涝灾害给南流江流域的农作物生产、人们生活等造成极大影响，甚至人员伤亡。据县志资料记载，玉林市在 1950~1990 年，出现涝灾 31 次，其中最为严重的为 1985 年的特大暴雨，受灾面积 21.3 万亩，崩塌房屋 7211 间，死亡 15 人，受伤 38 人，全市直接经济损失达 3000 万元以上。根据图 17-20 可知洪涝灾害影响最为严重的是上游地区的玉林盆地，其次为中游地区的博白盆地和合浦县冲积平原。

2）干旱灾害

干旱灾害是南流江流域主要的气象灾害之一，虽然南流江流域地处低纬度地区，雨量充沛，但是由于雨量的季节分配不均，常发生春旱、秋旱、冬枯现象，常发生在每年的 10 月至次年的 3 月，通常把这段时期称为非汛期。据县志资料记载，玉林市在 1950~1990 年，出现干旱 61 次，其中春旱 24 次，秋旱 35 次，夏旱 2 次；干旱灾害主要影响农作物的生长，在此期间，受旱面积超过 10 万亩的有 27 次。

3）废水污染

南流江是从北至南贯通整个桂东南地区，是桂东南地区的大动脉。在南流江流域，分布着广西 21.15% 的人口，贡献着广西 12.89% 的 GDP，拥有着广西 19.37% 的第一产业产值，大量的生活污水、工业废水、畜禽养殖废水、种植业污染废水因此产生，并排入南流江，造成严重的水体污染。根据各行业排放的废水分析，南流江流域上游地区排放的废水比较多，污染严重，据文献记载，上游流域沿岸工厂污水和生活污水任意排放，导致上游断面的水质达 V 类至劣 V 类标准。从图 17-25 废水污染空间分布图来看，下游地区的废水污染相对较低，中游地区博白县盆地介于上游和下游。

4）废气污染

南流江流域的废气污染主要来源于工业生产，工业生产过程中产生的 SO_2、粉尘、氟化氢等污染物排放到大气中，严重危害作物的生长和发育，甚至危害人体的健康。在南流江流域中，玉林市玉州区的废气污染最为严重，达到 72.74 万标立方米/km²，博白县的废气污染最低，为 10.69 万标立方米/km²。

5）固体废弃物污染

固体废弃物污染主要来源于工业废渣、生活垃圾等的排放，固体废弃物对土壤的污染，不仅占用了土地资源，而且破坏了土壤的成分和结构，对土地上的动植物造成极大的危害，同时会产生二次污染，如水体污染和大气污染。南流江流域固体废弃物污染最为严重的也是玉林市玉州区，其等国土面积固体废弃物污染负荷达到 18.99t/km²，其次为陆川县，等国土面积固体废弃物污染负荷为 17.57t/km²。

基于以上各标准化的单一灾害生态风险评价结果，结合层次分析法算出的权重，采用生态风险综合评价模型对南流江流域进行综合生态风险评价，公式如下：

$$ERI = \sum_{i=1}^{5} W_i \cdot ERI_i \tag{17-13}$$

式中，ERI 为综合生态风险值；W_i 为各风险因子的权重值；ERI_i 为各单一风险因子的生态风险评价值。

运用综合生态风险评价模型，通过 ArcGIS 中的 Raster Calculator 工具进行加权叠加计算，然后通过 Natural Breaks 分类方法，对南流江流域综合生态风险进行分级，分为低风险区（0.216≤ERI<0.376），较低风险区（0.376≤ERI<0.0.451），中等风险区（0.451≤ERI<0.528），较高风险区（0.528≤ERI<0.625），高风险区（0.625≤ERI<0.754）。得到南流江流域综合生态风险评价等级图，如图 17-31 所示。

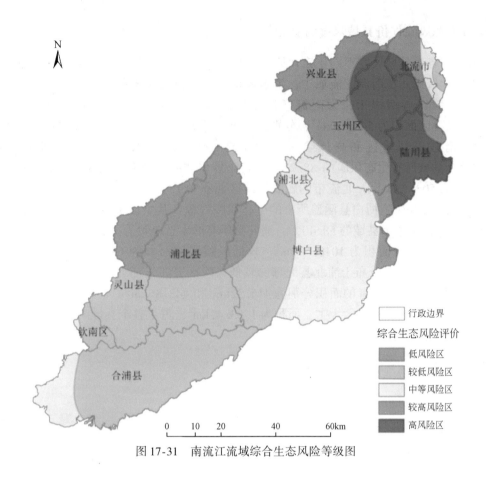

图 17-31　南流江流域综合生态风险等级图

17.6.2　南流江流域综合生态风险评价特征分析

1. 流域综合生态风险评价空间特征分析

综合生态风险评价结果如图 17-31 所示，分析可得南流江流域综合生态风险总体呈东北强，西南弱的分布格局。其中高风险区主要集中在东北部地区的玉林市玉州区的周边地区，主要集中在玉州区和陆川县，在北流市、博白县、兴业县均有分布，高风险区所占的面积为 1121.83km² ，占整个流域的 11.5% ；较高风险区占整个流域的 15.1% ，沿着高风险区周边分布，玉州区和兴业县所占的比例最大，占了较高风险区 74.84% ，在北流市、博白县、陆川县均有分布；中等风险区占整个流域的 21.9% ，主要分布在中部地区的博白县境内，面积为 1539.54km² ，占中等风险区的 72.15% ；较低风险区的分布主要分布在南流江流域的中、下游地区的博白县、浦北县、灵山县和合浦县，在北流市和钦南区也有少量分布，较低风险区在整个流域分布最大，占整个流域的 34.9% ；低风险区主要分布在流域的中游地区浦北县的北部、博白县的西部以及灵山县的东部，面积为 1615.65km² ，占整个流域的 16.6% 。南流江流域综合生态风险评价等级分别占比例如图 17-32 所示。

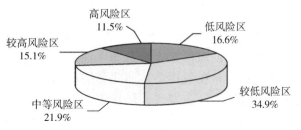

图 17-32　南流江流域综合生态风险等级比例图

2. 流域综合生态风险评价县域尺度特征分析

本章研究分析了各个县域尺度不同生态风险等级的情况，有利于摸清各个县的风险情况，为流域生态风险管理提供科学依据。在南流江流域中，生态风险最为严重的是玉林市玉州区，玉州区的生态风险构成都处于中等风险区等级以上，为南流江流域生态风险最为严重的区域，其中高风险区面积为589.84km²，较高风险区面积为542.10km²，分别占了玉州区所有生态风险区的46.39%和42.64%；陆川县的生态风险仅有较高风险区和高风险区，仅次于玉州区的生态风险，其中高风险区的面积为431.34km²，占整个县域所有生态风险的88.27%；兴业县和北流市的生态风险较为严重，其中，兴业县的较高风险区面积为503.93 km²，北流市的较高风险区面积为184.05 km²，分别占所在的县、市所有生态风险的89.85%和52.36%；博白县涵盖所有的生态风险等级，其中以中等风险区为主，中等风险区的面积为1539.54km²，占了整个县域的58.40%；浦北县所有的生态风险等级为低风险区、较低风险区和中等风险区，其中低风险区的面积为1010.52km²，较低风险区的面积为680.63km²，分别占整个县域的56.14%和37.81%，低风险区分布于浦北县北部，较低风险区分布于浦北县的南部；灵山县的生态风险只有低风险区和较低风险区，两者的面积分别为415.22km²和443.86km²；合浦县的生态风险为较低风险区和中等风险区，其中以较低风险区为主，面积为1363.42km²，占了整个县域的83.63%。南流江流域所在的县的生态风险等级情况如图17-33所示。

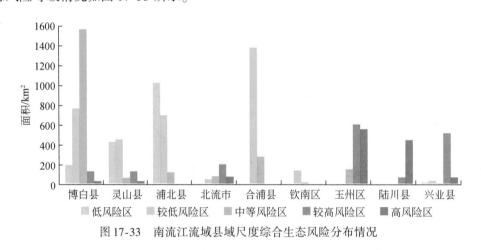

图17-33　南流江流域县域尺度综合生态风险分布情况

17.7　南流江流域生态风险管理对策

生态风险评价的目的是帮助环境管理部门了解和预测外界生态风险因子对生态环境的作用结果，为生态风险管理提供科学依据。根据南流江流域的生态风险评价结果，充分考虑社会、经济和政治等因素，采取适当的生态风险管理措施来控制或降低生态风险，以便保护人类可持续健康发展和生态系统的安全[42]。为了达到流域的人类社会、经济发展和生态环境的健康可持续发展，建设生态文明，保护生态系统多样性、生物多样性，对不同的生态风险区提出不同的生态风险管理对策。

17.7.1　低风险区和较低风险区管理对策

在南流江流域低风险区和较低风险区是主要的风险类型，两者的面积占整个流域的51.53%，这说明研究区总体的生态风险水平比较低。低风险区主要分布于浦北县、灵山县的北部，该地区远离县城中心，以山地为主；较低风险区主要分布在灵山县、浦北县的南部和合浦县的大部分地区，该地区地势平坦，大部分属于平原地区，两大风险区主要受到洪涝灾害、干旱灾害自然灾害的影响。针对低风险区和较低风险区，应做到如下方面：第一，提高气象灾害预报的工作力度，充分利用好电视、广播、网络、移动电话等手段进行气象预报；第二，定期梳理河道，加固年久失修的防洪堤岸，加强河道泄洪能力，减少洪水对下游平原区的影响；第三，提高应急机制，按照快速响应的策略，政府和相关部门要完善建立统一指挥、反应灵敏、运转高效的应急管理机制，增强社会群众的防灾意识和应急能力；第四，加强对多山地区山体的保护，多植树造林，避免水土流失、山体滑坡、泥石流造成的二次灾害。

17.7.2　中等风险区管理对策

中等风险区主要分布在博白县东部，占博白县面积的72.15%。博白县人口达到185万，是南流江流域人口最多的县，生态风险主要来源于生活废水、生活垃圾、畜禽养殖等污染物的排放。针对中等风险区应做到如下方面：第一，提高人民群众的环保意识，减少生活污水、生活垃圾等污染物的排放，同时加大对生活污水和生活垃圾的处理能力，建立完善的污水处理厂和垃圾回收站；第二，加强生态环境管理的力度，加大城乡清洁工程建设，完善生活污水治理，尤其是农村生活污水的治理，完善生活垃圾的处理工作；第三，改善畜禽养殖模式，合理利用畜禽养殖的粪便（如建沼气池），禁止在畜禽养殖过程中把粪便排入江河中；第四，加强监管企业治理污染的力度，尤其是对一些制糖厂、淀粉厂污染物的排放问题，应加大管理力度。

17.7.3　较高风险区和高风险区管理对策

较高风险区主要分布在玉州区西南部、兴业县和北流市，高风险区主要分布在玉州区的东北部和陆川县。较高风险区与高风险区在整个流域中污染最为严重，该地区生态风险等级高的原因主要是污染物的排放，尤其是工业废水污染、工业废气污染和工业固体废弃物污染等污染物的排放，而受到自然灾害的影响较小，应对该地区的综合情况，应做到如下方面：第一，调整产业结构，控制污染物排放，做到节能减排，把污染严重技术落后、环境效益低下的工业，坚决淘汰，对原来布局不合理的企业，采取搬迁、转产措施，对新建企业，严格把关选址，规划工业布局；第二，加快污水处理厂建设，实施生活、工业废水集中处理和达标排放，该地区处于南流江流域的源头，废水污染不仅危及该地区的水质，同时也会给下游带来影响，所以污染物的治理势在必行；第三，应加强防洪泄洪的能力，整治河床浅滩河道，加强自然灾害的预报和应急措施；第四，加大对生态环境保护的宣传力度，从企业到群众，从城市到农村，公开生态风险的现状问题，让风险意识深入人心，力争全社会共同建设生态文明。

17.8　本 章 小 结

17.8.1　结论

本章将自然科学理论、生态风险理论、自然灾害风险理论和环境污染风险理论相结合，对南流江流域典型的生态风险因子，如洪涝灾害、干旱灾害、废水污染灾害、废气污染灾害和固体废弃物污染灾害的生态风险进行研究，主要结论可以概括为以下几个方面：

（1）在前人对生态风险评价的基础上，总结生态风险评价的理论方法，从单一风险源到多风险源，从单一受体到多受体，从人类健康风险评价到生态系统风险评价，从定性分析到定量分析。从理论上对生态风险评价有一定的认识，根据理论结合研究区的实际情况，研究适合研究区的生态风险评价方法。

（2）结合南流江流域的实际情况，在自然灾害风险评价方面，采用了降水量和降水变率、坡度的影响、距离水系的影响以及社会易损性综合分析了洪水灾害风险，采用降水距平百分率计算南流江的干旱程度来评价干旱灾害风险。在环境污染评价方面，采用了南流江废水污染、废气污染、固体废弃物污染来综合评价南流江流域的环境生态风险。本书综合了自然灾害和环境污染的 5 个风险因子，运用层次分析方法（AHP）计算风险因子的关系权重，构建生态风险评价模型，综合评价南流江流域的生态风险。

（3）根据综合生态风险评价结果，将南流江流域的生态风险分为低风险区、较低风险区、中等风险区、较高风险区、高风险区 5 个风险等级，从综合生态风险结果可以看出，南流江流域整体的生态风险还比较低，处于中低、低风险区占了整个流域的 51.53%，而高、较高风险区仅占了 26.55%，整体布局呈东北生态风险高，西南生态风险低的趋势，在玉林市城市所在地及城市周边地区的生态风险高，在中部多山地区的浦北县北部和灵山县北部以及博白县的西部生态风险低。

（4）在生态风险评价结果的基础上，结合南流江流域的实际情况，对不同的级别的生态风险提出了不同的生态风险管理对策。这对南流江流域的社会发展，经济建设和生态文明建设提供科学依据。较低风险区、低风险区受到气象灾害洪涝、干旱的影响比较大，因此应提高气象灾害的预报工作，加强防灾减灾措施；对山地区应加强保护山地，多植树造林，避免水土流失、山体滑坡等自然灾害；平原区河道容易淤积，应定期梳理河道，加大河道的泄洪、排洪能力。中等风险区所在的区域，人口多、畜禽养殖量大，应加强对生活废水、生活垃圾以及畜禽养殖的粪便的处理能力。在较高风险区、高风险区所在的区域，工业密集，工业污染严重，应调整产业结构，加大对污染排放处理的力度，做好节能减排，控制污染排放。

17.8.2　不足之处与展望

（1）本章是基于南流江流域的生态风险评价，目前国家在生态风险评价方面还没有统一的标准和规程，在流域尺度方面的生态风险评价研究还比较少，在流域的生态风险评价的理论方面还不成熟，还需要在理论和方法上做大量的探索和研究。

（2）由于数据不足，构建的南流江流域生态风险评价体系还不够完善。在本章研究中，环境污染数据采取不同年份的统计数据，废水污染统计数据来源于 2012 年的广西海洋研究院的统计数据，而废气污染数据和固体废弃物污染数据来源于各地区 1990 年县志资料，数据没有在同一时间段，对生态风险评价结果有一定的影响。同时缺少多年的环境统计数据，在污染分析方面缺少了趋势性分析，也没有统计环境污染带来的具体损失，在这些方面的研究还是不够，有待在今后的工作学习中，搜集更多的环境污染资料数据和环境污染损失数据对该地区的生态风险进行更深入的评价。

（3）生态风险评价是一个非常复杂的过程，但从理论方面和定性方面分析是不够的，缺少实地考察，没有把握生态环境的现状，抓不住现状的关键问题，没有全方位考虑对生态系统有危险性的胁迫风险因素，应做到理论和实际相结合，更全面地对研究区进行生态风险评价，这样才能够提出更适宜管理生态风险的对策。

参 考 文 献

［1］USEPA. Framework for ecological risk assessment：EPA/630/R-92/001 ［R］. Washington：Risk Forum，1992.

［2］毛小苓，倪晋仁. 生态风险评价研究述评 ［J］. 北京大学学报（自然科学版），2005，41（4）：646-654.

［3］百度百科. 生态风险评价 ［EB/OL］. http：//baike. baidu. com/view/1029958 ［2013-05-20］.

［4］代俊峰，张学洪，王敦球，等. 北部湾经济区南流江水质变化分析 ［J］. 节水灌溉，2011，（5）：41-44.

［5］广西壮族自治区地方志编纂委员会. 广西通志·自然地理志 ［M］. 南宁：广西人民出版社，1994.

［6］O' Neill P V，Gardner R H，Barnthouse L W，et al. Ecosystem risk analysis：A newmethodol ogy ［J］. Environmental Toxicology and Chemistry，1982，1：67-77.

［7］USEPA. Framework for Ecological Risk Assessment. EPA 630/R/92/001 ［R］. Washington：Office of Research and

Development, 1992.

[8] USEPA. Guidelines for ecological risk assessment [N]. Federal Register, 1998-5-14.

[9] 赵彩霞. 甘肃白龙江流域生态风险评价 [D]. 兰州大学硕士学位论文, 2013.

[10] Wallack R N, Hope B K. Quantitative consideration of ecosystem characteristics in anecological risk assessment: a case study [J]. Human and Ecological Risk Assessment, 2002, 8 (7): 1805-1814.

[11] Efroymson R A, Murphy D L. Ecological risk assessment of multi media hazardous airpollutants: Estimating exposure and effects [J]. Science of the Total Environment, 2001, 274: 219-230.

[12] Naito W, Miyamoto K, Nakanishi J, et al. Application of an ecosystem model for aquaticecological risk assessment of chemicals for a Japanese lake [J]. Water Research, 2002, 36: 1-14.

[13] Karman C C, Reerink H G. Dynamic assessment of the ecological risk of the discharge ofproduced water from oil and gas producing platforms [J]. Journal of Hazardous Materials, 1998, 61: 43-51.

[14] Cook R B, Glenn I I, Sain E R. Ecological risk assessment in a large riverreservoir: 1. Introduction and background [J]. Environmental Toxicology Chemistry, 1999, 8 (4): 581-588.

[15] 邹亚荣, 张增祥, 周全斌, 等. GIS 支持下的江西省水土流失生态环境风险评价 [J]. 水土保持通报, 2002, 22 (1): 48-50.

[16] 汞璐, 鞠强, 潘晓玲. 博斯腾湖区域景观生态风险评价研究 [J]. 干旱区资源与环境, 2007, 21 (1): 28-31.

[17] 王春梅, 王金达, 刘景双, 等. 东北地区森林资源生态风险评价研究 [J]. 应用生态学报, 2003, 14 (6): 863-866.

[18] 卢宏玮, 曾光明, 谢更新, 等. 洞庭湖流域区域生态风险评价 [J]. 生态学报, 2003, 23 (12): 2520-2530.

[19] 许学工, 林辉平, 付在毅. 黄河三角洲湿地区域生态风险评价 [J]. 北京大学学报 (自然科学版), 2001, 37 (1): 111-120.

[20] 巩杰, 赵彩霞, 王合领, 等. 基于地质灾害的陇南山区生态风险评价——以陇南市武都区为例 [J]. 山地学报, 2012, (5): 570-577.

[21] 徐丽芬, 许学工, 卢亚灵, 等. 基于自然灾害的北京幅综合生态风险评价 [J]. 生态环境学报, 2010, 19 (11): 2607-2612.

[22] 付在毅, 许学工, 林辉平, 等. 辽河三角洲湿地区域生态风险评价 [J]. 生态学报, 2001, 21 (3): 365-373.

[23] 孙洪波, 杨桂山, 苏伟忠, 等. 沿江地区土地利用生态风险评价——以长江三角洲南京地区为例 [J]. 生态学报, 2010, 30 (20): 5616-5625.

[24] 汤国安, 杨昕. ArcGIS 地理信息系统空间分析实验教程 [M]. 北京: 科学出版社, 2006.

[25] 马兰艳, 周春平, 胡卓玮, 等. 基于 SRTM DEM 和 ASTER GDEM 的辽河流域河网提取研究 [J]. 安徽农业科学, 2011, 39 (5): 2692-2695.

[26] 徐新良, 庄大方, 贾绍凤, 等. GIS 环境下基于 DEM 的中国流域自动提取方法 [J]. 长江流域资源与环境, 2004, 13 (4): 343-348.

[27] 石春力, 李雪, 孙韧, 等. Arc Hydro 模型在流域水文特征提取中的应用——以蓟县沙河流域为例 [J]. 水资源与水工程学报, 2012, 23 (1): 73-80.

[28] 李翀, 杨大文. 基于栅格数字高程模型 DEM 的河网提取及实现 [J]. 中国水利水电科学研究院报, 2004, 2 (3): 208-214.

[29] 陶艳成, 华璀, 卢远, 等. 基于 DEM 的钦江流域水文特征提取研究 [J]. 广西师范学院学报 (自然科学版), 2012, 29 (4): 60-64.

[30] 杨邦, 任立良. 集水面积阈值确定方法的比较研究 [J]. 水电能源科学, 2009, 27 (5): 11-14.

[31] 苏文静. 基于 GIS/RS 的左江流域生态风险评价 [D]. 广西师范学院硕士学位论文, 2012.

[32] 孔凡哲, 李莉莉. 利用 DEM 提取河网时集水面积阈值的确定 [J]. 水电能源科学, 2005, 23 (4): 65-67.

[33] 杜鹃, 何飞, 史培军. 湘江流域洪水灾害综合风险评价 [J]. 自然灾害学报, 2006, 15 (6): 38-44.

[34] 刘均明. 南流江洪水预报方案与防洪减灾对策 [J]. 广西水利水电, 2006, (4): 94-97.

[35] 李谢辉. 渭河下游河流沿线区域生态风险评价及管理研究 [D]. 兰州大学博士学位论文, 2008.

[36] 卢世武, 庞英伟, 何聪. 南流江流域防洪规划与建设 [J]. 人民珠江, 2003, (4): 25-26.

[37] 高吉喜, 潘英姿, 柳海鹰, 等. 区域洪水灾害易损性评价 [J]. 环境科学研究, 2004, 17 (6): 30-34.

[38] 葛鹏, 岳贤平. 洪涝灾害承灾体易损性的时空变异——以南京市为例 [J]. 灾害学, 2013, 28 (1): 107-111.

［39］方海东，段昌群，何璐，等．环境污染对生态系统多样性和复杂性的影响［J］．三峡环境与生态，2009，（3）：1-4

［40］钟定胜，张宏伟．等标污染负荷法评价污染源对水环境的影响［J］．中国给水排水，2005（5）

［41］周曙东，张家峰，葛继红，等．经济增长与大气污染排放关系研究——基于江苏省行业面板数据［J］．江苏社会科学，2010，（4）：227-232

［42］李程程．基于 RS/GIS 技术的干旱区绿洲生态风险评价研究［D］．兰州大学硕士学位论文．2012.

第 18 章　南流江流域可持续发展综合管理研究

1987 年世界环境与发展委员会在《我们共同的未来》报告中首次提出"可持续发展"概念，5 年后的环境与发展大会提出环境保护应该以流域的尺度来实施，开始强调要用系统的观点和综合的观点来解决区域环境和发展问题[1]。1993 年，英国的 Gardiner 提出以流域可持续发展为目标的流域综合管理方案[2]，此后英国国家河流管理局进行了以可持续发展为目标的流域规划[3]。近年来，围绕流域综合管理的研究已经成为区域可持续发展研究的热点。

18.1　流域综合管理理论

18.1.1　流域综合管理的概念与内涵

流域综合管理是指在流域尺度上，通过跨部门与跨行政区的协调管理，开发、利用和保护水、土、生物等资源，最大限度地适应自然规律，充分利用生态系统功能，实现流域的经济、社会和环境福利的最大化以及流域的可持续发展[4]。流域综合管理不是原有水资源、水环境、水土流失等要素管理的简单加和，而是基于生态系统方法和利益相关方的广泛参与，试图打破部门管理和行政管理的界限；它既非仅仅依靠工程措施，也非简单恢复河流自然状态，而是通过综合性措施重建生命之河的系统综合管理。

根据中国环境与发展国际合作委员会"流域综合管理"课题组 2005 年的研究成果，流域系统主要有以下三大特征：

（1）流域是完整的自然地理单元，水是最重要的联系纽带，完整的流域一般包括上游、中游、下游、河口等地理单元，涵盖淡水生态系统、陆地生态系统、海洋和海岸带生态系统。水是流于不同地理单元与生态系统之间最重要的联系纽带，是流域内土壤养分、污染物、物种（特别是洄游性水生物）在流域内迁移的载体。流域生态系统通过水文过程、生物过程与地球化学过程提供淡水等产品和服务，并使流域成为一个有机整体。

（2）流域也是独特的人文地理单元，其物质与能量交换是流于社会经济与文化的纽带。大河流域往往是文明的发源地，人类文明的进化在一定程度上是人与河流相互适应的历史。流域为人们提供了淡水、水能、原木、矿产、水运通道等资源，河流还是联系上下游地区社会经济发展与文化传播的重要通道。

（3）流域系统上下游之间相互影响。流域上游地区的土地利用、植被覆盖、资源和环境管理的变化等均会对下游地区产生影响，如上游的森林砍伐、耕作变化、大坝建设、工业发展等，可能会造成下游地区洪水灾情扩大、泥沙淤积、水系破碎化、水质下降等。另外，下游地区也通过人员、物资和资金的流动，影响上游地区的社会经济发展。

正是流域系统的以上特征决定了流域管理区别于传统的流域管理，主要体现在以下 3 个方面：

（1）传统的流域管理注重工程、单一部门、单一要素、以行政手段为主的管理。长期以来，流域管理注重通过工程措施实现供水、防洪、发电与航运等功能，往往通过不适当地改变河流自然状态来满足经济功能的需要，忽视河流的生态功能。在流域管理的措施上，主要表现为单一部门对单一要素的管理，解决水冲突的主要手段依赖于行政干预。

（2）流域综合管理更注重河流经济功能与生态服务功能的协调。流域综合管理把维持和重建生态系统的自然生态过程作为目标之一，并把它作为维持人与自然协调发展和提供清洁淡水的先决条件，强调发挥河流经济功能要与河流的自然生态过程相协调。除了行政手段外，流域综合管理注重通过规划、公众参与、左右岸、不同部门与地区间冲突的综合手段。

（3）流域综合管理最重要的特征是"基于生态系统的管理"。健康的水生生态系统对实现可持续流域管理必不可少，如流域内的湿地与森林生态系统除了为社会提供丰富多样的产品外，还在蓄洪、供水与水质净化等方面具有很高的价值。流域开发应主要通过调整资源利用的经济功能来适应河流的自然生态过程，而不是反其道而行。通过利用自然生态系统的功能来增加河流的供水与防洪能力；利用自然或半自然生态系统来增加河水的自净能力。基于生态系统的流域综合管理提供了一种实现流域可持续发展的途径。

流域综合管理的核心是运用综合的观点、综合的方法来进行管理，其中包括以下6个方面：

（1）流域复合系统的观点。流域综合管理应该从流域自然−社会−经济复合系统的内在联系出发，分析并认识流域内部各组成要素、组成区域之间的联系，如上中下游的联系，流域河流网络与集水区的联系，自然过程、社会过程与经济发展过程的联系，进行全面规划和管理。

（2）管理手段的综合。流域综合管理要通过行政、市场和法制相结合的手段来实施。行政手段主要包括流域规划与发展计划的实施等；市场手段主要指资源定价、排污收费等；法制手段主要是通过建立流域资源及环境保护的法律与制度来管理流域。

（3）部门间的综合。由于流域的独特性质，一些流域地跨不同国家、不同省、不同县，这很可能导致流域位置、公众需求、政策及制度、发展理念、聚焦问题等方面不尽相同，从而产生冲突与矛盾。另外，涉及流域资源开发利用与环境保护的部门繁杂，由于各部门都首先考虑自身需要利益，资源使用冲突和部门之间的矛盾必然加剧，为了实现流域自然、社会和经济目标的高度统一，势必要协调好各个部门之间的关系。为了处理好这些问题，需要运用综合的观点通过流域综合管理部门的协调，通过建立流域综合管理机构才能站在公正、客观的立场，做出科学、合理的决策，从而在公平合理的框架下进行流域开发，实现流域和平稳定发展。

（4）政府、企业、公众观点的综合。流域综合管理需要考虑利益相关方的观点，因此流域管理应该是在政府、企业和公众参与下的管理与决策。参与式管理能够避免高度集中管理带来的决策过程考虑范围太窄的问题，也能够使决策得到利益相关方的支持，便于决策实施。

（5）学科的综合。流域综合管理涉及多学科信息，体现高度的综合性。科学工作者由于所从事的学科不同对同一个问题的观察和分析角度不同，采用的方法不同，也会得出不同的结果，因此需要考虑各个学科的综合结果。另外，科学工作者与决策者所处位置不同，承担的任务不同，看问题的角度也不同，这些矛盾都要进行综合协调。

（6）发展与保护的综合。流域综合管理是可持续发展管理，对资源开发应该合理、适度，不能超过流域资源和环境的承载力，防止流域资源枯竭、环境与生态恶化。这就需要流域资源在开发的同时要注意资源和环境的保护。

因此，流域综合管理强调多方面、多层次的有机结合，协调矛盾，同时要随着自然、社会、经济状况的变化而不断进行调整。

18.1.2　流域综合管理的发展与启示

1. 流域综合管理发展历程

每一个文明的起源，都能够听到河水的喧哗声。人类自古择水而居，从最初的取水用水、应对水灾，逐渐发展到认识和解决流域环境问题。人们在长期的生产生活实践中，经历了从开发利用流域自然资源到开发利用与保护资源，到当前的自然生态社会经济发展相协调的综合管理过程。尤其在20世纪，世界各国进行探索研究，通过成立流域管理机构、制定流域管理法规、加大流域管理投入、实行优惠政策、强化流域管理监督等措施，使流域管理不断规范化。

流域综合管理可以分成 3 个阶段[5]：一是以水量调控为主要目标的单一目标管理阶段。在这个阶段，主要是以利用流域水资源为主，进行的管理活动主要是防止和抵御洪涝、滑坡、泥石流等灾害。工业革命的发生，使英国等西方国家的人口快速增长，工业飞速发展，对水资源的需求量激增，水资源短缺现象日益突出，这时期的流域管理主要表现在水资源数量调查和分配等方面。当时只注重工农业生产的发展，对流域资源出现了过度开发利用的现象，土壤侵蚀、水质恶化和洪涝灾害等加剧并没有引起人们的注意。这种以解决水资源供求关系为主要流域管理目标的现象一直持续到 20 世纪 30 年代。二是由以水土保持为主要目标向统一管理过度的管理阶段。随着科学技术的发展，自 20 世纪 30 年代起，逐步开始了以水土保持为主要目标的流域管理，至 50 年代，以流域为单元进行资源和环境管理的重要性逐渐被学者和管理者认识，开始将流域作为一个系统，对防洪、水资源供应、航运、发电和旅游等进行统一规划和管理。在这一阶段，世界各主要国家相继成立了一些流域管理机构、制定了有关水土保持的法律法规。其中，美国田纳西河流域管理局（TVA）的成立及其发展过程大致代表了国际上流域管理这一阶段的发展历程。三是各种要素一体化的综合管理阶段。20 世纪 80 年代开始，人们普遍认识到解决国家与地方可持续发展问题的有效途径是以流域为单元对自然资源、生态环境及社会发展进行一体化综合管理。以流域资源可持续利用、生态环境建设和社会经济可持续发展为目标的流域综合管理研究在澳大利亚、美国、英国等发达国家广泛兴起，最具代表性的当属英国国家河流管理局于 1995 年发表的《21 世纪泰晤士河流域规划和可持续发展战略》，对水资源、水质、洪水、自然保护、休闲地和航运等进行了以可持续发展为目标的流域规划。在这一阶段，流域管理的法律、政策和体制等方面都有了进一步的发展，如重视公众的参与、建立具有法人地位的流域管理机构等。同时，流域水文、流域生态、流域经济和数字流域等分支领域迅速发展，中小尺度流域过程的定量化模拟和 "3S" 技术的应用，使流域综合管理向着科学化、规范化的方向进一步发展。

2. 流域综合管理的国际发展趋势

20 世纪 80 年代以来，国际流域管理出现了一些共同的发展趋势[4]，主要有以下几个方面：

（1）越来越多的国家和流域实施以流域为基本单元的水管理。近年来，许多国家通过修改法规，推行以流域为基本单元的管理。例如，欧洲联盟（以下简称欧盟）在 2000 年通过《欧盟水框架指令》，在其 29 个成员国与周边国家实施流域综合管理；南非也于 1998 年通过《水法》，实施以流域管理为基础的水资源管理；新西兰甚至按照流域边界对地方行政区边界进行了调整，促进地方政府的流域管理工作。2004 年联合国可持续发展委员会第 12 次会议呼吁各国政府采取流域综合管理措施。

（2）流域管理包含的事项与内容逐步增加，管理重点随发展阶段而不断变化。在农业社会，河流或流域管理主要集中在洪水控制、河道整治与航运、灌溉等；进入工业社会，流域水资源等的综合开发成为管理的重要内容（如渔业、发电等），之后污染控制变成流域管理的优先项目；20 世纪末至 21 世纪初，基于生态系统的流域综合管理成为主流，河流健康、生物多样性保护、湿地保护等领域越来越受到重视，流域管理的内容和方法更加丰富和完善。近年来，湿地生态系统在流域管理中的地位与作用越来越受到重视。把湿地保护和合理利用与流域管理结合起来十分重要，许多物种（特别是鱼类和两栖类）需要依赖湿地生态系统才能繁衍生息。

（3）越来越多的流域管理采用 "生命之河" 理念。河流是有生命的，随着河流健康受到越来越多的重视，人们通过对以工程为主的治水思路进行反思，提出了 "为河流让出空间" "为湖泊让出空间" "为洪水让出空间"，"建立河流绿色走廊" 等理念，这些理念正在被越来越多的国家和流域所接受，并进一步由理念转变为实际行动。例如，当地政府在莱茵河流域投资 170 亿美元实施了 "为河流让出空间" 的行动。

（4）河口和下游地区常常是推动流域综合管理的重要力量。由于受到上游地区某些工程与产业发展的影响，下游与河口地区往往对水量、水质、河流健康等问题更为敏感。位于欧洲莱茵河河口的荷兰，从防洪和水质等角度，向欧盟提出要求，促进了莱茵河有关流域委员会的建立和标准的制定。澳大利亚墨累–达令河下游的阿德莱德市从水质与水量角度，向联邦政府提出要求，促进了该流域盐碱化治理与分水限额计划等的实施。下游与河口所在国家和地区既可以在政治层面影响上一级政府或管理机构的决策，又可以在经济层面为流域管理提供资金与技术支撑，构成了流域综合管理的原动力。

3. 流域综合管理的国际经验与启示

国际经验表明，流域综合管理提供了一个能用于经济发展、社会福利和环境的可持续性在整合到决策过程中的制度与政策框架。欧盟各国，以及美国、加拿大、澳大利亚和南非等的管理者已经认识到，传统的流域管理必须向基于生态系统的流域综合管理转变，上述国家在实施流域综合管理的过程中，已经积累了一些有益的经验，并能够给予我们一些启示[4,5]。

1）立法是流域综合管理的基础

立法对流域综合管理的重要性在于：立法确立了流域管理的目标、原则、体制和运行机制，并对流域管理机构进行授权。21世纪末，一些国家和地区制定了专项法律与法规，把流域综合管理作为水管理的基本框架。例如，南非《水法》依据可持续性、公平与公众信任的原则，通过水所有权国有化与重新分配水使用权，公平利用水资源，确保水生态系统的需水量，将决策权分散到尽可能低的层次，并建立新的行政管理机构。《欧盟水框架指令》的主要目标是在2015年以前实现欧洲的"良好水状态"。整个欧洲将采用统一的水质标准，地下水资源超采现象将被遏制。

2）建立有效的流域管理机构是实施流域综合管理的体制保证

各国流域管理机构均根据相关立法、协议或政府授权而建。例如，莱茵河流域的管理机构就通过国际协议建立了莱茵河航运中央委员会（1816年成立）、莱茵河国际保护委员会（1950年成立）和莱茵河国际水文委员会（1951年成立）。墨累-达令河流域通过联邦政府与州政府的《墨累-达令河流域动议》建立了部级理事会、流域管理委员会和社区咨询委员会。美国根据流域法律成立了田纳西河流域管理局，通过联邦政府与州政府的协议建立了特拉华河流域委员会。加拿大根据广泛接受的《可持续发展宪章》在弗雷泽河流域建立流域理事会。美国和加拿大通过国际协定建立了国际联合委员会，处理两国跨界河流问题。

流域机构和管理模式的多样化反映了流域独特的自然人文特点、历史变化和国家政治体制。流域管理机构是流域综合管理的执行、监督与技术支撑的主体，但不同的流域管理机构在授权与管理方式上有较大的差别。流域管理机构作为利益相关方参与的公共决策平台，其权威性往往是各种利益平衡的结果与反映。有效的流域管理机构通常有法定的组织结构、议事程序与决策机制，其决策对地方政府有制约作用。虽然流域管理机构的权限范围会随着流域问题的演变而有所调整，其权威性也会受到来自地方与部门的挑战，但符合国情与流域特点的流域机构依然是流域综合管理的体制保障。

3）流域管理的合理权利结构是流域管理有效实施的保障

在流域综合管理的框架下，对支流与地方的适当分权是流域管理落到实处的重要保障。例如，莱茵河流域管理机构建立了统一的标准和强化机制，但责任分摊。墨累-达令河流域有18个属于非营利机构的支流委员会，负责所在流域生态恢复计划的制定与项目的设计等；每个支流委员会的主席是流域社区咨询委员会的委员。南非也成立了19个流域管理区，每个流域管理区由9~18位利益相关方与专家组成一个流域管理机构，他们根据各自的需要提出流域管理策略，并负责具体执行与实施。

4）流域规划是流域综合管理必不可少的手段

编制流域综合规划是流域管理机构进行流域综合管理的重要手段，几乎所有的流域管理机构都将编制流域综合规划作为最重要和最核心的工作，通过流域综合规划对支流和地方的流域管理进行指导，而且规划的目标和指标常常是有法律效力的。

例如，墨累-达令河流域在流域机构建立之初，就编制了《墨累-达令河自然资源管理战略》，之后又更新为《墨累-达令河流域综合管理策略》，并编制了《盐碱化防治规划》等专项规划。在1996年洪水之后，莱茵河流域编制完成了《莱茵河洪水防御计划》等规划。《欧盟水框架指令》的核心也是编制流域综合管理规划，根据该《欧盟水框架指令》，所有国家的流域（管理）区必须每六年制定一次流域管理规划与行动计划。

流域综合规划的内容包括被广泛接受的远景目标、近期目标、规划期限、组织方式、规划咨询与实施等。从国际流域管理规划的内容来看，传统的规划比较注重工程与项目规划，而近期的流域综合规划则更加注重目标的设定、重要领域的选择、优先区与优先行动的设定，而很少会涉及单个具体的工程项目计划。共同的被广泛接受的远景目标对于实现流域综合管理是至关重要的。欧洲人能够清晰地表述莱茵河流域治理的目标，如"让大马哈鱼重返莱茵河""到莱茵河洗澡"等。弗雷泽河流域也明确地提出了要保护大马哈鱼的目标。

5）引入经济手段与完善投融资机制是实施流域综合管理的重要方面

流域管理的经济手段是多种多样的。澳大利亚通过联邦政府的经济补贴，来推进各地区的流域综合管理工作。莱茵河流域管理机构与欧盟则采用补贴原则，如果某国达不到所设定的标准，欧盟委员会将对该国进行处罚。加拿大哥伦比亚河流域则把水电开发的部分收益对原住民进行补偿，用于社区流域保护与教育活动。荷兰通过规范河漫滩的采砂权来筹措河流生态恢复的资金。南非则将流域保护与恢复行动与扶贫有机地结合起来，每年投入约 1.7 亿美元雇用弱势群体来进行流域保护，改善水质，增加水供给。

流域管理的融资手段也是多种多样的，其中政府投入、项目投入与流域机构服务收费是流域管理的主要融资渠道。加拿大弗雷泽河流域通过流域内对居民每人每年征收 0.07 加元作为流域理事会的经费来源，而墨累–达令河流域管理机构规定不能接受私人或私营部门的捐款。

6）利益相关方参与是流域综合管理的基本要求，也是保障社会公平性的基本形式

所有利益相关方的积极参与，实现信息互通、规划和决策过程透明，是流域综合管理能否实施的关键。增加决策的透明度、推动利益相关方的平等对话（包括所有水用户）是解决水冲突的最佳方法。按照澳大利亚昆士兰省《水法案》，在制定流域规划时需要进行两次对公众的咨询过程，并要有书面咨询报告。《欧盟水框架指令》提出了关于在其实施中积极鼓励公众参与的总体要求，要求在规划过程中进行三轮书面咨询，并要求给公众提供获取基本信息的渠道。根据流域管理的内容与要求不同，利益相关方参与的机制也有所不同，如参加流域决策机构、流域管理机构或流域咨询机构，参与规划的制定，参与规划的咨询，参加规划的听证会，以及及时告知受影响群体等。

7）坚实的信息和科技基础是实施流域综合管理的重要支撑

流域综合管理需要坚实的信息与科学基础，其中完善的流域监测网络和现代信息技术应用对进行流域自然、社会、经济的综合决策与管理至关重要。只有科学地认识流域问题才可能做出科学的规划与决策。因此，许多流域管理机构均通过各种方式提高其科技支撑能力。另外，有关流域科学知识的传播也同等重要，只有社会各界对流域的生态与环境问题具有科学共识，才能采取一致的行动来保护与重建流域生态系统。

8）开展宣传教育、提高公众意识是一项长期而艰巨的任务

在许多政府机构、流域机构、水企业或其他相关机构中，都有主管宣传的部门，负责宣传与提高公众意识，其中包括对来访者的接待、组织各种各样的宣传教育活动（包括中小学生参加的活动）。宣传资料也多种多样，从规划、技术报告、流域机构的年度报告，到小的折页、书签等，而且都是免费提供的。只有提高流域内公众的意识，并让其自觉和主动地参与保护与恢复行动，才能真正实现流域管理的目标。

18.1.3　流域综合管理的目标、原则与框架

1. 目标和原则

流域管理目标是流域管理规划设计、制定管理技术和措施及综合效益评价的重要依据。广义上的流域综合管理目标是：面向未来的流域资源生态环境演化趋势，以流域可持续发展为目的，通过战略、规

划、政策、法规、监督、市场调控等手段，克服由于一系列非协调性流域开发活动造成的流域资源和生态退化，保障流域资源的可持续利用，并保持流域完整的生态功能，促进流域经济发展和提高流域生境水平，实现公共福利最大化。

结合国外经验与国内实情，中国环境与发展国际合作委员会课题组提出了中国实施流域综合管理的目标：

（1）统一管理水资源、水污染、水生态，为国民经济各部门和城镇居民生活提供数量充足、质量优良的供水。

（2）统筹城镇供水、水电、渔业、航运、水上娱乐、水处理等各项涉水产业发展，有效预防和调解各地区、各部门的利益冲突。

（3）维护河流生态系统的水文、生物和地球化学循环的自然过程，使人类活动强度与河流的承载能力相适应。

（4）保障主要江河的防洪安全。

（5）指导和协调流域自然保护与生态建设工作，以健康的河流生态系统，实现人与自然的和谐共处。

在推进流域综合管理的过程中，需要贯彻以下原则：

（1）依法管理。有效的流域管理必须有法可依。实施流域综合管理需要建立健全流域管理的相关法规，明确流域管理的利益相关方之间的权利义务关系，明确流域机构的职责与权力，明确各种流域管理制度和奖惩机制。由于各个流域存在差异，在行政法规和规章的基础上，重要江河、流域可以考虑制定适应于本流域特点的专门法规或规章。

（2）管理机制要集权与分权相结合。流域决策过程要体现民主性和协商性，通过建立民主协商机制，调动行政区参与流域管理的积极性。同时，流域规划、标准制定、监测、调度等方面权力要集中，流域管理机构在决策实施过程中要有权威性和协调能力，逐步走向决策权、执行权和监督权相分离，流域综合管理需要流域管理与区域行政管理有机结合，并在流域综合管理框架下，赋予省级政府在大江大河的一级支流和境内河流更大的管理权，实现集权与分权的平衡。

（3）经济手段与行政手段相结合。市场经济条件下，流域管理机构要转变职能，从主要兴建、运营水利工程转向提供公共物品和公共服务。政府公共投资的重点转向生态建设、水土保持、水体综合整治及水资源保护管理等方面，强化政府在环境保护中的作用。要建立市场友好的管理机制，完善流域资源的有偿使用制度，积极引入市场机制，改革水价形成机制，解除水务市场的垄断管制，促进各类水市场的发育。同时，也要发挥行政手段的作用，与经济手段相结合，提高不同手段的综合效力。

（4）协调流域资源开发与环境保护。流域资源开发与环境保护既相互联系又存在矛盾。过去的流域资源开发中，重视资源的经济功能，忽视河流的生态功能，造成资源的不合理开发与河流功能的退化等问题。因此，在流域综合管理中，应兼顾流域资源的经济功能和生态功能，实现流域经济、社会、环境的协调发展。

（5）促进广泛参与。在流域管理的政策与规划等制定和实施过程中，要建立制度化的参与机制，确保利益相关方的广泛参与和各种利益团体的观点能够得到表达。流域管理的制度设计要体现公平性，要建立各种补偿机制，保障贫困地区和弱势群体的利益。

（6）保障信息公开与决策透明。建立强制性的信息共享制度和信息发布制度，实现各部门和各地区管理信息的互联互通，及时、准确和全面地向全社会发布各种信息。在流域管理的决策过程中逐步实现公开与透明。

2. 实施流域综合管理的基本框架

实现流域综合管理的目标，必须在以下基本框架下进行[4,5]。

1）建立与完善流域管理的法律与法规

法律与法规是流域综合管理的基础，只有建立系统的法规才能保证流域综合管理的有效实施。主要任务是不断完善立法体系，保持法规的一致性和协调性。科学的流域管理法应该具备以下几个方面的内容：

（1）确立流域资源为国家所有，流域管理的法规应该贯彻全面规划、统筹兼顾、综合利用、严格管理、强化保护的原则。

（2）强化流域的综合管理，确立流域机构的法律地位、明确流域在综合管理中的职能，并避免职能重叠的现象。

（3）建立系统的资源开发、利用和保护的制度和法规，明确规划在水资源开发中的法律地位，强化流域管理。

（4）适应依法行政的要求，规范行政执法活动，强化法律责任。

流域性法律法规体系包括全国性法律，跨省级行政区的流域性法规以及地方性流域行政法规。当前应优先修改各级法律法规之间的不协调，尽快制定流域性专项法规和管理条例。

在全国性法律法规建设方面，主要应修改《环境保护法》《水污染防治法》《水法》《水土保持法》《防洪法》《渔业法》《自然保护区管理条例》等法律法规中有关流域管理的相关条款，减少包括管理体制、流域管理机构职能等在内的法律间相互冲突的地方，增加相互关联性，以适应流域综合管理的需要。

在跨省级行政区流域法规方面，应制定和修订各流域管理的法规，如《淮河流域水污染防治暂行条例》等，同时提高流域性法规与专项法规和地方性法规的协调性，并把流域机构的改革作为法律规定的重要内容。

在地方性流域行政法规建设方面，重点制定和修订一级支流和相对独立河段的法规，如《江西省鄱阳湖湿地保护条例》等。

应该指出的是，法律法规并不是越多越好，欧盟在制定《欧盟水框架指令》时就提出要精简法律。因此，应在已有的法律框架下研究相关流域性法规设置的必要性，避免立法和执法中可能存在的冲突。

2）加强流域管理机构建设

流域管理机构是流域综合管理的组织者、决策者，是实施流域综合管理的体制保证。各国因社会、文化、经济制度的差别采用流域管理机构模式有所不同。但都应该保证流域管理机构在流域管理决策的主导地位；能为利益相关方提供良好的协商环境从而进行有效参与；确保流域综合管理决策的实施并进行监督的职能；保证强有力的协调职能，促进机构间和部门间的协作，减少机构间的冲突和矛盾，解决部门间的矛盾，实现政府部门、产业部门企业、社会团体之间建立强有力的联合。目前中国的流域管理机构存在诸多问题，尚不能适应流域综合管理的要求。应建立统一、协调和广泛参与的流域管理运行机制。

（1）大江大河的流域管理机构与治理结构。改革方向是，在大江大河设立中央政府和流域各省区代表以及利益相关方代表共同参与的、以地方为主的流域管理委员会，作为流域管理的决策机构，负责相关流域政策、规划和目标制定，协调解决跨行政区的矛盾冲突等；流域各地方政府及其职能部门负责贯彻和执行流域管理委员会的决定；重建或改组现行的流域管理机构作为流域管理委员会的办事机构，同时建立流域管理参与机制和咨询机制；制定明确的议事规则和决策程序；国务院及其职能部门负责对流域管理各个环节的监督，并通过法规、规划和标准实施宏观调控。

（2）大江大河一级支流的流域管理机构建设。改革方向是，应以地方为主，建立跨行政区或行政区内的流域管理机构和协调机制（可参照松辽模式和山江湖模式）。例如，可以在相关法规和流域总体规划的框架下，成立由相关地方政府共同参与的流域管理机构，作为联合解决流域内的区域性问题（如水土流失治理、水污染防治、湿地保护等）的决策机构，并成立或依托已有流域管理机构作为办事机构，由相关地方政府的职能部门负责实施，办事机构负责对各参与方进行监督并提供技术支持。

3）制定和实施流域综合规划

流域规划是流域综合管理的核心内容，是协调各方利益，避免矛盾与冲突的重要手段。流域规划应该体现流域综合管理的思想，是流域一体化管理的基础，在制定过程中应从流域复合系统的角度出发，从自然系统、社会和经济系统的内在联系上分析一项计划可能带来的众多影响，并对可能的影响进行评价。规划制定应尽可能广泛地吸引利益相关方的参与，在不同的利益集团之间寻求最佳方案。各部门和地方机构发展计划应该在流域总体规划的框架下实施。

（1）完善流域规划制度。根据流域管理的事项与要求，完善流域规划体系，其中包括流域综合规划、专项规划、支流与河段规划。流域综合规划应统领其他相关规划；严格各类规划的内容，确立其范围、事项、避免重复，要避免将综合规划做成项目实施方案。应规定各规划的更新年限，保持规划的相对稳定性、可更新性和连续性。改进和完善流域规划编制和审批程序，为利益相关方和公众参与提供正式的制度保障。

（2）制定各流域的流域综合规划。中国多数大江大河的综合规划内容陈旧，不能适应新形势的要求，部分江河没有综合规划。中央政府应及早启动重要江河流域的综合规划制定和修订工作，融入最新的基于生态系统的河流管理理念。

（3）在综合规划中妥善处理资源开发与生态保护的关系，协调河流的经济功能与生态功能，以可持续的方式开发水利水电资源，并根据《环境影响评价法》对该规划进行独立、公开的环境影响评估。在流域资源开发方面，应对包括水坝在内的水利水电工程进行合理布局；在河流生态保护方面，应划定优先保护的河流与河段。随着能源需求的迅速膨胀，中国进入了水电开发的高潮期，大规模的水电建设将对河流生态系统造成前所未有的压力。近年来，各大电力公司在西南地区"跑马圈水"，出现资源开发与生态保护相冲突的局面。中央政府应根据国家长期能源发展战略和生态保护需求，对原有长江上游与西南诸河的水电开发规划进行综合评估，尽快提出《西南地区水电资源开发近期指导意见》，以规范目前西南地区的水能资源开发。对流域水电建设规划与项目，要严格执行环境影响评价制度，确保利益相关方与公众代表能参与项目的规划与决策过程。尽快研究制定重要河流与河段的优先保护名录，划定生物多样性丰富、自然与文化价值突出的河流与河段，予以重点保护，禁止或限制水利水电开发。

4）建立健全利益相关方参与机制

利益相关方以适当的方式和合理的机制参与到流域管理过程之中，是流域决策民主化的重要保障。利益相关方参与有利于信息畅通与决策透明，有利于提高公众意识，有利于流域综合管理的实施。

（1）建立流域层次的协商机制。根据国内外经验，流域综合管理利益相关方参与的主体包括政府、企业与民间组织等。在具有广泛代表性的流域管理机构的基础上，应建立不同利益集团的协商机制，并通过咨询委员会、听证会、论坛、对话等形式来实现。特别是，在制定流域规划与项目遴选过程中，要规定必要的公示、征求意见与听证等程序。

（2）改善公众参与的环境，建立流域信息的公开与发布制度。要确保公众参与到流域综合管理过程中，首先要确立"享有充足的清洁淡水是人的基本权利"的理念，这是参与机制的基础；参与必须在平等的环境下进行；能够获得参与流域管理所需要的信息、知识和精确可靠的科学数据是参与的前提。

（3）积极推进基于乡镇社区的小流域治理。大河流域生态系统的改善取决于众多小流域生态系统的改善，需要千家万户的共同努力。应系统总结中国在小流域治理中的经验，充分调动社区参与流域管理的积极性，提高社区参与小流域治理的能力。

利益相关方的广泛参与是一个循序渐进的过程，需要分级、分阶段、分步骤实施。在促进利益相关方参与过程中，应优先提高公众参与的能力，特别是加强宣传教育、培训与民间组织建设。

5）充分利用市场调控手段

经济手段是流域管理的重要手段之一，包括流域水权、水价、补贴、补偿、可交易许可证和绿色征税等，是行政手段的重要补充。

（1）改革流域管理的投资融资机制。在增加流域治理公共支出的前提下，改革投资体制，统筹流域公共投资的使用。同时要加强公共投资的审计工作，提高公共支出的使用效率。解除对垄断市场的管制，开放水务市场，吸引国内外投资，并通过多种渠道筹集流域生态系统保护和重建的资金。

（2）完善流域资源的有偿使用制度。国家已建立了水资源、排污权、砂石资源和渔业资源等流域资源的有偿使用制度，应进一步完善相关制度，维护国家权益，促进资源合理利用，保障社会公平。水能资源属于国家所有，其开发利用权的出让收益属于国家，但尚未建立有偿使用制度。尽快建立水电开发许可证制度，即水电开发企业向国家交纳水能资源开发税，方能取得水电开发权。

（3）建立健全流域生态经济补偿机制。中国已经在水环境保护领域建立了污染者付费制度，在退田还湖、退耕还林和天然林保护等生态建设领域引入了财政转移支付与补贴机制。今后应进一步完善补偿机制，尤其是流域上下游之间的跨行政区补偿机制，流域资源开发与生态保护之间的补偿机制。应加大对生态脆弱地区的转移支付。

（4）建立流域管理的奖惩机制。通过调整中央财政转移支付的配额和项目分配优先权等手段对地方政府遵循流域管理相关政策的绩效实行奖惩，敦促地方政府积极促进流域综合管理。对不遵守规划、标准和决策的地方行为，如违法取水和排污行为，除了已有的行政责任追究和媒体曝光外，还要重点加强经济处罚，使违约成本高于违约收益。

6）建立流域监测系统和信息共享机制

流域综合管理涉及多学科信息，体现高度的综合性。在面对一个流域问题时，需要流域水、土、气、生、人等众多要素的信息。这就依赖于完整的流域监测体系和信息共享机制。目前中国的流域科技体系不能适应流域综合管理的需要，需要从以下几个方面予以加强。

（1）加强流域监测、信息共享与发布系统建设。流域的综合管理和科学决策需要翔实的信息资源为支撑。在各大流域，以流域管理机构为依托，利用现代信息技术开发建设流域信息化平台。完善流域实时监测系统，建立跨行政区和跨部门的信息收集与共享机制，逐步实现流域信息的互联互通、资源共享，提高信息资源的利用效率。

（2）加强流域基础性科学研究。中国目前流域管理相关的基础科学还比较薄弱，对流域管理的系统规划和科学决策的支撑明显不足。应在国家中长期科技规划的编制中，将流域生态系统相关的基础研究列为重点支持项目之一。加强对重点学科和科研基地的建设，鼓励竞争和创新。

（3）加强流域资源利用与环境保护的实用技术。当今世界的水文、环境和信息技术的进步很快，要在流域管理中广泛应用现代技术，包括"3S"技术、决策支持技术、废水处理技术、生态恢复技术等，加快科技进步和技术推广的步伐，以适应现代流域综合管理的需要。

7）组织流域减灾、防灾工作

由于流域的独特性质，水文灾害多发，旱涝灾害减灾和防治一直是流域管理部门的重要工作内容。尤其在当今这个资源紧缺的时代，社会经济的发展改变了流域表面的水文特征，导致环境灾害加剧。灾害防治与减灾需要流域综合管理部门应用综合的观点，进行系统地管理。

实施流域综合管理，需要一个长期的过程，宜统筹设计，分步推进，并充分考虑各个流域的自身特点，以及已有体制和机制基础。在全国范围内推进流域综合管理的优先事项：把流域综合管理作为今后国土综合开发、生态建设及环境保护的指导思想之一，将其基本理念和内容纳入国家"十三五"规划中，同时制定流域综合管理的专项规划和行动计划，并根据流域综合管理的框架，制定大河流域总体规划；落实和修改现有各项法律制度中有关流域管理的相关内容，建立和完善各部门内部的跨行政区域的协调机制；选择大河一级支流或中等河流，开展流域综合管理试点；在七大江河中选择条件比较成熟的流域，推行流域综合管理的改革，并适时将试点经验向其他河流推广。

18.1.4 流域综合管理的体制与手段

1. 流域综合管理体制

流域综合管理体制是关于流域资源利用与环境保护管理的组织机构、职责划分和管理制度的总称。随着人类对流域系统认识的逐渐深入，管理体制由人为主导控制发展到基于流域生态系统的综合管理。

现今的流域综合管理体制一般分为三大类，分别是流域管理局、流域协调委员会以及综合性流域机构。

1）流域管理局

由国家通过立法赋予该组织机构对流域内资源统一规划、开发、利用和保护的权利。这使管理局对流域内经济和社会发展有着广泛的权利，并且属于政府的一个机构，直接受中央政府管辖。在法律上，管理局还享有高度的自治权，另外，中央还会下拨专门的经费，促进管理局滚动开发。这种管理体制权力看似得到高度集中，但实际上，在协调与地方政治、有关部门的利益方面常遇到巨大阻力，因此目前在发展中国家还没有发现成功的案例。这类流域管理局以1993年美国建立的田纳西河流域管理局（TVA）最为典型。

2）流域协调委员会

流域协调委员会是国家立法或者有河流流经的地区政府和有关部门通过协调商议共同建立的一种河流协调组织。该委员会由有关机构和流域内各政府代表共同组成，遵循协调一致或多数同意的原则。流域委员会的主要职能是根据协议对流域内资源的开发利用进行规划和协调。这种管理体制权力比较分散，参与组织机构较多，分工明确，协调工作阻力较小。但机构间的权力差别较大，如有些机构权力仅限于制定规划，有的只负责用水调配等。澳大利亚的墨累河流流域委员会、美国的特拉华河流流域委员会均为该管理体制的典型。

3）综合性流域机构

综合性流域机构的职能不像流域管理局那样广泛，也不像流域协调委员会那样单一，是一个拥有部分行政职能的非营利性的经济实体。最为典型的综合性流域管理机构当属英国1974年成立的泰晤士河水务局。该机构负责河流管理所有方面的内容，包括水文水情监测预报系统的管理、污水处理、防洪、确定水质标准、制定流域管理规章制度等。目前，这类综合性流域机构逐渐得到广泛的建立。

2. 流域综合管理的手段

流域综合管理的核心是各个方面的综合，其中手段的综合是流域综合管理顺利实施的关键。流域管理的手段一般包括：立法手段、行政手段、市场手段和公众参与手段。

1）立法手段

法律在流域综合管理汇总中具有基础作用，法律制度以其规范性、强制性、普遍性等特点居于主导地位，一切的生产工作都需要遵循法律法规，拥有强有力的法律法规支持才能使流域管理工作顺利开展。通过吸收国外经验，可以发现国外成功的流域管理最大的特点是注重立法，将法制建设作为流域管理的基础和前提，在法律的框架下实施管理。通过立法，建立流域管理的法律法规体系，确立流域管理的目标、原则、体制和运行机制等，并对流域管理机构进行授权与保护。流域管理机构应享有必要的司法权。例如，参与管理行政诉讼的权力、进行行政复议的权力、仲裁的权力、行政调解的权利，甚至收取违规费用的权力等。充分利用法律、法规赋予流域管理机构的司法权，可以减少工作阻碍，极大提高工作效率，加强流域管理力度。

2）行政手段

流域内的行政管理手段包括流域规划、监督、管理、协调、服务以及处罚等，其中又以规划、监督和管理为主。制定流域规划是流域管理机构平衡流域环境资源与社会经济的重要依据，是流域管理机构的重要职能之一。只有在规划中提出发现的主要问题，确定的管理目标以及将采取的主要措施，才能保证流域有计划的可持续发展。值得注意的是，在完整的流域规划制定前，往往已存在许多其他的专题规划，如土地利用规划、城市总体规划等，不同的规划出发的角度不同，考虑问题的侧重点不同，解决的方法也不同，规划间就容易产生冲突。这就需要负责制定各个专题规划的组织加强交流与协调，吸收各方合理建议，形成总体一致的目标。监测监督也是流域管理的重要行政手段，借鉴国外的经验，预防监督执法是控制水土流失、减轻自然灾害最经济、最合理的方法。流域管理机构应该拥有行政管理职能，应能实施参与相关立法，编制流域综合规划，确定水质管理标准，监督管理河流污染物排放总量，审定重要水利工程，管理流域各方投资等管理手段。

3）市场手段

经济调控是一种诱导性、可量化性、可操作性强，具有普适性的管理机制，其能使管理措施更有高效得实施。调控的手段在微观方面包括水环境容量、水资源有偿使用，水权的市场交易，排污权交易等水资源的产权化和市场化手段。建立一套新的制度，引入市场调节模式进行管理，改变不合理的水行为，建立各级水市场，从而达到优化配置水资源的目的。在宏观方面包括水资源使用、补偿税费制度和财政制度等手段。通过宏微观经济调控，可以使流域资源在各产业、行业、企业、部门内得到充分的合理配置，平衡区域利益，维护社会公平。经过多年的发展，经济调控手段如排污权交易制度已经在我国多个大型流域实施，且收到良好成效。另外，国外很重视流域管理资金的筹措。流域管理具有极大的社会效益，是一项很重要的公益事业，管理机构的在资金来源方面不应仅限于政府拨款，而应广纳资金，支持各方投资者参与到流域管理中来。

4）公众参与手段

20 世纪 70 年代，公众参与作为环境保护方法的思想正式形成，仅靠政府和管理机构的努力，缺少公众参与，不可能做出保护沿河两岸居民权益的决策，这样的决策是难以得到民众拥护的。"水政策的成功实施要求各个层次的有关用户共同协商和积极参与"是法国《水法》规定的水资源管理原则之一。另外，公众参与可以形成畅通的信息渠道和更有创造力的决策，促使更多的公众支持和更好的贯彻实施，促进政府决策更加开放、开明，扩大社会民主，营造更浓厚的流域保护氛围。因此，必须为公众提供充分、积极参与决策的机会，赋予他们部分影响决策的权利并共同承担责任。公众参与的一般程序是，管理机构在大众传媒如政府环保机构发布信息，公众通过热线电话、公众信箱等方式进行信息反馈，管理机构将反馈回来的信息处理汇总，然后通过组织专家讨论会、信息交流会、规划意见讨论会等方式进行信息的双向交流，从而交换意见、制定计划。值得注意的是，为了稳定流域综合管理经费的来源，增强流域管理志愿者的信心，投资者和志愿者应该是信息交流的主体。

18.2　南流江流域管理现状分析

18.2.1　流域存在问题分析

1. 水文灾害多发

广义的水文灾害是指水圈水体异常导致的灾害，南流江流域的暴雨、洪涝、干旱、泥石流、地面沉降等都可归类于水文灾害。流域内水文灾害发生次数多、灾情重、频率高，并具有明显的节律性。据资料显示，明清以来至 1990 年，南流江流域共发生自然灾害 723 次，其中旱灾 200 次，水灾 140 次，两类灾害数量占到所有自然灾害次数的 47%。流域各个地区的自然灾害以水灾、旱灾为主。

1）洪水灾害

南流江洪水类型属暴雨洪水型。南流江流域地处于北回归线以南，位于 20°38′~23°07′N，南临北部湾，属于南亚热带季风气候，在流域范围内受到东南亚季风环流的影响，在夏半年盛吹偏南风，同时带来海洋暖湿气流，形成高温多雨的海洋性气候，年平均降水量为 1767mm。由于地处低纬度地区，暴雨天气系统是多方面的，南流江中下游洪水的暴雨天气系统以热带气旋为主，锋面、辐合带及高空槽、西南低压等天气系统为辅。南流江流域按照水量的多少可以分为丰水期和枯水期，丰水期为每年的 4~9 月，其径流量占年径流量的 80.6%，其他时间为枯水期。丰水期也可以分为前汛期和后汛期，其中 4~6 月为前汛期，7~9 月为后汛期，后汛期的径流量占年径流量的 63.1%，南流江流域是后汛期降水比重较大的河流。南流江洪水灾害的形成大多是在汛期形成，经常与热带气旋天气系统伴随，暴雨导致南流江水位暴涨、下游河道狭窄、洪水宣泄不畅。水的流动性使部分灾害表现出区域之间的关联性，南流江上游的来水常导致中下游地区的洪灾。南流江流域中下游地区的降水量较上游地区丰富，易发生洪水灾害的在中下游地区，上游地区的多年平均降水量和多年平均降水变率相对较低，发生洪水灾害较下游地区低。

研究发现（详见本书第17章），根据降水、地形、水系、社会易损性这四方面对南流江流域洪涝灾害风险性的影响，得出南流江流域洪水灾害综合风险评价图，结果显示：在河流干流的东南方向的风险比较大，在西北方向的风险比较小，在流域的所经过的玉林盆地、博白盆地、合浦平原的洪涝灾害风险性大，在流域的大容山山脉和六万山山脉的洪涝灾害风险性比较低；在河流的源头处，即玉林市的玉州区及周边地区，以及北流市和陆川县的洪涝灾害风险比其他地区的风险高，其主要原因是这些地区的社会易损性比较高，即所在区域的人口密度、GDP密度、单位面积粮食产量比较高，该地区的降水变率也比较大，易发生洪涝，所以在该地区的综合洪涝灾害风险性高；而在兴业县、浦北县北部，洪涝灾害的风险性比较低，其主要原因是该地区是山地分布区，六万山山脉、大容山山脉分布其间，同时该地区远离河流的干流，是南流江流域的支流地区，降水量和降水变率不是很高，社会易损性比较低。

2）干旱灾害

干旱是指某区域水分收支不平衡形成的水分短缺现象，主要是由气候变化等因子形成的随机性异常水分短缺现象；而旱灾是指因气候严酷或不正常的干旱而形成的气象灾害，两者是完全不同的概念。干旱不一定引起旱灾，在正常气候条件下，水资源充足，在较短的时间内由于降水减少等造成水资源短缺，或对生产生活造成较大的影响，才可以成为旱灾。根据南流江流域各地区县志历史资料记载以及南流江流域所处的地理位置和气候区域，干旱时常发生在非汛期，即每年的10月到次年的3月。南流江上中下游流域旱灾情况略有不同。据资料记载，上游玉林从明清至1990年共发生旱灾106次，发生次数多、灾情重、频率高，而且旱灾持续时间久，一般以秋旱为主，经常发生春、秋连旱，对农业生产及人民生活造成巨大影响。中游博白从明清至1990年共发生旱灾45次，博白受季风影响，降水量在时间和空间的分布都不均匀，年际变化和年内差异都较大，春旱和秋旱常有出现。下游合浦从明清至1990年共发生旱灾49次，合浦县年降水量虽多，但季节雨量分布不均，几乎每年均有干旱发生。尤以春、秋两季旱情最为严重。

以气象站的基础数据为基础，把干旱强度数据与气象站的数据进行关联，利用ArcGIS中数据图层中的Join and Relates工具，把干旱强度数据关联到气象站数据中。利用反距离权重插值法（IDW）把干旱强度数据进行插值，再按照自然间断点分级法对插值的数据进行分类，把南流江流域干旱强度分为微度干旱、轻度干旱、中度干旱、重度干旱、极度干旱5个等级，得到南流江流域干旱强度分布图，研究发现（详见本书第17章），南流江流域的干旱强度大致上随流域从上游到下游依次加剧，上游地区较中游地区干旱强度小，而中游地区又较下游地区干旱强度小。兴业县为轻度干旱，玉州区的微度干旱区域与轻度干旱区域各占一半，博白县的干旱强度包含微度干旱、轻度干旱与中度干旱，浦北县为中度干旱与重度干旱结合，灵山县与钦南区皆为重度干旱，合浦县以重度干旱为主，伴随有中度干旱与极度干旱，北流市与陆川县面积不大，却都包含了5个干旱强度等级。

2. 环境污染严重

南流江流域环境污染问题制约着该地区经济的可持续发展，影响着沿江群众的身心健康。与众多环境问题一样，南流江流域主要存在着三大污染，即废水污染、废气污染和固体废弃物污染。特别是，由于生猪养殖规模的高位运行，生猪养殖污染成为影响南流江流域环境健康的重要因素。

1）废水污染

南流江流域废水污染严重，南流江有河道弯曲、源头段流量小、河水流速缓慢、自净能力差等特点，流域水生态环境非常脆弱。南流江废水污染主要的污染源有工业污染源、城镇生活污染源、农业生活污染源、畜禽养殖污染源以及水产养殖污染源等。据2012年污染统计数据可知，南流江流域2012年全年排放的工业废水排放污染物占各类污染物的2.17%；城镇生活污水排放量污染物占各类污染物的1.79%；

农村生活污水排放污染物占各类污染物的24.97%；养殖排放的污染物占各类污染物的66.06%；南流江流域耕地年流失的污染物占各类污染物的3.69%；种植业污染主要的污染物为氮污染物，占农业污染的37.10%；水产养殖污染物主要来源于淡水养殖，主要为COD污染。

研究发现（详见本书第17章），南流江流域等国土面积废水污染的空间分布由北向南逐渐减少，在流域的源头处等国土面积废水污染最为严重，仅兴业县、玉州区、北流市3个县（市）排放的废水占整个流域的39.72%；在流域的中游地区博白县的废水排放量最多，排放的污水占整个流域的21.61%，由于博白县的国土面积大，等国土面积废水污染负荷相对减小；而在流域的中下游地区的浦北县和灵山县，废水排放量较少，仅占整个流域废水排放的7.09%；下游地区合浦县的等国土面积废水污染负荷介于中游地区的博白县和中下游地区的浦北县、灵山县，虽然合浦县的废水排放量不多，但是合浦县处于南流江流域的下游，在该区域的河段会受到来自上游河段水质的影响，在实际情况中，下游地区河段的污染是最为严重。

另外，研究发现，在距城市越近的地区的废水污染越为严重，以玉林市玉州区为中心的等国土面积废水污染最为严重，周边地区北流市、陆川县和兴业县的等国土面积废水排放量也比较大。经研究得知，在这些区域工业、畜禽养殖、生活污水的排放比较严重，其中玉林市玉州区工业废水排放量占流域工业废水排放量的16.31%，北流市占15.60%，两者的工业废水排放量超过整个流域的1/3；玉林市玉州区的畜禽养殖废水排放占了整个流域的12.91%，兴业县占18.54%，北流市占10.39%，三者占了整个流域的41.84%；在生活污水方面，玉林市玉州区的城镇生活污水占整个流域的22.89%，北流市占14.34%，两者的城镇生活污水排放量占整个流域的37.23%。

2）废气污染

南流江流域的主要废气污染物为二氧化硫（SO_2）、氮氧化物（NO_x）、一氧化碳（CO）、硫化氢（H_2S）、粉尘等，主要来源于工业锅炉、金属冶炼、水泥立窑、红砖生产轮窑等。研究发现，南流江流域废气污染主要集中在玉林市玉州区、北流市一带，这一地区是整个流域大气污染最严重的区域，其他地区的废气排放量分布均衡。虽然灵山县的废气排放量在整个流域位居第二，但南流江流域范围内灵山县的面积较小，只有武利江左岸区域，而且离灵山县县中心较远，所以在流域的废气污染空间分布图上没有比其他县（市）的高。大气圈是一个统一的整体，存在着大气运动，所以玉林市玉州区、北流市严重的废气污染也会影响到其他县（市）大气的污染，尤其是与之相邻的县（市）污染最为严重。

南流江流域目前的大气质量总体状况优良。上游玉林与中游博白空气在稳定达到二级基础上，基本无酸雨现象。下游北海市大气污染源主要是工业废气污染，生活废气污染物主要来源于生活燃料。近几年环境空气质量及污染物平均浓度逐年变化情况显示，空气质量有下降趋势。

3）固体废弃物污染

南流江流域的固体废弃物主要有锅炉渣、化工渣、工业垃圾、冶炼渣、生活垃圾等。研究发现，南流江流域的等国土面积固体废弃物污染主要以玉林市玉州区和浦北县为中心向周边县（市）辐射减少，玉州区和浦北县的固体废弃物排放量将近占了整个流域排放总量的一半。中游地区的博白县和下游地区的合浦县的固体废弃物的分布相对较少，最少的是位于南流江流域的支流武利江左岸的灵山县。整个流域的固体废弃物的空间分布的不规律性与流域的产业结构有关，在北流市、玉州区、陆川县、浦北县这些排放量大的地区，拥有金属冶炼、砖瓦、陶瓷、水泥等行业，固体废弃物不仅对土地资源占有、污染、浪费，而且会破坏生态环境，同时也会造成二次污染，所以南流江流域的固体废弃物污染问题急需解决。

4）生猪养殖污染

近年来，玉林市南流江流域生猪养殖规模保持高位运行的态势。根据玉林市水产畜牧兽医局的统计，到2016年5月，南流江流域生猪存栏规模已经超过230万头，其中玉林市南流江主干流及支流沿岸2000m范围内，生猪存栏量达到53.09万头。其中兴业县石南镇，陆川县珊罗镇，博白县博白镇、三滩镇、亚山镇和旺茂镇养殖规模较大。

《玉林市南流江流域养殖业"十三五"科学发展规划》中指出玉林市南流江流域养殖业存在问题

如下。

1）生态养殖理念与创新意识不强

玉林市南流江流域生猪养殖规模大，但仍处在粗放型养殖状态。与国外发达国家和国内发达地区相比，玉林市南流江流域养殖户素质偏低，过度关注养殖量的增长，对于先进养殖技术的应用和养殖方式的优化重视程度不足，生态养殖意识淡薄，创新能力差。

2）养殖业生产方式落后，病死畜禽及废弃物无害化处理设施不足

长期以来，在市场需求的刺激下，南流江流域生猪养殖发展的着力点集中在饲养规模的扩张，忽视养殖设施特别是污染防治基础设施建设，轻视生猪标准化规模养殖技术的推广应用，养殖粪污处理能力与生猪饲养规模不相适应，粪污处理实践与养殖污染防治要求不相适应，大量未经处理的养殖废弃物被直接排入南流江及其支流，病死生猪无害化处理问题没得到根本解决。

3）组织化、产业化水平不高

南流江流域内拥有陆川和博白两个生猪养殖大县和活猪调出大县，但与生猪养殖规模极不匹配的是流域内养殖业仍以独立养殖户独自经营为主，组织化、产业化水平低。缺乏统一的养殖品种选择和养殖规模合理确定，造成在建设采购相关污染防治设施时，单个养殖户财力有限，难以负担相应成本，加大了养殖业的污染。

4）农牧结合不够紧密，粪污处理与利用有待加强

玉林市南流江流域年生猪养殖量700多万头，根据相关文献资料，每头猪年产粪1.1t，流域生猪养殖业年产粪为770多万吨，但由于农户环境意识不高，对粪便资源的利用率低。南流江流域作为玉林市生猪养殖业最集中的区域之一，养殖户没有采用养殖业生态循环综合利用模式，种养结合的发展模式没有得到很好的运用，使养殖粪污没有得到很好的利用，变成了污染物。

3. 地下水超采

南流江流域地质环境复杂多样，上中下游各地区地下水形成地层岩石差异较大，从而造成流域不同地区地下水类型、分布及储量差异巨大。上游玉林地下水可划分为松散岩类孔隙水、碳酸盐岩岩溶水和基岩裂隙水三种类型。全境枯季地下水资源为2.0776亿t，年天然资源为9.2906亿t。城区地下水天然资源（降水补给量）为8467.7016万t/a，侧向补给量为18.628万t/a，共8486.3296万t/a。允许开采量为4413.149万t，占天然补给量的52%。中游博白县地下水主要受断裂带控制。全县除白垩纪地层含水较少外，其他地层均含有较丰富的水量，通过勘探或挖井即可找到水源。在西北部和东北部山区的一些山麓及坡底处，山泉水四季常流。在广大的丘陵和平原地带，地下水自然出露点较少，一般要挖3～5m深的井才有地下水冒出。下游合浦地下淡水天然资源量为9.4748亿m³/a，地下水资源是近期北海城市供水的唯一淡水水源。北海市区及其郊区范围地下水总补给量为113.93万m³/d，允许开采总量为57.94万m³/d。

在主要利用地下水的城区，尤其是人口聚集的玉林城区及北海城区，过度的地下水开采导致多处出现地陷。北海城区的生活饮用水全部来源于地下水，过量的地下水开采，也给北海城区带来了海水入侵等不良影响。据资料显示，20世纪90年代以来，玉林城区多处地面出现塌陷，1994年1起、1996年1起、2003年4起、2004年1起。塌陷以玉州区名山镇绿杨村一带最为严重。中游博白县内地表水源丰富，对地下水的开发利用还不多，仅限于缺乏水利工程的山区引山泉水灌溉，各村庄群众挖掘水井提取饮用水，一些企事业单位取浅层水为生活用水。北海市城市供水全部依赖地下水，郊区农村生活用水及部分农业灌溉用水也依赖地下水。原因是北海市区没有江河，多为季节性短水溪流，地表水缺乏。据现场调查显示，北海市地下水资源无序开采状况严重，全市除自来水公司供水外，企业和生活小区自备井现象普遍。北海市区滥采地下水所带来的问题已开始显现，一是水位下降，由于超量开采，海城区地下水位近年来已下降12m，一些深井已无水可抽；二是水质变劣，抽样化验分析显示，北部海岸线的造纸厂、玻璃厂和水产总公司等自备井水的氯离子含量高达1400mg/L，高于国家标准250mg/L的5倍多；三是海水

入侵，初步调查测定，北海市东至高德，西至地角，自北部海岸线向南延伸的范围都出现海水入侵污染地下水的现象。

4. 水土保持任重道远

南流江流域土壤侵蚀的贡献主要来源于旱地、草地和林地，旱地多为坡耕地，草地中人工草地广袤，林地中桉树种植极为广阔，这些都是造成侵蚀的重要因素。研究发现（详见第 11 章），南流江流域土壤侵蚀以微度和轻度侵蚀为主，二者共占侵蚀总面积的 78.3%，主要分布于地形平坦的河谷边缘及流域中部级南部广阔平原、盆地地区。侵蚀模数较大的区域主要分布在流域外围，即流域周边山地，地形起伏较大的区域，也是坡耕地主要集中的区域。年侵蚀总量中，贡献量最大的是剧烈侵蚀，贡献率达 55.22%。南流江流域平均土壤侵蚀模数为 1390t/（km² · a），相比于南方红壤区 500t/（km² · a）的允许侵蚀量，南流江流域水土保持工作仍然任重而道远。

从地类统计来看，水田、园地、草地、水域、建设用地、其他用地以微度、轻度侵蚀为主，旱地和林地各侵蚀等级都有，分布相对其他地类较为均衡，旱地主要种植剑麻、甘蔗、木薯等，具有较好的水保效果，然而，旱地多为坡耕地，水土易于侵蚀；林地中桉树种植极为广阔，人为干扰较大。

从不同海拔对土壤侵蚀的影响来看，海拔在 200m 以下，随着海拔的增大，土壤侵蚀强度迅速增大，海拔 200m 之后，一开始土壤侵蚀强度迅速下降，大概在海拔 400m 处达到低谷，之后，随着海拔的增高，土壤侵蚀强度发生的变化不大，平均土壤侵蚀模数在 1000t/（km² · a）左右，上下波动，平均侵蚀量在 1 万 t/a 波动，这一特点与人为因素有关，海拔越高，人类活动相对越少。

此外，南流江流域植被盖度主要集中在 70% ~ 90%，面积占整体的 50% 以上。南流江流域土壤侵蚀有随植被盖度上升而减少的趋势，微度和轻度侵蚀在整体侵蚀面积比率中的比重逐渐升高。极强度侵蚀和剧烈侵蚀主要集中在植被盖度 30% 以下部分。

18.2.2　已采取的主要措施

1. 主要管理方案、规划

1）《北海市海洋环境保护规划（2010—2020）》

为加强海洋环境保护工作，北海市人民政府于 2012 年编制了《北海市海洋环境保护规划（2010—2020）》。该规划提到通过环境综合整治工程、污染治理工程、生态保护与修复工程的实施，建立和完善污染物排海总量控制制度，有效控制和削减陆源污染物排海总量，90% 陆源排污口达标排放，实现海洋功能区环境质量达标，基本遏制沿海生态环境退化趋势；两个重点港湾（铁山港湾、廉州湾）和 2 条主要入海河流（南流江、大风江）控制断面主要水质标准达到所属海洋功能区域的要求。

2）《玉林市南流江流域环境污染整治工作总体方案》

随着南流江流域经济社会的快速发展，流域人口密度不断增大，养殖业不断发展，导致水质中的总氮、总磷等指标浓度有上升的趋势。为保障南流江流域和北部湾近岸海域的水环境安全，加快流域经济社会和环境保护协调发展，玉林市人民政府于 2014 年出台了《玉林市南流江流域环境污染整治工作总体方案》。该方案的主要目标是从方案出台到 2015 年年底，用两年时间，使流域总磷、总氮排放量比 2010 年分别削减 7% 和 8%，化学需氧量和氨氮削减量完成广西壮族自治区下达的总量控制指标；流域环境监管、综合执法、监测预警和应急能力达到标准化建设水平；南流江流域市界水质稳定达到国家地表水 Ⅲ 类标准。为达目标，主要在以下几个方面做工作：

（1）规划编制。方案任命玉林市环境保护局和玉林市水产牧兽医局于 2014 年 8 月前分别完成《玉林市南流江流域水污染防治规划（2013—2020）》和《玉林市南流江流域养殖业科学发展规划（2013—2020）》的编制工作。

（2）禽畜养殖污染治理。通过设立南流江流域沿岸禁养区及缩减生猪等养殖业规模来调整养殖产业结构与布局，并通过推进规模养殖场标准化改造、推动综合利用及大力推广沼气来推进生态化养殖。

（3）强化工业企业污染治理。一是严格环境准入制度，凡在南流江流域建设的项目，要严格执行环境影响评价制度，未经环保审批的项目一律不准建设，有关部门不予办理相关审批手续，供电、供水等单位不得通电、通水；经环保审批的建设项目，要严格执行环境保护"三同时"制度。二是强化工业企业监管，建设覆盖南流江流域的水环境监测网，提升玉林市环境监测站装备水平，使其具备饮用水水质全指标监测能力。三是强化循环经济和清洁生产。制定南流江流域重点园区和主要工业行业循环经济和清洁生产专项方案，有计划分步实施，最大限度减少污染物排放。

（4）清理整治南流江河道。建立长效机制和资金支持渠道，定期清理南流江河道，打捞水葫芦等水生植物和垃圾杂物。打击非法采砂等破坏河道生态环境的违法行为。在南流江及其支流建设防洪护堤、清理整治河道淤积。

（5）保障措施。一是加强组织领导，成立玉林市南流江流域水环境污染综合整治委员会，委员会下设办公室，负责委员会的日常工作，办公室设在市环境保护，与市九洲江办公室合署办公。有关县（市、区）对南流江支流管理实行河长制，由当地政府主要领导担任河长。二是加强督查和评价考核，市政府将工作完成情况纳入经济社会发展综合评价体系和干部政绩考核体系，对南流江流域水环境污染综合整治工作实行问责和奖惩。对做出突出贡献的单位和个人按国家和广西壮族自治区有关规定给予表彰，对领导不到位、责任不到位、措施不到位导致污染事故发生的，按相关法律法规追究责任人的责任。

3）《玉林市水体污染综合治理工作方案》

由于畜禽养殖排废污染，生活污水、垃圾污染，工业废物废水排放污染，农业面源污染，以及水源地涵养能力不足等，玉林市水环境安全日趋严峻，为加大玉林市水体污染综合治理力度，保护和改善环境，保障饮用水安全，促进经济社会全面协调可持续发展，2014 年 3 月玉林市人民政府出台了《玉林市水体污染综合治理工作方案》，该方案指出，2015 年 6 月底前，对已建养殖场有重点、有步骤地强化治理，重点整治在市集中式饮用水源地及九洲江、南流江、北流河等重要流域两岸禁养区内的规模养殖场（小区），对排放不达标的畜禽养殖场（小区）依法处罚，直至关停；该方案还强调重点流域污染综合整治，重点对陆川、博白县九洲江流域，南流江、圭江等流域内的工业污染源、生活污染源、养殖污染源及农村面源污染开展全面治理。

4）《玉林市畜禽规模养殖禁养区和限养区划定方案》

随着玉林市畜禽规模养殖业的发展，畜禽规模养殖产生的环境污染问题日渐突出，为切实减轻畜禽规模养殖业污染，突出做好重点区域、重点流域的环境保护工作，保护生态环境，保障人民群众身体健康，促进畜禽规模养殖业持续健康发展，玉林市人民政府出台了《玉林市畜禽规模养殖禁养区和限养区划定方案》该方案中提到：境内主要江河（九洲江、南流江、北流河）干流沿岸两侧 200m 范围划定为禁养区范围；境内主要江河（九洲江、南流江、北流河）干流沿岸两侧 200～2000m，集中式饮用水源地及湖泊、水库周边禁养区外 500m 划定为限养区范围。该方案还规定，禁养区内禁止规模饲养畜禽，严禁新建、扩建各类畜禽养殖场。规划中心区域（市区内）因教学、科研以及其他特殊需要饲养的，须经市容、环境、卫生行政主管部门批准。禁养区内原有的养殖场（小区），由所在各县（市、区）人民政府根据实际情况依法责令关停或搬迁，到 2015 年年底全市基本实现禁养目标。其次，限养区内逐步控制和削减畜禽饲养总量，特别是不得新建、扩建不符合《畜禽规模养殖污染防治条例》规定要求的畜禽规模养殖场。限养区内原有的畜禽养殖场（小区）要按照环境保护的有关规定，控制畜禽养殖规模，并严格落实污染防治措施，实现污染物达标排放。到 2015 年年底未实现达标排放的，由所在各县（市、区）人民政府、玉东新区、各开发园区管委组织整治，经整治仍未达标的要限期关停或搬迁；到 2017 年年底，限养区内养殖场实现污染物达标排放。

5）《广西水污染防治行动计划工作方案》

为切实加大广西全区水污染防治力度，保障水环境安全，根据《水污染防治行动计划》，结合广西实际，广西区人民政府于 2015 年 12 月底制定了《广西水污染防治行动计划工作方案》。该方案的主要工作目标是：到 2020 年，全区水环境质量总体保持优良，城市黑臭水体基本消除，饮用水安全保障水平持续提升；近岸海域环境质量及主要湖泊生态环境稳中趋好，区域水生态环境状况持续好转；到 2030 年，区域受损水生态系统功能初步恢复；到 21 世纪中叶，生态环境质量全面改善，生态系统实现良性循环。该方案提出的主要指标包括：到 2020 年，辖区内长江、珠江流域水质优良（达到或优于Ⅲ类）比例分别达到 100% 和 96%，西江流域水体水质保持优良，南流江、九洲江等河流水质达到优良；到 2025 年，辖区内长江、珠江流域水质优良（达到或优于Ⅲ类）比例总体达到 100%。为深化重点流域污染防治，该方案还提出编制实施《西江经济带水环境保护"十三五"规划》《近岸海域污染防治方案》《南流江-廉州湾陆海统筹规划》《盘阳河流域环境保护规划》。编制实施九洲江、南流江流域污染防治规划，实施总氮总量控制。

　　6)《北海市水污染防治行动计划工作方案》

　　为切实加大北海市水污染防治工作力度，保障水环境安全，根据国务院《水污染防治行动计划》和《广西水污染防治行动计划工作方案》要求，结合北海市实际情况，2016 年 1 月出台了《北海市水污染防治行动计划工作方案》，该方案提出研究建立流域水生态环境功能分区管理体系。对化学需氧量、氨氮、总氮、总磷、重金属及其他影响人体健康的污染物采取针对性措施，汇入富营养化湖库的河流实施总氮、总磷排放控制。编制近岸海域污染防治方案、南流江—廉州湾陆海统筹规划并组织实施。到 2020 年，南流江水质在轻度污染基础上达到优良。为加强近岸海域环境保护，重点整治廉州湾污染，编制入海河流和入海排污口整治方案，开展南流江、西门江、白沙河等入海河流以及入海排污口的环境综合整治，实施总氮总量控制，到 2020 年，入海河流水质不低于Ⅳ类。

　　7)《玉林市南流江流域养殖业"十三五"科学发展规划》

　　2016 年 5 月玉林市水产畜牧兽医局按照玉林市人民政府《玉林市南流江流域环境污染整治工作总体方案》的要求，结合玉林市 2016 年开展的南流江流域环境整治工作，委托广西壮族自治区城乡规划设计院编制了《玉林市南流江流域养殖业"十三五"科学发展规划》，该规划实质上就是《玉林市南流江流域环境污染整治工作总体方案》中提到的《玉林市南流江流域养殖业科学发展规划（2013—2020）》。《玉林市南流江流域养殖业"十三五"科学发展规划》从南流江污染与防治情况入手，围绕流域养殖业的发展现状、目标、规模、空间布局、升级转型、资金概算等内容进行规划，并强调了规划实施的保障。其总体目标是：以控制和治理畜禽养殖所造成的污染，推进南流江流域养殖业与生态环境可持续发展为核心。根据南流江生态环境对养殖业发展的承载能力，建立起养殖规模适度、养殖布局合理、配套设施完善、相关产业链完整的规模化、集约化、标准化养殖体系，努力将南流江流域打造成广西生态养殖业发展的示范区。据《玉林市南流江流域养殖业"十三五"科学发展规划》对玉林市南流江流域生态承载能力的计算结果，同时与区域养殖产业发展政策目标进行比对，可以看出，现状玉林市南流江流域养殖业发展规模已经接近其承载能力上限。按照兼顾区域经济社会发展，保证生态环境的要求，在仅考虑玉林市南流江流域本地承载能力（含水体和农用地）的情况下，生猪养殖规模约为 650 万头，在此基础上，通过采取加大养殖技改力度，增加有机肥料厂数量，扩大有机肥对外销售规模等措施，降低粪便等污染物直接排放量，这一数据可提升至 680 万头。《玉林市南流江流域养殖业"十三五"科学发展规划》还划定了禁止养殖区、限制养殖区和适宜养殖区范围。

　　从表 18-1 可以看出，南流江在近几年得到高度重视，现出台的与之相关的方案、规划有 7 部之多，还有《玉林市南流江流域水污染防治规划》和《南流江—廉州湾陆海统筹水环境综合整治规划》2 部规划正在编制。方案、规划的管理重心是水环境的治理，尤其是流域养殖业得到了格外关注。南流江是玉林人民的母亲河，河流的健康与玉林市民的生活息息相关，玉林市政府成为管理南流江的主要力量。以旅游为主导产业的北海，地处南流江下游，这使北海市政府也成为管理南流江的重要一员。然而，由于流域的跨地域性，以市级为单位切割流域来进行管理是不明智的，《南流江—廉州湾陆海统筹水环境综合整治规划》的出台，将可能打破这一僵局。值得注意的是，在方案、规划数量增多的同时，编制规划的效率是否可以提高。例如，《玉林市南流江流域环境污染整治工作总体方案》中明确规定《玉林市南流江流域水污染防治规划》应于 2014 年 8 月前完成编制，但并未实现。另外，现有的南流江规划的到期年限是 2020 年，意味着到 2020 年将会是南流江检验规划成果，并制定新规划的关键时间。

表 18-1 2012 年以来南流江主要管理方案、规划一览表

序号	方案、法规名称	颁布日期	规划时间长度	颁布单位	方案、规划级别
1	北海市海洋环境保护规划	2012 年 3 月	2010 ~ 2020 年	北海市人民政府	市级
2	玉林市南流江流域环境污染整治工作总体方案	2014 年 3 月	2014 ~ 2015 年	玉林市人民政府	市级
3	玉林市水体污染综合治理工作方案	2014 年 3 月	2014 ~ 2015 年	玉林市人民政府	市级
4	玉林市畜禽规模养殖禁养区和限养区划定方案	2014 年 3 月	2014 ~ 2017 年	玉林市人民政府	市级
5	广西水污染防治行动计划工作方案	2015 年 12 月	2015 ~ 2050 年	广西壮族自治区人民政府	省级
6	北海市水污染防治行动计划工作方案	2016 年 1 月	2016 ~ 2020 年	北海市人民政府	市级
7	玉林市南流江流域养殖业"十三五"科学发展规划	2016 年 5 月	2013 ~ 2020 年	玉林市水产畜牧兽医局	市级
8	玉林市南流江流域水污染防治规划	尚未出台	2013 ~ 2020 年	玉林市环保局	市级
9	南流江—廉州湾陆海统筹水环境综合整治规划	尚未出台	尚不明确	广西壮族自治区环境保护厅	省级

2. 主要管理机构

1）玉林市南流江流域水环境污染综合整治委员会

为保障《玉林市南流江流域环境污染整治工作总体方案》顺利实施，加强组织领导，2014 年玉林市政府决定成立玉林市南流江流域水环境污染综合整治委员会。委员会现有领导如下：苏海棠市长任主任（河长），郑杰忠副市长、邓长球副市长任副主任（副河长）。委员有市人民政府副秘书长唐胜、市人民政府办公室副主任赖耿、市发展和改革委员会主任骆华中、市工业和信息化委员会主任李海文、市财政局局长陈尚强、市国土资源局局长梁志勋、市环境保护局局长蔡明、市住房和城乡建设委员会副主任王祥、市水利局局长钟华、市农村工作委员会主任郭铁、市林业局局长李旭、市水产畜牧兽医局局长封寅芳、玉州区副区长张富本、福绵区副区长李世亮、北流市副市长邓云宣、陆川县副县长陈锦、博白县副县长覃厚锋、兴业县副县长梁程、玉东新区管理委员会副主任崔永锋。

委员会下设办公室，负责委员会的日常工作，办公室设在市环境保护局，与市九洲江办公室合署办公。有关县（市、区）对南流江支流管理实行河长制，由当地政府主要领导担任河长。

2）玉林市南流江防洪工程管理处

玉林市南流江防洪工程管理处隶属于玉林市水利局，主要职责包括：

（1）负责玉林城区防洪及排涝安全；

（2）负责玉林城区防洪工程、南流江排洪闸、沙牛江坝、城区排涝泵站等水利工程及配套设施的运行管理、维修养护等工作；

（3）负责玉林城郊南流江灌区农业生产用水工作；

（4）按照工程管理技术要求，负责工程的检查、观测工作；建立健全防洪工程安全档案；

（5）做好城区防洪工程范围内的水土保持工作。

3）合浦县南流江综合管理处

合浦县南流江综合管理处位于北海市合浦县连州镇总江口，于 1995 年 4 月 3 日注册成立，主要经营管理南流江总江桥闸、洪湖江控制闸，灌溉党江、环城、沙岗农田等。

总体看来，南流江的管理机构十分单薄，记录在册的仅 3 个管理机构。最高管理机构仅为市级委员会，因保障《玉林市南流江流域环境污染整治工作总体方案》而产生，机构成员皆为玉林市各级领导，这种将南流江割裂开的模式使许多工作难以协调。组建一个以流域为单位的管理机构将成为南流江流域综合管理的关键一步。

3. 主要整治项目

1）玉林南流江环境综合整治项目

为进一步加快城市景观建设，创建生态、宜居、山水园林城市，2013 年玉林市市委、市政府决定启动玉林市南流江环境综合整治项目，将南流江、清湾江打造成集商贸、居住、文化、娱乐、游憩、观光、游览、生态涵养及体育活动等为一体的城市景观系统核心，打造成带动城市自然与人文景观协调发展的生态水滨长廊。该项目建设对传承历史文化、改善城市面貌、拉动新区开发和旧城改造、营造亮丽城市景观、提升城市品质具有重大意义。

项目规划范围不只是南流江两岸用地，还包括清湾江两岸用地，总规划面积约 25.16km²。规划长度如下：南流江是东起茂林产业园区北沿江路，西至下游福绵管理区规划天河路南龙湖公园，长 31km；清湾江是北起玉州区城北街道高山村，南至与南流江汇合处，长 14km。

规划建设生态旅游观光区、园艺产业风貌区、现代生活风貌区、岭南水乡风情区、旅游休闲度假区、时尚休闲风貌区、历史文化商贸区 7 个景观功能区。

（1）生态旅游观光区：位于南流江与清湾江交汇处下游至福绵城区，利用丰富的自然风光条件，打造森林田园风光带，建立生态湿地景观。主要包括中央森林公园、船埠龙湖公园、船埠古道等自然景观。中央森林公园提供生物栖息地、城市氧吧及市民游憩场所，为未来城市可持续发展提供绿色核心。靠近城市工业区的清湾江区段以农业植物园和产业类公园为主。本区域属于两江交汇处的景观段，由城市特征型景观向生态型景观过渡。

（2）园艺产业风貌区：以该区域内自然的绿地和林地为基础，以园艺研究、创作、收藏、盆景展览欣赏、生态涵养为主要内容，蓄水形成玉北湖，构建生态湖景观，构建一个以园艺产业与生态保育为核心的城市生态绿色通廊。

（3）现代生活风貌区：清湾江是玉林一条重要的穿越景观河，周围以居住为主，有浓厚的生活气息和旅游潜质。结合区段中人文景观的营造，将滨河景观打造成风情清湾，与沿江两岸形成的绿色景观通廊互相呼应，色彩柔和，主要展现积极、宁静、亲切、宜人、健康的现代生活风貌。

（4）岭南水乡风情区：这是现状水网体系较发达的区域，结合岭南文化特色建设一个融民俗文化展示、滨水娱乐、湿地保育为一体的市民休闲公园。通过适量保留原有池塘与湿地景观，在都市中营造生态型的绿色滨水公园。通过对沿江商业街建筑体量、造型、色彩的控制，展现岭南城市建筑风貌，构成色彩明亮、自然、自在、生动的空间氛围。

（5）旅游休闲度假区：茂林为玉北一体化进程中连接玉林与北流的核心，山水格局良好，旅游资源丰富，适宜打造茂林民俗风情街区、自然风光等特色项目，主要体现淳朴自然的城市郊区景观和滨水自然生态景观，力求形成地方特色浓郁、充满活力、回归自然的区域形象。

（6）时尚休闲风貌区：位于玉东新区沿南流江区段及二环东路至龟山路段。规划以玉东湖为中心，形成近 2km² 的活水公园，以公园优越的环境条件为带动，促进玉东湖区域发展。整体空间上，围绕玉东湖构建公园文化休闲游览区、水上主题活动区、自由生态观光区等功能区域，形成水上活动、时尚休闲、湿地观光、体育健身等为一体的现代时尚区域。

（7）历史文化商贸区：重现千年商埠的历史文化，构建具有历史人文内涵的现代"商贸之都"。依托云天文化城、玉林老南桥、玉博会等旅游资源，通过对南流江沿江建筑控制，引导文化旅游街区、饮食文化街区、现代艺术街区的建设。同时，通过对滨水公园绿地内的文化主题公园、滨水码头以及商业、文化设施的完善，结合玉溪湖公园、玉东湖公园，逐步打造具有 5A 级旅游景区的历史文化旅游区，重现千年商埠的繁华。

2）南流江合浦城区河道防洪河堤整治工程

合浦县城区处于南流江下游段，洪涝灾害是合浦县的主要自然灾害之一。为了保障城区人民的生命财产安全，河堤整治势在必行。2014 年 9 月，合浦县发展和改革委员会、水利局、财政局联合发文下达投资 5884 万元，启动南流江合浦城区河道防洪整治工程。该工程位于合浦县廉州镇西面和石湾镇东南面，是周江围的南流江防洪堤部分，包括周江闸右引堤起至石湾大桥段、廉州镇廉西村段。该工程按 20 年一遇洪水标准设计，工程等级为 IV 等，堤防、水闸等主要建筑物按 4 级建筑物设计。主要建设内容是：加固建设防洪堤 11.221km，改建涵闸 2 座，重建涵闸 1 座，改建电灌站 6 座，加宽堤顶至 6m，铺设混凝土路面，堤防设浆砌石护脚等。该工程于 2015 年 2 月 10 日动工建设。

3）南流江—廉州湾陆海统筹水环境综合整治

2016 年 2 月 26 日下午，广西壮族自治区环境保护厅在北海市环境保护局召开了南流江—廉州湾陆海统筹水环境综合整治规划讨论会。会上，中国环境科学院邓义祥研究员对南流江—廉州湾的经济社会发展趋势、水环境状况、污染物现状及陆海统筹容量总量控制研究等方面进行了成果介绍，重点讨论了"十三五"期间南流江流域拟开展的水环境保护工程项目。北海市发展和改革委员会、工业和信息化委员会、水利局、环境保护局、住房和城乡建设局、农业局、水产畜牧兽医局及林业局等部门的专家对拟开展的项目进行充分讨论，并根据各自领域提出建设性的意见和建议。纳入规划的项目包括饮用水源地保护与污染防治工程项目、城镇污水收集和处理项目、垃圾分类收集和无害化处理项目、河道综合整治项目、畜禽养殖污染防治工程项目、农村环境综合整治工程项目、廉州湾生态环境修复工程项目以及监管能力建设类项目等。"十三五"期间，北海市将全面开展南流江—廉州湾陆海统筹水环境综合整治，有效改善区域生态环境质量。

4）南流江流域污染综合整治工作

2016 年 3 月 24 日，玉林市环境保护委员会第一次会议暨南流江流域污染综合整治工作推进会召开，会议强调，即日起，南流江流域污染综合整治正式全面启动。该整治工作要按照九洲江流域综合整治的基本模式，用两年时间使南流江流域污染得到初步有效整治，水质得到明显改善。要加大排查力度，对南流江流域范围内所有涉水企业实施停产整治，坚决关停有问题的企业，从源头治理污染问题。要加快玉林（福绵）节能环保产业园建设，倒逼水洗企业等入园，集中管理、集中治污，树品牌、上规模、搞创新，推动产业转型升级。要拆除南流江流域 200m 禁养区范围内的养殖场，大力推广"高架网床+益生菌"生态养殖模式，下大力气解决养殖污染问题。要多方筹措资金，积极包装项目，争取得到国家和广西壮族自治区的更大支持。要加快编制南流江流域污染综合整治专项规划，把相关工作做细做实。要以铁的决心和手腕，依法严厉打击非法采砂、非法排污、非法生产经营等行为。要加大舆论监督力度，曝光突出问题，营造浓厚氛围。要统一思想、提高认识、强化责任、强化督察、强化问责，把思想和行动统一到市委、市政府和市环境保护委员会的决策部署上来，统一到五大发展理念上来，以坚定的决心和意志，以踏石留印、抓铁有痕的信心，保护母亲河，造福玉林人民。

5）南流江玉林城区河段清淤工程

南流江是广西南部一条独流入海的河流，源头为高山峡谷，横江以下到博白大岭为丘陵谷地，坡降 0.35‰。特殊的地形结构，导致南流江河段淤积严重，历史上曾多次整治。现在，南流江城区河段的淤积又到了不得不清理的时候。为此，玉林市开启南流江玉林城区河段清淤工程。该工程于 2016 年 9 月启动，计划投资 308.8284 万元，对 3.3km 河段进行全面清淤，使南流江城区河段水更清、岸变绿，形成城市特有风光带，突显南流江景观美景。南流江玉林城区河段清淤工程分两段河段进行，分别为二环路桥下游 1km 处至沙牛江坝河段以及老南桥至南江排洪闸河段。玉林城区河段清淤工程的启动，加快了玉林市百里景观长廊的建设。

作为对清淤工程管理工作方案的响应，近几年在南流江也开展了许多整治项目。项目的主要内容还是主要关于环境整治，此外还有对河道防洪河堤的整治以及对河段清淤。

18.2.3　综合管理目标确定

根据南流江流域存在的问题及已采取的措施，结合中国环境与发展国际合作委员会课题组提出的中国实施流域综合管理的目标，建议将南流江流域管理目标确定如下：

（1）统一管理水资源，为国民经济各部门和城镇居民生活提供数量充足、质量优良的供水，同时监督地下水合理有序开采。

（2）统筹城镇供水、水电、渔业、航运、水上娱乐、水处理等各项涉水产业发展，有效预防和调解各地区、各部门的利益冲突。

（3）维护河流生态系统的水文、生物和地球化学循环的自然过程，积极治理水环境污染，维护水生态安全，使人类活动强度与河流的承载能力相适应。

（4）做好流域减灾、防灾工作，保障主要江河的防洪安全，及时清淤河道。

（5）指导和协调流域自然保护与生态建设工作，重视水土保持工作，以健康的河流生态系统，实现人与自然的和谐共处。

18.2.4　改进方向

南流江是广西的重要河流，各级政府为管理南流江流域做了许多工作，包括出台方案、规划，建立管理机构，开展整治项目等，反映出对南流江流域社会生态系统健康稳定发展的重视。但目前南流江流域综合管理的基本框架尚未健全，与达到南流江管理目标还有一段距离，仍有以下方面可以改进。

1）法律法规不健全

法律法规是流域管理的重要保障，依法管理流域是流域综合管理的重要趋势，我国在流域管理中也越来越重视法制建设，但有关流域管理的法律条文仅分散在各个相关法律中，如《环境保护法》《水污染防治法》《水法》《水土保持法》《防洪法》《渔业法》《自然保护区管理条例》等，像《江西省鄱阳湖湿地保护条例》这样的专门性法律还很缺乏。南流江是地方性流域，应该建立系统的资源开发、利用和保护的制度和法规，如《广西南流江保护条例》，若直接套用其他相关的法律法规，势必会影响流域管理的效果。只有拥有相对独立的法律法规，才能确立流域机构的法律地位，明确流域在综合管理中的职能，避免职能重叠，以便更好地依法管理。同时，也只有拥有明确的法律条文，才能让公众参与变得合法有序。

2）流域管理机构单薄，玉林独大

流域管理机构是实施流域综合管理的保证，但目前南流江流域管理机构十分单薄。在南流江流经的 9 个县（市）中，玉林占了一半还多，这就使玉林在南流江流域的管理方面处于主导位置。南流江登记在册的流域管理机构仅 3 个，最高管理机构为玉林市市级委员会，缺乏权威性和综合性。并且该委员会的工作重心在南流江环境污染整治上，在水资源分配与协调方面的作用微乎其微，尚未形成一套水资源集成管理体系。由于这些管理部门往往不是权力机构，对地方水资源开发利用与保护的作用很有限。另外，南流江流域贯穿玉林、钦州、北海三市，资源开发、社会经济活动复杂，出现多头管理现象。流域管理机构的单薄，更加剧了流域管理条块分割的现象，如水能、灌溉、渔业、城市供排水等分别由水利、农业、城建等几个职能部门管理。按地域、行业的分割管理，存在着大量因地甚至因人而异的决策和行为，按局部的规划和从自身的利益出发，发展地区经济和进行基础建设，会在水环境管理上出现诸多问题。

3）规划不完善

算上仍在编制的方案和规划，尽管近几年关于南流江已经出台了 9 部方案和规划，但现有的南流江规划体系仍不完善。

（1）规划不以流域为单位。玉林在南流江流域管理上掌握主导权，在南流江相关的 9 部工作方案和规划中，有 5 部是玉林组织编制的，有 2 部是北海编制的。这样不以流域为单位，以行政区域分割河流，以一个地方来主导规划是不科学的，在规划执行中流域各个地方将会难以协调，甚至有可能各地方政府编制的南流江规划会有冲突矛盾。

（2）侧重治理污染，缺乏总体规划。现有的南流江流域相关方案、规划基本都是从环境整治角度出发，针对水环境问题如水污染、养殖业污染等做出的较为局部的规划，尚没有以流域为单位，将南流江流域整体的未来发展定位、发展目标、总体布局等进行统筹规划的综合规划。缺乏总体的综合规划，南流江流域现在只能谈得上治理，即有问题了才处理，发现一个问题处理一个问题，这样的管理模式不利于南流江流域的可持续发展。

（3）缺乏流域生态功能规划。流域综合管理最重要的特征是"基于生态系统的管理"，流域生态系统具有多种功能，由于对这些功能过程机理研究不够透彻，加上有些功能难以量化而不能进行有效的评估，在南流江现有的方案、规划中，尚没有可操作性强的流域生态功能区划。不同的生态功能区应该有不同的发展定位和管理手段，该内容将会在本书18.3节进行详细介绍。

（4）缺乏利益相关方的广泛参与。从南流江现有的流域管理规划来看，大多是由流域内政府任命相关单位编制，而相关单位再委托一些设计单位制定。然而这些设计单位不一定来自南流江流域，政府单位只与他们签订短期的流域规划制定协议，设计单位对流域管理规划实施后在较长时间后可能出现的后果难以予以说明与预测。另一方面，由于缺少熟悉本流域社会经济乃至文化的流域管理者和利益相关方的参与，如流域内民众、流域管理投资者等，所编制的规划在实施过程中很难避免出现各式各样的矛盾。从而导致在规划实施过程中，常发生为了利益问题再请流域管理利益相关者参与讨论的现象。

（5）编制效率低。由于南流江流域相关规划的制定一般是由政府任命责任单位，责任单位再以公开招标的方式委托中标单位编制，编制好的初稿经由责任单位组织专家评审会讨论后再修订，整个过程冗长，编制效率低下，如《玉林市南流江流域环境污染整治工作总体方案》中明确写道《玉林市南流江流域水污染防治规划》应于2014年8月前完成编制，但并未实现。

4）忽视公众力量，缺乏吸引公众参与的有效手段

南流江流域各级政府似乎还未意识到公众参与管理的重要性，不管是在规划的制定、信息的公开方面都没有考虑公众方面。但事实上，公众应该成为流域重要的管理者，公众是流域直接利益相关者，流域的健康与可持续发展直接影响着流域公众的生活与生产，他们有着希望流域健康发展最强烈的愿景。并且，公众是离流域最近的人，将最直接的使用者变成流域最直接的管理者是最理想的办法。而现在的流域管理往往忽视公众力量，流域内的一切管理活动自己一手包办，工作执行不顺利，治理效果不理想。正因为忽视公众力量，自然也就缺乏吸引公众参与的有效手段。

5）缺乏明确的产权界定

借鉴外国经验可以知道，想要保证流域内资源的可持续管理和流域社会生态系统的可持续发展，必须明确各种自然资源的产权问题。一般情况下，产权问题往往是实现流域管理目标的障碍，合理界定产权问题往往需要相应政策和体制的配合。而我国在流域资源所有权和使用权的界定比较薄弱，在以往的流域管理规划中，如《黄河流域综合规划（2012—2030年）》也并没有涉及黄河流域内资源的产权问题。在将来制定南流江流域综合规划时，应该要在深入研究流域内社会、经济和生态环境等各方面因素的基础上合理界定自然资源的产权问题。尤其要着重调查流域内已有的土地所有权和使用权及存在的问题，以避免以后流域管理中继续出现类似现象。

6）流域监测系统和信息共享机制不完善

过程监测是流域管理的重要手段，它可以反映流域实时的生态系统状况，是用来衡量规划实施效果的有效工具，流域管理者也可以据此对已有规划做相应的调整，从而保证流域管理目标的顺利实现。但只有基础的数据监测是远远不够的，模型是流域管理的有效工具，但一个普遍的问题是几乎所有的模型都是在特定流域条件下研制出来的，流域的自然社会经济条件及流域尺度不同，因而很多为重要流域所开发的模型很难应用到其他流域。因此，必须自行研究开发一套属于南流江流域的模型系统。此外，南流江流域管理在信息公开方面缺少一个信息平台，这使公众很难了解并参与到管理中去。通过对南流江流域自然过程的模拟，收集社会经济数据、自然资源数据、环境数据三方面数据，建立南流江流域社会生态数据共享平台（详见本书第5章）。平台的建立有利于流域信息的公开传播，流域过程与各项评估结果可使社会各阶层了解流域管理的成效，尤其是可以增强经费支持者和管理参与者的信心。

18.3　南流江流域生态功能区划

18.3.1　流域生态功能区划的内涵

许多学者对生态功能区划开展深入研究，并取得一致认识。前人研究认为[6,11]，生态功能区划是以区域综合生态环境特征为基础，分析其生态问题及生态环境敏感性，结合区域经济社会发展需求，将区域空间划分为不同生态功能区。流域生态功能区划是根据区域生态功能区划的原理，综合考虑流域生态环境系统特殊性，明确流域各类生态功能区在地理空间格局上的分布。

在流域生态功能区划中，水元素是核心要素。有学者研究认为[8,12]，流域水的自然循环过程及社会循环过程都会对流域生态环境系统产生重要影响，涵养水源区保护、地表径流过程、水资源开发利用等都会影响整个流域的水文生态系统平衡，进而影响整个流域的生态系统平衡及生态系统服务功能的实现。

18.3.2　流域生态功能区划的原则

前人研究一致认为[6,9,11]，开展生态功能区划应该遵循可持续发展原则、发生学原则与主导性原则、前瞻性原则、区域相关性原则、相对一致性原则、区域共轭性原则等基本原则。这些原则在国家制定长江流域、珠江流域、黄河流域生态功能区划时得到较好体现[6]。但除了在国家生态功能区划层面，流域作为特殊地理单元得到较充分的重视外，对于中小流域更加细化的生态功能区划而言，无论政府政策，还是学者研究都还显得相当薄弱。南流江流域作为中小流域，在开展生态功能区划时，除遵循生态功能区划的基本原则外，还需要考虑一些自身的因素，即各项地理元素及其综合生态环境的独特性，包括地形地貌、各类水体及海陆生态功能统筹等元素。

本书认为，在对南流江流域开展生态功能区划时，应考虑如下原则：

（1）重视流域基础地理元素原则。南流江流域分布大容山、六万大山和云开大山三大山脉是流域地理要素的空间骨架，玉林盆地、博白盆地和南流江河口三角洲平原，形成了"一江带三盆"的"糖葫芦"形地理格局。南流江流域基本的地理空间格局深刻影响了流域千年来的经济社会发展过程，更决定了流域基本的生态功能区的空间结构，流域几大地理元素空间上形成有机联系，相邻的空间结构，相似的生态功能，都是流域生态功能区划首要考虑的要素。

（2）突出流域水元素核心地位原则。南流江水如同整个流域的血液，既是流域生态系统过程的纽带，也是流域经济社会发展的基础[13]。在南流江自然流域生态系统中，水流作为重要的功能过程把许多生物过程、物理过程和化学过程联结起来[14]。这些过程体现在流域过程上便是泥沙的产生、迁移、积累，水文与水质变化、河流的动态、溪流倒木的时空变化、河道水生栖地及沿河植被物种的更替，以及陆地坡面与河流之间的物质与能量交换等[15]。水是土壤、养分、污染物、物种（特别是洄游性鱼类）在流域内迁移的载体。流域生态系统通过水文过程、生物过程与地球化学过程提供淡水等流域产品和服务，并使流域成为一个有机整体[14]。因此南流江流域生态功能区划，需要关注水这一关键元素，综合分析南流江流域河流、湖泊、海洋等各种类型水体生态功能。

（3）流域经济-社会-自然复合生态系统综合协调原则。南流江流域开发历史悠久，不同时代经济社会发展对流域造成的生态环境累积效应明显。流域进入工业文明时代，工业化进程加快，对资源环境的开发利用强度加剧，面临的生态环境压力明显增大。在生态功能区划时要考虑到流域经济社会未来的发展趋势及其对流域生态环境的影响。

（4）陆域生态功能区划与海域生态功能区划相协调原则。南流江是北部湾地区最大的入海河流，其对北部湾滨海海域生态环境影响显著，尤其流域下游入海支流众多河网密布，南流江水环境直接影响北部滨海域生态环境。北部湾滨海地区分布有合浦儒艮国家级保护区、合浦山口红树林保护区、涠洲岛鸟类保护区等自然保护区，其对所在陆域生态环境要求较高，进而对周边地区经济社会发展有所制约，从而影响生态功能区划。

（5）流域生态功能区边界与行政地域相对完整性原则。前人研究显示[8]，流域生态功能边界与行政地区边界一致性很大程度影响生态功能区各项生态管理建设的落实。流域的自然边界与行政边界往往存在较大的差异，南流江流域自然边界与所在地区玉林、北海两大地级市行政边界存在较大差异，在进行生态功能区划时，要把生态功能区边界与上中下游各行政区边界相协调，从而更有利于各生态功能区生态管理与建设的实施。

18.3.3　南流江流域生态功能区划方法与方案

在《全国生态功能区划》中，南流江流域属于 Ⅰ-31 滇桂粤南部热带季雨林与雨林生态区，Ⅰ-31-03 桂东南丘陵山地北热带季雨林生态亚区（环境保护部 2008 年资料）。在《广西壮族自治区生态功能区划》中，涉及南流江流域的生态功能区见表 18-2，大容山水源涵养生态功能区和六万大山水源涵养生态功能区被列为自治区重要生态功能区。

表 18-2　南流江流域在《广西壮族自治区生态功能区划》中各生态功能区列表

一级区划		二级区划		三级区划	
编号	命名	编号	命名	编号	命名
1	生态调节功能区	1-2	水源涵养	1-2-11	大容山水源涵养与林产品提供功能区
				1-2-12	云开大山水源涵养与林产品提供功能区
				1-2-15	六万大山-罗阳山水源涵养与林产品提供功能区
				1-2-16	洪潮江水库库区水源涵养与林产品提供功能区
2	产品提供功能区	2-1	农林产品提供	2-1-16	玉林盆地农林产品提供功能区
				2-1-21	博白-陆川-北流丘陵农林产品提供功能区
				2-1-22	防城港-钦州-北海沿海台地农林产品提供功能区
3	人居保障功能区	3-1	中心城市	3-1-5	北海中心城市功能区
				3-1-6	玉林中心城市功能区

资料来源：广西壮族自治区人民政府 2008 年资料

《全国生态功能区划》与《广西壮族自治区生态功能区划》都属大空间尺度的生态功能区划，其对南流江流域生态功能区划不够具体。对流域生态建设与保护缺乏实际指导意义。本书在国家生态功能区划基础上，得出南流江流域陆域生态系统空间结构图，结合《广西壮族自治区生态功能区划》方案成果，进一步细分该流域的生态功能区。

本书根据南流江的主要地质地貌基础、流域生态系统类型，以及对流域长时期人类活动生态环境影响累积效应，在 GIS 和遥感技术支持下，分析流域生态环境特点、生态脆弱性和生态服务功能价值以及城市开发程度和生产力布局，采用主导标志法和地理相关分析法对南流江流域进行生态功能区划。

1. 流域生态功能区划方法与过程

生态功能区划的方法有叠置法、地理相关分析法和主导标志法等[16]。本书在遥感和 GIS 技术支持下，主要采用叠置法进行流域生态功能区划，对具体生态功能区边界确定时同时采用地理相关分析法及主导标志法相关手段。通过遥感与 GIS 的相关方法，利用 TM 遥感影像对研究区的相关地物进行提取。采用监督分类的方法，在分类之前对研究区的地物分布进行充分了解，以提高分类精度。在样本选择上，充分考虑每一类地物在图像上不同位置反射率的差异，对提高精度起到了一定作用。

综合考虑资料可获取性、精度等方面因素，南流江流域遥感图像选取了时相 2006 年 9 ~ 10 月美国陆地探测卫星系统 LANDSAT 的 TM 影像，TM 影像是指美国陆地卫星 4～5 号专题制图仪（thematic mapper）所获取的多波段扫描影像。扫描影像有 7 个波段，本书选取了 TM5 的 7、5、3 三个波段进行融合。7 波段是短波红外波段，对高温辐射源具有较高的辨别性，可以用来区分裸露的岩石以及未耕种的裸露的耕地；5 波段也是短波红外波段，可以探测植物的含水量以及江湖海等水体分布的判别；3 波段是红光波段，可以用来测量植物绿色素吸收率，并对植物进行分类，区分人造地物类型等。

南流江流域跨越了 4 景遥感影像，在应用遥感影像之前首先对 4 景影像进行拼接、裁剪。在保证影像投影相同的前提下对遥感影像进行拼接，根据研究区的地理位置，采用 WGS84 椭球体下的 UTM 投影坐标系统。为了提高分类效率和分类精度，利用南流江流域矢量图层对拼接后的遥感图像进行裁剪，得到流域陆域遥感图像，进而对图像进行分类。

采用监督分类法（又称训练分类法）对遥感图像进行分类，提取研究需要的地物类别。为提高分类精度，选择监督分类法对流域遥感图像进行分类，首先利用 Erdas 软件提取分类样本，定义分类模板为以下 5 类：林地（深绿色）、灌木草地（浅绿色）、居民地（暗红色）、水体（深蓝色）、耕地裸地（黄绿、黄色）。由于原始图像中右下角有少量云层，其对居民地的分类精度有较明显影响，将分类图像与谷歌地球影像进行比对，确保分类结果准确性。

对分类后的遥感影像进行制图，单独提取每种地物类型制作专题图，结合高程信息，为生态功能区区划提供技术支撑。首先在 Erdas 中将分类后的栅格图进行矢量化，并进行拓扑修正，融合一些破碎的多边形，然后利用 ESRI 公司的 ArcGIS 软件对矢量化后的分类图进行单要素提取，分别提取出林地、灌木草地、居民地、耕地裸地、水体。高程分级图利用 DEM 图像采用自然断点法分为 9 级，并与 DEM 生成的山体阴影图叠加，呈现出更为真实的三维感受。制图结果如图 18-1～图 18-8 所示。

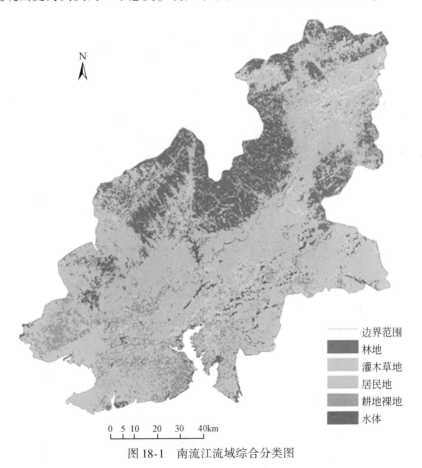

图 18-1　南流江流域综合分类图

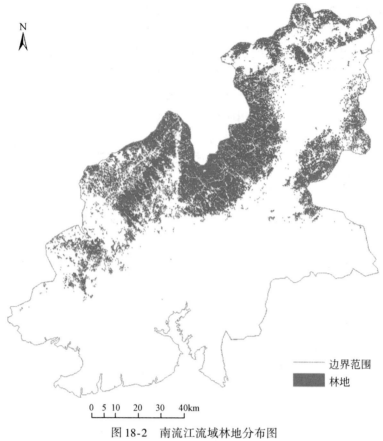

图 18-2　南流江流域林地分布图

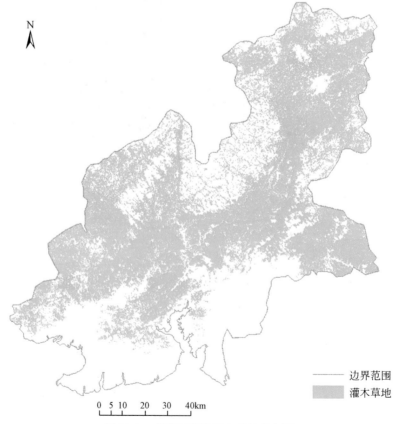

图 18-3　南流江流域灌木草地分布图

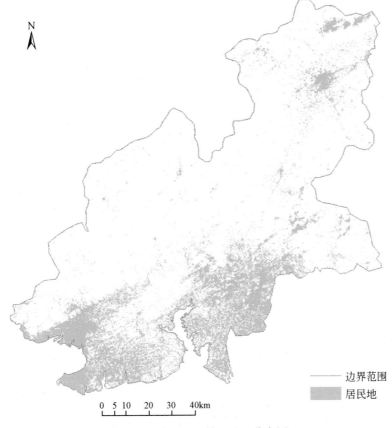

图 18-4　南流江流域居民地分布图

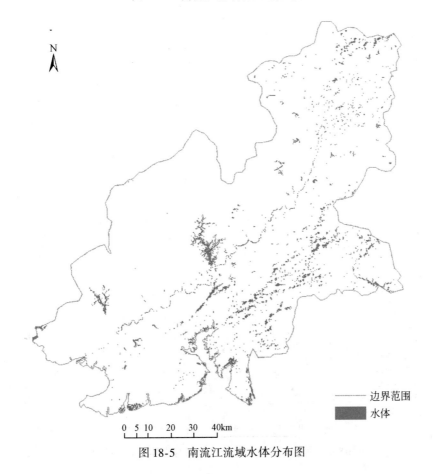

图 18-5　南流江流域水体分布图

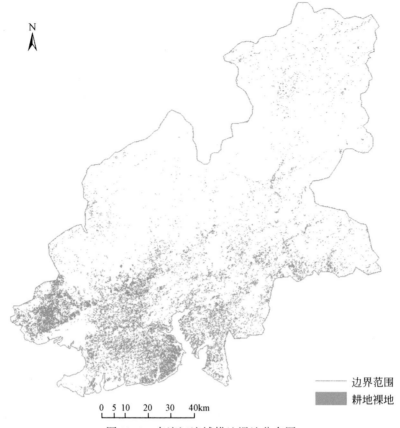

边界范围
耕地裸地

0 5 10 20 30 40km

图18-6 南流江流域耕地裸地分布图

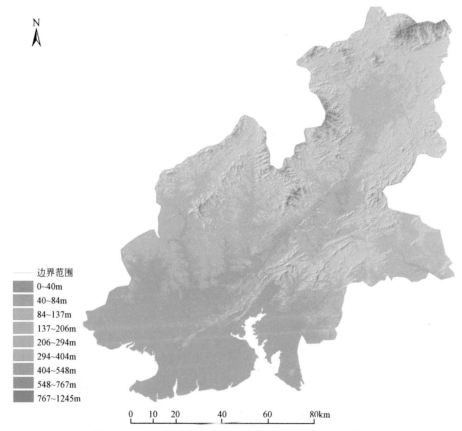

边界范围
0~40m
40~84m
84~137m
137~206m
206~294m
294~404m
404~548m
548~767m
767~1245m

0 10 20 40 60 80km

图18-7 南流江流域高程分级图（与山体阴影图叠加）

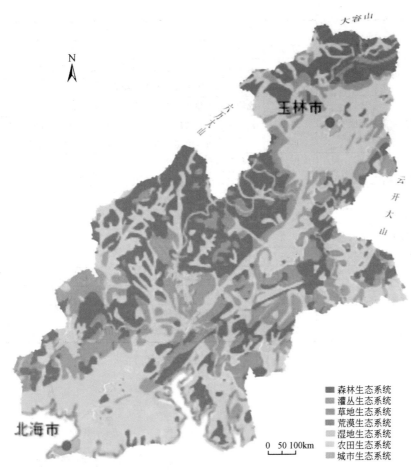

图 18-8　南流江流域陆域生态系统分布图

资料来源：中国环境保护部 2008 年资料

2. 流域生态功能区划方案

借鉴国家生态功能区划相关原理，本书将南流江流域生态系统生态服务功能分为生态调节功能，产品提供功能与人居保障功能。生态调节功能具体包括森林生态系统维护与保护、陆域水环境生态维护和水土保持三大功能；产品提供功能主要包括农林产品提供；人居保障功能主要指流域城镇发展生态功能。为了突出流域三大生态调节功能，将其与产品提供功能、人居保障功能同列为一级区划，因此形成五大区划陆域生态功能区划。

鉴于海陆生态环境的差异性，将流域下游滨海地区单独作为一个综合生态功能区进行生态功能区划。海域生态功能区主要为滨海生物多样性保护、港口发展、滨海旅游、渔业发展等提供生态支撑。表 18-3和图 18-9 展示了本书对南流江流域的生态功能区划结果。在区划过程中，充分考虑到流域生态功能区划方案的实践性，对部分二级生态功能区按照上中下游行政边界进行区划。

表 18-3　南流江流域各生态功能区划表

一级区划		二级区划	
编号	命名	编号	命名
I	森林生态系统生态功能区	I-1	大容山水源涵养、生物多样性生态功能区
		I-2	云开大山支流源头、生物多样性生态功能区
		I-3	六万大山支流源头、生物多样性生态功能区

续表

一级区划		二级区划	
编号	命名	编号	命名
II	陆域水环境生态维护生态功能区	II-1	南流江及主要支流沿岸河谷景观、水环境生态功能区
		II-2	重点水库库区水源涵养生态功能区
III	水土保持生态功能区	III-1	成均—沙田镇西部山区水土保持生态功能区
		III-2	云开大山余脉博白镇、三滩镇及径口镇一带水土保持生态功能区
		III-3	合浦段南流江沿岸及重点水库库区水土保持生态功能区
IV	农林产品提供生态功能区	IV-1	玉林盆地丘陵农林产品提供生态功能区
		IV-2	博白盆地丘陵农林产品提供生态功能区
		IV-3	合浦三角洲平原丘陵农林产品提供生态功能区
V	城镇发展生态功能区	V-1	中心城市生态功能区
		V-2	县域中心生态功能区
		V-3	重点城镇生态功能区
VI	滨海海域生态功能区	VI-1	河口、湾港生物多样性保护（湿地、珍稀海洋生物等）生态功能区
		VI-2	港口发展和污染控制生态功能区
		VI-3	滨海休闲旅游发展和污染控制生态功能区
		VI-4	滨海渔业及海洋生态系统生态功能区

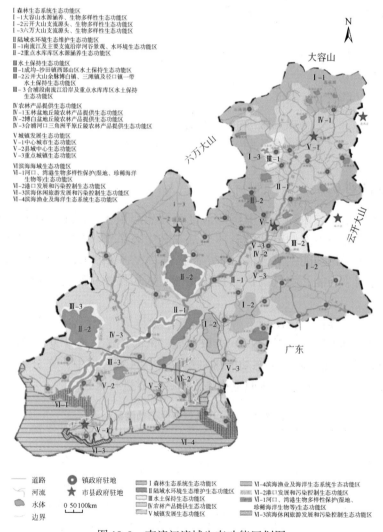

图 18-9　南流江流域生态功能区划图

18.3.4　南流江流域生态功能区发展定位

1. 森林生态系统生态功能区（Ⅰ）

目前，国家政府及相关学者对森林生态系统生态功能区的功能有基本一致的认识。在南流江流域，森林生态系统生态功能区重点发挥水源涵养、生物多样性、自然生态调节功能[6,17]。

Ⅰ-1 大容山水源涵养、生物多样性生态功能区，位于玉林北部及西北部，区内主要有大容山莲花顶山峰及大容山西南方向余脉。作为南流江的发源地，其水源涵养、调节气候、保护生物多样性和水土保持功能对流域和区域生态安全有重要作用。在生态系统脆弱性方面表现为地形对水土流失极为敏感，植被对水土流失为高度敏感（广西壮族自治区人民政府 2008 年资料）。

该区域主要生态问题是原始天然林普遍受到人类活动破坏，大容山水源涵养与生物多样性保护功能区内公益林呈破碎化分布。大面积人工经济林造成涵养水源、水土保持等生态服务功能下降。南流江上游沿江周边的工农业生产直接影响饮用水水源地水质安全。大容山生态功能区内为花岗岩、碎屑岩分布区，极可能发生暴雨型的滑坡、崩塌地质灾害。该类型区域应严格保护，逐步转变不符合生态功能保护要求的土地功能；逐步迁出自然保护区核心区内居民点，全面禁养和退耕还林；加强水源涵养林建设，恢复与重建自然生态系统；规划建立重要生态功能保护区。加快城镇环保基础设施建设，控制南流江上游工农业污染；积极防治地质灾害。

Ⅰ-2 云开大山支流源头和生物多样性生态功能区、Ⅰ-3 六万大山支流源头和生物多样性生态功能区两大生态功能区，分布于博白境内东西两部。西部山区分布有江口水库、罗田水库、充粟水库、那林自然保护区。东部山区有大良水库、共和水库、茶根水库、温罗水库、老虎头水库等。其生态功能主要是水源涵养、调节气候、保护生物多样性和水土保持。在生态系统脆弱性方面表现为地形对水土流失为极为敏感，植被对水土流失为高度敏感（广西壮族自治区人民政府 2008 年资料）。本区域内原始天然林普遍受到人类活动破坏，六万大山、云开大山水源涵养与生物多样性保护功能区内生态公益林均呈破碎化分布；人工经济林种植面积大，尤其近年速生桉种植面积急速增长，据现场调查及相关文献记载[18]，博白 2010 年速生桉种植面积 6.67hm^2，单一的种植模式导致功能区涵养水源等众多生态服务功能下降，动物生境破碎化明显。六万大山、云开大山生态功能区内为花岗岩、碎屑岩分布区，山坡自然坡度较陡（一般大于 25°），极可能发生暴雨型的滑坡、崩塌地质灾害。博白县境内南流江为博白县主要饮用水水源地，沿江周边的工农业生产直接影响水质安全。

未来应加强水源涵养林建设，强化生物多样性保护；建立自然保护区，适度发展生态旅游；控制速生桉种植面积，引导科学种植。

2. 陆域水环境生态维护生态功能区（Ⅱ）

南流江陆域水环境生态维护生态功能区包括：Ⅱ-1 南流江及主要支流沿岸河谷景观、水环境生态功能区和Ⅱ-2 重点水库库区水源涵养生态功能区。对河流支流干流两岸林地与湿地预留更多用地空间，控制污水直排入河，合理进行沿岸用水的调度。

Ⅱ-1 南流江及主要支流沿岸河谷景观、水环境生态功能区，包括上游干流流经玉林县城及福绵地区等。未来该功能区需要严格控制污水排放，提高干流水环境质量，从而为中下游优良水环境提供支撑。上游干流河段流经城区段已经全部渠化，渠化河道其生态功能价值大大降低，在保证城市发展、防洪等基础设施用地的前提下，应尽量减少干流渠化河段，恢复自然河道，给河流留出生态空间。随着玉林城镇化进程加快，城区人口数量迅速增长，而且福绵地区分布大量小型水洗企业，生活污染及工厂废水直接排放到南流江，对南流江水质造成严重影响，船埠河段水质常年维持地表水Ⅳ类水质，需严格按国家有关要求执行水环境质量政策。

上游玉林Ⅱ-2 重点水库库区水源涵养生态功能区主要有大容山水库、六洋水库、苏烟水库、寒山水库、江口水库、铁联水库等，该区分布在大容山、六万大山区域。它们的主导功能是涵养水源和水环境生态维护，在生态环境敏感性方面表现为地形对水土流失敏感，对生物多样性（生境）高度敏感。该功能区主要生态问题是由于人为活动等因素，水库周边森林质量有所下降，水源涵养功能减弱，同时水库水质受周边农业面源污染和水产养殖污染威胁较大。本功能区未来应加强对天然林、水源林和防护林的保护管理，严格水产养殖管理，减少对库区水质污染的影响。

中游博白Ⅱ-2 重点水库库区水源涵养生态功能区应加强植被保护，控制水土流失。南流江中游干流流经博白县城旁，随着城镇化水平提高，博白县城将西扩，未来在保证城区发展基本用地和防洪需求的前提下，尽量减少对自然河道的影响，给河道两岸预留出生态用地。博白县城人口增多及周边工业企业发展将导致生活污水和工业废水污染河流的可能性增大，将来应进一步提高城区生活污水集中处理率，加快生态工业园区建设，引导企业入园，废水集中处理，杜绝直接排放现象。

中游博白Ⅱ-2 重点水库库区水源涵养生态功能区数量较多，分布较广。主要分布于博白县西部及南部，包括老虎头水库、小江水库、西牛水库、充粟水库、温罗水库及火甲水库周边汇水区范围。该区的主导功能是涵养水源，涵养的水源范围包括博白小江水库、老虎头水库及南流江下游水系。功能区地形对水土流失敏感，六万大山区域生物多样性（生境）高度敏感。

本书考察调研显示，由于人为活动等因素，小江水库库区、老虎头水库库区水源涵养功能区内常绿阔叶林破碎化现象明显；森林质量降低，水源涵养功能减弱，水库水质受周边农业面源污染和水产养殖污染。该地区植被主要为生态公益林和商品林，农业用地零散分布，所占面积比例较低。生态保护主要方向与措施是通过封育恢复自然植被，适当增加林种数量。严格水产养殖管理，强化矿山生态恢复工作。

南流江下游河段水量充足，在河口三角洲地带众多支流分流入海。由于农业开发程度大，河岸生态用地越来越少。考察调研显示，党江镇等地区水产养殖业发达，河水水体出现富营养化、咸化现象，浮游植物茂盛。未来该功能区应进一步增加河道两岸生态用地空间，加强对水产养殖业的监管，减少水污染。

下游北海Ⅱ-2 重点水库库区水源涵养生态功能区包括合浦水库、牛尾岭水库、洪潮江水库等。该功能区主要生态问题为大量速生桉种植导致森林结构单一，导致功能区各种生态服务功能下降。耕地面积不断扩大，造成水库周边地区水土流失有加重趋势。库区各类生产、生活污水影响了部分水库水质（广西壮族自治区人民政府 2008 年资料）。生态保护主要方向与措施要科学引导速生桉种植，采取间种等方式提高森林结构多样性。控制水库周边耕地发展速度，控制水土流失。加快城镇环保基础设施建设，控制水产养殖业规模。

3. 水土保持生态功能区（Ⅲ）

南流江流域水土保持生态功能区在上中下游都有分布。根据流域水土流失情况综合分析，确定流域水土保持生态功能区分别为：Ⅲ-1 成均—沙田镇西部山区水土保持生态功能区、Ⅲ-2 云开大山余脉博白镇、三滩镇及径口镇一带水土保持生态功能区、Ⅲ-3 下游南流江沿岸及重点水库库区水土保持生态功能区。

上游玉林的Ⅲ-1 成均—沙田镇西部山区水土保持生态功能区。主要分布于福绵管理区。该地区位于六万大山地区，水土流失较严重。该区大部分地区为土壤侵蚀敏感性较高地区，所以其主导生态功能为土壤保持。本地区不合理的土地利用、毁林开垦造成自然植被破坏，水土流失较为严重，土地生产力下降。局部区域环境污染和生态破坏，滑坡、崩塌等地质灾害多发。对该生态功能区生态保护主要方向和措施是恢复水土保持等生态服务功能。加强小流域综合整治，开展水土流失治理。合理规划利用土地，开展地质灾害预防工作。

中游博白地区的Ⅲ-2 云开大山余脉博白镇、三滩镇及径口镇一带水土保持生态功能区。该地区位于云开大山余脉地区，水土流失较严重。该区大部分地区为土壤侵蚀敏感性较高地区，所以其主导生态功能为水土保持。该地区植被覆盖主要为生态公益林和商品林，薪炭林小面积分布。博白镇、三滩镇及径口镇水土保持功能区地处花岗岩、碎屑岩分布区，地区不合理的土地利用、毁林开垦造成自然植被破坏，水土流失较为严重，土地生产力下降。局部区域环境污染和生态破坏，滑坡、崩塌等地质灾害多发。区域矿山开发造成地表破碎，土层裸露，暴雨期易发水土流失。该功能区未来需要恢复水土保持等生态服务功能，切实加强对水土保持的监督检查，对造成环境破坏和污染的限期整改和恢复治理；开展地质灾害预防工作。整治南流江不合理采砂点，加强对沿岸塌岸的护理。

下游Ⅲ-3南流江（合浦段）沿岸及重点水库库区水土保持生态功能区。该区地形起伏不大，大部分为丘陵平原地区，人类活动强度大，造成水土流失较严重，而且此区域位于南流江入海口，水土流失对河口生态环境影响显著，需要加强生态河岸建设。此区域分布南流江流域两个大型水库，库区范围大，周边地区林业及农业发展造成水土流失加重，因此库区既是涵养水源生态功能区又是水土保持生态功能区，需要切实发挥两项生态功能的作用。

4. 农林产品提供生态功能区（Ⅳ）

南流江流域上中下游盆地丘陵及平原地区是农林产品提供的最重要区域。农林产品提供生态功能区有：Ⅳ-1玉林盆地丘陵农林产品提供生态功能区、Ⅳ-2博白盆地丘陵农林产品提供生态功能区、Ⅳ-3合浦河口三角洲平原丘陵农林产品提供生态功能区。该功能区是流域最重要的粮食作物、蔬菜作物、肉产品基地和水果基地。区域内包括以农林业为主的点状村镇、农田、水网、丘陵等，是以人工生态系统类型为主的区域，其主导功能为农林产品供应（广西壮族自治区人民政府2008年资料）。

南流江流域自古以来就有"广西粮仓"之称。流域农业发展历史悠久。进入工业文明时代以来，流域农业现代化进程也随之加快，农业施用农药化肥数量急剧增长。长期大量使用化肥农药等因素造成流域农田土壤板结，土地生产力下降。农业面源污染较严重，农产品安全质量不高。1949年以来流域人口激增，流域城镇化水平也迅速提高，长时期的城镇生活污水直接排放造成水污染和土壤污染。流域现中心城区已经实现生活污染处理，但大量乡镇及农村地区生活污水未经处理排放问题还比较突出。流域养殖业发展历史悠久，博白县为广西第一养猪大县。考察调研显示，畜禽养殖规模不断增大，养殖模式粗放，由原来面源污染逐步转变为点源污染，分散型养殖污染问题越来越突出。流域近些年速生桉种植面积猛增，大量低山丘陵改种桉树。部分地区桉树林木面积占有林面积达70%以上。区域内树种单一，造成病虫害突发的可能性加大，生物多样性受损，森林生态环境平衡受到一定程度影响。对山林进行烧林开垦，在局部地区造成水土流失。

该类功能区未来应加强农药、化肥的监管和指导。禁止使用高毒高残留农药和兽药，减少农药的使用量，鼓励使用有机农用肥，推行农业生态化生产。加强对区内养殖业的引导和管理，空间上逐步优化布局，鼓励规模化养殖，对养殖高浓度有机废水集中处理后达标排放。加强对低山丘陵地区林地管理，禁止毁林开荒和非法占用林地，特别是对桉树的种植应严格控制，杜绝烧山毁林改种桉种的现象。采取科学间种等措施逐步改变林木品种单一化现状，从而保持生态系统多样性，维护生态安全。在矿区采取生态治理措施，防止引发地质灾害。加强流域城镇环境基础设施建设，防治城镇生活、生产污染。

5. 城镇发展生态功能区（Ⅴ）

中心城区及县域中心沿江分列于上中下游地形平缓地区。流域城镇发展受地形地貌影响。该生态功能区主要有3类：Ⅴ-1中心城市生态功能区、Ⅴ-2县域中心生态功能区、Ⅴ-3重点城镇生态功能区。其中Ⅴ-1中心城市生态功能区主要包括上游玉林市城区和下游北海市城区；Ⅴ-2县域中心生态功能区主要包括中游博白县城区下游合浦县、浦北县城区；Ⅴ-3重点城镇生态功能区在流域上中下游都有广泛分布，也是未来流域城镇化的重要载体。该生态功能区是各级行政区域的政治、经济、文化、科技、信息和金融中心，其主要功能为生态良好的行政、商务、居住、经济发展区和市区居民居住环境保障（广西壮族自治区人民政府2008年资料）。

流域上游该功能区主要包括Ⅴ-1中心城市生态功能区，即玉州区，福绵管理区城镇区域。南流江干流穿过中心城区。该功能区位于南流江上游，区内生产、生活活动对南流江整个流域的生态环境及生态安全影响巨大。对流域资源环境与经济社会发展协调测评分析显示，上游玉林经济发展高速，其资源环境建设相对滞后，面临的生态压力巨大。资料分析[19]和实地考察显示，玉林号称"中小企业之城"，大量中小企业密集分布在玉林城乡接合的部分及周边地区，企业以造纸、制革、服装水洗等类型较多，企业布局分散，废水排放达标合格率低，工业重复用水率低。城区及周边城镇人口数量不断增加，城镇生活污水不断增多，生活污水处理设施尚未完善。分散的中小规模畜禽养殖户较多，高浓度的养殖有机废水排放量大，工业废水、生活污水和养殖废水大量流入南流江，使南流江水体受污染较严重。该区域应优化调整城市与产业的空间布局，加快工业园区化进程，逐步引导企业进入园区，提高土地集约利用程度，提高工业重复用水率和集中污水处理，提高废水排放达标率。推进城镇化进程时，城市绿地景观生态建设和基础设施建设先行，建设生态城镇。逐步取缔、搬迁城市建成区内畜禽养殖场。

流域中游分布有Ⅴ-2县域中心生态功能区和Ⅴ-3重点城镇生态功能区，六万大山和云开大山众多山脉分布于流域中游地区。流域该生态功能区发展对流域中下游地区影响显著。其中县域中心生态功能区位于博白镇，重点城镇生态功能区在中游分布广泛，分布位于博白县南流江平原地区、东部丘陵盆地地区和南部平原地区。

对流域资源环境与经济社会发展协调测评分析显示，博白县城城镇化水平较高，人口密度、建筑密度和经济密度都较高。其他地区城镇化水平较落后。未来随着博白城镇化水平的提速，地区也面临越来越大的生态压力。未来应逐步优化小城镇建设，加大城镇污水、垃圾等环保基础设施建设，提高污水处理率、生活垃圾综合处理率，分散南流江流域城镇化发展的压力。

下游地区包括了城镇发展生态功能区三大类型：Ⅴ-1中心城市生态功能区主要包括北海市城区、Ⅴ-2县域中心生态功能区主要包括合浦县城区和浦北县城区、Ⅴ-3重点城镇生态功能区，包括大量分布在上述3个行政区内的镇区。流域下游位于北部湾畔，目前北海已发展成为著名的旅游城市。随着旅游业进一步发展，其对生态环境的要求会进一步提高。下游地区还分布有大片的国家级生态保护区：合浦儒艮自然保护区、山口红树林自然保护区和北海市涠洲岛国家地质公园。国家批准实施《广西北部湾经济区发展规划》，对北海组团的定位，对该地区城镇发展生态功能区提出了更高的要求。

北海城区由于地形、气象条件对大气污染物的扩散和稀释不利，并且长期使用高硫质煤，北海市大气中二氧化硫和酸雨污染较严重。历史遗留的城市布局不合理因素，港口码头与银滩旅游区过近。城区生活饮用水许多来源于地下水，工业重复用水率低。生活垃圾处理及综合利用率低，城市环保基础设施不完善。未来城区发展应优化城市功能布局，规范二氧化硫排放总量控制管理，强化水资源管理，推进生态城市建设，加强城市基础设施建设，控制工业污染物排放和第三产业污染，提高城市水环境、大气环境、声环境总体质量，进一步改善城市生态人居环境。

合浦县城区位于南流江入海口冲积平原，其生产生活污染物排放可直接影响南流江入海口滨海生态环境。该功能区城镇基础设施落后，发展水平较低，制约城镇人民生活质量提高和投资环境改善，对周边地区人口集聚力和辐射力有限。经济开发区只重视经济效益和引资投资项目的数量，思想观念滞后，清洁生产和循环经济尚未广泛开展。城镇生活污水、生活垃圾、危险废物等城市环保基础设施不完善，城区生态环境受到的影响较大。城区公共绿地面积较少。未来应加强城镇基础设施建设，扩大绿地面积，加强城区园林绿地系统建设，改善城镇人居环境，提供生态环境支撑力度。

重点城镇生态功能区为重点发展城镇，包括涠洲镇、南康镇、营盘镇、兴港镇、闸口镇、公馆镇、西场镇等，这些重点城镇主导生态功能为城镇居民居住环境保障。该类区域以创建全国环境优美乡镇为目标，解决生活垃圾、生活污水处理问题，发展绿地，注意城镇发展与外围景观的协调，促进小城镇加快由数量型向质量型转变。

6. 滨海海域生态功能区（Ⅵ）

滨海海域生态系统是南流江流域生态系统重要的组成部分。其生态功能与陆域生态系统生态功能联系紧密。该功能区包括以下 4 类生态功能分区：Ⅵ-1 河口及湾港生物多样性保护（湿地、珍稀海洋生物等）生态功能区、Ⅵ-2 港口发展和污染控制生态功能区、Ⅵ-3 滨海休闲旅游发展和污染控制生态功能区、Ⅵ-4 滨海渔业及海洋生态系统生态功能区。北海海域生态系统与南流江陆域生态系统构成复合生态系统，南流江流域经济社会发展对北海滨海海域生态系统影响显著，在对滨海海域生态功能区划时要充分考虑南流江入海口及铁山港（龙潭）组团发展的相关因素。滨海沙滩及红树林作为北海未来发展休闲旅游的重要依托资源，需要科学规划，合理发展。北海传统渔业产业的可持续发展依赖于Ⅵ-4 滨海渔业及海洋生态系统生态功能区的生态支撑。

Ⅵ-1 河口、湾港生物多样性保护（湿地、珍稀海洋生物等）生态功能区主要包括合浦儒艮自然保护区、山口红树林自然保护区、北海市涠洲岛国家地质公园、冠头岭国家森林公园，其生态功能主要是作为各种海洋生物栖息地和繁殖场所，保障生物生产率，维持生态环境平衡，净化水质，减轻近海水域污染、维护近海生物多样性、固定泥沙、防止海岸线侵蚀等方面具有重要作用。在生态环境敏感性方面，该功能区的生态系统脆弱，一旦破坏，难以恢复，在生态保护岸线内，应严禁任何开放性开发活动和改变自然状态的行为。

儒艮等海洋哺乳动物栖息、生长、繁殖的生态环境日益受到人类活动的破坏。现场考察调研显示，机动渔船数量增加迅速，近海捕捞强度过大，严重地破坏了儒艮等海洋哺乳动物的栖息、生长、繁殖的自然环境。围垦、养殖等海洋和海岸开发，占据大量的滩涂面积，养殖之处海洋哺乳动物不能进入或进入后易受伤害，极大地限制了海洋哺乳动物的活动与觅食，缩小了海洋哺乳动物的栖息地面积并改变了其环境。人为因素对儒艮的主要食料——海草造成破坏，使昔日茂盛的草床受到破坏，草床面积有较大减少，有些海域海草生长不良，产量减少，威胁儒艮生长。随着经济的发展，陆源污染、海上船舶污染以及海水养殖废水等污染物的排放对保护区附近海域影响较大。该生态功能区未来应制定现行有效的管理制度，同时进行广泛宣传教育，对破坏海洋资源的行为加强监督管理，严格执法。通过各种途径和多种形式宣传、普及海洋生物多样性保护知识，提高公众和社会各界的海洋自然保护意识。科学合理地利用海域环境容量，规范保护区范围内的开发活动，实行排污许可证及海洋倾废许可证管理制度，严格控制污染物的排放。

海水养殖及城镇生活污水对红树林生态功能区造成环境影响越来越大。海水养殖已经成为红树林周边地区农民的支柱产业，围海或毁红树林养殖的现象时有发生，这是破坏红树林的最严重因素；滩涂养殖，特别是采用机器翻挖方式收获海螺对海草床的影响很大；城镇生活污水未经过处理排放入海，富含有机质、无机氮和磷及有机农药的农业污水也随地表径流进入近海流域，致使近海海域水质下降，影响保护区内生物的生存和生长。未来该生态功能区应加强治理体系建设；同时建立健全各部门的保护治理机构，使保护治理工作真正落到实处；加快沿海城镇环保基础设施建设，严格控制规模水产养殖业，减少城镇生活污染物和工业污染物对近海水质的影响。

Ⅵ-2 滨海休闲旅游发展和污染控制生态功能区主要为北海银滩及附近岸线和山口红树林非核心保护区的滨海岸线地区。该功能区对城市及旅游发展的潜力挖掘还不够，并且还存在功能分区不明确、布局不够合理等问题。北海银滩作为北海滨海旅游的支撑资源，其与渔船码头相邻，造成机动船油污污染生态问题。对北海银滩旅游开发存在管理无序现象，造成少部分海滩人数过多，超过其生态负荷。未来该生态功能区应进一步优化岸线功能分区，搬迁渔船码头，加强银滩生态环境管理，对用来旅游开发的红树林景观区域以自然地貌特征为主，建设部分生态型旅游休闲设施。适度建设旅游服务性设施，实行严格的开发强度管制，逐步减少定居人口适度控制游客人数，对游客进行合理分流。

Ⅵ-3 港口发展和污染控制生态功能区分布范围广泛，北海港全港所辖海岸线东起英罗湾，西至大风江，全港共划分为铁山港港区、石步岭港区、涠洲港区、大风江区、海角老港区、侨港客运旅游泊位港区、榄根港区、沙田港区 8 个港区。北海港口长期与城市互动发展，缺乏统一规划，造成部分港口居住、污染性工业、仓储等多种用地功能相互交叉，各种功能相互干扰。北海城市由北向南推进，使城市功能交织和功能布局混乱集中体现在北部岸线；各港口岸线普遍存在绿地不足问题，原有防护林带遭到破坏。

沿岸工厂和渔船排放的废水、废油、固体废弃物及粉尘对北部岸线影响较大；超负荷的渔船停泊加大了港口管理难度，渔港超载，利用强度不合理，破坏了近海域的生态平衡，同时也影响了城市沿岸的景观。该生态功能区未来应加强港口资源优化组合，对于港口码头岸线，从自然、环境、资源、空间等各个角度综合考虑海域及岸线的开发利用，重视开发与保护的协调，力求在发展港口的同时防治环境污染、保持生态平衡、保护海边自然景观。控制岸线建设的强度，对拟建设的岸线进行科学论证，防止对海洋环境造成重大影响。

Ⅵ-4 滨海渔业及海洋生态系统生态功能区主要包括营盘、沙田、白沙、闸口、山口，该区域沙滩、沙泥滩、淤泥滩分布广，面积较大，渔业资源丰富，红树林分布较广。海水中营养盐和各种浮游生物丰富，可为海水养殖提供丰富的天然饵料。水产养殖业、海洋生物工程、水产品精深加工业具有广阔的开发空间，潜力巨大。

该功能区在长时期的开发建设过程中，生态环境受人类活动影响显著。在沿海岸线的开发建设过程中，破坏了部分海岸防护林；由于浅海传统渔业资源捕捞强度过大，海洋生物资源出现衰退；养殖业技术水平不高，结构不合理，近岸海域特别是滩涂局部养殖密度过大；海岸红树林受到人为破坏，当地海域生态环境质量下降，湿地生态功能受到影响。

该生态功能区未来生态保护主要方向应大力发展生态养殖业和延长产业链条，加强对红树林湿地保护。探索开发海洋生态养殖模式，加大科技投入，重视养殖业结构调整，发展高产、高效、优质、安全、生态养殖业；以生态系统的承载力为前提，根据当地的资源优势和市场优势，构筑海洋产品和农副产品增值链，促进农业产业结构调整，加强海洋生态农业的发展，实现经济的良性循环，增强经济发展的可持续性；加强对红树林生态环境的保护，维护其食物链复杂的高生产力系统，提高其保护近海渔业、固岸护堤的功能。

18.4　南流江流域综合管理对策

随着北部湾被国家赋予新定位，南流江流域面临着新时期、新机遇和新挑战。本书以流域社会生态系统为视角，从地质地貌、气候灾害、水文水质、土壤侵蚀、植被覆盖等基础研究入手，探究了南流江流域社会生态系统演化过程与环境效应，重点对南流江流域的土地利用变化、土地流转机制、河流沉积物污染、生态系统健康、生态风险及社会经济发展与生态环境协调性等方面进行专题研究。通过基础研究与专题研究发现，南流江流域在自然方面存在水文灾害多发、环境污染较严重、地下水超采、水土保持任重道远等问题。在社会方面存在法律法规不健全，流域管理机构单薄，规划不完善，忽视公众力量、缺乏吸引公众参与的有效手段，缺乏明确的产权界定，流域监测系统和信息共享机制不完善等问题。现对南流江社会生态系统存在的突出问题提出针对性的综合管理对策。

18.4.1　建立健全法律法规

流域综合管理的目标是维系人与自然和谐共处，并实现流域社会、经济的可持续发展。为了实现这一目标，必须利用若干的法律法规，调控社会经济领域的各项活动，使其进入有序状态。加强立法是实施流域综合管理的有效手段，世界各国都非常重视与流域综合管理有关的立法工作，许多国家把有关流域开发、利用、管理、保护及防治水害等问题，或集中规定在一部法律内，或针对各种问题分别制定若干单行法律。美国是世界上最早开展流域管理的国家，同时是世界上法律制度较为完善的国家之一，该国家与流域管理相关的法律条例非常多。美国田纳西河流域管理是流域综合管理史上的范例，其成功的关键是专门为其制定的法律——TVA法案起了决定性的作用，被许多国家所借鉴。该法案是隶属于美国宪法直接针对全面开发田纳西河流域而制定的法律，其宗旨是成立一个机构来统筹开发和管理田纳西河流域。TVA法为流域的统一管理提供了法律保证，田纳西河流域管理局统一管理流域内的水电工程、洪水控制、土地保护、植树造林、土地休耕、河流净化和通航以及沿河小工业企业发展等，其对整个流域的经济和社会发展具有广泛的权力，包括独立的人事权、对土地的征用权、建设项目的开发权以及对流域内一切经济活动及综合治理活动的管理权。同时，田纳西河流域管理局还拥有根据全流域开发和管理的宗旨修正或废除与该法有冲突的地方法规，以及制定相应的流域规章条例的权力，并可以跨越一般的政治程序，直接向总统和国会汇报，从而排除了其他行政力量的干涉。

既然 TVA 法案有如此多益处，中国为何至今尚未有类似法案，即便如黄河、长江等重要大河流域也没有单独立法？TVA 法案的建立有其特殊背景。1929 年，美国发生严重的经济危机，工农业生产基本处于停滞状态。当时的田纳西河流域是全美最贫困落后地区之一。1932 年秋，美国需要变革，经济需要复苏，水利建设必须先行，加大水资源的开发力度，不但能解决航运和防洪问题，同时还能解决经济发展所需的大量电力。田纳西河流域水资源及矿产资源十分丰富，当时处于未开发状态，当时的美国总统和一些有远见卓识的政治家认识到，应该对该流域内蕴藏着的丰富的自然资源进行综合开发，以保证资源的有效开发和利用，从而振兴经济的发展。在此特定的经济条件和政治气候影响下，美国国会通过了 TVA 法案，并据此成立了一个既具有政府职能又具有私人企业的主动性和灵活性的法人实体的特殊机构——田纳西河流域管理局，这是美国国会的一项重大"实验"。

那么南流江又该如何建立法律法规来保障流域的综合管理？

考虑到南流江流域的流域面积、流域定位及流域地位，想要获得像 TVA 法案这样隶属于国家宪法的法律是不可能的，即便有也只可能排在黄河、长江等若干条重要大河流之后，而至今黄河、长江也没有独立法律法规出台，有的仅仅是相关的综合规划和各项专题规划。2016 年新修订的《中华人民共和国水法》第十二条规定："……国务院水行政主管部门在国家确定的重要江河、湖泊设立的流域管理机构（以下简称流域管理机构），在所管辖的范围内行使法律、行政法规规定的和国务院水行政主管部门授予的水资源管理和监督职责。县级以上地方人民政府水行政主管部门按照规定的权限，负责本行政区域内水资源的统一管理和监督工作"。2012 年《水土保持法》第五条规定："……国务院水行政主管部门在国家确定的重要江河、湖泊设立的流域管理机构（以下简称流域管理机构），在所管辖范围内依法承担水土保持监督管理职责。县级以上地方人民政府水行政主管部门主管本行政区域的水土保持工作……"。这说明，国家给予重要江河、湖泊设立的流域管理机构一定的法律地位及监管权力，但同时，我国的法律也在无形中将除重要江河、湖泊外的流域进行了部门分割。

长期以来，南流江流域各级政府只负责编制流域规划和工作方案，但对规划、方案的实施如何监督、管理则无明确规定，更缺乏法律保障。这种职责不清的状况，使流域机构在履行职责时往往得不到其他部门的认可与支持，无法充分发挥流域机构应有的职能。因此，本书认为，在建立南流江流域法律法规方面，在国家层面，应该出台一部法律来保护全国的重要或次重要的流域管理机构，包括地方流域管理机构，从而保障流域管理机构的合法地位，以及给予机构行使流域管理的权力；另外，给予省级政府为其重要流域制定相关法律法规的权力。在广西壮族自治区层面，应该组织有关部门制定重要流域的法律法规，内容可以包括洪水防御、灾害保险、水资源规划、环境保护、自然资源管理、湿地保护等方面。从单项地方性法规如《太湖水源保护条例》和《江苏省太湖水污染防治条例》的实施成效来看，流域管理的重大问题的协调及治理措施的监督、检查等都必须有法可依。

18.4.2　强化流域管理机构与机制建设

自 20 世纪 30 年代美国成立世界上第一个流域综合管理机构——田纳西河流域管理局以来，西方大多数的发达国家都已经建立起适合本国具体情况的较为完善的流域管理机构，积累了不少成功经验。除了美国既享有政府权力又具有私人企业灵活性和主动性的联邦一级机构——TVA 以外，法国在其六大流域也分别建立负责协商与制定方针的流域委员会和负责技术与水融资的流域水资源管理局，而澳大利亚的流域管理机构分 3 个层次，分别为国家一级的部级理事会、流域管理委员会和委员会办公室，以及社区咨询委员会。英国的流域管理机构主要负责供水及水环境保护，包括国家环境署、水务办公室、饮用水监督委员会和英国私有化的供水公司。我国的七大流域（长江、黄河、淮河、海河、珠江、辽河、松花江）设立了 6 个水利委员会（其中松花江和辽河同属于"松辽水利委员会"管理），加上"太湖流域管理局"，构成"七大流域机构"，类似于法国的流域水资源管理局，是具有管理职能、法人资格和财务独立的事业单位。对于我国的重要流域和湖泊，我国的《水法》和《水土保持法》都给予上述七大流域机构以法律保护，赋予这些流域管理机构法律地位和监管权力。

与我国重要流域实行流域管理与行政区域管理相结合的管理体制不同，广西的重要流域南流江与我国其他流域的一般管理机制是，行政分割管理与部门分割管理相结合。即将南流江按行政区划，划分为玉林南流江流域、北海南流江流域等，各市级政府对自己所管辖区域的流域进行重点管理，结合本市经济发展需要编制流域相关规划，建立全由本市领导干部组成的流域管理机构，形成行政分割管理。南流江流域的各个方面又由不同的组织进行管理，如玉林市南流江流域水环境污染综合整治委员会主要负责南流江流域水环境治理，玉林市南流江防洪工程管理处主要负责玉林城区的防洪及排涝安全，合浦县南流江综合管理处主要负责桥闸控制、农田灌溉，形成部门分割管理。

因此，为了更好地管理南流江，应该成立一个拥有行政管理职权的流域管理机构，该机构应由流域内各市县有关部门的领导及相关领域的专家组成，该机构对流域经济和社会发展应具有相应的权力，在流域管理方面也应有一定的授权，在财政方面有专门预算，并具有强大的协调职能。这样，才能克服流域管理工作中的条块分割、责权交叉多、难以统一规划与协调的局面。

在改善与加强流域管理机构的基础上，还应该建立政府调控与市场经济相结合的资源管理机制。流域拥有的各类自然资源，一般属于公共产品，其中尤以水资源为典型。在资源管理中，往往表现为市场失效，如农业、农村用水难推行市场化管理。政府对此应发挥调控作用，同时又要发挥市场机制，解决目前自然资源利用率低下的现象。政府宏观调控结合市场机制的管理运行方式，应该成为流域资源管理的主要方面。

18.4.3　编制总体规划，重视生态规划

2016 年新修订的《中华人民共和国水法》规定："国家确定的重要江河、湖泊的流域综合规划，由国务院水行政主管部门会同国务院有关部门和有关省、自治区、直辖市人民政府编制，报国务院批准。跨省、自治区、直辖市的其他江河、湖泊的流域综合规划和区域综合规划，由有关流域管理机构会同江河、湖泊所在地的省、自治区、直辖市人民政府水行政主管部门和有关部门编制，分别经有关省、自治区、直辖市人民政府审查提出意见后，报国务院水行政主管部门审核；国务院水行政主管部门征求国务院有关部门意见后，报国务院或者其授权的部门批准。前款规定以外的其他江河、湖泊的流域综合规划和区域综合规划，由县级以上地方人民政府水行政主管部门会同同级有关部门和有关地方人民政府编制，报本级人民政府或者其授权的部门批准，并报上一级水行政主管部门备案。专业规划由县级以上人民政府有关部门编制，征求同级其他有关部门意见后，报本级人民政府批准。其中，防洪规划、水土保持规划的编制、批准，依照防洪法、水土保持法的有关规定执行。"从该法可以看出，国家给予各级政府对其流域进行编制规划的权力。

流域管理首先需要有一个科学的、经过协调统一的总体规划。不包括工作方案，南流江流域 2012 年以来已出台的相关规划有两部，分别是《北海市海洋环境保护规划》和《玉林市南流江流域养殖业"十三五"科学发展规划》，仍在编制的有《玉林市南流江流域水污染防治规划》和《南流江—廉州湾陆海统筹水环境综合整治规划》。可见，南流江流域的规划主要是针对南流江水环境的规划，应根据新时期流域发展的新目标、新战略、研究流域管理的新思路、新任务、新方法，编制流域可持续发展总体规划。要在充分调查研究，对南流江流域社会经济发展需求，流域设施的现状以及未来发展分析的基础上，从社会、经济、生态、环境等各个方面进行综合分析，从全国、流域、区域等各个层次进行综合平衡，从技

术、经济、投资等各个环节进行多方案比较，广泛听取地方、专家和社会各界的意见，科学合理地确定规划方案。必要时还要对某些重大问题开展专题研究进一步深化规划工作。

另外，不合理的经济活动和对资源的掠夺式开发会导致各种类型的生态系统退化，生态环境恶化，生态资产流失，区域性的生态环境问题加剧，阻碍流域社会经济可持续发展。对南流江社会生态系统功能过程机理研究不够透彻，加上有些功能难以量化而不能进行有效的评估，在南流江现有规划中，尚没有可操作性强的流域生态功能区域规划，从而导致一些整治措施没有根据区域的自然环境特点和经济特征实施，给生态环境造成压力。因此，本书建议以南流江流域为单元，区域综合生态环境特征为基础，分析其生态问题及生态环境敏感性，结合区域经济社会发展需求，将区域空间划分为森林生态系统功能区、陆域水环境生态维护生态功能区、水土保持生态功能区、农林产品提供生态功能区、城镇发展生态功能区和滨海海域生态功能区 6 个不同的生态功能区。不同功能区的管理手段不同，进行生态功能区划，才能为流域综合管理提供依据，从而达到社会效益、经济效益和生态效益协调发展。

18.4.4　建立公众参与机制

明确流域管理的直接受益者及各利益相关方所承担的相应责任和义务是流域管理首先要解决的问题。国际上流域综合管理取得成效的国家都十分注重社会各阶层的参与，并将其作为流域综合管理的关键因素。流域综合管理参与者除包含流域内的政府代表、专家外，还包含拥有土地的集体和居民及其他用户代表。对流域管理问题的评价及其优先解决问题的看法不同，往往导致各方利益或行为发生冲突，这些矛盾或冲突常常会影响参与者的意识。为使各方能够长期不懈地参与流域管理并能做到相互协作，流域管理机构需要处理好各方面的利益冲突，主要包括各级政府部门之间、公众之间、土地产权与使用权之间以及专家指导与采纳机制之间的冲突等。解决这些矛盾和冲突的最有效途径就是吸收各利益相关方的共同参与，通过获取可靠而全面的流域信息数据以增加各方对问题判断的准确性和一致性，尽可能地寻找能够给各方共同利益的措施，以取得各方的认可。

南流江新时期面临的新机遇、新挑战要求流域内的广大群众要提高对流域综合管理的认识，树立可持续发展意识、保护生态环境就是保护生产力的意识、经济与环境发展互相促进的"双赢"意识。结合国情、区情、市情有针对性地进行宣传教育，让公众深刻了解南流江流域综合管理带来的利益以及流域综合管理是发展社会事业的一种方式。在公众中普及南流江流域综合管理的基本知识，不断提高群众的参与意识、增强流域管理的公众参与机制，不断提高公众参与的广度与深度，这是增强流域综合管理能力的重要内容。南流江流域管理机构可以通过座谈会、传媒等手段尽可能快地把具体的管理项目进展向各个层次的参与者进行通报，并提供机会让他们发表意见和建议。一些小的、操作性强和可进行现场测量的项目，如氮、磷等元素监测等的演示和宣传，可以使参与者真正体会到项目的价值，对提高参与者的信心和动机有很大帮助。通过对项目的顺利进展和效果宣传，增强政府部门、社会公众等对流域综合管理的信心，从而使更多的人或组织参与到流域管理中来。

18.4.5　建设流域信息共享系统

目前，南流江研究中缺乏系统的信息整合平台，先前已有的对数据的收集、存储及服务对象等很多是仅针对某一部门的，数据不统一且缺乏系统性，这样对数据的集成以及资源共享存在很大的困难。要进行综合的分析和评价需要空间技术的支持，这就急需建立一个集空间、非空间数据为一体的科学的数据共享平台，也就是南流江流域社会生态系统信息共享平台。

南流江流域社会生态数据共享平台是对多类型数据在数据库管理系统中的一体化构建，包括海量、多源、多分辨率的空间数据与海量非空间属性数据的分类、存储和管理，实现信息共享，为社会各部门提供南流江流域社会生态系统相关的各种数据信息。信息共享系统的构建，可以高效地组织、存储、检索、查阅和管理数据与研究结果，为南流江流域的科学研究及管理提供社会经济、资源、生态、环境与灾害等基础数据，构建数据库的最终目标是为实现信息共享和可视化做准备，为政府部门及相关其他非政府部门的决策提供数据参考，最终目的是为南流江流域自然资源、社会稳定、友好经济的可持续发展服务。提高南流江流域综合管理的效率，使其走向科学化、系统化、标准化及自动化。

因此，应在地理信息系统与南流江环境数据等工作基础上，根据南流江流域综合管理的目标和要求，进行南流江流域社会生态数据共享平台的总体设计以及包括资源信息管理、流域评价、流域规划、效益评价、动态监测和流域综合信息管理等子系统的设计，应用"3S"技术采集与处理流域信息，建立信息共享机制，使数据得到合理利用。

18.4.6　强化流域内减灾、防灾工作

根据本书研究，可知南流江流域有水文灾害多发的特点，尤其是洪灾和旱灾威胁最大，做好流域内减灾、防灾工作是流域安全管理的重要内容，也是流域综合管理的长期任务。南流江的灾害管理，应贯彻以防守为主，防、抗、救相结合的方针。建设流域灾害综合管理体系，协调多部门、多区域、多学科、多领域的防、抗、救灾行动，有关灾害管理的重大原则问题要纳入法制轨道。建设综合健在服务体系，实现全流域灾害管理工作网络化，建立灾害信息共享体制与机制。加大灾害管理的投入，提高灾害监测、分析和预报水平，充分发挥科技减灾的作用。发展灾害保险事业，应用市场经济手段来化解灾害风险。加强全流域的生态环境建设，这是流域灾害管理的根本措施。

在关注灾害管理的同时，应抓紧时机，对影响流域全局的水利、水电、航运等大型工程，根据形势与需要，结合有关工程立项前的工作准备情况，分别予以完善，进行可行性论证或施工设计与组织施工，如定期排查南流江排洪闸、排涝泵站等水利工程及配套设施的运行管理、维修养护等。

18.4.7　重视生态文明建设

生态文明与可持续发展在概念上一脉相承，都是强调人与自然的和谐发展，党的十八大与十八届三中全会把生态文明建设提高到一个全新的高度。流域综合管理除关注流域生态、环境及经济、社会建设外，还应该注重流域生态文明建设。流域生态文明是以流域为单元，以水循环过程为纽带，以维护流域生态完整性为目标，在经济、政治、文化、社会等全方位所取得的物质、精神和制度成果的总和。流域政治体制与制度、生产与经济活动、文化与伦理以及社会治理体系是流域生态文明的载体和实现的重要途径。

参 考 文 献

[1] 任晓冬. 赤水河流域综合保护与发展策略研究 [D]. 兰州大学博士学位论文，2010.

[2] 徐辉，张大伟. 中国实施流域生态系统管理面临的机遇和挑战 [J]. 中国人口·资源与环境，2007，(5)：148-152.

[3] 宋长青，杨桂山，冷疏影. 湖泊及流域科学研究进展与展望 [J]. 湖泊科学，2002，(4)：289-300.

[4] 中国环境与发展国际合作委员会 "流域综合管理课题组". 推进流域综合管理、重建中国生命之河 [C] //国家环境保护总局，中国环境与发展国际合作委员会编. 第三届中国环境与发展国际合作委员会第三次会议文件汇编，2005：213-229.

[5] 杨桂山，于秀波. 流域综合管理导论 [M]. 北京：科学出版社，2006.

[6] 欧阳志云，王如松，赵景柱. 生态系统服务功能及其生态经济价值评价 [J]. 应用生态学报，1999，10 (5)：635-640.

[7] 贾良清，欧阳志云，张之源. 生态功能区划及其在生态安徽建设中的作用 [J]. 安徽农业大学学报，2005，(1)：113-116.

[8] 燕乃玲，赵秀华，虞孝感. 长江源区生态功能区划与生态系统管理 [J]. 长江流域资源与环境，2006，(5)：598-602.

[9] 傅伯杰, 周国逸, 白永飞, 等. 中国主要陆地生态系统服务功能与生态安全 [J]. 地球科学进展, 2009, (6): 571-576.

[10] 蔡佳亮, 殷贺, 黄艺. 生态功能区划理论研究进展 [J]. 生态学报, 2010, 30 (11): 3018-3021.

[11] 王小丹, 钟祥浩, 刘淑珍, 等. 西藏高原生态功能区划研究 [J]. 地理科学, 2009, (5): 715-720.

[12] 陈庆秋. 珠江三角洲城市节水减污研究 [D]. 中山大学博士学位论文, 2004.

[13] 侯西勇, 王毅. 水资源管理与生态文明建设 [J]. 中国科学院院刊, 2013, 28 (2): 256-257.

[14] 陈宜瑜. 流域综合管理是我国河流管理改革和发展的必然趋势 [J]. 科技导报, 2008, (17): 3.

[15] 魏晓华, 孙阁. 流域生态系统过程与管理 [M]. 北京: 高等教育出版社, 2009.

[16] 汤小华. 福建省生态功能区划研究 [D]. 福建师范大学博士学位论文, 2005.

[17] 石垚, 王如松, 黄锦楼, 等. 中国陆地生态系统服务功能的时空变化分析 [J]. 科学通报, 2012, 57 (9): 720-731.

[18] 黎树式, 徐瑞霞. 广西博白县生态经济建设初探 [J]. 安徽农业科学, 2011, 39 (34): 21423-21425.

[19] 张秉文, 黄飞. 后发展地区推进新型工业化探索——以广西玉林市为例 [J]. 桂海论丛, 2011, 27 (2): 95-99.

第19章 南流江生态海绵流域建设评价与生态产业优化研究

19.1 绪 论

19.1.1 选题背景和研究意义

水是人类生命的摇篮，人类自古逐水而居，在一条条河流的流域上孕育出生生不息的文明。20 世纪以来，人类活动对河流的影响强度逐渐变大，越来越超出河流自身能调节的限度，工业文明带动了经济发展，带来了人类日新月异的便捷生活，但是也给自然界带来了越来越大的生态压力。人类对水资源的过度开发与利用、违规排放污水，带来洪涝干旱频发、水土流失、水体污染、生物多样性锐减等自然灾害，逐渐加重人与自然的矛盾。在中国共产党第十八届中央委员会第五次全体会议，习近平总书记对绿色发展理念[1]做出了深刻阐述，其中着重强调了人水和谐的思想。要实现绿色发展，对流域的综合治理刻不容缓。

当今社会由工业文明进入生态文明，对流域环境遗留下很多"先污染、后治理"的环境问题。对流域的综合治理包括水安全、水资源、水环境、水生态、水景观、水文化、水产业及水经济 7 个方面，为实现流域水环境健康与社会经济发展同步，众多学者从各个方面进行研究，不断探索、尝试，各有成果。但是鲜有学者正视并深究流域本身的"海绵"特性，充分利用流域自身水循环对其进行引导式治理。如果能把生态海绵流域理念融入对流域生态文明建设的研究中，不仅是学术界的一大创新，更能为流域的综合治理工作开辟一条新的道路。

南流江是广西唯一一条独流入海的河流，发源地在广西玉林大容山，整条河流都在广西境内。在此基础上，就治理来讲，不需要跨区域，非常便捷；就发展来讲，资源独享，得天独厚；就人文情怀来讲，是玉林、钦州、北海三市的母亲河，是南流江流域世居人民的文明发源地，民众感情基础深厚且一致。研究南流江流域的综合治理问题，既在环境和经济上有重大意义，在技术上易于实现，又能在民众中得到支持，是个切实可行且有实际意义的选题。

南流江流域的水文灾害主要有暴雨、洪涝、干旱、泥石流、地面沉降等。夏季多暴雨，急速增加河流径流量，而下游河道狭窄，致使洪水宣泄不畅，常引发洪涝灾害。冬季降水量少，河流水源补给不足，属于枯水期，容易引发干旱，1960 年以来，南流江下游地区年极端干旱发生频率明显增加，高海拔与低海拔的过渡地带更是极端干旱发生的高频区。总体来说，南流江流域丰水期引发洪涝、枯水期引发干旱，不能在丰水期蓄水、枯水期放水，既浪费水资源、又增加自然灾害发生频率，其直接原因来自于流域的水状况不健康变动。正视流域的"海绵"特性，充分开发流域蓄水、放水的"海绵"作用，建设健康、绿色的流域生态环境，推进流域生态产业优化发展，是本章的主要着眼点。

现今学术界对生态海绵流域的研究刚刚起步，只是从理论层面对生态海绵流域建设做一个理念阐述，其目的是向广大学者分享、讨论一个新的理念，一个新的治理流域的思路。本章跨越理论的阶段，以具体的南流江流域为研究对象，将"生态海绵流域"化理论为现实，针对生态海绵流域的实际建设问题建立评价指标体系，综合评价并合理配置流域水循环多过程调节能力，最后将着眼点放回南流江流域的社会经济发展上，以生态海绵流域建设理念为指导，优化南流江流域生态产业模式。这一研究既有理论联系实际之后的再升华，又有理论运用于实际的实效求证，还能就南流江流域建设问题做出一个实例供以参考，在我国应用前景广阔。

19.1.2　国内外研究现状

国外暂时没有关于"生态海绵流域建设"的研究，国内只有两篇阐述"生态海绵流域"建设理念的研究论文。生态海绵流域由中国水资源战略研究会蔡其华理事长在 2016 年 3 月 22 日举办的国家水安全战略研究论坛上首先提出。王浩[2] 提出生态海绵流域的建设理念，并基于"自然-社会"二元水循环系统理论，综合考虑流域七大问题的综合治理，研究其建设思路。严登华等[3] 在对中国水问题发展形势进行研判的基础上，系统剖析了传统治水模式中强调"状态改变""末端治理""过程分离"等的不足；明晰了变化环境下水问题系统治理的总体需求和生态海绵智慧流域建设的总体思路；提出了生态海绵智慧流域建设的总体技术框架和若干关键问题。

这是一个新的理念，主要是把流域整体作为一个海绵体，运用流域自身的海绵特性和人类建设流域生态文明的经验来思考流域的综合治理，建设生态海绵流域。本章从流域生态文明建设研究现状，海绵城市、海绵田建设研究现状，南流江流域生态发展研究现状 3 个方面着手，阐述国内外研究现状。

1. 流域生态文明建设研究现状

对流域生态文明建设的研究进程，可以从两个方面理解。一方面是基于我国提出的"生态文明"建设目标的理念，在流域的尺度上进行研究；另一方面是从对水环境治理的研究，逐步加宽、加深，扩大研究面为整个水环境所在的流域，进而研究流域的生态建设。

国际上对流域生态文明尚未有明确的定义，只能从最本质的可持续发展理论开始研究其发展历程。1972 年，罗马俱乐部在斯德哥尔摩联合国人类环境大会上发表了以《增长的极限》为题的报告，标志着世界环境政治的浪潮开始兴起，"环境问题"成为学术界和政界关注的核心问题[4]。1980 年，由世界自然保护联盟、联合国环境规划署、世界野生动物基金会共同发表的《世界自然保护大纲》，首次涉及可持续发展的概念，为学术界对生态环境与社会经济的发展关系引出一片新的视野[5]。1987 年，世界环境与发展委员会在《我们共同的未来》报告中正式提出可持续发展的概念，布伦兰特夫人对其进行了详细系统的解释，引起了全球范围的轰动和影响[6]。1985 ~ 2007 年，各国学者致力于研究从工业文明转向生态文明的过程中，生态环境与社会经济发展的相关性，正视工业文明社会时期人类发展给环境带来的恶劣影响与破坏，并从经济市场与政府决策的层面上以生态现代化的理念解决了生态环境保护与社会经济发展的负相关问题，揭示出生态环境与社会经济可协调发展。与此同时，各国学者把主要对陆域生态文明建设进行研究的目光，分流一部分转向对流域生态文明建设的研究上。1987 年，莱茵河保护国际委员会提出了"莱茵河行动计划"，旨在修复莱茵河生态系统[7]。1992 年，加拿大对弗雷泽流域制定一个"五年计划"——《流域管理计划》，首次利用"压力-状态-相应"模型（P-S-R 模型），建立流域可持续评估指标体系，选取 50 个相关指标，用以反映流域可持续性的进展和需要努力的方向[8]。1997 年，美国南佛罗里达水利局开发了南佛罗里达水管理模型（SFWMM），利用监测网络提供各种基本数据，模拟南佛罗里达的水文情况，及时修正南佛罗里达流域管理行动计划以适应情况的变化[9]。1997 年，日本将河流环境内容加入《河川法》，要求人们尽可能减少对水循环的干扰、尊重河流自然属性、做到人水协调[10]。2002 年，韩国以可持续发展的理念为指引，强调人水相亲，提出"清溪川计划"，对清溪川进行复原工程。2005 年，清溪川改造完成，在恢复了河道本身自然面貌的基础上将历史文明与现代文明进行了完美的结合，是韩国河流生态恢复工程的典范[11]。

我国对流域生态文明建设的研究是从生态文明的基础上提出的。与发达国家相比较，我国的生态文明研究起步较晚。申曙光[12]认为现代工业文明正在走向衰败，提出生态文明是社会文明的生态化表现，一种新的取代工业文明的社会文明形态，将引导人类社会继续向前发展。白光润[13]论述了生态文化和生态文明的内涵和区别。廖才茂[14]从价值体系、技术体系、产业体系、政府行为、法律制度、生产方式与生活方式等方面论述了生态文明形态的支撑体系。俞可平[15]认为生态文明是人类文明的高级形态，社会主义物质文明、政治文明、精神文明建设是一个有机的整体。傅晓华[16]用系统学的观点考察可持续发展系统的演化过程，论证了生态文明提出的必然性与合理性。潘岳[17]认为按照科学发展观的要求，积极协调人地关系，加强生态文明建设，是构建社会主义和谐社会的首要前提。姬振海[18]提出生态文明包含较高的环境保护意识、可持续的经济发展模式和更加公平合理的社会制度三大特征，其中建设生态文明的必要前提是构建社会意识文明，进而逐步形成行为文明这一重要形式，构建制度文明是建设生态文明的必要措施，最终实现产业文明这一生态文明的重要路径。宋林飞[19]解读了党的十七大提出建设"生态文明"的概念的时代背景，并从解决城市-农村、工业-农业可持续发展的角度提出了生态文明建设的基本模式和对策路径。廖福霖[20]认为资源问题、环境问题和生态问题可以从消费观念上寻求破解路径，并提出用生态文明的理念和方法指导工业化，加速发展生态生产力。杜宇和刘俊昌[21]从自然环境、经济水平、社会发展、政治文明和文化建设5个方面，构建了生态文明建设评价指标体系，测度人-自然、人-人、经济-社会间的互相作用关系。高珊和黄贤金[22]从全面小康社会的新要求对生态文明建设进行阐述，并以江苏省生态文明动态化为研究案例，分析了区域性的特点与基本内涵，建立省域范围的生态文明指标体系，对江苏省生态文明的建设绩效进行了时间和空间维度的综合评价。余达锦和胡振鹏[23]以鄱阳湖流域生态经济区为研究对象，对生态文明建设中新型城镇化的实施问题进行了系统研究，基于生态文明对鄱阳湖生态经济区新型城镇化发展进行研究。生态文明有别于工业文明和农业文明的文明形态，急需新的理论支持，特别是综合性、前瞻性的理论；急需研究方法与实践的创新，用以指导社会经济可持续发展。

2. 海绵城市、海绵田建设研究现状

学术界惯用"海绵"一词比喻城市或土地的雨涝调蓄能力。

对于海绵城市，国外的研究较早于国内的研究。国外海绵城市建设的相关领域研究与实践始于20世纪60年代，代表性的研究理论包括美国的最佳管理措施（BMPs）[24]和低影响开发（LID）[25]、英国的可持续排水系统（SUDs）[26]、澳大利亚的水敏感城市设计（WSUD）[27]、新西兰的低影响城市设计与开发（LIUDD）[28]等。我国对于海绵城市建设的研究起步较晚，董淑秋和韩志刚于2011年对首钢工业区改进行了调查研究，第一次明确地提了关于"海绵城市"建设的规划理念[29]。习近平在2013年12月召开的中央城镇化工作会议上发表讲话谈到"建设自然积存、自然渗透、自然净化的海绵城市"。2014年2月，住房和城乡建设部城市建设司在其工作要点中明确提出海绵城市设想；同年3月，习近平在中央财经领导小组第五次会议上提出新时期治水思路"节水优先、空间均衡、系统治理、两手发力"的新时期治水战略，同时再次强调"建设海绵家园、海绵城市"。2014年10月，住房和城乡建设部贯彻习近平总书记讲话及中央城镇化工作会议精神，正式发布《海绵城市建设技术指南——低影响开发雨水系统构建》；同年12月，财政部、住房和城乡建设部、水利部联合印发了《关于开展中央财政支持海绵城市建设试点工作的通知》（财建〔2014〕838号），组织开展海绵城市建设试点示范工作；2015年4月，公布国家首批海绵城市建设试点城市[30-34]。

国外没有专门对"海绵田"的研究。国内对"海绵田"的研究与应用，以江西大寨为最典型代表。大寨海绵田是毛泽东于1964年发出"农业学大寨"号召的产物，对全国各地的农田基本建设都有重要参考价值。1973年陕西省昔阳县大寨大队党支部首次发声，介绍大寨年年丰产的秘诀是历经20多年建设的梯田式基本农田，主要是深耕加厚耕地活土层，建设"海绵田"[35]。1975年，大寨队科研小组系统阐述

了大寨田的建设及其肥力特征，从"三跑田"（跑水、跑土、跑肥）修建水平梯田和沟坝地，变为"三保田"（保土、保水、保肥）；再采取增施有机肥、三深耕种（深耕、深种、深创）和客土改良等措施，不断培肥土壤，变为"海绵田"；最后不停止改革的步伐，搬山填沟、人造平原，在人造平原上建设"海绵园田"，实现机械化、水利化、园田化的现代化生产、生活，旨在推广大寨的"海绵田"建设经验[36]。1981 年，陈子明[37]从耕作措施、调剂土质、施用有机肥料三方面对海绵田土壤结构特性与土壤肥力关系进行研究。2015 年，张华[38]、张静静[39]分别对大寨海绵田土壤有机质、速效养分评价与空间分布、大寨海绵田土壤重金属污染进行评价，以期重新研究大寨海绵田的养分状况，为当地作物区划、合理管理、精准施肥提供参考。

但是相对海绵城市建设来说，海绵田的建设普及度并不广，相关研究工作也不多。海绵田建设作为立足于农产品种植产量增产的实用型理论，在以农业发展为主的地区，其推广意义重大。

3. 南流江流域生态发展研究现状

由于南流江是广西独流入海的河流，对于南流江流域生态发展的研究，都来自于国内，且主要是广西本土研究。综合其研究方向、研究进展和研究方法，可将南流江流域生态发展的研究分为 3 个阶段。

第一阶段，始于 1982 年，叶湘等[40]对南流江上游的治理情况进行调查，思考南流江上游水土流失严重的成因与解决措施；1988 年，姚湘[41]对南流江中游灵山县水土流失情况及治理措施进行研究；1990 年，张家桢等[42]主要对充分利用南流江水资源以确保南流江下游北海市供水的方面进行研究；2000 年，肖宗光[43]对南流江整条河段的水土流失与水环境保护问题进行深入研究。由此可见，在这 10 多年中，南流江突出的环境问题是水土流失严重。对此，在这段时间里，研究者还对南流江河段的沉积过程、地貌发育、泥沙运动、内河航运等问题进行了细致研究，其主要目的都是为了研究并解决南流江水土流失问题。

第二阶段，2002～2011 年，和第一阶段一样，主要是广西南流江流域各相关地区环境发展机构出于对南流江的发展考虑进行的研究。2002 年，林国强[44]研究了南流江玉林城区段污染物总量控制及方案；同年，庞英伟和何聪[45]对南流江流域水环境特点与保护对策进行研究，次年卢世武等[46]对南流江流与防洪规划与建设进行研究；2007 年，徐国琼[47]开始思考南流江泥沙运动规律及其与人类活动的关联。此后，研究者开始把视线重点投向南流江流域的环境污染问题上，2008 年，苏邵林[48]对南流江河道水葫芦泛滥成灾的现象、成因、危害及防治进行研究；2009 年，赵仕花等[49]调查研究了玉林市典型工业区重金属铅污染情况；2011 年，代俊峰等[50]采用单因子指数评价方法，科学分析了南流江水质变化，并用秩相关系数法计算出南流江水质恶化的主要影响因素。在这一研究阶段，对南流江流域水环境污染、治理的研究成为主流，同时仍然抓紧对水土流失的治理，重视南流江流域的防洪减灾。

第三阶段，2012 年至今，主要研究者由南流江流域各相关部门变为高校研究团队。其中广西师范学院（省部级北部湾重点实验室）发表了 16 篇研究论文[51-66]，主要以水、土、气、生、人相互独立又相互耦合的辩证角度来研究北部湾南流江流域社会生态系统过程与综合管理；桂林理工大学发表 4 篇研究论文[67-70]，主要研究南流江流域的降水序列、水环境质量以及河流污染物的点源、非点源污染负荷分割；南流江流域相关部门发表 7 篇研究论文[71-77]，其主要着眼点仍然是关于南流江的水环境治理和防洪减灾。

19.1.3　研究方法和研究内容

1. 研究方法

（1）阅读大量文献和现阶段研究成果，并进行分类、归纳、总结，提取可支撑生态海绵流域建设的评价指标体系的理论和技术。

（2）收集南流江流域与指标相关的历史与现状数据，规划文件等。

（3）通过现有数据，依据生态海绵流域评价指标体系进行实证分析，发现问题和不足，找到生态海绵流域建设发展的方向，并构建其生态产业模式。

（4）定量地理数学方法，主要包括变异系数法和改进的 TOPSIS 法等。采用定量计算方法得出各单项指标值，运用变异系数法确定指标权重，利用改进的 TOPSIS 法计算南流江生态海绵流域建设潜力的评价值。

（5）ArcGIS 10软件。在 ArcGIS 10 软件平台下，运用自然间断点法对 9 个研究分区的 2 项子系统层进行分级，分为低、较低、中、较高、高五级。

2. 研究内容

（1）理清国内外研究现状。生态海绵流域是一个新的理念，属于当前研究空白，不能从"生态海绵流域"的研究现状着手，必须要从与生态海绵流域息息相关的流域生态文明建设、海绵城市建设、海绵田建设、南流江流域生态发展这四点出发，理清国内外的研究现状，为科学界定生态海绵流域的内涵打下充分的科研基础。

（2）研究生态海绵流域建设评价理论与方法。从生态海绵流域的内涵出发，可知支撑生态海绵流域理念的理论基础在于流域"自然–人工"二元水循环理论、流域生态文明建设理论、海绵城市建设理论、海绵田建设理论和可持续发展理论。分析这 5 个理论支撑，选择建立评价指标体系作为研究生态海绵流域的评价方法。对评价指标体系的建立、指标选取、指标分析是本文的主要研究内容之一。

（3）定量分析南流江生态海绵流域建设指数。根据收集、整理的数据，基于变异系数法确定指标权重，再用改进的 TOPSIS 法计算出南流江流域内各县（区）级行政区的生态海绵流域建设指数，并用 ArcGIS 10软件得到南流江生态海绵流域建设的潜力分区图，把数据呈现在图表上，直观分析南流江生态海绵流域建设指数。

（4）研究南流江流域生态产业模式的建立。根据计算出的南流江生态海绵流域建设指数，分析出南流江流域各县（区）发展生态产业的优势，相应制定合理的生态产业模式，是本书研究的主要目的之一。

19.1.4　研究思路和技术路线

1. 研究思路

本章的研究主要解决 3 个关键问题。

一是理清生态海绵流域的理论内涵，建立生态海绵流域的研究基础。生态海绵流域理论是在流域生态文明建设理论和海绵城市、海绵田建设理论的基础上，充分挖掘流域的海绵特性，为了实现流域的自然–人类系统协调发展，从而建立的一个全新的理论。其概念内涵、指导思想、主要内容、理论基础和关键技术都需要仔细梳理、研究。

二是构建生态海绵流域建设的评价指标体系，评价南流江流域的生态海绵流域建设指数。评价生态海绵流域建设指数，主要是研究出流域调节水文的能力及其不足，基于自然–人工二元水循环理论，从自然水文调节潜力和人工水文调节潜力两个子系统构建评价指标体系，评价流域整体的水文调节潜力，即生态海绵流域建设指数。

三是把评价得到的南流江生态海绵流域建设指数运用到南流江流域的社会经济发展与生态环境保护的工作之中，建立南流江流域生态产业模式。以南流江流域的特色产业为线索，基于南流江流域的生态海绵流域指数，从生态农业、生态工业、生态服务业三大产业，研究出具有南流江特色的、符合南流江发展情况与发展条件的南流江流域生态产业模式。

2. 技术路线

本章的研究技术路线如图 19-1 所示。

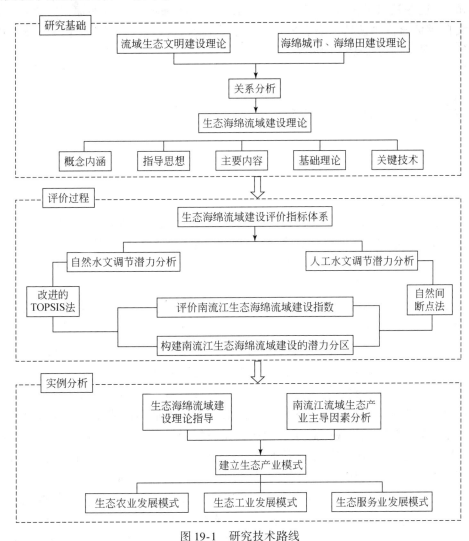

图 19-1　研究技术路线

19.2　生态海绵流域建设评价理论与方法

19.2.1　生态海绵流域的内涵

流域最常出现的自然灾害就是洪涝和干旱，两个完全相反的自然灾害却总是经常在同一片流域出现，这就产生了一个水资源利用的矛盾点。汛期降水多，水位上涨，不能很好地蓄水，流域就会出现洪涝灾害，不止水土流失，河流两旁的经济作物也难以正常生长。枯水期降水少，水位下降甚至河道枯竭，没有足够维持自然–社会正常运行的水量，流域就会出现干旱灾害，不止会影响河流两旁经济作物的收成，而且土壤会因此变得又干又细；丰水期加重水土流失程度，甚至会出现其他相关自然灾害。如何能把丰水期多余的水存储下来，待来年枯水期缺水的时候再放出来利用，实现水资源时空配置合理？这是从古至今一直在思考的治理流域洪涝、干旱的问题。

由此，提出生态海绵流域的概念。生态海绵流域是指以流域生态文明建设理念为指导，充分挖掘流域内河流、地下水、森林、土壤、水库等自然、人工设施对水循环的调节潜力，发挥流域调节水循环的海绵作用，实现流域的可持续发展。自然界任何能储水、放水的物体都可以看做"海绵"。森林是"海绵"、土壤是"海绵"、湖泊是"海绵"、地下水是"海绵"、水库是"海绵"，甚至城市也要建设成为"海绵城市"，这些还只是一种"点""线"概念上的海绵体；那么能储水、放水、运水的流域，当然也是一块大自然海绵，并且是一块潜力巨大、能力巨大的"面"上海绵体。流域这块海绵，用好了能给自然-社会生态系统带来无价的好处，用不好、废置了则会给自然-社会生态系统带来无法预估的破坏。

19.2.2　生态海绵流域的理论基础

1. 流域"自然-人工"二元水循环理论

水循环模式包括海陆、流域、城市、农业和受扰下垫面（林草、荒地、湖泊/湿地等）五类水循环模式。在这些水循环模式中，流域水循环是水循环流动最直观的表现。在人类发展最初的采食经济阶段，由于人类活动对流域的影响很小，基本可以忽略，此时流域水循环主要表现为"一元"水循环。即流域水循环过程只在太阳能、风能、重力势能、地球内能等能量下驱动、转化。随着人类活动对自然界的影响加重，流域水循环也不再单一受自然界的能量驱动，同时也受人类活动的影响，甚至在一些人口密集区域，人类活动对流域水循环的影响更大。这种流域水循环受自然、人类活动共同影响的理论被称为流域"自然-人工"二元水循环理论。

流域"自然-人工"二元水循环主要表现在4个方面，即水循环服务功能的二元化、水循环结构和参数的二元化、水循环路径的二元化、水循环驱动力的二元化。水循环服务功能的二元化是二元水循环的本质。其二元性指在自然生态环境系统表现为通过流域水流更新水资源；维持水环境的动态平衡；调节水能量变化引起的气候改变；维持水生态的稳定性；维持生命体基本代谢作用；在人类社会经济系统表现为支撑人居环境用水，美化水景观；支持人类社会经济生产，发展社会经济；为人类基本生活提供用水。水循环结构和参数的二元化是二元水循环的核心。其结构二元性指在自然生态环境系统表现为大气-坡面-地下-河道的循环，在人类社会经济系统表现为取水-输水-用水-排水的循环；其参数二元性指在人类活动的影响下，表现为自然参数（渗透参数、蒸发参数、补给参数等）相应发生变化，且自然参数已不足以描述自然水循环体系的参数体系，需要相应加入能描述社会水循环的参数体系（需水量、供水量、耗水量、用水效率、用水效益等）。水循环路径的二元化是二元水循环的表征。其路径二元化指在自然生态环境系统表现为对水资源、水能量的运输形式，包括水汽传输路径、坡面汇流路径、河道水系路径、地下水径流路径、土壤水下渗路径等；在人类社会经济系统表现在为维持、发展人类生活、生产活动而建设的一系列人工水循环路径，如人工降雨工程、远距离调水工程、航运工程、城乡自来水管网体系工程、沟渠建设工程等。水循环驱动力的二元化是二元水循环的基础。其驱动力二元化指在自然生态环境系统表现为流域水资源、水能量因地球内能、重力势能、太阳能、风能等自然界作用力而不断运转变化，调节流域自然水循环；在人类社会经济系统表现为通过建设水利工程，水资源、水能量按照人类意志运转变化，主要目的在于维持人类基本生活、生产，提高水资源利用率。

2. 流域生态文明建设理论

人类活动与流域生态之间的矛盾已经到了必须调和的地步，对于这一亟待解决的问题，党和国家非常重视，党的十八大报告中提出"五位一体"的新布局，大力推进生态文明建设。2012年以来，生态文明建设已形成体系，各界学者开始更多地将研究方向延伸到各个领域，流域生态文明建设理论应运而生。

流域生态文明是以流域为单元，以水循环过程为纽带，以维护流域生态整体性为目标，从经济、政治、文化、社会等各个方面思考，科学建设、发展流域经济的同时，修复和保护流域生态环境，使流域能建设成为一个发展现代化、环境良好型的绿色区域。流域生态文明建设核心目标是恢复流域生态系统的完整性。

3. 海绵城市、海绵田建设理论

"海绵城市"是一个城市建设的新构想，设想把城市建设成为一块"海绵体"，使其能在降水时吸水、蓄水、渗水、净水，需要时将储蓄的水"释放"并加以利用，用以应对城市内涝、干旱等问题。海绵城市的建设，主要通过在城市公园、绿地、道路、广场、城市下水道管网体系等建设能够储水和排水的绿色、灰色基础设施，实现城市年径流总量控制率和年径流污染削减率。根据降水情况，在降水适度的情况下能尽量把雨水储存，留待后用；在强降雨来临、降水量超标的情况下，能尽快把多余水量吸纳、运转出去，避免或减轻城市内涝及其带来的复生灾害；在降水量匮乏的情况下，能够将之前储存的水量释放，维持人类基本生活、生产等活动。

"海绵田"始于中华人民共和国成立初期，是山西省晋中市昔阳县大寨镇为解决当地恶劣的自然环境、实现农业增产而实行的一种新的耕种模式。海绵田是指通过修建水平梯田和沟坝地、修建水渠用以引水浇地、深耕农田、施用有机肥调节土质肥力，使普通耕地特别是贫瘠耕地逐步变成活土层厚、土壤结构性状好、能蓄水保墒、抗旱能力强、土壤微生物活跃、养分供应及时、提高农作物产量的耕地。我国是一个人口众多的农业大国，海绵田的建设对提高农作物产量、保证人民基本的粮食用度和粮食出口有重要的战略性意义。

4. 可持续发展理论

可持续发展理论是在人类社会的发展过程中不断改进而得到的一个科学发展观。发展的概念经历了 4 个演变阶段。第一阶段，从工业革命开始至 20 世纪 50 年代。这一阶段的发展是指经济领域的活动，人们刚从农业社会步入工业社会，发展的核心是实现经济和物质财富的快速增长，并以牺牲自然环境为代价，属于片面的发展。第二阶段，20 世纪 50 ~ 70 年代初。这一阶段的发展在追求经济增长的同时，开始重视社会文化的同步发展，时任联合国秘书长吴丹提出"发展 = 经济增长 + 社会变革"的公式，很好地概括了这一阶段发展的趋势，但仍然没有考虑到对自然环境的保护问题。第三阶段，20 世纪 70 年代初至 80 年代后期。这一阶段是生态发展的开端阶段，人们终于从经济与社会快速发展的兴奋中清醒，认识到人类赖以生存的地球的环境问题，开始注重人与自然环境的协调发展。第四阶段，20 世纪 80 年代后期至今。人们对发展的认识得到了进一步提升，不止着眼于眼前的发展，开始思考未来的持续性发展，并思考如何能让现今的发展对未来发展起到良性作用，而不是扼杀子孙后代健康发展的希望，可持续发展成为发展的主旋律。可持续发展是指"既满足当代人的需要，又不对后代人满足其需要的能力构成危害的发展"。

2016 年 1 月 1 日，联合国《2030 年可持续发展议程》正式启动，该发展目标在继承联合国《千年发展目标》的基础上，对可持续发展制定了更普遍、全面、整合、变革性的发展目标。将原先"千年发展目标"的 8 项目标发展扩大到 17 项目标和 169 项具体目标，涵盖范围更普遍、全面；将原先主要针对发展中国家制定的"千年发展目标"，提升为对所有国家都具有约束力的目标框架上，制定出"共同但有区别的责任"目标，这是对"千年发展目标"的发展与超越；整合经济发展、社会包容与环境保护三者之间的相互关系，建构一个全球性的可持续发展议程，其变革性具有里程碑式的意义。

19.2.3　生态海绵流域建设的评价指标体系

1. 评价指标体系建立的原则

生态海绵流域的建设是在流域生态文明建设的基础上，以"自然–人工"二元水循环理论为指导，旨在突出流域的海绵特性，实现流域的生态-经济发展。其指标体系的建立是为了定量分析流域的生态海绵建设现有条件和潜力，评估当前建设水平，为制定科学合理的建设方案提供数据支撑。因此其指标体系的建立应遵循以下原则。

1）科学性原则

对生态海绵流域建设的评价必须遵循生态规律和发展规律，坚持科学发展的原则，妥善选取相应评价指标。选取的指标应能客观、真实地反映流域生态海绵建设情况。因此必须通过科学的方法与手段，通过建立的指标体系得出定性或者定量的关于生态海绵流域建设的结论。

2）区域性原则

区域性是地理学两大核心思想之一。生态海绵流域建设是从地理学的角度思考流域建设的新路径，是一个地理学的范畴，其指标体系的建立也必须遵循地理学的规律。不同区域之间存在时间、空间上的不同，有明显的区位差异，要建立评价流域的生态海绵建设的指标体系，应该选取与流域相关性强、能够体现流域在时间尺度和空间尺度上的变化、体现流域特性的指标。

3）综合性原则

综合性是地理学两大核心思想之一。综合性又包括层次性和协同性。建设生态海绵流域，不是只考虑某一个因素就可以的，而是需要众多因素综合作用。把这些因素分门别类，按照其层次性和协同性可以分为目标层，目标层下是准则层，准则层下是指标层，综合考虑所有因素，才可以建立出适用于生态海绵流域建设评价的指标体系。

4）专业性原则

建设生态海绵流域是基于理学与工学所思考的专业性很强的流域生态经济发展工程，其评价指标体系的建立必须依托流域生态文明建设和海绵流域建设的指导思想，思考生态海绵流域建设所涉及的范围，制定专业性的评价指标。

2. 评价指标体系建立的思路

在充分借鉴流域生态文明建设和海绵城市、海绵田建设的现有成果的基础上，遵循科学性、区域性、综合性、专业性原则，以流域综合治理的思路构建生态海绵流域建设的评价指标体系。该指标体系在流域"自然-人工"二元水循环理论的启发下，分自然、人工两大方面列出流域范围内的含水潜力（即流域"海绵"特性）单元，以及流域当前的水生态压力和人工调控能力，对应选取指标综合评价流域的生态海绵建设。评价指标体系共设置 1 个目标层，下设 2 个子系统层、8 个准则层、22 个指标层，如图19-2所示。

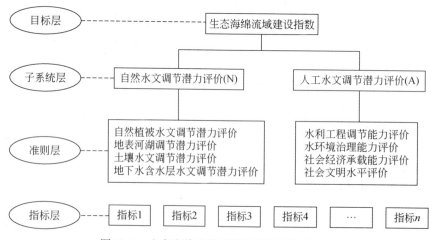

图 19-2　生态海绵流域建设评价指标体系框架

（1）目标层。即生态海绵流域建设指数，用来表征流域的生态海绵建设水平。

（2）子系统层。即自然水文调节潜力评价（natural，N）、人工水文调节潜力评价（artificial，A），依据"自然–人工"二元水循环理论,从自然、人工两个方面评价流域的水文调节潜力,以及流域当前的水生态压力和人工调控能力。

（3）准则层。每个子系统在其领域都有各自表征的准则,其中自然水文调节潜力评价包括自然植被水文调节潜力评价、地表河湖调节潜力评价、土壤水文调节潜力评价、地下水含水层水文调节潜力评价,人工水文调节潜力评价包括水利工程调节能力评价、水环境治理能力评价、社会经济承载能力评价、社会文明水平评价。

（4）指标层。包含在每一个准则层中,用具体的指标来反映某一个领域的潜力、压力、动力水平。

3. 评价指标体系的指标选取

1）自然水文调节潜力评价方面的指标选取

（1）对于自然植被水文调节潜力评价准则层,选取林地面积、草地面积、湿地面积这 3 个指标作为评价指标。选取依据是自然界植被中有含水能力的是林地、草地和湿地,可以从其面积含有量评价流域水文调节能力。

（2）对于地表河湖调节潜力评价准则层,选取年降水量、地表水供水量这 2 个指标作为评价指标。其中年降水量是流域水资源主要来源,地表水供水量即流域范围内地表可供应的水资源总量。这 2 个指标可以直观评价流域地表河湖调节潜力。

（3）对于土壤水文调节潜力评价准则层,选取农用地保水效益定额这个指标作为评价指标。农用地包括梯田、梯坪地、园地、林草地、林地、草地,其保水效益定额的计算公式如下:

$$农用地表水效益定额 = \frac{农用地保水总量}{农用地面积} \tag{19-1}$$

（4）对于地下水含水层水文调节潜力评价准则层,选取地下水供水量这个指标作为评价指标,以流域范围内地下水库所能供应的水资源总量来评价地下水含水层的水文调节潜力。

2）人工水文调节潜力评价方面的指标选取

（1）对于水利工程调节能力评价准则层,选取蓄水工程总库容、水利工程总供水量、堤防长度这 3 个指标作为评价指标。其中蓄水工程总库容是指水库和坝塘所能储蓄的最大水量;水利工程总供水量则是指用于控制和调配自然界的地表水和地下水,达到除害兴利目的而修建的工程能为人类生产、生活、生态所供应的最大水量;堤防工程可以防御洪水泛滥、保护居民生活和工农业生产,其长度可以体现一个地区对维护水安全工作的需求及实现程度。

（2）对于水环境治理能力评价准则层,选取地表水功能区达标率、治理达标河段长度占有防洪任务河段长度比例、水土流失综合治理面积、除涝面积、废污水排放量这 5 个指标作为评价指标。其中,地表水环境功能区达标率按《地表水环境质量标准》（GB 3838–2002）中"水域功能和标准分类"的要求进行评价。具体评价见表 19-1。

表 19-1　地表水环境功能区分类及达标标准

地表水环境功能区类型	自然保护区	饮用水源保护区	渔业用水区	工业用水区	景观娱乐用水区	农业用水区
水质标准	Ⅰ类	Ⅲ类	Ⅲ类	Ⅳ类	Ⅴ类	Ⅴ类

资料来源:广西壮族自治区水利厅、《2015 广西水利统计年鉴》

（3）对于社会经济承载能力评价准则层,选取人口密度、人均 GDP、第三产业占比、规模以上工业总产值、水产品产量这 5 个指标作为评价指标。人口密度可以表示流域范围内的人口压力现状和社会劳动力实力。人均 GDP 可以表示研究区的经济发展水平。第三产业占比是衡量一个国家或地区经济社会发展程度的重要标志。规模以上工业总产值可以表示地区工业发展程度。水产品产量可以直观表示地区水经济实力。

（4）对于社会文明水平评价准则层,辖区内人类文化素质越高,则社会文明水平越高,越能提高人工水文调节的潜力。选取普通中学在校学生数、专业技术人员这 2 个指标作为评价指标。普通中学在校学生数可以体现一个地区的教育生源储备实力，专业技术人员的数量可以体现一个地区从业者的文化素质。

　　根据上述指标选取，得出生态海绵流域建设评价指标体系，为了便于指标的标记和选用，给每个指标进行编号，见表19-2。

表19-2　生态海绵流域建设评价指标体系

目标层	子系统层	准则层	指标层	编号	单位	性质
生态海绵流域建设指数	自然水文调节潜力评价（N）	自然植被水文调节潜力评价	林地面积	N11	%	+
			草地面积	N12	hm^2	+
			湿地面积	N13	hm^2	+
		地表河湖调节潜力评价	年降水量	N21	mm	+
			地表水供水量	N22	万 m^3	+
		土壤水文调节潜力评价	农用地保水效益定额	N31	万 m^3/km^2	+
		地下水含水层水文调节潜力评价	地下水供水量	N41	万 m^3	+
	人工水文调节潜力评价（A）	水利工程调节能力评价	蓄水工程总库容	A11	万 m^3	+
			水利工程总供水量	A12	万 m^3	+
			堤防长度	A13	km	+
		水环境治理能力评价	地表水功能区达标率	A21	%	+
			治理达标河段长度占有防洪任务河段长度比例	A22	%	+
			水土流失综合治理面积	A23	×10^{3}hm^2	+
			除涝面积	A24	×10^{3}hm^2	+
			废污水排放量	A25	万 t	−
		社会经济承载能力评价	人口密度	A31	人/km^2	+
			人均GDP	A32	元	+
			第三产业占比	A33	%	+
			规模以上工业总产值	A34	万元	+
			水产品产量	A35	t	+
		社会文明水平评价	普通中学在校学生数	A41	人	+
			专业技术人员	A42	人	+

19.2.4　生态海绵流域建设的评价方法

　　生态海绵流域建设是一个新的理念，至今没有学者进行过基于实际研究区的研究，所以并没有前人的评价方法可以借鉴。但是纵观国内外研究成果，对于区域建设的评价方法，有层次分析法[78]、综合指数法[79]、生态位理论[80]、模糊评判法[81]和人工神经网络法[82]等。这些方法都存在各自的劣势，如前两种方法较为偏主观性，模糊评判法过于放大极值的作用，容易致使信息的丧失。另外，运用这些方法进行评价时，指标权重的确定成为难点之一。由于生态海绵流域建设评价是对多层次指标的度量，为避免主观赋值方法在客观性方面的缺陷，本章选取变异系数法和熵值法来确定权重，引入改进的 TOPSIS 法和综合指数法来进行流域生态海绵功能评价，尽量避免计算过程中的主观性，使评价结果更符合客观实际情况。

　　传统的 TOPSIS 法。TOPSIS 法是由 Yoon 在其博士论文中第一次提及，它是多目标多属性决策方法的一种[83]。TOPSIS 法是对测算方案进行排序，其基本过程是：在对原始矩阵进行标准化处理的基础上获取正、负理想解，测算各评价单元与正、负理想解的距离，得到各评价单元的最佳方案，最后以最佳方案结论进行排序。

改进的 TOPSIS 法[84]。TOPSIS 法虽然具有计算简单、易操作及结果较为客观合理等优点，但是其自身也存在一些局限性。例如，传统的 TOPSIS 法没有将各指标的相对重要性纳入考虑范围从而忽视各指标权重，最终影响结论的可靠性。其次，正、负理想解也都是从标准化后的矩阵中选择其最大值和最小值，当自身和外部环境改变时，指标的相应变化也可能会导致正负理想解的变化，最后影响排序结果的稳定性[85]。相对于传统的 TOPSIS 法，改进的 TOPSIS 法主要是确定了各评价指标的权重，对正负理想解的公式做了改进。因此本章运用改进的 TOPSIS 法对国土空间综合功能进行评价，具体操作步骤如下。

（1）构建评价矩阵。原始矩阵是由 n 个评价对象和 m 个评价指标组成的：

$$X = \{x_{ij}\}_{n \times m} \tag{19-2}$$

式中，$i = 1, 2, \cdots, n$；$j = 1, 2, \cdots, m$。

（2）矩阵标准化处理。借助极值法进行归一化处理，获取标准化决策矩阵 $A = \{a_{ij}\}_{n \times m}$。

$$a_{ij} = \frac{x_{ij} - \min x_{ij}}{\max x_{ij} - \min x_{ij}} \quad （正向指标） \tag{19-3}$$

$$a_{ij} = \frac{\max x_{ij} - x_{ij}}{\max x_{ij} - \min x_{ij}} \quad （负向指标） \tag{19-4}$$

式中，$i = 1, 2, \cdots, n$；$j = 1, 2, \cdots, m$；$\max x_{ij}$、$\min x_{ij}$ 分别为不同评价对象第 j 个指标的最大值和最小值。

（3）采用变异系数法确定权重。采用式（19-5）和式（19-6）计算各指标的平均值 a'_j 及标准差 S_j，采用式（19-7）和式（19-8）分别计算各指标的变异系数 V_j 和权重 W_j。

$$a'_j = \frac{1}{n} \sum_{i=1}^{n} a_{ij} \quad (j = 1, 2, \cdots, m) \tag{19-5}$$

$$s_j = \sqrt{\frac{1}{n-1} \sum_{i=1}^{n} (a_{ij} - a'_j)^2} \quad (j = 1, 2, \cdots, m) \tag{19-6}$$

$$V_j = \frac{s_j}{a'_j} \quad (j = 1, 2, \cdots, m) \tag{19-7}$$

$$W_j = \frac{V_j}{\sum_{j=1}^{m} V_j} \quad (j = 1, 2, \cdots, m) \tag{19-8}$$

（4）构建加权规范化矩阵。由 W_j 与标准化矩阵 A 得到加权规范化决策矩阵 Y，即

$$Y = \{Y_{ij}\}_{n \times m} = \{W_j \times a_{ij}\}_{n \times m} \tag{19-9}$$

（5）明确正、负理想解 Y^+ 和 Y^-：

$$Y^+ = \{\max Y_{ij}\} \quad (1, 2 \cdots, n) \tag{19-10}$$

$$Y^- = \{\min Y_{ij}\} \quad (1, 2 \cdots, n) \tag{19-11}$$

（6）计算每个评价对象的指标实际值与正理想解和负理想解的欧氏距离 D_i^+、D_i^-：

$$D_i^+ = \sqrt{\sum_{i=1}^{n} (Y_{ij} - Y^+)^2} \tag{19-12}$$

$$D_i^+ = \sqrt{\sum_{i=1}^{n} (Y_{ij} - Y^-)^2} \tag{19-13}$$

（7）计算各评价单元与正理想方案的相对靠近度 C_i：

$$C_i = \frac{D_i^-}{D_i^+ + D_i^-} \quad (i = 1, 2, \cdots, n) \tag{19-14}$$

按照贴近度分值的大小将各评价对象进行优劣排序，且 $0 \leqslant C_i \leqslant 1$，$C_i$ 值越大表明其方案越好，综合效益越优。

19.2.5　生态海绵流域综合分区方法

分区方法是指使区域内差异达到最小化、区域间差异达到最大化目标的手段与过程，有定性分析方法、定量分析方法和"3S"技术这三类。定性分析方法的优势是操作简便，不足是精确度有待提升；定量分析方法的优势是能相对准确判断属性要素，不足是集中连片效果不理想；"3S"技术，尤其以 GIS 为代表的空间数据的处理与分析、分区成果的可视化表达，从空间上体现了各区域各要素的特征与差异，在一定程度上对分区研究提供了很大的支持。统筹考虑各方法优缺点后，采取定性与定量相结合的方法，在 3S 技术，即 ArcGIS 软件平台下，运用定量的数学方法对各功能进行评价，再分别利用自然间断点分级法进行强弱分级。

自然间断点分级法是对具有相似性的数值进行分组，所有要素将会被划分为多个类，对于这些划分的类别，会在数据值差异相对较大的地方设置其边界，较适合于非均匀分布的数值分级。最主要的功能是减少同一级中的差别而增加级间的差异，其优点是操作简单、分级客观且可视性强。

19.3　南流江生态海绵流域建设评价过程

19.3.1　数据来源与处理

1. 数据来源

本章所需数据主要包括土地数据、水利数据和社会经济数据，其中土地数据来源于广西壮族自治区国土资源厅提供的 2015 年广西土地利用现状变更表，水利数据来源于广西壮族自治区水利厅和《2015 广西水利统计年鉴》，社会经济数据主要来源于《2016 广西统计年鉴》。需要说明的是，《2015 广西水利统计年鉴》统计的就是 2015 年的广西各县（区）的水利数据。

2. 数据处理

运用变异系数法确定各指标权重、运用改进的 TOPSIS 法计算出南流江生态海绵流域建设潜力评价值；在 ArcGIS 10 平台下，将南流江流域所包含的 3 市 9 县（区）的 2015 年土地利用数据矢量图的面积导出，得到研究所需的土地面积数据；以南流江流域土地利用面积为底图，输入通过计算得出的生态海绵流域建设潜力评价值，并对数值进行从低至高 5 等分级，获取南流江生态海绵流域建设的潜力分区。其他的社会经济指标初始数据都是通过简单的数学方法计算得出。

19.3.2　南流江生态海绵流域建设指数

1. 基于变异系数法指标权重的确定

南流江生态海绵流域建设评价的各项指标的原始数据主要是通过运用已收集和整理的土地数据、水利数据、气象数据和社会经济数据进行运算得出。为确保评价结果的客观性及可靠性，需先对评价指标体系中各项指标的原始数据进行标准化处理。

将指标体系中的正向指标代入式（19-3）中，负向指标代入式（19-4）中，通过计算得到各评价单元评价指标的标准化值，见附表 21。将测算出的标准化数值按式（19-5）～式（19-8）计算，可得各项评价指标的权重，见表 19-3。

表 19-3　基于变异系数法的各指标权重

目标层	子系统层	准则层	指标层	编号	权重
生态海绵流域建设指数	自然水文调节潜力评价（N）	自然植被水文调节潜力评价	林地面积	N11	0.0288
			草地面积	N12	0.0471
			湿地面积	N13	0.0356
		地表河湖调节潜力评价	年降水量	N21	0.0390
			地表水供水量	N22	0.0274
		土壤水文调节潜力评价	农用地保水效益定额	N31	0.0415
		地下水含水层水文调节潜力评价	地下水供水量	N41	0.0434
	人工水文调节潜力评价（A）	水利工程调节能力评价	蓄水工程总库容	A11	0.0605
			水利工程总供水量	A12	0.0411
			堤防长度	A13	0.0775
		水环境治理能力评价	地表水功能区达标率	A21	0.0647
			治理达标河段长度占有防洪任务河段长度比例	A22	0.0414
			水土流失综合治理面积	A23	0.0352
			除涝面积	A24	0.0527
			废污水排放量	A25	0.0195
		社会经济承载能力评价	人口密度	A31	0.0178
			人均 GDP	A32	0.0484
			第三产业占比	A33	0.0470
			规模以上工业总产值	A34	0.0319
			水产品产量	A35	0.0724
		社会文明水平评价	普通中学在校学生数	A41	0.0324
			专业技术人员	A42	0.0398

2. 基于改进的 TOPSIS 法的生态海绵流域建设评价

本章建立的生态海绵流域建设评价指标体系分为目标层、子系统层、准则层和指标层，以流域所在 9 个县（区）级行政区为评价单元，从自然、人工两大方面综合研究流域水文调节潜力，评价生态海绵流域建设指数。以附表 21 和表 19-3 中各评价单元评价指标的标准化数值及各指标权重为基础，运用改进的 TOPSIS 法对南流江生态海绵流域建设现状进行评价，得出 9 个评价单元的 8 个准则层的评价值，具体计算步骤如下：

（1）根据附表 21 和表 19-13，按式（19-9）构建加权规范化矩阵；

（2）再根据式（19-10）和式（19-11）确定正负理想解（附表 22）；

（3）将加权指标值和正负理想解代入式（19-12）、式（19-13）测算出每个评价单元的每个子系统的欧式距离 D_i^+、D_i^-；

（4）最后运用式（19-14）计算出各个子系统层的相对靠近度，即评价指数值，见表19-4。

表19-4　南流江流域各县（区）基于改进的 TOPSIS 法的生态海绵流域建设的潜力评价值

子系统层	玉州区	北流市	博白县	兴业县	陆川县	钦南区	浦北县	灵山县	合浦县
N	0.1008	0.3596	0.3803	0.3000	0.3855	0.6510	0.4269	0.4355	0.4880
A	0.2978	0.2932	0.3837	0.1647	0.2443	0.4834	0.2779	0.3605	0.6324

表19-4以上是每个评价单元生态海绵流域建设中对自然水文调节潜力和人工水文调节潜力两个子系统的评价结果。从表中可看出，评价值都在0~1，值越大，越靠近于1，则表明该潜力越高，反之，则该潜力越低。从横向看，可看出同一子系统在不同评价单元上强弱的体现；从纵向观察，可得出同一评价单元上2个子系统潜力的高低排序。这种评价方法虽然较为偏定量化，但同时也是生态海绵流域建设表达的一种定性方式，为流域生态产业模式的构建提供了可靠的依据。

3. 南流江生态海绵流域建设的潜力分区

依据表19-4中南流江流域各县（区）生态海绵流域建设的潜力评价值，在ArcGIS中采用自然间断点分级法分为5个等级，从高到低命名为高、较高、中、较低、低，得到2个子系统层评价结果的空间分布等级图（图19-3、图19-4）。

如图19-3、图19-4所示，本章根据单项子系统层评价值的大小依次按照5个等级对应每个县（区），其统计结果见表19-5。

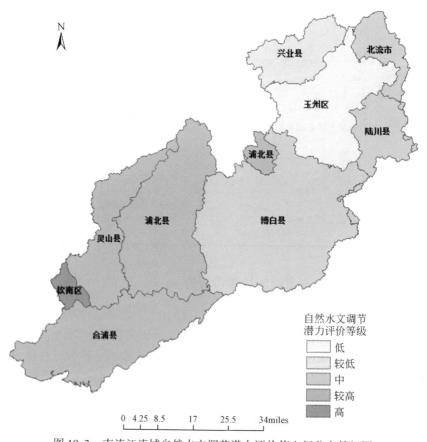

图19-3　南流江流域自然水文调节潜力评价值空间分布等级图

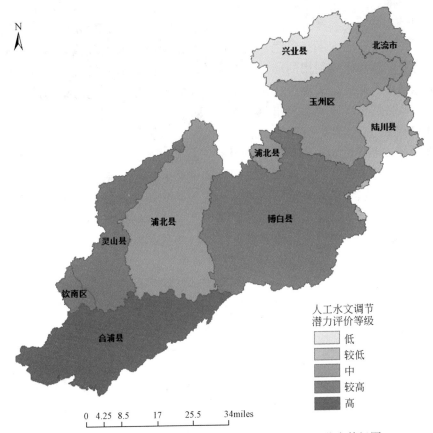

图 19-4　南流江流域人工水文调节潜力评价值空间分布等级图

表 19-5　南流江流域各县（区）生态海绵流域建设潜力高低分级表

子系统层	玉州区	北流市	博白县	兴业县	陆川县	钦南区	浦北县	灵山县	合浦县
N	低	中	中	较低	中	高	较高	较高	较高
A	中	中	较高	低	较低	较高	中	较高	高

从图 19-3、图 19-4 和表 19-5 可以看出，各县（区）自然水文调节潜力评价值从高到低的排序是：钦南区>合浦县、灵山县、浦北县>陆川县、博白县、北流市>兴业县>玉州区，各县（区）人工水文调节潜力评价值从高到低的排序是：合浦县>钦南区、博白县、灵山县>玉州区、北流市、浦北县>陆川县>兴业县。综合两个子系统层的排序，可以得到：钦南区、合浦县的生态海绵流域建设的潜力值最高；兴业县的生态海绵流域建设的潜力值最低；博白县和玉州区虽然自然人工水文调节潜力评价值比较低，但是其人工水文调节潜力评价值相对较高；浦北县和陆川县与之相反，虽然自然水文调节潜力评价值相对较高，但是人工水文调节潜力评价值相对较低。

19.4　基于生态海绵流域建设评价的南流江流域生态产业模式研究

19.4.1　生态产业的内涵与结构

1. 生态产业的内涵

生态产业最初见于 1992 年，以 R. A. Frosch 和 N. E. Gallopoulos 为代表的学者认为：生态产业是一个能量、物质消耗最优化的系统，产业废物最少，一个过程的产品是下一个过程的原料，在这个系统里技术、生产、消耗得到最和谐的统一[86]。之后相继有学者从生态学、生态经济学、可持续发展原理和知识的切入点来深入分析生态产业的内涵。总之，生态产业是以可持续发展理论为指导，充分运用现代科学技术，提升资源的合理配置和高效利用的能力，思考关联产业间的有机链接，把各个生产过程中产生的产品和废弃物都纳入循环产业链，实现产业循环发展，在降低对生态环境污染的前提下尽可能实现资源的最大利用效益，协调自然生态环境系统和人类经济活动系统的良性关系。

生态产业具有和谐性、高效性、持续性、整体性和区域性等特征。

（1）生态产业系统的和谐性。生态产业系统具有三重和谐性。一是产业系统内要素之间的共生和谐关系，二是人与自然的和谐关系，三是人与人之间的和谐关系。产业系统内要素的共生和谐关系表现在对资源优化配置的过程中必须考虑各要素间的相辅相成关系和各生产过程的承接关系。现代人类经济生产一味强调效益增长，却忽略对环境带来的恶劣影响以及对生活的生态品质追求。生态产业系统通过对环境的建设，在实现经济效益的同时，也能兼顾人居环境的优化，而且生态产业发展的思想深入人心还能达到提升人类精神境界的效果，提升人类生活的优雅情趣。

（2）生态产业系统的高效性。生态产业系统改变传统产业"高能耗""单向式"的运行模式，提高一切资源的利用效率，物尽其用、地尽其力、人尽其才、各施其能、各得其所。物质、能量实现多层次分级利用，信息劳动实现共享，废弃物实现循环再生，使整个区域以生态产业系统为引擎，呈现出生机勃勃的高效运转的态势。

（3）生态产业系统的持续性。生态产业系统是可持续发展理论的重要实践内容。在可持续思想的指导下，通过兼顾不同的时间、空间合理配置资源，公平地满足现代和后代在发展和环境方面的需要，不是只顾眼前的利益用"掠夺"的方式促进经济暂时的"繁荣"，而是以"可持续"为核心的方式保持其健康、持续、协调发展。

（4）生态产业系统的整体性。生态产业系统不是一味追求经济效益，而是兼顾社会、经济和环境三者的整体性效益；不仅重视经济发展和生态环境协调，更注重对人类生活质量的提高，是在整体协调的新秩序下寻求发展。

（5）生态产业系统的区域性。生态产业系统是依托于区域而建立的，因而其本身就有显著的区域理念。不仅如此，它还是建立在区域平衡基础之上的。区域之间通过相互联系、相互制约实现平衡协调，而这种配合协调的区域是以人与自然和谐为价值取向的。为了实现这个目标，全球必须加强合作，共享技术与资源，形成互惠共生的网络系统，建立全球生态平衡。

2. 生态产业的结构

生态产业的结构由各个产业和产业间的环境构成，它包含了生态农业、生态工业和生态服务业[87]。

1）生态农业

生态农业是根据生态学、生态经济学原理，在中国传统农业精耕细作的基础上，依据生态系统内物质循环和能量转化的基本规律，应用现代科学技术建立和发展起来的一种多层次、多结构、多功能的集约经营管理的综合农业生产体系。以协调人与自然的关系促进农业和农村经济、社会可持续发展为目标，通过生态与经济的良性循环，对各类农作物进行综合搭配、合理利用农业资源，最大程度地减少农业资源消耗，最大程度地防止生态环境污染，是向着健康、环保、安全方面发展的新型农业。以"整体、协调、循环、再生"为基本原则，以继承和发扬传统农业技术精华并采用现代农业科技手段为技术特点，强调农、林、牧、副、渔五大系统的结构优化，把农业可持续发展的战略目标与农户微观经营、农民脱贫致富结合起来。

2）生态工业

生态工业是依据生态经济学原理，仿照自然界生态过程物质循环方式来规划工业生产系统，以现代科学技术为依托，运用生态规律、经济规律和系统工程的方法经营和管理的一种综合工业发展模式。在生态工业系统中各生产过程不是孤立的, 而是通过物流、能量流和信息流互相联系, 一个生产过程的废弃物可以作为另一个生产过程的原料加以利用。汤慧兰和孙德生[88]对生态工业系统的特征进行了阐述, 大致可以概括为具有物质循环和能量流动、企业动态演化、脆弱性和双重性 4 个特征。生态工业追求的是系统内各生产过程从原料、中间产物、废弃物到产品的物质循环, 达到资源、能源、投资的最优利用。它要求从宏观上使工业经济系统和生态系统耦合, 协调工业的生态、经济和技术关系, 促进工业生态经济系统的人流、物质流、能量流、信息流和价值流的合理运转和系统的稳定、有序、协调发展; 在微观上做到工业生态资源的多层次物质循环和综合利用, 提高工业生态经济子系统的能量转换和物质循环效率, 从而实现工业的经济效益、社会效益的同步提高, 走可持续的工业发展战略。

3) 生态服务业

生态服务业是以生态学理论为指导, 依靠技术创新和管理创新, 按照服务主体、服务途径、服务客体的顺序, 围绕节能、降耗、减污、增效和企业形象理念实践于长远发展中的新型服务业。主要包括两大类: 一类是社会生态服务业, 另一类是智力生态服务业。前者以提供社会服务为目的, 包括生态旅游、自然保护区建设; 后者则以研发、教育和管理为目的, 包括生态信息、生态金融、风险评估、生态产业教育等产业。在生态经济功能上相当于生态系统中的消费者。生态服务业强调服务业企业生产循环中的资源再生利用, 是一种可持续发展模式。在经营理念上, 保持传统服务业在产业关联层面上与农业、工业之间表现出密切的技术经济联系; 在强调服务业与农业、工业相互之间的供给和需求联系的基础上, 更加注重结合循环经济发展模式的特点, 力求通过生态服务业的建设, 促进生态农业与生态工业的建设, 从而推动整个生态经济的发展。

在关于生态产业系统的构建方面, 以 Schlarb[89]、Posch[90]为代表, 他们认为, 生态产业系统企业之间可以通过建立物质和能量交换的共生关系或者将区域的政府、社区公众加入企业间的循环, 形成多方的合作, 建立系统的物质流、能量流、信息流、人才流的体系。Lambert 和 Boons[91]的主要注意力集中在生态产业园, 他们认为目前生态产业系统除了包括大型重工业企业之间建立资源交换关系的企业联合体之外, 也包括各种中小型企业组成的混合产业园。另外, 虚拟生态产业园也是生态产业构建的一种模式。Lowe 等[92]的观点是对上述两种观点的综合, 他们认为生态产业的构建不仅可以通过生态产业园的模式还可以跨出这个特定的园区, 在更广泛的区域内建立一定的产业链接。

3. 流域生态产业发展与生态海绵流域理念的关系

生态产业系统的本质是科学构建循环的、可持续发展的产业链。流域最显著的资源就是水资源, 流域的发展都是依托于水的发展。水具有灌溉性、循环性、流动性、运输性以及观赏性的特点, 把生态产业的发展模式运用到流域范围内, 更容易实现生态农业、生态工业、生态服务业的子系统内循环以及整个生态产业的大系统循环。但是水也具有易引发灾害性、破坏性、日益稀缺性的特点, 把生态产业的发展模式运用到流域范围内, 能在保障并提升人类生活、生产水平的同时, 节约水资源、降低自然灾害发生频率, 实现对流域生态环境的保护作用。

生态海绵流域理念是以考虑流域的水资源弹性、综合治理流域水生态问题为主的全新理念, 它与流域生态产业发展的理念吻合, 都是志在实现流域的可持续发展。一个是理论, 一个是实践, 两者之间互相支持、相辅相成, 组合在一起才能成就一个流域发展的整体。

1) 生态海绵流域理念是流域生态产业发展的理论依托

流域生态产业发展的思路固然有价值, 但是如果没有事先对流域生态海绵特性进行定性、定量的评估, 不清楚流域的生态海绵指数, 则一切的发展想法都只是纸上谈兵。只有在充分了解流域的生态海绵现状与潜力的基础上, 才能有针对性地设计出符合该流域的生态产业发展模式, 才能实现流域的生态产业发展。

2) 流域生态产业发展是生态海绵流域理念的实施路径

生态海绵流域理念是对流域的理性评价, 它把流域的水循环能力通过指标体系的评价直观地表示出来，从中也能看出流域水循环过程的优势与需要改进的方向，能对应调整水资源的配置，其研究成果对流域的发展具有指导作用，但是要切实发展流域经济、保护流域生态环境，还需要发展流域生态产业，流域生态产业发展是生态海绵流域理念的实施路径。理论要与实践相结合，才能体现价值。

19.4.2 南流江流域生态产业模式构建的主导因素分析

1. 优势分析

1）宏观环境与政策优势

a. 南流江流域生态产业发展符合国家绿色发展理念

绿色发展理念是在党的十八届五中全会上由习近平总书记提出的"十三五"时期经济社会发展的五大理念之一。绿色发展是以效率、和谐、持续为目标的经济增长和社会发展方式。我们每一个人、每一个家庭、每一个单位、每一家公司、每一个政府部门都应该身体力行，节能减排，推动低碳经济。当今世界，绿色发展已经成为一个重要趋势，许多国家把发展绿色产业作为推动经济结构调整的重要举措，突出绿色的理念和内涵。

绿色生产方式是绿色发展理念的基础支撑、主要载体，直接决定绿色发展的成效和美丽中国的成色，是我们党执政兴国需要解决的重大课题。面对人与自然的突出矛盾和资源环境的瓶颈制约，只有大幅提高经济绿色化程度，推动形成绿色生产方式，才能走出一条经济增长与碧水蓝天相伴的康庄大道。推动形成绿色生产方式，就是努力构建科技含量高、资源消耗低、环境污染少的产业结构，加快发展绿色产业，形成经济社会发展新的增长点。绿色产业包括环保产业、清洁生产产业、绿色服务业等，致力于提供少污染甚至无污染、有益于人类健康的清洁产品和服务。发展绿色产业，要求尽量避免使用有害原料，减少生产过程中的材料和能源浪费，提高资源利用率，减少废弃物排放量，加强废弃物处理，促进从产品设计、生产开发到产品包装、产品分销的整个产业链绿色化，以实现生态系统和经济系统良性循环，实现经济效益、生态效益、社会效益有机统一。这与生态产业发展理念相统一。在流域发展上选择生态产业发展，既是对国家政策的积极响应，也是对流域自身的负责。

b. 新一轮西部大开发战略需要南流江流域生态产业建设

加强生态建设和环境保护将依然是新一轮西部大开发的重点，同时也是难点。生态建设和环境保护作为生态文明建设战略的主要内容，需要站在生态文明国家战略的高度重新审视。南流江流域属于西部大开发范围。南流江流域的发展，需要以西部大开发为契机，在开发的过程中抓好生态产业建设，才能使南流江流域在实现社会经济发展的同时，发挥出流域生态屏障的作用。且南流江流域生态产业建设成败直接关系到西部大开发的发展成败，进而影响我国东部、中部、西部的区域均衡发展和2020年前全面建设小康社会总目标。

c. 广西"十三五"规划涵盖南流江流域生态产业建设

广西"十三五"规划在"全面推进三大攻坚战"方面，明确提到产业转型升级攻坚战。以技术改造、两化融合、绿色发展、制造业服务化推动产业转型升级，做大做强支柱产业，改造提升传统产业，大力发展高技术产业、先进制造业、现代服务业和现代农业，积极培育战略性新兴产业和新业态新模式，提升产业竞争力，打造广西产业升级版。在当前新的形势下，要实现南流江流域内产业转型升级的目标，最科学合理的路径就是构建南流江流域生态产业。

2）区位优势

广西北部湾经济区由南宁市、北海市、钦州市、防城港市、崇左市、玉林市，以"4+2"格局构成，南流江流域地处玉林市、钦州市、北海市境内，已占北部湾经济区半数城市，即南流江流域是北部湾经济区内的一个组成部分，其发展与北部湾经济区的发展同步，也可以充分享受北部湾的各项发展资源。

合浦是海上丝绸之路的重要港口，南流江流域可以在"一带一路"的建设中"近水楼台先得月"，获得经济发展的先机。2017 年 5 月 14 日，习近平总书记在"一带一路"国际合作高峰论坛开幕式上，发表主旨演讲时强调，古丝绸之路绵亘万里，延续千年，积淀了以和平合作、开放包容、互学互鉴、互利共赢为核心的丝路精神。这是人类文明的宝贵遗产。主旨演讲的第一部分，就提到了国内的 4 个海上丝路城市，北海就是其中之一。以后在"一带一路"建设中，北海作为重点城市，将迎来更大的经济发展。

在中国-东盟自由贸易区的发展中，南流江流域同样占有经济发展的先机，因为中国-马来西亚钦州产业园区就在流域内的钦州市钦南区。中国-马来西亚钦州产业园区是一个集工业、商业、居住三位一体的产业新城。总体规划面积 55km^2，中马两国总理在 2011 年 4 月达成共识，温家宝提议"广西钦州中马产业园区是双方在中国西部地区合作的第一个工业园，具有示范意义。"园区的产业定位以装备制造业、电子信息业、新能源及新材料、农副产品深加工、现代服务业为主导。起步初期以贸易物流和进出口加工制造为主导。园区按照"政府搭台、园区支撑、企业运作、项目带动、利益共享"的合作模式，建成高科技、低碳型、国际化的工业园区，将成为中马两国经贸合作的标志性项目和中国-东盟自由贸易区合作新的典范。

3）资源环境优势

南流江是广西唯一一条独流入海的河流。南流江流域资源环境优势明显。一是，作为广西境内独流入海的河流，南流江没有跨区域，流域内的经济发展、生态保护、环境治理工作在行政决策方面占有优势。二是，发展生态产业特别重视产业间的循环性，在流域范围内有水资源的优势，通过水的循环过程，更易实现生态产业的循环性。三是，由于南流江是独流入海的河流，其流域从河流发源地到入海口，虽然流域面积不大，但是其中包含的地情多样，则流域内的经济生产方式多样，所能构建的生态产业模式种类丰富。

4）产业生态基础

南流江流域充分发挥我国经济的比较优势，加大对劳动密集型产业和技术密集型产业支持力度，重点扶持技术含量高、产业带动能力较强的产业，如装备制造业、制药业和油气业等。同时，新能源行业方兴未艾，也有望成为 21 世纪新的产业增长点。这些新兴产业的迅速发展，已经成为了南流江流域生态产业发展的生态基础。此外，南流江流域在农业、工业、服务业的发展基础方面，以当地特有的自然地理状况、资源赋存、历史发展过程等条件做基础。

南流江流域的农业生态基础是随着农业现代化建设、规模化发展和环境保护与治理的理念逐步形成的。通过农业生态园建设，带动农业生态化、规模化和现代化发展。南流江流域的工业生态基础是通过生态产业园区的建立而发展起来的。目前，南流江流域已建设了多个生态工业园区，并通过清洁生产技术、循环经济建设等途径促进产业转型、工业基地和重化工集中地区的调整和改造。南流江流域的服务业生态基础主要是以旅游业、商贸物流业、现代金融业等产业发展起来的。其中，南流江独具特色的自然风光和人文景观使旅游业引人瞩目。

2. 不足分析

1）环境政策缺位，政府执行力度不足

生态产业发展与生态环境保护需要一种政策的支持、保护与监督。所谓"无规矩不成方圆"，这种制度和体制在经济运行过程中应形成互为关联、互相作用、彼此制约、协调运转的各种机能的总和。受传统发展观及政绩观的影响，目前我国的环境政策多数仍然处于"以行政命令、末端治理、浓度控制、点源控制为主"的阶段，南流江流域在资源探测、资源开采、资源加工、资源运输管理、资源消耗预警、资源使用监测及资源节约调控等方面还没有形成以保护生态环境为主导，以促进水经济可持续发展为目标的有效运作机制。社会主义市场经济体制下实施可持续发展的环境政策体系仍有待建立与健全，在制定环境政策方面还存在"机制不够配套"等问题。在现有的产业发展上，流域内主要是以行政区划为主进行产业规划和发展，没有形成一个统一的生态产业协调发展机制。

我国现行的环境投资体制基本上是延续计划经济体制，环境保护责任及其投资基本上由政府承担。

随着经济的发展，环境资金需求压力急剧扩大，这种需要依靠政府财政拨款的环境投资渠道愈显单一。尽管环保投资每年都有一定幅度的增加，但相对于严峻的环境局面和巨大的资金缺口仍显力不从心。加上环境保护投资效率不高、管理方式落后、投资结构不合理等原因，环境投资力度增长较慢，在一定程度上影响了区域环境质量的改善和提高[93]。例如，我国目前正处于工业化中期阶段，经济总体水平比较低，国家仍然面临着企业改革、产业振兴等一系列重大任务，对发展生态产业缺乏必要的资金投入。另外，国家颁布的《环境保护法》《海洋环境保护法》《固体废物污染环境保护法》《环境噪声污染防治条例》等20多项环境保护法律法规，也常常因在具体执行过程中受到地方保护主义和各种人为因素的干扰，无法真正得到贯彻落实。

2）资源配置能力不足，环境承载能力有限

工业化过程是人类大量耗费自然资源、快速积累社会财富、高速发展经济、不断提高生活水平的过程，是人类发展历史上不可逾越的阶段。工业化工程中，城市化、城镇化、基础设施建设快速发展，第二产业的比例不断增大，资源消费量随经济的快速发展而迅速增长。南流江流域的第二产业的发展主要是以水电和重工业为主。这种以能源、金属、矿产资源为主要消耗的产业导致资源消耗从地表以上转向地表以下，环境污染已从地表水延伸到地下水，从一般污染物扩展到有害污染物，已形成点源与面源污染共存、生活污染与工业排放叠加、各种新旧污染与二次污染相互融合的态势，大气、水体、土壤污染相互作用的格局，对生态系统、食品安全、人体健康构成了日益严重的威胁。

3）企业认识不足

从目前状况来看，许多企业对生态产业内涵认识不足，即便采取环保措施也是一种被动的选择，究其原因是企业主要受到以下因素制约：一是经营思想落后，环境保护意识薄弱；二是对生态产业的投资力不从心。因此，企业缺乏内在动力和外在压力来发展生态产业并实施绿色营销。

4）消费者的绿色消费需求不足

由于生态产业生产的是绿色产品，其价格一般要高于非绿色产品，再加上我国国民的环保意识淡薄，极大地抑制了绿色消费。此外，市场上假冒伪劣绿色产品的存在，使消费者对绿色产品的质量产生怀疑，绿色产品消费风险的高预期也抑制了绿色产品的消费需求。

19.4.3　南流江流域生态产业模式建立

基于南流江生态海绵流域建设评价结果，对流域生态产业模式进行探究，得出以下南流江流域生态产业模式。

1. 生态农业

1）生态种植模式

生态种植，即充分利用土地的时空资源，合理规划农作物的种植时间、空间，其栽培方式包括间种、套种和轮种。间种是指在一块土地上，同时期按一定行数的比例间隔种植两种及两种以上的作物。间种的几种生物共同生长期长。间种往往是高棵作物与矮棵作物间种，如玉米间种大豆或蔬菜。其中高作物行数越少，矮作物的行数越多，间种效果越好。实行间种通风透光好，可充分利用光能和CO_2，能提高20%左右的产量。套种是指在一块土地上，先种植一种作物，在作物生长的后期，种上另一种作物，其共同生长的时间短。套种的主要优势在于充分利用土地资源，增加土地的收益。轮种是指前后两季种植不同的作物或相邻两年内种植不同的复种方式。不同作物对土壤中的养分具有不同的吸收利用能力，因此，轮作有利于土壤中的养分的均衡消耗。同时轮作还有利于减轻与作物伴生的病虫杂草的危害。例如，春季种烤烟，烤烟收获后再种一季双季晚稻，这种水旱轮作的效果一般都很好。不仅能改良土壤的理化性能，而且能有效地抑制病虫杂种。间种属于空间范畴，套种和轮种属于时间范畴。

对于南流江流域的生态果园种植模式的构建，建议以间种为主。南流江流域果园种植产业分布范围广、种植技术也较成熟，而且果树之间的行间距必须足够大才能保证果树的正常生长。那么果树之间的空间就是一个巨大的可增值空间，如何合理利用这一空间，就是建立生态种植模式必须攻克的重点、难点。根据南流江流域的自然资源禀赋，以及南流江流域的适宜作物类型，建议在果园种植初期，即果树还小、未结果实时期（一般果苗种植三年才能结果），间种生长周期短的经济作物，如豆角、黄豆、花生、玉米、西瓜、香瓜等；在果园结果的 5 年内，是果树培肥成长的重要时期，这个时期建议专一培育果树；在果园成林之后，果树的生长态势已经基本固定，这个时期可以种植喜阴的药材，增加果园空间产值。

对于南流江流域的生态水稻种植模式的构建，建议以轮种为主。南流江流域中上游是广西的重要粮仓，其生产的粮食数量与质量对广西的稳定发展有重要意义。对水稻田进行轮种，可改善土壤质量。不同作物间轮种可充分利用不同作物对土壤养分需求不同，能有效降低土壤盐害的问题，调整土壤酸度；实现作物秸秆还田，提高土壤有机质；可以改善土壤质量，实现用地养地相结合，既增加经济收入，又培肥地力；增加生态系统的生物种类和营养结构的复杂程度，维持生态系统的稳定性，减少病害发生，有利于耕地的可持续发展。对于轮种的作物，能在南流江流域的耕地上种植的水稻以外的作物，都可作为轮种作物。

2）生态养殖模式

南流江流域的养殖业，上游玉林以龟鳖养殖为主，中游博白以生猪养殖为主，下游合浦以海水养殖业为主，其中整个流域范围都可以进行畜禽规模养殖业的发展。建立南流江流域生态养殖模式，可以单一种类养殖，可以不同品种混合养殖，还可以不同种类动物进行合理的分层养殖。

3）生态种植–养殖复合模式

种植业与养殖业从来就不是单一存在的，他们之间在生态上的关联密切。例如，在果园内可以同时养鸡、养蜂等，在鱼塘可以同时种植莲藕、葡萄（把葡萄种在鱼塘坝上，然后在整个鱼塘水域上搭葡萄架）等。

4）农村庭院生态农业模式

南流江流域的农村畜牧业发展良好，具有利用沼气的条件和优势。它以农户为基本单元，将畜牧、沼气、农业等形成一条和谐的生物链，实现物质流、能量流的多层次循环利用。它利用养殖业发展的副产物（粪便）通过沼气池在严格的厌氧条件下经微生物发酵产生沼气，为农户提供清洁卫生的生产、生活能源；产生的沼渣、沼液为种植业、果品业提供优质、无害有机肥料，为市场提供无公害农产品，是改变农村能源结构、改善农村环境卫生、促进农业产业结构化调整及农村经济可持续发展的有效途径。在实施过程中，将生物措施与工程措施相结合、退耕还林与基本农田建设相结合，能有效遏制水土流失、逐步改善农业生产条件，促使农业生态环境向良性循环转变，推动南流江流域生态农业的发展。

5）县（区）生态特色农业模式

在优势自然资源条件下，南流江流域有很多具有特色的农业及农业产品，见表 19-6。

表 19-6　南流江流域各县（区）特色农业及农产品

县（市、区）	玉州区	北流市	博白县	兴业县	陆川县	钦南区	浦北县	灵山县	合浦县
特色农业	中草药种植、富硒茶、玉林香蒜	水域养殖、凉亭鸡、肉桂、荔枝	生猪养殖、奶水牛养殖、桂圆、空心菜、那林鱼	肉桂、八角、酒椒、果蔗、香蕉、油甘果、冬种马铃薯	陆川猪、陆川橘红、肉桂、八角	海洋渔业、荔枝、龙眼、辣椒、火龙果、石金钱龟	黑豚养殖、荔枝、冬种马铃薯、线椒、砂糖橘	荔枝、茶、奶水牛	海洋渔业、糖料蔗、畜禽规模养殖

把上述几种生态农业模式具体运用到县（区）特色农业发展中，就可以构建县（区）生态特色农业模式，实现南流江流域的分区域式特色生态农业发展。

2. 生态工业

对于南流江流域来说，发展流域生态工业，必须要结合流域自身的水资源、矿产资源优势和产业优势及产业结构特点，通过有目的的规划，建立流域范围内相互合作的生态功能工业体系。

南流江流域现有的工业产业主要为水电产业、中药制药业、煤炭产业、煤化工产业、碳酸钙产业、河道采砂业、建筑业和海洋油气业等。南流江流域的工业发展应进一步做大做强能源、优势原材料新兴支柱产业，做大做强以河道采砂业为主的传统支柱产业，大力发展以玉林制药、特色食品为代表的高技术产业。以优势企业为龙头，以重大项目为载体，加快优势产业基地建设和工业园区及城镇工业功能区的建设。

1）生态产业园区建设型生态工业模式

以中国–马来西亚钦州产业园区的建设为主导，大力推进循环经济生态工业基地和工业园区建设，探索建立循环经济技术创新体系、科学研究体系、服务体系和法规政策支持体系。重点推进煤、磷、铝、电、建材等产业的循环结合，规划建设一批磷煤化工、磷化工、煤焦化工、铝工业、煤电铝一体化等循环经济生态工业基地和工业园区。加快循环经济试点企业建设。支持企业打造内部循环链条，鼓励企业循环生产，促进资源循环利用，重点发展深加工能力和技术，搞好产业链之间的横向扩张与耦合，最大程度地减少对自然资源的依赖。探索建立以企业为主体的循环经济技术创新体系，以高等大学、研究所、实验室为主的循环经济科学研究体系，以中介、咨询服务机构为主的循环经济服务体系，建立较完善的循环经济法律法规体系、标准及指标体系、政策支持体系和有效的激励约束机制。

2）节水节能型生态工业模式

突出节水和节能，促进节能降耗，提高资源利用效率和利用水平。坚持节约优先的方针，依法加强电力、煤炭、化工、有色、冶金、建材等重点行业能源、原材料、水等资源消耗管理。以主要产品单位能耗指标为重点，大力实施"521"节能降耗工程，使一批重点产品单位能耗、物耗达到国内先进水平，部分重点产品单位能耗、物耗进入国际先进水平行列，其中大型发电机组供电煤耗达到相关标准。支持企业建设水循环利用系统，提高重复利用率。实施能量优化、余热余压利用、清洁能源、建筑节能、绿色照明等重点工程。鼓励开发利用新能源和可再生能源，减少不可再生能源的消耗。

3）生态环保产业模式

加快发展环保产业。重点推进高浓度、难降解的工业废水治理、废水"零"排放、燃煤锅炉除尘脱硫、固体废弃物污染防治和综合利用等重大、关键环保技术引进、开发和应用，突破循环经济发展的技术瓶颈。重点发展大气和水污染治理、城市垃圾资源化、节能和工业节水、新能源和再生资源开发利用、资源综合利用和清洁生产装备、环保材料及药剂的生产。支持中小型环保产业企业加强环保技术、产品的研发和市场化推广。重点培育一批环保产业骨干企业、示范工程和新技术、新产品。

3. 生态服务业

1）生态物流业发展模式

为了推行南流江流域经济和社会的可持续发展，在建设生态物流方面，企业可以从产品原材料或零部件的采购阶段开始，制定供应物流的生态化、生产物流的生态化、分销物流的生态化、产品回收及废弃物处置的生态化策略。

实现一个物料的循环系统，其中产品制造企业是该系统的主体。生产厂商利用供应商提供的生态原材料，完成生态产品的制造，并把在生产过程中的边角余料、副产品、残次品等直接进行内部回收，尽量做到回收后再利用，避免产生废弃物。

在生态供应物流方面，对构成产品的原材料和零部件的环境特性进行评估，选择环境友好的原材料，舍弃危害环境的原材料。根据材料的生态性对供应商进行生态性评估，包括着眼于管理系统、生态环境业绩、生态环境审核的组织过程评价，以及基于生命周期、商标和产品标准的产品评价。改变观念，重视采购品的生态环境性能，在包装和运输过程中采用生态包装、生态运输的方式以实现采购过程的生态化。

在生态生产物流方面，为实现生产物流的生态化，必须以清洁生产技术为基础，不断改善管理和改进工艺，提高资源利用率。充分考虑生态环境代价或交通拥挤带来的社会成本，实施准时生产制生产方式和精益生态方式。通过库存节约与生态环境成本的平衡，确定最合适的库存标准，利用重力输送原理、装卸原理等改进物流技术和改善物流管理。

在生态分销物流方面，以最优化运输路线，充分利用铁路、水路等更为环保的交通运输方式，合理规划分销网络。

2）生态旅游业发展模式

南流江流域具有丰富的旅游资源，应大力发展生态旅游业。生态旅游业即以生态旅游为主导的旅游发展模式。南流江流域总体生态环境脆弱，水土流失严重，恢复生态、涵养水土任务艰巨，在发展生态旅游时必须强调保护先行，立足于环境承载力，突出生态教育功能。对于生态旅游业发展模式的构建，应该通过旅游主要项目形成的旅游主导产业和与之相关的辅助产业之间的直接联动和整合，以及与关联产业之间的间接联动，形成大旅游产业体系。

19.5　本章小结

通过对流域生态文明建设理论和海绵城市、海绵田建设理论的总结与提升，得出生态海绵流域建设理论，为流域发展提供一个新的可持续的、生态的思路。

通过对生态海绵流域理论内涵的解读，从"自然–人工"二元水循环理论中寻找突破点，构建生态海绵流域建设评价指标体系，定量分析生态海绵流域的建设能力。

运用生态海绵流域评价指标体系，对南流江流域进行评价，得出南流江流域整体生态海绵流域建设水平有待提高，但其建设已初具模型，有一定的建设基础。其中合浦县、钦州市钦南区、灵山县的自然水文调节潜力与人工水文调节潜力的耦合度较高；博白县和玉林市玉州区虽然自然水文调节潜力较低，但是通过大力建设灰色基础设施，其人工水文调节潜力的提高把地区整体生态海绵流域建设水平提高了；浦北县和陆川县的情况则恰好相反，两个县的自然水文调节潜力都比较好，但是对人工水文调节潜力的忽视，使其整体的生态海绵流域建设水平较低；兴业县由于其自然环境相对较恶劣，社会经济实力也相对较低，其整体生态海绵流域建设水平处于南流江流域中最低水平。

基于南流江流域的生态海绵流域建设指数，指导南流江流域生态产业模式构建，可以在定性、定量的前提下，更有针对性地构建南流江流域生态产业模式，理论联系实际，建设更美好的南流江流域生态产业发展的未来。

参 考 文 献

[1] 庄友刚. 准确把握绿色发展理念的科学规定性 [J]. 中国特色社会主义研究, 2016, (1): 89-94.

[2] 王浩. 生态海绵流域建设理念与思路 [N]. 黄河报, 2016-06-25 (001).

[3] 严登华, 王浩, 张建云, 等. 从状态改变到能力提升——生态海绵智慧流域建设 [J]. 水科学进展, 2017, (2): 1-9.

[4] 刘薇. 生态文明建设的基本理论及国内外研究现状述评 [J]. 生态经济（学术版）, 2013, (2): 34-37, 51.

[5] 国务院环境保护领导小组办公室. 《世界自然保护大纲》概要 [J]. 自然资源研究, 1980, (2): 67-69.

[6] 叶泽雄. 可持续发展的伦理难题与合理抉择 [J]. 天津社会科学, 2008, 2: 34-38.

[7] 王润, 姜彤, LORENZKing. 欧洲莱茵河流域洪水管理行动计划述评 [J]. 水科学进展, 2000, (2): 221-226.

[8] 赵设, 盛连喜. 加拿大弗雷泽流域综合管理可持续性指标体系评价 [J]. 水资源保护, 2012, 6: 86-92.

[9] 刘燕茹. 美国河流管理新方法 [J]. 河南水利, 2003, (1): 50.

[10] 俞瑞堂. 日本的河川管理 [J]. 水利水电科技进展, 2000, (3): 57-60.

[11] 何永. 清溪川复原——城市生态恢复工程的典范 [J]. 北京规划建设, 2004, 4: 102-105.

[12] 申曙光. 生态文明及其理论与现实基础 [J]. 北京大学学报（哲学社会科学版）, 1994, (3): 31-37, 127.

[13] 白光润. 论生态文化与生态文明 [J]. 人文地理, 2003, (2): 75-78.

[14] 廖才茂. 论生态文明的基本特征 [J]. 当代财经, 2004, (9): 10-14.

[15] 俞可平．科学发展观与生态文明 [J]．马克思主义与现实，2005，(4)：4-5.

[16] 傅晓华．论可持续发展系统的演化——从原始文明到生态文明的系统学思考 [J]．系统辩证学学报，2005，(3)：96-99，104.

[17] 潘岳．生态文明是社会文明体系的基础 [J]．中国国情国力，2006，(10)：1.

[18] 姬振海．大力推进生态文明建设 [J]．环境保护，2007，(21)：61-63．[2017-09-18]．

[19] 宋林飞．生态文明理论与实践 [J]．南京社会科学，2007，(12)：3-9.

[20] 廖福霖．关于生态文明及其消费观的几个问题 [J]．福建师范大学学报 (哲学社会科学版)，2009，(1)：11-16，27.

[21] 杜宇，刘俊昌．生态文明建设评价指标体系研究 [J]．科学管理研究，2009，27 (3)：60-63.

[22] 高珊，黄贤金．基于绩效评价的区域生态文明指标体系构建——以江苏省为例 [J]．经济地理，2010，30 (5)：823-828.

[23] 余达锦，胡振鹏．鄱阳湖生态经济区生态产业发展研究 [J]．长江流域资源与环境，2010，19 (3)：231-236.

[24] Prince George's County Maryand, Department of Environmental Resource, Programs and Planning Division. Low impact development design strategies: An integrated design approach [R]. 1999.

[25] U. S. Environmental Protection Agency. Low Impact Development (LID): A literature review [R]. 2000.

[26] 何造胜．论 "海绵城市" 设计理念在河道水环境综合整治中的应用 [J]．水利规划与设计，2016，1：39-42.

[27] 唐双成，罗执，贾忠华，等．填料及降雨特征对雨水花园削减径流及实现" 海绵城市" 建设目标的影响 [J]．水土保持学报，2016，1：73-78，102.

[28] 李运杰，张弛，冷祥阳，等．智慧化 "海绵城市" 的探讨与展望 [J]．南水北调与水利科技，2016，1：161-164，171.

[29] 董淑秋，韩志刚．基于 "生态海绵城市" 构建的雨水利用规划研究 [J]．城市发展研究，2011，18 (12)：37-41.

[30] 任维．住房和城乡建设部发布《海绵城市建设技术指南》[J]．风景园林，2014，(6)：9.

[31] 张旺，庞靖鹏．海绵城市建设应作为新时期城市治水的重要内容 [J]．水利发展研究，2014，14 (9)：5-7.

[32] 陆娅楠．海绵城市，把雨水留住用好 [N]．人民日报，2014-11-03 (002)．

[33] 财政部经济建设司，住房城乡建设部城市建设司，水利部规划计划司．2015 年海绵城市建设试点名单公布 [J]．建筑设计管理，2015，32 (5)：47.

[34] 车生泉，于冰沁，严魏．海绵城市研究与应用——以上海城乡绿地建设为例 [M]．上海：上海交通大学出版社，2015.

[35] 佚名．谈谈 "海绵田" [J]．土肥与科学种田，1973，(3)：2-8.

[36] 大寨大队科研小组．大寨田的建设及其肥力特征 [J]．中国科学，1975，(6)：593-601.

[37] 陈子明．海绵田土壤结构特性与土壤肥力关系的研究 [J]．土壤学报，1981，(2)：167-175，208-210.

[38] 张华．大寨海绵田土壤养分评价与酶活性研究 [D]．山西师范大学硕士学位论文，2016.

[39] 张静静．大寨海绵田土壤重金属含量分析与环境质量评价 [D]．山西师范大学硕士学位论文，2016.

[40] 叶湘，刘世荣，廖泽钊．南流江上游治理情况调查 [J]．广西农业科学，1982，(1)：35-38.

[41] 姚湘．灵山县水土流失情况及治理措施 [J]．广西水利水电科技，1988，(1)：52-54.

[42] 张家桢，陈传友，蔡锦山．充分利用南流江水资源，确保北海市供水 [J]．自然资源，1990，(1)：39-47.

[43] 肖宗光．广西南流江水土流失与水环境保护 [J]．水土保持研究，2000，(3)：157-158，207.

[44] 林国强．南流江玉林城区段污染物总量控制及方案 [J]．广西水利水电，2002，(1)：54-57.

[45] 庞英伟，何聪．南流江流域水资源特点与保护对策 [J]．广西水利水电，2002，(3)：43-45，49.

[46] 卢世武，庞英伟，何聪．南流江流域防洪规划与建设 [J]．人民珠江，2003，(4)：25-26，51.

[47] 徐国琼．南流江泥沙运动规律及其与人类活动的关联 [A] //中国水力发电工程学会水文泥沙专业委员会．中国水力发电工程学会水文泥沙专业委员会第七届学术讨论会论文集 (上册) [C]．中国水力发电工程学会水文泥沙专业委员会，2007：7.

[48] 苏绍林．南流江河道水葫芦泛滥的成因、危害及防治初探 [J]．企业科技与发展，2008，(22)：200-202.

[49] 赵仕花，陈晓白，劳普兰．玉林市典型工业区重金属铅污染的调查研究 [J]．玉林师范学院学报，2009，(5)：60-63.

[50] 代俊峰，张学洪，王敦球，等．北部湾经济区南流江水质变化分析 [J]．节水灌溉，2011，(5)：41-44.

[51] 阚兴龙，周永章，李辉．华南南流江流域 ESRE 复合系统协调发展研究 [J]．热带地理，2012，(6)：658-663.

[52] 车良革，胡宝清，李月连. 1991-2009 年南流江流域植被覆盖时空变化及其与地质相关分析 [J]. 广西师范学院学报（自然科学版），2012，（4）：52-59.

[53] 胡何男. 农村集体土地使用权流转机制研究 [D]. 广西师范学院硕士学位论文，2013.

[54] 侯刘起. 南流江流域土壤侵蚀空间分布特征研究 [D]. 广西师范学院硕士学位论文，2013.

[55] 李月连. 南流江流域土地利用变化图谱及驱动力研究 [D]. 广西师范学院硕士学位论文，2013.

[56] 阚兴龙，周永章. 北部湾南流江流域生态功能区划 [J]. 热带地理，2013，（5）：588-595.

[57] 王子. 广西南流江流域生态风险评价研究 [D]. 广西师范学院硕士学位论文，2014.

[58] 侯晴川. 南流江流域环境数据管理系统设计与实现 [D]. 广西师范学院硕士学位论文，2015.

[59] 何文. 基于 RS/GIS 和 SWAT 模型的南流江流域分布式水沙耦合模拟研究 [D]. 广西师范学院硕士学位论文，2015.

[60] 余小璐. 南流江流域生态系统健康评价 [D]. 广西师范学院硕士学位论文，2015.

[61] 刘建伟. 南流江城市河流沉积物营养盐富集特征及污染评价研究 [D]. 广西师范学院硕士学位论文，2015.

[62] 黄莹，胡宝清. 基于小波变换的南流江年径流量变化趋势分析 [J]. 广西师范学院学报（自然科学版），2015，（3）：110-114.

[63] 李彪，许贵林，卢远. 基于分形分维和数学函数的南流江流域河网信息提取 [J]. 测绘与空间地理信息，2016，（3）：114-118.

[64] 黄秋倩. 基于 ArcSDE 的南流江流域社会生态系统数据库设计及应用 [D]. 广西师范学院硕士学位论文，2016.

[65] 李彪，卢远，许贵林. 南流江流域土地利用与生态脆弱性评价 [J]. 环保科技，2016，（3）：5-10.

[66] 李彪，卢远，许贵林，等. 耦合 RUSLE 和景观阻力的北部湾流域土壤侵蚀风险评价 [J]. 中国水土保持，2016，（10）：53-56，77.

[67] 黄翠秋，郭纯青，代俊峰，等. 南流江流域降水序列变化的特征分析 [J]. 水电能源科学，2012，（4）：6-8.

[68] 陈毅，郭纯青. 北部湾经济区南流江水环境容量研究 [J]. 工业安全与环保，2012，（12）：62-65.

[69] 卢裕景，郭纯青，代俊峰. 南流江流域降水序列周期特征及变化趋势 [J]. 南水北调与水利科技，2016，（2）：99-104，110.

[70] 代俊峰，杨艺，王璐瑜，等. 河流监测断面几种污染物的点源、非点源污染负荷分割 [J]. 工业安全与环保，2016，（8）：72-75.

[71] 庞英伟. 南流江流域中小河流治理的思考 [J]. 技术与市场，2013，（8）：192-194.

[72] 覃祖永. 关于广西南流江流域水环境修复的探讨 [J]. 水土保持应用技术，2014，（1）：34-36.

[73] 彭芳. 视察南流江合浦段生态保护情况 [N]. 北海日报，2014-10-30（001）.

[74] 韦利珠. 南流江水环境质量状况研究及生态保护修复探讨 [J]. 水利规划与设计，2014，（11）：17-20.

[75] 肖璐，朱慧明，张春. 南流江玉林城区防洪整治工程（塘岸河至马鞍山段）设计方案 [J]. 甘肃科技，2015，（10）：36-39.

[76] 刘鑫. 基于灰度形态学和图像分割的河口水边线提取 [J]. 地理空间信息，2016，（12）：72-74.

[77] 鲁帆，肖伟华，李传科，等. 南流江流域最严格水资源管理制度实施刍议 [J]. 华北水利水电大学学报（自然科学版），2017，（1）：22-25.

[78] 王越，彭胜巍. 基于 GIS 的深圳市坪山新区生态敏感性评价及其应用研究 [J]. 环境科学与管理，2014，2：192-194.

[79] 包山虎，张宇超，包玉海. 基于 GIS 的"内蒙古自治区主体功能区划"辅助决策系统的研究 [J]. 内蒙古师范大学学报（自然科学汉文版），2012，5：524-530.

[80] 念沛豪，蔡玉梅. 基于生态位理论的湖南省国土空间综合功能分区 [J]. 资源科学，2014，36（9）：1958-1968.

[81] 季佳佳，赵冬玲，杨建宇，等. 基于多层次模糊综合评判法的土地变更调查数据质量评价研究 [J]. 中国土地科学，2015，4：90-96.

[82] 金贵. 国土空间综合功能分区研究——以武汉城市圈为例 [D]. 中国地质大学博士学位论文，2014.

[83] 胡永宏. 对 TOPSIS 法用于综合评价的改进 [J]. 数学的实践与认识，2002，32（4）：572-575.

[84] 朱方霞. 改进的 TOPSIS 法 [J]. 滁州学院学报，2005，1：100-101.

[85] 王颖君. 基于改进 Topsis 法的土地集约利用评价研究——以武汉市为例 [D]. 华中农业大学硕士学位论文，2013.

[86] Frosch R A, Gallopoulos N S. Strategies for Manufacturing Scientific America：Managing Planet Earth [M]. New York：W. H. Freehman and Company，1992.

[87] 文传浩，程莉，马文斌，等. 流域生态产业初探——以乌江为例 [M]. 北京：科学出版社，2013.

［88］汤慧兰，孙德生. 工业生态系统及其建设［J］. 中国环保产业，2003，（2）：14-15.

［89］Schlarb M. Eco-industrial Development：A Strategy for Building Sustainable Communities［M］. Washington D C：Cornell University. 2001.

［90］Posch A. From Industrial Symbiosis to Sustainability network［M］//Hilty L M，Seifert E K，René Treibert（eds.）. Information Systems for Sustainable Development. Calgary：Idea Group Publishing，2004.

［91］Lambert A J D，Boons F A. Eco-industrialparks：Simulating sustainable development in mixed industrial parks［J］. Technovation，2002，（22）：471-472.

［92］Lowe E A，Holmes D B，Moran S R. Eco-industrialparks：A handbook for local Development teams［M］. Emeryville：Indigo Development，1998：76-79.

［93］董岚，梁铁中. 生态产业系统的支撑体系研究［J］. 东南学术，2008，（1）：127-132.

附　　录

附录一　农村土地流转调查问卷

尊敬的农民朋友：

您好，为了了解农村土地流转的情况，我们设计了以下问题，我们需要您抽点时间来完成这份问卷调查。在此感谢您的合作与支持。

调查地址＿＿＿＿县（市）＿＿＿＿镇（乡）＿＿＿＿村。

您的家庭成员共＿＿＿＿人，其中男＿＿＿＿人，女＿＿＿＿人；

您的家庭成员劳动力为＿＿＿＿人，其中男＿＿＿＿人，女＿＿＿＿人；

您的家庭成员在家务农的有＿＿＿＿人，外出打工的有＿＿＿＿人；

您家庭成员的年龄：18岁以下＿＿＿＿人、18~35岁＿＿＿＿人、35~55岁＿＿＿＿人、55岁以上＿＿＿＿人；

您家庭成员的学历：小学及以下＿＿＿＿人、初中＿＿＿＿人、高中及中专＿＿＿＿人、大专及本科＿＿＿＿人、本科以上＿＿＿＿人。

一、农户基本情况

1. 您家庭的年收入大约为＿＿＿＿元？
2. 家庭收入的主要来源为哪些方面、比例分别是多少？

　（1）农业收入＿＿＿＿成　　　　　　　　（2）自己经营生意＿＿＿＿成

　（3）在本地企业打工＿＿＿＿成　　　　　（4）外出务工＿＿＿＿成

　（5）自己创办企业＿＿＿＿成

3. 家庭的主要支出有哪些方面？

　（1）基本生活支出　　　（2）子女上学　　　（3）修建房屋

　（4）医疗支出　　　　　（5）子女婚嫁

4. 您家大米和蔬菜的来源主要是：

　（1）自产　　　　　　　（2）购买　　　　　（3）救济及其他

二、农户土地经营情况（1亩＝10分）

5. 您家庭所经营的土地分类构成情况为：耕地＿＿＿＿亩，园地＿＿＿＿亩，林地＿＿＿＿亩，水域＿＿＿＿亩，其他＿＿＿＿亩（耕地包括水田和旱作地、家里的菜地，园地包括果园、桑园、茶园橡胶园等）。

6. 您家庭所经营的土地中，粮食作物的面积为＿＿＿＿亩，机耕和机播面积为＿＿＿＿亩。

7. 您知道您所承包的土地所有权归谁？

　（1）国家、政府所有　　　　　　　　　　（2）村委会所有

　（3）农民个体所有　　　　　　　　　　　（4）不知道

8. 您希望您家的土地归谁所有？

（1）国家、政府所有　　　（2）村委会所有　　　（3）农民小组所有

（4）农民个体所有　　　（5）无所谓

三、农地流转情况（1 亩＝10 分）

9. 您家庭所经营的土地的获得方式有哪些、面积分别是多少？

（1）村里分到家庭_____亩　　（2）个人包种厂家或企业规模种植的土地_____亩

（3）租种别人家土地_____亩　　（4）买入土地_____亩

（5）互换（兑换）_____亩　　（6）帮别人家耕作_____亩

10. 根据您家庭的农地经营状况，您是否愿意转入土地（耕作别人家的土地）或转出土地（将自家土地给别人耕作）？

（1）转入土地　　　（2）转出土地　　　（3）维持现状　　　（4）没想过

11. 如果您愿意转入或转出农地，其面积分别为：转入_____地_____亩；转出_____地_____亩。

12. 如果土地承包期限满后，您希望土地政策应该如何变化？

（1）继续延长期限或永久不变　　　　　（2）重新再分或重新调整

（3）土地私有　　　　　　　　　　　　（4）无所谓

（如果你们家没有转入或转出土地请答 13、14 题）

13. 您希望转入土地却没有转入的原因是：

（1）没有好的生产项目　　　　　　　　（2）转入价格太高

（3）没有人愿意转出土地　　　　　　　（4）不知道有谁愿意转出土地

（5）与别的农户谈判太麻烦　　　　　　（6）其他_____

14. 您希望转出土地却没有转出的原因是：

（1）没有好的生产项目　　　　　　　　（2）转出价格太低

（3）没有人愿意转入土地　　　　　　　（4）不知道有谁愿意转入土地

（5）与别的农户谈判太麻烦　　　　　　（6）其他_____

（如果你们家有转入或转出土地请答 15～23 题）

15. 您家的土地转入或转出过程中采用的合同形式是什么？

（1）口头协议　　　　　　　　　　　　（2）书面协议

16. 在土地流转中，您家一般采取哪种方式？

（1）没有经村组同意，通过双方私下协商解决　　（2）没有经过村组同意，但有中介

（3）经小组同意　　　　　　　　　　　　　　　（4）经村同意

（如果你们家有转入土地请答 17～19 题）（1 亩＝10 分）

17. 您家耕作别人家的土地的主要原因是：

（1）增加家庭收入　　　（2）有多余劳动力　　　（3）给亲朋好友帮忙

（4）满足自家粮食需求　　　（5）其他_____

18. 您家耕作别人家的土地来自哪里及对应面积是？

（1）本组_____亩　　（2）本村外组_____亩　　（3）本乡外村_____亩

（4）本县外乡_____亩　　（5）外县_____亩

19. 您家耕作别人家土地的年限是_____年，支付的价格是每年_____元/亩或口粮_____斤/亩。

（若你们家有转出土地请答 20 ~ 23 题）（1 亩 = 10 分）

20. 您家转出土地的主要原因是：

（1）自己劳动力不足 　　（2）劳动力外出打工 　　（3）种地不划算

（4）在集体的干预下不得不流转 　　（5）其他_____

21. 您转出土地的方式有哪些、面积分别是多少?

（1）租出土地_____亩 （2）卖出土地_____亩 （3）互换（兑换）_____亩

（4）别人代耕_____亩 （5）租出_____亩 （6）其他_____亩

22. 您转出土地的对象及相应面积分别是多少?（个别区域队＝组）

（1）本组内成员_____亩 　　　　　　（2）本村其他小组人员_____亩

（3）同乡镇其他村人员_____亩 　　　　（4）本县外乡（镇）人员_____亩

（5）其他县人员_____亩

23. 您家转出土地的年限是_____年，转出土地的收益是每年_____元/亩或口粮_____斤/亩。

附录二　农户调查样本信息统计表

附表1　调查样本的分布情况

县（市）	乡镇名称	村个数	农户数	频数百分比/%
兴业县	太平山镇	4	5	0.81
	龙安镇	4	5	0.81
	卖酒乡	7	7	1.13
	葵阳镇	6	6	0.97
	石南镇	5	9	1.46
北流市	大里镇	8	8	1.30
	西埌镇	7	7	1.13
	新圩镇	9	9	1.46
	北流镇	6	6	0.97
	塘岸镇	5	6	0.97
		32	43	6.97
玉州区 陆川县	珊罗镇	7	9	1.46
	平乐镇	6	7	1.13
	马坡镇	8	8	1.30
	米场镇	6	9	1.46
	沙湖乡	5	7	1.13
博白县	双凤镇	8	10	1.62
	永安镇	4	6	0.97
	郎平乡	7	9	1.46
	径口镇	5	5	0.81
	水鸣镇	7	9	1.46
	那林镇	9	12	1.94
	亚山镇	6	7	1.13
	三滩镇	8	8	1.30
	江宁镇	9	9	1.46

县（市）	乡镇名称	村个数	农户数	频数百分比/%
博白县	顿谷镇	6	8	1.30
	旺茂镇	7	10	1.62
	黄凌镇	4	5	0.81
	沙河镇	5	5	0.81
	凤山镇	8	9	1.46
	菱角镇	8	8	1.30
	东平镇	11	11	1.78
	新田镇	5	6	0.97
	博白镇	11	13	2.11
浦北县	福旺镇	13	15	2.43
	三合镇	8	9	1.46
	小江镇	5	9	1.46
	北通镇	12	12	1.94
	龙门镇	10	14	2.27
	白石水镇	10	10	1.62
	大成镇	7	10	1.62
	张黄镇	12	13	2.11
	安石镇	11	13	2.11
	石埇镇	6	8	1.30
	泉水镇	13	15	2.43
灵山县	文利镇	9	11	1.78
	伯劳镇	10	11	1.78
	武利镇	8	10	1.62
	檀圩镇	12	12	1.94
	新圩镇	8	9	1.46
钦南区 合浦县	那思镇	4	5	0.81
	乌家镇	8	10	1.62
	沙岗镇	14	16	2.59
	西场镇	13	13	2.11
	党江镇	15	19	3.08
	廉州镇	6	10	1.62
	星岛湖乡	7	9	1.46
	石湾镇	14	19	3.08
	石康镇	10	13	2.11
	常乐镇	9	11	1.78
	曲樟乡	9	10	1.62
合计		72	516	617	100.00

附表2　农户转入土地的空间范围分布

项目	本组		本村外组		本乡外村		本县外乡	
	农户数/户	比例/%	农户数/户	比例/%	农户数/户	比例/%	农户数/户	比例/%
农户数量	129	60.28	65	30.37	17	7.94	3	1.4

注：受四舍五入的影响，表中数据稍有偏差

附表3　农户转入土地的面积分布

项目	本组		本村外组		本乡外村		本县外乡	
	面积/亩	比例/%	面积/亩	比例/%	面积/亩	比例/%	面积/亩	比例/%
转入耕地	174	65.66	66	24.91	13	4.91	12	4.53

注：受四舍五入的影响，表中数据稍有偏差

附表4　农户转入土地的社会空间分布

项目	父母兄弟姐妹		近亲		远亲		朋友		其他	
	农户数/户	比例/%	农户数/户	比例/%	农户数/户	比例/%	农户数/户	比例/%	农户数/户	比例/%
农户数量	62	28.97	47	21.96	13	6.07	49	22.90	43	20.09

注：受四舍五入的影响，表中数据稍有偏差

附表5　农户转入土地的面积分布

项目	父母兄弟姐妹		近亲		远亲		朋友		其他	
	面积/亩	比例/%	面积/亩	比例/%	面积/亩	比例/%	面积/亩	比例/%	面积/亩	比例/%
转入土地	51	19.25	37	13.96	5	1.89	58	21.89	114	43.02

注：受四舍五入的影响，表中数据稍有偏差

附表6　农户转入土地的年限分布

年限	户数		面积	
	户数/户	所占比例/%	面积/亩	所占比例/%
没有约定年限	13	6.07	7	2.64
小于等于1年	20	9.35	22	8.30
1～5年	134	62.62	182	68.68
5～10年	21	9.81	25	9.43
10～15年	26	12.15	29	10.94
总计	214	100	265	100

注：受四舍五入的影响，表中数据稍有偏差

附表7　农户土地转入是否经村组同意

是否经村组同意	户数		流转面积	
	农户数/户	所占比例/%	面积/亩	所占比例/%
没经过村组同意，双方私下协商	174	81.31	148	55.85
没经过村组同意，但有中介作证	11	5.14	15	5.66
经过组同意	13	6.07	54	20.38
经过村同意	16	7.48	48	18.11
合计	214	100	265	100

附表 8　农户转入土地的合同形式

合同方式	农户		流转面积	
	农户数/户	所占比例/%	面积/亩	所占比例/%
口头协议	168	78. 50	144	54. 34
书面协议	46	21. 50	121	45. 66
合计	214	100	265	100

附表 9　农户希望转入土地而未转入的原因

原因	农户数量（户）	所占比例/%
没有好的生产项目	15	26. 79
转入价格高	7	12. 50
没人转出或不知道谁愿意转出土地	10	17. 86
与其他农户谈判太麻烦	8	14. 29
劳动力不足	4	7. 14
其他	12	21. 43
合计	56	100

注：受四舍五入的影响，表中数据稍有偏差

附表 10　农户土地转出的方式

流转方式	农户		总面积	
	农户数/户	所占比例/%	面积/亩	所占比例/%
转包	24	11. 94	28	10. 41
互换	16	7. 96	39	14. 50
代耕	115	57. 21	152	56. 51
出租	46	22. 89	50	18. 59
合计	201	100	269	100

注：受四舍五入的影响，表中数据稍有偏差

附表 11　农户转出土地的区域分布

项目	本组		本村外组		本乡外村		本县外乡	
	农户数/户	比例/%	农户数/户	比例/%	农户数/户	比例/%	农户数/户	比例/%
农户数量	114	56. 72	53	26. 37	26	12. 94	8	3. 98

注：受四舍五入的影响，表中数据稍有偏差

附表 12　农户转出土地的面积分布

项目	本组		本村外组		本乡外村		本县外乡	
	面积/亩	比例/%	面积/亩	比例/%	面积/亩	比例/%	面积/亩	比例/%
转出耕地	103	38. 29	87	32. 34	40	14. 87	39	14. 50

注：受四舍五入的影响，表中数据稍有偏差

附表 13　农户转出土地的社会空间分布

项目	父母兄弟姐妹		近亲		远亲		朋友		其他	
	农户数/户	比例/%	农户数/户	比例/%	农户数/户	比例/%	农户数/户	比例/%	农户数/户	比例/%
农户数量	31	15. 42	13	6. 47	5	2. 49	25	12. 44	127	63. 18

附表 14 农户转出土地的面积分布

项目	父母兄弟姐妹		近亲		远亲		朋友		其他	
	面积/亩	比例/%	面积/亩	比例/%	面积/亩	比例/%	面积/亩	比例/%	面积/亩	比例/%
转出土地	41	15.24	22	8.18	3	1.12	46	17.10	157	58.36

附表 15 农户土地转出的年限分布

年限	农户		面积	
	户数/户	比例/%	面积/亩	比例/%
没有约定年限	26	12.94	42	15.61
小于等于 1 年	34	16.92	54	20.07
1~5 年	94	46.77	115	42.75
5~10 年	20	9.95	19	7.06
10~15 年	8	3.98	14	5.20
>15 年	19	9.45	25	9.29
总计	201	100	269	100

注：受四舍五入的影响，表中数据稍有偏差

附表 16 农户转出土地是否经过村组同意

是否经村组同意	户数		流转面积	
	农户数/户	所占比例/%	面积/亩	所占比例/%
没经过村组同意，双方私下协商	135	67.16	147	54.65
没经过村组同意，但有中介作证	39	19.40	34	12.64
经过组同意	14	6.97	42	15.61
经过村同意	13	6.47	46	17.10
合计	201	100	269	100

附表 17 农户土地转出的合同形式

合同方式	农户		流转面积	
	农户数/户	所占比例/%	面积/亩	所占比例/%
口头协议	124	61.69	147	54.65
书面协议	77	38.31	122	45.35
合计	201	100	269	100

附表 18 农户转出土地的原因分布

原因	农户		转出面积	
	农户数/户	所占比例/%	面积/亩	所占比例/%
劳动力不足	42	20.9	19	18.45
外出打工	93	46.27	48	46.6
种地不划算	55	27.36	24	23.3
集体干预下不得不转出	11	5.47	12	11.65
合计	201	100	103	100

注：受四舍五入的影响，表中数据稍有偏差

附表 19 采样信息记录表

河段	编号	坐标	泥质/砂质	平均水深/m	河宽/m	泥样厚度/cm	两岸边坡类型	功能区	其他描述
玉州区	Y2	22.6268N 110.1891E	泥	1.7	25	0~18 18以下	左：混凝土斜坡种植槽-公路 右：草地-灌木林地自然河岸	农田菜地	水质较清澈（泥沙混浊）。流速接近零。有少量浮萍，岸边大量鬼针草，灌木，少量桉树。底泥颜色深，紧实。此样点为最上游点，接近水源保护区上游
	Y1	22.6312N 110.1731E	泥	1.7	40	0~10 10~15 15~30	左：混凝土斜坡种植槽-公路 右：农田菜地近自然河岸	左：工厂（物流公司）厂房 右：农田菜地（黄豆、芋头）	水质较混浊、流速接近零、近岸边长有许多浮萍；底泥为黑色，紧实。上游1km左右，有一生活污水排放口
	Y3	22.6229N 110.1467E	泥	2.1	20	0~6 6~15 15以下	两侧：单级挡墙-斜坡种植槽-公路	居民点	水质较混浊，水面无浮萍等植被，流速接近零。底泥黑色。此处上游100m，左右岸可见小排污口
	Y4	22.6166N 110.1418E	泥	1.1	40	表层	左：混凝土斜坡种植槽-公路 右：混凝土斜坡-菜地-小片林地	左：居民点 右：公园	水质较混浊，长有浮萍，流速缓慢。该处为河流凹岸
	Y5	22.6114N 110.14E	泥	2	50	0~13 13以下	两侧：混凝土斜坡-种植槽-混凝土斜坡-公路	居民点	水质较清澈，流速缓慢，可见菜地有排水沟，岸边水面长有大量鬼针草。底泥黄色
	Y6	22.6042N 110.1206E	泥50% 砂50%	0.3	15	表层	左：混凝土斜坡-公路 右：草地斜坡-林地-菜地近自然河岸	左：闲置地 右：农田菜地	水质十分混浊，颜色深，有臭味，小股水流，流速十分缓慢，河床已出露60%，大量出露的河床遍布细砾、粗砾，为边滩-深槽（0.5m）型河床，砾石上附着大量螺。底泥量十分少，用手挖，几乎都是细砾的碎石子。样点上游20m有一较大排污口，排污量大。上游1km有一个水坝

河段	编号	坐标	泥质/砂质	平均水深/m	河宽/m	泥样厚度/cm	两岸边坡类型	功能区	其他描述
博白县	B1	22.3109N 109.9828E	泥20% 砂80%	1.7	50	表层	左：草地-灌木林-林地自然河岸 右：农田菜地-公路近自然河岸	两侧：农田菜地	水质很清澈，流速较快。左岸岸边由于采砂作业，出露的坡面可达2m，清晰可见深厚的砂质
	B2	22.2907N 109.9764E	泥10% 砂90%	1.	60	表层	两侧：草地斜坡近自然河岸	居民点	水流流速较快，水质较清澈，含沙量较大。底泥采集十分困难，两侧有采砂场，采集上来的物质绝大部分为砂质，细粒，泥质很少，河岸堆积有大量粉砂淤泥质。采样点处有一个生活污水排放口（两侧大量民居，城区中，可推测大量生活污水排放）
	B3	22.2832N 109.9671E	泥10% 砂90%	1.7	80	表层	左：草地-公路近自然河岸 右：草地-竹林自然河岸	左：居民点 右：农田菜地	水流较快，较清澈。底泥砂质非常多，多为细砾，泥质少。采样上游10m有一个生活污水排放口，流量小，污水上漂浮许多白色泡沫
	B4	22.2772N 109.9579E	泥50% 砂50%	1	50	表层	左：草地-农田近自然河岸 右：竹林-农田近自然河岸	两侧：农田菜地	水质清澈，流速快，有大量鹅卵石出露于岸边及边滩上，卵石直径5~10cm。底泥一半为泥质，一半为砂质，黄色稀释状。岸边有淤泥质，冲淤形成
	B5	22.271N 109.9532E	泥20% 砂80%	1.8	50	表层	左：草地-稻田-公路近自然河岸 右：竹林-公路近自然河岸	左：稻田 右：林地	水质清澈，流速较快。底泥含大量砂质，泥质少，岸边多淤泥质
	B6	22.2504N 109.9428E	泥10% 砂90%	0.4	40	表层	两侧：草地自然河岸	左：草地 右：草地	水流较快、河床上可见粗砾卵石，河流边滩分布有大量卵石，直径8~10cm，岸边堆积大量粉砂质、淤泥质。该处河段主要为砂质及大量卵石，底泥较少，主要为细砂，粉砂等。岸边有自然出露的深1m砂质剖面

河段	编号	坐标	泥质/砂质	平均水深/m	河宽/m	泥样厚度/cm	两岸边坡类型	功能区	其他描述
合浦县	H1	21.7058N 109.2173E	泥20% 砂80%	0.5	25	表层	左：桉树林自然河岸 右：草地–竹林自然河岸	两侧：农田菜地	水流缓，清澈，浅。卵石、砂质多，河道有边滩，心滩，坡面可见为淤泥质阶地
	H2	21.689N 109.2028E	泥	1.5	10	表层	两侧：农田菜地近自然河岸	两侧：农田菜地	样点为U形河道最凹处，水流缓，河道窄，宽仅10m，水深1.5m，水质清澈，淡绿色。底泥较H1深厚，黑色，软
	H3	21.6781N 109.1901E	泥20% 砂80%	1.5	15	表层	两侧：砂石坡–民房	两侧：居民点	水流较快，水质较混浊，呈墨绿色。底泥较少，但颜色黑，有臭味，大量卵石、石块出露。此处为旧城区，有一生活污水排放口，流量小。直接排入江中
	H4	21.6697N 109.1879E	泥30% 砂70%	1.6	15	表层	左：低挡墙–廊道–高挡墙–沿江公路 右：林地–民房近自然河岸	两侧：农田菜地	水流流速慢，混浊，墨绿色。底泥有明显臭味，黑色，且越向下越黑。河流两侧可见有几股生活污水排入河中
	H5	21.6621N 109.1784E	泥30% 砂70%	1	15	表层	左：低挡墙–混凝土斜坡种植槽–沿江公路 右：林地–民房近自然河岸	左：闲置地 右：农田菜地	水质稍清澈，流速缓，流量小，泥质少，有部分砂质，岸边堆积淤泥，有2m×6m心滩，从中可看到大量卵石、砂质。样点下游100m有边滩，菜地。有一个生活污水排放口，水流小
	H6	21.642N 109.1666E	泥20% 砂80%	2	10	表层	左：沙草地自然河岸 右：农田近自然河岸	左：砂场 右：农田菜地	水质偏黑，流速缓，样点上游15m有一采砂场正在进行洗沙作业，大量黑色洗沙水排入江中。右岸坡面可见厚1m砂质坡面。岸边淤泥质可见到有小螃蟹和跳跳鱼活动
	H7	21.61205N 109.1511E	泥70% 砂30%	2	20	表层	两侧：水草–林地–虾塘近自然河岸	两侧：虾塘	水质较清，海水可以倒灌至此，长有大量1m高水草，两侧大量虾塘分布。上层为泥质，下层有部分砂质（少量），泥质与砂质特别黑，淤泥质堆积

附表 20　沉积物样品粒径组成

样品名称	遮光度/%	残差/%	D[4,3]/μm	D[3,2]/μm	d(0.1)/μm	d(0.5)/μm	d(0.9)/μm	黏土/%	极细粉砂/%	细粉砂/%	中粉砂/%	粗粉砂/%	极细砂/%	细砂/%	中砂/%	粗砂/%	极粗砂/%
Y1a	14.6	0.9	33.1	5.4	2.3	11.0	87.2	19.6	19.7	20.8	15.6	10.4	7.5	4.3	2.1	0.0	0.0
Y1b	10.4	2.1	249.4	5.7	2.0	45.3	749.4	18.5	11.3	9.8	7.2	5.9	5.6	4.6	13.9	20.2	3.1
Y2a	17.2	0.7	58.9	5.1	2.1	11.9	162.9	21.1	18.0	17.1	12.6	10.7	8.5	4.5	5.3	2.2	0.0
Y2b	11.4	1.4	17.4	3.8	1.6	7.1	46.2	29.5	23.6	19.2	12.5	8.3	5.5	1.4	0.0	0.0	0.0
Y2c	10.5	1.3	41.0	3.3	1.1	9.0	135.8	30.5	16.3	15.3	12.7	9.2	5.4	6.1	4.4	0.1	0.0
Y3a	14.0	0.7	37.0	6.6	3.1	14.5	70.7	13.2	15.6	23.9	22.0	13.7	6.0	2.1	3.0	0.5	0.0
Y3b	15.4	0.8	40.8	7.3	3.1	19.6	93.5	13.1	13.8	17.2	18.2	18.9	13.1	3.7	2.0	0.2	0.0
Y3c	19.6	0.8	32.3	6.4	2.8	15.2	69.5	15.2	15.9	19.7	20.2	17.1	8.3	1.8	1.7	0.1	0.0
Y4	11.6	0.8	80.8	7.4	3.0	22.5	269.7	13.5	12.8	15.8	15.8	13.2	9.8	8.8	8.8	2.2	0.0
Y5a	11.3	0.9	26.8	4.9	2.1	10.5	66.5	21.6	19.5	19.8	15.8	12.3	7.8	2.1	1.0	0.1	0.0
Y5b	11.7	0.8	24.7	4.8	2.0	10.0	65.6	22.4	20.1	19.8	14.8	12.4	8.2	2.0	0.6	0.0	0.0
Y6P	14.4	0.8	59.2	7.5	3.2	21.2	147.1	12.9	13.3	16.3	16.7	16.6	12.5	5.5	5.1	1.1	0.0
Y6	10.8	1.0	27.0	3.3	1.2	8.2	59.0	30.4	18.4	16.2	13.6	12.3	6.3	0.8	1.6	0.4	0.0
H1	12.0	0.9	33.6	6.8	3.0	15.1	84.3	14.1	16.4	20.4	18.7	15.1	10.7	3.7	0.8	0.2	0.0
H2	13.6	0.7	15.4	5.1	2.4	9.7	35.8	19.6	22.2	25.8	19.5	10.0	2.8	0.1	0.0	0.0	0.0
H3	11.2	0.6	31.1	4.5	2.0	9.2	51.1	23.1	21.5	22.4	16.2	8.7	4.0	1.7	1.1	1.3	0.0
H4	11.4	0.9	38.5	7.6	3.4	17.3	67.7	11.9	13.9	20.5	24.5	18.0	6.1	1.7	2.8	0.0	0.0
H5	11.6	0.8	37.3	6.5	2.8	15.1	77.9	15.6	17.3	18.0	17.2	17.8	9.2	2.2	2.3	0.4	0.0
H5	12.0	0.8	35.7	6.5	2.9	14.6	79.1	15.4	17.5	18.8	17.6	16.6	9.1	2.8	1.8	0.3	0.0
H6	10.2	0.8	15.9	4.7	2.1	9.1	38.8	22.1	22.4	23.2	17.8	10.9	3.4	0.1	0.0	0.0	0.0
H6	10.8	0.3	189.2	10.9	4.2	111.2	507.7	9.3	7.6	7.7	6.7	8.2	13.1	17.7	19.3	10.2	0.1
H7	11.0	1.0	13.4	4.6	2.2	7.5	27.5	24.1	27.6	25.2	15.1	6.0	1.2	0.8	0.1	0.0	0.0
B1	12.4	0.6	29.6	5.3	2.3	11.1	56.8	19.1	19.3	22.7	19.0	10.9	4.5	2.3	1.7	0.5	0.0
B2	12.8	0.6	23.4	4.9	2.1	10.4	46.7	21.7	19.4	22.1	19.4	10.6	3.5	2.2	1.1	0.0	0.0
B3P	14.3	0.8	31.8	5.7	2.5	12.1	80.7	18.1	18.8	19.6	16.0	13.1	9.2	3.5	1.1	0.0	0.0
B3	12.8	0.9	38.3	5.9	2.7	11.7	67.1	17.1	19.7	22.1	18.6	11.8	4.6	1.7	3.5	0.9	0.0
B4	13.6	0.7	31.3	5.2	2.2	11.2	64.9	20.4	18.8	20.5	17.9	12.0	5.2	2.7	2.2	0.2	0.0
B5	12.3	0.9	39.8	7.2	3.1	17.4	79.3	13.4	15.0	18.5	20.2	18.7	8.9	2.3	2.6	0.5	0.0
B6	13.2	0.6	68.8	6.5	2.8	15.5	236.0	15.5	16.0	18.6	17.2	12.1	6.1	4.8	6.6	3.0	0.0

附表 21　指标标准化矩阵

指标编号	玉州区	北流市	博白县	兴业县	陆川县	钦南区	浦北县	灵山县	合浦县
N11	0.0000	0.4858	1.0000	0.2618	0.3011	0.3950	0.6351	0.6682	0.3374
N12	0.0000	0.1604	0.1993	0.129	0.2584	1.0000	0.2544	0.3835	0.1326
N13	0.0000	0.3275	0.5895	0.1559	0.2038	0.5405	0.1649	0.5452	1.0000
N21	0.2064	0.1233	0.0000	0.7448	1.0000	0.6877	0.3212	0.2148	0.2272
N22	0.2055	0.6215	1.0000	0.466	0.4036	0.5464	0.3937	0.7827	0.0000
N31	0.0000	0.539	0.1660	0.0252	0.2463	1.0000	0.1967	0.4027	0.4853
N41	0.0941	0.3866	0.0000	0.1434	0.1033	0.3700	0.9069	0.3564	1.0000
P11	0.0000	0.073	1.0000	0.0745	0.0652	0.1300	0.097	0.2105	0.5657

指标编号	玉州区	北流市	博白县	兴业县	陆川县	钦南区	浦北县	灵山县	合浦县
P12	0.0000	0.4186	0.6164	0.0067	0.0897	0.4523	0.1647	0.6873	1.0000
P13	0.0503	0.0155	0.0000	0.0296	0.0893	0.7253	0.0067	0.0489	1.0000
P21	0.0000	0.0000	0.0000	0.0000	0.0000	0.3840	0.384	0.384	1.0000
P22	0.2316	0.4872	0.2520	0.2704	0.2121	0.0000	0.8292	1.0000	0.0659
P23	0.0000	0.3121	1.0000	0.3177	0.3014	0.3133	0.6754	0.3266	0.1577
P24	0.141	0.1136	0.0655	0.254	0.1711	0.2320	0.0000	0.3168	1.0000
P25	0.0000	0.6765	0.7807	0.929	0.8428	0.5273	0.9465	1.0000	0.7113
P31	0.0000	0.735	0.8701	0.803	0.7786	1.0000	0.9329	0.8091	0.9329
P32	1.0000	0.2306	0.0000	0.2088	0.3559	0.7148	0.1358	0.0199	0.1566
P33	1.0000	0.2008	0.0501	0.0984	0.2769	0.6215	0.0000	0.2928	0.2149
P34	0.4269	1.0000	0.3512	0.0000	0.8732	0.2960	0.51	0.5002	0.1407
P35	0.0275	0.0561	0.0798	0.0000	0.0407	0.9624	0.0669	0.0869	1.0000
P41	0.1646	0.916	1.0000	0.1642	0.5041	0.0000	0.4182	0.8562	0.4994
P42	0.0386	0.7429	1.0000	0.0448	0.4317	0.0000	0.2321	0.6409	0.4806

附表 22　基于变异系数法的加权规范化矩阵及正、负理想解

指标编号	玉州区	北流市	博白县	兴业县	陆川县	钦南区	浦北县	灵山县	合浦县	正理想解	负理想解
N11	0.0000	0.0148	0.0304	0.0080	0.0092	0.0120	0.0193	0.0203	0.0103	0.0304	0.0000
N12	0.0000	0.0080	0.0099	0.0064	0.0129	0.0499	0.0127	0.0191	0.0066	0.0499	0.0000
N13	0.0000	0.0123	0.0222	0.0059	0.0077	0.0204	0.0062	0.0205	0.0377	0.0377	0.0000
N21	0.0085	0.0051	0.0000	0.0307	0.0413	0.0284	0.0133	0.0089	0.0094	0.0413	0.0000
N22	0.0060	0.0180	0.0290	0.0135	0.0117	0.0159	0.0114	0.0227	0.0000	0.0290	0.0000
N31	0.0000	0.0237	0.0073	0.0011	0.0108	0.0440	0.0086	0.0177	0.0213	0.0440	0.0000
N41	0.0043	0.0178	0.0000	0.0066	0.0047	0.0170	0.0417	0.0164	0.0460	0.0460	0.0000
P11	0.0000	0.0047	0.0640	0.0048	0.0042	0.0083	0.0062	0.0135	0.0362	0.0640	0.0000
P12	0.0000	0.0182	0.0268	0.0003	0.0039	0.0197	0.0072	0.0299	0.0435	0.0435	0.0000
P13	0.0041	0.0013	0.0000	0.0024	0.0073	0.0595	0.0005	0.0040	0.0820	0.0820	0.0000
P21	0.0000	0.0000	0.0000	0.0000	0.0000	0.0263	0.0263	0.0263	0.0684	0.0684	0.0000
P22	0.0101	0.0213	0.0110	0.0118	0.0093	0.0000	0.0363	0.0438	0.0029	0.0438	0.0000
P23	0.0000	0.0116	0.0372	0.0118	0.0112	0.0117	0.0251	0.0122	0.0059	0.0372	0.0000
P24	0.0079	0.0063	0.0037	0.0142	0.0095	0.0129	0.0000	0.0177	0.0558	0.0558	0.0000
P25	0.0000	0.0140	0.0161	0.0192	0.0174	0.0109	0.0195	0.0206	0.0147	0.0206	0.0000
P31	0.0000	0.0138	0.0164	0.0151	0.0146	0.0188	0.0175	0.0152	0.0175	0.0188	0.0000
P32	0.0512	0.0118	0.0000	0.0107	0.0182	0.0309	0.0070	0.0010	0.0080	0.0512	0.0000
P33	0.0497	0.0100	0.0025	0.0049	0.0138	0.0309	0.0000	0.0146	0.0107	0.0497	0.0000
P34	0.0144	0.0338	0.0119	0.0000	0.0295	0.0100	0.0172	0.0169	0.0048	0.0338	0.0000
P35	0.0021	0.0043	0.0061	0.0000	0.0031	0.0737	0.0051	0.0067	0.0766	0.0766	0.0000
P41	0.0057	0.0315	0.0343	0.0056	0.0173	0.0000	0.0144	0.0294	0.0171	0.0343	0.0000
P42	0.0016	0.0313	0.0421	0.0019	0.0182	0.0000	0.0098	0.0270	0.0202	0.0421	0.0000